신개념
강의노트

건축기사 필기
문제해설

원유필 편저

 일진사

머리말

건축기사는 건축물의 계획 및 설계에서 시공에 이르기까지 전 과정에 관한 공학적 지식과 기술을 갖춘 전문기술인력으로 건설 회사의 건설 현장, 건축사 사무소, 용역 회사, 시공 회사 등으로 다양하게 진출할 수 있다.

최근 건축물이 대규모화되고 건축 설비 부분에서 종류와 규모가 방대해지면서 운영에 있어서 높은 수준의 기술이 필요하게 되었다. 이에 따라 건축기사에 대한 인력 수요는 앞으로도 지속적으로 증가할 전망이다.

건축기사 시험은 1차 필기(객관식)와 2차 실기(필답형)로 이루어지는데, 이 책은 필기시험에 대비하기 위한 수험서이다.

이 책은 건축기사 필기시험을 준비하는 수험생들의 실력 배양 및 합격을 위하여 다음과 같은 부분에 중점을 두어 구성하였다.

첫째, 기출문제 중 출제 빈도가 높은 문제를 선별하여 핵심 단기 학습을 구성하였으며, 각 문제마다 QR 코드 무료 동영상 강의를 통해 저자의 자세하고 명쾌한 해설을 들을 수 있도록 하였다.

둘째, 과년도 출제문제를 상세한 해설과 함께 실어 줌으로써 출제 유형에 대한 이해도를 높이고 문제 풀이 능력을 향상시킬 수 있도록 하였다.

셋째, 기출문제의 철저한 분석을 토대로 한 CBT 실전문제를 수록하여 줌으로써 출제 경향을 파악하고 실전에 충분히 대비할 수 있도록 하였다.

끝으로 이 책으로 건축기사 필기시험을 준비하는 수험생 여러분께 합격의 영광이 함께 하길 바라며, 대성건축조경학원(www.dsok.co.kr)의 질의응답 게시판을 통해 독자 여러분의 충고와 지적을 수렴하여 더 좋은 책이 될 수 있도록 수정 보완할 것을 약속드린다. 또한 이 책이 나오기까지 여러모로 도와주신 모든 분들과 도서출판 **일진사** 직원 여러분께 깊은 감사를 드린다.

저자 씀

건축기사 출제기준 (필기)

직무 분야	건설	중직무 분야	건축	자격 종목	건축기사	적용 기간	2020. 1. 1.~2024. 12. 31.

● 직무내용 : 건축 시공 및 구조에 관한 공학적 기술 이론을 활용하여, 건축물 공사의 공정, 품질, 안전, 환경, 공무 관리 등을 통해 건축 프로젝트를 전체적으로 관리하고 공종별 공사를 진행하며 시공에 필요한 기술적 지원을 하는 등의 업무 수행

필기 검정방법	객관식	문제수	100	시험시간	2시간 30분

필기 과목명	출제 문제수	주요항목	세부항목
건축계획	20	1. 건축계획원론	(1) 건축계획일반 (2) 건축사 (3) 건축설계 이해
		2. 각종 건축물의 건축계획	(1) 주거건축계획 (2) 상업건축계획 (3) 공공문화건축계획 (4) 기타 건축물계획
건축시공	20	1. 건설경영	(1) 건설업과 건설경영 (2) 건설계약 및 공사관리 (3) 건축적산 (4) 안전관리 (5) 공정관리 및 기타
		2. 건축시공기술 및 건축재료	(1) 착공 및 기초공사 (2) 구조체공사 및 마감공사 (3) 건축재료
건축구조	20	1. 건축구조의 일반사항	(1) 건축구조의 개념 (2) 건축물 기초설계 (3) 내진·내풍설계 (4) 사용성 설계
		2. 구조역학	(1) 구조역학의 일반사항 (2) 정정구조물의 해석 (3) 탄성체의 성질 (4) 부재의 설계 (5) 구조물의 변형 (6) 부정정구조물의 해석

필기 과목명	출제 문제수	주요항목	세부항목
		3. 철근콘크리트 구조	(1) 철근콘크리트 구조의 일반사항 (2) 철근콘크리트 구조설계 (3) 철근의 이음·정착 (4) 철근콘크리트 구조의 사용성
		4. 철골구조	(1) 철골구조의 일반사항 (2) 철골구조설계 (3) 접합부설계 (4) 제작 및 품질
건축설비	20	1. 환경계획원론	(1) 건축과 환경 (2) 열환경 (3) 공기환경 (4) 빛환경 (5) 음환경
		2. 전기설비	(1) 기초적인 사항 (2) 조명설비 (3) 전원 및 배전, 배선설비 (4) 피뢰침설비 (5) 통신 및 신호설비 (6) 방재설비
		3. 위생설비	(1) 기초적인 사항 (2) 급수 및 급탕설비 (3) 배수 및 통기설비 (4) 오수정화설비 (5) 소방시설 (6) 가스설비
		4. 공기조화설비	(1) 기초적인 사항 (2) 환기 및 배연설비 (3) 난방설비 (4) 공기조화용 기기 (5) 공기조화방식
		5. 승강설비	(1) 엘리베이터설비 (2) 에스컬레이터설비 (3) 기타 수송설비

필기 과목명	출제 문제수	주요항목	세부항목
건축관계 법규	20	1. 건축법·시행령·시행 규칙	(1) 건축법 (2) 건축법시행령 (3) 건축법시행규칙 (4) 건축물의 설비기준 등에 관한 규칙 및 건축물의 피난·방화구조 등의 기 준에 관한 규칙
		2. 주차장법·시행령·시 행규칙	(1) 주차장법 (2) 주차장법시행령 (3) 주차장법시행규칙
		3. 국토의 계획 및 이용 에 관한 법·시행령· 시행규칙	(1) 국토의 계획 및 이용에 관한 법률 (2) 국토의 계획 및 이용에 관한 법률시 행령 (3) 국토의 계획 및 이용에 관한 법률시 행규칙

차 례

PART 3　　CBT 실전문제

PART

1

건축기사 필기
문제해설

Short Learning

핵심 단기 학습

제1강 핵심 단기 학습

건축계획

1. 주심포 형식에 관한 설명으로 옳지 않은 것은?

① 공포를 기둥 위에만 배열한 형식이다.

② 장혀는 긴 것을 사용하고 평방이 사용된다.

③ 봉정사 극락전, 수덕사 대웅전 등에서 볼 수 있다.

④ 맞배지붕이 대부분이며 천장을 특별히 가설하지 않아 서까래가 노출되어 보인다.

해설 (1) 공포 : 처마 끝 하중을 받치는 빗방향 부재

(2) 장혀(장여) : 도리와 함께 서까래를 받치는 부재

(3) 평방 : 다포식에서 기둥 사이의 창방 위에 배치한 부재

(4) 주심포식은 기둥의 주두에 공포를 배치하고, 다포식은 기둥과 평방 위에 공포를 배치한다.

(5) 평방은 주심포 형식이 아니다.

2. 주택의 동선계획에 관한 설명으로 옳지 않은 것은?

① 동선은 가능한 굵고 짧게 계획하는 것이 바람직하다.

② 동선의 3요소 중 속도는 동선의 공간적 두께를 의미한다.

③ 개인, 사회, 가사노동권의 3개 동선은 상호간 분리하는 것이 좋다.

④ 화장실, 현관 등과 같이 사용빈도가 높은 공간은 동선을 짧게 처리하는 것이 중요하다.

해설 (1) 동선 : 사람·물체가 움직이는 선

(2) 동선의 3요소는 속도·빈도·하중으로서 동선의 공간적 두께를 의미하는 것은 빈도이다.

3. 주거단지 내의 공동시설에 관한 설명으로 옳지 않은 것은?

① 중심을 형성할 수 있는 곳에 설치한다.

② 이용 빈도가 높은 건물은 이용거리를 길게 한다.

③ 확장 또는 증설을 위한 용지를 확보하는 것이 좋다.

④ 이용성, 기능상의 인접성, 토지이용의 효율성에 따라 인접하여 배치한다.

해설 (1) 주거단지 내의 공동시설 : 놀이터·마을회관·공원·공중변소 등

(2) 이용 빈도가 높은 건물은 이용거리를 짧게 해야 한다.

4. 쇼핑센터의 공간구성에서 고객을 각 상점에 유도하는 주요 보행지 동선인 동시에 고객의 휴식처로서의 기능을 갖고 있는 곳은?

① 몰(mall)

② 허브(hub)

정답 **1.** ②   **2.** ②   **3.** ②   **4.** ③

③ 코트(court)

④ 핵상점(magnet store)

해설 (1) 쇼핑몰(mall) : 충분한 주차장이 있고, 주보행로와 코트(휴식공간)가 있는 상점가

(2) 코트(court) : 쇼핑몰(mall)의 주보행로에 있는 휴식공간으로 고객을 상점으로 유도하는 목적도 있다.

5. 종합병원의 건축계획에 관한 설명으로 옳지 않은 것은?

① 부속진료부는 외래환자 및 입원환자 모두가 이용하는 것이다.

② 간호사 대기소는 각 간호단위 또는 각 층 및 동별로 설치한다.

③ 집중식 병원건축에서 부속진료부와 외래부는 주로 건물의 저층부에 구성된다.

④ 외래진료부의 운영방식에 있어서 미국의 경우는 대개 클로즈드 시스템인데 비하여, 우리나라는 오픈 시스템이다.

해설 종합병원의 외래진료부(구성 : 외과·내과·치과·안과·이비인후과)의 운영방식

(1) 오픈 시스템(open system) : 종합병원 근처에 종합병원에 등록되어 있는 일반 개업의사가 있는 방식으로 주로 미국의 운영방식이다.

(2) 클로즈드 시스템(closed system) : 종합병원 내에 각 과의 진료소를 설치하는 방식으로 우리나라에서 사용되는 방식이다.

건축시공

6. 공사 금액의 결정 방법에 따른 도급 방식이 아닌 것은?

① 정액도급

② 공종별도급

③ 단가도급

④ 실비정산보수가산도급

해설 (1) 도급 방식에 따른 분류

㉮ 일식도급

㉯ 분할도급
- 전문공종별
- 공구별
- 공정별
- 직종별
- 공종별

㉰ 공동도급

(2) 공사 금액 결정 방법에 따른 분류

㉮ 정액도급

㉯ 단가도급

㉰ 실비정산보수가산식 도급

7. 콘크리트용 재료 중 시멘트에 관한 설명으로 옳지 않은 것은?

① 중용열포틀랜드시멘트는 수화작용에 따르는 발열이 적기 때문에 매스콘크리트에 적당하다.

② 조강포틀랜드시멘트는 조기강도가 크기 때문에 한중콘크리트공사에 주로 쓰인다.

③ 알칼리 골재반응을 억제하기 위한 방법으로써 내황산염포틀랜드시멘트를 사용한다.

④ 조강포틀랜드시멘트를 사용한 콘크리트의 7일 강도는 보통포틀랜드시멘트를 사용한 콘크리트의 28일 강도와 거의 비슷하다.

해설 (1) 알칼리 골재반응을 억제하기 위한 방법으로써 저알칼리성시멘트(나트륨(Na), 칼슘(Ca)의 양을 적게 한 시멘트)를 사용한다.

(2) 내황산염포틀랜트시멘트는 황산염(석탄의 주성분)에 의한 콘크리트 침식을 방지하기 위해 사용한다.

 정답 **5.** ④ **6.** ② **7.** ③

8. 조적조에 발생하는 백화현상을 방지하기 위하여 취하는 조치로서 효과가 없는 것은 어느 것인가?

① 줄눈 부분을 방수처리하여 빗물을 막는다.
② 잘 구워진 벽돌을 사용한다.
③ 줄눈 모르타르에 방수제를 넣는다.
④ 석회를 혼합하여 줄눈 모르타르를 바른다.

해설 (1) 백화현상 : 벽돌 벽면에 빗물이 스며들어 모르타르의 알칼리 성분, 벽돌의 성분과 반응하여 흰 가루가 돋는 현상
(2) 백화현상 방지책
　㉮ 차양이나 루버를 설치하여 빗물이 스며드는 것을 방지한다.
　㉯ 질이 좋은 벽돌, 모르타르를 사용한다.
　㉰ 줄눈에 모르타르를 충분히 사춤하고 모르타르에 방수제를 혼입한다.

9. 합성수지 중 건축물의 천장재, 블라인드 등을 만드는 열가소성수지는?

① 알키드수지
② 요소수지
③ 폴리스티렌수지
④ 실리콘수지

해설 합성수지(플라스틱)
(1) 열가소성 수지 : 열을 가하여 성형한 뒤 열을 가하면 가소성이 생겨 형태를 변형시키는 수지
　㉠ 염화비닐수지, 아크릴수지, 나일론, 폴리에틸렌수지, 폴리스티렌수지 등
(2) 열경화성 수지 : 열을 가하여 성형한 뒤 다시 가열해도 형태가 변형되지 않는 수지
　㉠ 페놀수지, 요소수지, 멜라민수지, 에폭시수지, 폴리에스테르수지, 알키드수지, 실리콘수지 등

참고 폴리스티렌수지 : 발포제로서 보드상으로

성형하여 저온단열재로 사용되며, 천장재, 블라인드 등을 만드는 열가소성수지

10. TQC를 위한 7가지 도구 중 다음 설명에 해당하는 것은?

모집단에 대한 품질특성을 알기 위하여 모집단의 분포상태, 분포의 중심위치, 분포의 산포 등을 쉽게 파악할 수 있도록 막대그래프 형식으로 작성한 도수분포도를 말한다.

① 히스토그램
② 특성요인도
③ 파레토도
④ 체크시트

해설 TQC(전사적 품질 관리)의 7가지 도구
(1) 파레토도 : 불량, 결점, 고장 등의 발생 건수를 항목별로 나누어 크기 순서대로 나열해 놓은 것
(2) 특성요인도 : 결과에 원인이 어떻게 관계하고 있는가를 한눈에 알아보기 위하여 작성하는 것
(3) 히스토그램 : 계량치의 분포가 어떠한 분포를 하는지 알아보기 위해 작성하는 것 (막대그래프 형식)
　• 가로축 : 각 계급의 양 끝값
　• 세로축 : 도수
(4) 산포도(산점도) : 서로 대응하는 두 개의 데이터를 점으로 나타내어 두 변수 간의 상관관계를 나타내는 도구
(5) 체크시트 : 계수치가 어떤 분류의 항목에 어디에 집중되어 있는가를 나타내는 도구
(6) 층별 : 집단을 구성하고 있는 여러 데이터를 몇 개의 부분 집단으로 나눈 것
(7) 관리도 : 작업의 상태가 설정된 기준 내에 들어가는지 판정, 즉 데이터의 편차에서 관리상황과 문제점을 발견해 내기 위한 도구

정답 ◢ **8.** ④　**9.** ③　**10.** ①

건축구조

11. 그림과 같은 직각삼각형인 구조물에서 AC 부재가 받는 힘은?

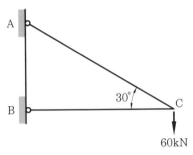

① 30 kN
② $30\sqrt{3}$ kN
③ $60\sqrt{3}$ kN
④ 120 kN

해설 (1) 절점법

$\sum V = 0$ 에서

$F_{AC}\sin30° - 60\,\text{kN} = 0$

$F_{AC} \times \dfrac{1}{2} - 60\,\text{kN} = 0$

$\therefore F_{AC} = 60\,\text{kN} \times 2 = 120\,\text{kN}$

(2) 라미의 정리

$\dfrac{60\,\text{kN}}{\sin30°} = \dfrac{F_{AC}}{\sin90°}$ 에서

$F_{AC} = \dfrac{\sin90°}{\sin30°} \times 60\,\text{kN}$

$\qquad = 2 \times 60\,\text{kN} = 120\,\text{kN}$

12. 그림과 같은 트러스에서 a부재의 부재력은 얼마인가?

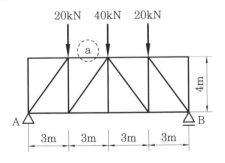

① 20 kN(인장)
② 30 kN(압축)
③ 40 kN(인장)
④ 60 kN(압축)

해설 (1) 반력 $R_A = R_B = \dfrac{P}{2} = \dfrac{80\,\text{kN}}{2} = 40\,\text{kN}$

(2) a부재력

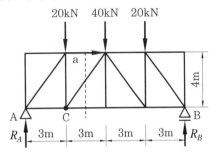

※ 절단법 순서

㉮ 3개의 부재 절단

㉯ 인장재 가정(절점에서 밖으로 향한다.)

㉰ C점에서 모멘트법으로 계산한다.

$\quad \sum M_C = 0$ 에서

$\quad R_A \times 3 + a \times 4 = 0$

$\quad \therefore a = -\dfrac{40 \times 3}{4} = -30\,\text{kN}$(압축재)

13. 1단은 고정, 1단은 자유인 길이 10 m인 철골기둥에서 오일러의 좌굴하중은 얼마인가? (단, $A = 6,000\,\text{mm}^2$, $I_x = 4,000\,\text{cm}^4$, $I_y = 2,000\,\text{cm}^4$, $E = 205,000\,\text{MPa}$)

① 101.2kN
② 168.4kN
③ 195.7kN
④ 202.4kN

해설 좌굴하중(P_{cr})

$= \dfrac{\pi^2 EI}{(KL)^2}$

$= \dfrac{\pi^2 \times 2.05 \times 10^5\,\text{N/mm}^2 \times 2.0 \times 10^7\,\text{mm}^4}{(2.0 \times 10,000\,\text{mm})^2}$

$= 101,163\,\text{N} = 101.2\,\text{kN}$

여기서, E : 탄성계수

$\qquad\quad I$: 단면 2차 모멘트

$\qquad\quad K$: 좌굴길이계수

$\qquad\quad L$: 부재의 길이

14. 프리스트레스하지 않는 부재의 현장치기 콘크리트 중 흙에 접하여 콘크리트를 친 후 영구히 흙에 묻혀 있는 콘크리트의 최소 피복두께 기준으로 옳은 것은?

① 100 mm
② 75 mm
③ 50 mm
④ 40 mm

해설 프리스트레스하지 않는 부재의 현장치기콘크리트의 최소 피복두께
(1) 수중에서 치는 콘크리트 : 100 mm
(2) 흙에 접하여 콘크리트를 친 후 영구히 흙에 묻혀 있는 콘크리트 : 75 mm
(3) 흙에 접하거나 옥외의 공기에 직접 노출되는 콘크리트
  ㉮ D19 이상의 철근 : 50 mm
  ㉯ D16 이하의 철근, 지름 16 mm 이하의 철선 : 40 mm
(4) 옥외의 공기나 흙에 직접 접하지 않는 콘크리트
  ㉮ 슬래브, 벽체, 장선
    • D35 초과하는 철근 : 40 mm
    • D35 이하인 철근 : 20 mm
  ㉯ 보, 기둥 : 40 mm
  ㉰ 셸, 절판부재 : 20 mm

15. 다음 그림과 같이 D16철근이 90° 표준 갈고리로 정착되었다면 이 갈고리의 소요정착길이(L_{dh})는 약 얼마인가?

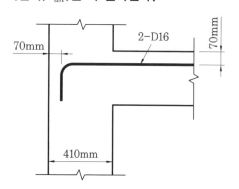

- $L_{hb} = \dfrac{0.24\beta d_b f_y}{\lambda \sqrt{f_{ck}}}$
- 철근도막계수 : 1
- 경량콘크리트계수 : 1
- D16의 공칭지름 : 15.9 mm
- f_{ck} : 21 MPa
- f_y : 400 MPa

① 233mm ② 243mm
③ 253mm ④ 263mm

해설 인장철근의 표준갈고리에 의한 정착
(1) 기본정착길이
  $$L_{hb} = \frac{0.24\beta d_b f_y}{\lambda \sqrt{f_{ck}}}$$
  여기서, β : 에폭시 도막계수(도막되지 않은 경우 : 1.0)
       d_b : 정착 철근의 공칭지름
       f_y : 철근의 항복강도
       f_{ck} : 콘크리트의 설계기준압축강도
       λ : 경량골재콘크리트의 계수
(2) 소요정착길이
  $L_{dh} = L_{hb} \times$ 보정계수 $\geq 8d_b \geq 150\,\text{mm}$
  보정계수 : D35 이하 철근에서 갈고리 평면에 직각인 측면 덮개 7 cm 이상, 연장 끝에서 덮개 5 cm 이상인 경우 0.7
(3) $L_{dh} = L_{hb} \times$ 보정계수
  $$= \frac{0.24 \times 1 \times 15.9 \times 400}{1 \times \sqrt{21}} \times 0.7$$
  $$= 233.16\,\text{mm}$$

건축설비

16. 압력탱크식 급수설비에서 탱크 내의 최고압력이 350 kPa, 흡입양정이 5 m인 경

우, 압력탱크에 급수하기 위해 사용되는 급수펌프의 양정은?

① 약 3.5 m   ② 약 8.5 m
③ 약 35 m   ④ 약 40 m

해설 (1) 압력탱크 방식의 급수경로

지하저수조 → 압력탱크 $\xrightarrow[\text{압축기}]{\text{공기}}$ 급수전 (양수펌프)

(2) 흡입양정 : 저수면에서 끌어올리는 펌프의 중심까지의 거리
(3) 물의 압력(수압)
$P = 0.1H [\text{kgf/cm}^2]$에서
수두 $H = \dfrac{1}{0.1} = 10\,\text{m}$
(4) $1\text{kPa} = 0.01\text{kgf/cm}^2$이므로
$350\,\text{kPa} = 3.5\,\text{kgf/cm}^2$
∴ 수두 $H = 35\,\text{m}$
(5) 압력탱크식 급수펌프의 양정
= 저수조 최고압력+흡입양정
= 35 m+5 m = 40 m

17. 사무소 건물에서 다음과 같이 위생기구를 배치하였을 때 이들 위생기구 전체로부터 배수를 받아들이는 배수수평지관의 관경으로 가장 알맞은 것은?

기구종류	바닥배수	소변기	대변기
배수부하단위	2	4	8
기구수	2	8	2

관경(mm)	배수수평지관의 배수부하단위
75	14
100	96
125	216
150	372

① 75 mm   ② 100 mm
③ 125 mm   ④ 150 mm

해설 기구수×배수부하단위

≤ 배수수평지관의 배수부하단위 → 관경
$2 \times 2 + 8 \times 4 + 2 \times 8 = 52 \leq 96$이므로
∴ 100 mm

18. 다음 중 온수난방에 관한 설명으로 옳지 않은 것은?

① 증기난방에 비해 보일러의 취급이 비교적 쉽고 안전하다.
② 동일 방열량인 경우 증기난방보다 관지름을 작게 할 수 있다.
③ 증기난방에 비해 난방부하의 변동에 따른 온도 조절이 용이하다.
④ 보일러 정지 후에도 여열이 남아 있어 실내난방이 어느 정도 지속된다.

해설 동일 방열량인 경우 온수난방이 증기난방보다 배관의 지름을 크게 해야 한다.

19. 다음 중 압축식 냉동기의 냉동사이클로 옳은 것은?

① 압축 → 응축 → 팽창 → 증발
② 압축 → 팽창 → 응축 → 증발
③ 응축 → 증발 → 팽창 → 압축
④ 팽창 → 증발 → 응축 → 압축

해설 압축식 냉동기 : 냉장고·에어컨 등에 활용
(1) 압축기 : 냉매 압축
(2) 응축기 : 찬바람을 이용하여 액체로 만듦
(3) 팽창밸브 : 액체를 가는 노즐에 통과(교축)시켜 분무시킴
(4) 증발기 : 기체로 만듦

20. 다음 설명에 알맞은 화재의 종류는 어느 것인가?

나무, 섬유, 종이, 고무, 플라스틱류와 같은 일반 가연물이 타고 나서 재가 남는 화재

① A급 화재　　② B급 화재
③ C급 화재　　④ K급 화재

해설 화재의 구분
(1) A급 : 일반화재(나무, 종이, 섬유, 고무, 플라스틱 등 일반재료의 화재)
(2) B급 : 유류화재
(3) C급 : 전기화재
(4) D급 : 금속화재
(5) K급 : 주방화재

건축관계법규

21. 건축법령상 초고층 건축물의 정의로 옳은 것은?

① 층수가 30층 이상이거나 높이가 90 m 이상인 건축물
② 층수가 30층 이상이거나 높이가 120 m 이상인 건축물
③ 층수가 50층 이상이거나 높이가 150 m 이상인 건축물
④ 층수가 50층 이상이거나 높이가 200 m 이상인 건축물

해설 (1) 고층 건축물 : 층수가 30층 이상 또는 높이가 120 m 이상인 건축물
(2) 초고층 건축물 : 층수가 50층 이상 또는 높이가 200 m 이상인 건축물

22. 다음은 공사감리에 관한 기준 내용이다. 밑줄 친 "공사의 공정이 대통령령으로 정하는 진도에 다다른 경우"에 속하지 않는 것은? (단, 건축물의 구조가 철근콘크리트인 경우)

공사감리자는 국토교통부령으로 정하는 바에 따라 감리일지를 기록·유지하여야 하고, 공사의 공정(工程)이 대통령령으로 정하는 진도에 다다른 경우에는 감리중간보고서를 작성하여 건축주에게 제출하여야 한다.

① 지붕슬래브배근을 완료한 경우
② 기초공사 시 철근배치를 완료한 경우
③ 기초공사에서 주춧돌의 설치를 완료한 경우
④ 지상 5개 층마다 상부 슬래브배근을 완료한 경우

해설 공사의 공정이 대통령령으로 정하는 진도에 다다른 경우
(1) 철근콘크리트조·철골철근콘크리트조·조적조·보강콘크리트블록조
㉮ 기초공사 시 철근배치를 완료한 경우
㉯ 지붕슬래브배근을 완료한 경우
㉰ 지상 5개 층마다 상부 슬래브배근을 완료한 경우
(2) 철골조
㉮ 기초공사 시 철근배치를 완료한 경우
㉯ 지붕철골 조립을 완료한 경우
㉰ 지상 3개 층마다 또는 높이 20 m마다 주요구조부의 조립을 완료할 경우
(3) 상기구조 이외의 경우 : 기초공사에서 거푸집 또는 주춧돌의 설치를 완료한 단계

23. 건축물에 설치하는 피난안전구역의 구조 및 설비에 관한 기준 내용으로 옳지 않은 것은?

① 피난안전구역의 높이는 1.8 m 이상일 것
② 피난안전구역의 내부마감재료는 불연재료로 설치할 것
③ 비상용 승강기는 피난안전구역에서 승하차할 수 있는 구조로 설치할 것

④ 건축물의 내부에서 피난안전구역으로 통하는 계단은 특별피난계단의 구조로 설치할 것

해설 피난안전구역의 높이는 2.1 m 이상으로 해야 한다.

24. 전용주거지역 또는 일반주거지역 안에서 높이 8 m의 2층 건축물을 건축하는 경우, 건축물의 각 부분은 일조 등의 확보를 위하여 정북 방향으로의 인접 대지경계선으로부터 최소 얼마 이상 띄어 건축하여야 하는가?

① 1 m ② 1.5 m
③ 2 m ④ 3 m

해설 일조 등의 확보를 위한 건축물의 높이 제한 : 전용주거지역이나 일반주거지역에서 건축물을 건축하는 경우에는 건축물의 각 부분을 정북 방향으로의 인접 대지경계선으로부터 다음 범위에서 건축조례로 정하는 거리 이상을 띄어 건축하여야 한다.
(1) 높이 9 m 이하인 부분 : 인접 대지경계선으로부터 1.5 m 이상
(2) 높이 9 m를 초과하는 부분 : 인접 대지경계선으로부터 해당 건축물 각 부분 높이의 2분의 1 이상

25. 다음 중 노외주차장의 출구 및 입구를 설치할 수 있는 장소는?

① 육교로부터 4 m 거리에 있는 도로의 부분
② 지하횡단보도에서 10 m 거리에 있는 도로의 부분
③ 초등학교 출입구로부터 15 m 거리에 있는 도로의 부분
④ 장애인복지시설 출입구로부터 15 m 거리에 있는 도로의 부분

해설 노외주차장의 출구 및 입구를 설치할 수 없는 장소
(1) 횡단보도 · 육교 · 지하횡단보도로부터 5 m 이내의 도로 부분
(2) 초등학교 · 유아원 · 유치원 · 특수학교 · 노인복지시설 · 장애인복지시설 · 아동전용시설의 출입구로부터 20 m 이내의 도로 부분

제2강 핵심 단기 학습

건축계획

1. 다포식(多包式) 건축양식에 관한 설명으로 옳지 않은 것은?

① 기둥 상부에만 공포를 배열한 건축양식이다.

② 주로 궁궐이나 사찰 등의 주요 정전에 사용되었다.

③ 주심포 형식에 비해서 지붕하중을 등분포로 전달할 수 있는 합리적 구조법이다.

④ 간포를 받치기 위해 창방 외에 평방이라는 부재가 추가되었으며 주로 팔작지붕이 많다.

해설 기둥 상부에만 공포(기둥 위에서 처마를 받치는 구조)를 배열한 건축양식은 주심포식 건축양식이다.

2. 주택 부엌에서 작업 삼각형(work triangle)의 구성요소에 속하지 않는 것은?

① 개수대

② 배선대

③ 가열대

④ 냉장고

해설 작업 삼각형은 냉장고, 개수대, 가열대를 잇는 삼각형이다.

3. 사무소 건축의 실단위계획에 관한 설명으로 옳지 않은 것은?

① 개실 시스템은 독립성과 쾌적감의 이점이 있다.

② 개방식 배치는 전면적을 유용하게 사용할 수 있다.

③ 개방식 배치는 개실 시스템보다 공사비가 저렴하다.

④ 오피스 랜드스케이프(office landscape)는 개실 시스템을 위한 실단위계획이다.

해설 오피스 랜드스케이프(풍경) 방식은 개방된 큰 실에서 전실을 의사 전달, 작업 흐름에 따라 배치하는 방식으로 개방식 배치이다.

4. 극장의 평면 형식 중 애리나(arena)형에 관한 설명으로 옳지 않은 것은?

① 관객이 무대를 360도로 둘러싼 형식이다.

② 무대의 장치나 소품은 주로 낮은 기구들로 구성된다.

③ 픽처 프레임 스테이지(picture frame stage)형이라고도 한다.

④ 가까운 거리에서 관람하면서 많은 관객을 수용할 수 있다.

해설 ③은 프로시니엄형에 대한 설명이다.

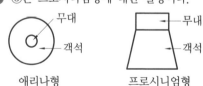

애리나형   프로시니엄형

정답 1. ①   2. ②   3. ④   4. ③

5. 종합병원 건축계획에 관한 설명으로 옳지 않은 것은?

① 간호사 대기실은 각 간호단위 또는 층별, 동별로 설치한다.

② 수술실의 바닥마감은 전기도체성 마감을 사용하는 것이 좋다.

③ 병실의 창문은 환자가 병상에서 외부를 전망할 수 있게 하는 것이 좋다.

④ 우리나라의 일반적인 외래진료 방식은 오픈 시스템이며 대규모의 각종 과를 필요로 한다.

〔해설〕 (1) 우리나라의 외래진료 방식은 폐쇄형 시스템(closed system)이며, 대규모의 각종 과(내과·외과 등)를 설치하고 있다.

(2) 개방형 시스템(open system)은 미국·유럽에서 운영하는 방식으로 종합병원에 등록된 개업의사가 진료실을 사용하는 방식이다.

건축시공

6. 공동도급방식(joint venture)에 관한 설명으로 옳은 것은?

① 2명 이상의 수급자가 어느 특정 공사에 대하여 협동으로 공사계약을 체결하는 방식이다.

② 발주자, 설계자, 공사관리자의 세 전문집단에 의하여 공사를 수행하는 방식이다.

③ 발주자와 수급자가 상호신뢰를 바탕으로 팀을 구성하여 공동으로 공사를 수행하는 방식이다.

④ 공사수행방식에 따라 설계/시공(D/B)방식과 설계/관리(D/M)방식으로 구분한다.

〔해설〕 ① 공동도급방식(joint venture)은 2명 이상의 수급자가 어느 특정 공사에 대하여 협동으로 공사계약을 체결하는 방식이다.

② 발주자, 설계자, 공사관리자(CM)의 세 전문집단에 의하여 공사를 수행하는 방식은 공사관리계약방식이다.

③ 발주자와 수급자가 한 팀을 구성하여 시공하는 방식은 파트너링 방식이다.

④ 공사수행방식에 따라 설계/시공(D/B)방식과 설계/관리(D/M)방식으로 구분하는 것은 턴키 방식이다.

7. 레디믹스트 콘크리트 발주 시 호칭규격인 25 – 24 – 150에서 알 수 없는 것은?

① 염화물 함유량

② 슬럼프(slump)

③ 호칭강도

④ 굵은 골재의 최대치수

〔해설〕 레미콘 호칭규격 25 – 24 – 150

• 25 : 굵은 골재의 최대치수 25 mm

• 24 : 재령 28일 호칭강도 24 MPa(N/mm^2)

• 150 : 슬럼프 150 mm

8. 블록조 벽체에 와이어메시를 가로줄눈에 묻어 쌓기도 하는데 이에 관한 설명으로 옳지 않은 것은?

① 전단작용에 대한 보강이다.

② 수직하중을 분산시키는 데 유리하다.

③ 블록과 모르타르의 부착성능의 증진을 위한 것이다.

④ 교차부의 균열을 방지하는 데 유리하다.

〔해설〕 블록 벽체에 와이어메시(용접 철망)를 가로줄눈에 묻어 쌓으면 전단작용 보강, 수직하중 분산, 교차부 균열 방지 등의 효과가 있다.

9. 칠공사에 사용되는 희석제의 분류가 잘못

연결된 것은?

① 송진 건류품 – 테레빈유

② 석유 건류품 – 휘발유, 석유

③ 콜타르 증류품 – 미네랄 스피리트

④ 송근 건류품 – 송근유

해설 (1) 희석제(thinner : 휘발성 용제) 사용 목적

㉮ 유성페인트, 바니시 등의 점도를 작게 한다.

㉯ 귀얄(솔)칠이 잘되게 한다.

㉰ 칠 바탕에 침투하여 바탕에 교착이 잘되게 한다.

(2) 희석제의 종류

㉮ 송진 건류품 : 테레빈유

㉯ 석유 건류품 : 미네랄 스피리트, 벤진, 휘발유, 석유

㉰ 콜타르 증류품 : 벤졸, 솔벤트 나프타

㉱ 송근 건류품 : 송근유

10. 건축공사에서 VE(value engineering) 의 사고방식으로 옳지 않은 것은?

① 기능 분석

② 제품 위주의 사고

③ 비용 절감

④ 조직적 노력

해설 가치공학(value engineering) : 기능을 유지 또는 향상시키면서 비용을 절감하여 가치를 극대화하는 기법

(1) $V = \dfrac{F}{C}$

여기서, V : 가치(value)

F : 기능(function)

C : 비용(cost)

(2) 사고방식

㉮ 고정 관념 제거

㉯ 기능 중심 사고

㉰ 사용자 중심 사고

㉱ 조직적 노력

건축구조

11. 그림과 같은 구조물의 부정정 차수는?

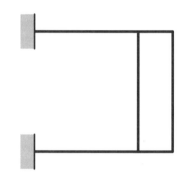

① 3차 부정정   ② 4차 부정정

③ 5차 부정정   ④ 6차 부정정

해설 구조물의 판별

$m = n + s + r - 2k = 6 + 6 + 6 - 2 \times 6$

$= 6$차 부정정

여기서, n : 반력수, s : 부재수

r : 강절점수, k : 절점수

12. 그림과 같은 단면에서 x 축에 대한 단면 2차 모멘트는?

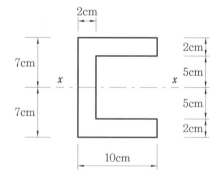

① 1,420 cm⁴

② 1,520 cm⁴

③ 1,620 cm⁴

④ 1,720 cm⁴

해설 $I_x = I_{x_1} - I_{x_2} = \dfrac{10 \times 14^3}{12} - \dfrac{8 \times 10^3}{12}$

$= 1,620\,\mathrm{cm}^4$

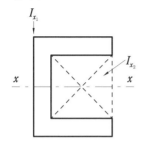

13. 그림과 같이 양단이 회전단인 부재의 좌굴축에 대한 세장비는?

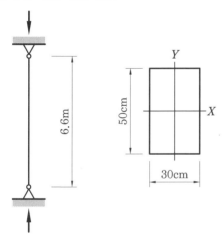

① 76.2   ② 84.28

③ 94.64   ④ 103.77

해설 장주

(1) 유효좌굴길이$(L_k) = kL$

1단고정 타단자유	양단힌지	1단힌지 타단고정	양단고정
L	L	L	L
$2L$	$1.0L$	$0.7L$	$0.5L$

(2) 좌굴축 : 단면 2차 모멘트가 최소인 축

(3) 세장비$(\lambda) = \dfrac{L_k}{i_{\min}}$

$= \dfrac{6,600}{\sqrt{\dfrac{500 \times 300^3}{12} \times \dfrac{1}{500 \times 300}}} = 76.21$

여기서, L_k : 유효좌굴길이

i : 최소회전반경 $\left(\sqrt{\dfrac{I_{\min}}{A}} \right)$

14. 보통중량콘크리트를 사용한 그림과 같은 보의 단면에서 외력에 의해 휨 균열을 일으키는 균열모멘트(M_{cr})값으로 옳은 것은? (단, $f_{ck} = 27\,\mathrm{MPa}$, $f_y = 400\,\mathrm{MPa}$, 철근은 개략적으로 도시되었음)

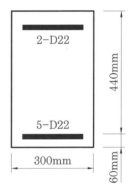

① 29.5 kN·m   ② 34.7 kN·m

③ 40.9 kN·m   ④ 52.4 kN·m

해설 (1) 휨인장강도 f_r

$= 0.63 \lambda \sqrt{f_{ck}}\,[\mathrm{MPa}]$

$= 0.63 \times 1 \times \sqrt{27} = 3.27\,\mathrm{MPa}$

여기서, λ : 경량콘크리트계수

(보통중량콘크리트 $\lambda = 1$)

f_{ck} : 콘크리트의 설계기준강도

(2) 휨균열 모멘트 $M_{cr} = \dfrac{I_g}{y_t} f_r$

$= \dfrac{\dfrac{300\,\mathrm{mm} \times (500\,\mathrm{mm})^3}{12}}{250\,\mathrm{mm}} \times 3.27\,\mathrm{N/mm}^2$

$= 40,875,000\,\mathrm{N \cdot mm} = 40.875\,\mathrm{kN \cdot m}$

여기서, I_g : 총단면 2차 모멘트

y_t : 중립축에서 인장측면단면까지
의 거리

15. 강도설계법에서 D22 압축 이형철근의 기본정착길이 l_{db}는? (단, 경량콘크리트 계수 $\lambda = 1.0$, $f_{ck} = 27\,\text{MPa}$, $f_y = 400\,\text{MPa}$)

① 200.5 mm 　　② 378.4 mm

③ 423.4 mm 　　④ 604.6 mm

해설 $l_{db} = \dfrac{0.25 d_b f_y}{\lambda \sqrt{f_{ck}}} \geq 0.043 d_b f_y$ 에서

$l_{db} = \dfrac{0.25 \times 22 \times 400}{1 \times \sqrt{27}} = 423.4\,\text{mm}$

$l_{db} = 0.043 \times 22 \times 400 = 378.4\,\text{mm}$

$\therefore\ l_{db} = 423.4\,\text{mm}$

여기서, d_b : 철근의 공칭지름

f_y : 철근의 항복강도

f_{ck} : 콘크리트의 설계기준강도

λ : 경량콘크리트(보통중량콘크리트) 계수

건축설비

16. 급수설비에서 펌프의 실양정이 의미하는 것은? (단, 물을 높은 곳으로 보내는 경우)

① 배관계의 마찰손실에 해당하는 높이

② 흡수면에서 토출수면까지의 수직거리

③ 흡수면에서 펌프축 중심까지의 수직 거리

④ 펌프축 중심에서 토출수면까지의 거리

해설 • 실양정＝흡입양정＋토출양정

• 전양정＝실양정＋마찰손실수두

17. 다음 중 증기난방에 관한 설명으로 옳지 않은 것은?

① 응축수 환수관 내에 부식이 발생하기 쉽다.

② 동일 방열량인 경우 온수난방에 비해 방열기의 방열면적이 작아도 된다.

③ 방열기를 바닥에 설치하므로 복사난방에 비해 실내바닥의 유효면적이 줄어든다.

④ 온수난방에 비해 예열시간이 길어서 충분한 난방감을 느끼는 데 시간이 걸린다.

해설 증기난방은 온수난방에 비해 예열시간이 짧아 빠른 시간 내에 충분한 난방감을 느낄 수 있다.

18. 냉방부하 계산 결과 현열부하가 620 W, 잠열부하가 155 W일 경우, 현열비는?

① 0.2 　　② 0.25

③ 0.4 　　④ 0.8

해설 (1) 현열(sensible heat) : 온도 변화에 필요한 열량(kcal)

(2) 잠열(latent heat) : 상태 변화(고체 → 액체 → 기체)에 필요한 열량(kcal)

(3) 현열비(SHF)

$= \dfrac{\text{현열량}}{\text{현열량} + \text{잠열량}} = \dfrac{620}{620 + 155}$

$= 0.8$

19. 전기설비가 어느 정도 유효하게 사용되는가를 나타내며, 다음과 같은 식으로 산정되는 것은?

$$\dfrac{\text{부하의 평균전력}}{\text{최대수용전력}} \times 100\%$$

① 역률 　　② 부등률

③ 부하율 　　④ 수용률

해설 ① 역률= $\dfrac{\text{유효전력}}{\text{피상전력}}$

② 부등률= $\dfrac{\text{각 부하의 최대수용전력의 합계}}{\text{합성 최대수용전력}}$

$\times 100\%$

③ 부하율= $\dfrac{\text{평균사용전력}}{\text{최대수용전력}} \times 100\%$

④ 수용률= $\dfrac{\text{최대수용전력}}{\text{총부하설비용량}} \times 100\%$

20. 옥내소화전설비의 설치 대상 건축물로서 옥내소화전의 설치개수가 가장 많은 층의 설치개수가 6개인 경우, 옥내소화전설비 수원의 유효 저수량은 최소 얼마 이상이 되어야 하는가?

① 7.8 m³   ② 10.4 m³
③ 13.0 m³   ④ 15.6 m³

해설 옥내소화전설비의 저수량(m³) : 옥내소화전의 설치개수가 가장 많은 층의 설치개수 (단, 옥내소화전의 개수가 5개 이상 설치된 경우는 5개)× 2.6m³

따라서 설치개수가 6개인 경우는 5개 이상이므로

$5 \times 2.6m^3 = 13.0m^3$

건축관계법규

21. 다음 중 내화구조에 해당하지 않는 것은 어느 것인가?

① 벽의 경우 철재로 보강된 콘크리트블록조·벽돌조 또는 석조로서 철재에 덮은 콘크리트블록 등의 두께가 3 cm 이상인 것

② 기둥의 경우 철근콘크리트조로서 그 작은 지름이 25 cm 이상인 것
③ 바닥의 경우 철근콘크리트조로서 두께가 10 cm 이상인 것
④ 철근콘크리트조로 된 보

해설 벽의 경우 철재로 보강된 콘크리트블록조·벽돌조 또는 석조로서 철재에 덮은 콘크리트블록 등의 두께가 5 cm 이상인 것이 내화구조이다.

22. 건축법령상 공사감리자가 수행하여야 하는 감리업무에 속하지 않는 것은?

① 공정표의 작성
② 상세시공도면의 검토·확인
③ 공사현장에서의 안전관리의 지도
④ 설계변경의 적정여부의 검토·확인

해설 공정표의 작성은 공사관리자의 업무에 해당한다.

23. 다음 중 건축물의 내부에 설치하는 피난계단의 구조에 관한 기준 내용으로 옳지 않은 것은?

① 계단의 유효너비는 0.9 m 이상으로 할 것
② 계단실의 실내에 접하는 부분의 마감은 불연재료로 할 것
③ 계단은 내화구조로 하고 피난층 또는 지상까지 직접 연결되도록 할 것
④ 건축물의 내부에서 계단실로 통하는 출입구의 유효너비는 0.9 m 이상으로 할 것

해설 건축물의 내부에 설치하는 피난계단의 구조
(1) 계단실은 창문·출입구 기타 개구부를 제외한 당해 건축물의 다른 부분과 내화구조의 벽으로 구획할 것
(2) 계단실의 실내에 접하는 부분의 마감은

불연재료로 할 것

(3) 계단실에는 예비전원에 의한 조명설비를 할 것

(4) 계단실의 바깥쪽과 접하는 창문 등은 당해 건축물의 다른 부분에 설치하는 창문 등으로부터 2 m 이상의 거리를 두고 설치할 것

(5) 건축물의 내부와 접하는 계단실의 창문 등(출입구 제외)은 망이 들어 있는 유리의 붙박이창으로서 그 면적을 각각 1 m² 이하로 할 것

(6) 건축물의 내부에서 계단실로 통하는 출입구의 유효너비는 0.9 m 이상으로 할 것

(7) 계단은 내화구조로 하고 피난층 또는 지상까지 직접 연결되도록 할 것

※ ①은 건축물의 바깥쪽에 설치하는 피난계단의 구조에 해당한다.

24. 공동주택과 오피스텔의 난방설비를 개별난방방식으로 하는 경우에 관한 기준 내용으로 틀린 것은?

① 보일러는 거실 외의 곳에 설치할 것

② 보일러실의 윗부분에는 그 면적이 0.5 m² 이상인 환기창을 설치할 것

③ 보일러실과 거실 사이의 출입구는 그 출입구가 닫힌 경우에는 보일러가스가 거실에 들어갈 수 없는 구조로 할 것

④ 보일러의 연도는 내화구조로서 개별연도로 설치할 것

해설 보일러의 연도는 내화구조로서 공동연도로 설치할 것

25. 지하식 또는 건축물식 노외주차장의 차로에 관한 기준 내용으로 틀린 것은?

① 경사로 노면은 거친 면으로 하여야 한다.

② 높이는 주차바닥면으로부터 2.3미터 이상으로 하여야 한다.

③ 경사로의 종단경사도는 직선 부분에서는 14퍼센트를 초과하여서는 아니 된다.

④ 주차대수 규모가 50대 이상인 경우의 경사로는 너비 6미터 이상인 2차로를 확보하거나 진입차로와 진출차로를 분리하여야 한다.

해설 노외주차장 경사로의 종단경사도

(1) 직선 부분 : 17 % 이하

(2) 곡선 부분 : 14 % 이하

Short Learning

제**3**강 핵심 단기 학습

건축계획

1. 건축양식의 시대적 순서가 가장 올바르게 나열된 것은?

| ⓐ 로마네스크 | ⓑ 바로크 | ⓒ 고딕 |
| ⓓ 르네상스 | ⓔ 비잔틴 | |

① ⓐ → ⓒ → ⓓ → ⓑ → ⓔ
② ⓐ → ⓒ → ⓓ → ⓔ → ⓑ
③ ⓔ → ⓓ → ⓒ → ⓐ → ⓑ
④ ⓔ → ⓐ → ⓒ → ⓓ → ⓑ

해설 건축양식의 시대적 순서 : 이집트 → 그리스 → 로마 → 초기 기독교 → 비잔틴 → 로마네스크 → 고딕 → 르네상스 → 바로크 → 로코코

2. 다음 중 단독주택의 부엌 크기 결정 요소로 볼 수 없는 것은?

① 작업대의 면적
② 주택의 연면적
③ 주부의 동작에 필요한 공간
④ 후드(hood)의 설치에 의한 공간

해설 단독주택의 부엌 크기 결정 요소
(1) 작업대(준비대·가열대·조리대·배선대 등) 면적
(2) 주부의 동작에 필요한 공간
(3) 주방수납에 필요한 공간
(4) 연료의 공급 방법
(5) 주택의 가족수·연면적

3. 사무소 건축에서 오피스 랜드스케이핑 (office landscaping)에 관한 설명으로 옳지 않은 것은?

① 프라이버시 확보가 용이하여 업무의 효율성이 증대된다.
② 커뮤니케이션의 융통성이 있고 장애요인이 거의 없다.
③ 실내에 고정된 칸막이를 설치하지 않으며 공간을 절약할 수 있다.
④ 변화하는 작업의 패턴에 따라 조절이 가능하며 신속하고 경제적으로 대처할 수 있다.

해설 오피스 랜드스케이핑 방식은 사무실 건축에서 실내에 고정된 칸막이를 설치하지 않으므로 업무의 효율성은 증대되나 프라이버시 확보가 어렵다.

4. 다음 중 연극을 감상하는 경우 배우의 표정이나 동작을 상세히 감상할 수 있는 시각 한계는?

① 3 m
② 5 m
③ 10 m
④ 15 m

해설 극장의 객석의 거리
(1) 생리적 한계 : 배우의 표정이나 동작을 상세히 감상할 수 있는 시각 한계(15 m)
(2) 제1차 허용한도 : 잘 보이고 많은 관객을 수용한다.(22 m)
(3) 제2차 허용한도 : 연기자의 일반적인 동작을 볼 수 있는 정도(35 m)

정답 **1.** ④ **2.** ④ **3.** ① **4.** ④

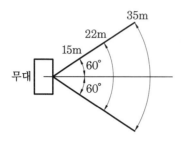

③ 현장 조직 관리 업무와 공정 관리 업무

④ 자재 조달 업무와 시공도 작성 업무

(해설) 시공도 작성 업무는 시공자의 업무이다.

(참고) 공사 관리 계약 방식(CM : construction management) : 발주자를 대리인으로 하여 설계자와 시공자를 조정하고 기획·설계·시공·유지관리 등의 업무의 전부 또는 일부를 관리하는 방식

5. 병원 건축 형식 중 분관식(pavillion type)에 관한 설명으로 옳은 것은?

① 대지가 협소할 경우 주로 적용된다.

② 보행길이가 짧아져 관리가 용이하다.

③ 각 병실의 일조, 통풍 환경을 균일하게 할 수 있다.

④ 급수, 난방 등의 배관길이가 짧아져 설비비가 적게 된다.

(해설) 병원건축 분관식(파빌리온 타입)

(1) 기능별(병동부·진료부·외래진료부)로 구분하여 분동시켜 배치한다.

(2) 넓은 대지일 때 가능하다.

(3) 보행길이가 길어지고 관리가 어렵다.

(4) 배관길이가 길어져 설비비가 많이 든다.

(5) 각 병실의 일조, 통풍을 균일하게 할 수 있다.

7. 콘크리트 이어치기에 관한 설명으로 옳지 않은 것은?

① 보의 이어치기는 전단력이 가장 적은 스팬의 중앙부에서 수직으로 한다.

② 슬래브(slab)의 이어치기는 가장자리에서 한다.

③ 아치의 이어치기는 아치 축에 직각으로 한다.

④ 기둥의 이어치기는 바닥판 윗면에서 수평으로 한다.

(해설) 콘크리트 이어치기 주의사항

(1) 보나 바닥판(slab)은 중앙부에서 수직으로 이어치기 한다.

(2) 내민보나 내민 슬래브는 이어치기를 하지 않는다.

(3) 슬래브의 중간에 작은 보가 있는 경우는 작은 보의 2배 떨어진 위치에서 수직으로 이어치기 한다.

(4) 기둥은 바닥판 윗면에서 수평으로 이어치기 한다.

건축시공

6. CM(construction management)의 주요 업무가 아닌 것은?

① 설계부터 공사 관리까지 전반적인 지도, 조언, 관리 업무

② 입찰 및 계약 관리 업무와 원가 관리 업무

8. 유리섬유, 합성섬유 등의 망상포를 적층하여 도포하는 도막방수 공법은?

① 시멘트액체방수 공법

② 라이닝 공법

③ 스터코마감 공법

④ 루핑 공법

(정답) **5.** ③ **6.** ④ **7.** ② **8.** ②

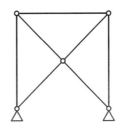

해설 라이닝계 도막방수 : 망상포(유리섬유·합성섬유)를 펼치고 합성수지나 합성고무를 칠하는 방식

9. 문 윗틀과 문짝에 설치하여 문이 자동적으로 닫혀지게 하며, 개폐압력을 조절할 수 있는 장치는?

① 도어 체크(door check)
② 도어 홀더(door holder)
③ 피벗 힌지(pivot hinge)
④ 도어 체인(door chain)

해설 도어 체크(도어 클로저)

(1) 문 윗틀과 문짝에 설치하여 문이 개폐압력을 조절하면서 닫혀지게 하는 장치
(2) 여닫이문을 자동으로 닫히게 하는 장치

10. 건축공사에서 활용되는 견적방법 중 가장 상세한 공사비의 산출이 가능한 견적방법은?

① 명세견적 ② 개산견적
③ 입찰견적 ④ 실행견적

해설 (1) 명세견적(detailed estimate) : 정밀한 적산을 하며 공사비를 산출한 것으로서 정밀견적이라고도 한다.
(2) 개산견적(approximate estimate) : 실적 통계 등을 참고로 하여 개략적으로 공사비를 산출하는 방식

건축구조

11. 다음 그림과 같은 구조물의 부정정 차수는?

① 1차 ② 2차
③ 3차 ④ 4차

해설 구조물 판별식
$$m = n + s + r - 2k$$
$$= 4 + 7 + 0 - 2 \times 5 = 1차$$
∴ 1차 부정정
여기서, n : 반력수, s : 부재수
r : 강절점수, k : 절점수

12. 직경 2.2 cm, 길이 50 cm의 강봉에 축방향 인장력을 작용시켰더니 길이는 0.04 cm 늘어났고 직경은 0.0006 cm 줄었다. 이 재료의 푸아송수는?

① 0.015 ② 0.34
③ 2.93 ④ 66.67

해설 (1) 세로 변형도$(\varepsilon) = \dfrac{\Delta l}{l}$

여기서, l : 재료의 길이
Δl : 변형량

(2) 가로 변형도$(\beta) = \dfrac{\Delta d}{d}$

여기서, d : 지름
Δd : 변형량

(3) 푸아송비$(\gamma) = \dfrac{\beta}{\varepsilon}$

(4) 푸아송수$(m) = \dfrac{\varepsilon}{\beta} = \dfrac{1}{\gamma}$

∴ $m = \dfrac{\dfrac{\Delta l}{l}}{\dfrac{\Delta d}{d}} = \dfrac{\dfrac{0.04}{50}}{\dfrac{0.0006}{2.2}} = 2.933$

13. 다음과 같은 단순보의 최대 처짐량($\delta_{\max}$)이 30 cm 이하가 되기 위하여 보의 단면 2차 모멘트는 최소 얼마 이상이 되어야 하는가? (단, 보의 탄성계수는 $E = 1.25 \times 10^4$ N/mm²)

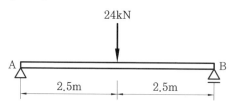

24kN

A _____ B
  2.5m   2.5m

① 1,500 cm⁴   ② 1,670 cm⁴
③ 2,000 cm⁴   ④ 2,500 cm⁴

해설 $\delta_{\max} = \dfrac{Pl^3}{48EI}$ 에서

$$I = \frac{Pl^3}{48E\delta_{\max}} = \frac{24 \times 10^3 \times (5,000)^3}{48 \times 1.25 \times 10^4 \times 300}$$
$$= 16,666,666.67\,\text{mm}^4 = 1,666\,\text{cm}^4$$

14. 강도설계법에서 처짐을 계산하지 않는 경우 스팬이 8.0 m인 단순지지된 보의 최소 두께로 옳은 것은? (단, 보통중량콘크리트와 $f_y = 400$ MPa 철근을 사용한 경우)

① 380 mm   ② 430 mm
③ 500 mm   ④ 600 mm

해설 (1) 처짐을 계산하지 않는 경우 보·리브가 있는 1방향 슬래브 최소 두께(보통중량 콘크리트와 $f_y = 400$MPa)

단순지지	1단연속	양단연속	캔틸레버
$\dfrac{l}{16}$	$\dfrac{l}{18.5}$	$\dfrac{l}{21}$	$\dfrac{l}{8}$

(2) 최소두께
$$h = \frac{l}{16} = \frac{8,000}{16} = 500\text{mm}$$

15. 철근 콘크리트 단순보에서 순간탄성처짐

이 0.9 mm이었다면 1년 뒤 이 부재의 총처짐량을 구하면? (단, 시간경과계수 $\xi = 1.4$, 압축철근비 $\rho' = 0.01071$)

① 1.52 mm   ② 1.72 mm
③ 1.92 mm   ④ 2.12 mm

해설 총처짐 = 탄성처짐 + 장기처짐

(1) 탄성처짐(즉시처짐, 순간처짐) : 단순보에 등분포하중이 작용하는 경우
$$\delta_{\max} = \frac{5wL^4}{384EI}$$

(2) 장기처짐
㉮ 건조수축·크리프변형 등에 의해 시간의 경과에 따라 변형이 지속적으로 발생하는 처짐
㉯ 장기처짐 = 탄성처짐 × 장기처짐계수(λ_Δ)
㉰ 장기처짐계수(λ_Δ) = $\dfrac{\xi}{1 + 50\rho'}$

여기서, ρ' : 압축철근비$\left(= \dfrac{A_s}{bd} \right)$
ξ : 시간경과계수(5년 이상 : 2.0, 1년 이상 : 1.4, 6개월 이상 : 1.2, 3개월 이상 : 1.0)

(3) 총처짐량
= 탄성처짐 + 탄성처짐 × 장기처짐계수
$$= 0.9 + 0.9 \times \frac{1.4}{1 + 50 \times 0.01071}$$
$$= 1.72\text{mm}$$

건축설비

16. 급수방식 중 펌프직송방식에 관한 설명으로 옳지 않은 것은?

① 전력 차단 시 급수가 불가능하다.
② 고가수조방식에 비해 수질오염 가능성

이 크다.
③ 건축적으로 건물의 외관 디자인이 용이해지고 구조적 부담이 경감된다.
④ 적정한 수압과 수량확보를 위해서는 정교한 제어장치 및 내구성 있는 제품의 선정이 필요하다.

해설 (1) 급수방식
⑦ 수도직결방식 : 수도인입관→각실 수전
⑭ 고가수조방식 : 수도인입관→지하저수조→양수펌프→고가수조→각실 수전
⑮ 압력탱크방식 : 수도인입관→지하저수조→양수펌프→압력탱크→각실 수전
⑯ 펌프직송방식 : 수도인입관→지하저수조→양수펌프→각실 수전
(2) 펌프직송방식은 고가수조에 저장된 물을 사용하지 않으므로 고가수조방식에 비하여 수질오염이 적은 편이다.

17. 습공기의 건구온도와 습구온도를 알 때 습공기 선도에서 구할 수 있는 상태값이 아닌 것은?
① 엔탈피　　　　② 비체적
③ 기류속도　　　④ 절대습도

해설 습공기 선도

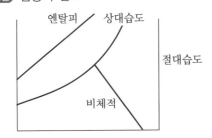

18. 온수난방과 비교한 증기난방의 설명으로 옳은 것은?
① 예열시간이 길다.
② 한랭지에서 동결의 우려가 있다.
③ 부하변동에 따른 방열량 제어가 용이

하다.
④ 열매온도가 높으므로 방열기의 방열면적이 작아진다.

해설 ① 예열시간이 짧다.
② 배관내 수증기를 사용하므로 동결의 우려가 적다.
③ 온수난방은 온도 조절이 가능하나 증기난방은 잠열을 사용하므로 방열량 조절이 곤란하다.
④ 증기난방의 열매는 수증기로서 고온고압이므로 단위면적당 방열량이 많기 때문에 방열면적이 작아도 된다.

참고 증기난방과 온수난방의 비교

구분	증기난방	온수난방
예열시간	짧다	길다
배관관경 방열면적	작다	크다
방열량	크다	작다
열운반능력	증발잠열 (크다)	현열(작다)
방열량 조절	어렵다	용이하다

19. 다음 중 변전실에 관한 설명으로 옳지 않은 것은?
① 부하의 중심에 설치한다.
② 외부로부터 전력의 수전이 용이해야 한다.
③ 발전기실과 가능한 한 거리를 두고 설치한다.
④ 간선의 배선과 점검·유지보수가 용이한 장소에 설치한다.

해설 변전실
(1) 발전소의 전력을 전압을 낮추어 수요자에게 보내주는 설비
(2) 부하(전기를 필요로 하는 곳)의 중심에 설치한다.
(3) 발전기실은 변전실과 인접하도록 배치하고, 냉각수 공급, 연료의 공급, 급기 및 배

기 용이성, 연돌과의 관계를 고려한 위치로 한다.

20. 다음은 옥내소화전설비에서 전동기에 따른 펌프를 이용하는 가압송수장치에 관한 설명이다. ( ) 안에 알맞은 것은?

> 특정소방대상물의 어느 층에 있어서도 해당 층의 옥내소화전(5개 이상 설치된 경우에는 5개의 옥내소화전)을 동시에 사용할 경우 각 소화전의 노즐선단에서의 방수압력이 (ⓐ) 이상이고, 방수량이 (ⓑ) 이상이 되는 성능의 것으로 할 것

① ⓐ 0.17 MPa, ⓑ 130 L/min
② ⓐ 0.17 MPa, ⓑ 250 L/min
③ ⓐ 0.34 MPa, ⓑ 130 L/min
④ ⓐ 0.34 MPa, ⓑ 250 L/min

해설 옥내소화전설비에서 전동기에 따른 펌프를 이용하는 가압송수장치의 노즐선단
 (1) 방수압력 : 0.17 MPa 이상
 (2) 방수량 : 130 L/min 이상

건축관계법규

21. 다음 중 두께에 관계없이 방화구조에 해당되는 것은?
① 심벽에 흙으로 맞벽치기한 것
② 석고판 위에 회반죽을 바른 것
③ 시멘트모르타르 위에 타일을 붙인 것
④ 석고판 위에 시멘트모르타르를 바른 것

해설 방화구조(화염의 확산을 방지하는 구조)
 (1) 철망모르타르로서 그 바름두께가 2 cm 이상인 것

 (2) 석고판 위에 시멘트모르타르 또는 회반죽을 바른 것으로서 그 두께의 합계가 2.5 cm 이상인 것
 (3) 시멘트모르타르 위에 타일을 붙인 것으로서 그 두께의 합계가 2.5 cm 이상인 것
 (4) 심벽에 흙으로 맞벽치기한 것

22. 건축지도원에 관한 설명으로 틀린 것은?
① 허가를 받지 아니하고 건축하거나 용도변경한 건축물의 단속 업무를 수행한다.
② 건축지도원은 시장, 군수, 구청장이 지정할 수 있다.
③ 건축지도원의 자격과 업무범위는 국토교통부령으로 정한다.
④ 건축신고를 하고 건축 중에 있는 건축물의 시공 지도와 위법 시공 여부의 확인·지도 및 단속 업무를 수행한다.

해설 건축지도원의 자격과 업무범위는 대통령령으로 정한다.

23. 문화 및 집회시설 중 공연장의 개별관람실을 다음과 같이 계획하였을 경우, 옳지 않은 것은? (단, 개별관람실의 바닥면적은 1,000 m²이다.)
① 각 출구의 유효너비는 1.5 m 이상으로 하였다.
② 관람실로부터 바깥쪽으로의 출구로 쓰이는 문을 밖여닫이로 하였다.
③ 개별관람실의 바깥쪽에는 그 양쪽 및 뒤쪽에 각각 복도를 설치하였다.
④ 개별관람실의 출구는 3개소 설치하였으며 출구의 유효너비의 합계는 4.5 m로 하였다.

해설 문화 및 집회시설 중 공연장의 개별 관람실(바닥면적 300 m² 이상인 경우)

 정답 **20.** ① **21.** ① **22.** ③ **23.** ④

(1) 출구의 개수 : 관람실별 2개소 이상

(2) 출구의 유효너비 : 1.5 m 이상

(3) 개별관람실 출구의 유효너비의 합계

$$: \frac{개별관람실의\ 바닥면적\,(m^2)}{100\,m^2} \times 0.6\,m$$

∴ 출구의 유효너비의 합계

$$= \frac{1,000\,m^2}{100\,m^2} \times 0.6\,m = 6\,m\ 이상$$

출구의 개수 $= 6\,m \div 1.5\,m = 4$개 이상

24. 주거에 쓰이는 바닥면적의 합계가 200 제곱미터인 주거용 건축물에 설치하는 음용수용 급수관의 최소 지름 기준은?

① 25 mm ② 32 mm

③ 40 mm ④ 50 mm

해설 주거에 쓰이는 바닥면적의 합계가 150 m^2 초과 300 m^2 이하인 경우 주거용 건축물에 설치하는 음용수용 급수관의 최소 지름은 25 mm이다.

25. 국토의 계획 및 이용에 관한 법령에 따른 기반시설 중 공간시설에 속하지 않는 것은?

① 녹지 ② 유원지

③ 유수지 ④ 공공공지

해설 (1) 기반시설 중 공간시설 : 녹지·유원지·공공공지·광장·공원

(2) 기반시설 중 방재시설(재해로 인한 피해 예방시설) : 하천·유수지·저수지·방화설비·방풍설비·방수설비·사방설비·방조설비

제**4**강 핵심 단기 학습

건축계획

1. 고대 로마 건축에 관한 설명으로 옳지 않은 것은?

① 인술라(insula)는 다층의 집합주거 건물이다.

② 콜로세움의 1층에는 도릭 오더가 사용되었다.

③ 바실리카 울피아는 황제를 위한 신전으로 배럴 볼트가 사용되었다.

④ 판테온은 거대한 돔을 얹은 로툰다와 대형 열주 현관이라는 두 주된 요소로 이루어진다.

> **해설**　(1) 트리야누스 황제 광장
> ㉮ 로마시대 야외 광장으로 바실리카, 상점·신전 등이 모여 있는 공간
> ㉯ 도시민의 정치·사법집회·종교의식·사회활동 등이 이루어지는 공간
> (2) 바실리카 울피아 : 트리야누스 황제 광장의 일부로서 신전이 아니라 법정·상업거래소·집회장 등으로 이용되었다.
> (3) 배럴 볼트(터널 볼트) : 아치형 석조 지붕, 로마네스크 양식의 특징

2. 다음 중 단독주택의 현관 위치 결정에 가장 주된 영향을 끼치는 것은?

① 방위　　　　② 주택의 층수
③ 거실의 위치　④ 도로와의 관계

> **해설**　현관의 위치는 도로의 위치, 대지 및 건물의 형태, 방위 순으로 결정된다.

3. 사무소 건축의 코어계획에 관한 설명으로 옳지 않은 것은?

① 코어부분에는 계단실도 포함시킨다.

② 코어 내의 각 공간은 각 층마다 공통의 위치에 두도록 한다.

③ 코어 내의 화장실은 외부 방문객이 잘 알 수 없는 곳에 배치한다.

④ 엘리베이터 홀은 출입구 문에 근접시키지 않고 일정한 거리를 유지하도록 한다.

> **해설**　사무실 코어(core) 계획
> (1) 코어배치 : 계단실·엘리베이터 및 홀·화장실·공조실·전기실·배관 등
> (2) 코어 내의 화장실은 외부 방문객이 쉽게 찾을 수 있는 곳에 배치한다.

4. 극장의 무대에 관한 설명으로 옳지 않은 것은?

① 프로시니엄 아치는 일반적으로 장방형이며, 종횡의 비율은 황금비가 많다.

② 프로시니엄 아치의 바로 뒤에는 막이 쳐지는데, 이 막의 위치를 커튼 라인이고 한다.

③ 무대의 폭은 적어도 프로시니엄 아치 폭의 2배, 깊이는 프로시니엄 아치 폭 이상으로 한다.

정답　**1.** ③　**2.** ④　**3.** ③　**4.** ④

④ 플라이 갤러리는 배경이나 조명기구, 연기자 또는 음향반사판 등을 매달 수 있도록 무대 천장 밑에 철골로 설치한 것이다.

> **해설** (1) 그리드 아이언(grid iron) : 무대 천장 밑에 철골 트러스를 격자 형태로 설치하여 무대에 필요한 조명기구, 연기자 또는 음향반사판을 매달수 있도록 한 것
> (2) 플라이 갤러리(fly gallery) : 극장 무대의 벽 6~9 m 정도 높이에 폭 1.2~2 m로 설치한 좁은 통로로서 캣워크(catwalk)라고도 한다.

5. 공장 건축의 레이아웃 계획에 관한 설명으로 옳지 않은 것은?

① 플랜트 레이아웃은 공장 건축의 기본 설계와 병행하여 이루어진다.
② 고정식 레이아웃은 조선소와 같이 제품이 크고 수량이 적을 경우에 적용된다.
③ 다품종 소량생산이나 주문생산 위주의 공장에는 공정 중심의 레이아웃이 적합하다.
④ 레이아웃 계획은 작업장 내의 기계설비배치에 관한 것으로 공장 규모 변화에 따른 융통성은 고려대상이 아니다.

> **해설** 공장 건축의 레이아웃(layout) : 생산성 향상을 위하여 기계설비·부품창고 등의 배치와 작업의 흐름을 계획하는 것
> (1) 제품 중심 레이아웃
> ㉮ 기계설비·기계기구 등을 제품의 흐름에 따라 배치하는 방식
> ㉯ 대량생산에 유리하며, 생산성이 높은 편이다.
> (2) 공정 중심 레이아웃 : 동일 종류의 작업공정·동일한 기계·제품의 기능이 유사한 것을 그룹으로 집합시킨 것으로 소량생산, 주문 생산 공정에 적합하며 생산성은 낮다.
> (3) 고정식 레이아웃 : 생산되는 제품의 재료나 조립부품이 고정되어 있고, 사람이나 기계가 이동하며 작업하는 방식

※ 레이아웃 계획은 작업장 내의 기계설비 배치뿐만 아니라 작업자 작업구역·재료와 제품을 보관하는 장소 등의 상호관계, 공장 규모 변화에 따른 융통성을 고려해야 한다.

건축시공

6. 일반경쟁입찰의 업무 순서에 따라 보기의 항목을 옳게 나열한 것은?

A. 입찰공고	B. 입찰등록
C. 견적	D. 참가등록
E. 입찰	F. 현장설명
G. 개찰 및 낙찰	H. 계약

① A → B → F → D → C → E → G → H
② A → D → F → C → B → E → G → H
③ A → B → C → F → D → G → E → H
④ A → D → C → F → E → G → B → H

> **해설** 일반경쟁입찰 순서 : 입찰공고→참가등록신청 → 현장설명 → 견적 → 입찰등록신청 → 입찰→개찰 및 낙찰→계약

7. 다음 중 서중콘크리트에 관한 설명으로 옳은 것은?

① 동일 슬럼프를 얻기 위한 단위수량이 많아진다.
② 장기강도의 증진이 크다.
③ 콜드조인트가 쉽게 발생하지 않는다.
④ 워커빌리티가 일정하게 유지된다.

> **해설** 서중(서열기)콘크리트 : 더운 여름에 시공하는 콘크리트로서 날씨가 더우므로 수분의 증발이 많아 동일 슬럼프를 얻기 위한 단위수량이 증가된다.

8. 다음 중 도장공사 시 주의사항으로 옳지 않은 것은?

① 바탕의 건조가 불충분하거나 공기의 습도가 높을 때에는 시공하지 않는다.

② 불투명한 도장일 때에는 초벌부터 정벌까지 같은 색으로 시공해야 한다.

③ 야간에는 색을 잘못 도장할 염려가 있으므로 시공하지 않는다.

④ 직사광선은 가급적 피하고 도막이 손상될 우려가 있을 때에는 도장하지 않는다.

해설 칠의 구분을 위해서 초벌, 재벌, 정벌 순으로 도장하며, 초벌은 옅은 색으로 칠하고, 정벌은 정색으로 마무리한다.

9. 다음 중 유리의 주성분으로 옳은 것은?

① Na_2O　　　　② CaO

③ SiO_2　　　　④ K_2O

해설 (1) 가장 일반적인 유리 : 소다석회유리

(2) 소다석회유리의 성분

㉮ SiO_2(이산화규소) : 주성분(약 75 %)

㉯ Na_2O(산화나트륨 : 소다)

㉰ CaO(산화칼슘 : 석회)

10. 다음 중 건축공사에서 공사원가를 구성하는 직접공사비에 포함되는 항목을 옳게 나열한 것은?

① 자재비, 노무비, 이윤, 일반관리비

② 자재비, 노무비, 이윤, 경비

③ 자재비, 노무비, 외주비, 경비

④ 자재비, 노무비, 외주비, 일반관리비

해설 공사비의 구성

(1) 직접공사비 : 재료비(자재비), 노무비, 외주비, 경비

(2) 간접공사비 : 공통 경비

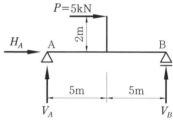

건축구조

11. 그림과 같은 단순보에서 A점과 B점에 발생하는 반력으로 옳은 것은?

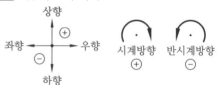

① $H_A = +5 \text{ kN}$, $V_A = +1 \text{ kN}$, $V_B = +1 \text{ kN}$

② $H_A = -5 \text{ kN}$, $V_A = -1 \text{ kN}$, $V_B = +1 \text{ kN}$

③ $H_A = +5 \text{ kN}$, $V_A = +1 \text{ kN}$, $V_B = -1 \text{ kN}$

④ $H_A = -5 \text{ kN}$, $V_A = +1 \text{ kN}$, $V_B = +1 \text{ kN}$

해설 (1) 부호의 약속

상향
(+)

좌향 ── ⊕ ── 우향

(−)
하향

시계방향 (+)　　반시계방향 (−)

(2) 반력

㉮ 수평반력

$\sum H = 0$에서　$H_A + 5 \text{kN} = 0$

$\therefore H_A = -5 \text{kN}$

㉯ 수직반력

$\sum M_B = 0$에서

$V_A \times 10 \text{m} + 5 \text{kN} \times 2 \text{m} = 0$

$\therefore V_A = \dfrac{-10 \text{kN} \cdot \text{m}}{10 \text{m}} = -1 \text{kN}$

$\sum V = 0$에서　$V_A + V_B = 0$

$-1 \text{kN} + V_B = 0$

$\therefore V_B = 1 \text{kN}$

12. 다음 그림과 같은 원통 단면의 핵반경은 어느 것인가?

정답　**8.** ②　**9.** ③　**10.** ③　**11.** ②　**12.** ④

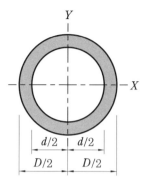

$$= \frac{\pi(D^4-d^4)}{64} \times \frac{2}{D} \times \frac{4}{\pi(D^2-d^2)}$$

$$= \frac{D^2+d^2}{8D}$$

① $\dfrac{D+d}{6}$ ② $\dfrac{D}{8}$

③ $\dfrac{D+d}{8}$ ④ $\dfrac{D^2+d^2}{8D}$

해설 (1) 핵점 : 단주에서 축하중이 작용하는 경우 하중 작용점 반대편의 응력이 0일 때의 작용점

(2) 핵반경
 ㉮ 단주의 중심축에서 핵점까지의 거리
 ㉯ 작용점 반대쪽 응력은 항상 최소이고 0 이므로

$$\sigma_{min} = -\frac{P}{A} + \frac{M}{Z} = -\frac{P}{A} + \frac{Pe}{Z} = 0$$

핵반경 $e = \dfrac{P}{A} \times \dfrac{Z}{P} = \dfrac{Z}{A}$

(3) 원통 단면의 핵반경
 ㉮ 음영 A

$$= \frac{\pi D^2 - \pi d^2}{4}$$

$$= \frac{\pi(D^2-d^2)}{4}$$

 ㉯ 음영 Z

$$= \frac{\text{전체 } I_X - \text{음영내측 } I_X}{y}$$

$$= \frac{\dfrac{\pi(D^4-d^4)}{64}}{\dfrac{D}{2}}$$

 ㉰ 원통 단면의 핵반경 $e = \dfrac{Z}{A}$

13. 다음 캔틸레버보의 자유단의 처짐각은 어느 것인가? (단, 탄성계수 E, 단면2차모멘트 I)

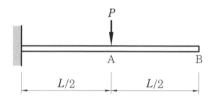

① $\dfrac{PL^2}{2EI}$ ② $\dfrac{PL^2}{3EI}$

③ $\dfrac{PL^2}{6EI}$ ④ $\dfrac{PL^2}{8EI}$

해설 처짐 및 처짐각
 (1) 반력과 휨모멘트를 구한다.
 (2) 탄성하중과 공액보로 만든다.

전단력=처짐각
휨모멘트=처짐
B점의 처짐각

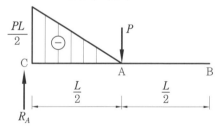

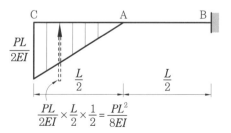

$$\frac{PL}{2EI} \times \frac{L}{2} \times \frac{1}{2} = \frac{PL^2}{8EI}$$

정답 **13.** ④

14. 폭 250 mm, $f_{ck}=30$ MPa인 철근콘크리트보 부재의 압축변형률 $\varepsilon_c=0.003$일 경우 인장철근의 변형률은? (단, $d=440$ mm, $A_s=1,520.1$ mm^2, $f_y=400$ MPa)

① 0.00197 ② 0.00368
③ 0.00523 ④ 0.00807

해설 (1) $C_c=T$에서

$$\alpha 0.85 f_{ck} cb = A_s f_y$$

$$중립축거리(c)=\frac{A_s f_y}{\alpha 0.85 f_{ck} b}$$

$$=\frac{1,520.1 \times 400}{0.8 \times 0.85 \times 30 \times 250}$$

$$=119.22\,\mathrm{mm}$$

여기서, C_c : 압축응력의 총합
T : 인장응력의 총합
c : 중립축거리
A_s : 인장철근의 단면적
f_y : 철근의 항복강도
α : $f_{ck} \leq 40\,\mathrm{MPa}$일 때 0.8
f_{ck} : 콘크리트의 설계기준강도
b : 보의 너비

(2) 인장변형률$(\varepsilon_t)=\dfrac{\varepsilon_c}{c}\times(d-c)$

$$=\frac{0.003}{119.22}\times(440-119.22)$$

$$=0.00807$$

여기서, d : 유효깊이
ε_c : 압축변형률
ε_t : 인장변형률

15. 강재의 응력-변형도 시험에서 인장력을 가해 소성상태에 들어선 강재를 다시 반대 방향으로 압축력을 작용하였을 때의 압축항복점이 소성상태에 들어서지 않은 강재의 압축항복점에 비해 낮은 것을 볼 수 있는데 이러한 현상을 무엇이라 하는가?

① 루더선(Luder's line)

② 소성흐름(plastic flow)
③ 바우싱거 효과(Baushinger's effect)
④ 응력집중(stress concentration)

해설 바우싱거 효과(Baushinger's effect) : 인장을 가하여 소성력에 도달한 후 압축을 가하면 이론상의 압축항복점보다 작아지는 현상

건축설비

16. 높이 30 m의 고가수조에 매분 1 m^{3}의 물을 보내려고 할 때 필요한 펌프의 축동력은? (단, 마찰손실수두 6 m, 흡입양정 1.5 m, 펌프효율 50 %인 경우)

① 약 2.5 kW ② 약 98 kW
③ 약 12.3 kW ④ 약 16.7 kW

해설 (1) $1\mathrm{kW}=1\mathrm{kJ/s}=1\mathrm{kN}\cdot\mathrm{m/s}$

$$=\frac{1,000}{9.8}\mathrm{kgf}\cdot\mathrm{m/s}$$

$$=102.04\,\mathrm{kgf}\cdot\mathrm{m/s}$$

(2) 물의 비중량 : $1,000\,\mathrm{kgf/m^3}$

(3) 펌프의 축동력(kW)

$$=\frac{물의\ 비중량\times유량(\mathrm{m^3/min})\times전양정}{102\times60\times효율}$$

$$=\frac{1000\times1\times(30+6+1.5)}{6120\times0.5}=12.3\,\mathrm{kW}$$

17. 어떤 상태의 습공기를 절대습도의 변화 없이 건구온도만 상승시킬 때, 습공기의 상태변화로 옳은 것은?

① 엔탈피는 증가한다.
② 비체적은 감소한다.
③ 노점온도는 낮아진다.
④ 상대습도는 증가한다.

해설 (1) 절대습도(g/m^3) : 공기 $1\,m^3$ 중에 포함된 수증기량(g)

(2) 상대습도(%)$=\dfrac{\text{현재 수증기량}}{\text{포화 수증기량}}\times100$

상대습도 100 %일 때 노점온도(이슬점온도)·건구온도·습구온도 값이 동일하다.

(3) 비체적 : 단위질량당 부피(m^3/kg)

(4) 노점온도(이슬점온도)

㉮ 공기 중의 수증기가 포화수증기압이 될 때의 온도

㉯ 공기를 냉각시켜 포화상태로 될 때의 온도

※ 습공기를 절대습도의 변화 없이 건구온도만 상승시킬 때 노점온도는 변화 없이 비체적, 엔탈피는 증가하고 상대습도는 감소한다.

18. 다음 중 실내를 부압으로 유지하며 실내의 냄새나 유해물질을 다른 실로 흘려보내지 않으므로 욕실, 화장실 등에 사용되는 환기방식은?

①

②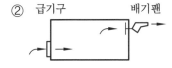

③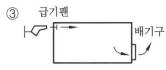

④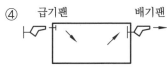

해설 (1) 부압 : 외부보다 내부의 압력이 작은 경우

(2) 제3종 환기 : 자연급기+강제배기(배기팬)

㉮ 실내의 상부에 배기팬을 설치하여 실내

의 공기를 배기하고, 실내는 자연급기를 하는 방식

㉯ 실내를 부압으로 유지하며, 실내의 냄새나 유해물질을 외기로 배출하는 방식으로 욕실, 화장실 등에 사용된다.

19. 다음 그림과 같은 형태를 갖는 간선의 배선방식은?

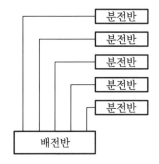

① 개별방식

② 루프방식

③ 병용방식

④ 나뭇가지방식

해설 (1) 간선의 배선방식

㉮ 나뭇가지방식(수지상식) : 배전반에서 하나의 간선으로 여러 분전반을 연결

㉯ 개별방식(평행식) : 배전반에서 각 분전반에 간선으로 배선

㉰ 병용식(나뭇가지방식, 개별방식 병용) : 배전반에서 각 부하에 배선하는 방식

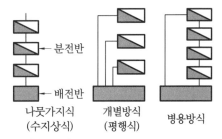

(2) 배전 순서

수전반–배전반–간선–분전반–분기회로

(3) 분전반

㉮ 배전반으로부터 공급받아 각 말단 부하

에 배전
㉯ 과전류 차단기가 있다.
(4) 수전반 : 한전에서 전기를 공급받기 위한 기기

20. 자동화재탐지설비의 감지기 중 감지기 주위의 온도가 일정한 온도 이상이 되었을 때 작동하는 것은?
① 차동식 감지기
② 정온식 감지기
③ 광전식 감지기
④ 이온화식 감지기

해설 화재감지기의 종류
(1) 차동식 감지기
㉮ 일정한 온도 변화(분당 6.7~8.3℃)가 발생하면 화재로 인식하는 방식
㉯ 가장 많이 사용하는 방식으로 일반적인 위치에 설치
(2) 광전식 감지기
㉮ 연기로 화재를 감지하는 방식
㉯ 복도·계단·창고 등의 반자높이가 높은 곳에 설치
(3) 정온식 감지기
㉮ 특정 온도(70~75℃)이면 화재로 인식하는 방식
㉯ 주방·보일러실 등에 적당

건축관계법규

21. 그림과 같은 일반 건축물의 건축면적은? (단, 평면도 건물 치수는 두께 300 mm인 외벽의 중심치수이고, 지붕선 치수는 지붕 외곽선 치수임)

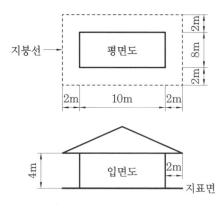

① 80 m²
② 100 m²
③ 120 m²
④ 168 m²

해설 건축면적 : 건축물의 외벽의 중심선으로 둘러싸인 부분의 수평투영면적
※ 처마, 차양, 부연, 그 밖에 이와 비슷한 것으로서 1 m 이상 돌출된 경우 끝부분으로부터 1 m 후퇴한 선으로 둘러싸인 수평투영면적으로 한다.
∴ 건축면적
$= (14\,\text{m} - 1\,\text{m} - 1\,\text{m}) \times (12\,\text{m} - 1\,\text{m} - 1\,\text{m})$
$= 120\,\text{m}^2$

22. 대통령령으로 정하는 용도와 규모의 건축물에 대해 일반이 사용할 수 있도록 소규모 휴식시설 등의 공개공지 또는 공개공간을 설치하여야 하는 대상 지역에 속하지 않는 것은?
① 준주거지역
② 준공업지역
③ 일반주거지역
④ 전용주거지역

해설 공개공지 또는 공개공간을 설치하여야 하는 대상 지역
(1) 일반주거지역, 준주거지역
(2) 상업지역
(3) 준공업지역
(4) 특별자치시장·특별자치도지사 또는 시장·군수·구청장이 도시화의 가능성이 크거나 노후 산업단지의 정비가 필요하다고 인정하여 지정·공고하는 지역

정답 **20.** ② **21.** ③ **22.** ④

23. 건축물의 출입구에 설치하는 회전문은 계단이나 에스컬레이터로부터 최소 얼마 이상의 거리를 두어야 하는가?

① 1 m   ② 1.5 m

③ 2 m   ④ 3 m

해설 건축물의 출입구의 회전문과 계단·에스컬레이터 사이에는 2 m 이상의 거리를 두어야 한다.

24. 6층 이상의 거실면적의 합계가 5,000 m²인 경우, 다음 중 승용승강기를 가장 많이 설치해야 하는 것은? (단, 8인승 승용승강기를 설치하는 경우)

① 위락시설   ② 숙박시설

③ 판매시설   ④ 업무시설

해설 승용승강기의 설치 대수

(1) 판매시설 : $\dfrac{x-3,000\,\mathrm{m}^2}{2,000\,\mathrm{m}^2}+2$대

(2) 위락시설·숙박시설·업무시설

: $\dfrac{x-3,000\,\mathrm{m}^2}{2,000\,\mathrm{m}^2}+1$대

여기서, x : 6층 이상의 거실면적의 합계

25. 국토의 계획 및 이용에 관한 법령상 기반시설 중 도로의 세분에 속하지 않는 것은?

① 고가도로

② 보행자우선도로

③ 자전거우선도로

④ 자동차전용도로

해설 (1) 기반시설 : 도로·공원·시장·학교·하수도 등 도시주민의 생활이나 도시기능유지에 필요한 시설

(2) 기반시설 중 도로의 세분

㉮ 일반도로   ㉯ 자동차전용도로

㉰ 보행자전용도로   ㉱ 보행자우선도로

㉲ 자전거전용도로   ㉳ 고가도로

㉴ 지하도로

제5강 핵심 단기 학습

건축계획

1. 다음 중 고딕 성당에 관한 설명으로 옳지 않은 것은?

① 중앙집중식 배치를 지배적으로 사용하였다.

② 건축 형태에서 수직성을 강하게 강조하였다.

③ 고딕 성당으로는 랭스 성당, 아미앵 성당 등이 있다.

④ 수평 방향으로 통일되고 연속적인 공간을 만들었다.

해설 (1) 고딕 건축 : 중세말(1120~1550년) 유럽에서 번성한 중세 건축 양식

(2) 비잔틴 건축 : 527~1453년 동로마제국 일대에서 발생한 건축 양식

※ 중앙집중식 배치는 비잔틴 건축 양식이다.

2. 동일한 대지조건, 동일한 단위주호 면적을 가진 편복도형 아파트가 홀형 아파트에 비해 유리한 점은?

① 피난에 유리하다.

② 공용면적이 작다.

③ 엘리베이터 이용효율이 높다.

④ 채광, 통풍을 위한 개구부가 넓다.

해설 편복도형(홀형과 비교)

(1) 피난에 불리하다.

(2) 공용면적이 크다.

(3) 채광·통풍을 위한 개구부가 작다.

(4) 계단실형에 비해 많은 세대가 엘리베이터를 사용할 수 있으므로 엘리베이터 이용효율이 높다.

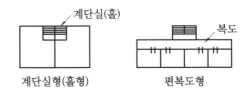

계단실형(홀형)   편복도형

3. 사무소 건축의 코어 형식에 관한 설명으로 옳은 것은?

① 편심코어형은 각 층의 바닥면적이 큰 경우 적합하다.

② 양단코어형은 코어가 분산되어 있어 피난상 불리하다.

③ 중심코어형은 구조적으로 바람직한 형식으로 유효율이 높은 계획이 가능하다.

④ 외코어형은 설비 덕트나 배관을 코어로부터 사무실 공간으로 연결하는 데 제약이 없다.

해설 ① 편심코어형은 각 층 바닥면적이 작은 경우 사용한다.

② 양단코어형은 코어가 분산되어 있어 피난상 유리하다.

③ 중심코어형은 구조적으로 바람직하고, 유효율이 크다.

④ 외코어형(외부코어형)은 설비 덕트나 배관을 사무실 공간으로 연결하는 데 제약이 많다.

참고 유효율 : 공용부분을 제외한 면적/연면적

정답 1. ①   2. ③   3. ③

4. 미술관 전시실의 순회형식에 관한 설명으로 옳지 않은 것은?

① 연속순회 형식은 전시 벽면이 최대화 되고 공간절약 효과가 있다.

② 연속순회 형식은 한 실을 폐쇄하면 다음 실로의 이동이 불가능하다.

③ 갤러리 및 복도 형식은 관람자가 전시실을 자유롭게 선택하여 관람할 수 있다.

④ 중앙홀 형식에서 중앙홀이 크면 장래의 확장에는 용이하나 동선의 혼잡이 심해진다.

해설 (1) 미술관 전시실의 순회형식

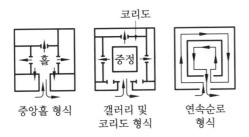

중앙홀 형식 · 갤러리 및 코리도 형식 · 연속순로 형식

(2) 중앙홀 형식에서 중앙홀이 크면 동선의 혼잡이 없어지나 장래의 확장이 어렵다.

---

5. 다음 중 공장의 지붕 형태에 관한 설명으로 옳은 것은?

① 솟음지붕은 채광 및 환기에 적합한 방법이다.

② 샤렌구조는 기둥이 많이 소요된다는 단점이 있다.

③ 뾰족지붕은 직사광선이 완전히 차단된다는 장점이 있다.

④ 톱날지붕은 남향으로 할 경우 하루 종일 변함없는 조도를 가진 약광선을 받아들일 수 있다.

해설 공장 지붕 형태

(1) 솟음지붕(솟을지붕) : 중앙부의 채광·환기에 적합

(2) 샤렌지붕(샤렌구조) : 기둥이 적게 소요

(3) 뾰족지붕 : 어느 정도의 직사광선 허용

(4) 톱날지붕 : 북향의 채광창으로 하루 종일 변함없는 조도를 가질 수 있어 작업능률에 지장이 없다.

건축시공

6. 건축물 높낮이의 기준이 되는 벤치마크(bench mark)에 관한 설명으로 옳지 않은 것은?

① 이동 또는 소멸 우려가 없는 장소에 설치한다.

② 수직규준틀이라고도 한다.

③ 이동 등 훼손될 것을 고려하여 2개소 이상 설치한다.

④ 공사가 완료된 뒤라도 건축물의 침하, 경사 등의 확인을 위해 사용되기도 한다.

해설 (1) 벤치마크(bench mark) : 건축물 높이의 기준점으로 이동할 염려가 없는 벽돌담 등에 2개소 이상 설치한다.

(2) 수직규준틀(세로규준틀) : 벽돌·돌·블록

쌓기 등 조적공사에서 고저 및 수직면의 기준으로 사용하기 위해 설치해야 한다.

7. 다음 중 한중 콘크리트에 관한 설명으로 옳은 것은?

① 한중 콘크리트는 공기연행콘크리트를 사용하는 것을 원칙으로 한다.

② 타설할 때의 콘크리트 온도는 구조물의 단면 치수, 기상조건 등을 고려하여 최소 25℃ 이상으로 한다.

③ 물−결합재비는 50 % 이하로 하고, 단위수량은 소요의 워커빌리티를 유지할 수 있는 범위 내에서 되도록 크게 정하여야 한다.

④ 콘크리트를 타설한 직후에 찬바람이 콘크리트 표면에 닿도록 하여 초기양생을 실시한다.

해설 ② 한중 콘크리트의 타설 시의 콘크리트 온도 : 5~20℃
③ 물−결합재(시멘트+혼화재)비는 60 % 이하, 단위수량은 가급적 작게 해야 한다.
④ 타설 직후 콘크리트 표면에 찬바람이 닿는 것을 방지하여야 한다.

8. 페인트칠의 경우 초벌과 재벌 등을 도장할 때마다 색을 약간씩 다르게 하는 주된 이유는 어느 것인가?

① 희망하는 색을 얻기 위하여
② 색이 진하게 되는 것을 방지하기 위하여
③ 착색안료를 낭비하지 않고 경제적으로 사용하기 위하여
④ 초벌, 재벌 등 페인트칠 횟수를 구별하기 위하여

해설 페인트칠에서 초벌은 엷은색, 재벌은 정색으로 칠하는 이유는 칠의 구분을 하기 위함이다.

9. 다음 미장재료 중 기경성 재료로만 구성된 것은?

① 회반죽, 석고 플라스터, 돌로마이트 플라스터
② 시멘트 모르타르, 석고 플라스터, 회반죽
③ 석고 플라스터, 돌로마이트 플라스터, 진흙
④ 진흙, 회반죽, 돌로마이트 플라스터

해설 미장재료의 구분
(1) 기경성 재료 : 대기 중의 탄산가스에 의해서 경화되는 것
㉑ 진흙, 회반죽, 돌로마이트 플라스터
(2) 수경성 재료 : 물에 의해 경화되는 것
㉑ 석고 플라스터, 경석고 플라스터, 무수석고 플라스터, 시멘트 모르타르
(3) 특수용액에 의해서 경화되는 것
㉑ 마그네시아 시멘트(간수에 의해서 경화)

10. 건축재료별 수량 산출 시 적용하는 할증률로 옳지 않은 것은?

① 유리 : 1 %   ② 단열재 : 5 %
③ 붉은벽돌 : 3 %   ④ 이형철근 : 3 %

해설 단열재 : 10 %

건축구조

11. 다음 그림과 같은 내민보에서 A지점의 반력값은?

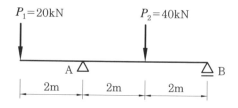

$P_1 = 20\text{kN}$ $P_2 = 40\text{kN}$

A △   △ B

2m   2m   2m

① 20 kN   ② 30 kN

③ 40 kN   ④ 50 kN

해설 $\sum M_B = 0$에서

$$-20\,\text{kN} \times 6\,\text{m} + R_A \times 4\,\text{m} - 40\,\text{kN} \times 2\,\text{m} = 0$$

$$\therefore R_A = \frac{200\,\text{kN} \cdot \text{m}}{4\,\text{m}} = 50\,\text{kN}$$

12. 단면의 지름이 150 mm, 재축방향 길이가 300 mm인 원형 강봉의 윗면에 300 kN의 힘이 작용하여 재축방향 길이가 0.16 mm 줄어들었고, 단면의 지름이 0.02 mm 늘어났다면 이 강봉의 탄성계수 E와 푸아송비는?

① 31,830 MPa, 0.25

② 31,830 MPa, 0.125

③ 39,630 MPa, 0.25

④ 39,630 MPa, 0.125

해설   (1) 변형(ε) $= \dfrac{\Delta l}{l}$

여기서, λ : 원래의 길이(mm)

$\Delta \lambda$: 변형된 길이(mm)

(2) 응력(σ) $= \dfrac{N}{A}$

여기서, A : 단면적(mm^2)

N : 하중(N)

(3) 탄성계수(E)

$$= \frac{\sigma}{\varepsilon} = \frac{N \cdot l}{A \cdot \Delta l} = \frac{300,000 \times 300}{\dfrac{\pi \times 150^2}{4} \times 0.16}$$

$$= 31,830.99\,\text{N/mm}^2(\text{MPa})$$

(4) 푸아송비(ν)

$$= \frac{\beta(\text{횡방향 변형도})}{\varepsilon(\text{길이방향 변형도})} = \frac{\Delta dl}{d \Delta l}$$

$$= \frac{0.02 \times 300}{150 \times 0.16} = 0.25$$

13. 그림과 같은 트러스에서 '가' 및 '나' 부재의 부재력을 옳게 구한 것은? (단, −는

압축력, +는 인장력을 의미한다.)

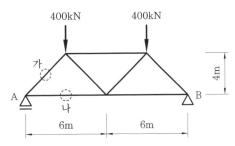

① 가=−500 kN, 나=300 kN

② 가=−500 kN, 나=400 kN

③ 가=−400 kN, 나=300 kN

④ 가=−400 kN, 나=400 kN

해설   (1) 반력

$$R_A = R_B = \frac{(400 + 400)}{2} = 400\,\text{kN}$$

(2) 인장재 가정

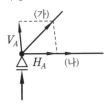

(3) 수직·수평으로 분해

$$V_A = (가) \times \frac{4}{5}, \quad H_A = (가) \times \frac{3}{5}$$

(4) A점의 힘의 평형조건

$\sum V = 0$에서 $R_A + (가) \times \dfrac{4}{5} = 0$

$\therefore (가) = -500\,\text{kN}$

$\sum H = 0$에서 $(나) + (가) \times \dfrac{3}{5} = 0$

$(나) - 500\,\text{kN} \times \dfrac{3}{5} = 0$

$\therefore (나) = 300\,\text{kN}$

14. 강도설계법 적용 시 그림과 같은 단철근 직사각형 단면의 공칭휨강도 M_n은? (단, $f_{ck} = 21$ MPa, $f_y = 400$ MPa, $A_s = 1,200$ mm^2이다.)

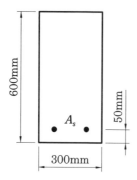

① 162 kN·m ② 182 kN·m
③ 202 kN·m ④ 242 kN·m

해설 (1) 등가응력블록깊이

$C_c = T$에서 $\eta 0.85 f_{ck}ab = A_s f_y$

($f_{ck} \leq 40\text{MPa}$일 때 $\eta = 1.0$)

$$a = \frac{A_s f_y}{\eta 0.85 f_{ck} b}$$

$$= \frac{1,200\,\text{mm}^2 \times 400\,\text{N/mm}^2}{1.0 \times 0.85 \times 21\,\text{N/mm}^2 \times 300\,\text{mm}}$$

$$= 89.64\,\text{mm}$$

(2) 공칭휨강도

$$M_n = A_s f_y \left(d - \frac{a}{2}\right)$$

$$= 1,200\,\text{mm}^2 \times 400\,\text{N/mm}^2$$

$$\times \left(550\,\text{mm} - \frac{89.64\,\text{mm}}{2}\right)$$

$$= 242,486,400\,\text{N} \cdot \text{mm} = 242\,\text{kN} \cdot \text{m}$$

15. 다음 그림에서 파단선 A–B–F–C–D의 인장재 순단면적은? (단, 볼트 구멍 지름 d : 22 mm, 인장재 두께는 6 mm)

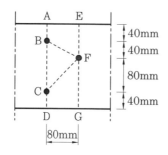

① 1,164 mm² ② 1,364 mm²
③ 1,564 mm² ④ 1,764 mm²

해설 부재의 순단면적(A_n)

(1) 정렬배치

$$A_n = A_g - ndt$$

(2) 엇모배치

$$A_n = A_g - ndt + \sum \frac{s^2}{4g}t$$

여기서, A_g : 강재의 단면적

n : 파단면 선상의 구멍 개수

d : 구멍 지름

t : 부재의 두께

s : 응력방향 중심 간격

g : 게이지 간격

∴ 인장재의 순단면적(A_n)

$$= (6 \times 200) - 3 \times 22 \times 6$$

$$+ \left(\frac{80^2}{4 \times 40} + \frac{80^2}{4 \times 80}\right) \times 6$$

$$= 1,164\,\text{mm}^2$$

건축설비

16. 양수량이 1 m³/min, 전양정이 50 m인 펌프에서 회전수를 1.2배 증가시켰을 때 양수량은?

① 1.2배 증가 ② 1.44배 증가
③ 1.73배 증가 ④ 2.4배 증가

해설 (1) 펌프의 회전수와의 비례 관계

㉮ 양수량은 회전수에 비례

㉯ 양정은 회전수의 제곱에 비례

㉰ 축동력은 회전수의 3제곱에 비례

(2) 양수량(토출량)은 펌프의 회전수에 비례하므로 회전수를 1.2배 증가시켰다면 양수량도 1.2배 증가된다.

17. 건구온도 30℃, 상대습도 60 %인 공기를 냉수코일에 통과시켰을 때 공기의 상태 변화로 옳은 것은? (단, 코일 입구수온 5℃, 코일 출구수온 10℃)

① 건구온도는 낮아지고 절대습도는 높아진다.

② 건구온도는 높아지고 절대습도는 낮아진다.

③ 건구온도는 높아지고 상대습도는 높아진다.

④ 건구온도는 낮아지고 상대습도는 높아진다.

해설 건구온도 30℃인 공기가 코일 내의 온수가 5℃인 코일을 지나는 경우 공기의 건구온도는 낮아지고 절대습도가 변하지 않으므로 상대습도는 높아진다.

18. 변풍량 단일덕트방식에서 송풍량 조절의 기준이 되는 것은?

① 실내 청정도

② 실내 기류속도

③ 실내 현열부하

④ 실내 잠열부하

해설 (1) 단일덕트방식 : 1개의 공조기에 의해서 1개의 덕트로 냉풍·온풍을 송풍하는 방식

㉮ 정풍량(CVA) 방식 : 송풍량을 일정하게 유지하면서 실내의 열부하에 따라 공조기에서 온도·습도를 조절하는 방식

㉯ 변풍량(VAV) 방식 : 실내의 열부하에 따라 취출구 가까이에 있는 가변풍량조절기(VAV)로 송풍량을 조절하는 방식

(2) 변풍량(variable air volumn) 단일덕트방식은 실내의 현열부하에 따라 송풍량이 조절된다.

참고 현열부하 : 온도를 높이거나 낮추는 데 필요한 열에 대한 부하(외벽으로부터 열이동, 일사, 조명, 인체열 등)

19. 3상 동력과 단상 전등 부하를 동시에 사용할 수 있는 방식으로 대형 빌딩이나 공장 등에서 사용되는 것은?

① 단상 3선식 220/110 V

② 3상 2선식 220 V

③ 3상 3선식 220 V

④ 3상 4선식 380/220 V

해설 (1) 3상 동력 : 380 V의 전력용 전기 공급

(2) 단상 전등 : 220 V의 일반용 전기 공급

(3) 3상 4선식 : 380/220 V

• 3상 동력과 단상 전등 부하를 동시 사용

• 대형 빌딩, 공장 등에 사용

20. 승객 스스로 운전하는 전자동 엘리베이터로 카 버튼이나 승강장의 호출신호로 기동, 정지를 이루는 엘리베이터 조작 방식은 어느 것인가?

① 승합전자동 방식

② 카 스위치 방식

③ 시그널 컨트롤 방식

④ 레코드 컨트롤 방식

해설 엘리베이터 조작 방식

(1) 카 스위치 방식, 시그널 컨트롤 방식, 레코드 컨트롤 방식은 승객 스스로 운전하는 방식이 아니라 운전원의 조작에 의해서 운행하는 방식이다.

(2) 승합전자동식은 승강기 내에서 카 버튼을 조작하거나 승강장의 호출신호로 기동 및 정지를 이루는 엘리베이터 조작 방식이다.

건축관계법규

21. 태양열을 주된 에너지원으로 이용하는 주택의 건축면적 산정의 기준이 되는 것은?

① 외벽 중 내측 내력벽의 중심선
② 외벽 중 외측 비내력벽의 중심선
③ 외벽 중 내측 내력벽의 외측 외곽선
④ 외벽 중 외측 비내력벽의 외측 외곽선

해설 태양열을 주된 에너지원으로 이용하는 주택의 건축면적과 단열재를 구조체의 외기측에 설치하는 단열공법으로 건축된 건축물의 건축면적은 건축물의 외벽 중 내측 내력벽의 중심선을 기준으로 한다.

22. 대통령령으로 정하는 용도와 규모의 건축물이 소규모 휴식시설 등의 공개공지 또는 공개공간을 설치하여야 하는 대상지역에 해당되지 않는 곳은?

① 준공업지역　② 일반공업지역
③ 일반주거지역　④ 준주거지역

해설 공개공지 또는 공개공간을 설치해야 하는 지역
(1) 일반주거지역　(2) 준주거지역
(3) 상업지역　(4) 준공업지역
(5) 도시화 가능성이 크거나 노후 산업단지의 정비가 필요하다고 지정·공고한 지역

23. 다음의 옥상광장 등의 설치에 관한 기준 내용 중 (　　) 안에 알맞은 것은?

옥상광장 또는 2층 이상인 층에 있는 노대나 그 밖에 이와 비슷한 것의 주위에는 높이 (　　) 이상의 난간을 설치하여야 한다. 다만, 그 노대 등에 출입할 수 없는 구조인 경우에는 그러하지 아니하다.

① 1.0 m　② 1.2 m
③ 1.5 m　④ 1.8 m

해설 옥상광장 또는 2층 이상인 층에 있는 노대나 그 밖에 이와 비슷한 것의 주위에는 높이 1.2 m 이상의 난간을 설치하여야 한다. 다만, 그 노대 등에 출입할 수 없는 구조인 경우에는 그러하지 아니하다.

24. 높이 31 m를 넘는 각 층의 바닥면적 중 최대 바닥면적이 5,000 m²인 건축물에 원칙적으로 설치하여야 하는 비상용 승강기의 최소 대수는?

① 1대　② 2대
③ 3대　④ 4대

해설 비상용 승강기 설치 대수

$$= \frac{A - 1,500\,\mathrm{m}^2}{3,000\,\mathrm{m}^2} + 1대$$

$$= \frac{5,000\,\mathrm{m}^2 - 1,500\,\mathrm{m}^2}{3,000\,\mathrm{m}^2} + 1대 = 2.17대$$

∴ 3대
여기서, A : 31 m를 넘는 각 층의 바닥면적 중 최대 바닥면적

25. 다음 중 광역도시계획에 관한 내용으로 틀린 것은?

① 인접한 둘 이상의 특별시·광역시·특별자치시·특별자치도·시 또는 군의 관할구역 전부 또는 일부를 광역계획권으로 지정할 수 있다.
② 군수가 광역도시계획을 수립하는 경우 도지사의 승인을 생략한다.
③ 광역계획권의 공간구조와 기능 분담에 관한 정책 방향이 포함되어야 한다.
④ 광역도시계획을 공동으로 수립하는 시·도지사는 그 내용에 관하여 서로 협의가 되지 아니하면 공동이나 단독으로 국토교통부장관에게 조정을 신청할 수 있다.

해설 광역도시계획
(1) 넓은 지역에 걸쳐서 건설된 도시에 해당되며, 예를 들면 안양·부천·성남 등의 위성도시가 서울광역도시권이다.
(2) 군수가 광역도시계획을 수립하는 경우 도지사의 승인을 받아야 한다.

건축계획

1. 다음 중 전시공간의 융통성을 주요 건축 개념으로 한 것은?

① 퐁피두 센터
② 루브르 박물관
③ 구겐하임 미술관
④ 슈투트가르트 미술관

해설 퐁피두 센터는 프랑스 파리의 국립예술문화센터이다. 배수관, 가스관, 통풍구 등의 설비를 외부에 노출시켰고, 철골구조와 유리를 노출시켜 내부 전시공간을 극대화한 계획으로 전시공간의 융통성을 주요 건축 개념으로 한 건축물이다.

2. 주택단지 안의 건축물에 설치하는 계단의 유효 폭은 최소 얼마 이상으로 하여야 하는가? (단, 공동으로 사용하는 계단의 경우)

① 0.9 m
② 1.2 m
③ 1.5 m
④ 1.8 m

해설 주택단지 안의 건축물 또는 옥외에 설치하는 계단의 각 부위의 치수는 다음 표의 기준에 적합하여야 한다.

계단의 종류	유효폭	단높이	단너비
공동으로 사용하는 계단	120 cm 이상	18 cm 이하	26 cm 이상
건축물의 옥외계단	90 cm 이상	20 cm 이하	24 cm 이상

3. 다음 중 백화점 기둥간격의 결정 요소와 가장 거리가 먼 것은?

① 지하주차장의 주차 방법
② 진열대의 치수와 배열법
③ 엘리베이터의 배치 방법
④ 각 층별 매장의 상품 구성

해설 백화점 매장의 기둥간격 결정 요소
(1) 엘리베이터·에스컬레이터 설치 유무 및 배치 방법
(2) 지하주차장 주차 방식과 주차 폭
(3) 진열장 치수와 배치 방법

4. 현장감을 가장 실감나게 표현하는 방법으로 하나의 사실 또는 주제의 시간상황을 고정시켜 연출하는 것으로 현장에 임한 느낌을 주는 특수전시기법은?

① 디오라마 전시
② 파노라마 전시
③ 하모니카 전시
④ 아일랜드 전시

해설 특수전시기법
① 디오라마 전시 : 전시물을 각종 장치(조명장치·스피커·프로젝터)로 부각시켜 현장감을 가장 실감나게 표현하는 방법
② 파노라마 전시 : 연속적인 주제를 선(線)적으로 관계성 깊게 표현하기 위하여 전경(全景)으로 펼치도록 연출하는 것으로 맥락이 중요시될 때 사용되는 전시 기법
③ 하모니카 전시 : 전시 평면이 동일한 공간으로 연속되어 배치되는 전시 기법으로 동일 종류의 전시물을 반복 전시할 경우에 유리한 방식
④ 아일랜드 전시 : 사방에서 감상해야 할 필

요가 있는 조각물이나 모형을 전시하기 위해 벽면에서 띄어 놓아 전시하는 기법

5. 학교 운영 방식에 관한 설명으로 옳지 않은 것은?

① 종합교실형은 초등학교 저학년에 권장되는 방식이다.

② 교과교실형은 교실의 이용률은 높으나 순수율이 낮다.

③ 달톤형은 학급과 학년을 없애고 각자의 능력에 따라 교과를 선택하는 방식이다.

④ 플라툰형은 전 학급을 2분단으로 나누어 한쪽이 일반교실을 사용할 때 다른 쪽은 특별교실을 사용한다.

해설 (1) 학교 운영 방식

㉮ 종합교실형(U형) : 교실 안에서 모든 교과를 행한다.

㉯ 교과교실형(V형) : 교실에서 특정교과만 진행된다.

㉰ 달톤형(D형) : 각자 능력에 맞는 교과를 선택하여 수업을 들을 수 있도록 한다.

㉱ 플라툰형(P형) : 전 학급을 2분단으로 나누어 한쪽이 일반교실을 사용할 때 다른 쪽은 특별교실을 사용할 수 있도록 한다.

(2) 교과교실형(V형)은 교실의 이용률은 반드시 높지는 않고, 순수율은 높다.

건축시공

6. 지반조사시험에서 서로 관련 있는 항목끼리 옳게 연결한 것은?

① 지내력-정량 분석 시험

② 연한 점토-표준 관입 시험

③ 진흙의 점착력-베인 시험(vane test)

④ 염분-신월 샘플링(thin wall sampling)

해설 (1) 지내력 시험 : 재하판 시험

(2) 정량 분석 시험 : 염분의 함량 측정 시험

(3) 베인 시험 : 로드에+자형 금속제 날개를 부착하여 지중에 박아 회전시켜 점토지반의 점착력을 판별하는 시험

(4) 신월 샘플링 : 튜브가 얇은 살로 된 것으로 연한 점토에 적당하다.

7. 프리패브 콘크리트(prefab concrete)에 관한 설명으로 옳지 않은 것은?

① 제품의 품질을 균일화 및 고품질화 할 수 있다.

② 작업의 기계화로 노무 절약을 기대할 수 있다.

③ 공장생산으로 기계화하여 부재의 규격을 쉽게 변경할 수 있다.

④ 자재를 규격화하여 표준화 및 대량생산을 할 수 있다.

해설 프리패브 콘크리트

(1) 미리 제작된 콘크리트 기성 제품을 현장에서 조립·시공하는 공법

(2) 공장생산으로 기계화하기 때문에 부재의 규격을 쉽게 변경할 수 없다.

8. 목재의 무늬나 바탕의 재질을 잘 보이게 하는 도장 방법은?

① 유성 페인트 도장

② 에나멜 페인트 도장

③ 합성수지 페인트 도장

④ 클리어 래커 도장

해설 클리어 래커(clear lacquer)는 목재면 무늬나 바탕의 재질을 잘 보이게 하는 투명한

정답 **5.** ② **6.** ③ **7.** ③ **8.** ④

도장으로서 내후성이 좋지 않아 내부용으로만 사용된다.

9. 공정관리에서의 네트워크(network)에 관한 용어와 관계없는 것은?

① 커넥터(connector)

② 크리티컬 패스(critical path)

③ 더미(dummy)

④ 플로트(float)

해설 (1) 주공정선(critical path)
　　㉮ 가장 긴 경로
　　㉯ 작업의 소요일수
　(2) 더미(dummy) : 작업의 경로를 표시하는 화살점선(소요일수는 없다.)
　(3) 플로트(float) : 각 작업의 여유시간

10. 시멘트 600포대를 저장할 수 있는 시멘트 창고의 최소 필요면적으로 옳은 것은? (단, 시멘트 600포대 전량을 저장할 수 있는 면적으로 산정)

① 18.46 m²　　② 21.64 m²

③ 23.25 m²　　④ 25.84 m²

해설 시멘트 창고 면적

$$A = 0.4 \times \frac{N}{n} = 0.4 \times \frac{600}{13} = 18.46\,\text{m}^2$$

여기서, N : 저장할 포대수

　　　　n : 쌓기 단수

건축구조

11. 다음 그림과 같은 보에서 중앙점(C점)의 휨모멘트(M_C)를 구하면?

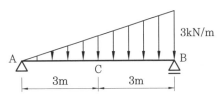

① 4.50 kN·m　　② 6.75 kN·m

③ 8.00 kN·m　　④ 10.50 kN·m

해설 (1) 반력 R_A의 계산

$\sum M_B = 0$에서

$$R_A \times 6\,\text{m} - 3\,\text{kN/m} \times 6\,\text{m} \times \frac{1}{2} \times 6\,\text{m} \times \frac{1}{3} = 0$$

$$\therefore R_A = 3\,\text{kN}(\uparrow)$$

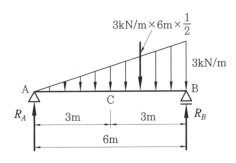

(2) 중앙점(C점)의 휨모멘트 M_C

$$= R_A \times 3 - 1.5\,\text{kN/m} \times 3\,\text{m} \times \frac{1}{2} \times 3\,\text{m} \times \frac{1}{3}$$

$$= 6.75\,\text{kN} \cdot \text{m}$$

12. 동일단면, 동일재료를 사용한 캔틸레버보 끝단에 집중하중이 작용하였다. P_1이 작용한 부재의 최대 처짐량이 P_2가 작용한 부재의 최대 처짐량의 2배일 경우 $P_1 : P_2$는?

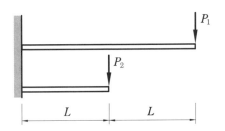

① 1 : 4   ② 1 : 8

③ 4 : 1   ④ 8 : 1

해설 캔틸레버의 처짐

$$\frac{P_1 \times (2L)^3}{3EI} = \frac{P_2 \times L^3}{3EI} \times 2 \ 에서$$

$$\frac{8P_1L^3}{3EI} = \frac{2P_2L^3}{3EI} \ \rightarrow \ 8P_1 = 2P_2$$

$$P_1 = \frac{1}{4}P_2$$

$$\therefore \ P_1 : P_2 = \frac{1}{4}P_2 : P_2 = 1 : 4$$

13. 그림과 같은 하중을 받는 단순보에서 단면에 생기는 최대 휨응력도는? (단, 목재는 결함이 없는 균질한 단면이다.)

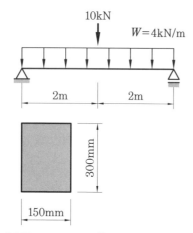

① 8 MPa   ② 10 MPa

③ 12 MPa   ④ 15 MPa

해설 (1) 단면계수

$$Z = \frac{bh^2}{6} = \frac{150 \times 300^2}{6} = 2,250,000 \, \text{mm}^3$$

(2) 최대 휨모멘트

$$M_{\max} = \frac{Pl}{4} + \frac{wl^2}{8} = \frac{10 \times 4}{4} + \frac{4 \times 4^2}{8}$$

$$= 10 + 8 = 18 \, \text{kN} \cdot \text{m}$$

$$= 18,000,000 \, \text{N} \cdot \text{mm}$$

(3) 최대 휨응력

$$\sigma_{\max} = \frac{M_{\max}}{Z} = \frac{18,000,000}{2,250,000}$$

$$= 8 \, \text{N/mm}^2 (\text{MPa})$$

14. 강도설계법에 의한 철근콘크리트 보에서 콘크리트만의 설계전단강도는 얼마인가? ($f_{ck} = 24\text{MPa}, \ \lambda = 1$)

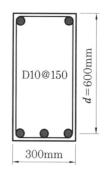

D10@150

300mm

$d = 600\text{mm}$

① 31.5 kN   ② 75.8 kN

③ 110.2 kN   ④ 145.6 kN

해설 (1) 콘크리트가 부담하는 전단강도

$$V_c = \frac{1}{6} \lambda \sqrt{f_{ck}} \, b_w d$$

여기서, λ : 경량콘크리트계수

         f_{ck} : 콘크리트의 설계기준강도

         b_w : 보의 너비

         d : 보의 유효깊이

(2) 설계전단강도

$$V_u \leq \ V_d = \phi V_n = \phi (V_c + V_s)$$

여기서, ϕ : 강도감소계수(0.75)

         V_n : 공칭전단강도

         V_s : 철근이 부담하는 전단강도

         V_u : 계수전단강도

         V_d : 설계전단강도

$$\therefore \ V_d = 0.75 \times \frac{1}{6} \times 1.0 \times \sqrt{24} \times 300 \times 600$$

$$= 110,227.04 \, \text{N} = 110.2 \, \text{kN}$$

정답 **13.** ①   **14.** ③

15. 다음 그림과 같은 구멍 2열에 대하여 파단선 A-B-C를 지나는 순단면적과 동일한 순단면적을 갖는 파단선 D-E-F-G의 피치 (s)는? (단, 구멍은 여유폭을 포함하여 23 mm임)

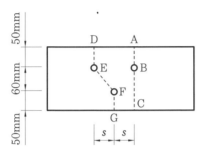

① 3.7 cm
② 7.4 cm
③ 11.1 cm
④ 14.8 cm

해설 (1) 순단면적
㉮ 정렬배치
$$A_n = A_g - ndt$$
㉯ 엇모배치
$$A_n = A_g - ndt + \sum \frac{s^2}{4g}t$$
여기서, A_g : 부재의 총단면적
   n : 파단선상 구멍의 수
   d : 구멍의 직경(mm)
   t : 부재의 두께(mm)
   s : 인접한 2개 구멍의 응력방향 중심간격(mm)
   g : 게이지선상의 응력수직방향 중심간격(mm)

(2) $A_n = 160 \times t - 1 \times 23 \times t$
$= (160 - 1 \times 23) \times t = 137t$
$A_n = 160 \times t - 2 \times 23 \times t + \frac{s^2}{4 \times 60} \times t$
$= 114t + \frac{s^2}{240}t$
$137t = 114t + \frac{s^2}{240}t \rightarrow s^2 = 5520$
$\therefore s = \sqrt{5,520} = 74.3\,\text{mm} = 7.4\,\text{cm}$

건축설비

16. 직경 200 mm의 배관을 통하여 물이 1.5 m/s의 속도로 흐를 때 유량은?

① 2.83 m³/min
② 3.2 m³/min
③ 3.83 m³/min
④ 6.0 m³/min

해설 (1) 원의 단면적 : $\pi r^2 = \pi \times 0.1^2$
   r : 반지름($= \frac{200\text{mm}}{2} = 100\text{mm} = 0.1\text{m}$)
(2) 유량(Q) = 단면적(A) × 유속(V)
   $= \pi \times 0.1^2 \times 1.5 = 0.047\,\text{m}^3/\text{s}$
   $= 0.047 \times 60 = 2.83\,\text{m}^3/\text{min}$

17. 냉난방 부하에 관한 설명으로 옳지 않은 것은?
① 틈새바람부하에는 현열부하 요소와 잠열부하 요소가 있다.
② 최대부하를 계산하는 것은 장치의 용량을 구하기 위한 것이다.
③ 냉방부하 중 실부하란 전열부하, 일사에 의한 부하 등을 말한다.
④ 인체 발생열과 조명기구 발생열은 난방부하를 증가시키므로 난방부하 계산에 포함시킨다.

해설 (1) 전열부하 : 실내외 온도차에 의해 벽을 통해 실내로 전달되는 열량
(2) 냉난방 부하 : 냉난방을 유지하기 위해 공급하거나 제거해야 할 열량
(3) 인체 발생열과 조명기구 발생열은 냉방부하를 증가시키므로 냉방부하 계산에 포함시킨다.

18. 공기조화방식 중 2중덕트방식에 관한 설명으로 옳지 않은 것은?

① 전공기방식에 속한다.
② 냉·온풍의 혼합으로 인한 혼합손실이 있어 에너지 소비량이 많다.
③ 단일덕트방식에 비해 덕트 샤프트 및 덕트 스페이스를 크게 차지한다.
④ 부하특성이 다른 여러 개의 실이나 존이 있는 건물에는 적용할 수 없다.

해설 2중덕트방식은 공조기 또는 취출구에 있는 냉·난방 혼합기가 있어 부하특성이 다른 실이나 구역이 있는 건물에 적용이 가능하다.

참고 공기조화방식
(1) 전공기방식
  ㉮ 단일덕트방식
    • 정풍량방식 : 풍량 일정, 온도 변화
    • 변풍량방식 : 풍량 변화, 온도 일정
  ㉯ 이중덕트방식
(2) 전수방식 : 팬코일유닛(FCU)방식

19. 100 V, 500 W의 전열기를 90 V에서 사용할 경우 소비 전력은?

① 200 W ② 310 W
③ 405 W ④ 420 W

해설 옴의 법칙에서 전압 $V = IR$

전력 $P = VI = (IR)I = I^2R$

$$= \left(\frac{V}{R}\right)^2 R = \frac{V^2}{R}$$

전압 V의 증감에 따른 전력의 값은 $P : V^2 = P_1 : V_1^2$에서 구할 수 있다.(저항 R이 같으므로)

$V^2 \cdot P_1 = P \cdot V_1^2$

$$\therefore P_1 = \frac{V_1^2}{V^2} \times P = \frac{90^2}{100^2} \times 500 = 405\,W$$

20. 유압식 엘리베이터에 관한 설명으로 옳지 않은 것은?

① 오버헤드가 작다.

② 기계실의 위치가 자유롭다.
③ 큰 적재량으로 승강행정이 짧은 경우에는 적용할 수 없다.
④ 지하주차장 엘리베이터와 같이 지하층에만 운전하는 경우 적용할 수 있다.

해설 유압식 엘리베이터
(1) 실린더 피스톤의 움직임으로써 엘리베이터가 작동되는 구조로 화물용·자동차용 등 큰 용량의 승강에 사용된다.
(2) 기계 배치가 자유롭다.
(3) 엘리베이터 상부에 기계실이 없어도 되므로 엘리베이터의 최상부의 오버헤드가 작아도 된다.
(4) 승강행정(실린더의 4행정)이 짧은 경우에도 적용할 수 있다.

건축관계법규

21. 건축물의 층수 산정에 관한 기준 내용으로 옳지 않은 것은?

① 지하층은 건축물의 층수에 산입하지 아니한다.
② 층의 구분이 명확하지 아니한 건축물은 그 건축물의 높이 4 m마다 하나의 층으로 보고 그 층수를 선정한다.
③ 건축물이 부분에 따라 그 층수가 다른 경우에는 바닥면적에 따라 가중평균한 층수를 그 건축물의 층수로 본다.
④ 계단탑으로서 그 수평투영면적의 합계가 해당 건축물 건축면적의 8분의 1 이하인 것은 건축물의 층수에 산입하지 아니한다.

해설 건축물이 부분에 따라 그 층수가 다른 경

우에는 그 중 가장 많은 층수를 그 건축물의 층수로 본다.

22. 건축물의 대지는 원칙적으로 최소 얼마 이상이 도로에 접하여야 하는가? (단, 자동차만의 통행에 사용되는 도로는 제외)

① 1.5 m   ② 2 m

③ 3 m   ④ 4 m

해설 건축물의 대지는 2 m 이상이 도로(자동차만의 통행에 사용되는 도로는 제외한다)에 접하여야 한다.

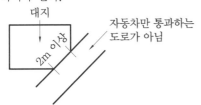

23. 주요구조부를 내화구조로 해야 하는 대상 건축물의 기준으로 옳은 것은?

① 장례시설의 용도로 쓰는 건축물로서 집회실의 바닥면적의 합계가 150 m² 이상인 건축물

② 판매시설의 용도로 쓰는 건축물로서 그 용도로 쓰는 바닥면적의 합계가 300 m² 이상인 건축물

③ 운수시설의 용도로 쓰는 건축물로서 그 용도로 쓰는 바닥면적의 합계가 400 m² 이상인 건축물

④ 문화 및 집회시설 중 전시장의 용도로 쓰는 건축물로서 그 용도로 쓰는 바닥면적의 합계가 500 m² 이상인 건축물

해설 주요구조부를 내화구조로 해야 하는 대상 건축물의 기준

① 장례시설의 용도로 쓰는 건축물로서 집회실의 바닥면적의 합계가 200 m² 이상인 건축물

② 판매시설의 용도로 쓰는 건축물로서 그 용도로 쓰는 바닥면적의 합계가 500 m² 이상인 건축물

③ 운수시설의 용도로 쓰는 건축물로서 그 용도로 쓰는 바닥면적의 합계가 500 m² 이상인 건축물

24. 상업지역 및 주거지역에서 건축물에 설치하는 냉방시설 및 환기시설의 배기구를 설치하는 높이 기준으로 옳은 것은?

① 도로면으로부터 1.5 m 이상

② 도로면으로부터 2.0 m 이상

③ 건축물 1층 바닥에서 1.5 m 이상

④ 건축물 1층 바닥에서 2.0 m 이상

해설 배기구와 배기장치의 설치기준(상업지역 및 주거지역에서 건축물에 설치하는 냉방시설 및 환기시설)

(1) 배기구는 도로면으로부터 2 m 이상의 높이에 설치할 것

(2) 배기장치에서 나오는 열기가 인근 건축물의 거주자나 보행자에게 직접 닿지 아니하도록 할 것

25. 다음 중 국토의 계획 및 이용에 관한 법령에 따른 도시·군관리계획의 내용에 속하지 않는 것은?

① 광역계획권의 장기발전방향에 관한 계획

② 도시개발사업이나 정비사업에 관한 계획

③ 기반시설의 설치·정비 또는 개량에 관한 계획

④ 용도지역·용도지구의 지정 또는 변경에 관한 계획

해설 광역계획권의 장기발전방향에 관한 계획은 광역도시계획이다.

Short Learning

제7강 핵심 단기 학습

건축계획

1. 한식주택과 양식주택에 관한 설명으로 옳지 않은 것은?

① 양식주택은 입식생활이며, 한식주택은 좌식생활이다.

② 양식주택의 실은 단일용도이며, 한식주택의 실은 혼용도이다.

③ 양식주택은 실의 위치별 분화이며, 한식주택은 실의 기능별 분화이다.

④ 양식주택의 가구는 주요한 내용물이며, 한식주택의 가구는 부차적 존재이다.

> **해설** 양식주택은 실의 기능별 분화(분리)이며, 한식주택은 실의 위치별 분화이다.

2. 다음의 공동주택 평면형식 중 각 주호의 프라이버시와 거주성이 가장 양호한 것은?

① 계단실형   ② 중복도형
③ 편복도형   ④ 집중형

> **해설** 계단실형은 공동주택 형식 중 각 세대 간 독립성(프라이버시)과 거주성이 가장 높다.

3. 은행 건축계획에 관한 설명으로 옳지 않은 것은?

① 고객과 직원과의 동선이 중복되지 않도록 계획한다.

② 대규모 은행일 경우 고객의 출입구는

되도록 1개소로 계획한다.

③ 이중문을 설치할 경우 바깥문은 바깥여닫이 또는 자재문으로 계획한다.

④ 어린이의 출입이 많은 경우에는 주출입구에 회전문을 설치하는 것이 좋다.

> **해설** 은행계획에서 어린이 출입이 많은 경우 주출입구에 회전문을 설치하지 않는다.

4. 도서관의 출납 시스템 유형 중 이용자가 자유롭게 도서를 꺼낼 수 있으나 열람석으로 가기 전에 관원의 검열을 받는 형식은?

① 폐가식
② 반개가식
③ 자유개가식
④ 안전개가식

> **해설** 안전개가식 : 이용자가 서가에 접근하여 도서를 꺼내어 선택한 후 관원의 검열을 받아 열람석에서 열람하는 방식

5. 1주간의 평균수업시간이 30시간인 어느 학교에서 설계제도교실이 사용되는 시간은 24시간이다. 그 중 6시간은 다른 과목을 위해 사용된다고 할 때, 설계제도교실의 이용률과 순수율은?

① 이용률 80 %, 순수율 25 %
② 이용률 80 %, 순수율 75 %
③ 이용률 60 %, 순수율 25 %
④ 이용률 60 %, 순수율 75 %

> **해설** (1) 이용률

정답 1. ③   2. ①   3. ④   4. ④   5. ②

$$= \frac{교실이\ 사용되는\ 시간}{1주간의\ 평균수업시간} \times 100$$

$$= \frac{24시간}{30시간} \times 100 = 80\%$$

(2) 순수율

$$= \frac{당해\ 교실과목을\ 위해\ 사용되는\ 시간}{교실이\ 사용되는\ 시간}$$

$$\times 100$$

$$= \frac{24시간 - 6시간}{24시간} \times 100 = 75\%$$

건축시공

6. 토공사에 쓰이는 굴착용 기계 중 기계가 서있는 지반면보다 위에 있는 흙의 굴착에 적합한 장비는?

① 파워셔블(power shovel)

② 드래그라인(drag line)

③ 드래그셔블(drag shovel)

④ 클램셸(clamshell)

해설 ① 파워셔블 : 지반면보다 높은 곳의 흙파기

② 드래그라인 : 지반면보다 낮고 깊은 터파기 (하천 모래 채집)

③ 드래그셔블 : 지반면보다 낮은 곳의 굴착

④ 클램셸 : 좁은 곳의 수직 굴착

7. 다음 중 용접결함에 관한 설명으로 옳지 않은 것은?

① 슬래그 함입 – 용융금속이 급속하게 냉각되면 슬래그의 일부분이 달아나지 못하고 용착금속 내에 혼입되는 것

② 오버랩 – 용접금속과 모재가 융화되지 않고 겹쳐지는 것

③ 블로 홀 – 용융금속이 응고할 때 방출되어야 할 가스가 잔류한 것

④ 크레이터 – 용접전류가 과소하여 발생

해설 (1) 오버랩 : 용접전류가 과소하거나 용접속도가 느린 경우 용접금속과 모재가 융화되지 않고 겹쳐지는 것

(2) 크레이터 : 용접 종단에 항아리 모양의 홈이 패이는 현상(전류가 과대하여 발생)

8. 건축물 외부에 설치하는 커튼월에 관한 설명으로 옳지 않은 것은?

① 커튼월이란 외벽을 구성하는 비내력벽 구조이다.

② 커튼월의 조립은 대부분 외부에 대형 발판이 필요하므로 비계공사가 필수적이다.

③ 공장에서 생산하여 반입하는 프리패브 제품이다.

④ 일반적으로 콘크리트나 벽돌 등의 외장재에 비하여 경량이어서 건물의 전체 무게를 줄이는 역할을 한다.

해설 커튼월은 양중기를 이용하여 설치하는 것이 대부분이므로 외부 비계공사가 필수적인 것은 아니다.

9. 그림과 같은 네트워크 공정표에서 주공정선(critical path)은?

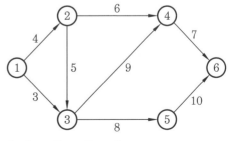

① ① → ③ → ⑤ → ⑥

② ① → ② → ④ → ⑥

③ ①→②→③→④→⑥

④ ①→②→③→⑤→⑥

해설 (1) 주공정선(critical path)

　• 작업의 경로 중 가장 긴 경로이다.

　• 주공정선상에는 여유시간이 없다.

(2) 주공정선의 작업일수

　　①→③→⑤→⑥ : 3+8+10=21일

　　①→②→④→⑥ : 4+6+7=17일

　　①→②→③→④→⑥ : 4+5+9+7=25일

　　①→②→③→⑤→⑥ : 4+5+8+10=27일

　　∴ 주공정선 ①→②→③→⑤→⑥

10. 시멘트 200포를 사용하여 배합비가 1 : 3 : 6의 콘크리트를 비벼 냈을 때의 전체 콘크리트량은? (단, 물–시멘트 비는 60 %이고 시멘트 1포대는 40 kg이다.)

① 25.25 m³ ② 36.36 m³

③ 39.39 m³ ④ 44.44 m³

해설 (1) 콘크리트 1 m³당 각 재료의 양

배합비	시멘트 (kg)	모래 (m³)	자갈 (m³)
1 : 2 : 4	320	0.45	0.9
1 : 3 : 6	220	0.47	0.94

(2) 전체 콘크리트량(m³)

　• 200포 × 40 kg = 8000 kg

　• 1 : 3 : 6일 때 콘크리트 1 m³당 시멘트량 : 220 kg

　∴ 전체 콘크리트량 $= \dfrac{8,000\,kg}{220\,kg} = 36.36\,m^3$

건축구조

11. 다음 그림과 같은 보에서 고정단에 생기는 휨모멘트는?

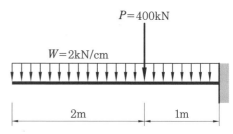

$P = 400\,kN$

$W = 2\,kN/cm$

2m　　1m

① 500 kN·m ② 900 kN·m

③ 1,300 kN·m ④ 1,500 kN·m

해설 $M = 400\,kN \times 1\,m$

$\qquad + \left(\dfrac{2\,kN}{0.01\,m} \times 3\,m\right) \times \dfrac{3}{2}\,m$

$\qquad = 1,300\,kN \cdot m$

12. 그림과 같은 단면에 전단력 50 kN이 가해진 경우 중립축에서 상방향으로 100 mm 떨어진 지점의 전단응력은? (단, 전체 단면의 크기는 200×300 mm임)

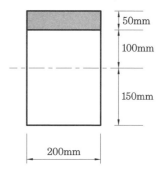

50mm

100mm

150mm

200mm

① 0.85 MPa ② 0.79 MPa

③ 0.73 MPa ④ 0.69 MPa

해설 (1) 구하고자 하는 지점 외측단에 대한 단면 1차 모멘트

$G_x = A \cdot Y = 200 \times 50 \times 125$

$\qquad = 1,250,000\,mm^3$

(2) 도심축에 대한 단면2차모멘트

$I_x = \dfrac{bh^3}{12} = \dfrac{200 \times 300^3}{12} = 450 \times 10^6\,mm^4$

(3) 전단응력

$\tau = \dfrac{G_x \times S}{I_x \times b} = \dfrac{1,250 \times 10^3 \times 50 \times 10^3}{450 \times 10^6 \times 200}$

$$= 0.69\,\mathrm{N/mm^2(MPa)}$$

여기서, G_x : 단면 1차 모멘트

S : 전단력

I_x : 단면 2차 모멘트

b : 보의 너비

13. 등분포하중을 받는 두 스팬 연속보인 B₁ RC보 부재에서 Ⓐ, Ⓑ, Ⓒ 지점의 보 배근에 관한 설명으로 옳지 않은 것은?

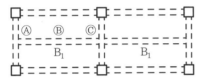

① Ⓐ단면에서는 하부근이 주근이다.

② Ⓑ단면에서는 하부근이 주근이다.

③ Ⓐ단면에서의 스터럽 배치간격은 Ⓑ단면에서의 경우보다 촘촘하다.

④ Ⓒ단면에서는 하부근이 주근이다.

해설 큰 보에 연결되는 연속보의 휨모멘트도

① Ⓐ단면 하부에 주근을 배치한다.

② Ⓑ단면(중앙부)에서도 주근을 배치한다.

③ Ⓐ단면은 보의 단부이므로 스터럽 간격을 좁게 한다.

④ Ⓒ단면에서는 상부근이 주근이다.

14. 철근콘크리트 압축부재의 철근량 제한 조건에 따라 사각형이나 원형 띠철근으로 둘러싸인 경우 압축부재의 축방향 주철근의 최소 개수는 얼마인가?

① 2개 　　　　② 3개

③ 4개 　　　　④ 6개

해설 철근콘크리트 압축부재의 축방향 주철근의 개수

(1) 사각형·원형 띠철근으로 둘러싸인 경우 : 4개 이상

(2) 삼각형 띠철근 내부의 철근의 경우 : 3개

이상

(3) 나선 철근의 경우 : 6개 이상

15. 모살치수 8 mm, 용접길이 500 mm인 양면 모살용접의 유효 단면적은 약 얼마인가?

① 2,100 mm²　　② 3,221 mm²

③ 4,300 mm²　　④ 5,421 mm²

해설 (1) 모살용접

목두께 $a = 0.7s$ (s : 모살치수)

유효길이 $l' = l - 2s$ (l : 용접길이)

유효면적 $A = l' \times a$

$= (500 - 2 \times 8) \times 0.7 \times 8 = 2,710.4\,\mathrm{mm^2}$

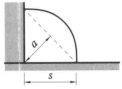

(2) 양면 모살용접의 유효면적

= 모살용접의 유효면적 × 2

$= 2,710.4 \times 2 = 5,420.8\,\mathrm{mm^2}$

건축설비

16. 수량 22.4 m³/h를 양수하는 데 필요한 터빈 펌프의 구경으로 적당한 것은? (단, 터빈 펌프 내의 유속은 2 m/s로 한다.)

① 65 mm 　　　② 75 mm

③ 100 mm 　　　④ 125 mm

해설 펌프의 구경

$$d = 1.13 \times \sqrt{\frac{Q}{V}}$$

$$= 1.13 \times \sqrt{\frac{\dfrac{22.4\,\mathrm{m^3}}{3,600\,\mathrm{s}}}{\dfrac{2\,\mathrm{m/s}}{}}} = 0.063\,\mathrm{m}$$

$=63\,\mathrm{mm}$

참고 터빈 펌프 : 소용돌이 모양(임펠러)의 날
개로 높은 곳까지 물을 퍼올리는 펌프(원심
펌프의 한 종류)

17. 다음과 같은 조건에 있는 실의 틈새바람
에 의한 현열부하는?

- 실의 체적 : 400 m³
- 환기횟수 : 0.5회/h
- 실내온도 : 20℃, 외기온도 : 0℃
- 공기의 밀도 : 1.2 kg/m³
- 공기의 정압비열 : 1.01 kJ/kg·K

① 약 654 W   ② 972 W
③ 약 1,347 W   ④ 1,654 W

해설 (1) 현열부하 : 물질의 상태를 바꾸지 않
고 단순히 온도만 올리거나 낮추는 열에 대
한 부하
(2) 일률 1 W=1 J/s=3.6 kJ/h
(3) 환기량(m³/h)
=실의 체적(m³)×환기횟수(회/h)
(4) 현열부하(kJ/h)
=환기량(m³/h)×비열(kJ/kg·K)
×밀도(kg/m³)×온도차(K)
$= 400\,\mathrm{m^3} \times 0.5회/\mathrm{h} \times 1.01\,\mathrm{kJ/kg \cdot K}$
$\times 1.2\,\mathrm{kg/m^3} \times (20-0)℃$
$= 4,848\,\mathrm{kJ/h}$
1W=3.6 kJ/h이므로
$\dfrac{4,848\,\mathrm{kJ/h}}{3.6\,\mathrm{kJ/h}} = 1,347\,\mathrm{W}$
∴ 1,347 W

18. 덕트의 분기부에 설치하여 풍량 조절용
으로 사용되는 댐퍼는?
① 스플릿 댐퍼
② 평행익형 댐퍼
③ 대향익형 댐퍼

④ 버터플라이 댐퍼

해설 (1) 댐퍼(damper) : 덕트(duct) 속을 통과
하는 풍량을 조절하거나 공기의 통과를 차
단하기 위한 것
(2) 스플릿 댐퍼(split damper) : 덕트 분기부
에 설치하여 풍량의 분배에 사용
(3) 버터플라이 댐퍼 : 가장 간단한 구조, 풍
량 조절 기능이 떨어지고 소음이 크다.

19. 다음의 저압 옥내배선방법 중 노출되고
습기가 많은 장소에 시설이 가능한 것은?
(단, 400V 미만인 경우)
① 금속관 배선
② 금속몰드 배선
③ 금속덕트 배선
④ 플로어덕트 배선

해설 옥내저압배선 설계(단, 사용전압이 400 V
미만) 시 옥내에 건조한 장소, 습기진 장소,
노출배선 장소, 은폐배선을 하여야 할 장소,
점검이 불가능한 장소 등에 적용 가능한 배선
방법의 종류는 다음과 같다.
(1) 금속관 배선
(2) 합성수지관 배선
(3) 비닐피복 2종 가요전선관
(4) 케이블 배선

20. 엘리베이터의 안전장치 중 일정 이상의
속도가 되었을 때 브레이크 등을 작동시키
는 기능을 하는 것은?
① 조속기   ② 권상기
③ 완충기   ④ 가이드 슈

해설 엘리베이터의 안전장치
(1) 조속기 : 엘리베이터가 규정된 속도를 초
과하면 안전스위치를 작동시킴
(2) 비상정지장치
(3) 완충기
(4) 승강장문 안전장치

건축관계법규

21. 지방건축위원회의가 심의 등을 하는 사항에 속하지 않는 것은?

① 건축선의 지정에 관한 사항

② 다중이용건축물의 구조안전에 관한 사항

③ 특수구조건축물의 구조안전에 관한 사항

④ 경관지구 내의 건축물의 건축에 관한 사항

[해설] 지방건축위원회의가 심의 등을 하는 사항

(1) 건축선의 지정에 관한 사항

(2) 조례의 제정·개정 및 시행에 관한 중요 사항

(3) 다중이용 건축물 및 특수구조 건축물의 구조안전에 관한 사항

(4) 다른 법령에서 지방건축위원회의 심의를 받도록 한 경우 해당 법령에서 규정한 심의사항

22. 두 도로의 너비가 각각 6 m이고 교차각이 90°인 도로의 모퉁이에 위치한 대지의 도로 모퉁이 부분의 건축선은 그 대지에 접한 도로경계선의 교차점으로부터 도로경계선에 따라 각각 얼마를 후퇴한 두 점을 연결한 선으로 하는가?

① 후퇴하지 아니한다.

② 2 m

③ 3 m

④ 4 m

[해설] 너비 8 m 미만인 도로의 모퉁이에 위치한 대지의 도로모퉁이 부분의 건축선은 그 대지

에 접한 도로경계선의 교차점으로부터 도로경계선에 따라 다음의 표에 따른 거리를 각각 후퇴한 두 점을 연결한 선으로 한다.

(단위 : m)

도로의 교차각	해당 도로의 너비		교차되는 도로의 너비
	6 이상 8 미만	4 이상 6 미만	
90° 미만	4	3	6 이상 8 미만
	3	2	4 이상 6 미만
90° 이상 120° 미만	3	2	6 이상 8 미만
	2	2	4 이상 6 미만

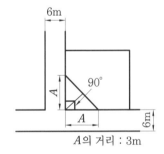

*A*의 거리 : 3m

23. 방화와 관련하여 같은 건축물에 함께 설치할 수 없는 것은?

① 의료시설과 업무시설 중 오피스텔

② 위험물저장 및 처리시설과 공장

③ 위락시설과 문화 및 집회시설 중 공연장

④ 공동주택과 제2종 근린생활시설 중 다중생활시설

[해설] 방화에 장애가 되는 용도의 제한 : 단독주택, 공동주택, 조산원 또는 산후조리원과 다중생활시설은 같은 건축물에 함께 설치할 수 없다.

[정답] 21. ④ 22. ③ 23. ④

24. 공작물을 축조할 때 특별자치시장·특별자치도지사 또는 시장·군수·구청장에게 신고를 하여야 하는 대상 공작물 기준으로 옳지 않은 것은? (단, 건축물과 분리하여 축조하는 경우)

① 높이 6 m를 넘는 굴뚝
② 높이 4 m를 넘는 광고탑
③ 높이 3 m를 넘는 장식탑
④ 높이 2 m를 넘는 옹벽 또는 담장

해설 건축물과 분리하여 축조할 때 특별자치시장·특별자치도지사 또는 시장·군수·구청장에게 신고를 해야 하는 공작물은 다음과 같다.
(1) 높이 6 m를 넘는 굴뚝, 골프연습장 등의 운동시설을 위한 철탑, 주거지역·상업지역에 설치하는 통신용 철탑
(2) 높이 4 m를 넘는 장식탑, 기념탑, 첨탑, 광고탑, 광고판
(3) 높이 8 m를 넘는 고가수조
(4) 높이 2 m를 넘는 옹벽 또는 담장

25. 시가화조정구역의 지정과 관련된 기준 내용 중 밑줄 친 "대통령령으로 정하는 기간"으로 옳은 것은?

> 시·도지사는 직접 또는 관계 행정기관의 장의 요청을 받아 도시지역과 그 주변 지역의 무질서한 시가화를 방지하고 계획적·단계적인 개발을 도모하기 위하여 <u>대통령령으로 정하는 기간</u> 동안 시가화를 유보할 필요가 있다고 인정되면 시가화조정구역의 지정 또는 변경을 도시·군관리계획으로 결정할 수 있다.

① 5년 이상 10년 이내의 기간
② 5년 이상 20년 이내의 기간
③ 7년 이상 10년 이내의 기간
④ 7년 이상 20년 이내의 기간

해설 시·도지사는 직접 또는 관계 행정기관의 장의 요청을 받아 도시지역과 그 주변지역의 무질서한 시가화를 방지하고 계획적·단계적인 개발을 도모하기 위하여 5년 이상 20년 이내의 기간 동안 시가화를 유보할 필요가 있다고 인정되면 시가화조정구역의 지정 또는 변경을 도시·군관리계획으로 결정할 수 있다.

제**8**강 핵심 단기 학습

건축계획

1. 숑바르 드 로브의 주거면적 기준으로 옳은 것은?

① 병리기준 : 6 m², 한계기준 : 12 m²

② 병리기준 : 6 m², 한계기준 : 14 m²

③ 병리기준 : 8 m², 한계기준 : 12 m²

④ 병리기준 : 8 m², 한계기준 : 14 m²

해설 숑바르 드 로브의 주거면적 기준

(1) 병리기준 (건강에 나쁜 영향) : 8 m²/인

(2) 한계기준(개인 또는 가족 간의 융통성 보장 못함) : 14 m²/인

(3) 표준기준 : 16 m²/인

2. 아파트의 평면 형식에 관한 설명으로 옳지 않은 것은?

① 중복도형은 모든 세대의 향을 동일하게 할 수 없다.

② 편복도형은 각 세대의 거주성이 균일한 배치 구성이 가능하다.

③ 홀형은 각 세대가 양쪽으로 개구부를 계획할 수 있는 관계로 일조와 통풍이 양호하다.

④ 집중형은 공용 부분이 오픈되어 있으므로, 공용 부분에 별도의 기계적 설비계획이 필요 없다.

해설 (1) 집중형은 엘리베이터·계단실·각종 설비 등을 코어(중앙)에 배치하고 각 주호를

주변에 배치하는 방식이다.

(2) 집중형은 공용 부분이 밀폐되어 있으므로, 공용 부분에 기계적 설비계획이 필요하다.

3. 상점 정면(facade) 구성에 요구되는 5가지 광고 요소(AIDMA 법칙)에 속하지 않는 것은?

① attention(주의)   ② identity(개성)

③ desire(욕구)   ④ memory(기억)

해설 (1) facade : 주출입구가 있는 정면부

(2) AIDMA : 5가지 광고 요소

㉮ Attention : 집중(주의)

㉯ Interest : 흥미

㉰ Desire : 욕구

㉱ Memory : 기억

㉲ Action : 활동

4. 도서관 건축에 관한 설명으로 옳지 않은 것은?

① 캐럴(carrel)은 서고 내에 설치된 소연구실이다.

② 서고의 내부는 자연채광을 하지 않고 인공조명을 사용한다.

③ 일반 열람실의 면적은 0.25~0.5 m²/인 규모로 계획한다.

④ 서고면적 1 m²당 150~250권 정도의 수장능력을 갖도록 계획한다.

해설 (1) 열람실

㉮ 아동 열람실 : 1.2~1.5 m²/인, 성인 열람실 : 1.5~2 m²/인

정답 **1.** ④   **2.** ④   **3.** ②   **4.** ③

㉯ 서고에 가까운 위치
(2) 서고
㉮ 수장능력 : 150~250 권/㎡
㉯ 서고 내부 : 인공조명
㉰ 캐럴 : 서고 내 설치하는 소연구실

5. 다음 중 시티 호텔에 속하지 않는 것은?
① 비치 호텔
② 터미널 호텔
③ 커머셜 호텔
④ 아파트먼트 호텔

해설 비치 호텔은 휴양지 호텔로서 리조트 호텔이다.

건축시공

6. 지표 재하 하중으로 흙막이 저면 흙이 붕괴되고 바깥에 있는 흙이 안으로 밀려 불룩하게 되어 파괴되는 현상은?
① 히빙(heaving) 파괴
② 보일링(boiling) 파괴
③ 수동토압(passive earth pressure) 파괴
④ 전단(shearing) 파괴

해설 히빙 파괴 현상 : 널말뚝 배면의 재하 하중에 의해서 널말뚝 하부의 연약지반이 흙파기 저면으로 불룩하게 밀려나와 널말뚝 하부가 파괴되는 현상

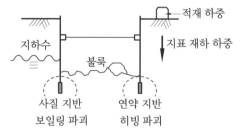

7. 다음 중 철골공사에 관한 설명으로 옳지 않은 것은?
① 볼트 접합부는 부식하기 쉬우므로 방청도장을 하여야 한다.
② 볼트 조임에는 임팩트렌치, 토크렌치 등을 사용한다.
③ 철골조는 화재에 의한 강성저하가 심하므로 내화피복을 하여야 한다.
④ 용접부 비파괴 검사에는 침투탐상법, 초음파탐상법 등이 있다.

해설 방청도료를 칠하지 않는 경우
(1) 콘크리트에 매립되는 부분
(2) 고력볼트 마찰접합부의 마찰면
(3) 조립에 의해 면 맞춤되는 부분
(4) 밀폐되는 내면
(5) 현장용접을 하는 부위 및 그 곳에 인접하는 양측 100 mm
(6) 초음파 탐상 검사에 지장을 미치는 범위
※ 볼트 접합부는 공기가 통하지 않으므로 방청도장을 하지 않아도 된다.

8. 시멘트 광물질의 조성 중에서 발열량이 높고 응결시간이 가장 빠른 것은?
① 알루민산삼석회
② 규산삼석회
③ 규산이석회
④ 알루민산철사석회

해설 알루민산삼석회(C3A)는 1일 이내 조기강도를 발휘하는 성분으로 발열량이 높고 응결시간이 가장 빠르다.

9. PERT-CPM 공정표 작성 시에 EST와 EFT의 계산방법 중 옳지 않은 것은?
① 작업의 흐름에 따라 전진 계산한다.
② 선행작업이 없는 첫 작업의 EST는 프로젝트의 개시시간과 동일하다.
③ 어느 작업의 EFT는 그 작업의 EST에

정답 **5.** ① **6.** ① **7.** ① **8.** ① **9.** ④

소요일수를 더하여 구한다.

④ 복수의 작업에 종속되는 작업의 EST
는 선행작업 중 EFT의 최솟값으로 한다.

해설 EST는 선행 복수작업 EFT 중 최댓값으로 한다.

10. 다음 그림과 같은 건물에서 G_1과 같은 보가 8개 있다고 할 때 보의 총 콘크리트량을 구하면? (단, 보의 단면상 슬래브와 겹치는 부분은 제외하며, 철근량은 고려하지 않는다.)

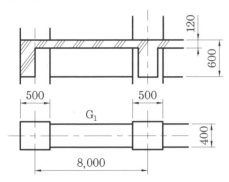

① 11.52 m³   ② 12.23 m³
③ 13.44 m³   ④ 15.36 m³

해설 보의 총 콘크리트량
= 보의 너비 × (춤 − 바닥판의 두께)
× 보의 안목거리 × 8
= 0.4 × (0.6 − 0.12) × (8 − 0.5) × 8
= 11.52 m³

건축구조

11. 그림과 같은 이동하중이 스팬 10 m의 단순보 위를 지날 때 절대 최대 휨모멘트를 구하면?

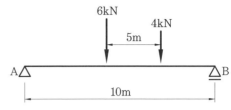

① 16 kN·m   ② 18 kN·m
③ 25 kN·m   ④ 30 kN·m

해설 (1) 작용점의 위치
바리뇽의 정리에서
합력 $R = 6\text{kN} + 4\text{kN} = 10\text{kN}$
$Rx = 4\text{kN} \times 5\text{m}$에서
$$x = \frac{4\text{kN} \times 5\text{m}}{10\text{kN}} = 2\text{m}$$
(2) 절대 최대 휨모멘트
㉮ 반력의 계산
$\sum M_B = 0$에서
$R_A \times 10\text{m} - 6\text{kN} \times 6\text{m} - 4\text{kN} \times 1\text{m} = 0$
$$\therefore R_A = \frac{40\text{kN}\cdot\text{m}}{10\text{m}} = 4\text{kN}$$
㉯ 절대 최대 휨모멘트(중앙점 가까운 지점에 하중 위치)
$M_D = R_A \times 4\text{m} = 4\text{kN} \times 4\text{m}$
$= 16\text{kN}\cdot\text{m}$

12. 정사각형 독립기초에 $N = 20$ kN, $M = 10$ kN·m가 작용할 때 접지압이 압축력만 발생하도록 하기 위한 기초저면의 최소길이는 얼마인가?

① 2 m   ② 3 m
③ 4 m   ④ 5 m

해설 (1) 핵반경
$M = N \cdot e$에서 편심거리 $e = \dfrac{M}{N}$

사각형 핵반경 $e = \dfrac{h}{6}$

여기서, M : 모멘트
N : 수직하중
h : 기초판의 크기

(2) 인장응력이 발생하지 않는 기초판의 크기

$$\frac{h}{6} = \frac{M}{N}$$

$$h = \frac{6M}{N} = \frac{6 \times 10}{20} = 3\,\text{m}$$

13. 그림과 같은 구조물에 있어 AB 부재의 재단 모멘트 M_{AB}는?

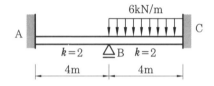

① 0.5 kN·m ② 1 kN·m
③ 1.5 kN·m ④ 2 kN·m

해설 (1) BA 부재의 분배율

$$f_{BA} = \frac{K_{BA}}{\sum K} = \frac{2}{2+2} = \frac{1}{2}$$

(2) 하중항(하중에 의해 발생하는 재단 모멘트)

$$C_{AB} = C_{BA} = 0$$

$$-C_{BC} = C_{CB} = \frac{wl^2}{12}$$

(3) 불균형 모멘트

$$C_{BA} - C_{BC} = 0 - 8\,\text{kN}\cdot\text{m} = -8\,\text{kN}\cdot\text{m}$$

(4) 균형 모멘트(해제 모멘트)

$$8\,\text{kN}\cdot\text{m}$$

(5) 분배 모멘트

$$M_{BA} = 8\,\text{kN}\cdot\text{m} \times \frac{1}{2} = 4\,\text{kN}\cdot\text{m}$$

(6) 재단 모멘트(도달 모멘트)

$$M_{AB} = 4\,\text{kN}\cdot\text{m} \times \frac{1}{2} = 2\,\text{kN}\cdot\text{m}$$

14. 다음 그림과 같은 띠철근 기둥의 설계축 하중(ϕP_n) 값으로 옳은 것은? (단, $f_{ck} = $ 24 MPa, $f_y = 400$ MPa, 주근단면적(A_{st}) : 3,000mm²)

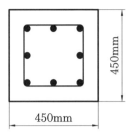

① 2,740 kN ② 2,952 kN
③ 3,335 kN ④ 3,359 kN

해설 띠철근 기둥의 설계축하중(ϕP_n)

$$\phi P_n = 0.8\phi \times [0.85 f_{ck}(A_g - A_{st}) + f_y A_{st}]$$
$$= 0.8 \times 0.65 \times [0.85 \times 24 \times (450 \times 450 - 3000)$$
$$\quad + 400 \times 3000]$$
$$= 2,740,296\,\text{N} \fallingdotseq 2,740\,\text{kN}$$

여기서, ϕ : 강도감소계수
f_{ck} : 콘크리트의 설계기준강도
A_g : 기둥의 전체 단면적
A_{st} : 주철근의 단면적
f_y : 철근의 항복강도

15. 다음 그림과 같은 H형강(H−440×300 ×10×20) 단면의 전소성모멘트(M_p)는 얼마인가? (단, $F_y = 400$ MPa)

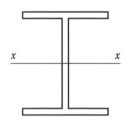

① 963 kN·m ② 1,168 kN·m
③ 1,368 kN·m ④ 1,568 kN·m

해설 도심 y_c

$$= \frac{G_x}{A} = \frac{300 \times 20 \times 210 + 200 \times 10 \times 100}{(300 \times 20 + 200 \times 10)}$$
$$= 182.5\,\text{mm}$$

전소성모멘트 M_p

$$= Cj = Tj = F_y A_c (y_c \times 2)$$
$$= 400 \times (300 \times 20 + 200 \times 10) \times (182.5 \times 2)$$
$$= 1,168 \times 10^6 \text{N} \cdot \text{mm} = 1,168 \text{kN} \cdot \text{m}$$

건축설비

16. 배수트랩에서 봉수깊이에 관한 설명으로 옳지 않은 것은?

① 봉수깊이는 50~100 mm로 하는 것이 보통이다.

② 봉수깊이가 너무 낮으면 봉수를 손실하기 쉽다.

③ 봉수깊이를 너무 깊게 하면 통수능력이 감소된다.

④ 봉수깊이를 너무 깊게 하면 유수의 저항이 감소된다.

해설 봉수깊이가 너무 깊으면 유수의 저항이 증가된다.

참고 배수트랩 봉수깊이

(1) 봉수의 깊이가 낮으면 봉수가 쉽게 증발할 수 있다.

(2) 봉수의 깊이가 깊으면 물이 잘 내려가지 않아 자기세정 작용이 안 되고 이물질의 침전이 가능하다.

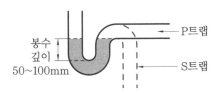

17. 다음의 냉방부하 발생 요인 중 현열부하만 발생시키는 것은?

① 인체의 발생열량

② 벽체로부터의 취득열량

③ 극간풍에 의한 취득열량

④ 외기의 도입으로 인한 취득열량

해설 (1) 현열(sensible heat) : 물질의 상태를 바꾸지 않고, 온도만 변화시키는 데 필요한 열

(2) 잠열(latent heat) : 물질의 상태를 바꾸는 데 쓰는 열

(3) 냉방부하 : 냉방 시 제거해야 하는 열량으로서 현열과 잠열이 있다.

(4) 냉방부하 발생 요인 중 외기의 도입, 극간풍, 인체환기 등에 의해 얻어지는 열량은 현열부하 및 잠열부하를 발생시킨다.

18. 다음 중 겨울철 실내 유리창 표면에 발생하기 쉬운 결로의 방지 방법과 가장 거리가 먼 것은?

① 실내공기의 움직임을 억제한다.

② 실내에서 발생하는 수증기를 억제한다.

③ 이중유리로 하여 유리창의 단열성능을 높인다.

④ 난방기기를 이용하여 유리창 표면온도를 높인다.

해설 (1) 이슬점(노점온도) : 습한 공기의 온도를 낮추면 포화수증기량이 작아져 상대습도가 100%에 도달하여 수증기가 물방울로 변할 때의 온도

(2) 결로현상 : 수분을 포함한 대기의 온도가 이슬점 이하로 떨어져 물방울이 맺히는 현상

(3) 결로 방지 방법

㉮ 이중유리(복층유리)를 사용하면 단열효과가 있어 결로 방지에 효과적이다.

㉯ 실내에서 수증기 발생을 억제할 경우 내부결로 방지에 효과적이다.

㉰ 실내측 벽 표면온도가 실내공기의 노점온도보다 높은 경우 표면결로는 발생하지 않는다.

19. 다음 중 약전설비(소세력 전기설비)에 속하지 않는 것은?

① 조명설비   ② 전기음향설비

③ 감시제어설비   ④ 주차관제설비

> **해설** (1) 약전설비(소세력 전력) : 주차관제설비·전기음향설비·전기방재설비·감시제어설비·표식설비
>
> (2) 강전설비 : 전원설비·동력설비·조명설비

20. 카(car)가 최상층이나 최하층에서 정상 운행 위치를 벗어나 그 이상으로 운행하는 것을 방지하는 엘리베이터 안전장치는?

① 완충기   ② 가이드 레일

③ 리밋 스위치   ④ 카운터 웨이트

> **해설** ① 완충기 : 카·균형추가 하부의 피트로 충돌될 때 충격을 완화하는 역할을 한다.
>
> ② 가이드 레일 : 승강로에 안정적으로 움직일 수 있도록 해준다.
>
> ③ 리밋 스위치 : 카가 최상층·최하층을 벗어나 운행하는 것을 방지한다.
>
> ④ 카운터 웨이트(균형추) : 카와 반대방향에 설치(시소와 같은 원리)

건축관계법규

21. 다음 중 다중이용건축물에 속하지 않는 것은? (단, 층수가 10층이며, 해당 용도로 쓰는 바닥면적의 합계가 5,000 m^2인 건축물의 경우)

① 업무시설

② 종교시설

③ 판매시설

④ 숙박시설 중 관광숙박시설

> **해설** 다중이용건축물
>
> (1) 16층 이상인 건축물
>
> (2) 바닥면적 5,000 m^2 이상인 다음 용도의 건축물
>
>   ㉮ 문화 및 집회시설(동물원 및 식물원은 제외한다.)
>
>   ㉯ 종교시설·판매시설
>
>   ㉰ 운수시설 중 여객용 시설
>
>   ㉱ 의료시설 중 종합병원
>
>   ㉲ 숙박시설 중 관광숙박시설

22. 다음은 대지와 도로의 관계에 관한 기준 내용이다. ( ) 안에 알맞은 것은? (단, 축사, 작물 재배사, 그 밖에 이와 비슷한 건축물로서 건축조례로 정하는 규모의 건축물은 제외)

> 연면적의 합계가 2,000 m^2(공장인 경우에는 3,000 m^2) 이상인 건축물의 대지는 너비(ⓐ) 이상의 도로에 (ⓑ) 이상 접하여야 한다.

① ⓐ 2 m, ⓑ 4 m

② ⓐ 4 m, ⓑ 2 m

③ ⓐ 4 m, ⓑ 6 m

④ ⓐ 6 m, ⓑ 4 m

> **해설** 연면적의 합계가 2,000 m^2(공장인 경우에는 3,000 m^2) 이상인 건축물의 대지는 너비 6 m 이상의 도로에 4 m 이상 접하여야 한다.

23. 건축물에 설치하는 지하층의 구조에 관한 기준 내용으로 옳지 않은 것은?

① 지하층에 설치하는 비상탈출구의 유효 너비는 0.75 m 이상으로 할 것

② 거실의 바닥면적의 합계가 1,000 m^2 이상인 층에는 환기설비를 설치할 것

③ 지하층의 바닥면적이 300 m^2 이상인

층에는 식수공급을 위한 급수전을 1개소 이상 설치할 것

④ 거실의 바닥면적이 33 m² 이상인 층에는 직통계단 외에 피난층 또는 지상으로 통하는 비상탈출구를 설치할 것

해설 거실의 바닥면적이 50 m² 이상인 층에는 직통계단 외에 피난층 또는 지상으로 통하는 비상탈출구 및 환기통을 설치할 것. 다만, 직통계단이 2개소 이상 설치되어 있는 경우에는 그러하지 아니하다.

24. 주차전용건축물이란 건축물의 연면적 중 주차장으로 사용되는 부분의 비율이 최소 얼마 이상인 건축물을 말하는가? (단, 주차장 외의 용도로 사용되는 부분이 자동차 관련 시설인 건축물의 경우)

① 70 %   ② 80 %
③ 90 %   ④ 95 %

해설 "주차전용건축물"이란 건축물의 연면적 중 주차장으로 사용되는 부분의 비율이 95 % 이상인 것을 말한다. 단, 주차장 외의 용도로 사용되는 부분이 자동차 관련 시설인 경우에는 주차장으로 사용되는 부분의 비율이 70 % 이상인 것을 말한다.

25. 도시·군계획 수립 대상지역의 일부에 대하여 토지 이용을 합리화하고 그 기능을 증진시키며 미관을 개선하고 양호한 환경을 확보하며, 그 지역을 체계적·계획적으로 관리하기 위하여 수립하는 도시·군관리계획은?

① 광역도시계획
② 지구단위계획
③ 지구경관계획
④ 택지개발계획

해설 지구단위계획 : 도시·군계획 수립 대상지역의 일부에 대하여 토지 이용을 합리화하고 그 기능을 증진시키며 미관을 개선하고 양호한 환경을 확보하며, 그 지역을 체계적·계획적으로 관리하기 위하여 수립하는 도시·군관리계획

Short Learning

제**9**강 핵심 단기 학습

건축계획

1. 단독주택계획에 관한 설명으로 옳지 않은
것은?

① 건물이 대지의 남측에 배치되도록
한다.

② 건물은 가능한 한 동서로 긴 형태가
좋다.

③ 동지 때 최소한 4시간 이상의 햇빛이
들어오도록 한다.

④ 인접 대지에 기존 건물이 없더라도 개
발 가능성을 고려하도록 한다.

해설 단독주택에서 대지와 건물의 남향의 일조
를 위해 건물은 대지의 북측에 배치하는 것이
좋다.

2. 아파트의 단면 형식 중 메조넷형(maisonette
type)에 관한 설명으로 옳지 않은 것은?

① 다양한 평면 구성이 가능하다.

② 거주성, 특히 프라이버시의 확보가 용
이하다.

③ 통로가 없는 층은 채광 및 통풍 확보가
용이하다.

④ 공용 및 서비스 면적이 증가하여 유효
면적이 감소된다.

해설 (1) 메조넷형(복층형) : 한 주호가 2개층
이상에 걸쳐 구성되는 형식(2개층 : 듀플렉
스형, 3개층 : 트리플렉스형)

(2) 메조넷 형식은 복도가 없는 공간이 생기
므로 공용 및 서비스 면적이 감소하여 실
의 유효면적은 증가된다.

3. 상점 건축의 진열장 배치에 관한 설명으로
옳은 것은?

① 손님 쪽에서 상품이 효과적으로 보이
도록 계획한다.

② 들어오는 손님과 종업원의 시선이 정
면으로 마주치도록 계획한다.

③ 도난을 방지하기 위하여 손님에게 감
시한다는 인상을 주도록 계획한다.

④ 동선이 원활하여 다수의 손님을 수용
하고 가능한 다수의 종업원으로 관리하
게 한다.

해설 ② 손님과 종업원의 시선이 마주치지 않
도록 계획한다.

③ 손님에게 감시한다는 인상을 주어서는 안
된다.

④ 동선을 원활하게 하여 소수의 종업원으로
다수의 손님을 관리하게 한다.

4. 다음 중 도서관에서 장서가 60만 권일 경
우 능률적인 작업용량으로서 가장 적정한
서고의 면적은?

① 3,000 m²   ② 4,500 m²

③ 5,000 m²   ④ 6,000 m²

해설 (1) 서고 1 m²당 수용능력 : 150~250권/m²

(2) 서고의 면적(m²)

정답 **1.** ①   **2.** ④   **3.** ①   **4.** ①

$$600,000권 ÷ 200권/m^2 = 3,000\,m^2$$

5. 다음의 호텔 중 연면적에 대한 숙박면적의 비가 일반적으로 가장 큰 것은?

① 커머셜 호텔
② 클럽 하우스
③ 리조트 호텔
④ 아파트먼트 호텔

해설 커머셜 호텔은 국제회의 등 상업상의 목적을 지닌 투숙객을 대상으로 하는 호텔로서 객실이 주가 되며, 부대시설은 최소화되므로 다른 호텔에 비하여 연면적에 대한 숙박면적의 비가 가장 크다.

건축시공

6. 철근의 가공 및 조립에 관한 설명으로 옳지 않은 것은?

① 철근의 가공은 철근상세도에 표시된 형상과 치수가 일치하고 재질을 해치지 않은 방법으로 이루어져야 한다.
② 철근상세도에 철근의 구부리는 내면 반지름이 표시되어 있지 않은 때에는 KDS에 규정된 구부림의 최소 내면 반지름 이상으로 철근을 구부려야 한다.
③ 경미한 녹이 발생한 철근이라 하더라도 일반적으로 콘크리트와의 부착성능을 매우 저하시키므로 사용이 불가하다.
④ 철근은 상온에서 가공하는 것을 원칙으로 한다.

해설 경미한 황갈색 녹은 콘크리트와의 부착성능을 저하시키지 않으므로 담당관의 승인을 받아 사용할 수 있다.

7. 철근콘크리트 슬래브와 철골보가 일체로 되는 합성구조에 관한 설명으로 옳지 않은 것은?

① 시어커넥터가 필요하다.
② 바닥판의 강성을 증가시키는 효과가 크다.
③ 자재를 절감하므로 경제적이다.
④ 경간이 작은 경우에 주로 적용한다.

해설 철골형강보에 덱플레이트(거푸집 철판)를 시어커넥터(스터드볼트)로 연결하여 콘크리트를 타설해서 철골보와 슬래브가 일체로 거동하게 하는 구조는 경간이 큰 경우에 주로 적용한다.

8. 콘크리트의 내화, 내열성에 관한 설명으로 옳지 않은 것은?

① 콘크리트의 내화, 내열성은 사용한 골재의 품질에 크게 영향을 받는다.
② 콘크리트는 내화성이 우수해서 600℃ 정도의 화열을 장시간 받아도 압축강도는 거의 저하하지 않는다.
③ 철근콘크리트 부재의 내화성을 높이기 위해서는 철근의 피복두께를 충분히 하면 좋다.
④ 화재를 입은 콘크리트의 탄산화 속도는 그렇지 않은 것에 비하여 크다.

해설 콘크리트에 화열이 생겨서 콘크리트의 수열온도가 500℃가 되면 콘크리트의 강도가 50% 정도 저하되고 600℃ 이상이 되면 콘크리트의 파열·손상에 이르게 된다.

9. MCX(minimum cost expediting) 기법에 의한 공기 단축에서 아무리 비용을 투자해도 그 이상 공기를 단축할 수 없는 한계점을 무엇이라 하는가?

① 표준점　　　　② 포화점

 정답 **5.** ①　**6.** ③　**7.** ④　**8.** ②　**9.** ④

③ 경제속도점　　④ 특급점

해설 (1) MCX 기법은 CPM 공정표의 공기 단축의 핵심이론이다.

(2) 특급점 이상에서는 비용을 투자해도 더 이상 공사기간을 단축할 수 없다.

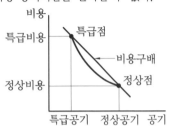

10. 벽두께 1.0B, 벽면적 30 m² 쌓기에 소요되는 벽돌의 정미량은? (단, 벽돌은 표준형을 사용한다.)

① 3,900매　　② 4,095매
③ 4,470매　　④ 4,604매

해설 (1) 벽면적 1 m²당 정미수량

종류 \ 두께	0.5B	1.0B	1.5B
표준형(기본형) (190×90×57mm)	75장	149장	224장

(2) 표준형(기본형) 벽돌 정미량
　벽면적 1 m² 정미수량×벽면적
　$= 149 \times 30 = 4{,}470$장

건축구조

11. 독립 기초(자중 포함)가 축방향력 650 kN, 휨모멘트 130 kN·m를 받을 때 기초 저면의 편심거리는?

① 0.2 m　　② 0.3 m
③ 0.4 m　　④ 0.6 m

해설 $M = N \cdot e$에서

편심거리 $e = \dfrac{M}{N} = \dfrac{130}{650} = 0.2\,\mathrm{m}$

12. 그림과 같은 정정라멘에서 BD부재의 축 방향력으로 옳은 것은? (단, ＋ : 인장력, － : 압축력)

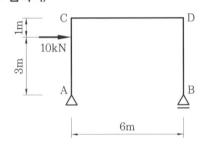

① 5 kN　　② −5 kN
③ 10 kN　　④ −10 kN

해설 (1) $\sum M_A = 0$에서

$10\,\mathrm{kN} \times 3\,\mathrm{m} - R_B \times 6\,\mathrm{m} = 0$

$\therefore\ R_B = 5\,\mathrm{kN}(\uparrow)$

(2) $\sum V = 0$에서 $R_A + R_B = 0$

$\therefore\ R_A = -5\,\mathrm{kN}(\downarrow)$

(3) 축방향 $N_{BD} = R_B = -5\,\mathrm{kN}$(압축)

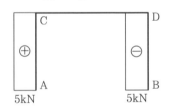

13. 그림과 같은 연속보에 있어 절점 B의 회전을 저지시키기 위해 필요한 모멘트의 절댓값은?

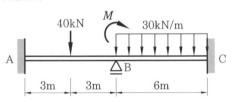

① 30 kN·m　　② 60 kN·m

③ 90 kN·m　　④ 120 kN·m

해설 (1) 하중항 : 하중에 의해 고정단에 생기는 모멘트

$$C_{BA} = \frac{Pl}{8} = \frac{40 \times 6}{8} = 30 \text{kN} \cdot \text{m}$$

$$C_{BC} = -\frac{wl^2}{12} = -\frac{30 \times 6^2}{12} = -90 \text{kN} \cdot \text{m}$$

(2) 불균형 모멘트

$$M_m = C_{BA} + C_{BC} = 30 - 90$$
$$= -60 \text{kN} \cdot \text{m}$$

(3) 균형 모멘트

$$\overline{M} = -60 \text{kN} \cdot \text{m} = 60 \text{kN} \cdot \text{m}$$

$$\therefore \overline{M} = 60 \text{kN} \cdot \text{m}$$

14. 1방향 철근콘크리트 슬래브에서 철근의 설계기준항복강도가 500 MPa인 경우 콘크리트 전체 단면적에 대한 수축·온도철근비는 최소 얼마 이상이어야 하는가? (단, KDS 기준, 이형철근 사용)

① 0.0015　　② 0.0016

③ 0.0018　　④ 0.0020

해설 1방향 철근콘크리트 슬래브에서 콘크리트의 전체 단면적에 대한 수축·온도철근비

(1) $f_y \leq 400 \text{MPa}$(이형철근) : 0.0020

(2) $f_y > 400 \text{MPa}$(이형철근 또는 용접철망)

$$0.002 \times \frac{400}{f_y} = 0.002 \times \frac{400}{500} = 0.0016$$

15. 철골조 주각부분에 사용하는 보강재에 해당되지 않는 것은?

① 윙플레이트　　② 덱플레이트

③ 사이드앵글　　④ 클립앵글

해설 (1) 철골 주각부 구성부재 : 베이스 플레이트, 사이드앵글, 윙플레이트, 클립앵글

(2) 덱플레이트 : 합성보를 만들기 위해 형강보 위에 철근콘크리트 슬래브를 타설하기 위한 절곡된 거푸집 대용 철판

건축설비

16. 배수트랩의 봉수가 파손되는 것을 방지하기 위한 방법으로 옳지 않은 것은?

① 자기사이펀 작용에 의한 봉수 파괴를 방지하기 위하여 S트랩을 설치한다.

② 유도사이펀 작용에 의한 봉수 파괴를 방지하기 위하여 도피통기관을 설치한다.

③ 증발현상에 의한 봉수 파괴를 방지하기 위하여 트랩 봉수 보급수 장치를 설치한다.

④ 역압에 의한 분출작용을 방지하기 위하여 배수 수직관의 하단부에 통기관을 설치한다.

해설 자기사이펀 작용은 주로 S트랩에서 만수 시 배수관 내로 흡입 배출되는 현상이다. 자기사이펀 작용에 의한 봉수 파괴를 방지하기 위해서는 통기관을 설치해야 한다.

17. 다음 설명에 알맞은 냉동기는?

- 기계적 에너지가 아닌 열에너지에 의해 냉동효과를 얻는다.
- 구조는 증발기, 흡수기, 재생기(발생기), 응축기 등으로 구성되어 있다.

① 터보식 냉동기

② 흡수식 냉동기

③ 스크루식 냉동기

④ 왕복동식 냉동기

해설 흡수식 냉동기

(1) 냉매로 물을 사용하여 냉매의 증발·흡수, 흡수제의 재생·응축을 통하여 냉수를 얻는 방식이다.

(2) 열에너지에 의해서 냉동효과를 얻는다.

(3) 증발기, 흡수기, 재생기, 응축기로 구성되어 있다.

18. 다음의 공기조화방식 중 전공기 방식에 속하지 않는 것은?

① 단일덕트방식
② 이중덕트방식
③ 멀티존 유닛방식
④ 팬코일 유닛방식

해설 팬코일 유닛(FCU)방식은 실에 팬코일을 설치하여 냉수 또는 온수를 보내어 냉난방을 처리하는 방식으로 전수 방식이다.

19. 어느 점광원에서 1 m 떨어진 곳의 직각면 조도가 200 lx일 때, 이 광원에서 2 m 떨어진 곳의 직각면 조도는?

① 25 lx
② 50 lx
③ 100 lx
④ 200 lx

해설 (1) 조도 : 장소의 밝기

(2) $조도(lx) = \dfrac{광속(lm)}{(거리(m))^2}$

(3) $광속(lm) = 조도(lx) \times (거리(m))^2$
$$= 200 \times 1^2 = 200 \, lm$$

$$\therefore \ \frac{200}{2^2} = \frac{200}{4} = 50 \, lx$$

20. 이동식 보도에 관한 설명으로 옳지 않은 것은?

① 속도는 60~70 m/min이다.
② 주로 역이나 공항 등에 이용된다.
③ 승객을 수평으로 수송하는 데 사용된다.
④ 수평으로부터 10° 이내의 경사로 되어 있다.

해설 이동식 보도는 주로 역이나 공항 등에서 승객을 수평으로 수송하는 데 이용되며 속도는 30 m/min 정도가 적당하다.

건축관계법규

21. 공동주택을 리모델링이 쉬운 구조로 하여 건축허가를 신청할 경우 100분의 120의 범위에서 완화하여 적용받을 수 없는 것은?

① 대지의 분할 제한
② 건축물의 용적률
③ 건축물의 높이 제한
④ 일조 등의 확보를 위한 건축물의 높이 제한

해설 공동주택의 리모델링에 대한 특례 : 공동주택을 리모델링이 쉬운 구조로 하여 건축허가를 신청할 경우 $\dfrac{120}{100}$ 범위에서 완화하여 적용받을 수 있는 것

(1) 건축물의 용적률
(2) 건축물의 높이 제한
(3) 일조 등의 확보를 위한 건축물의 높이 제한

참고 리모델링 : 건축물의 노후화를 억제하거나 기능 향상을 위해 대수선·증축·개축하는 행위

22. 다음은 건축선에 따른 건축제한에 관한 기준 내용이다. ( ) 안에 알맞은 것은?

> 도로면으로부터 높이 ( ) 이하에 있는 출입구, 창문, 그 밖에 이와 유사한 구조물은 열고 닫을 때 건축선의 수직면을 넘지 아니하는 구조로 하여야 한다.

① 3 m
② 4.5 m
③ 6 m
④ 10 m

해설 도로면으로부터 높이 4.5 m 이하에 있는 출입구, 창문, 그 밖에 이와 유사한 구조물은 열고 닫을 때 건축선의 수직면을 넘지 아니하는 구조로 하여야 한다.

23. 용도지역의 건폐율 기준으로 옳지 않은 것은?

① 주거지역 : 70 % 이하

② 상업지역 : 90 % 이하

③ 공업지역 : 70 % 이하

④ 녹지지역 : 30 % 이하

해설 녹지지역 : 20 % 이하

24. 주차장 주차단위구획의 최소 크기로 틀린 것은? (단, 평행주차형식 외의 경우)

① 경형 : 너비 2.0 m, 길이 3.6 m

② 일반형 : 너비 3.3 m, 길이 6.0 m

③ 확장형 : 너비 2.6 m, 길이 5.2 m

④ 장애인전용 : 너비 3.3 m, 길이 5.0 m

해설 평형주차형식(일렬주차) 외의 경우 주차장 주차단위구획 최소 크기

구분	너비	길이
경형	2.0 m	3.6 m
일반형	2.5 m	5.0 m
확장형	2.6 m	5.2 m
장애인전용	3.3 m	5.0 m
이륜자동차전용	1.0 m	2.3 m

25. 지구단위계획 중 관계 행정기관의 장과의 협의, 국토교통부장관과의 협의 및 중앙도시계획위원회·지방도시계획위원회 또는 공동위원회의 심의를 거치지 않고 변경할 수 있는 사항에 관한 기준 내용으로 옳은 것은?

① 건축선의 2 m 이내의 변경인 경우

② 획지면적의 30 % 이내의 변경인 경우

③ 가구면적의 20 % 이내의 변경인 경우

④ 건축물 높이의 30 % 이내의 변경인 경우

해설 (1) 지구단위계획

㉮ 지역을 체계적·계획적으로 관리하기 위해 수립하는 도시·군관리 계획

㉯ 기반시설의 배치와 규모, 건축물의 용도제한, 건폐율, 용적률, 높이제한 등을 고려하여 수립

(2) 지구단위계획 중 심의를 거치지 않고 변경할 수 있는 사항

㉮ 가구면적의 10 % 이내의 변경

㉯ 획지면적의 30 % 이내의 변경

㉰ 건축물 높이의 20 % 이내의 변경

㉱ 건축선의 1 m 이내의 변경

제10강 핵심 단기 학습

건축계획

1. 단독주택의 평면계획에 관한 설명으로 옳지 않은 것은?

① 거실은 평면계획상 통로나 홀로 사용하지 않는 것이 좋다.

② 현관의 위치는 대지의 형태, 도로와의 관계 등에 의하여 결정된다.

③ 부엌은 주택의 서측이나 동측이 좋으며 남향은 피하는 것이 좋다.

④ 노인침실은 일조가 충분하고 전망이 좋은 조용한 곳에 면하게 하고 식당, 욕실 등에 근접시킨다.

해설 단독주택 평면계획 시 음식물 취급이 많은 부엌의 경우는 일사시간이 많은 서측을 반드시 피한다.

2. 주거단지의 각 도로에 관한 설명으로 옳지 않은 것은?

① 격자형 도로는 교통을 균등 분산시키고 넓은 지역을 서비스할 수 있다.

② 선형 도로는 폭이 넓은 단지에 유리하고 한쪽 측면의 단지만을 서비스할 수 있다.

③ 루프(loop)형은 우회도로가 없는 쿨데삭(cul-de-sac)형의 결점을 개량하여 만든 유형이다.

④ 쿨데삭(cul-de-sac)형은 통과교통을 방지함으로써 주거환경의 쾌적성과 안정성을 모두 확보할 수 있다.

해설 선형 도로는 폭이 좁은 단지에 유리하고 양쪽 측면의 단지를 서비스할 수 있다.

참고 주거단지의 도로 형식

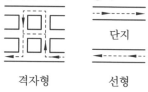

격자형	선형

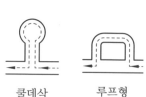

쿨데삭	루프형

3. 백화점의 에스컬레이터 배치에 관한 설명으로 옳지 않은 것은?

① 교차식 배치는 점유면적이 작다.

② 직렬식 배치는 점유면적이 크나 승객의 시야가 좋다.

③ 병렬식 배치는 백화점 매장 내부에 대한 시계가 양호하다.

④ 병렬 연속식 배치는 연속적으로 승강할 수 없다는 단점이 있다.

해설 병렬은 오름과 내림이 한 장소에 있고 연속식은 끊어지지 않고 연속적으로 이동할 수 있는 방식이므로 병렬 연속식 배치는 연속적으로 승강할 수 있다.

4. 병원건축의 형식 중 분관식에 관한 설명으로 옳지 않은 것은?

① 동선이 길어진다.

② 채광 및 통풍이 좋다.

③ 대지면적에 제약이 있는 경우에 주로 적용된다.

④ 환자는 주로 경사로를 이용한 보행 또는 들것으로 운반된다.

해설 대지면적에 제약이 없는 경우에는 분관식이 적용되며, 대지면적에 제약이 있는 경우에는 집중식이 적용된다.

참고 병원의 블록 플랜(block plan) 형식

(1) 집중형 : 외래부·부속진료실·병동실을 한 건물로 하고, 병동실은 고층으로 배치한다.

(2) 분관형(pavillion type) : 외래부·부속진료실·병동실을 각각의 분동으로 하여 복도를 연결하며 3층 이하로 한다.

5. 호텔의 퍼블릭 스페이스(public space) 계획에 관한 설명으로 옳지 않은 것은 어느 것인가?

① 로비는 개방성과 다른 공간과의 연계성이 중요하다.

② 프런트 데스크 후방에 프런트 오피스를 연속시킨다.

③ 주식당은 외래객이 편리하게 이용할 수 있도록 출입구를 별도로 설치한다.

④ 프런트 오피스는 기계화된 설비보다는 많은 사람을 고용함으로써 고객의 편의와 능률을 높여야 한다.

해설 프런트 데스크 후방에 있는 프런트 오피스(호텔 업무 공간)는 기계화된 설비 등을 배치하여 가급적 적은 인원으로 고객의 편의와 능률을 높여야 한다.

건축시공

6. 철근콘크리트 구조물에서 철근 조립 순서로 옳은 것은?

① 기초철근 → 기둥철근 → 보철근 → 슬래브철근 → 계단철근 → 벽철근

② 기초철근 → 기둥철근 → 벽철근 → 보철근 → 슬래브철근 → 계단철근

③ 기초철근 → 벽철근 → 기둥철근 → 보철근 → 슬래브철근 → 계단철근

④ 기초철근 → 벽철근 → 보철근 → 기둥철근 → 슬래브철근 → 계단철근

해설 철근콘크리트 구조에서 일반적인 철근 조립 순서 : 기초 → 기둥 → 벽 → 보 → 슬래브 → 계단

7. 용접작업 시 용착금속 단면에 생기는 작은 은색의 점을 무엇이라 하는가?

① 피시 아이(fish eye)

② 블로 홀(blow hole)

③ 슬래그 함입(slag inclusion)

④ 크레이터(crater)

해설 피시 아이(fish eye)

(1) 용접 시 용착금속의 파면에 나타나는 은백색의 생선 눈 모양의 결함부

(2) 생성 원인 : 저수소계 용접봉을 사용하는 경우

(3) 용접 후 500~600℃로 가열하면 발생 방지 가능

8. 철근, 볼트 등 건축용 강재의 재료시험 항목에서 일반적으로 제외되는 항목은?

① 압축강도시험   ② 인장강도시험

③ 굽힘시험   ④ 연신율시험

정답 **4.** ③ **5.** ④ **6.** ② **7.** ① **8.** ①

해설 건축용 강재는 압축강도가 크고 일정하므로 강재의 재료시험 항목에서 일반적으로 제외된다.

9. QC(quality control) 활동의 도구가 아닌 것은?

① 기능계통도　　② 산점도
③ 히스토그램　　④ 특성요인도

해설 TQC(전사적 품질 관리)의 7가지 활동 도구

(1) 파레토도　　(2) 특성요인도
(3) 히스토그램　　(4) 산점도(산포도)
(5) 체크시트　　(6) 층별
(7) 관리도

10. 조적벽 40 m²를 쌓는 데 필요한 벽돌량은? (단, 표준형 벽돌 0.5B 쌓기, 할증은 고려하지 않음)

① 2,850장　　② 3,000장
③ 3,150장　　④ 3,500장

해설 (1) 표준형 벽돌의 벽면적 1 m² 정미량

표준형 벽돌 크기	0.5B	1.0B	1.5B
$190 \times 90 \times 57$ mm	75매	149매	224매

(2) 벽돌량
$40\text{m}^2 \times 75$장 $= 3,000$장

건축구조

11. 그림과 같은 트러스(truss)에서 T부재에 발생하는 부재력으로 옳은 것은?

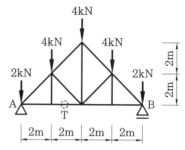

① 4 kN　　② 6 kN
③ 8 kN　　④ 16 kN

해설 (1) 반력

$$V_A = V_B = \frac{(2+4+4+4+2)\text{kN}}{2} = 8\text{kN}$$

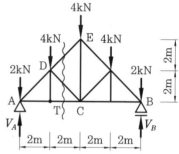

(2) T부재의 부재력
구하고자 하는 부재를 인장재로 가정하고 구하고자 하는 부재를 중심으로 3개의 부재로 절단한다.
$\sum M_D = 0$에서
$$V_A \times 2 - 2 \times 2 - T \times 2 = 0$$
$$8 \times 2 - 4 - T \times 2 = 0$$
$$\therefore T = \frac{12}{2} = 6\text{kN}(\text{인장})$$

12. 단일 압축재에서 세장비를 구할 때 필요하지 않은 것은?

① 유효좌굴길이　　② 단면적
③ 탄성계수　　④ 단면 2차 모멘트

해설 압축재의 세장비
(1) 유효좌굴길이(l_k)
$$l_k = kl$$

여기서, k : 유효좌굴길이계수

l : 길이

(2) 단면 2차 반경($i_{\min}$)

$$i_{\min} = \sqrt{\frac{I_{\min}}{A}}$$

여기서, $I_{\min}$: 최소 단면 2차 모멘트

A : 단면적

(3) 세장비(λ)

$$\lambda = \frac{l_k}{i_{\min}}$$

13. 다음 그림과 같은 구조물에서 기둥에 발생하는 휨모멘트가 0이 되려면 등분포하중 w는?

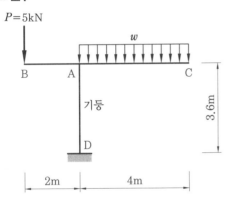

① 2.5 kN/m ② 0.8 kN/m
③ 1.25 kN/m ④ 1.75 kN/m

해설 절점방정식

$\sum M_A = 0$ 에서

$M_{AB} + M_{AC} + M_{AD} = 0$

$-5 \times 2 + w \times 4 \times 2 + 0 = 0$

$\therefore w = 1.25\,\text{kN/m}$

14. 강도설계법에서 직접설계법을 이용한 콘크리트 슬래브 설계 시 적용조건으로 옳지 않은 것은?

① 각 방향으로 3경간 이상이 연속되어야

한다.

② 슬래브 판들은 단변 경간에 대한 장변 경간의 비가 2 이하인 직사각형이어야 한다.

③ 각 방향으로 연속한 받침부 중심 간 경간 차이는 긴 경간의 1/3이어야 한다.

④ 모든 하중은 슬래브판의 특정지점에 작용하는 집중하중이어야 하며 활하중은 고정하중의 3배 이하이어야 한다.

해설 모든 하중은 슬래브판 전체에 걸쳐 등분포된 연직하중이어야 하며, 활하중은 고정하중의 2배 이하이어야 한다.

15. 다음 그림과 같은 압축재 H−200×200×8×12가 부재의 중앙지점에서 약축에 대해 휨변형이 구속되어 있다. 이 부재의 탄성좌굴응력도를 구하면? (단, 단면적 $A = 63.53 \times 10^2\,\text{mm}^2$, $I_x = 4.72 \times 10^7\,\text{mm}^4$, $I_y = 1.60 \times 10^7\,\text{mm}^4$, $E = 205,000\,\text{MPa}$)

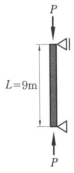

① 252 N/mm² ② 186 N/mm²
③ 132 N/mm² ④ 108 N/mm²

해설 (1) 유효좌굴길이계수(K)

• 양단고정 K=0.5
• 일단고정 타단힌지 K=0.7
• 일단고정 타단회전구속, 이동자유 K=1.0
• 일단회전 타단회전 K=1.0
• 일단고정 타단자유 K=2.0
• 일단회전 타단회전구속, 이동자유 K=2.0

(2) 탄성좌굴하중(오일러 좌굴하중)

$$P_{cr} = \frac{\pi^2 EI}{(KL)^2}$$

(3) 탄성좌굴응력

$$F_{cr} = \frac{P_{cr}}{A} = \frac{\pi^2 E}{(KL/r)^2}$$

여기서, K : 유효좌굴길이계수

　　　　L : 부재의 길이(mm)

　　　　E : 탄성계수

　　　　I : 최소 단면 2차 모멘트

　　　　r : 최소 단면 2차 회전반경

　　　　$\dfrac{KL}{r}$: 세장비

(4) 양단이 힌지인 경우 $K=1.0$, 약축에 대하여 휨변형이 구속되어 있으므로 탄성좌굴하중 P_{cr}은 x축, y축 중 작은 값으로 정한다.

㉮ $P_{cr} = \dfrac{\pi^2 EI}{(KL)^2}$

$$= \frac{\pi^2 \times 205,000 \times 4.72 \times 10^7}{(1 \times 9,000)^2}$$

$$= 1,178,991 \, \text{N}$$

㉯ 탄성좌굴응력(F_{cr})

$$= \frac{P_{cr}}{A} = \frac{1,178,991}{6353}$$

$$= 185.58 \, \text{N/mm}^2$$

건축설비

16. 다음 설명에 알맞은 통기관의 종류는 어느 것인가?

> 기구가 반대방향(좌우분기) 또는 병렬로 설치된 기구배수관의 교점에 접속하여 입상하며, 그 양기구의 트랩 봉수를 보호하기 위한 1개의 통기관을 말한다.

① 공용통기관　　② 결합통기관

③ 각개통기관　　④ 신정통기관

해설 ① 공용통기관 : 맞물림 또는 병렬로 설치한 위생기구의 기구배수관 교차점에 접속하여, 그 양쪽 기구의 트랩 봉수를 보호하는 1개의 통기관을 말한다.

② 결합통기관 : 오배수 수직관 내의 압력변동을 방지하기 위하여 오배수 수직관 상향으로 통기수직관에 연결하는 통기관을 말한다.

③ 각개통기관 : 위생기구마다 각개의 통기관을 설치하여 기구 상부의 통기관에 연결하거나 대기로 인출하여 설치하는 배관을 말한다.

④ 신정통기관 : 배수수직관에서 최상부의 배수수평관이 접속한 지점보다 더 상부 방향으로 그 배수수직관을 지붕 위까지 연장하여 이것을 통기관으로 사용하는 관을 말한다.

17. 방열기의 입구 수온이 90℃이고 출구 수온이 80℃이다. 난방부하가 3,000 W인 방을 온수난방할 경우 방열기의 온수 순환량은 얼마인가? (단, 물의 비열은 4.2 kJ/kg·K로 한다.)

① 143 kg/h　　② 257 kg/h

③ 368 kg/h　　④ 455 kg/h

해설 (1) 일률

　　　$1\,\text{W} = 1\,\text{J/s} = 3,600\,\text{J/h} = 3.6\,\text{kJ/h}$

(2) 물 $1\,\text{m}^3 = 1,000\,\text{L} = 1,000\,\text{kg}$

(3) 온수순환수량(G)[kg/h]

$$= \frac{g}{C\Delta t}$$

$$= \frac{3,000 \times 3.6\,\text{kJ/h}}{4.2\,\text{kJ/kg}\cdot\text{K} \times (90-80)\,℃}$$

$$= 257.14\,\text{kJ/h}$$

여기서, g : 난방부하(방열기의 방열량)
　　　　　　[kJ/h]

　　　　C : 물의 비열(kJ/kg·K)

Δt : 온도차(℃)

18. 흡수식 냉동기의 주요 구성부분에 속하지 않는 것은?

① 응축기 ② 압축기
③ 증발기 ④ 재생기

해설 (1) 흡수식 냉동기의 구성요소
⑦ 흡수기 : 흡수제가 냉매를 흡수하는 곳
④ 재생기(발생기) : 흡수제와 냉매를 분리하여 기체를 발생시키는 곳
⑤ 응축기 : 냉매가 기체에서 액체로 응축되는 열교환기
④ 증발기 : 냉매가 액체에서 기체로 증발되는 열교환기
(2) 압축식 냉동기의 구성요소
⑦ 압축기 : 저압, 저온의 냉매가스를 압축
④ 응축기 : 고압, 고온의 냉매가스를 응축 및 액화
⑤ 팽창밸브 : 저온, 저압의 액체로 교축 및 팽창
④ 증발기 : 저온, 저압의 액체 냉매가 피냉각물질로부터 열을 흡수하여 증발

19. 바닥면적이 50 m²인 사무실이 있다. 32 W 형광등 20개를 균등하게 배치할 때 사무실의 평균 조도는? (단, 형광등 1개의 광속은 3300 lm, 조명률은 0.5, 보수율은 0.76 이다.)

① 약 350 lx ② 약 400 lx
③ 약 450 lx ④ 약 500 lx

해설 광속$(F) = \dfrac{EAD}{NU}$ 에서 $E = \dfrac{FNU}{AD}$

여기서, E : 조도(lx)
A : 실내면적(m²)
U : 조명률
D : 감광보상률$\left(= \dfrac{1}{M} \right)$
M : 보수율

N : 램프의 개수(개)

$\therefore$ 조도$(E) = \dfrac{3,300 \text{lm} \times 20개 \times 0.5}{50 \text{m}^2 \times \dfrac{1}{0.76}}$

$= 501.6 \text{lx}$

20. 액화천연가스(LNG)에 관한 설명으로 옳지 않은 것은?

① 공기보다 가볍다.
② 무공해, 무독성이다.
③ 프로필렌, 부탄, 에탄이 주성분이다.
④ 대규모의 저장시설을 필요로 하며, 공급은 배관을 통하여 이루어진다.

해설 액화천연가스(LNG)의 주성분은 에탄, 메탄이고, 액화석유가스(LPG)의 주성분은 프로판, 프로필렌, 부탄, 부틸렌이다.

건축관계법규

21. 다음 중 건축법상 건축물의 용도 구분에 속하지 않는 것은? (단, 대통령령으로 정하는 세부 용도는 제외)

① 공장
② 교육시설
③ 묘지 관련 시설
④ 자원순환 관련 시설

해설 용도 구분에서 교육연구시설은 있으나 교육시설은 없다.

22. 피난층 외의 층으로서 피난층 또는 지상으로 통하는 직통계단을 2개소 이상 설치하여야 하는 대상 기준으로 옳지 않은 것은?

① 지하층으로서 그 층 거실의 바닥면적의 합계가 200 m² 이상인 것
② 종교시설의 용도로 쓰는 층으로서 그 층에서 해당 용도로 쓰는 바닥면적의 합계가 200 m² 이상인 것
③ 판매시설의 용도로 쓰는 3층 이상의 층으로서 그 층의 해당 용도로 쓰는 거실의 바닥면적의 합계가 200 m² 이상인 것
④ 업무시설 중 오피스텔의 용도로 쓰는 층으로서 그 층의 해당 용도로 쓰는 거실의 바닥면적의 합계가 200 m² 이상인 것

해설 업무시설 중 오피스텔의 용도로 쓰는 층으로서 그 층의 해당 용도로 쓰는 거실의 바닥면적의 합계가 300 m² 이상인 것

23. 일반주거지역에서 건축물을 건축하는 경우 건축물의 높이가 5 m인 부분은 정북 방향의 인접 대지경계선으로부터 원칙적으로 최소 얼마 이상을 띄어 건축하여야 하는가?

① 1.0 m   ② 1.5 m
③ 2.0 m   ④ 3.0 m

해설 일조 등의 확보를 위한 건축물의 높이 제한 : 전용주거지역이나 일반주거지역에서 건축물을 건축하는 경우에는 건축물의 각 부분을 정북 방향으로의 인접 대지경계선으로부터 다음 범위에서 건축조례로 정하는 거리 이상을 띄어 건축하여야 한다.
(1) 높이 9 m 이하인 부분 : 인접 대지경계선으로부터 1.5 m 이상
(2) 높이 9 m를 초과하는 부분 : 인접 대지경계선으로부터 해당 건축물 각 부분 높이의 2분의 1 이상

24. 노외주차장의 설치에 관한 계획기준 내용 중 (   )안에 알맞은 것은?

> 주차대수 400대를 초과하는 규모의 노외주차장의 경우에는 노외주차장의 출구와 입구를 각각 따로 설치하여야 한다. 다만, 출입구의 너비의 합이 (   )미터 이상으로서 출구와 입구가 차선 등으로 분리되는 경우에는 함께 설치할 수 있다.

① 4.5   ② 5.0
③ 5.5   ④ 6.0

해설 주차대수 400대를 초과하는 규모의 노외주차장의 경우에는 노외주차장의 출구와 입구를 각각 따로 설치하여야 한다. 다만, 출입구의 너비의 합이 5.5 m 이상으로서 출구와 입구가 차선 등으로 분리되는 경우에는 함께 설치할 수 있다.

25. 국토의 계획 및 이용에 관한 법령상 제1종 일반주거지역 안에서 건축할 수 있는 건축물에 속하지 않는 것은?

① 아파트
② 단독주택
③ 노유자시설
④ 교육연구시설 중 고등학교

해설 제1종 일반주거지역 안에서 건축할 수 있는 건축물
(1) 단독주택
(2) 공동주택(아파트를 제외한다)
(3) 제1종 근린생활시설
(4) 교육연구시설 중 유치원·초등학교·중학교 및 고등학교
(5) 노유자시설

PART **2**

건축기사 필기
문제해설

과년도 출제문제

2018년도 시행문제

건축기사

제1과목   건축계획

1. 상점 정면(facade) 구성에 요구되는 5가지 광고 요소(AIDMA 법칙)에 속하지 않는 것은?

① attention(주의) ② identity(개성)
③ desire(욕구)   ④ memory(기억)

해설 (1) facade : 주출입구가 있는 정면부
(2) AIDMA : 5가지 광고 요소
㉮ Attention : 집중(주의)
㉯ Interest : 흥미
㉰ Desire : 욕구
㉱ Memory : 기억
㉲ Action : 활동

2. 공장 건축의 레이아웃 계획에 관한 설명으로 옳지 않은 것은?

① 플랜트 레이아웃은 공장 건축의 기본설계와 병행하여 이루어진다.
② 고정식 레이아웃은 조선소와 같이 제품이 크고 수량이 적을 경우에 적용된다.
③ 다품종 소량생산이나 주문생산 위주의 공장에는 공정 중심의 레이아웃이 적합하다.
④ 레이아웃 계획은 작업장 내의 기계설비배치에 관한 것으로 공장 규모 변화에 따른 융통성은 고려대상이 아니다.

해설 공장 건축의 레이아웃(layout) : 생산성

향상을 위하여 기계설비·부품창고 등의 배치와 작업의 흐름을 계획하는 것
(1) 제품 중심 레이아웃
㉮ 기계설비·기계기구 등을 제품의 흐름에 따라 배치하는 방식
㉯ 대량생산에 유리하며, 생산성이 높은 편이다.
(2) 공정 중심 레이아웃 : 동일 종류의 작업공정·동일한 기계·제품의 기능이 유사한 것을 그룹으로 집합시킨 것으로 소량생산, 주문 생산 공정에 적합하며 생산성은 낮다.
(3) 고정식 레이아웃 : 생산되는 제품의 재료나 조립부품이 고정되어 있고, 사람이나 기계가 이동하며 작업하는 방식
※ 레이아웃 계획은 작업장 내의 기계설비 배치뿐만 아니라 작업자 작업구역·재료와 제품을 보관하는 장소 등의 상호관계, 공장 규모 변화에 따른 융통성을 고려해야 한다.

3. 쇼핑센터의 몰(mall)의 계획에 관한 설명으로 옳지 않은 것은?

① 전문점들과 중심상점의 주출입구는 몰에 면하도록 한다.
② 몰에는 자연광을 끌어들여 외부 공간과 같은 성격을 갖게 하는 것이 좋다.
③ 다층으로 계획할 경우, 시야의 개방감을 적극적으로 고려하는 것이 좋다.
④ 중심상점들 사이의 몰의 길이는 150 m

를 초과하지 않아야 하며, 길이 40~50 m마다 변화를 주는 것이 바람직하다.

> **해설** (1) 쇼핑 몰(mall) : 주 보행로와 코트(휴식공간)가 있는 상점가
> (2) 몰(보행로)의 계획 : 몰의 폭은 6~12 m 정도, 몰의 길이는 240 m 이내이고 길이 20~30 m마다 변화를 주는 것이 바람직하다.

4. 다음과 같은 특징을 갖는 부엌의 평면형은 어느 것인가?

> • 작업 시 몸을 앞뒤로 바꾸어야 하는 불편이 있다.
> • 식당과 부엌이 개방되지 않고 외부로 통하는 출입구가 필요한 경우에 많이 쓰인다.

① 일렬형 　　　　② ㄱ자형
③ 병렬형 　　　　④ ㄷ자형

> **해설** (1) 주거공간의 부엌의 평면 형태
> ㉮ 一자형(직선형, 일렬형) : 소규모
> ㉯ 병렬형(二자형) : 중규모
> ㉰ ㄱ자형 : 중규모
> ㉱ ㄷ자형 : 대규모
> (2) 병렬형
> ㉮ 부엌의 기구(준비대·냉장고·개수대·조리대·가열대·배선대 등)를 주부의 앞뒤로 배치하는 방식
> ㉯ 한쪽은 식당으로 향하고 다른 한쪽은 외부로 향할 수 있다.

5. 다음 중 일반적으로 연면적에 대한 숙박관계 부분의 비율이 가장 큰 호텔은?

① 해변 호텔 　　　② 리조트 호텔
③ 커머셜 호텔 　　④ 레지덴셜 호텔

> **해설** (1) 커머셜 호텔(commercial hotel)은 비즈니스 관련 여행객을 위한 호텔로 주로 도심지에 위치한다.
> (2) 커머셜 호텔은 객실 위주로 하고 부대시설을 최소로 하므로 호텔 중 연면적에 대한 숙박면적이 가장 크다.

6. 건축양식의 시대적 순서가 가장 올바르게 나열된 것은?

> ⓐ 로마네스크　　ⓑ 바로크　　ⓒ 고딕
> ⓓ 르네상스　　　ⓔ 비잔틴

① ⓐ → ⓒ → ⓓ → ⓑ → ⓔ
② ⓐ → ⓒ → ⓓ → ⓔ → ⓑ
③ ⓔ → ⓓ → ⓒ → ⓐ → ⓑ
④ ⓔ → ⓐ → ⓒ → ⓓ → ⓑ

> **해설** 건축양식의 시대적 순서 : 이집트→그리스→로마→초기 기독교→비잔틴→로마네스크→고딕→르네상스→바로크→로코코

7. 고대 로마 건축에 관한 설명으로 옳지 않은 것은?

① 인술라(insula)는 다층의 집합주거 건물이다.
② 콜로세움의 1층에는 도릭 오더가 사용되었다.
③ 바실리카 울피아는 황제를 위한 신전으로 배럴 볼트가 사용되었다.
④ 판테온은 거대한 돔을 얹은 로툰다와 대형 열주 현관이라는 두 주된 요소로 이루어진다.

> **해설** (1) 트리야누스 황제 광장
> ㉮ 로마시대 야외 광장으로 바실리카, 상점·신전 등이 모여 있는 공간
> ㉯ 도시민의 정치·사법집회·종교의식·사회활동 등이 이루어지는 공간
> (2) 바실리카 울피아 : 트리야누스 황제 광장의 일부로서 신전이 아니라 법정·상업거래소·집회장 등으로 이용되었다.
> (3) 배럴 볼트(터널 볼트) : 아치형 석조 지붕, 로마네스크 양식의 특징

정답 4. ③　5. ③　6. ④　7. ③

8. 아파트의 평면 형식에 관한 설명으로 옳지 않은 것은?

① 중복도형은 모든 세대의 향을 동일하게 할 수 없다.

② 편복도형은 각 세대의 거주성이 균일한 배치 구성이 가능하다.

③ 홀형은 각 세대가 양쪽으로 개구부를 계획할 수 있는 관계로 일조와 통풍이 양호하다.

④ 집중형은 공용 부분이 오픈되어 있으므로, 공용 부분에 별도의 기계적 설비계획이 필요 없다.

해설 (1) 집중형은 엘리베이터·계단실·각종 설비 등을 코어(중앙)에 배치하고 각 주호를 주변에 배치하는 방식이다.
(2) 집중형은 공용 부분이 밀폐되어 있으므로, 공용 부분에 기계적 설비계획이 필요하다.

9. 다음 중 사무소 건축에서 기둥간격(span)의 결정 요소와 가장 관계가 먼 것은?

① 건물의 외관

② 주차배치의 단위

③ 책상배치의 단위

④ 채광상 층고에 의한 안깊이

해설 사무소 건축에서 기둥간격(span)의 결정 요소
(1) 주차배치의 단위
(2) 책상배치의 단위
(3) 채광상 층고에 의한 안깊이 및 폭
(4) 구조 및 공법에 의한 스팬(span)의 한도

10. 다음 중 연극을 감상하는 경우 배우의 표정이나 동작을 상세히 감상할 수 있는 시각 한계는?

① 3 m   ② 5 m

③ 10 m   ④ 15 m

해설 극장의 객석의 거리

(1) 생리적 한계 : 배우의 표정이나 동작을 상세히 감상할 수 있는 시각 한계(15 m)

(2) 제1차 허용한도 : 잘 보이고 많은 관객을 수용한다. (22 m)

(3) 제2차 허용한도 : 연기자의 일반적인 동작을 볼 수 있는 정도(35 m)

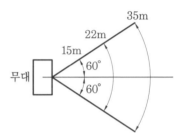

11. 종합병원의 건축계획에 관한 설명으로 옳지 않은 것은?

① 부속진료부는 외래환자 및 입원환자 모두가 이용하는 것이다.

② 간호사 대기소는 각 간호단위 또는 각 층 및 동별로 설치한다.

③ 집중식 병원건축에서 부속진료부와 외래부는 주로 건물의 저층부에 구성된다.

④ 외래진료부의 운영방식에 있어서 미국의 경우는 대개 클로즈드 시스템인데 비하여, 우리나라는 오픈 시스템이다.

해설 종합병원의 외래진료부(구성 : 외과·내과·치과·안과·이비인후과)의 운영방식
(1) 오픈 시스템(open system) : 종합병원 근처에 종합병원에 등록되어 있는 일반 개업 의사가 있는 방식으로 주로 미국의 운영방식이다.
(2) 클로즈드 시스템(closed system) : 종합병원 내에 각 과의 진료소를 설치하는 방식으로 우리나라에서 사용되는 방식이다.

12. 다음 중 단독주택의 부엌 크기 결정 요소로 볼 수 없는 것은?

① 작업대의 면적

② 주택의 연면적

③ 주부의 동작에 필요한 공간

④ 후드(hood)의 설치에 의한 공간

> **해설** 단독주택의 부엌 크기 결정 요소
> (1) 작업대(준비대·가열대·조리대·배선대 등) 면적
> (2) 주부의 동작에 필요한 공간
> (3) 주방수납에 필요한 공간
> (4) 연료의 공급 방법
> (5) 주택의 가족수·연면적

13. 다음 중 다포양식의 건축물이 아닌 것은 어느 것인가?

① 내소사 대웅전　② 경복궁 근정전

③ 전등사 대웅전　④ 무위사 극락전

> **해설** (1) 공포 : 처마 끝의 하중을 받치기 위해 기둥 머리에 짜맞추어 된 부재
> (2) 공포의 형식
> ㉮ 주심포식 : 공포가 기둥 위에만 있는 형식
> ㉯ 다포식 : 공포를 기둥과 기둥 사이에 배치한 형식
> ㉰ 익공식 : 공포가 주심포식 형태처럼 기둥 위에만 있는데 새의 모양인 형식
> (3) 무위사 극락전 : 주심포식 건축물

14. 단독주택계획에 관한 설명으로 옳지 않은 것은?

① 건물이 대지의 남측에 배치되도록 한다.

② 건물은 가능한 한 동서로 긴 형태가 좋다.

③ 동지 때 최소한 4시간 이상의 햇빛이 들어오도록 한다.

④ 인접 대지에 기존 건물이 없더라도 개발 가능성을 고려하도록 한다.

> **해설** 단독주택에서 대지와 건물의 남향의 일조를 위해 건물은 대지의 북측에 배치하는 것이 좋다.

15. 현장감을 가장 실감나게 표현하는 방법으로 하나의 사실 또는 주제의 시간상황을 고정시켜 연출하는 것으로 현장에 임한 느낌을 주는 특수전시기법은?

① 디오라마 전시　② 파노라마 전시

③ 하모니카 전시　④ 아일랜드 전시

> **해설** 특수전시기법
> ① 디오라마 전시 : 전시물을 각종 장치(조명장치·스피커·프로젝터)로 부각시켜 현장감을 가장 실감나게 표현하는 방법
> ② 파노라마 전시 : 연속적인 주제를 선(線)적으로 관계성 깊게 표현하기 위하여 전경(全景)으로 펼치도록 연출하는 것으로 맥락이 중요시될 때 사용되는 전시 기법
> ③ 하모니카 전시 : 전시 평면이 동일한 공간으로 연속되어 배치되는 전시 기법으로 동일 종류의 전시물을 반복 전시할 경우에 유리한 방식
> ④ 아일랜드 전시 : 사방에서 감상해야 할 필요가 있는 조각물이나 모형을 전시하기 위해 벽면에서 띄어 놓아 전시하는 기법

16. 학교의 강당계획에 관한 설명으로 옳지 않은 것은?

① 체육관의 크기는 배구코트의 크기를 표준으로 한다.

② 강당은 반드시 전교생을 수용할 수 있도록 크기를 결정하지는 않는다.

③ 강당 및 체육관으로 겸용하게 될 경우 체육관 목적으로 치중하는 것이 좋다.

④ 강당 겸 체육관은 커뮤니티의 시설로서 이용될 수 있도록 고려하여야 한다.

> **해설** 학교 체육관의 크기는 농구코트를 기준으로 결정한다.

17. 사무소 건축의 엘리베이터 설치 계획에 관한 설명으로 옳지 않은 것은?

① 군 관리운전의 경우 동일 군내의 서비

스 층은 같게 한다.

② 승객의 층별 대기시간은 평균 운전간격 이상이 되게 한다.

③ 서비스를 균일하게 할 수 있도록 건축물 중심부에 설치하는 것이 좋다.

④ 건축물의 출입층이 2개 층이 되는 경우는 각각의 교통수요량 이상이 되도록 한다.

해설 승객의 층별 대기시간은 승객의 편리함을 위하여 평균 운전간격(운행간격) 이하가 되어야 한다.

18. 다음 중 모듈 시스템의 적용이 가장 부적절한 것은?

① 극장　　　　② 학교

③ 도서관　　　④ 사무소

해설 극장계획은 관람석의 가시거리와 시각·무대의 구성·음향계획 등을 고려해야 하므로 모듈 시스템 적용이 가장 곤란하다.

19. 도서관의 출납 시스템 유형 중 이용자가 자유롭게 도서를 꺼낼 수 있으나 열람석으로 가기 전에 관원의 검열을 받는 형식은?

① 폐가식

② 반개가식

③ 자유개가식

④ 안전개가식

해설 안전개가식 : 이용자가 서가에 접근하여 도서를 꺼내어 선택한 후 관원의 검열을 받아 열람석에서 열람하는 방식

20. 극장의 평면 형식 중 프로시니엄형에 관한 설명으로 옳지 않은 것은?

① 픽처 프레임 스테이지형이라고도 한다.

② 배경은 한 폭의 그림과 같은 느낌을

준다.

③ 연기자가 제한된 방향으로만 관객을 대하게 된다.

④ 가까운 거리에서 관람하면서 가장 많은 관객을 수용할 수 있다.

해설 극장의 평면 형식의 종류

(1) 오픈 스테이지(open stage) : 관객이 연기자를 부분적으로 둘러싸는 형식

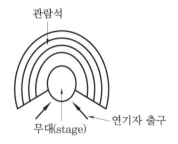

(2) 애리나 스테이지(arena stage) : 관객이 연기자를 360° 둘러싼 형태

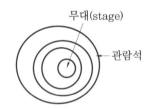

(3) 프로시니엄 스테이지(proscenium stage) : 무대와 관람석을 구분하는 액자 모양의 틀을 설치한 형식

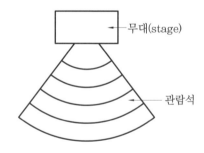

※ 가까운 거리에서 관람하면서 가장 많은 관객을 수용할 수 있는 형식은 애리나 형식이다.

제2과목 건축시공

21. 아스팔트 방수층, 개량 아스팔트 시트 방수층, 합성고분자계 시트 방수층 및 도막 방수층 등 불투수성 피막을 형성하여 방수하는 공사를 총칭하는 용어로 옳은 것은?

① 실링방수　　　② 멤브레인방수

③ 구체침투방수　　④ 벤토나이트방수

> **해설** (1) 멤브레인(membrane) 방수 : 불투수성 피막의 방수층을 구성하는 공법
> (2) 종류 : 아스팔트 방수층·개량 아스팔트 시트 방수층·도막 방수층·합성고분자 시트 방수층

22. 공사 금액의 결정 방법에 따른 도급 방식이 아닌 것은?

① 정액도급

② 공종별도급

③ 단가도급

④ 실비정산보수가산도급

> **해설** (1) 도급 방식에 따른 분류
> ㉮ 일식도급
> ㉯ 분할도급
> ・전문공종별　・공구별
> ・공정별　　　・직종별
> ・공종별
> ㉰ 공동도급
> (2) 공사 금액 결정 방법에 따른 분류
> ㉮ 정액도급
> ㉯ 단가도급
> ㉰ 실비정산보수가산식 도급

23. 철근콘크리트 PC 기둥을 8 ton 트럭으로 운반하고자 한다. 차량 1대에 최대로 적재 가능한 PC 기둥의 수는? (단, PC 기둥의 단면 크기는 30 cm×60 cm, 길이는 3 m이다.)

① 1개　　　　　② 2개

③ 4개　　　　　④ 6개

> **해설** (1) 철근콘크리트 단위용적중량 : 2.4 t/m^3
> (2) 철근콘크리트 PC 기둥 1개의 중량
> $= 0.3 \text{ m} \times 0.6 \text{ m} \times 3 \text{ m} \times 2.4 \text{ t/m}^3$
> $= 1.296 \text{ t}$
> (3) PC 기둥의 개수 $= \dfrac{8 \text{ t}}{1.296 \text{ t}} = 6.17$
> ∴ 6개

24. 린건설(lean construction)에서의 관리 방법으로 옳지 않은 것은?

① 변이관리　　　② 당김생산

③ 흐름생산　　　④ 대량생산

> **해설** (1) 린건설 : 낭비를 최소화하는 가장 효율적인 건설 생산 체계
> (2) 린건설에서는 낭비를 최소화하기 위하여 변이관리능력 향상, 당김생산(pull 방식), 흐름생산 등을 고려한다.
> (3) 대량생산(push 방식)은 재고가 누적되며 처리를 대기하는 경우가 발생되므로 린건설의 당김생산(pull 방식)을 적용한다.

25. 건축물 높낮이의 기준이 되는 벤치마크(bench mark)에 관한 설명으로 옳지 않은 것은?

① 이동 또는 소멸 우려가 없는 장소에 설치한다.

② 수직규준틀이라고도 한다.

③ 이동 등 훼손될 것을 고려하여 2개소 이상 설치한다.

④ 공사가 완료된 뒤라도 건축물의 침하, 경사 등의 확인을 위해 사용되기도 한다.

> **해설** (1) 벤치마크(bench mark) : 건축물 높이의 기준점으로 이동할 염려가 없는 벽돌담 등에 2개소 이상 설치한다.
> (2) 수직규준틀(세로규준틀) : 벽돌·돌·블록 쌓기 등 조적공사에서 고저 및 수직면의 기준으로 사용하기 위해 설치해야 한다.

26. 건축마감공사로서 단열공사에 관한 설명으로 옳지 않은 것은?

① 단열시공바탕은 단열재 또는 방습재 설치에 못, 철선, 모르타르 등의 돌출물이 도움이 되므로 제거하지 않아도 된다.

② 설치위치에 따른 단열공법 중 내단열공법은 단열성능이 적고 내부 결로가 발생할 우려가 있다.

③ 단열재를 접착제로 바탕에 붙이고자 할 때에는 바탕면을 평탄하게 한 후 밀착하여 시공하되 초기박리를 방지하기 위해 압착상태를 유지시킨다.

④ 단열재료에 따른 공법은 성형판단열재공법, 현장발포재 공법, 뿜칠단열재 공법 등으로 분류할 수 있다.

해설 단열시공바탕은 단열재 또는 방습재 설치에 못, 철선, 모르타르 등의 돌출물이 도움이 되지 않으므로 제거해야 한다.

27. 목재를 천연건조시킬 때의 장점에 해당되지 않는 것은?

① 비교적 균일한 건조가 가능하다.

② 시설투자 비용 및 작업 비용이 적다.

③ 건조 소요시간이 짧은 편이다.

④ 타 건조방식에 비해 건조에 의한 결함이 비교적 적은 편이다.

해설 목재의 천연건조법은 경비가 적게 드나 건조 소요시간이 길다.

28. 와이어로프로 매단 비계 권상기에 의해 상하로 이동시킬 수 있는 공사용 비계의 명칭은?

① 시스템비계   ② 틀비계
③ 달비계   ④ 쌍줄비계

해설 달비계
　(1) 건축물의 옥상에 권상기(윈치)나 곤도라

를 설치하여 와이어로프에 작업대(달비계)를 매달은 비계

　(2) 건축물의 외부 마감이나 외부 보수를 위해 설치하는 곤도라에 매달은 비계

29. 다음 중 철골공사에 관한 설명으로 옳지 않은 것은?

① 볼트 접합부는 부식하기 쉬우므로 방청도장을 하여야 한다.

② 볼트 조임에는 임팩트렌치, 토크렌치 등을 사용한다.

③ 철골조는 화재에 의한 강성저하가 심하므로 내화피복을 하여야 한다.

④ 용접부 비파괴 검사에는 침투탐상법, 초음파탐상법 등이 있다.

해설 방청도료를 칠하지 않는 경우
　(1) 콘크리트에 매립되는 부분
　(2) 고력볼트 마찰접합부의 마찰면
　(3) 조립에 의해 면 맞춤되는 부분
　(4) 밀폐되는 내면
　(5) 현장용접을 하는 부위 및 그 곳에 인접하는 양측 100 mm
　(6) 초음파 탐상 검사에 지장을 미치는 범위
　※ 볼트 접합부는 공기가 통하지 않으므로 방청도장을 하지 않아도 된다.

30. 보통 포틀랜드시멘트 경화체의 성질에 관한 설명으로 옳지 않은 것은?

① 응결과 경화는 수화반응에 의해 진행된다.

② 경화체의 모세관수가 소실되면 모세관장력이 작용하여 건조수축을 일으킨다.

③ 모세관 공극은 물시멘트비가 커지면 감소한다.

④ 모세관 공극에 있는 수분은 동결하면 팽창되고 이에 의해 내부압이 발생하여 경화체의 파괴를 초래한다.

정답 26. ① 27. ③ 28. ③ 29. ① 30. ③

해설 (1) 모세관 공극(capillary cavity) : 블리딩 현상에 의해 떠오르는 물이 증발되고 경화된 공극

(2) 모세관 공극은 물시멘트비(w/c)가 커지면 물이 많아지므로 증가한다.

31. 보강 콘크리트블록조의 내력벽에 관한 설명으로 옳지 않은 것은?

① 사춤은 3켜 이내마다 한다.
② 통줄눈은 될 수 있는 한 피한다.
③ 사춤은 철근이 이동하지 않게 한다.
④ 벽량이 많아야 구조상 유리하다.

해설 보강블록조는 블록과 블록 사이에 세로 철근으로 보강한 블록구조로 통줄눈 쌓기를 원칙으로 한다.

32. 조적조에 발생하는 백화현상을 방지하기 위하여 취하는 조치로서 효과가 없는 것은?

① 줄눈 부분을 방수처리하여 빗물을 막는다.
② 잘 구워진 벽돌을 사용한다.
③ 줄눈 모르타르에 방수제를 넣는다.
④ 석회를 혼합하여 줄눈 모르타르를 바른다.

해설 (1) 백화현상 : 벽돌 벽면에 빗물이 스며들어 모르타르의 알칼리 성분, 벽돌의 성분과 반응하여 흰 가루가 돋는 현상

(2) 백화현상 방지책
㉮ 차양이나 루버를 설치하여 빗물이 스며드는 것을 방지한다.
㉯ 질이 좋은 벽돌, 모르타르를 사용한다.
㉰ 줄눈에 모르타르를 충분히 사춤하고 모르타르에 방수제를 혼입한다.

33. QC(quality control) 활용의 도구와 거리가 먼 것은?

① 기능계통도　　② 산점도
③ 히스토그램　　④ 특성요인도

해설 (1) 품질 관리(QC) 활동의 7가지 도구 : 파레토도, 특성요인도, 히스토그램, 산포도(산점도), 체크시트, 층별, 관리도

(2) 기능계통도 : VE(가치공학). 기법에서 기능과 기능의 상호 연관 관계를 파악하여 도표화한 기법

34. 다음 설명이 의미하는 공법으로 옳은 것은 어느 것인가?

> 미리 공장 생산한 기둥이나 보, 바닥판, 외벽, 내벽 등을 한 층씩 쌓아 올라가는 조립식으로 구체를 구축하고 이어서 마감 및 설비공사까지 포함하여 차례로 한 층씩 완성해 가는 공법

① 하프 PC합성바닥판 공법
② 역타 공법
③ 적층 공법
④ 지하연속벽 공법

해설 ① 하프 PC합성바닥판 공법 : 얇은 PC판을 바닥 거푸집용으로 설치하고 그 상부에 철근을 배근한 후 현장 콘크리트를 타설하여 바닥판을 완성해 가는 합성슬래브 구축법

② 역타 공법 : 공기 단축을 목적으로 상부 바닥층으로부터 지하층으로 완성해 가는 공법

③ 적층 공법 : 미리 공장 생산한 보, 바닥판, 외벽, 내벽 등을 한 층씩 쌓아 올라가는 조립식으로 구체를 구축하고 이어서 마감 및 설비공사까지 한 층씩 완성해 가는 공법

④ 지하연속벽 공법 : 격막벽 공법이라고도 하고 벤토나이트 슬러리의 안정액을 사용하여 지반을 굴착하며 철근망을 삽입하여 콘크리트를 타설하고 지중에 지하연속벽을 구성하는 공법

35. 시멘트 분말도 시험방법이 아닌 것은?

① 플로 시험법　　② 체분석법
③ 피크노미터법　　④ 브레인법

정답 **31.** ②　**32.** ④　**33.** ①　**34.** ③　**35.** ①

해설 (1) 시멘트 분말도 시험

㉮ 체가름 시험(표준체 시험)

㉯ 비표면적 시험 : 브레인 투과장치에 의한 시험

㉰ 피크노미터법(비중병) : 시멘트 비표면적(cm^2/g)

(2) 워커빌리티(시공연도) 측정 시험

㉮ 슬럼프 시험

㉯ 플로 시험

㉰ 리몰딩 시험

㉱ 비비 시험(vee bee test)

㉲ 낙하 시험

㉳ 관입 시험

36. 프리패브 콘크리트(prefab concrete)에 관한 설명으로 옳지 않은 것은?

① 제품의 품질을 균일화 및 고품질화 할 수 있다.

② 작업의 기계화로 노무 절약을 기대할 수 있다.

③ 공장생산으로 기계화하여 부재의 규격을 쉽게 변경할 수 있다.

④ 자재를 규격화하여 표준화 및 대량생산을 할 수 있다.

해설 프리패브 콘크리트

(1) 미리 제작된 콘크리트 기성 제품을 현장에서 조립·시공하는 공법

(2) 공장생산으로 기계화하기 때문에 부재의 규격을 쉽게 변경할 수 없다.

37. 경량골재콘크리트와 관련된 기준으로 옳지 않은 것은?

① 단위시멘트량의 최솟값 : 400 kg/m^3

② 물−결합재비의 최댓값 : 60 %

③ 기건단위질량(경량골재콘크리트 1종) : 1,700~2,000 kg/m^3

④ 굵은 골재의 최대치수 : 20 mm

해설 경량골재콘크리트 관련 기준

(1) 단위시멘트량 최솟값 : 300 kg/m^3

(2) 물시멘트비 최댓값 : 60 %

(3) 슬럼프(slump) 값 : 180 mm 이하

(4) 굵은 골재의 최대치수 : 20 mm 이하

(5) 기건단위질량(1종) : 1,700~2,000 kg/m^3

기건단위질량(2종) : 1,400~1,700 kg/m^3

38. 파이프 구조에 관한 설명으로 옳지 않은 것은?

① 파이프 구조는 경량이며, 외관이 경쾌하다.

② 파이프 구조는 대규모의 공장, 창고, 체육관, 동·식물원 등에 이용된다.

③ 접합부의 절단가공이 어렵다.

④ 파이프의 부재 형상이 복잡하여 공사비가 증대된다.

해설 파이프(pipe) 구조는 부재 형상이 단순하여 공사비가 저렴하다.

39. 바닥판과 보밑 거푸집 설계 시 고려해야 하는 하중을 옳게 짝지은 것은?

① 굳지 않은 콘크리트 중량, 충격하중

② 굳지 않은 콘크리트 중량, 측압

③ 작업하중, 풍하중

④ 충격하중, 풍하중

해설 거푸집 설계 시 고려사항

(1) 바닥판·보 밑의 거푸집 : 생콘크리트 중량, 작업하중, 충격하중

(2) 기둥·벽·보 옆의 거푸집 : 생콘크리트 중량, 측압

40. 미장공사에서 나타나는 결함의 유형과 가장 거리가 먼 것은?

① 균열   ② 부식

③ 탈락   ④ 백화

해설 미장공사에서 나타나는 결함에는 탈락, 균열, 들뜸, 오염, 백화(흰 가루가 도는 현상) 등이 있다.

정답 **36.** ③ **37.** ① **38.** ④ **39.** ① **40.** ②

제3과목 　　건축구조

41. 모살치수 8 mm, 용접길이 500 mm인 양면 모살용접의 유효 단면적은 약 얼마인가?

① 2,100 mm²　　② 3,221 mm²
③ 4,300 mm²　　④ 5,421 mm²

해설　(1) 모살용접

목두께 $a = 0.7s\,(s : 모살치수)$

유효길이 $l' = l - 2s\,(l : 용접길이)$

유효면적 $A = l' \times a$
$= (500 - 2 \times 8) \times 0.7 \times 8 = 2,710.4\,\mathrm{mm}^2$

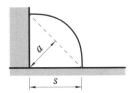

(2) 양면 모살용접의 유효면적
＝모살용접의 유효면적×2
$= 2,710.4 \times 2 = 5,420.8\,\mathrm{mm}^2$

42. 주철근으로 사용된 D22 철근 180° 표준 갈고리의 구부림 최소 내면 반지름(r)으로 옳은 것은?

① $r = 1d_b$　　② $r = 2d_b$
③ $r = 2.5d_b$　　④ $r = 3d_b$

해설　주철근의 180° 표준갈고리의 구부림의 최소 내면 반지름(d_b : 철근의 직경)

철근 크기	최소 내면 반지름
D10 ~D25	$3d_b$
D29 ~ D35	$4d_b$
D38 이상	$5d_b$

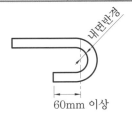

60mm 이상

43. 그림과 같은 단면을 가진 압축재에서 유효좌굴길이가 $KL = 250$ mm일 때 Euler의 좌굴하중 값은 얼마인가? (단, $E = 210,000$ MPa이다.)

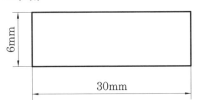

① 17.9 kN　　② 43.0 kN
③ 52.9 kN　　④ 64.7 kN

해설　오일러(Euler)의 좌굴하중 $P_{cr} = \dfrac{\pi^2 EI}{(KL)^2}$

여기서, K : 유효좌굴계수
E : 탄성계수
I : 단면 2차 모멘트(약축)
L : 부재의 길이

$$P_{cr} = \frac{\pi^2 \times 210,000\,\mathrm{N/mm}^2 \times \dfrac{30\mathrm{mm} \times (6\mathrm{mm})^3}{12}}{(250\mathrm{mm})^2}$$
$= 17,907.41\,\mathrm{N} = 17.907\,\mathrm{kN}$

유효좌굴계수(K)

양단고정	일단고정 타단힌지	양단힌지	일단고정 타단자유
$K = 0.5$	$K = 0.7$	$K = 1.0$	$K = 2.0$

44. 그림과 같은 교차보(cross beam) A, B 부재의 최대 휨모멘트의 비로서 옳은 것은? (단, 각 부재의 EI는 일정함)

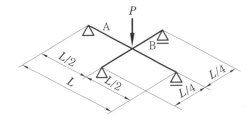

① 1 : 2   ② 1 : 3

③ 1 : 4   ④ 1 : 8

해설 (1) 평형조건식에 의한 하중의 계산

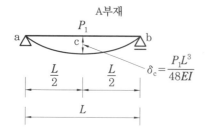

직교하는 보의 중앙점의 처짐은 같으므로

$$\frac{P_1 L^3}{48EI} = \frac{P_2 \left(\frac{L}{2}\right)^3}{48EI} \text{에서 } 8P_1 = P_2$$

$$P = P_1 + P_2 \text{에서 } P = P_1 + 8P_1 = 9P_1$$

$$P = \frac{P_2}{8} + \frac{8P_2}{8} \text{에서 } P = \frac{9P_2}{8}$$

$$P_1 = \frac{P}{9}, \ P_2 = \frac{8}{9}P$$

(2) 단순보 A부재의 최대 휨모멘트

반력 $R_a = \dfrac{P_1}{2} = \dfrac{P}{9} \times \dfrac{1}{2} = \dfrac{P}{18}$

$$M_{\max} = R_a \times \frac{L}{2} = \frac{P}{18} \times \frac{L}{2} = \frac{PL}{36}$$

(3) 단순보 B부재 최대 휨모멘트

반력 $R_{a'} = \dfrac{P_2}{2} = \dfrac{8}{9}P \times \dfrac{1}{2} = \dfrac{4P}{9}$

$$M_{\max} = R_{a'} \times \frac{L}{4} = \frac{4P}{9} \times \frac{L}{4} = \frac{4PL}{36}$$

(4) 최대 휨모멘트의 비

$$A : B = \frac{PL}{36} : \frac{4PL}{36} = 1 : 4$$

45. 그림과 같은 부정정보를 정정보로 만들기 위해 필요한 내부 힌지의 최소 개수는?

① 1개   ② 2개

③ 3개   ④ 4개

해설 (1) 구조물의 판별

- $m > 0$: 부정정
- $m = 0$: 정정
- $m < 0$: 불안정

(2) 판별

$$m = n + s + r - 2k$$
$$= 5 + 3 + 2 - 2 \times 4 = 2\text{차 부정정}$$

(3) 정정보 : 구조물이 2차 부정정이므로 힌지를 2개 설치한다.

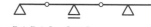

$$m = 5 + 5 + 2 - 2 \times 6$$
$$= 12 - 12 = 0$$

∴ 힌지는 2개이다.

(4) 약산식(단층구조물)

$$m = n - 3 - h \ (h : \text{힌지수})$$
$$= 5 - 3 - 0 = 2\text{차}$$

정정 $m = 0$이 되려면 힌지를 2개 사용한다.

$$m = 5 - 3 - 2 = 0$$

∴ 힌지는 2개이다.

46. 강도설계법에서 처짐을 계산하지 않는 경우 철근콘크리트 보의 최소 두께 규정으로 옳지 않은 것은? (단, 보통콘크리트와 설계기준항복강도 400 MPa 철근을 사용한 부재임)

① 단순지지 : $\dfrac{l}{16}$

② 1단 연속 : $\dfrac{l}{18.5}$

③ 양단 연속 : $\dfrac{l}{12}$

④ 캔틸레버 : $\dfrac{l}{8}$

해설 처짐을 계산하지 않는 경우 철근콘크리트 보의 최소 두께(콘크리트는 보통중량콘크리트이고, 철근의 설계기준항복강도 $f_y = 400$ MPa임)

구분	단순 지지	1단 연속	양단 연속	캔틸레버
최소 두께 (h)	$\dfrac{l}{16}$	$\dfrac{l}{18.5}$	$\dfrac{l}{21}$	$\dfrac{l}{8}$

47. 프리스트레스하지 않는 부재의 현장치기 콘크리트에서 흙에 접하여 콘크리트를 친 후 영구히 흙에 묻혀 있는 콘크리트 부재의 최소 피복두께로 옳은 것은?

① 40 mm ② 50 mm
③ 60 mm ④ 75 mm

해설 프리스트레스하지 않는 부재의 현장치기콘크리트의 최소 피복두께
(1) 수중에서 타설하는 콘크리트 : 100 mm 이상
(2) 흙에 접하여 콘크리트를 친 후 영구히 흙에 묻혀 있는 콘크리트 : 75 mm 이상

48. 다음 그림과 같은 옹벽에 토압 10 kN이 가해지는 경우 이 옹벽이 전도되지 않기 위해서는 어느 정도의 자중(自重)을 필요로 하는가?

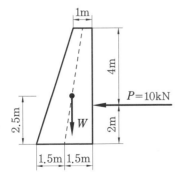

① 12.71 kN ② 11.71 kN

③ 10.44 kN ④ 9.71 kN

해설 (1) 도심 $x_0 = \dfrac{A_1 \times x_1 + A_2 \times x_2}{A_1 + A_2}$

$$= \frac{6 \times 1 \times 1 \times \dfrac{1}{2} + 6 \times 2 \times \dfrac{1}{2} \times \left(1 + 2 \times \dfrac{1}{3}\right)}{6 \times 1 + 6 \times 2 \times \dfrac{1}{2}}$$

$= 1.0833\,\text{m}$

$x_P = 3 - 1.0833 = 1.9167\,\text{m}$

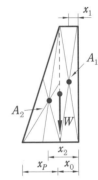

(2) 저항모멘트 $M_R = W \times x_P$

(3) 자중 W의 계산
정도모멘트와 저항모멘트가 같아야 하므로
$W x_P = P \times 2$

$\therefore\ W = \dfrac{10\,\text{kN} \times 2\,\text{m}}{1.9167\,\text{m}} = 10.435\,\text{kN}$

49. 지진력 저항 시스템의 분류 중 이중골조 시스템에 관한 설명으로 옳지 않은 것은?

① 모멘트골조가 최소한 설계지진력의 75 %를 부담한다.
② 모멘트골조와 전단벽 또는 가새골조로 이루어져 있다.
③ 전체 지진력은 각 골조의 횡강성비에 비례하여 분배한다.
④ 일정 이상의 변형능력을 갖도록 연성 상세설계가 되어야 한다.

해설 (1) 모멘트골조방식 : 수직하중과 횡력을 보와 기둥으로 구성된 라멘골조가 저항하는 구조방식

(2) 연성모멘트골조방식 : 횡력에 대한 저항 능력을 증가시키기 위하여 부재와 접합부의 연성을 증가시킨 모멘트골조방식

(3) 이중골조방식 : 지진력의 25 % 이상을 부담하는 연성모멘트골조가 전단벽이나 가새골조와 조합되어 있는 구조방식

50. 그림과 같은 부정정 라멘의 B.M.D에서 P값을 구하면?

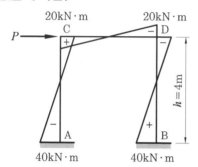

① 20 kN
② 30 kN
③ 50 kN
④ 60 kN

해설 층방정식 힘의 평형조건식에서

$$Ph + M_{CA} + M_{AC} + M_{DB} + M_{BD} = 0$$

$$P = \frac{M_{CA} + M_{AC} + M_{DB} + M_{BD}}{h}$$

$$= \frac{20\,\text{kN·m} + 40\,\text{kN·m} + 20\,\text{kN·m} + 40\,\text{kN·m}}{4\,\text{m}}$$

$$= 30\,\text{kN}$$

51. 그림과 같은 부정정 라멘에서 CD 기둥의 전단력 값은?

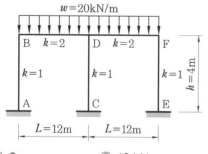

① 0
② 10 kN

③ 20 kN
④ 30 kN

해설 대칭라멘에 대칭하중이 작용하는 경우 중앙기둥(CD)에는 휨모멘트가 발생하지 않는다. 휨모멘트가 없으므로 전단력은 0이다.

52. 강도설계법에 따른 철근콘크리트 부재의 휨에 관한 일반사항으로 옳지 않은 것은?

① 콘크리트의 인장강도는 철근콘크리트 부재 단면의 축강도와 휨강도 계산에서 무시할 수 있다.

② 휨모멘트 또는 휨모멘트와 축력을 동시에 받는 부재의 콘크리트 압축연단의 극한변형률은 0.003으로 가정한다.

③ 휨부재의 최소 철근량은 $A_{s,\min} = \dfrac{0.25\sqrt{f_{ck}}}{f_y} b_w d$ 또는 $A_{s,\min} = \dfrac{1.4}{f_y} b_w d$ 중 큰 값 이상이어야 한다.

④ 강도설계법에서는 연성파괴보다는 취성파괴를 유도하도록 설계의 초점을 맞추고 있다.

해설 (1) 철근콘크리트의 파괴양식
  ㉮ 취성파괴 : 철근이 소성변형(영구변형) 없이 철근의 급작스런 파단으로 콘크리트와 함께 순식간에 붕괴된다.
  ㉯ 연성파괴 : 철근의 소성변형이 상당히 발생 후 파괴되는 현상으로, 소성변형 발생 시 부착되어 있는 콘크리트의 균열에 의한 구조물의 붕괴 예측이 가능하다.
(2) 강도설계법에서는 구조물의 붕괴 예측이 가능하도록 연성파괴로 설계한다.

53. 직경 2.2 cm, 길이 50 cm의 강봉에 축방향 인장력을 작용시켰더니 길이는 0.04 cm 늘어났고 직경은 0.0006 cm 줄었다. 이 재료의 푸아송수는?

① 0.015
② 0.34
③ 2.93
④ 66.67

해설 (1) 세로 변형도$(\varepsilon)=\dfrac{\varDelta l}{l}$

여기서, l : 재료의 길이

$\varDelta l$: 변형량

(2) 가로 변형도$(\beta)=\dfrac{\varDelta d}{d}$

여기서, d : 지름

$\varDelta d$: 변형량

(3) 푸아송비$(\gamma)=\dfrac{\beta}{\varepsilon}$

(4) 푸아송수$(m)=\dfrac{\varepsilon}{\beta}=\dfrac{1}{\gamma}$

$$\therefore\; m=\dfrac{\frac{\varDelta l}{l}}{\frac{\varDelta d}{d}}=\dfrac{\frac{0.04}{50}}{\frac{0.0006}{2.2}}=2.933$$

54. 기초 설계 시 인접대지를 고려하여 편심 기초를 만들고자 한다. 이때 편심 기초의 지내력이 균등하도록 하기 위하여 어떤 방법을 이용함이 가장 타당한가?

① 지중보를 설치한다.

② 기초 면적을 넓힌다.

③ 기둥의 단면적을 크게 한다.

④ 기초 두께를 두껍게 한다.

해설 편심 기초를 설계하는 경우 휨모멘트가 크게 발생되므로 휨모멘트를 줄이기 위해 지중보를 설치한다.

55. 강도설계법에 의해서 전단보강 철근을 사용하지 않고 계수하중에 의한 전단력 $V_u=50\,\mathrm{kN}$을 지지하기 위한 직사각형 단면보의 최소 유효깊이 d 는? (단, 보통중량 콘크리트 사용, $f_{ck}=28\,\mathrm{MPa}$, $b_w=300$ mm)

① 405 mm   ② 444 mm

③ 504 mm   ④ 605 mm

해설 (1) 콘크리트가 부담하는 전단강도

$$V_c=\dfrac{1}{6}\lambda\cdot\sqrt{f_{ck}}\cdot b_w\cdot d$$

(2) 전단보강근이 필요하지 않는 경우

$$V_u\leq\dfrac{1}{2}\phi V_c$$

여기서, V_u : 계수전단력(소요전단강도)

ϕ : 강도감소계수

V_c : 콘크리트가 부담하는 전단강도

λ : 경량콘크리트계수(보통중량콘크리트 : 1)

b_w : 보의 너비

d : 유효깊이

f_{ck} : 콘크리트의 설계기준강도

(3) $V_u=\dfrac{1}{2}\phi V_c$

$$=\dfrac{1}{2}\phi\cdot\dfrac{1}{6}\cdot\lambda\cdot\sqrt{f_{ck}}\cdot b_w\cdot d$$

$$d=\dfrac{12V_u}{\phi\cdot\lambda\cdot\sqrt{f_{ck}}\cdot b_w}$$

$$=\dfrac{12\times50000\,\mathrm{N}}{0.75\times1\times\sqrt{28}\,\mathrm{N/mm^2}\times300\,\mathrm{mm}}$$

$$=503.95\,\mathrm{mm}$$

56. H형강의 플랜지에 커버플레이트를 붙이는 주목적으로 옳은 것은?

① 수평부재 간 접합 시 틈새를 메우기 위하여

② 슬래브와의 전단접합을 위하여

③ 웨브 플레이트의 전단내력 보강을 위하여

④ 휨내력의 보강을 위하여

해설 H형강의 플랜지(flange)에 커버 플레이트(cover plate)를 붙이는 것은 휨내력 보강을 위해서이다.

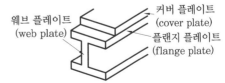

57. 1변의 길이가 각각 50 mm(A), 100 mm(B)인 두 개의 정사각형 단면에 동일한 압축하중 P가 작용할 때 압축응력도의 비 (A : B)는?

① 2 : 1   ② 4 : 1
③ 8 : 1   ④ 16 : 1

해설 (1) 압축응력도 $\sigma = \dfrac{P}{A}$

여기서, P : 수직하중
  A : 단면적

(2) $\sigma_A : \sigma_B$

$= \dfrac{P}{50 \times 50} : \dfrac{P}{100 \times 100}$

$= \dfrac{P \times 100 \times 100}{50 \times 50 \times P} : \dfrac{P \times 100 \times 100}{100 \times 100 \times P}$

$= 4 : 1$

58. 다음 그림과 같은 내민보에서 A지점의 반력값은?

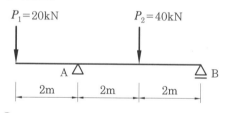

① 20 kN   ② 30 kN
③ 40 kN   ④ 50 kN

해설 $\sum M_B = 0$에서

$-20\,\text{kN} \times 6\,\text{m} + R_A \times 4\,\text{m} - 40\,\text{kN} \times 2\,\text{m} = 0$

$\therefore R_A = \dfrac{200\,\text{kN} \cdot \text{m}}{4\,\text{m}} = 50\,\text{kN}$

59. 강구조에서 용접선 단부에 붙인 보조판으로 아크의 시작이나 종단부의 크레이터 등의 결함을 방지하기 위해 붙이는 판은?

① 스티프너   ② 엔드탭
③ 윙 플레이트   ④ 커버 플레이트

해설 엔드탭 : 용접의 시작이나 끝 부분에 용접

봉의 아크(arc)의 불안정으로 인해 크레이터(항아리) 모양의 홈이 생길 우려가 있어 덧대주는 철판

60. 다음 그림과 같은 캔틸레버보에서 B점의 처짐각(θ_B)은? (단 EI는 일정함)

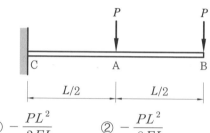

① $-\dfrac{PL^2}{2EI}$ ② $-\dfrac{PL^2}{8EI}$

③ $-\dfrac{5PL^2}{8EI}$ ④ $-\dfrac{2PL^2}{3EI}$

해설 (1) 휨모멘트

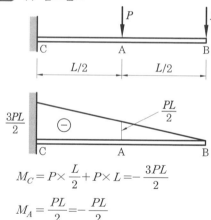

$M_C = P \times \dfrac{L}{2} + P \times L = -\dfrac{3PL}{2}$

$M_A = \dfrac{PL}{2} = -\dfrac{PL}{2}$

$M_B = 0$

(2) 공액보

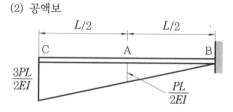

※ 공액보법 순서
  ㉮ 휨모멘트를 역하중으로 하고 자유단과 고정단을 서로 교체(고정단→자유단,

자유단 → 고정단)

㉴ $\dfrac{M}{EI}$

㉵ 전단력=처짐각

$$\theta_B = \left(-\dfrac{3PL}{2EI} - \dfrac{PL}{2EI}\right) \times \dfrac{1}{2} \times \dfrac{L}{2}$$
$$+ \left(-\dfrac{PL}{2EI}\right) \times \dfrac{L}{2} \times \dfrac{1}{2}$$
$$= -\dfrac{5PL^2}{8EI}$$

제4과목　건축설비

61. 직류 엘리베이터에 관한 설명으로 옳지 않은 것은?

① 임의의 기동 토크를 얻을 수 있다.

② 고속 엘리베이터용으로 사용이 가능하다.

③ 원활한 가감속이 가능하여 승차감이 좋다.

④ 교류 엘리베이터에 비하여 가격이 저렴하다.

해설 직류 엘리베이터는 교류 엘리베이터에 비하여 고가이다.

62. 다음의 어떤 수조면의 일사량을 나타낸 값 중 그 값이 가장 큰 것은?

① 전천일사량　　② 확산일사량

③ 천공일사량　　④ 반사일사량

해설 (1) 직달일사 : 대기를 통과하여 직접 지표에 도달하는 태양의 복사열

(2) 확산일사 : 수평면이 태양과의 입체 각도 이외로부터 받는 일사, 대기 중의 산란, 지형·지물의 반사에 의한 일사

(3) 전천일사 : 수평면에 입사하는 직달일사와 확산일사를 합친 것으로 수조면의 일사량을 나타낸 값 중 가장 크다.

63. 다음은 옥내소화전설비에서 전동기에 따른 펌프를 이용하는 가압송수장치에 관한 설명이다. ( ) 안에 알맞은 것은?

> 특정소방대상물의 어느 층에 있어서도 해당 층의 옥내소화전(5개 이상 설치된 경우에는 5개의 옥내소화전)을 동시에 사용할 경우 각 소화전의 노즐선단에서의 방수압력이 (ⓐ) 이상이고, 방수량이 (ⓑ) 이상이 되는 성능의 것으로 할 것

① ⓐ 0.17 MPa, ⓑ 130 L/min

② ⓐ 0.17 MPa, ⓑ 250 L/min

③ ⓐ 0.34 MPa, ⓑ 130 L/min

④ ⓐ 0.34 MPa, ⓑ 250 L/min

해설 옥내소화전설비에서 전동기에 따른 펌프를 이용하는 가압송수장치의 노즐선단

(1) 방수압력 : 0.17 MPa 이상

(2) 방수량 : 130 L/min 이상

64. 공기조화방식 중 팬코일 유닛 방식에 관한 설명으로 옳지 않은 것은?

① 덕트 방식에 비해 유닛의 위치 변경이 용이하다.

② 유닛을 창문 밑에 설치하면 콜드 드래프트를 줄일 수 있다.

③ 전공기 방식으로 각 실에 수배관으로 인한 누수의 염려가 없다.

④ 각 실의 유닛은 수동으로도 제어할 수 있고, 개별 제어가 용이하다.

해설 (1) 콜드 드래프트(cold draft) : 온도차에 의해서 외기의 차가운 공기가 실내의 따뜻한 공기로 유입되는 현상

(2) 팬코일 유닛(FCU : fan coil unit) 방식

㉮ 코일이 있는 유닛을 천장 또는 창문 밑에 설치하여 코일에 냉수·온수를 보내어 냉난방을 하는 방식

㉯ 전수 방식으로 각 실에 수배관으로 인한 누수의 염려가 있다.

정답 61. ④　62. ①　63. ①　64. ③

65. 냉난방 부하에 관한 설명으로 옳지 않은 것은?

① 틈새바람부하에는 현열부하 요소와 잠열부하 요소가 있다.

② 최대부하를 계산하는 것은 장치의 용량을 구하기 위한 것이다.

③ 냉방부하 중 실부하란 전열부하, 일사에 의한 부하 등을 말한다.

④ 인체 발생열과 조명기구 발생열은 난방부하를 증가시키므로 난방부하 계산에 포함시킨다.

해설 (1) 전열부하 : 실내외 온도차에 의해 벽을 통해 실내로 전달되는 열량

(2) 냉난방 부하 : 냉난방을 유지하기 위해 공급하거나 제거해야 할 열량

(3) 인체 발생열과 조명기구 발생열은 냉방부하를 증가시키므로 냉방부하 계산에 포함시킨다.

66. 광원의 연색성에 관한 설명으로 옳지 않은 것은?

① 고압수은램프의 평균 연색평가수(Ra)는 100이다.

② 연색성을 수치로 나타낸 것을 연색평가수라고 한다.

③ 평균 연색평가수(Ra)가 100에 가까울수록 연색성이 좋다.

④ 물체가 광원에 의하여 조명될 때, 그 물체의 색의 보임을 정하는 광원의 성질을 말한다.

해설 (1) 연색성 : 조명이 물체의 색감에 영향을 주는 요인

(2) 고압수은램프

㉮ 수은 증기 방전에 의한 발광

㉯ 가로등 조명, 공장 조명, 스포츠 조명 등에 사용

㉰ 평균 연색평가수(Ra) : 투명형 25, 형광형 45

67. 900명을 수용하고 있는 극장에서 실내 CO_2 농도를 0.1 %로 유지하기 위해 필요한 환기량은? (단, 외기 CO_2는 0.04 %, 1인당 CO_2 배출량은 18 L/h이다.)

① 27,000 m³/h   ② 30,000 m³/h

③ 60,000 m³/h   ④ 66,000 m³/h

해설 (1) $1\text{m}^3 = 1,000\text{L} \rightarrow 1\text{L} = 0.001\text{m}^3$

(2) CO_2 발생량
= 실내수용인원 × 1인당 CO_2 배출량

(3) CO_2 농도에 의한 필요 환기량(Q)

$$= \frac{\text{실내 } CO_2 \text{ 발생량}}{\text{실내 } CO_2 \text{ 허용농도} - \text{외기 } CO_2 \text{ 농도}}$$

$$= \frac{900 \times 0.018\text{m}^3/\text{h}}{0.001 - 0.0004} = 27,000\text{m}^3/\text{h}$$

68. 압력탱크식 급수설비에서 탱크 내의 최고압력이 350 kPa, 흡입양정이 5 m인 경우, 압력탱크에 급수하기 위해 사용되는 급수펌프의 양정은?

① 약 3.5 m   ② 약 8.5 m

③ 약 35 m   ④ 약 40 m

해설 (1) 압력탱크 방식의 급수경로

$$\text{지하저수조} \xrightarrow{\substack{\text{양수}\\\text{펌프}}} \text{압력탱크} \xrightarrow{\substack{\text{공기}\\\text{압축기}}} \text{급수전}$$

(2) 흡입양정 : 저수면에서 끌어올리는 펌프의 중심까지의 거리

(3) 물의 압력(수압)

$P = 0.1H[\text{kgf}/\text{cm}^2]$ 에서

수두 $H = \dfrac{1}{0.1} = 10\text{m}$

(4) $1\text{kPa} = 0.01\text{kgf}/\text{cm}^2$ 이므로

$350\text{kPa} = 3.5\text{kgf}/\text{cm}^2$

∴ 수두 $H = 35\text{m}$

(5) 압력탱크식 급수펌프의 양정
= 저수조 최고압력 + 흡입양정
= 35 m + 5 m = 40 m

69. 간접가열식 급탕법에 관한 설명으로 옳지 않은 것은?

① 대규모 급탕설비에 적합하다.

② 보일러 내부에 스케일의 발생 가능성이 높다.

③ 가열코일에 순환하는 증기는 저압으로도 된다.

④ 난방용 증기를 사용하면 별도의 보일러가 필요 없다.

해설 간접가열식 급탕방식

(1) 보일러에서 만들어진 증기나 온수를 저탕조에 설치한 가열코일에 유도하여 급탕물로 배급하는 방식으로 대규모 건물에 이용된다.

(2) 직접가열식에 비하여 보일러 내부에 스케일 발생 가능성이 작다.

70. 전기설비의 전압구분에서 저압 기준으로 옳은 것은?

① 교류 300 V 이하, 직류 600 V 이하

② 교류 600 V 이하, 직류 600 V 이하

③ 교류 1,000 V 이하, 직류 1,500 V 이하

④ 교류 750 V 이하, 직류 750 V 이하

해설

구분	교류(AC)	직류(DC)
저압	1,000 V 이하	1,500 V 이하
고압	1,000 V 초과 7,000 V 이하	1,500 V 초과 7,000 V 이하
특고압	7,000 V 초과	7,000 V 초과

71. 다음 중 약전설비(소세력 전기설비)에 속하지 않는 것은?

① 조명설비   ② 전기음향설비

③ 감시제어설비   ④ 주차관제설비

해설 (1) 약전설비(소세력 전력) : 주차관제설비·전기음향설비·전기방재설비·감시제어설비·표식설비

(2) 강전설비 : 전원설비·동력설비·조명설비

72. 벌류트 펌프의 토출구를 지나는 유체의 유속이 2.5 m/s, 유량이 1 m³/min일 경우, 토출구의 구경은?

① 75 mm   ② 82 mm

③ 92 mm   ④ 105 mm

해설 (1) 벌류트 펌프(volute pump)

㉮ 펌프가 가장 간단하다.

㉯ 펌프 내에 있는 프로펠러를 고속회전시켜 물을 송출시키는 방식으로 양수높이가 30 m 이하인 경우에 사용된다.

(2) 벌류트 펌프의 토출구의 구경

$$d = \sqrt{\frac{4Q}{\pi v}} = 1.13\sqrt{\frac{Q}{v}}$$

$$= 1.13 \times \sqrt{\frac{\dfrac{1\text{m}^3}{60\text{s}}}{2.5\text{m/s}}} \times 1,000$$

$$= 92.26\text{mm}$$

73. 겨울철 벽체를 통해 실내에서 실외로 빠져나가는 열손실량을 계산할 때 필요하지 않은 요소는?

① 외기온도

② 실내습도

③ 벽체의 두께

④ 벽체 재료의 열전도율

해설 열손실량 계산 시 필요 요소

(1) 외기온도

(2) 내부온도

(3) 벽체의 두께

(4) 벽체 재료의 열전도율

74. 금속관 공사에 관한 설명으로 옳지 않은 것은?

① 고조파의 영향이 없다.

② 저압, 고압, 통신설비 등에 널리 사용된다.

③ 사용 목적과 상관없이 접지를 할 필요가 없다.

④ 사용 장소로는 은폐장소, 노출장소, 옥측, 옥외 등 광범위하게 사용할 수 있다.

해설 (1) 접지공사 : 관로나 기기에 이상전압이 가해지는 경우 그에 의해 감전이나 화재 등의 사고를 방지하기 위해 필요한 곳을 대지에 낮은 저항으로 접속하는 공사

(2) 고조파 : 기본파의 정수배를 가지는 파형으로서 발생 시 기기의 과열 및 오작동 가능

(3) 금속관 공사 : 금속관 내부에 절연전선을 설치하는 공사로서 사용 목적에 따라 접지공사를 해야 한다.

75. 다음 중 급수관의 관경 결정과 관계가 없는 것은?

① 관균등표　　② 동시사용률
③ 마찰저항선도　④ 동적부하해석법

해설 급수관경 결정 요인
(1) 관균등표
(2) 동시사용률
(3) 마찰저항선도
(4) 기구 연결관의 관경

76. 3상 동력과 단상 전등, 전열부하를 동시에 사용 가능한 방식으로 사무소 건물 등 대규모 건물에 많이 사용되는 구내 배전방식은?

① 단상 2선식　　② 단상 3선식
③ 3상 3선식　　④ 3상 4선식

해설 배전방식의 구분

배전방식	사용 전압	용도
단상 2선식	110 V 또는 220 V 단상	주택, 소규모 건물
단상 3선식	110 V 또는 220 V 겸용	사무실, 학교
3상 3선식	3상 380 V	공장의 동력
3상 4선식	3상 380 V 중성선	대규모 건물 동력(3상), 전등부하(단상)

77. 다음과 같은 조건에서 실의 현열부하가 7,000 W인 경우 실내 취출풍량은?

- 실내온도 22℃
- 취출공기온도 12℃
- 공기의 비열 1.01 kJ/kg·K
- 공기의 밀도 1.2 kg/m³

① 1,042 m³/h　　② 2,079 m³/h
③ 3,472 m³/h　　④ 6,944 m³/h

해설 (1) 현열부하 : 물질의 상태를 바꾸지 않고 단순히 온도만 바꾸는 데 드는 열의 부하(외벽에서의 열이동·일사·조명·장비·인체발열)

(2) 일률 단위 : $1W = 1J/s = 3.6kJ/h$

(3) 실내 취출풍량(필요환기량)

$$= \frac{현열부하}{공기의 비열 \times 밀도 \times 온도차} [m^3/h]$$

$$= \frac{7,000 \times 3.6kJ/h}{1.01kJ/kg \cdot K \times 1.2kg/m^3 \times (22-12)℃}$$

$$= 2,079.2 m^3/h$$

78. 주관적 온열요소 중 인체의 활동상태의 단위로 사용되는 것은?

① met　　② clo
③ lm　　④ cd

해설 met : 인체에서 발생하는 열량 단위
$1met = 50kcal/m^2 \cdot h$

79. 도시가스 배관 시공에 관한 설명으로 옳지 않은 것은?

① 건물 내에서는 반드시 은폐배관으로 한다.

② 배관 도중에 신축 흡수를 위한 이음을 한다.

③ 건물의 주요구조부를 관통하지 않도록 한다.

④ 건물의 규모가 크고 배관 연장이 길 경우는 계통을 나누어 배관한다.

해설 건물 내에서는 노출배관을 해야 한다.

80. 구조체를 가열하는 복사난방에 관한 설명으로 옳지 않은 것은?

① 복사열에 의하므로 쾌적성이 좋다.

② 바닥, 벽체, 천장 등을 방열면으로 할 수 있다.

③ 예열시간이 길고 일시적인 난방에는 바람직하지 않다.

④ 방열기의 설치로 인해 실의 바닥면적의 이용도가 낮다.

해설 (1) 복사난방 : 벽·천장·바닥 등에 관을 설치하고 온수나 증기를 보내어 그 표면에서 나오는 복사열로 실을 난방하는 방식
(2) 복사난방은 방열기를 설치하지 않으므로 바닥면적의 이용도가 높다.

제5과목 **건축관계법규**

81. 다음 중 건축물의 용도분류상 문화 및 집회시설에 속하는 것은?

① 야외극장

② 산업전시장

③ 어린이회관

④ 청소년 수련원

해설 ① 야외극장 : 관광휴게시설
② 산업전시장 : 문화·집회시설
③ 어린이회관 : 관광휴게시설
④ 청소년수련원 : 자연권수련시설

82. 다음은 건축법령상 직통계단의 설치에 관한 기준 내용이다. ( ) 안에 알맞은 것은?

초고층 건축물에는 피난층 또는 지상으로 통하는 직통계단과 직접 연결되는 피난안전구역(건축물의 피난·안전을 위하여 건축물 중간층에 설치하는 대피공간)을 지상층으로부터 최대 ( ) 층마다 1개소 이상 설치하여야 한다.

① 10개   ② 20개
③ 30개   ④ 40개

해설 초고층 건축물에는 피난층 또는 지상으로 통하는 직통계단과 직접 연결되는 피난안전구역(건축물의 피난·안전을 위하여 건축물 중간층에 설치하는 대피공간을 말한다. 이하 같다)을 지상층으로부터 최대 30개 층마다 1개소 이상 설치하여야 한다.

83. 자연녹지지역으로서 노외주차장을 설치할 수 있는 지역에 속하지 않는 것은?

① 토지의 형질변경 없이 주차장의 설치가 가능한 지역

② 주차장 설치를 목적으로 토지의 형질변경 허가를 받은 지역

③ 택지개발사업 등의 단지조성사업 등에 따라 주차수요가 많은 지역

④ 하천구역 및 공유수면으로서 주차장이 설치되어도 해당 하천 및 공유수면의 관리에 지장을 주지 아니하는 지역

해설 자연녹지지역으로서 노외주차장을 설치할 수 있는 지역
(1) 하천구역 및 공유수면으로서 주차장이 설치되어도 해당 하천 및 공유수면의 관리에 지장을 주지 아니하는 지역
(2) 토지의 형질변경 없이 주차장 설치가 가능한 지역
(3) 주차장 설치를 목적으로 토지의 형질변경 허가를 받은 지역
(4) 특별시장·광역시장, 시장·군수 또는 구청장이 특히 주차장의 설치가 필요하다고 인정하는 지역

84. 대통령령으로 정하는 용도와 규모의 건축물에 대해 일반이 사용할 수 있도록 소규모 휴식시설 등의 공개공지 또는 공개공간을 설치하여야 하는 대상 지역에 속하지 않는 것은?

① 준주거지역

② 준공업지역

③ 일반주거지역

④ 전용주거지역

해설 공개공지 또는 공개공간을 설치하여야 하는 대상 지역

(1) 일반주거지역, 준주거지역

(2) 상업지역

(3) 준공업지역

(4) 특별자치시장·특별자치도지사 또는 시장·군수·구청장이 도시화의 가능성이 크거나 노후 산업단지의 정비가 필요하다고 인정하여 지정·공고하는 지역

85. 다음의 각종 용도지역의 세분에 관한 설명 중 옳지 않은 것은?

① 근린상업지역 : 근린지역에서의 일용품 및 서비스의 공급을 위하여 필요한 지역

② 중심상업지역 : 도심·부도심의 상업기능 및 업무기능의 확충을 위하여 필요한 지역

③ 제1종 일반주거지역 : 단독주택을 중심으로 양호한 주거환경을 조성하기 위하여 필요한 지역

④ 준주거지역 : 주거기능을 위주로 이를 지원하는 일부 상업기능 및 업무기능을 보완하기 위하여 필요한 지역

해설 제1종 일반주거지역 : 저층주택을 중심으로 편리한 주거환경을 조성하기 위하여 필요한 지역

86. 6층 이상의 거실면적의 합계가 3,000 m²인 경우, 건축물의 용도별 설치하여야 하는 승용승강기의 최소 대수가 옳은 것은? (단, 15인승 승강기의 경우)

① 업무시설 – 2대 ② 의료시설 – 2대

③ 숙박시설 – 2대 ④ 위락시설 – 2대

해설 승용승강기의 설치대수(6층 이상으로서 연면적 2,000 m²이상인 건축물)

건축물의 용도	3,000 m² 이하	3,000 m² 초과
• 공연장·집회장 및 관람장 • 판매시설 • 의료시설	2대	$\dfrac{A-3,000\,m^2}{2,000\,m^2}+2$대
• 전시장 및 동·식물원 • 업무시설 • 숙박시설 • 위락시설	1대	$\dfrac{A-3,000\,m^2}{2,000\,m^2}+1$대
• 공동주택 • 교육연구시설 • 노유자시설	1대	$\dfrac{A-3,000\,m^2}{3,000\,m^2}+1$대

A : 6층 이상의 거실면적의 합계

※ 8인승 이상 15인승 이하의 승강기는 1대의 승강기로 보고, 16인승 이상의 승강기는 2대의 승강기로 본다.

87. 건축물의 층수 산정에 관한 기준 내용으로 옳지 않은 것은?

① 지하층은 건축물의 층수에 산입하지 아니한다.

② 층의 구분이 명확하지 아니한 건축물은 그 건축물의 높이 4 m마다 하나의 층으로 보고 그 층수를 선정한다.

③ 건축물이 부분에 따라 그 층수가 다른 경우에는 바닥면적에 따라 가중평균한 층수를 그 건축물의 층수로 본다.

④ 계단탑으로서 그 수평투영면적의 합계가 해당 건축물 건축면적의 8분의 1 이하인 것은 건축물의 층수에 산입하지 아니한다.

해설 건축물이 부분에 따라 그 층수가 다른 경우에는 그 중 가장 많은 층수를 그 건축물의 층수로 본다.

88. 다음은 지하층과 피난층 사이의 개방공간 설치에 관한 기준 내용이다. ( ) 안에 알맞은 것은?

> 바닥면적의 합계가 ( ) 이상인 공연장·집회장·관람장 또는 전시장을 지하층에 설치하는 경우에는 각 실에 있는 자가 지하층 각 층에서 건축물 밖으로 피난하여 옥외 계단 또는 경사로 등을 이용하여 피난층으로 대피할 수 있도록 천장이 개방된 외부 공간을 설치하여야 한다.

① 1,000 m²　　② 2,000 m²
③ 3,000 m²　　④ 4,000 m²

해설 바닥면적의 합계가 3,000 m² 이상인 공연장·집회장·관람장 또는 전시장을 지하층에 설치하는 경우에는 각 실에 있는 자가 지하층 각 층에서 건축물 밖으로 피난하여 옥외 계단 또는 경사로 등을 이용하여 피난층으로 대피할 수 있도록 천장이 개방된 외부 공간을 설치하여야 한다.

89. 공작물을 축조할 때 특별자치시장·특별자치도지사 또는 시장·군수·구청장에게 신고를 하여야 하는 대상 공작물에 속하지 않는 것은? (단, 건축물과 분리하여 축조하는 경우)
① 높이 3 m인 담장
② 높이 5 m인 굴뚝
③ 높이 5 m인 광고탑

④ 높이 5 m인 광고판

해설 건축물과 분리하여 축조할 때 특별자치시장·특별자치도지사 또는 시장·군수·구청장에게 신고를 해야 하는 공작물은 다음과 같다.
(1) 높이 6 m를 넘는 굴뚝, 골프연습장 등의 운동시설을 위한 철탑, 주거지역·상업지역에 설치하는 통신용 철탑
(2) 높이 4 m를 넘는 장식탑, 기념탑, 첨탑, 광고탑, 광고판
(3) 높이 8 m를 넘는 고가수조
(4) 높이 2 m를 넘는 옹벽 또는 담장

90. 다음 중 두께에 관계없이 방화구조에 해당되는 것은?
① 심벽에 흙으로 맞벽치기한 것
② 석고판 위에 회반죽을 바른 것
③ 시멘트모르타르 위에 타일을 붙인 것
④ 석고판 위에 시멘트모르타르를 바른 것

해설 방화구조(화염의 확산을 방지하는 구조)
(1) 철망모르타르로서 그 바름두께가 2 cm 이상인 것
(2) 석고판 위에 시멘트모르타르 또는 회반죽을 바른 것으로서 그 두께의 합계가 2.5 cm 이상인 것
(3) 시멘트모르타르 위에 타일을 붙인 것으로서 그 두께의 합계가 2.5 cm 이상인 것
(4) 심벽에 흙으로 맞벽치기한 것

91. 피난안전구역(건축물의 피난·안전을 위하여 건축물 중간층에 설치하는 대피공간)의 구조 및 설비에 관한 기준 내용으로 옳지 않은 것은?
① 피난안전구역의 높이는 2.1 m 이상일 것
② 비상용 승강기는 피난안전구역에서 승하차할 수 있는 구조로 설치할 것
③ 건축물의 내부에서 피난안전구역으로 통하는 계단은 피난계단의 구조로 설치할 것

④ 피난안전구역에는 식수공급을 위한 급수전을 1개소 이상 설치하고 예비전원에 의한 조명설비를 설치할 것

해설 피난안전구역으로 통하는 계단은 특별피난계단의 구조로 설치해야 하며, 특별피난계단은 피난안전구역을 거쳐 상·하층으로 갈 수 있는 구조로 설치해야 한다.

92. 국토의 계획 및 이용에 관한 법령상 기반시설 중 도로의 세분에 속하지 않는 것은?

① 고가도로
② 보행자우선도로
③ 자전거우선도로
④ 자동차전용도로

해설 (1) 기반시설 : 도로·공원·시장·학교·하수도 등 도시주민의 생활이나 도시기능유지에 필요한 시설
(2) 기반시설 중 도로의 세분
　㉮ 일반도로　　㉯ 자동차전용도로
　㉰ 보행자전용도로　㉱ 보행자우선도로
　㉲ 자전거전용도로　㉳ 고가도로
　㉴ 지하도로

93. 건축법령상 연립주택의 정의로 알맞은 것은?

① 주택으로 쓰는 층수가 5개 층 이상인 주택
② 주택으로 쓰는 1개 동의 바닥면적 합계가 660 m² 이하이고, 층수가 4개 층 이하인 주택
③ 주택으로 쓰는 1개 동의 바닥면적 합계가 660 m²를 초과하고, 층수가 4개 층 이하인 주택
④ 1개 동의 주택으로 쓰이는 바닥면적의 합계가 330 m² 이하이고, 주택으로 쓰는 층수가 3개 층 이하인 주택

해설 (1) 단독주택

㉮ 단독주택
㉯ 다중주택
• 학생 또는 직장인 등 여러 사람이 장기간 거주할 수 있는 구조로 되어 있는 것
• 독립된 주거의 형태를 갖추지 않은 것
• 1개 동의 주택으로 쓰이는 바닥면적의 합계가 660 m² 이하이고 주택으로 쓰는 층수가 3개 층 이하일 것
• 적정한 주거환경을 조성하기 위하여 건축조례로 정하는 실별 최소 면적, 창문의 설치 및 크기 등의 기준에 적합할 것
㉰ 다가구주택
• 주택으로 쓰는 층수가 3개 층 이하일 것
• 1개 동의 주택으로 쓰이는 바닥면적의 합계가 660 m² 이하일 것
• 19세대 이하가 거주할 수 있을 것
㉱ 공관
(2) 공동주택
㉮ 아파트 : 주택으로 쓰는 층수가 5개 층 이상인 주택
㉯ 연립주택 : 주택으로 쓰는 1개 동의 바닥면적 합계가 660 m²를 초과하고, 층수가 4개 층 이하인 주택
㉰ 다세대주택 : 주택으로 쓰는 1개 동의 바닥면적 합계가 660 m² 이하이고, 층수가 4개 층 이하인 주택
㉱ 기숙사 : 학교 또는 공장 등의 학생 또는 종업원 등을 위하여 쓰는 것으로서 1개 동의 공동취사시설 이용 세대 수가 전체의 50 % 이상인 것

94. 제1종 일반주거지역 안에서 건축할 수 있는 건축물에 속하지 않는 것은?

① 아파트
② 단독주택
③ 노유자시설
④ 교육연구시설 중 고등학교

해설 제1종 일반주거지역에서는 공동주택 중 연립주택·다세대주택·기숙사는 건축할 수 있으나 아파트는 건축할 수 없다.

정답 **92.** ③　**93.** ③　**94.** ①

95. 주차장 주차단위구획의 최소 크기로 틀린 것은? (단, 평행주차형식 외의 경우)

① 경형 : 너비 2.0 m, 길이 3.6 m

② 일반형 : 너비 3.3 m, 길이 6.0 m

③ 확장형 : 너비 2.6 m, 길이 5.2 m

④ 장애인전용 : 너비 3.3 m, 길이 5.0 m

해설 평행주차형식(일렬주차) 외의 경우 주차장 주차단위구획 최소 크기

구분	너비	길이
경형	2.0 m	3.6 m
일반형	2.5 m	5.0 m
확장형	2.6 m	5.2 m
장애인전용	3.3 m	5.0 m
이륜자동차전용	1.0 m	2.3 m

96. 국토의 계획 및 이용에 관한 법령상 다음과 같이 정의되는 용어는?

> 개발로 인하여 기반시설이 부족할 것으로 예상되나 기반시설을 설치하기 곤란한 지역을 대상으로 건폐율이나 용적률을 강화하여 적용하기 위하여 지정하는 구역

① 개발제한구역

② 시가화조정구역

③ 입지규제최소구역

④ 개발밀도관리구역

해설 개발밀도관리구역 : 개발로 인하여 기반시설이 부족할 것으로 예상되나 기반시설을 설치하기 곤란한 지역을 대상으로 건폐율이나 용적률을 강화하여 적용하기 위하여 지정하는 구역

97. 급수·배수(排水)·환기·난방 등의 건축설비를 건축물에 설치하는 경우, 건축기계설비기술사 또는 공조냉동기계기술사의 협력을 받아야 하는 대상 건축물에 속하지 않는 것은?

① 의료시설로서 해당 용도에 사용되는 바닥면적의 합계가 2,000 m²인 건축물

② 업무시설로서 해당 용도에 사용되는 바닥면적의 합계가 2,000 m²인 건축물

③ 숙박시설로서 해당 용도에 사용되는 바닥면적의 합계가 2,000 m²인 건축물

④ 유스호스텔로서 해당 용도에 사용되는 바닥면적의 합계가 2,000 m²인 건축물

해설 관계전문기술자와의 협력

(1) 협력자 : 건축기계설비기술사 또는 공조냉동기계기술사

(2) 대상 건축물

㉮ 연면적 10,000 m² 이상인 건축물(창고 제외)

㉯ 에너지를 대량으로 소비하는 건축물

㉰ 아파트 및 연립주택

㉱ 목욕장, 실내물놀이형 시설, 실내수영장, 냉동냉장시설, 항온항습시설, 특수청정시설에 해당하는 건축물로서 해당 용도에 사용되는 바닥면적의 합계가 500 m² 이상인 건축물

㉲ 기숙사, 의료시설, 유스호스텔, 숙박시설에 해당하는 건축물로서 해당 용도에 사용되는 바닥면적의 합계가 2,000 m² 이상인 건축물

㉳ 판매시설, 연구소, 업무시설에 해당하는 건축물로서 해당 용도에 사용되는 바닥면적의 합계가 3,000 m² 이상인 건축물

㉴ 문화 및 집회시설, 종교시설, 교육연구시설(연구소 제외), 장례식장에 해당하는 건축물로서 해당 용도에 사용되는 바닥면적의 합계가 10,000 m² 이상인 건축물

98. 건축물의 건축 시 허가 대상 건축물이라 하더라도 미리 특별자치시장·특별자치도지사 또는 시장·군수·구청장에게 국토교통부령으로 정하는 바에 따라 신고를 하면 건축

허가를 받은 것으로 보는 소규모 건축물의 연면적 기준은?

① 연면적의 합계가 100 m² 이하인 건축물
② 연면적의 합계가 150 m² 이하인 건축물
③ 연면적의 합계가 200 m² 이하인 건축물
④ 연면적의 합계가 300 m² 이하인 건축물

해설 건축물의 건축 시 허가 대상 건축물이라 하더라도 미리 특별자치시장·특별자치도지사 또는 시장·군수·구청장에게 국토교통부령으로 정하는 바에 따라 신고를 하면 건축허가를 받은 것으로 보는 소규모 건축물의 연면적 기준은 연면적의 합계가 100 m² 이하인 건축물이다.

99. 다음은 공사감리에 관한 기준 내용이다. 밑줄 친 "공사의 공정이 대통령령으로 정하는 진도에 다다른 경우"에 속하지 않는 것은? (단, 건축물의 구조가 철근콘크리트인 경우)

> 공사감리자는 국토교통부령으로 정하는 바에 따라 감리일지를 기록·유지하여야 하고, 공사의 공정(工程)이 대통령령으로 정하는 진도에 다다른 경우에는 감리중간보고서를 작성하여 건축주에게 제출하여야 한다.

① 지붕슬래브배근을 완료한 경우
② 기초공사 시 철근배치를 완료한 경우
③ 기초공사에서 주춧돌의 설치를 완료한 경우
④ 지상 5개 층마다 상부 슬래브배근을 완료한 경우

해설 공사의 공정이 대통령령으로 정하는 진도에 다다른 경우
(1) 철근콘크리트조·철골철근콘크리트조·조적조·보강콘크리트블록조
  ㉮ 기초공사 시 철근배치를 완료한 경우
  ㉯ 지붕슬래브배근을 완료한 경우

  ㉰ 지상 5개 층마다 상부 슬래브배근을 완료한 경우
(2) 철골조
  ㉮ 기초공사 시 철근배치를 완료한 경우
  ㉯ 지붕철골 조립을 완료한 경우
  ㉰ 지상 3개 층마다 또는 높이 20 m마다 주요구조부의 조립을 완료할 경우
(3) 상기구조 이외의 경우 : 기초공사에서 거푸집 또는 주춧돌의 설치를 완료한 단계

100. 부설주차장 설치대상 시설물이 문화 및 집회시설 중 예식장으로서 시설면적이 1,200 m²인 경우, 설치하여야 하는 부설주차장의 최소 대수는?

① 8대　　　　② 10대
③ 15대　　　　④ 20대

해설 부설주차장의 최소 대수
문화 및 집회시설(관람장 제외) 중 예식장은 150 m²당 1대를 설치하므로
∴ $1200\,\mathrm{m}^2 \div 150\,\mathrm{m}^2 = 8$대

건축기사 2018년 4월 28일(제2회)

제1과목 건축계획

1. 극장 무대 주위의 벽에 6~9 m 높이로 설치되는 좁은 통로로, 그리드 아이언에 올라가는 계단과 연결되는 것은?

① 그린룸　　　　② 록 레일
③ 플라이 갤러리　④ 슬라이딩 스테이지

해설 (1) 그리드 아이언(grid iron) : 무대의 천장에 설치하는 격자형 철골로서 무대기계장비·조명이 설치되어 있다.
(2) 플라이 갤러리
　㉮ 무대 주위의 벽에 바닥으로부터 6~9 m 높이에 붙어 있는 좁은 통로
　㉯ 그리드 아이언에 올라가는 계단과 연결된다.
　㉰ 무대의 막을 조정한다.

2. 다음 중 백화점의 기둥간격 결정 요소와 가장 거리가 먼 것은?

① 화장실의 크기
② 에스컬레이터의 배치방법
③ 매장 진열장의 치수와 배치방법
④ 지하주차장의 주차방식과 주차폭

해설 백화점의 기둥간격 결정 요소
(1) 매장 진열장의 치수와 배치방법
(2) 지하주차장의 주차방식과 주차폭
(3) 에스컬레이터·엘리베이터 배치방법

3. 다음 중 학교 건축계획에 요구되는 융통성과 가장 거리가 먼 것은?

① 지역사회의 이용에 의한 융통성
② 학교 운영 방식의 변화에 대응하는 융통성
③ 광범위한 교과내용의 변화에 대응하는 융통성
④ 한계 이상의 학생 수의 증가에 대응하는 융통성

해설 학교 건축계획에서 한계 이상의 학생 수의 증가에 대응하는 확장성을 가져야 한다.

4. 다음의 한국 근대건축 중 르네상스 양식을 취하고 있는 것은?

① 명동성당　　　② 한국은행
③ 덕수궁 정관헌　④ 서울 성공회성당

해설 ① 명동성당 : 고딕 양식
② 한국은행 본관 : 르네상스 양식
③ 덕수궁 정관헌 : 로마네스크 양식
④ 서울 성공회성당 : 로마네스크 양식

5. 다음 중 근린생활권에 관한 설명으로 옳지 않은 것은?

① 인보구는 가장 작은 생활권 단위이다.
② 인보구 내에는 어린이놀이터 등이 포함된다.
③ 근린주구는 초등학교를 중심으로 한 단위이다.
④ 근린분구는 주간선도로 또는 국지도로에 의해 구분된다.

해설 근린주구단지의 통과 도로를 막기 위해 간선도로를 설치한다.

참고 (1) 도로의 구분
　㉮ 국지도로 : 주택지·상업지(근린생활용)에서 직접 통행이 이루어지는 도로로서 지구내 도로이다.
　㉯ 집산도로(collector) : 국지도로의 교통을 모아서 간선도로로 연결하는 기능
　㉰ 간선도로 : 근린주구의 우회도로, 도시와 도시를 연결해주는 도로

정답 1. ③　2. ①　3. ④　4. ②　5. ④

(2) 주택단지의 단위 구분

구분	인구	중심시설
인보구	약 200~800	유아놀이터
근린분구	약 3,000~5,000	유치원
근린주구	약 10,000~20,000	초등학교

6. 주택 부엌에서 작업 삼각형(work triangle) 의 구성요소에 속하지 않는 것은?

① 개수대 ② 배선대
③ 가열대 ④ 냉장고

해설 작업 삼각형은 냉장고, 개수대, 가열대를 잇는 삼각형이다.

7. 사무소 건축의 실단위 계획에 있어서 개방 식 배치(open plan)에 관한 설명으로 옳지 않은 것은?

① 독립성과 쾌적감 확보에 유리하다.
② 공사비가 개실시스템보다 저렴하다.
③ 방의 길이나 깊이에 변화를 줄 수 있다.
④ 전면적을 유효하게 이용할 수 있어 공 간 절약상 유리하다.

해설 개방식 배치는 독립성이 결핍되고 쾌적감 확보에 불리하다.

8. 학교 건축계획에서 그림과 같은 평면 유형 을 갖는 학교 운영 방식은?

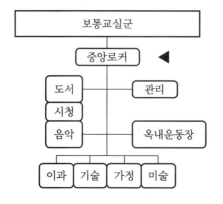

① 달톤형 ② 플래툰형
③ 교과교실형 ④ 종합교실형

해설 보통교실군(일반교실)과 이과·기술·가정 ·미술·음악교실(특별교실)로 구분되어 있으 므로 플래툰형이다.

참고 학교 운영 방식

(1) 종합교실형(U형) : 모든 교과 수업이 하나 의 교실에서 이루어진다(초등학교 저학년).
(2) 교과교실형(특별교실형 : V형) : 모든 교실 이 특정한 교과를 위해 이용된다.
(3) 일반교실과 특별교실형(U+V형) : 한 학급 당 일반교실이 하나씩 계획되고, 특별 교 과에 맞추어 특별교실을 둔다.
(4) 일반교실과 특별교실형(U+V형)과 교과교 실형(V형)의 중간 형태(E형) : 일반교실의 학급수가 다 채워지지 않는다.
(5) 플래툰형(P형) : 각 학급을 2분단으로 구 분하여 한 분단은 보통교실, 다른 한 분단 은 특별교실을 사용한다.
(6) 달톤형(D형) : 학년과 학급을 없애고 각자 의 능력에 따라 교과를 선택하는 방식이다.

9. 다음 중 도서관에서 장서가 60만 권일 경 우 능률적인 작업용량으로서 가장 적정한 서고의 면적은?

① 3,000 m² ② 4,500 m²
③ 5,000 m² ④ 6,000 m²

해설 (1) 서고 1 m²당 수용능력 : 150~250권/m²
(2) 서고의 면적(m²)
600,000권 ÷ 200권/m² = 3,000 m²

10. 사방에서 감상해야 할 필요가 있는 조각 물이나 모형을 전시하기 위해 벽면에서 띄 어 놓아 전시하는 특수전시기법은?

① 아일랜드 전시 ② 디오라마 전시
③ 파노라마 전시 ④ 하모니카 전시

해설 특수전시기법
① 아일랜드 전시 : 전시장 중앙에 전시케이

스를 활용하여 사방에서 감상할 수 있도록 배치한 기법

② 디오라마 전시 : 현장감을 가장 실감나게 표현하는 방법으로 하나의 사실 또는 주제의 시간상황을 고정시켜 연출하는 것으로 현장에 임한 느낌을 주는 전시 기법

③ 파노라마 전시 : 연속적인 주제를 선(線)적으로 관계성 깊게 표현하기 위하여 전경(全景)으로 펼치도록 연출하는 것으로 맥락이 중요시될 때 사용되는 전시 기법

④ 하모니카 전시 : 전시 평면이 동일한 공간으로 연속되어 배치되는 전시 기법으로 동일 종류의 전시물을 반복 전시할 경우에 유리한 방식

11. 병원건축의 형식 중 분관식에 관한 설명으로 옳지 않은 것은?

① 동선이 길어진다.

② 채광 및 통풍이 좋다.

③ 대지면적에 제약이 있는 경우에 주로 적용된다.

④ 환자는 주로 경사로를 이용한 보행 또는 들것으로 운반된다.

해설 대지면적에 제약이 없는 경우에는 분관식이 적용되며, 대지면적에 제약이 있는 경우에는 집중식이 적용된다.

참고 병원의 블록 플랜(block plan) 형식

(1) 집중형 : 외래부·부속진료실·병동실을 한 건물로 하고, 병동실은 고층으로 배치한다.

(2) 분관형(pavillion type) : 외래부·부속진료실·병동실을 각각의 분동으로 하여 복도를 연결하며 3층 이하로 한다.

12. 은행 건축계획에 관한 설명으로 옳지 않은 것은?

① 은행원과 고객의 출입구는 별도로 설치하는 것이 좋다.

② 영업실의 면적은 은행원 1인당 1.2 m² 를 기준으로 한다.

③ 대규모의 은행일 경우 고객의 출입구는 되도록 1개소로 하는 것이 좋다.

④ 주출입구에 이중문을 설치할 경우, 바깥문은 바깥여닫이 또는 자재문으로 할 수 있다.

해설 은행의 영업실의 면적은 은행원 1인당 4~6 m² 정도를 기준으로 한다.

13. 공장건축의 지붕형에 관한 설명으로 옳지 않은 것은?

① 솟을지붕은 채광, 환기에 적합한 방법이다.

② 샤렌지붕은 기둥이 많이 소요되는 단점이 있다.

③ 뾰족지붕은 직사광선을 어느 정도 허용하는 결점이 있다.

④ 톱날지붕은 북향의 채광창으로 일정한 조도를 유지할 수 있다.

해설 샤렌지붕은 지붕의 구조상 기둥이 적게 소요된다.

14. 다포식(多包式) 건축양식에 관한 설명으로 옳지 않은 것은?

① 기둥 상부에만 공포를 배열한 건축양식이다.

② 주로 궁궐이나 사찰 등의 주요 정전에 사용되었다.

③ 주심포 형식에 비해서 지붕하중을 등분포로 전달할 수 있는 합리적 구조법이다.

④ 간포를 받치기 위해 창방 외에 평방이라는 부재가 추가되었으며 주로 팔작지붕이 많다.

해설 기둥 상부에만 공포(기둥 위에서 처마를 받치는 구조)를 배열한 건축양식은 주심포식 건축양식이다.

15. 다음 중 건축가와 그의 작품의 연결이 옳지 않은 것은?

① Marcel Breuer – 파리 유네스코 본부
② Le Corbusier – 동경 국립서양미술관
③ Antonio Gaudi – 시드니 오페라하우스
④ Frank Lloyd Wright – 뉴욕 구겐하임 미술관

해설 (1) 마셀 브라이어(Marcel Breuer) : 파리 유네스코 본부
(2) 르 코르뷰제(Le Corbusier) : 동경 국립서양미술관
(3) 안토니오 가우디(Antonio Gaudi) : 사그라다 파밀리아 성당
(4) 요른 웃존(Jorn Utzon) : 시드니 오페라하우스
(5) 프랭크 로이드 라이트(Frank Lloyd Wright) : 뉴욕 구겐하임 미술관

16. 사무소 건축의 코어 형식에 관한 설명으로 옳은 것은?

① 편심코어형은 각 층의 바닥면적이 큰 경우 적합하다.
② 양단코어형은 코어가 분산되어 있어 피난상 불리하다.
③ 중심코어형은 구조적으로 바람직한 형식으로 유효율이 높은 계획이 가능하다.
④ 외코어형은 설비 덕트나 배관을 코어로부터 사무실 공간으로 연결하는 데 제약이 없다.

해설 ① 편심코어형은 각 층 바닥면적이 작은 경우 사용한다.
② 양단코어형은 코어가 분산되어 있어 피난상 유리하다.
③ 중심코어형은 구조적으로 바람직하고, 유효율이 크다.
④ 외코어형(외부코어형)은 설비 덕트나 배관을 사무실 공간으로 연결하는 데 제약이 많다.

참고 유효율 : 공용부분을 제외한 면적/연면적

17. 아파트의 평면 형식에 관한 설명으로 옳지 않은 것은?

① 집중형은 기후조건에 따라 기계적 환경조절이 필요하다.
② 편복도형은 공용복도에 있어서 프라이버시가 침해되기 쉽다.
③ 홀형은 승강기를 설치할 경우 1대당 이용률이 복도형에 비해 적다.
④ 편복도형은 단위면적당 가장 많은 주호를 집결시킬 수 있는 형식이다.

해설 아파트 평면 형식 중 단위면적당 가장 많은 주호를 집결시킬 수 있는 형식은 코어형(집중형)이다.

18. 극장의 평면 형식 중 애리나(arena)형에 관한 설명으로 옳지 않은 것은?

① 무대의 배경을 만들지 않으므로 경제성이 있다.
② 무대의 장치나 소품은 주로 낮은 기구들로 구성한다.
③ 가까운 거리에서 관람하면서 많은 관객을 수용할 수 있다.
④ 연기자가 일정한 방향으로만 관객을 대하므로 강연, 콘서트, 독주, 연극 공연에 가장 좋은 형식이다.

해설 연기자가 일정한 방향으로만 관객을 대하는 형식은 프로시니엄 스테이지 방식이다.

참고 극장의 평면 형식
(1) 애리나(arena)형 : 관객이 무대를 360° 둘러싸고 관람하는 형식
(2) 오픈 스테이지(open stage)형 : 관객이 무대를 부분적으로 둘러싸고 관람하는 형식
(3) 프로시니엄(proscenium)형 : 관객이 프로시니엄 아치 안에서 무대를 관람하는 형식

19. 주택단지 안의 건축물에 설치하는 계단의 유효 폭은 최소 얼마 이상으로 하여야 하는

가? (단, 공동으로 사용하는 계단의 경우)

① 0.9 m   ② 1.2 m

③ 1.5 m   ④ 1.8 m

해설 주택단지 안의 건축물 또는 옥외에 설치하는 계단의 각 부위의 치수는 다음 표의 기준에 적합하여야 한다.

계단의 종류	유효폭	단높이	단너비
공동으로 사용하는 계단	120 cm 이상	18 cm 이하	26 cm 이상
건축물의 옥외계단	90 cm 이상	20 cm 이하	24 cm 이상

20. 건축계획에서 말하는 미의 특성 중 변화 혹은 다양성을 얻는 방식과 가장 거리가 먼 것은?

① 억양(accent)

② 대비(contrast)

③ 균제(proportion)

④ 대칭(symmetry)

해설 미의 특성 중 대칭(symmetry)은 통일성에 가깝다.

제2과목   **건축시공**

21. 콘크리트용 재료 중 시멘트에 관한 설명으로 옳지 않은 것은?

① 중용열포틀랜드시멘트는 수화작용에 따르는 발열이 적기 때문에 매스콘크리트에 적당하다.

② 조강포틀랜드시멘트는 조기강도가 크기 때문에 한중콘크리트공사에 주로 쓰인다.

③ 알칼리 골재반응을 억제하기 위한 방법으로써 내황산염포틀랜드시멘트를 사용한다.

④ 조강포틀랜드시멘트를 사용한 콘크리트의 7일 강도는 보통포틀랜드시멘트를 사용한 콘크리트의 28일 강도와 거의 비슷하다.

해설 (1) 알칼리 골재반응을 억제하기 위한 방법으로써 저알칼리성시멘트(나트륨(Na), 칼슘(Ca)의 양을 적게 한 시멘트)를 사용한다.
(2) 내황산염포틀랜트시멘트는 황산염(석탄의 주성분)에 의한 콘크리트 침식을 방지하기 위해 사용한다.

22. 용접작업 시 용착금속 단면에 생기는 작은 은색의 점을 무엇이라 하는가?

① 피시아이(fish eye)

② 블로홀(blow hole)

③ 슬래그 함입(slag inclusion)

④ 크레이터(crater)

해설 피시아이(fish eye) : 슬래그 함입과 공기구멍이 겹쳐져서 물고기의 눈알처럼 은색의 점으로 남는 결함

참고 용접결함
(1) 슬래그 감싸들기 : 용착금속 내에 회분이 혼입된 것
(2) 언더컷(undercut) : 모재가 녹아 용착금속이 다 채워지지 않은 것
(3) 오버랩(overlab) : 용착금속과 모재가 융합되지 않고 겹쳐지는 것
(4) 공기구멍(blow hole) : 용착금속 내에 기포가 발생하는 것
(5) 크레이터(crater) : 아크 용접의 종점에서 아크를 끊었을 때 비드의 끝단에 오목하게 생기는 용접불량

23. 지반조사시험에서 서로 관련 있는 항목끼리 옳게 연결한 것은?

① 지내력-정량 분석 시험

② 연한 점토-표준 관입 시험

③ 진흙의 점착력-베인 시험(vane test)

④ 염분-신월 샘플링(thin wall sampling)

해설 (1) 지내력 시험 : 재하판 시험

(2) 정량 분석 시험 : 염분의 함량 측정 시험

(3) 베인 시험 : 로드에+자형 금속제 날개를 부착하여 지중에 박아 회전시켜 점토지반의 점착력을 판별하는 시험

(4) 신월 샘플링 : 튜브가 얇은 살로 된 것으로 연한 점토에 적당하다.

24. 고력볼트 접합에 관한 설명으로 옳지 않은 것은?

① 현대건축물의 고층화, 대형화 추세에 따라 소음이 심한 리벳은 현재 거의 사용하지 않고 볼트접합과 용접접합이 대부분을 차지하고 있다.

② 토크시어형 고력볼트는 조여서 소정의 축력이 얻어지면 자동적으로 핀테일이 파단되는 구조로 되어 있다.

③ 고력볼트의 조임기구는 토크렌치와 임펙트렌치 등이 있다.

④ 고력볼트의 접합형태는 모두 마찰접합이며, 마찰접합은 하중이나 응력을 볼트가 직접 부담하는 형식이다.

해설 (1) 고력볼트의 접합에는 전단접합, 지압접합, 인장접합, 마찰접합 등의 여러 형태가 있다.

(2) 마찰접합은 접합되는 철판의 마찰력에 의해 응력을 전달하는 접합되는 접합이다.

25. 콘크리트 중 공기량의 변화에 관한 설명으로 옳은 것은?

① AE제의 혼입량이 증가하면 연행공기량도 증가한다.

② 시멘트 분말도 및 단위시멘트량이 증가하면 공기량은 증가한다.

③ 잔골재 중의 0.15~0.3 mm의 골재가 많으면 공기량은 감소한다.

④ 슬럼프가 커지면 공기량은 감소한다.

해설 ① AE제 혼입량이 증가하면 연행공기량도 증가한다.

② 시멘트 분말도 및 단위시멘트량이 증가하면 공기량은 감소한다.

③ 잔골재가 많으면 공기량은 증가한다.

④ 공기량이 증가하면 슬럼프가 커진다.

참고 연행공기(entrained air) : AE제 첨가 시 발생하는 미세한 기포로서 볼베어링 역할을 한다.

26. 유리섬유, 합성섬유 등의 망상포를 적층하여 도포하는 도막방수 공법은?

① 시멘트액체방수 공법

② 라이닝 공법

③ 스터코마감 공법

④ 루핑 공법

해설 라이닝계 도막방수 : 망상포(유리섬유·합성섬유)를 펼치고 합성수지나 합성고무를 칠하는 방식

27. 콘크리트 공사 중 적산온도와 가장 관계 깊은 것은?

① 매스(mass) 콘크리트 공사

② 수밀(水密) 콘크리트 공사

③ 한중(寒中) 콘크리트 공사

④ AE 콘크리트 공사

해설 (1) 적산온도 : 콘크리트의 양생기간 중 재령일과 양생온도를 곱하여 적산함수로 표현한 것

적산온도 $M = \sum (\theta + A) \Delta t$

여기서, Δt : 기간

A : 정수(10)

θ : 기간 중 평균기온

(2) 콘크리트의 적산온도를 알면 재령 시 압축강도, 물-결합재비, 거푸집 및 동바리 제거 시기 등을 추정할 수 있으며, 한중 콘크리트 공사와 가장 관계 깊다.

정답 24. ④ 25. ① 26. ② 27. ③

28. 한중(寒中) 콘크리트의 양생에 관한 설명으로 옳지 않은 것은?

① 보온 양생 또는 급열 양생을 끝마친 후에는 콘크리트의 온도를 급격히 저하시켜 양생을 마무리하여야 한다.

② 초기 양생에서 소요 압축강도가 얻어질 때까지 콘크리트의 온도를 5℃ 이상으로 유지하여야 한다.

③ 초기 양생에서 구조물의 모서리나 가장자리의 부분은 보온하기 어려운 곳이어서 초기동해를 받기 쉬우므로 초기 양생에 주의하여야 한다.

④ 한중 콘크리트의 보온 양생 방법은 급열 양생, 단열 양생, 피복 양생 및 이들을 복합한 방법 중 한 가지 방법을 선택하여야 한다.

해설 (1) 한중 콘크리트 : 콘크리트를 부어 넣은 후 4주까지의 예상 평균기온이 약 3℃ 이하일 때 시공하는 콘크리트

(2) 한중 콘크리트인 경우 보온 양생 또는 급열 양생을 마친 후 콘크리트 온도를 급격히 낮추어서 양생해서는 안 된다.

29. 지반조사 중 보링에 관한 설명으로 옳지 않은 것은?

① 보링의 깊이는 일반적인 건물의 경우 대략 지지 지층 이상으로 한다.

② 채취시료는 충분히 햇빛에 건조시키는 것이 좋다.

③ 부지 내에서 3개소 이상 행하는 것이 바람직하다.

④ 보링 구멍은 수직으로 파는 것이 중요하다.

해설 채취시료는 시료를 채취한 상태로 유지해야 한다.

참고 보링(boring) : 지중에 철관을 꽂아 천공하여 토사를 채취하여 관찰하는 토질조사

(1) 오거 보링 : 깊이 10 m의 연질층

(2) 수세식 보링 : 깊이 30 m 정도의 연질층

(3) 회전식 보링 : 가장 확실한 방법

(4) 충격식 보링 : 굳은 지층에 적당

30. 다음 중 무기질 단열재료가 아닌 것은?

① 셀룰로오스 섬유판
② 세라믹 섬유
③ 펄라이트 판
④ ALC 패널

해설 셀룰로오스 섬유판은 셀룰로오스(섬유소)의 재료를 분쇄한 다음 접착제를 혼합하여 성형시킨 후 열압 가열하여 만든 판으로 유기질 단열재료에 포함된다.

31. 콘크리트 블록벽체 2 m²를 쌓는 데 소요되는 콘크리트 블록 장수로 옳은 것은? (단, 블록은 기본형이며, 할증은 고려하지 않음)

① 26장　　② 30장
③ 34장　　④ 38장

해설 (1) 블록 크기별 소요량

구분	깊이	높이	두께	벽면적 1 m² 소요량
기본형 블록	390	190	210 190 150 100	13매
장려형 블록	290	190	190 150 100	17매

(2) 소요 콘크리트 블록 장수
＝벽면적×벽면적 1m²당 소요량
＝2×13＝26장

32. CM(construction management)의 주요 업무가 아닌 것은?

① 설계부터 공사 관리까지 전반적인 지도, 조언, 관리 업무
② 입찰 및 계약 관리 업무와 원가 관리 업무
③ 현장 조직 관리 업무와 공정 관리 업무
④ 자재 조달 업무와 시공도 작성 업무

해설 시공도 작성 업무는 시공자의 업무이다.

참고 공사 관리 계약 방식(CM : construction management) : 발주자를 대리인으로 하여 설계자와 시공자를 조정하고 기획·설계·시공·유지관리 등의 업무의 전부 또는 일부를 관리하는 방식

33. 타일공사에서 시공 후 타일 접착력 시험에 관한 설명으로 옳지 않은 것은?

① 타일의 접착력 시험은 600 m²당 한 장씩 시험한다.
② 시험할 타일은 먼저 줄눈 부분을 콘크리트 면까지 절단하여 주위의 타일과 분리시킨다.
③ 시험은 타일 시공 후 4주 이상일 때 행한다.
④ 시험 결과의 판정은 타일 인장 부착강도가 10 MPa 이상이어야 한다.

해설 타일 접착력 시험에서 타일 인장 부착강도는 0.39 MPa(N/mm²) 이상이어야 한다.

34. 다음 중 공사 착공 시점의 인허가 항목이 아닌 것은?

① 비산먼지 발생사업 신고
② 오수처리시설 설치 신고
③ 특정공사 사전 신고
④ 가설건축물 축조 신고

해설 오수(분뇨·생활하수)처리시설의 설치는 공사 착공 시점 이전에 신고를 해야 한다.

35. 강제말뚝의 부식에 대한 대책과 가장 거리가 먼 것은?

① 부식을 고려하여 두께를 두껍게 한다.
② 에폭시 등의 도막을 설치한다.
③ 부마찰력에 대한 대책을 수립한다.
④ 콘크리트로 피복한다.

해설 부마찰력은 말뚝 주변 지반의 침하에 의해 말뚝에 작용하는 하향의 마찰력으로 말뚝의 부식과 관계가 없다.

36. 도막방수 시공 시 유의사항으로 옳지 않은 것은?

① 도막방수재는 혼합에 따라 재료 물성이 크게 달라지므로 반드시 혼합비를 준수한다.
② 용제형의 프라이머를 사용할 경우에는 화기를 주의하고, 특히 실내 작업의 경우 환기장치를 사용하여 인화나 유기용제 중독을 미연에 예방하여야 한다.
③ 코너부위, 드레인 주변은 보강이 필요하다.
④ 도막방수 공사는 바탕면 시공과 관통공사가 종결되지 않더라도 할 수 있다.

해설 도막방수 공사는 반드시 바탕면 시공과 관통공사가 종결된 후에 진행되어야 한다.

참고 도막방수
(1) 도료상의 방수재를 여러 번 칠하여 방수막을 구성하는 공법
(2) 도막방수 종류
  ㉮ 유제형
    • 코팅공법 : 합성수지·합성고무를 액상으로 하여 방수피막 구성
    • 라이닝 공법 : 망상포(유리섬유·합성섬유)를 적층하여 합성수지·합성고무를 코팅하는 공법
  ㉯ 용제형 : 합성고무 등을 용제(솔벤트)로 녹여서 코팅하는 공법
  ㉰ 에폭시계형

37. 도장공사에서의 뿜칠에 관한 설명으로 옳지 않은 것은?

① 큰 면적을 균등하게 도장할 수 있다.

② 스프레이건과 뿜칠면 사이의 거리는 30 cm를 표준으로 한다.

③ 뿜칠은 도막두께를 일정하게 유지하기 위해 겹치지 않게 순차적으로 이행한다.

④ 뿜칠 공기압은 2~4 kg/cm²를 표준으로 한다.

〔해설〕 뿜칠 도장 시공 시 뿜칠의 폭의 $\dfrac{1}{3}$ 정도를 겹쳐서 뿜칠한다.

38. 조적벽 40 m²를 쌓는 데 필요한 벽돌량은? (단, 표준형 벽돌 0.5B 쌓기, 할증은 고려하지 않음)

① 2,850장　　② 3,000장

③ 3,150장　　④ 3,500장

〔해설〕 (1) 표준형 벽돌의 벽면적 1 m² 정미량

표준형 벽돌 크기	0.5B	1.0B	1.5B
190×90×57mm	75매	149매	224매

(2) 벽돌량

　　$40\text{m}^2 \times 75$장 $= 3,000$장

39. 실링공사의 재료에 관한 설명으로 옳지 않은 것은?

① 개스킷은 콘크리트의 균열 부위를 충전하기 위하여 사용하는 부정형 재료이다.

② 프라이머는 접착면과 실링재와의 접착성을 좋게 하기 위하여 도포하는 바탕처리 재료이다.

③ 백업재는 소정의 줄눈깊이를 확보하기 위하여 줄눈 속을 채우는 재료이다.

④ 마스킹 테이프는 시공 중에 실링재 충전 개소 이외의 오염 방지와 줄눈선을 깨

끗이 마무리하기 위한 보호 테이프이다.

〔해설〕 (1) 콘크리트의 균열 부위를 충전하기 위한 부정형 재료는 실리콘(코킹·실란트)이다.

(2) 개스킷(gasget) : 유리를 고정 밀봉시키는 정형 재료

40. 기본공정표와 상세공정표에 표시된 대로 공사를 진행시키기 위해 재료, 노력, 원척도 등이 필요한 기일까지 반입, 동원될 수 있도록 작성한 공정표는?

① 횡선식 공정표

② 열기식 공정표

③ 사선 그래프식 공정표

④ 일순식 공정표

〔해설〕 열기식(일기식) 공정표 : 공사를 정상으로 진행시키기 위해서 기본공정표와 상세공정표에 표시된 대로 재료·노력·원척도 등이 필요한 기일까지 반입·동원될 수 있도록 문자로 기록하는 공정표

제3과목　　**건축구조**

41. 그림과 같은 구조물의 부정정 차수는?

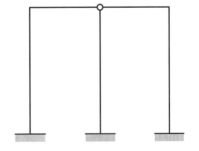

① 1차 부정정　　② 2차 부정정

③ 3차 부정정　　④ 4차 부정정

〔해설〕 $m = n + s + r - 2k$

　　　$= 9 + 5 + 2 - 2 \times 6 = 4$차 부정정

42. 그림과 같은 단순보의 일부 구간으로부터 떼어낸 자유물체도에서 각 좌우측면(가, 나면)에 작용하는 전단력의 방향과 그 값으로 옳은 것은?

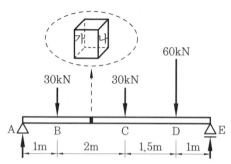

① 가 : 19.1 kN(↑) 나 : 19.1 kN(↓)
② 가 : 19.1 kN(↓) 나 : 19.1 kN(↑)
③ 가 : 16.1 kN(↑) 나 : 16.1 kN(↓)
④ 가 : 16.1 kN(↓) 나 : 16.1 kN(↑)

해설 (1) A점의 반력

$\sum M_E = 0$에서

$R_A \times 5.5\,\mathrm{m} - 30\,\mathrm{kN} \times 4.5\,\mathrm{m}$

$\quad - 30\,\mathrm{kN} \times 2.5\mathrm{m} - 60\,\mathrm{kN} \times 1\mathrm{m} = 0$

$\therefore R_A = 49.09\,\mathrm{kN}$

(2) BC 구간의 전단력

$\sum V = 0$에서

$49.09\,\mathrm{kN} - 30\,\mathrm{kN} = 19.09\,\mathrm{kN}(\uparrow)$

임의의 점에서는 평형을 유지해야 하므로 (나)는 ↓

43. 필릿 용접의 최소 사이즈에 관한 설명으로 옳지 않은 것은? (단, KBC 2016 기준)

① 접합부 얇은 쪽 모재두께가 6 mm 이하일 경우 3 mm이다.
② 접합부 얇은 쪽 모재두께가 6 mm를 초과하고 13 mm 이하일 경우 4 mm이다.
③ 접합부 얇은 쪽 모재두께가 13 mm를 초과하고 19 mm 이하일 경우 6 mm이다.
④ 접합부 얇은 쪽 모재두께가 19 mm를 초과할 경우 8 mm이다.

해설 필릿(fillet) 용접 : 접합부의 얇은 쪽 모재두께(t)가 $6\,\mathrm{mm} < t \leq 13\,\mathrm{mm}$일 때 필릿(모살) 용접의 최소 사이즈는 5 mm이다.

44. 다음 부정정 구조물에서 B점의 반력을 구하면?

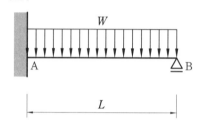

① $\dfrac{1}{8}wL$ ② $\dfrac{3}{8}wL$

③ $\dfrac{5}{8}wL$ ④ $\dfrac{7}{8}wL$

해설 변형일치법

B점은 하중에 의해서 변형되지 않았으므로 $\delta_1 + \delta_2 = 0$

$$\frac{wL^4}{8EI} - \frac{R_B L^3}{3EI} = 0$$

$$\therefore R_B = \frac{3wL}{8}$$

45. 등분포하중을 받는 두 스팬 연속보인 B₁ RC보 부재에서 ⒜, ⒝, ⒞ 지점의 보 배근에 관한 설명으로 옳지 않은 것은?

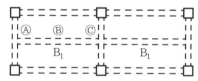

① ⒜단면에서는 하부근이 주근이다.
② ⒝단면에서는 하부근이 주근이다.
③ ⒜단면에서의 스터럽 배치간격은 ⒝단면에서의 경우보다 촘촘하다.
④ ⒞단면에서는 하부근이 주근이다.

정답 42. ① 43. ② 44. ② 45. ④

해설 큰 보에 연결되는 연속보의 휨모멘트도
① Ⓐ단면 하부에 주근을 배치한다.
② Ⓑ단면(중앙부)에서도 주근을 배치한다.
③ Ⓐ단면은 보의 단부이므로 스터럽 간격을 좁게 한다.
④ ⓒ단면에서는 상부근이 주근이다.

46. 그림과 같은 구조물에서 B단에 발생하는 휨모멘트의 값으로 옳은 것은?

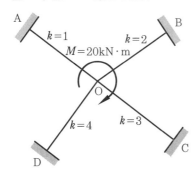

① 2 kN·m　　② 3 kN·m
③ 4 kN·m　　④ 6 kN·m

해설 모멘트 분배법
(1) OB 부재의 분배율

$$f_{OB} = \frac{\text{OB 부재의 강비}}{\text{강비의 총합}}$$
$$= \frac{2}{1+2+3+4} = \frac{1}{5}$$

(2) OB 부재의 분배 모멘트

$$M_{OB} = \frac{1}{5} \times 20\,\text{kN} \cdot \text{m} = 4\,\text{kN} \cdot \text{m}$$

(3) B지점의 도달 모멘트(B단의 휨모멘트)

$$M_{BO} = M_{OB} \times \frac{1}{2} = 4\,\text{kN} \cdot \text{m} \times \frac{1}{2}$$
$$= 2\,\text{kN} \cdot \text{m}$$

47. 등가정적해석법에 따른 지진응답계수의 산정식과 가장 거리가 먼 것은?
① 가스트 영향계수
② 반응수정계수
③ 주기 1초에서의 설계스펙트럼 가속도

④ 건축물의 고유주기

해설 지진응답계수$(C_s) = \dfrac{S_{D1}}{\left[\dfrac{R}{I_E}\right]T}$

여기서, I_E : 건축물의 중요도계수
　　　　R : 반응수정계수
　　　　S_{D1} : 주기 1초에서의 설계스펙트럼 가속도
　　　　T : 건축물의 고유주기

참고 가스트 영향계수 : 바람의 난류로 인해 발생되는 구조물의 동적 거동 성분을 나타내는 것으로 $\dfrac{\text{최대변위}}{\text{평균변위}}$ 를 통계적인 값으로 나타낸 계수

48. 연약지반에 기초구조를 적용할 때 부동침하를 감소시키기 위한 상부구조의 대책으로 옳지 않은 것은?
① 폭이 일정할 경우 건물의 길이를 길게 할 것
② 건물을 경량화할 것
③ 강성을 크게 할 것
④ 부분 증축을 가급적 피할 것

해설 부동침하 방지를 위해서는 건물의 길이를 짧게 한다.

49. 양단 힌지인 길이 6 m의 H−300× 300×10×15의 기둥이 부재중앙에서 약축 방향으로 가새를 통해 지지되어 있을 때 설계용 세장비는? (단, $r_x = 131$ mm, $r_y = 75.1$ mm)
① 39.9　　　② 45.8
③ 58.2　　　④ 66.3

해설 (1) 세장비 $\lambda = \dfrac{l_k}{r}$

여기서, l_k : 기둥의 길이
　　　　r : 단면 2차 반지름

(2) 설계용 세장비는 x축, y축 계산값 중 큰 값으로 한다.

$$\lambda_x = \frac{6,000 \, \text{mm}}{131 \, \text{mm}} = 45.8$$

$$\lambda_y = \frac{6,000 \, \text{mm}/2}{75.1 \, \text{mm}} = 39.95$$

$$\therefore 45.8$$

50. 그림과 같은 독립기초에 $N = 480$ kN, $M = 96$ kN·m가 작용할 때 기초저면에 발생하는 최대 지반반력은?

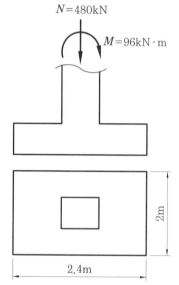

① 15 kN/m²   ② 150 kN/m²
③ 20 kN/m²   ④ 200 kN/m²

[해설] 독립기초의 최대 지반반력

$$\sigma_{max} = \frac{N}{A} + \frac{M}{Z}$$

$$= \frac{480 \, \text{kN}}{2 \, \text{m} \times 2.4 \, \text{m}} + \frac{96 \, \text{kN} \cdot \text{m}}{\dfrac{2 \, \text{m} \times (2.4 \, \text{m})^2}{6}}$$

$$= 150 \, \text{kN/m}^2$$

여기서, A : 면적

N : 축하중

Z : 단면계수$\left(= \dfrac{bh^2}{6}\right)$

M : 휨모멘트

51. 철골보의 처짐을 적게 하는 방법으로 가장 적절한 것은?

① 보의 길이를 길게 한다.
② 웨브의 단면적을 작게 한다.
③ 상부 플랜지의 두께를 줄인다.
④ 단면 2차 모멘트 값을 크게 한다.

[해설] 단순보의 중앙지점에 집중하중이 작용하는 경우 하중, 길이를 작게 하거나 탄성계수, 단면 2차 모멘트를 크게 할수록 처짐을 적게 할 수 있다.

52. 그림과 같은 이동하중이 스팬 10 m의 단순보 위를 지날 때 절대 최대 휨모멘트를 구하면?

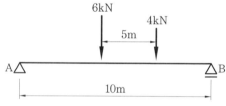

① 16 kN·m   ② 18 kN·m
③ 25 kN·m   ④ 30 kN·m

[해설] (1) 작용점의 위치
바리뇽의 정리에서
합력 $R = 6 \, \text{kN} + 4 \, \text{kN} = 10 \, \text{kN}$
$Rx = 4 \, \text{kN} \times 5 \, \text{m}$에서

$$x = \frac{4 \, \text{kN} \times 5 \, \text{m}}{10 \, \text{kN}} = 2 \, \text{m}$$

(2) 절대 최대 휨모멘트
㉮ 반력의 계산
$\sum M_B = 0$에서
$R_A \times 10 \, \text{m} - 6 \, \text{kN} \times 6 \, \text{m} - 4 \, \text{kN} \times 1 \, \text{m} = 0$

$$\therefore R_A = \frac{40 \, \text{kN} \cdot \text{m}}{10 \, \text{m}} = 4 \, \text{kN}$$

㉯ 절대 최대 휨모멘트(중앙점 가까운 지점에 하중 위치)
$M_D = R_A \times 4 \, \text{m} = 4 \, \text{kN} \times 4 \, \text{m}$
$\qquad = 16 \, \text{kN} \cdot \text{m}$

53. 다음 각 구조시스템에 관한 정의로 옳지 않은 것은?

① 모멘트골조방식 : 수직하중과 횡력을 보와 기둥으로 구성된 라멘골조가 저항하는 구조방식

② 연성모멘트골조방식 : 횡력에 대한 저항능력을 증가시키기 위하여 부재와 접합부의 연성을 증가시킨 모멘트골조방식

③ 이중골조방식 : 횡력의 25% 이상을 부담하는 전단력이 연성모멘트골조와 조합되어 있는 구조방식

④ 건물골조방식 : 수직하중은 입체골조가 저항하고 지진하중은 전단벽이나 가새골조가 저항하는 구조방식

> **해설** 이중골조방식 : 횡력(풍하중·지진하중)의 25 % 이상을 부담하는 연성모멘트골조(강진으로 파괴 시 연성파괴를 이루게 하는 구조)가 전단벽이나 가새골조와 조합을 이루는 구조방식

54. 강도설계법에서 직접설계법을 이용한 콘크리트 슬래브 설계 시 적용조건으로 옳지 않은 것은?

① 각 방향으로 3경간 이상이 연속되어야 한다.

② 슬래브 판들은 단변 경간에 대한 장변 경간의 비가 2 이하인 직사각형이어야 한다.

③ 각 방향으로 연속한 받침부 중심 간 경간 차이는 긴 경간의 1/3이어야 한다.

④ 모든 하중은 슬래브판의 특정지점에 작용하는 집중하중이어야 하며 활하중은 고정하중의 3배 이하이어야 한다.

> **해설** 모든 하중은 슬래브판 전체에 걸쳐 등분포된 연직하중이어야 하며, 활하중은 고정하중의 2배 이하이어야 한다.

55. 다음 그림에서 같은 H형강 H-300×150×6.5×9의 $X-X$축에 대한 단면계수 값으로 옳은 것은? (단, $I_x = 5,080,000$ mm⁴이다.)

① 58,539 mm³   ② 60,568 mm³

③ 67,733 mm³   ④ 71,384 mm³

> **해설** 단면계수 $Z = \dfrac{I}{y}$
>
> 여기서, I : 도심축에 대한 단면 2차 모멘트
> y : 도심축으로부터 도형의 끝단까지의 거리
>
> $$\therefore Z = \frac{I}{y} = \frac{5.08 \times 10^6 \, \text{mm}^4}{150 \, \text{mm}/2}$$
> $$= 67,733.33 \, \text{mm}^3$$

56. 그림과 같은 단순보에서 A점 및 B점에서의 반력을 각각 R_A, R_B라 할 때 반력의 크기로 옳은 것은?

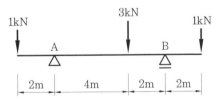

① $R_A = 3$ kN, $R_B = 2$ kN

② $R_A = 2$ kN, $R_B = 3$ kN

③ $R_A = 2.5$ kN, $R_B = 2.5$ kN

④ $R_A = 4$ kN, $R_B = 1$ kN

> **해설** (1) R_A의 계산
> $\Sigma B = 0$에서
> $-1\text{kN} \times 8\text{m} + R_A \times 6\text{m} - 3\text{kN} \times 2\text{m}$
> $+ 1\text{kN} \times 2\text{m} = 0$

$$\therefore \ R_A = \frac{12\,\text{kN} \cdot \text{m}}{6\,\text{m}} = 2\,\text{kN}(\uparrow)$$

(2) R_B의 계산

$\sum V = 0$에서

$-1\,\text{kN} + R_A - 3\,\text{kN} + R_B - 1\,\text{kN} = 0$

$R_B = 5\,\text{kN} - 2\,\text{kN} = 3\,\text{kN}(\uparrow)$

57. 인장을 받는 이형철근의 직경이 D16(직경 15.9 mm)이고, 콘크리트 강도가 30 MPa인 표준갈고리의 기본정착길이는? (단, f_y = 400 MPa, β = 1.0, m_c = 2,300 kg/m³)

① 238mm

② 258mm

③ 279mm

④ 312mm

해설 표준갈고리의 기본정착길이(l_{hb})

$$= \frac{0.24 \beta d_b f_y}{\lambda \sqrt{f_{ck}}}$$

$$= \frac{0.24 \times 1.0 \times 15.9\,\text{mm} \times 400\,\text{N/mm}^2}{1 \times \sqrt{30}\,\text{N/mm}^2}$$

$$= 278.68\,\text{mm}$$

여기서, β : 도막계수

d_b : 철근의 공칭지름(mm)

f_y : 철근의 설계기준항복강도(MPa)

λ : 경량콘크리트계수

f_{ck} : 콘크리트의 설계기준압축강도 (MPa)

58. 강구조 용접에서 용접결함에 속하지 않는 것은?

① 오버랩(overlap)

② 크랙(crack)

③ 가우징(gouging)

④ 언더컷(undercut)

해설 가우징(gouging) : 용접을 위해서 용접부와 모재를 아크(arc)로 녹여 홈을 내는 것

59. 동일단면, 동일재료를 사용한 캔틸레버보 끝단에 집중하중이 작용하였다. P_1이 작용한 부재의 최대 처짐량이 P_2가 작용한 부재의 최대 처짐량의 2배일 경우 $P_1 : P_2$는?

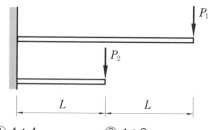

① 1 : 4

② 1 : 8

③ 4 : 1

④ 8 : 1

해설 캔틸레버의 처짐

$$\frac{P_1 \times (2L)^3}{3EI} = \frac{P_2 \times L^3}{3EI} \times 2 \text{에서}$$

$$\frac{8P_1 L^3}{3EI} = \frac{2P_2 L^3}{3EI} \ \rightarrow \ 8P_1 = 2P_2$$

$$P_1 = \frac{1}{4} P_2$$

$$\therefore \ P_1 : P_2 = \frac{1}{4} P_2 : P_2 = 1 : 4$$

60. 그림과 같이 수평하중을 받는 라멘에서 휨모멘트의 값이 가장 큰 위치는?

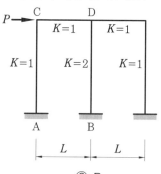

① A

② B

③ C

④ D

해설 동일 조건에서는 강비가 크면 휨모멘트가 크고, 상부보다 하부가 크므로 B점이 가장 크다.

제4과목   건축설비

61. 이동식 보도에 관한 설명으로 옳지 않은 것은?

① 속도는 60~70 m/min이다.
② 주로 역이나 공항 등에 이용된다.
③ 승객을 수평으로 수송하는 데 사용된다.
④ 수평으로부터 10° 이내의 경사로 되어 있다.

해설 이동식 보도는 주로 역이나 공항 등에서 승객을 수평으로 수송하는 데 이용되며 속도는 30 m/min 정도가 적당하다.

62. 옥내소화전설비의 설치 대상 건축물로서 옥내소화전의 설치개수가 가장 많은 층의 설치개수가 6개인 경우, 옥내소화전설비 수원의 유효 저수량은 최소 얼마 이상이 되어야 하는가?

① 7.8 m³   ② 10.4 m³
③ 13.0 m³   ④ 15.6 m³

해설 옥내소화전설비의 저수량(m³) : 옥내소화전의 설치개수가 가장 많은 층의 설치개수 (단, 옥내소화전의 개수가 5개 이상 설치된 경우는 5개)×2.6m³
따라서 설치개수가 6개인 경우는 5개 이상이므로
$5 \times 2.6\text{m}^3 = 13.0\text{m}^3$

63. 다음 중 증기난방에 관한 설명으로 옳지 않은 것은?

① 온수난방에 비해 예열시간이 짧다.
② 운전 중 증기해머로 인한 소음 발생의 우려가 있다.
③ 온수난방에 비해 한랭지에서 동결의 우려가 있다.

④ 온수난방에 비해 부하변동에 따른 실내방열량 제어가 용이하다.

해설 (1) 증기난방의 예열시간 : 물을 가열하여 증기로 변할 때까지의 시간
(2) 증기난방은 온수난방에 비해 부하변동(실내온도 변화)에 따른 실내방열량 제어가 곤란하다.

64. 다음 중 사이펀식 트랩에 속하지 않는 것은 어느 것인가?

① P트랩   ② S트랩
③ U트랩   ④ 드럼트랩

해설 (1) 사이펀(syphon) : 액체를 높은 곳에서 흡입한 후 낮은 곳으로 흐르게 하는 곡관
(2) 드럼트랩은 드럼 모양의 주방용 싱크대에 사용하는 비사이펀식 트랩이다.

65. 변풍량 단일덕트방식에서 송풍량 조절의 기준이 되는 것은?

① 실내 청정도   ② 실내 기류속도
③ 실내 현열부하   ④ 실내 잠열부하

해설 (1) 현열부하 : 물질의 상태를 바꾸지 않고 온도만 변화시키는 데 드는 열의 부하를 의미하며, 열의 이동, 일사, 조명, 인체로부터의 현열 등으로 구성된다.
(2) 변풍량 단일덕트방식(VAV) : 공조기 1개에 1개의 덕트로 연결하여 덕트의 취출구에서 냉방·난방의 송풍량이 나오게 하는 방식으로서 실내 현열부하에 따라 송풍량을 조절하는 방식이다.

66. 다음의 공기조화방식 중 전공기 방식에 속하지 않는 것은?

① 단일덕트방식
② 이중덕트방식
③ 멀티존 유닛방식
④ 팬코일 유닛방식

해설 팬코일 유닛(FCU)방식은 실에 팬코일을 설치하여 냉수 또는 온수를 보내어 냉난방을 처리하는 방식으로 전수 방식이다.

67. 급수방식 중 펌프직송방식에 관한 설명으로 옳지 않은 것은?

① 전력 차단 시 급수가 불가능하다.

② 고가수조방식에 비해 수질오염 가능성이 크다.

③ 건축적으로 건물의 외관 디자인이 용이해지고 구조적 부담이 경감된다.

④ 적정한 수압과 수량확보를 위해서는 정교한 제어장치 및 내구성 있는 제품의 선정이 필요하다.

해설 (1) 급수방식

㉮ 수도직결방식 : 수도인입관→각실 수전

㉯ 고가수조방식 : 수도인입관 → 지하저수조 → 양수펌프 → 고가수조 → 각실 수전

㉰ 압력탱크방식 : 수도인입관 → 지하저수조 → 양수펌프 → 압력탱크 → 각실 수전

㉱ 펌프직송방식 : 수도인입관 → 지하저수조 → 양수펌프 → 각실 수전

(2) 펌프직송방식은 고가수조에 저장된 물을 사용하지 않으므로 고가수조방식에 비하여 수질오염이 적은 편이다.

68. 경질비닐관 공사에 관한 설명으로 옳은 것은?

① 절연성과 내식성이 강하다.

② 자성체이며 금속관보다 시공이 어렵다.

③ 온도 변화에 따라 기계적 강도가 변하지 않는다.

④ 부식성 가스가 발생하는 곳에는 사용할 수 없다.

해설 경질비닐관 공사

(1) 경질비닐관(염화비닐수지 등)에 전선을 넣어서 배선하는 공사

(2) 경질비닐관(합성수지관) 자체가 절연성과

내식성이 뛰어나다.

69. 다음과 같은 조건에서 바닥면적 300 m², 천장고 2.7 m인 실의 난방부하 산정 시 틈새바람에 의한 외기부하는?

- 실내 건구온도 : 20℃
- 외기온도 : −10℃
- 환기횟수 : 0.5회/h
- 공기의 비열 : 1.0 kJ/kg·K
- 공기의 밀도 : 1.2 kg/m³

① 3.4 kW   ② 4.1 kW

③ 4.7 kW   ④ 5.2 kW

해설 (1) 일률 : 1초 동안에 한 일의 양

$1W = 1J/s$

$= \dfrac{1J}{\dfrac{1}{3600}h} = 3600 J/h = 3.6 kJ/h$

(2) 환기량 = 실의 체적 × 환기횟수

(3) 난방부하 산정 시 틈새바람에 의한 외기부하(현열부하) = 환기량(m³/h)×비열(kJ/kg·K)×밀도(kg/m³)×(실내온도−외기온도)℃

$= (300\,m^2 × 2.7m × 0.5회/h)$
$\quad × 1.01kJ/kg·K × 1.2kg/m^3$
$\quad × (20-(-10))℃$

$= 14,725.8 kJ/h × \dfrac{1W}{3.6kJ/h}$

$= 4,090.5W = 4.1kW$

70. 일사에 관한 설명으로 옳지 않은 것은?

① 일사에 의한 건물의 수열은 방위에 따라 차이가 있다.

② 추녀와 차양은 창면에서의 일사조절 방법으로 사용된다.

③ 블라인드, 루버, 롤스크린은 계절이나 시간, 실내의 사용 상황에 따라 일사를 조절할 수 있다.

④ 일사 조절의 목적은 일사에 의한 건물의 수열이나 흡열을 작게 하여 동계의 실내 기후의 악화를 방지하는 데 있다.

해설 일사 조절의 목적은 일사에 의한 건물의 수열이나 흡열을 작게 하여 여름철(하계)의 실내 기후의 악화를 방지하는 데 있다.

71. 압축식 냉동기의 주요 구성요소가 아닌 것은?

① 재생기 ② 압축기
③ 증발기 ④ 응축기

해설 (1) 압축식 냉동기의 압축사이클 : 압축기 → 응축기 → 팽창밸브 → 증발기

㉮ 압축기 : 냉매(프레온 가스, 암모니아 가스)를 고온·고압으로 압축

㉯ 응축기 : 압축된 냉매를 공기나 물을 접촉시켜 응축 및 액화시키고, 응축열은 냉각탑 또는 실외기를 통해 방출

(2) 흡수식 냉동기의 구성요소 : 증발기, 흡수기, 재생기, 응축기

72. 피뢰시스템에 관한 설명으로 옳지 않은 것은?

① 피뢰시스템은 보호성능 정도에 따라 등급을 구분한다.
② 피뢰시스템의 등급은 Ⅰ, Ⅱ, Ⅲ의 3등급으로 구분된다.
③ 수뢰부시스템은 보호범위 산정방식(보호각, 회전구체법, 메시법)에 따라 설치한다.
④ 피보호건축물에 적용하는 피뢰시스템의 등급 및 보호에 관한 사항은 한국산업표준의 낙뢰 리스크평가에 의한다.

해설 (1) 피뢰시스템의 등급은 Ⅰ, Ⅱ, Ⅲ, Ⅳ의 4개 등급으로 구분된다.
(2) 낙뢰보호방법(보호범위 산정방식) : 보호각법, 회전구체법, 메시법

73. 여름철 실내 최고 온도는 외기온도가 가장 높은 시각 이후에 나타나는 것이 일반적이다. 이와 같은 현상은 벽체를 구성하고 있는 재료의 어떤 성능 때문인가?

① 축열성능
② 단열성능
③ 일사반사성능
④ 일사투과성능

해설 축열성능 : 여름철 외벽 등에서 외기온도의 최고온도일 때 구조체가 축열하여 방출하게 되므로 실내 최고 온도는 외기 최고 온도 이후가 된다.

74. 압력에 따른 도시가스의 분류에서 고압의 기준으로 옳은 것은?

① 0.1 MPa 이상
② 1 MPa 이상
③ 10 MPa 이상
④ 100 MPa 이상

해설 도시가스의 압력(게이지압력)에 의한 분류
(1) 저압 : 0.1 MPa(N/mm^2) 미만
(2) 중압 : 0.1 MPa 이상 1 MPa 미만
(3) 고압 : 1 MPa 이상

75. 급수관에 워터해머(water hammer)가 생기는 가장 주된 원인은?

① 배관의 부식
② 배관 지름의 확대
③ 수원(水原)의 고갈
④ 배관 내 유수(流水)의 급정지

해설 수격작용(water hammer)
(1) 관로 내의 물의 운동상태를 갑자기 변화시켰을 때 생기는 물의 급격한 압력변화 현상으로 관내에서 진동이나 충격음이 발생한다.
(2) 배관 내 유수의 급정지 시 관내의 진동이나 충격음이 발생하는 수격작용이 발생한다.

정답 **71.** ① **72.** ② **73.** ① **74.** ② **75.** ④

76. 실내공기 중에 부유하는 직경 10 μm 이하의 미세먼지를 의미하는 것은?

① VOC10 　　　② PMV10
③ PM10 　　　④ SS10

해설 PM10 : 지름 $10\mu m$(마이크로미터) 이하의 미세먼지

77. 다음과 같은 조건에서 사무실의 평균조도를 800 lx로 설계하고자 할 경우, 광원의 필요수량은?

- 광원 1개의 광속 : 2,000 lm
- 실의 면적 : 10 m²
- 감광보상률 : 1.5
- 조명률 : 0.6

① 3개 　　　② 5개
③ 8개 　　　④ 10개

해설 (1) 감광보상률
　㉮ 조명기구의 조도 저하를 고려하여 필요한 조도를 유지할 수 있도록 여유를 두는 비율
　㉯ 보수율의 역수이며, 1보다 큰 값이다.
(2) 광원(램프)의 필요수량

$$= \frac{EA}{FUM} = \frac{800\,\mathrm{lx} \times 10\,\mathrm{m}^2}{2,000\,\mathrm{lm} \times 0.6 \times \dfrac{1}{1.5}}$$

여기서, E : 조도(lx)
　　　　A : 실의 면적(m²)
　　　　F : 광속(lm)
　　　　U : 조명률
　　　　M : 보수율

78. 축전지의 충전 방식 중 필요할 때마다 표준시간율로 소정의 충전을 하는 방식은?

① 급속충전 　　　② 보통충전
③ 부동충전 　　　④ 세류충전

해설 ① 급속충전 : 짧은 시간에 보통충전 전류의 2~3배의 전류로 충전하는 방식

② 보통충전 : 필요할 때마다 표준시간율로 소정의 충전을 하는 방식
③ 부동충전 : 축전지의 자기 방전을 보충함과 동시에 상용 부하에 대한 전력공급은 충전기가 부담하도록 하되 충전기가 부담하기 어려운 일시적인 대전류의 부하는 축전지가 부담하도록 하는 방식
④ 세류충전 : 축전지의 자기 방전을 보충하기 위하여 부하를 off한 상태에서 미소 전류로 항상 충전하는 방식

79. 최대수용전력이 500 kW, 수용률이 80 % 일 때 부하설비용량은?

① 400 kW 　　　② 625 kW
③ 800 kW 　　　④ 1,250 kW

해설 수용률 $= \dfrac{\text{최대 수용 전력}}{\text{부하설비용량}} \times 100\%$ 에서

부하설비용량 $= \dfrac{\text{최대수용전력}}{\text{수용률}}$

$= \dfrac{500\,\mathrm{kW}}{0.8} = 625\,\mathrm{kW}$

80. 배수 배관에서 청소구(clean out)의 일반적 설치 장소에 속하지 않는 것은?

① 배수수직관의 최상부
② 배수수평지관의 기점
③ 배수수평주관의 기점
④ 배수관이 45°를 넘는 각도에서 방향을 전환하는 개소

해설 배수관 청소구(clean out)
(1) 배수관이 막히는 경우 이를 점검 및 수리하기 위해 설치한다.
(2) 청소구의 지름(관경)은 배수관경과 동일하게 한다. 다만, 100 mm 이상일 때는 100 mm로 한다.
(3) 배수수직관의 청소구의 위치는 배수수직관의 최하단부에 설치한다.

제5과목 　 건축관계법규

81. 대지면적이 1,000 m²인 건축물의 옥상에 조경면적을 90 m² 설치한 경우, 대지에 설치하여야 하는 최소 조경면적은? (단, 조경설치기준은 대지면적의 10 %)

① 10 m²　　　　② 40 m²
③ 50 m²　　　　④ 100 m²

해설 (1) 옥상조경면적

옥상조경면적 ≤ 대지의 조경면적 × 50%

$= 1,000\,m^2 \times 10\% \times 50\% = 50\,m^2$

옥상조경면적 ≤ 건축물의 옥상조경면적 × $\dfrac{2}{3}$

$= 90\,m^2 \times \dfrac{2}{3} = 60\,m^2$

(2) 대지에 설치하여야 하는 최소 조경면적

㉮ 대지의 조경면적 = 대지면적 × 10%

$= 1,000\,m^2 \times 0.1 = 100\,m^2$

㉯ 대지에 설치하여야 하는 최소 조경면적

$100\,m^2 - 50\,m^2 = 50\,m^2$

∴ $50\,m^2$

82. 바닥으로부터 높이 1 m까지의 안벽의 마감을 내수재료로 하지 않아도 되는 것은?

① 아파트의 욕실
② 숙박시설의 욕실
③ 제1종근린생활시설 중 휴게음식점의 조리장
④ 제2종근린생활시설 중 일반음식점의 조리장

해설 바닥으로부터 높이 1 m까지의 안벽 마감을 내수재료로 해야 하는 것
(1) 제1종 근린생활시설 중 일반목욕장의 욕실과 휴게음식점의 조리장
(2) 제2종 근린생활시설 중 일반음식점 및 휴게음식점의 조리장과 숙박시설의 욕실

83. 도시·군계획 수립 대상지역의 일부에 대하여 토지 이용을 합리화하고 그 기능을 증진시키며 미관을 개선하고 양호한 환경을 확보하며, 그 지역을 체계적·계획적으로 관리하기 위하여 수립하는 도시·군관리계획은?

① 광역도시계획　　② 지구단위계획
③ 지구경관계획　　④ 택지개발계획

해설 지구단위계획 : 도시·군계획 수립 대상지역의 일부에 대하여 토지 이용을 합리화하고 그 기능을 증진시키며 미관을 개선하고 양호한 환경을 확보하며, 그 지역을 체계적·계획적으로 관리하기 위하여 수립하는 도시·군관리계획

84. 시설물의 부지 인근에 부설주차장을 설치하는 경우, 해당 부지의 경계선으로부터 부설주차장의 경계선까지의 거리 기준으로 옳은 것은?

① 직선거리 300 m 이내
② 도보거리 800 m 이내
③ 직선거리 500 m 이내
④ 도보거리 1,000 m 이내

해설 시설물의 부지 인근에 부설주차장을 설치하는 경우, 해당 부지의 경계선으로부터 부설주차장의 경계선까지의 직선거리 300 m 이내 또는 도보거리 600 m 이내이어야 한다.

85. 건축물의 거실(피난층의 거실 제외)에 국토교통부령으로 정하는 기준에 따라 배연설비를 설치하여야 하는 대상 건축물에 속하지 않는 것은?

① 6층 이상인 건축물로서 종교시설의 용도로 쓰는 건축물
② 6층 이상인 건축물로서 판매시설의 용도로 쓰는 건축물

③ 6층 이상인 건축물로서 방송통신시설 중 방송국의 용도로 쓰는 건축물

④ 6층 이상인 건축물로서 교육연구시설 중 연구소의 용도로 쓰는 건축물

해설 6층 이상인 건축물로서 문화 및 집회시설, 종교시설, 판매시설, 운수시설, 교육연구시설 중 연구소, 노유자시설 중 아동 관련 시설, 노인복지시설, 수련시설 중 유스호스텔, 운동시설, 업무시설, 숙박시설, 위락시설, 관광휴게시설, 장례시설 등의 용도로 쓰는 건축물에는 배연설비를 설치해야 한다.

86. 도시지역에 지정된 지구단위계획구역 내에서 건축물을 건축하려는 자가 그 대지의 일부를 공공시설 부지로 제공하는 경우 그 건축물에 대하여 완화하여 적용할 수 있는 항목이 아닌 것은?

① 건축선
② 건폐율
③ 용적률
④ 건축물의 높이

해설 지구단위계획구역 내에서 건축물을 건축하려는 자가 그 대지의 일부를 공공시설 부지로 제공하는 경우 건폐율·용적률·건축물의 높이 제한을 완화 적용 가능하나 건축선을 완화 적용할 수는 없다.

87. 건축물의 면적, 높이 및 층수 산정의 기본 원칙으로 옳지 않은 것은?

① 대지면적은 대지의 수평투영면적으로 한다.
② 연면적은 하나의 건축물 각 층의 거실면적의 합계로 한다.
③ 건축면적은 건축물의 외벽(외벽이 없는 경우에는 외곽부분의 기둥)의 중심선으로 둘러싸인 부분의 수평투영면적으로 한다.

④ 바닥면적은 건축물의 각 층 또는 그 일부로서 벽, 기둥, 그 밖에 이와 비슷한 구획의 중심선으로 둘러싸인 부분의 수평투영면적으로 한다.

해설 연면적은 하나의 건축물 각 층의 바닥면적의 합계로 한다.

88. 주요구조부를 내화구조로 해야 하는 대상 건축물의 기준으로 옳은 것은?

① 장례시설의 용도로 쓰는 건축물로서 집회실의 바닥면적의 합계가 150 m² 이상인 건축물
② 판매시설의 용도로 쓰는 건축물로서 그 용도로 쓰는 바닥면적의 합계가 300 ㎡ 이상인 건축물
③ 운수시설의 용도로 쓰는 건축물로서 그 용도로 쓰는 바닥면적의 합계가 400 ㎡ 이상인 건축물
④ 문화 및 집회시설 중 전시장의 용도로 쓰는 건축물로서 그 용도로 쓰는 바닥면적의 합계가 500 m² 이상인 건축물

해설 주요구조부를 내화구조로 해야 하는 대상 건축물의 기준
① 장례시설의 용도로 쓰는 건축물로서 집회실의 바닥면적의 합계가 200 m² 이상인 건축물
② 판매시설의 용도로 쓰는 건축물로서 그 용도로 쓰는 바닥면적의 합계가 500 m² 이상인 건축물
③ 운수시설의 용도로 쓰는 건축물로서 그 용도로 쓰는 바닥면적의 합계가 500 m² 이상인 건축물

89. 태양열을 주된 에너지원으로 이용하는 주택의 건축면적 산정의 기준이 되는 것은?

① 외벽 중 내측 내력벽의 중심선
② 외벽 중 외측 비내력벽의 중심선

③ 외벽 중 내측 내력벽의 외측 외곽선

④ 외벽 중 외측 비내력벽의 외측 외곽선

해설 태양열을 주된 에너지원으로 이용하는 주택의 건축면적과 단열재를 구조체의 외기측에 설치하는 단열공법으로 건축된 건축물의 건축면적은 건축물의 외벽 중 내측 내력벽의 중심선을 기준으로 한다.

90. 다음의 옥상광장 등의 설치에 관한 기준 내용 중 ( ) 안에 알맞은 것은?

> 옥상광장 또는 2층 이상인 층에 있는 노대나 그 밖에 이와 비슷한 것의 주위에는 높이 ( ) 이상의 난간을 설치하여야 한다. 다만, 그 노대 등에 출입할 수 없는 구조인 경우에는 그러하지 아니하다.

① 1.0 m ② 1.2 m
③ 1.5 m ④ 1.8 m

해설 옥상광장 또는 2층 이상인 층에 있는 노대나 그 밖에 이와 비슷한 것의 주위에는 높이 1.2 m 이상의 난간을 설치하여야 한다. 다만, 그 노대 등에 출입할 수 없는 구조인 경우에는 그러하지 아니하다.

91. 건축물의 출입구에 설치하는 회전문은 계단이나 에스컬레이터로부터 최소 얼마 이상의 거리를 두어야 하는가?

① 1 m ② 1.5 m
③ 2 m ④ 3 m

해설 건축물의 출입구의 회전문과 계단·에스컬레이터 사이에는 2 m 이상의 거리를 두어야 한다.

92. 다음 중 부설주차장 설치대상 시설물이 판매시설인 경우 부설주차장 설치기준으로 옳은 것은?

① 시설면적 100 m²당 1대

② 시설면적 150 m²당 1대

③ 시설면적 200 m²당 1대

④ 시설면적 400 m²당 1대

해설 판매시설은 시설면적 150 m²당 1대의 부설주차장을 설치해야 한다.

93. 다음은 건축법령상 리모델링에 대비한 특혜 등에 관한 기준 내용이다. ( ) 안에 알맞은 것은?

> 리모델링이 쉬운 구조의 공동주택의 건축을 촉진하기 위하여 공동주택을 대통령령으로 정하는 구조로 하여 건축허가를 신청하면 제56조(건축물의 용적률), 제60조(건축물의 높이 제한) 및 제61조(일조 등의 확보를 위한 건축물의 높이 제한)에 따른 기준을 ( )의 범위에서 대통령령으로 정하는 비율로 완화하여 적용할 수 있다.

① 100분의 110

② 100분의 120

③ 100분의 130

④ 100분의 140

해설 리모델링이 쉬운 구조의 공동주택의 건축을 촉진하기 위하여 공동주택을 대통령령으로 정하는 구조로 하여 건축허가를 신청하면 제56조, 제60조 및 제61조에 따른 기준을 100분의 120의 범위에서 대통령령으로 정하는 비율로 완화하여 적용할 수 있다.

94. 층수가 12층이고 6층 이상의 거실면적의 합계가 12,000 m²인 교육연구시설에 설치하여야 하는 8인승 승용승강기의 최소 대수는 얼마인가?

① 2대 ② 3대
③ 4대 ④ 8대

해설 6층 이상의 거실면적의 합계가 3,000 m²를 초과하는 경우 공동주택·교육연구시설·

정답 90. ② 91. ③ 92. ② 93. ② 94. ③

노유자시설의 승용승강기의 설치 대수

$$= \frac{A - 3,000\,\text{m}^2}{3000\,\text{m}^2} + 1\text{대}$$

$$= \frac{12,000\,\text{m}^2 - 3000\,\text{m}^2}{3,000\,\text{m}^2} + 1 = 4\text{대}$$

여기서, A : 6층 이상의 거실바닥면적의 합계

※ 8인승 이상 15인승 이하의 승강기는 1대의 승강기로 보고, 16인승 이상의 승강기는 2대의 승강기로 본다.

95. 다음 중 다중이용건축물에 속하지 않는 것은? (단, 층수가 10층이며, 해당 용도로 쓰는 바닥면적의 합계가 5,000 m²인 건축물의 경우)

① 업무시설

② 종교시설

③ 판매시설

④ 숙박시설 중 관광숙박시설

해설 다중이용건축물

(1) 16층 이상인 건축물

(2) 바닥면적 5,000 m² 이상인 다음 용도의 건축물

㉮ 문화 및 집회시설(동물원 및 식물원은 제외한다.)

㉯ 종교시설·판매시설

㉰ 운수시설 중 여객용 시설

㉱ 의료시설 중 종합병원

㉲ 숙박시설 중 관광숙박시설

96. 건축법령상 건축물의 대지에 공개공지 또는 공개공간을 확보하여야 하는 대상 건축물에 속하지 않는 것은? (단, 해당 용도로 쓰는 바닥면적의 합계가 5,000 m²인 건축물의 경우)

① 종교시설   ② 의료시설

③ 업무시설   ④ 숙박시설

해설 공개공지 또는 공개공간 확보

(1) 대상지역 : 일반주거지역·준주거지역·상업지역·준공업지역

(2) 대상건축물 : 바닥면적 5,000 m² 이상인 문화 및 집회시설·종교시설·판매시설·운수시설·업무시설·숙박시설

97. 일반상업지역에 건축할 수 없는 건축물에 속하지 않는 것은?

① 묘지 관련 시설

② 자원순환 관련 시설

③ 운수시설 중 철도시설

④ 자동차 관련 시설 중 폐차장

해설 일반상업지역에 건축할 수 없는 건축물

(1) 숙박시설 중 일반숙박시설 및 생활숙박시설

(2) 위락시설

(3) 위험물 저장 및 처리 시설 중 시내버스차고지 외의 지역에 설치하는 액화석유가스 충전소 및 고압가스 충전소·저장소

(4) 자동차 관련 시설 중 폐차장

(5) 자원순환 관련 시설

(6) 묘지 관련 시설

98. 다음 설명에 알맞은 용도지구의 세분은?

> 건축물·인구가 밀집되어 있는 지역으로서 시설 개선 등을 통하여 재해 예방이 필요한 지구

① 일반방재지구

② 시가지방재지구

③ 중요시설물보호지구

④ 역사문화환경보호지구

해설 시가지방재지구 : 건축물·인구가 밀집되어 있는 지역으로서 시설 개선 등을 통하여 재해 예방이 필요한 지구

99. 다음은 주차장 수급 실태 조사의 조사구역에 관한 설명이다. (   ) 안에 알맞은 것은 어느 것인가?

> 사각형 또는 삼각형 형태로 조사구역을 설정하되 조사구역 바깥 경계선의 최대거리가 (   )를 넘지 아니하도록 한다.

① 100 m   ② 200 m
③ 300 m   ④ 400 m

해설 사각형 또는 삼각형 형태로 조사구역을 설정하되 조사구역 바깥 경계선의 최대거리가 300 m를 넘지 않도록 한다.

100. 다음 중 허가 대상에 속하는 용도변경은 어느 것인가?

① 영업시설군에서 근린생활시설군으로의 용도변경
② 교육 및 복지시설군에서 영업시설군으로의 용도변경
③ 근린생활시설군에서 주거업무시설군으로의 용도변경
④ 산업 등의 시설군에서 전기통신시설군으로의 용도변경

해설 건축물의 용도변경
(1) 허가 대상 : 상위군에 해당하는 용도로 변경하는 경우
(2) 신고 대상 : 하위군에 해당하는 용도로 변경하는 경우

시설군	세부 용도
1. 자동차 관련 시설군	자동차 관련 시설
2. 산업 등의 시설군	운수시설, 창고시설, 위험물저장 및 처리 시설, 자원순환 관련 시설, 묘지 관련 시설, 장례시설
3. 전기통신시설군	방송통신시설, 발전시설
4. 문화 및 집회시설군	문화 및 집회시설, 종교시설, 위락시설, 관광휴게시설
5. 영업시설군	판매시설, 운동시설, 숙박시설
6. 교육 및 복지시설군	의료시설, 교육연구시설, 노유자시설, 수련시설
7. 근린생활시설군	제1, 2종 근린생활시설
8. 주거업무시설군	단독주택, 공동주택, 업무시설, 교정 및 군사시설
9. 그 밖의 시설군	동물 및 식물 관련 시설

※ ①, ③, ④는 하위군에 해당하는 용도로 변경하는 경우이므로 신고 대상이다.

건축기사

제1과목 건축계획

1. 타운 하우스에 관한 설명으로 옳지 않은 것은?

① 각 세대마다 주차가 용이하다.

② 프라이버시 확보를 위한 경계벽 설치가 가능하다.

③ 단독주택의 장점을 고려한 형식으로 토지 이용의 효율성이 높다.

④ 일반적으로 1층은 침실 등 개인공간, 2층은 거실 등 생활공간으로 구성한다.

해설 타운 하우스

(1) 1~3개 층의 단독주택을 연속적으로 붙인 형태

(2) 1층은 거실 등의 생활공간, 2층은 침실 등의 개인공간으로 구성

2. 주택의 식당에 관한 설명으로 옳지 않은 것은?

① 독립형은 쾌적한 식당 구성이 가능하다.

② 리빙 다이닝 키친은 공간의 이용률이 높다.

③ 리빙 키친은 거실의 분위기에서 식사 분위기가 연출된다.

④ 다이닝 키친은 주부 동선이 길고 복잡하다는 단점이 있다.

해설 다이닝 키친은 부엌의 일부에 식사실을 설치하는 공간으로서 주부의 동선이 짧아진다.

3. 사무소 건물의 엘리베이터 배치 시 고려사항으로 옳지 않은 것은?

① 교통동선의 중심에 설치하여 보행거리가 짧도록 배치한다.

② 대면배치의 경우, 대면거리는 동일 군 관리의 경우 3.5~4.5 m로 한다.

③ 여러 대의 엘리베이터를 설치하는 경우, 그룹별 배치와 군관리 운전방식으로 한다.

④ 일렬배치는 6대를 한도로 하고, 엘리베이터 중심간 거리는 10 m 이하가 되도록 한다.

해설 일렬배치(직선형)는 엘리베이터를 일렬로 배치하며, 4대를 한도로 하고 엘리베이터 중심간 거리는 8 m 이하가 적당하다.

4. 종합병원계획에 관한 설명으로 옳지 않은 것은?

① 수술부는 타 부분의 통과교통이 없는 장소에 배치한다.

② 전체적으로 바닥의 단 차이를 가능한 줄이는 것이 좋다.

③ 외래진료부의 구성단위는 간호단위를 기본단위로 한다.

④ 내과는 진료검사에 시간이 걸리므로, 소 진료실을 다수 설치한다.

해설 (1) 외래진료부의 구성단위 : 각 과(내과 · 외과 · 치과 등)의 진료실로 구성

(2) 간호단위를 기본 단위로 하는 것은 병동부이다.

5. 백화점 매장에 에스컬레이터를 설치할 경우, 설치 위치로 가장 알맞은 곳은?

① 매장의 한쪽 측면

② 매장의 가장 깊은 곳

③ 백화점의 계단실 근처

④ 백화점의 주출입구와 엘리베이터 존의 중간

정답 1. ④ 2. ④ 3. ④ 4. ③ 5. ④

해설 에스컬레이터는 백화점에서 가장 적합한 수송기로서 주출입구와 엘리베이터 중간에 위치하는 것이 가장 좋다.

6. 쇼핑센터의 공간구성에서 고객을 각 상점에 유도하는 주요 보행자 동선인 동시에 고객의 휴식처로서의 기능을 갖고 있는 곳은?

① 몰(mall)
② 허브(hub)
③ 코트(court)
④ 핵상점(magnet store)

해설 (1) 쇼핑몰(mall) : 충분한 주차장이 있고, 주보행로와 코트(휴식공간)가 있는 상점가
(2) 코트(court) : 쇼핑몰(mall)의 주보행로에 있는 휴식공간으로 고객을 상점으로 유도하는 목적도 있다.

7. 다음과 같은 특징을 갖는 그리스 건축의 오더는?

- 주두는 에키누스와 아바쿠스로 구성된다.
- 육중하고 엄정한 모습을 지니는 남성적인 오더이다.

① 코린트 오더
② 도리스 오더
③ 이오니아 오더
④ 컴포지트 오더

해설 고전건축의 그리스 기둥양식
(1) 3오더 : 도리아(도리스)식·이오니아닉·코린트식
(2) 도리아식
㉮ 남성적 느낌, 가장 오래된 양식
㉯ 기단 위에 주춧돌 없이 기둥을 바로 세움
㉰ 주신(기둥몸) : 배흘림(entasis)
㉱ 주두(기둥머리) : 에키누스(접시 모양 형태), 아바쿠스(네모진 판돌)

8. 극장건축에서 그린룸(green room)의 역할로 가장 알맞은 것은?

① 의상실
② 배경제작실
③ 관리관계실
④ 출연대기실

해설 그린룸(green room)은 무대 가까이에 있는 출연자 대기실이다.

9. 탑상형 공동주택에 관한 설명으로 옳지 않은 것은?

① 건축물의 외면의 입면성을 강조한 유형이다.
② 각 세대에 시각적인 개방감을 줄 수 있다.
③ 각 세대의 채광, 통풍 등 자연조건이 동일하다.
④ 도시의 랜드마크(landmark)적인 역할이 가능하다.

해설 아파트의 종류
(1) 판상형 : 한 동의 아파트가 일렬로 배치되어 있는 아파트로 각 세대의 채광, 통풍 등 자연조건이 동일하다.
(2) 탑상형 : 타워 형식으로 도시의 랜드마크적 역할이 가능하며, 각 세대의 채광, 통풍 등 자연조건이 동일하지 않다.

10. 미술관의 전시실 순회형식에 관한 설명으로 옳지 않은 것은?

① 갤러리 및 코리도 형식에서는 복도 자체도 전시공간으로 이용이 가능하다.
② 중앙홀 형식에서 중앙홀이 크면 동선의 혼란은 많으나 장래의 확장에는 유리하다.
③ 연속순회 형식은 전시 중에 하나의 실을 폐쇄하면 동선이 단절된다는 단점이 있다.
④ 갤러리 및 코리도 형식은 복도에서 각 전시실에 직접 출입할 수 있으며 필요 시에 자유로이 독립적으로 폐쇄할 수가

있다.

해설 중앙홀 형식은 중앙에 홀을 두고 홀에서 각 실의 전시장으로 진입하는 방식으로 중앙 홀이 커지면 동선의 혼란은 적어지나 각 전시실의 확장은 곤란해진다.

11. 한국건축의 가구법과 관련하여 칠량가에 속하지 않는 것은?

① 무위사 극락전
② 수덕사 대웅전
③ 금산사 대적광전
④ 지림사 대적광전

해설 가구법 : 지붕을 형성하는 도리(보)의 개수에 따라 건축물의 구조를 구분하며, 오량가, 칠량가, 구량가, 십일량가 등이 있다.
(1) 오량가 : 봉정사 대웅전, 칠장사 대웅전
(2) 칠량가 : 무위사 극락전, 봉전사 극락전, 지림사 대적광전, 금산사 대적광전
(3) 구량가 : 부석사 무량수전, 수덕사 대웅전
(4) 십일량가 : 경북궁 경회루

12. 주택법상 주택단지의 복리시설에 속하지 않는 것은?

① 경로당　　　　② 관리사무소
③ 어린이놀이터　④ 주민운동시설

해설 (1) 복리시설 : 어린이놀이터, 근린생활시설, 유치원, 주민운동시설 및 경로당
(2) 부대시설 : 진입도로, 주차장, 관리사무소, 담장 및 주택단지 안의 도로, 조경시설 등

13. 다음 중 사무소 건축의 기준층 층고 결정 요소와 가장 거리가 먼 것은?

① 채광률
② 사용목적
③ 계단의 형태
④ 공조시스템의 유형

해설 사무소 건축의 기준층 층고 결정 요소는

채광률, 사무실 깊이, 사용목적, 공기조화시스템의 유형, 공사비용(경제성) 등이다.

14. 주당 평균 40시간을 수업하는 어느 학교에서 음악실에서의 수업이 총 20시간이며 이 중 15시간은 음악시간으로 나머지 5시간은 학급 토론시간으로 사용되었다면, 이 음악실의 이용률과 순수율은?

① 이용률 37.5 %, 순수율 75 %
② 이용률 50 %, 순수율 75 %
③ 이용률 75 %, 순수율 37.5 %
④ 이용률 75 %, 순수율 50 %

해설 (1) 이용률

$$= \frac{\text{해당 교실이 이용되는 시간}}{\text{주당 평균수업시간}} \times 100$$

$$= \frac{20 \text{시간}}{40 \text{시간}} \times 100 = 50\,\%$$

(2) 순수율

$$= \frac{\text{교실이 해당 용도로 이용되는 시간}}{\text{해당 교실이 이용되는 시간}} \times 100$$

$$= \frac{15 \text{시간}}{20 \text{시간}} \times 100 = 75\,\%$$

15. 도서관 건축계획에서 장래에 증축을 반드시 고려해야 할 부분은?

① 서고　　　　② 대출실
③ 사무실　　　④ 휴게실

해설 서고는 책의 저장고로서 장래에 책의 양이 증가하므로 증축을 반드시 고려해야 한다.

16. 다음 중 터미널 호텔의 종류에 속하지 않는 것은?

① 해변 호텔　　② 부두 호텔
③ 공항 호텔　　④ 철도역 호텔

해설 해변 호텔은 휴양시설을 갖춘 리조트 호텔이다.

17. 아파트의 단면 형식 중 메조넷형(maisonette type)에 관한 설명으로 옳지 않은 것은 어느 것인가?

① 다양한 평면 구성이 가능하다.

② 거주성, 특히 프라이버시의 확보가 용이하다.

③ 통로가 없는 층은 채광 및 통풍 확보가 용이하다.

④ 공용 및 서비스 면적이 증가하여 유효 면적이 감소된다.

해설 (1) 메조넷형(복층형) : 한 주호가 2개층 이상에 걸쳐 구성되는 형식(2개층 : 듀플렉스형, 3개층 : 트리플렉스형)
(2) 메조넷 형식은 복도가 없는 공간이 생기므로 공용 및 서비스 면적이 감소하여 실의 유효면적은 증가된다.

18. 18세기에서 19세기 초에 있었던 신고전주의 건축의 특징으로 옳은 것은?

① 장대하고 허식적인 벽면 장식

② 고딕건축의 정열적인 예술창조 운동

③ 각 시대의 건축양식의 자유로운 선택

④ 고대 로마와 그리스 건축의 우수성에 대한 모방

해설 신고전주의 : 18세기 말에서 19세기 초에 고대 그리스·로마의 부활을 목표로 발달한 양식

19. 전시공간의 특수 전시 기법에 관한 설명으로 옳지 않은 것은?

① 파노라마 전시는 전체의 맥락이 중요하다고 생각될 때 사용된다.

② 하모니카 전시는 동일 종류의 전시물을 반복하여 전시할 경우에 유리하다.

③ 디오라마 전시는 하나의 사실 또는 주제의 시간 상황을 고정시켜 연출하는 기법이다.

④ 아일랜드 전시는 벽면 전시 기법으로 전체 벽면의 일부만을 사용하며 그림과 같은 미술품 전시에 주로 사용된다.

해설 아일랜드 전시 : 전시장 중앙에 전시케이스를 활용하여 사방에서 감상할 수 있도록 배치한 기법

20. 다음 설명에 알맞은 공장건축의 레이아웃(layout) 형식은?

• 생산에 필요한 모든 공정, 기계 기구를 제품의 흐름에 따라 배치한다.
• 대량 생산에 유리하며 생산성이 높다.

① 혼성식 레이아웃

② 고정식 레이아웃

③ 제품 중심의 레이아웃

④ 공정 중심의 레이아웃

해설 제품 중심의 레이아웃
(1) 생산에 필요한 모든 공정, 기계 기구를 제품의 흐름에 따라 배치하는 방식
(2) 대량 생산에 유리하고, 생산성이 높다.
(3) 가전제품 조립공장 등

제2과목　**건축시공**

21. 콘크리트 이어치기에 관한 설명으로 옳지 않은 것은?

① 보의 이어치기는 전단력이 가장 적은 스팬의 중앙부에서 수직으로 한다.

② 슬래브(slab)의 이어치기는 가장자리에서 한다.

③ 아치의 이어치기는 아치 축에 직각으로 한다.

④ 기둥의 이어치기는 바닥판 윗면에서 수평으로 한다.

정답　**17.** ④　**18.** ④　**19.** ④　**20.** ③　**21.** ②

해설 콘크리트 이어치기 주의사항

(1) 보나 바닥판(slab)은 중앙부에서 수직으로 이어치기 한다.

(2) 내민보나 내민 슬래브는 이어치기를 하지 않는다.

(3) 슬래브의 중간에 작은 보가 있는 경우는 작은 보의 2배 떨어진 위치에서 수직으로 이어치기 한다.

(4) 기둥은 바닥판 윗면에서 수평으로 이어치기 한다.

22. 다음 중 회전문(revolving door)에 관한 설명으로 옳지 않은 것은?

① 계단이나 에스컬레이터로부터 2 m 이상의 거리를 둘 것

② 회전날개 140 cm, 1분 10회 회전하는 것이 보통이다.

③ 원통형의 중심축에 돌개철물을 대어 자유롭게 회전시키는 문이다.

④ 사람의 출입을 조절하고 외기의 유입과 실내공기의 유출을 막을 수 있다.

해설 회전문의 설치기준(건축물의 피난·방화구조 등의 기준에 관한 규칙)

(1) 계단이나 에스컬레이터로부터 2 m 이상의 거리를 둘 것

(2) 출입에 지장이 없도록 일정한 방향으로 회전하는 구조로 할 것

(3) 회전문의 중심축에서 회전문과 문틀 사이의 간격을 포함한 회전문 날개 끝부분까지의 거리는 140 cm 이상이 되도록 할 것

(4) 회전문의 회전속도는 분당 회전수가 8회를 넘지 아니하도록 할 것

(5) 자동회전문은 충격이 가해지거나 사용자가 위험한 위치에 있는 경우에는 전자감지장치 등을 사용하여 정지하는 구조로 할 것

23. 다음 중 도장공사를 위한 목부 바탕 만들기 공정으로 옳지 않은 것은?

① 오염, 부착물의 제거

② 송진의 처리

③ 옹이땜

④ 바니시칠

해설 (1) 도장공사에서 목부 바탕 만들기

㉮ 오염, 부착물 제거

㉯ 송진 처리

㉰ 옹이땜 처리

(2) 바니시칠은 목부 도장공사의 마무리 공정에 해당한다.

(3) 바니시칠 3공정

㉮ 바탕손질

㉯ 눈 먹임 및 착색

㉰ 바니쉬칠

24. 다음 중 벽체 구조에 관한 설명으로 옳지 않은 것은?

① 목조 벽체를 수평력에 견디게 하고 안정한 구조로 하기 위해 귀잡이를 설치한다.

② 벽돌구조에서 각 층의 대린벽으로 구획된 각벽에 있어서 개구부의 폭의 합계는 그 벽의 길이의 2분의 1 이하로 하여야 한다.

③ 목조 벽체에서 샛기둥은 본기둥 사이에 벽체를 이루는 것으로서 가새의 옆 휨을 막는 데 유효하다.

④ 너비 180 cm가 넘는 문꼴의 상부에는 철근콘크리트 인방보를 설치하고, 벽돌 벽면에서 내미는 창 또는 툇마루 등은 철골 또는 철근콘크리트로 보강한다.

해설 목조 벽체에서 수평력에 저항하기 위해서는 가새를 설치해야 한다.

25. PERT–CPM 공정표 작성 시에 EST와 EFT의 계산방법 중 옳지 않은 것은?

① 작업의 흐름에 따라 전진 계산한다.

② 선행작업이 없는 첫 작업의 EST는 프로젝트의 개시시간과 동일하다.

③ 어느 작업의 EFT는 그 작업의 EST에 소요일수를 더하여 구한다.

④ 복수의 작업에 종속되는 작업의 EST는 선행작업 중 EFT의 최솟값으로 한다.

해설 EST는 선행 복수작업 EFT 중 최댓값으로 한다.

26. 다음 중 서중콘크리트에 관한 설명으로 옳은 것은?

① 동일 슬럼프를 얻기 위한 단위수량이 많아진다.

② 장기강도의 증진이 크다.

③ 콜드조인트가 쉽게 발생하지 않는다.

④ 워커빌리티가 일정하게 유지된다.

해설 서중(서열기)콘크리트 : 더운 여름에 시공하는 콘크리트로서 날씨가 더우므로 수분의 증발이 많아 동일 슬럼프를 얻기 위한 단위수량이 증가된다.

27. 건축공사의 원가계산상 현장의 공사용수 설비는 어느 항목에 포함되는가?

① 재료비

② 외주비

③ 가설공사비

④ 콘크리트 공사비

해설 (1) 공사용수설비 : 공사에 필요한 물 또는 펌프 등

(2) 공통가설공사비 : 가설도로, 가설울타리, 현장사무실, 창고, 공사용수 등

28. 콘크리트 펌프 사용에 관한 설명으로 옳지 않은 것은?

① 콘크리트 펌프를 사용하여 시공하는 콘크리트는 소요의 워커빌리티를 가지며, 시공 시 및 경화 후에 소정의 품질을 갖는 것이어야 한다.

② 압송관의 지름 및 배관의 경로는 콘크리트의 종류 및 품질, 굵은 골재의 최대치수, 콘크리트 펌프의 기종, 압송조건, 압송작업의 용이성, 안전성 등을 고려하여 정하여야 한다.

③ 콘크리트 펌프의 형식은 피스톤식이 적당하고 스퀴즈식은 적용이 불가하다.

④ 압송은 계획에 따라 연속적으로 실시하며, 되도록 중단되지 않도록 하여야 한다.

해설 (1) 콘크리트 펌프카(pump car)

㉮ 피스톤식 : 피스톤의 압력에 의해 콘크리트를 보내는 방식

㉯ 스퀴즈식 : 튜브 속 콘크리트를 짜내는 방식

(2) 콘크리트 펌프 형식은 피스톤식, 스퀴즈식 둘다 사용 가능하다.

29. 다음 미장재료 중 기경성 재료로만 구성된 것은?

① 회반죽, 석고 플라스터, 돌로마이트 플라스터

② 시멘트 모르타르, 석고 플라스터, 회반죽

③ 석고 플라스터, 돌로마이트 플라스터, 진흙

④ 진흙, 회반죽, 돌로마이트 플라스터

해설 미장재료의 구분

(1) 기경성 재료 : 대기 중의 탄산가스에 의해서 경화되는 것

㉠ 진흙, 회반죽, 돌로마이트 플라스터

(2) 수경성 재료 : 물에 의해 경화되는 것

㉠ 석고 플라스터, 경석고 플라스터, 무수 석고 플라스터, 시멘트 모르타르

(3) 특수용액에 의해서 경화되는 것

㉠ 마그네시아 시멘트(간수에 의해서 경화)

30. 다음 중 건설사업관리(CM)의 주요 업무로 옳지 않은 것은?

① 입찰 및 계약 관리 업무
② 건축물의 조사 또는 감정 업무
③ 제네콘(Genecon) 관리 업무
④ 현장조직 관리 업무

해설 (1) CM(공사관리 계약 방식) : 발주자를 대리인으로 하여 설계자와 시공자를 조정하고, 기획·설계·시공·유지관리 등의 업무의 전부 또는 일부를 관리하는 방식
(2) CM의 중요 업무
 ㉮ 설계에서 시공 관리까지 전반적인 지도·조언 관리 업무
 ㉯ 부동산 관리 업무
 ㉰ 입찰 및 계약 관리 업무
 ㉱ 제네콘 관리 업무
 ㉲ 현장조직 관리 업무
※ Genecon : EC화를 구체화하기 위한 건설업면허제도

31. 압연강재가 냉각될 때 표면에 생기는 산화철 표피를 무엇이라 하는가?

① 스패터   ② 밀 스케일
③ 슬래그   ④ 비드

해설 ① 스패터(spatter) : 용접 시 튀어나온 슬래그 또는 금속입자가 경화된 것
② 밀 스케일(mill scale) : 압연강재가 냉각될 때 표면에 생기는 산화철의 표피
③ 슬래그(slag)
 • 철광석에서 철을 빼고 남는 찌꺼기
 • 용접부 표면에서 발생하는 재
④ 비드 : 용접 시 용접방향으로 용착금속이 연속해서 만드는 파형의 층

32. 얇은 강판에 동일한 간격으로 펀칭하고 잡아늘려 그물처럼 만든 것으로 천장, 벽, 처마둘레 등의 미장바탕에 사용하는 재료로 옳은 것은?

① 와이어라스(wire lath)
② 메탈라스(metal lath)
③ 와이어메시(wire mesh)
④ 펀칭메탈(punching metal)

해설 (1) 미장바름 바탕에 사용하는 철망
 ㉮ 와이어라스(wire lath) : 철선을 꼬아 만든 것으로 벽바름 바탕에 주로 사용
 ㉯ 메탈라스(metal lath) : 얇은 철판에 동일한 간격으로 펀칭을 하고 잡아 당겨늘려 그물처럼 만든 것으로 주로 천장 등의 미장 바름 바탕에 사용
 ㉰ 리브라스(rib lath) : 철망을 리브 형태로 한 것으로 양면 미장 모르타르 바름에 사용
(2) 와이어메시(wire mesh) : 철선을 직각으로 용접한 철망으로서 무근콘크리트 보강용 등으로 사용된다.
(3) 펀칭메탈(punching metal) : 얇은 철판을 각종 모양으로 도려낸 것으로 환기공, 라디에이터 커버 등에 이용된다.

33. 발주자가 시공자에게 공사를 발주하는 경우 계약방식에 의한 시공방식으로 옳지 않은 것은?

① 보증방식
② 직영방식
③ 실비정산방식
④ 단가도급방식

해설 전통적인 시공 계약방식
(1) 도급방식에 따른 분류
 • 일식도급
 • 분할도급
 • 공동도급
(2) 도급금액결정에 따른 분류
 • 정액도급
 • 단가도급
 • 실비정산보수가산식도급
※ 직영방식은 발주자가 직접 시공하는 방식이며, 보증방식이란 계약방식은 없다.

34. 다음 조건에 따라 바닥재로 화강석을 사용할 경우 소요되는 화강석의 재료량(할증률 고려)으로 옳은 것은?

- 바닥면적 : 300 m²
- 화강석 판의 두께 : 40 mm
- 정형돌
- 습식공법

① 315 m²　　　② 321 m²
③ 330 m²　　　④ 345 m²

해설 (1) 석재의 할증률
- 정형물 : 10%
- 부정형물 : 30%
(2) 소요량
= 정미수량 × 할증률
= 300 m² × 1.1 = 330 m²

35. 다음 그림과 같은 건물에서 G_1과 같은 보가 8개 있다고 할 때 보의 총 콘크리트량을 구하면? (단, 보의 단면상 슬래브와 겹치는 부분은 제외하며, 철근량은 고려하지 않는다.)

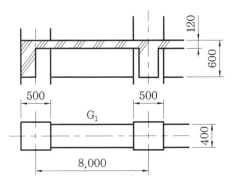

① 11.52 m³　　　② 12.23 m³
③ 13.44 m³　　　④ 15.36 m³

해설 보의 총 콘크리트량
= 보의 너비 × (춤 − 바닥판의 두께)
　× 보의 안목거리 × 8
= 0.4 × (0.6 − 0.12) × (8 − 0.5) × 8

= 11.52 m³

36. 도장공사 시 희석제 및 용제로 활용되지 않는 것은?

① 테레빈유　　　② 벤젠
③ 티탄백　　　　④ 나프타

해설 (1) 희석제 · 용제 : 도장공사 시 점성을 낮추기 위한 용도로 테레빈유, 벤젠, 나프타 등이 사용
(2) 티탄(타이타늄)백 : 흰색 안료

37. 철골의 구멍 뚫기에서 이형철근 D22의 관통구멍의 구멍직경으로 옳은 것은?

① 24 mm　　　② 28 mm
③ 31 mm　　　④ 35 mm

해설 철골의 관통구멍의 최대 직경
(1) D10 ~ D13 : D+11[mm]
(2) D16 ~ D19 : D+12[mm]
(3) D22 : D+13[mm] = 22+13 = 35 mm

38. 웰포인트(well point) 공법에 관한 설명으로 옳지 않은 것은?

① 인접 대지에서 지하수위 저하로 우물 고갈의 우려가 있다.
② 투수성이 비교적 낮은 사질실트층까지도 강제배수가 가능하다.
③ 압밀침하가 발생하지 않아 주변 대지, 도로 등의 균열발생 위험이 없다.
④ 지반의 안전성을 대폭 향상시킨다.

해설 웰포인트 펌프(well point) 공법 : 사질지반 또는 출수가 많은 터파기에서 웰포인트 · 양수관 · 가로관을 지중에 설치하여 웰포인트 펌프에 연결하여 배수하는 공법으로 지하수 저하에 따른 인접지반과 공동매설물 침하에 주의가 필요하다.

정답 **34.** ③　**35.** ①　**36.** ③　**37.** ④　**38.** ③

39. 시멘트의 액체 방수에 관한 설명으로 옳지 않은 것은?

① 값이 저렴하고 시공 및 보수가 용이한 편이다.

② 바탕의 상태가 습하거나 수분이 함유되어 있더라도 시공할 수 있다.

③ 옥상 등 실외에서는 효력의 지속성을 기대할 수 없다.

④ 바탕콘크리트의 침하, 경화 후의 건조수축, 균열 등 구조적 변형이 심한 부분에도 사용할 수 있다.

해설 시멘트 액체 방수는 값이 싸고 시공 및 보수가 용이한 편이나 구조적 변형(바탕콘크리트의 침하, 경화 후의 건조수축, 균열 등)이 심한 경우의 장소에는 사용이 곤란하다.

40. 건물의 중앙부만 남겨두고, 주위 부분에 먼저 흙막이를 설치하고 굴착하여 기초부와 주위벽체, 바닥판 등을 구축하고 난 다음 중앙부를 시공하는 터파기 공법은?

① 복수 공법　　② 지멘스웰 공법

③ 트렌치컷 공법　④ 아일랜드컷 공법

해설 트렌치컷 공법

(1) 아일랜드컷 공법의 역순이다.

(2) 지하구조부 설치 공법 : 주변부 굴착 및 흙막이벽 시공→주변부 철근콘크리트벽 시공→중앙부 굴착→중앙부 기초 구축 →지하구조부 완성

제3과목　　건축구조

41. 철근의 부착 성능에 영향을 주는 요인에 관한 설명으로 옳지 않은 것은?

① 이형철근이 원형철근보다 부착강도가 크다.

② 블리딩의 영향으로 수직철근이 수평철근보다 부착강도가 작다.

③ 보통의 단위중량을 갖는 콘크리트의 부착강도는 콘크리트의 압축강도, 즉 $\sqrt{f_{ck}}$에 비례한다.

④ 피복두께가 크면 부착강도가 크다.

해설 (1) 블리딩(bleeding) : 콘크리트 타설 시 타설 수의 일부가 떠오르는 현상

(2) 블리딩의 영향으로 수평철근의 하부에 수막 등이 발생하여 수평철근이 수직철근보다 부착강도가 작다.

42. 강도설계법에서 그림과 같이 보의 이음이 없는 경우 요구되는 보의 최소 폭 b는 약 얼마인가? (단, 전단철근의 구부림 내면 반지름은 고려하지 않으며, 굵은 골재의 최대치수는 25 mm, 피복두께 40 mm, 주철근 D22, 스터럽 D10)

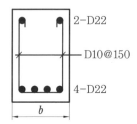

① 290 mm　　　② 330 mm

③ 375 mm　　　④ 400 mm

해설 (1) 주철근의 순간격(다음 중 큰 값)

㉮ 25 mm 이상

㉯ 철근의 공칭지름 이상 : 22 mm 이상

㉰ 굵은 골재 최대치수의 $\dfrac{4}{3}$ 이상

　: $25\,mm \times \dfrac{4}{3} = 33.3\,mm$ 이상

(2) 보의 너비

b = 피복두께×2+늑근지름×2 +주철근지름×n개+순간격×($n-1$)

= $40\,mm \times 2 + 10\,mm \times 2 + 22\,mm \times 4$

$$+33.3\,\mathrm{mm}\times3$$
$$=287.9\,\mathrm{mm}\ 이상$$

43. 다음 중 말뚝기초에 관한 설명으로 옳지 않은 것은?

① 사질토(砂質土)에는 마찰말뚝의 적용이 불가하다.

② 말뚝내력(耐力)의 결정방법은 재하시험이 정확하다.

③ 철근콘크리트 말뚝은 현장에서 제작 양생하여 시공할 수도 있다.

④ 마찰말뚝은 한 곳에 집중하여 시공하지 않는 것이 좋다.

해설 사질토에서도 마찰말뚝의 적용이 가능하다.

44. 그림과 같은 단순보에서의 최대 처짐은? (단, 보의 단면($b \times h$)은 200 mm×300 mm, $E=200{,}000$ MPa)

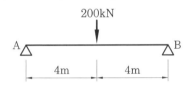

① 13.6 mm   ② 18.1 mm

③ 23.7 mm   ④ 27.1 mm

해설 단순보의 최대 처짐

$$\delta_{\max} = \frac{PL^3}{48EI}$$

$$= \frac{2\times10^5\,\mathrm{N}\times(8{,}000\,\mathrm{mm})^3}{48\times2\times10^5\,\mathrm{N/mm^2}\times\dfrac{200\,\mathrm{mm}\times(300\,\mathrm{mm})^3}{12}}$$

$$= 23.7\,\mathrm{mm}$$

45. 다음 중 강구조에 관한 설명으로 옳지 않은 것은?

① 장스팬의 구조물이나 고층 구조물에 적합하다.

② 재료가 불에 타지 않기 때문에 내화성이 크다.

③ 강재는 다른 구조 재료에 비하여 균질도가 높다.

④ 단면에 비하여 부재길이가 비교적 길고 두께가 얇아 좌굴하기 쉽다.

해설 강구조는 불에 타지 않으나 고열에 견디지 못하므로 비내화적이다.

46. 강도설계법에 의한 띠철근을 가진 철근콘크리트의 기둥설계에서 단주의 최대 설계 축하중은 약 얼마인가? (단, 기둥의 크기는 400 mm×400 mm, $f_{ck}=24$ MPa, $f_y=400$ MPa, 12-D22($A_s=4{,}644\,\mathrm{mm}^2$), $\phi=0.65$)

① 2,452 kN   ② 2,525 kN

③ 2,614 kN   ④ 3,234 kN

해설 띠철근 기둥의 최대 설계축하중

$$P_d = \phi P_n$$
$$= \phi\times0.8\times\{0.85f_{ck}(A_g-A_{st})+f_yA_{st}\}$$
$$= 0.65\times0.8\times\{0.85\times24\,\mathrm{N/mm^2}$$
$$\times(400\,\mathrm{mm}\times400\,\mathrm{mm}-4{,}644\,\mathrm{mm}^2)$$
$$+400\,\mathrm{N/mm^2}\times4{,}644\,\mathrm{mm}^2\}$$
$$= 2{,}613{,}968.448\,\mathrm{N} = 2{,}614\,\mathrm{kN}$$

여기서, A_g : 기둥의 전체 단면적

f_y : 철근의 항복강도

A_{st} : 축방향 철근의 단면적

ϕ : 강도감소계수

f_{ck} : 콘크리트의 설계기준강도

47. 고층건물의 구조형식 중에서 건물의 중간층에 대형 수평부재를 설치하여 횡력을 외곽기둥이 분담할 수 있도록 한 형식은?

① 트러스 구조

② 튜브 구조

③ 골조 아웃리거 구조

④ 스페이스 프레임 구조

해설 골조 아웃리거 구조 : 고층건물의 중간층 코어에서 외부기둥에 아웃리거 트러스를 연결하고 외부기둥 주변으로 벨트 트러스를 설치하여 외력에 저항하기 위한 구조

48. 다음 그림과 같은 두 개의 단순보에 크기가 같은($P=wL$) 하중이 작용할 때, A점에서 발생하는 처짐각의 비율(가 : 나)은? (단, 부재의 EI는 일정하다.)

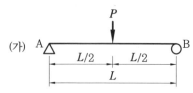

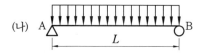

① 1 : 1.5
② 1.5 : 1
③ 1 : 0.67
④ 0.67 : 1

해설 (1) 탄성하중

$$R'_A = \frac{PL}{4EI} \times L \times \frac{1}{2} \times \frac{1}{2} = \frac{PL^2}{16EI}$$

$$\therefore S'_A = Q_A = \frac{PL^2}{16EI}$$

(2) A점의 처짐각 비율

(가) : (나)

$$= \frac{PL^2}{16EI} : \frac{wL^3}{24EI} = \frac{wL^3}{16EI} : \frac{wL^3}{24EI}$$

$$= \frac{1 \times 24}{16} : \frac{1 \times 24}{24} = 1.5 : 1$$

49. 그림과 같은 캔틸레버보 자유단(B점)에서의 처짐각은?

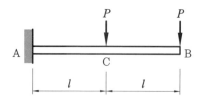

① $\dfrac{Pl^2}{2EI}$
② Pl^2
③ $2Pl^2$
④ $\dfrac{5Pl^2}{2EI}$

해설 (1) 휨모멘트

$$M_B = 0$$
$$M_C = -Pl$$
$$M_A = Pl + P \times 2l = -3Pl$$

(2) B점의 처짐각(B점의 전단력)

$$\theta_B = \left(\frac{3Pl}{EI} + \frac{Pl}{EI}\right) \times \frac{1}{2} \times l$$
$$+ \frac{Pl}{EI} \times l \times \frac{1}{2} = \frac{5Pl^2}{2EI}$$

50. 그림과 같은 직각삼각형인 구조물에서 AC 부재가 받는 힘은?

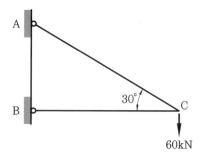

① 30 kN
② $30\sqrt{3}$ kN
③ $60\sqrt{3}$ kN
④ 120 kN

해설 (1) 절점법

$\sum V = 0$에서
$$F_{AC}\sin 30° - 60\text{kN} = 0$$
$$F_{AC} \times \frac{1}{2} - 60\text{kN} = 0$$
$$\therefore F_{AC} = 60\text{kN} \times 2 = 120\text{kN}$$

(2) 라미의 정리

$$\frac{60\text{kN}}{\sin 30°} = \frac{F_{AC}}{\sin 90°} \text{에서}$$
$$F_{AC} = \frac{\sin 90°}{\sin 30°} \times 60\text{kN}$$
$$= 2 \times 60\text{kN} = 120\text{kN}$$

51. 고력볼트 1개의 인장파단 한계상태에 대한 설계인장강도는? (단, 볼트의 등급 및 호칭은 F10T, M24, $\phi = 0.75$)

① 254 kN ② 284 kN
③ 304 kN ④ 324 kN

해설 (1) F10T : 고력볼트 마찰접합 인장강도 하한값 10 tonf/cm²

(2) F10T의 공칭인장강도(F_{nt}) : 750 MPa

(3) 고력볼트 1개의 인장파단 한계상태에 대한 설계인장강도

$$\phi R_n = \phi F_{nt} A_b$$

$$= 0.75 \times 750\,\text{N/mm}^2 \times \frac{\pi \times 24^2}{4}\,\text{mm}^2$$

$$= 254,469\,\text{N} = 254\,\text{kN}$$

여기서, A_b : 볼트의 공칭단면적(mm²)

52. 그림과 같은 구조물에 있어 AB 부재의 재단 모멘트 M_{AB}는?

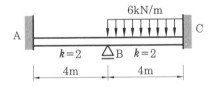

① 0.5 kN · m ② 1 kN · m
③ 1.5 kN · m ④ 2 kN · m

해설 (1) BA 부재의 분배율

$$f_{BA} = \frac{K_{BA}}{\sum K} = \frac{2}{2+2} = \frac{1}{2}$$

(2) 하중항(하중에 의해 발생하는 재단 모멘트)

$$C_{AB} = C_{BA} = 0$$

$$-C_{BC} = C_{CB} = \frac{wl^2}{12}$$

(3) 불균형 모멘트

$$C_{BA} - C_{BC} = 0 - 8\,\text{kN} \cdot \text{m} = -8\,\text{kN} \cdot \text{m}$$

(4) 균형 모멘트(해제 모멘트)

$$8\,\text{kN} \cdot \text{m}$$

(5) 분배 모멘트

$$M_{BA} = 8\,\text{kN} \cdot \text{m} \times \frac{1}{2} = 4\,\text{kN} \cdot \text{m}$$

(6) 재단 모멘트(도달 모멘트)

$$M_{AB} = 4\,\text{kN} \cdot \text{m} \times \frac{1}{2} = 2\,\text{kN} \cdot \text{m}$$

53. 과도한 처짐에 의해 손상되기 쉬운 비구조 요소를 지지 또는 부착하지 않은 바닥구조의 활하중 L에 의한 순간처짐의 한계는?

① $\dfrac{l}{180}$ ② $\dfrac{l}{240}$
③ $\dfrac{l}{360}$ ④ $\dfrac{l}{480}$

해설 활하중 L에 의한 순간처짐의 한계

(1) 과도한 처짐에 의해 손상되기 쉬운 비구조 요소를 지지 또는 부착하지 않은 평지붕구조 : $\dfrac{l}{180}$

(2) 과도한 처짐에 의해 손상되기 쉬운 비구조 요소를 지지 또는 부착하지 않은 바닥구조 : $\dfrac{l}{360}$

54. 폭 250 mm, $f_{ck} = 30$ MPa인 철근콘크리트보 부재의 압축변형률 $\varepsilon_c = 0.003$일 경우 인장철근의 변형률은? (단, $d = 440$ mm, $A_s = 1,520.1$ mm², $f_y = 400$ MPa)

① 0.00197 ② 0.00368
③ 0.00523 ④ 0.00807

해설 (1) $C_c = T$에서

$$\alpha 0.85 f_{ck} cb = A_s f_y$$

중립축거리(c) $= \dfrac{A_s f_y}{\alpha 0.85 f_{ck} b}$

$$= \frac{1,520.1 \times 400}{0.8 \times 0.85 \times 30 \times 250}$$

$$= 119.22\,\text{mm}$$

여기서, C_c : 압축응력의 총합

T : 인장응력의 총합

c : 중립축거리

A_s : 인장철근의 단면적

f_y : 철근의 항복강도

α : $f_{ck} \le 40\,\text{MPa}$일 때 0.8

f_{ck} : 콘크리트의 설계기준강도

b : 보의 너비

(2) 인장변형률$(\varepsilon_t) = \dfrac{\varepsilon_c}{c} \times (d-c)$

$= \dfrac{0.003}{119.22} \times (440 - 119.22)$

$= 0.00807$

여기서, d : 유효깊이

ε_c : 압축변형률

ε_t : 인장변형률

55. 다음 부정정 구조물에서 A단에 도달하는 모멘트의 크기는 얼마인가?

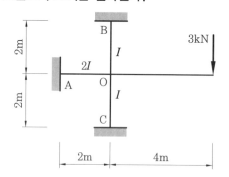

① 1.5 kN·m   ② 2.0 kN·m

③ 2.5 kN·m   ④ 3.0 kN·m

해설 (1) 부재의 강비$\left(\dfrac{강도}{부재의\ 길이}\right)$

$K_{OA} = \dfrac{2I}{2} = I = 2$

$K_{OB} = \dfrac{I}{2} = 1$

$K_{OC} = \dfrac{I}{2} = 1$

(2) OA부재의 분배율

$f_{OA} = \dfrac{부재의\ 강비}{강비의\ 총합}$

$= \dfrac{K_{OA}}{\sum K} = \dfrac{2}{2+1+1} = \dfrac{1}{2}$

(3) 절점 O점의 모멘트

$M_O = 3\text{kN} \times 4\text{m} = 12\text{kN} \cdot \text{m}$

(4) 분배모멘트

$M_{OA} = M_O \times f_{OA}$

$= 12\text{kN} \cdot \text{m} \times \dfrac{1}{2} = 6\text{kN} \cdot \text{m}$

(5) 도달모멘트

$M_{AO} = 6\text{kN} \cdot \text{m} \times \dfrac{1}{2} = 3\text{kN} \cdot \text{m}$

56. 그림과 같은 3회전단의 포물선아치가 등 분포하중을 받을 때 아치부재의 단면력에 관한 설명으로 옳은 것은?

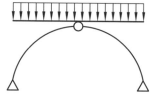

① 축방향력만 존재한다.

② 전단력과 휨모멘트가 존재한다.

③ 전단력과 축방향력이 존재한다.

④ 축방향력, 전단력, 휨모멘트가 모두 존재한다.

해설 3힌지 아치 구조에 등분포하중이 작용하는 경우 전단력과 휨모멘트는 존재하지 않고 축방향력만 작용한다.

57. 직경 24 mm의 봉강에 65 kN의 인장력이 작용할 때 인장응력은 약 얼마인가?

① 128 MPa

② 136 MPa

③ 144 MPa

④ 150 MPa

해설 $\sigma = \dfrac{N}{A} = \dfrac{N}{\dfrac{\pi d^2}{4}} = \dfrac{65,000\,\text{N}}{\dfrac{\pi \times (24\,\text{mm})^2}{4}}$

$= 143.68\,\text{N/mm}^2 \fallingdotseq 144\,\text{MPa}$

58. 철골조 주각부분에 사용하는 보강재에 해당되지 않는 것은?

① 윙플레이트 ② 덱플레이트
③ 사이드앵글 ④ 클립앵글

해설 (1) 철골 주각부 구성부재 : 베이스 플레이트, 사이드앵글, 윙플레이트, 클립앵글
(2) 덱플레이트 : 합성보를 만들기 위해 형강보 위에 철근콘크리트 슬래브를 타설하기 위한 절곡된 거푸집 대용 철판

59. 다음 트러스 구조물에서 부재력이 '0'이 되는 부재의 개수는?

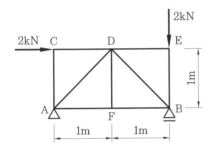

① 1개   ② 2개
③ 3개   ④ 4개

해설 트러스의 0부재

(1) 하나의 절점에 2개의 부재가 모이고, N_1 부재에 P가 작용

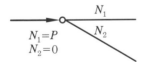

$N_1 = P$
$N_2 = 0$

(2) 하나의 절점에 하중이 없는 경우

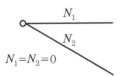

$N_1 = N_2 = 0$

(3) 하나의 절점에 3개의 부재가 모이고 2개의 부재가 일직선상에 있는 경우 $N_1 = N_2$, $N_3 = 0$이다.

(4) 0부재 : 3개

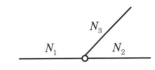

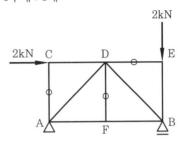

60. 다음 그림과 같은 단순 인장접합부의 강도한계상태에 따른 고력볼트의 설계전단강도를 구하면? (단, 강재의 재질은 SS400이며 고력볼트는 M22(F10T), 공칭전단강도 $F_{nv} = 500$ MPa, $\phi = 0.75$)

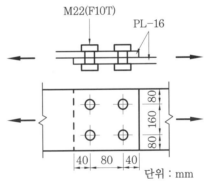

단위 : mm

① 500 kN   ② 530 kN
③ 550 kN   ④ 570 kN

해설 고력볼트의 설계전단강도

$\phi R_u = \phi F_{nv} A_b$

여기서, ϕ : 강도감소계수
F_{nv} : 공칭전단강도
A_b : 볼트의 공칭단면적(mm^2)

$\therefore \phi R_u$

$= 0.75 \times 500 \, \mathrm{N/mm}^2 \times \dfrac{\pi \times 22^2}{4} \, \mathrm{mm}^2 \times 4$

$= 570,199 \, \mathrm{N} = 570 \, \mathrm{kN}$

제4과목 건축설비

61. 다음 중 건축물 실내공간의 잔향시간에 가장 큰 영향을 주는 것은?

① 실의 용적　　② 음원의 위치
③ 벽체의 두께　　④ 음원의 음압

해설 잔향시간은 밀폐된 공간에서 실내음의 에너지가 $\dfrac{1}{1,000,000}$ 로 감쇠하는 데 소요되는 시간으로 실의 규모(실용적)에 비례한다.

잔향시간$(RT) = 0.16\dfrac{V}{A}$

여기서, V : 실의 용적(m^3)
　　　　A : 흡음면적(m^2)

62. 대기압하에서 0℃의 물이 0℃의 얼음으로 될 경우의 체적 변화에 관한 설명으로 옳은 것은?

① 체적이 4 % 팽창한다.
② 체적이 4 % 감소한다.
③ 체적이 9 % 팽창한다.
④ 체적이 9 % 감소한다.

해설 물은 얼음이 되면서 6개의 물분자가 6각형을 이루는 구조를 갖는다. 이 구조는 분자 사이에 많은 빈 공간을 갖게 되므로 부피가 9 % 정도 증가한다.

63. 환기에 관한 설명으로 옳지 않은 것은?

① 화장실은 송풍기(급기팬)와 배풍기(배기팬)를 설치하는 것이 일반적이다.
② 기밀성이 높은 주택의 경우 잦은 기계환기를 통해 실내공기의 오염을 낮추는 것이 바람직하다.
③ 병원의 수술실은 오염공기가 실내로 들어오는 것을 방지하기 위해 실내압력을 주변공간보다 높게 설정한다.

④ 공기의 오염농도가 높은 도로에 면해 있는 건물의 경우, 공기조화설비 계통의 외기도입구를 가급적 높은 위치에 설치한다.

해설 환기방식

(1) 제1종 환기 : 강제흡기＋강제배기
　　예 보일러실·기계실 등
(2) 제2종 환기 : 강제흡기＋자연배기
　　예 변전실·창고 등
(3) 제3종 환기 : 자연흡기＋강제배기
　　예 주방·화장실·욕실 등
(4) 제4종 환기 : 자연흡기＋자연배기
　　예 일반실 등

64. 공기조화방식 중 냉풍과 온풍을 공급받아 각 실 또는 각 존의 혼합유닛에서 혼합하여 공급하는 방식은?

① 단일덕트방식　　② 이중덕트방식
③ 유인유닛방식　　④ 팬코일유닛방식

해설 이중덕트방식 : 공조기 내에 2개(냉풍·온풍)의 덕트를 설치하고 각 실 유입 이전에 냉풍과 온풍을 적절히 조절하는 혼합박스를 설치하여 공기를 공급하는 방식

65. 다음의 간선 배전방식 중 분전반에서 사고가 발생했을 때 그 파급 범위가 가장 좁은 것은?

① 평행식
② 방사선식
③ 나뭇가지식
④ 나뭇가지 평행식

해설 (1) 간선의 배전방식

㉮ 나뭇가지방식(수지상식) : 배전반에서 하나의 간선으로 여러 분전반을 연결
㉯ 개별방식(평행식) : 배전반에서 각 분전반에 간선으로 배선
㉰ 병용식(나뭇가지방식, 개별방식 병용) : 배전반에서 각 부하에 배선하는 방식

정답 **61.** ①　**62.** ③　**63.** ①　**64.** ②　**65.** ①

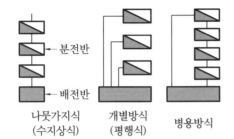

나뭇가지식   개별방식   병용방식
(수지상식)   (평행식)

(2) 개별배전방식 이외의 방식은 분전반 위에 다른 분전반이 연결되어 있으므로 분전반에서 사고가 나면 다른 분전반에 파급된다.

66. 배수 트랩의 봉수 파괴 원인 중 통기관을 설치함으로써 봉수 파괴를 방지할 수 있는 것이 아닌 것은?

① 분출작용   ② 모세관작용
③ 자기사이펀작용   ④ 유도사이펀작용

해설 (1) 트랩(trap) : 배수관 내의 악취·가스·벌레 등이 실내로 유입되는 것을 방지하기 위해 설치
(2) 모세관현상 : 봉수(트랩)에 머리카락·헝겊 등이 걸려 봉수가 파괴되는 현상
(3) 모세관현상에 의한 봉수 파괴는 통기관을 설치해도 봉수 보호가 되지 않는다.

67. 조명기구를 사용하는 도중에 광원의 능률 저하나 기구의 오염, 손상 등으로 조도가 점차 저하되는데, 인공 조명 설계 시 이를 고려하여 반영하는 계수는?

① 광도   ② 조명률
③ 실지수   ④ 감광보상률

해설 감광보상률 : 조명기구를 사용하는 도중에 광원의 능률저하나 기구의 오염, 손상 등으로 조도가 점차 저하되므로 광원을 교환하거나 기구를 소제할 때까지 필요로 하는 조도를 유지할 수 있게 미리 준비하여 여유를 두는 비율

68. 다음 중 최근 저압선로의 배선보호용 차단기로 가장 많이 사용되는 것은?

① ACB   ② GCB
③ MCCB   ④ ABCB

해설 MCCB(molded case circuit breaker) : 과전류 흐름시 전선을 보호하기 위해 사용하는 배선보호용 차단기

69. 습공기를 가열했을 경우 상태량이 변하지 않는 것은?

① 절대습도   ② 상대습도
③ 건구온도   ④ 습구온도

해설 습공기를 가열하면 건구온도, 습구온도는 상승하고 상대습도는 저하되며 절대습도는 일정하다.

70. 다음과 같은 조건에 있는 실의 틈새바람에 의한 현열부하는?

- 실의 체적 : 400 m^3
- 환기횟수 : 0.5회/h
- 실내온도 : 20℃, 외기온도 : 0℃
- 공기의 밀도 : 1.2 kg/m^3
- 공기의 정압비열 : 1.01 $kJ/kg \cdot K$

① 약 654 W   ② 972 W
③ 약 1,347 W   ④ 1,654 W

해설 (1) 현열부하 : 물질의 상태를 바꾸지 않고 단순히 온도만 올리거나 낮추는 열에 대한 부하
(2) 일률 1 W=1 J/s=3.6 kJ/h
(3) 환기량(m^3/h)
  =실의 체적(m^3)×환기횟수(회/h)
(4) 현열부하(kJ/h)
  =환기량(m^3/h)×비열($kJ/kg \cdot K$)
    ×밀도(kg/m^3)×온도차(K)
  =$400\,m^3 \times 0.5$회$/h \times 1.01 kJ/kg \cdot K$
    $\times 1.2\,kg/m^3 \times (20-0)$℃

$= 4,848\,\text{kJ/h}$

$1\text{W} = 3.6\,\text{kJ/h}$이므로

$$\frac{4,848\,\text{kJ/h}}{3.6\,\text{kJ/h}} = 1,347\,\text{W}$$

$\therefore\ 1,347\,\text{W}$

71. 자동화재탐지설비의 감지기 중 주위의 온도 상승률이 일정한 값을 초과하는 경우 동작하는 것은?

① 차동식   ② 정온식

③ 광전식   ④ 이온화식

해설 (1) 열감지기

  ⑦ 차동식 : 주위온도가 일정한 온도 상승률 이상일 때 작동(사무실에서 주로 사용)

  ⑪ 정온식 : 주위온도가 일정 온도 이상일 때 작동(주방·보일러실에서 주로 사용)

  ⑭ 보상식 : 차동식과 정온식의 두 가지의 성능을 갖고 있는 화재감지기

(2) 연기감지기

  ⑦ 이온화식 : 연기가 이온화 공기와 결합하여 적은 전류에 의해 화재를 감지하는 방식

  ⑪ 광전식 : 공기가 일정한 농도의 연기를 포함하게 되면 연기에 의하여 광전소자에 접하는 광량의 변화로 작동하는 감지기

72. 어떤 사무실의 취득 현열량이 15,000 W일 때 실내온도를 26℃로 유지하기 위하여 16℃의 외기를 도입할 경우, 실내에 공급하는 송풍량은 얼마로 해야 하는가? (단, 공기의 정압비열은 1.01 kJ/kg·K, 밀도는 1.2 kg/m³이다.)

① 2,455 m³/h   ② 4,455 m³/h

③ 6,455 m³/h   ④ 8,455 m³/h

해설 (1) $1\text{W} = 1\text{J/s} = 3,600\,\text{J/h} = 3.6\,\text{kJ/h}$

(2) 현열부하$(g)[\text{kJ/h}]$

$$g = Q \cdot \rho \cdot C_p \cdot \Delta t$$

여기서, Q : 환기량(송풍량)

        ρ : 밀도

        C_p : 정압비열

        Δt : 온도차

$$송풍량 = \frac{g}{\rho \cdot C_p \cdot \Delta t}$$

$$= \frac{1,500 \times 3.6\,\text{kJ/h}}{1.01\,\text{kJ/kg·K} \times 1.2\,\text{kg/m}^3 \times (26-16)℃}$$

$$= 4,455.45\,\text{m}^3/\text{h}$$

73. 방열기의 입구 수온이 90℃이고 출구 수온이 80℃이다. 난방부하가 3,000 W인 방을 온수난방할 경우 방열기의 온수 순환량은 얼마인가? (단, 물의 비열은 4.2 kJ/kg·K로 한다.)

① 143 kg/h   ② 257 kg/h

③ 368 kg/h   ④ 455 kg/h

해설 (1) 일률

     $1\text{W} = 1\text{J/s} = 3,600\,\text{J/h} = 3.6\,\text{kJ/h}$

(2) 물 $1\text{m}^3 = 1,000\text{L} = 1,000\,\text{kg}$

(3) 온수순환수량$(G)[\text{kg/h}]$

$$= \frac{g}{C\Delta t}$$

$$= \frac{3,000 \times 3.6\,\text{kJ/h}}{4.2\,\text{kJ/kg·K} \times (90-80)℃}$$

$$= 257.14\,\text{kJ/h}$$

여기서, g : 난방부하(방열기의 방열량) $[\text{kJ/h}]$

       C : 물의 비열(kJ/kg·K)

       Δt : 온도차$(℃)$

74. 개방형헤드를 사용하는 연결살수설비에 있어서 하나의 송수구역에 설치하는 살수헤드의 수는 최대 얼마 이하가 되도록 하여야 하는가?

① 10개   ② 20개

③ 30개   ④ 40개

해설 개방형헤드를 사용하는 연결살수설비에

있어서 하나의 송수구역에 설치하는 살수헤드의 수는 10개 이하가 되도록 해야 한다.

75. 일반적으로 가스사용시설의 지상배관 표면색상은 어떤 색상으로 도색하는가?

① 백색   ② 황색
③ 청색   ④ 적색

해설 지상배관은 부식방지도장 후 표면색상을 황색으로 도색하고, 지하매설배관은 최고사용압력이 저압인 배관은 황색, 중압 이상인 배관은 적색으로 한다.

76. 지역난방 방식에 관한 설명으로 옳지 않은 것은?

① 열원 설비의 집중화로 관리가 용이하다.
② 설비의 고도화로 대기오염 등 공해를 방지할 수 있다.
③ 각 건물의 이용시간차를 이용하면 보일러의 용량을 줄일 수 있다.
④ 고온수난방을 채용할 경우 감압장치가 필요하며 응축수 트랩이나 환수관이 복잡해진다.

해설 지역난방 : 열생산시설(열병합발전소·쓰레기 소각장 등)에서 만들어진 120℃ 이상의 온수를 지중매설한 2중보온관을 통해 아파트나 빌딩에 공급하는 방식

77. 급수배관의 설계 및 시공상의 주의점에 관한 설명으로 옳지 않은 것은?

① 급수관의 기울기는 1/100을 표준으로 한다.
② 수평배관에는 공기나 오물이 정체하지 않도록 한다.
③ 급수주관으로부터 분기하는 경우는 티 (tee)를 사용한다.

④ 음료용 급수관과 다른 용도의 배관을 크로스 커넥션하지 않도록 한다.

해설 (1) 배관구배 : 관내에 유체의 흐름을 좋게 하고 공기가 정체되지 않도록 하기 위한 배관의 기울기
(2) 급수배관의 기울기 : 1/250

78. 다음 설명에 알맞은 급수 방식은?

- 위생성 측면에서 가장 바람직한 방식이다.
- 정전으로 인한 단수의 염려가 없다.

① 수도직결방식
② 고가수조방식
③ 압력수조방식
④ 펌프직송방식

해설 수도직결방식은 상수도 본관에서 각각의 수전까지 직접 급수하는 방식으로 급수 저장소가 필요 없으므로 가장 위생적이다.

79. 에스컬레이터의 경사도는 최대 얼마 이하로 하여야 하는가?

① 25°   ② 30°
③ 35°   ④ 40°

해설 에스컬레이터의 공칭속도가 0.5 m/s를 초과하는 경우에는 경사도가 30° 이하이어야 하고, 0.5 m/s 이하인 경우에는 35°까지 가능하다.

80. 각각의 최대수용전력의 합이 1,200 kW, 부등률이 1.2일 때 합성최대수용전력은?

① 800 kW   ② 1,000 kW
③ 1,200 kW   ④ 1,440 kW

해설 부등률
$$= \frac{\text{각각의 최대수용전력의 합(kW)}}{\text{합성최대수용전력(kW)}} \times 100\%$$
에서

정답   **75.** ②   **76.** ④   **77.** ①   **78.** ①   **79.** ③   **80.** ②

합성최대수용전력

$$= \frac{\text{각각의 최대수용전력의 합}}{\text{부등률}}$$

$$= \frac{1,200\text{kW}}{1.2} = 1,000\text{kW}$$

제5과목　건축관계법규

81. 피난층 외의 층으로서 피난층 또는 지상으로 통하는 직통계단을 2개소 이상 설치하여야 하는 대상 기준으로 옳지 않은 것은?

① 지하층으로서 그 층 거실의 바닥면적의 합계가 200 m² 이상인 것

② 종교시설의 용도로 쓰는 층으로서 그 층에서 해당 용도로 쓰는 바닥면적의 합계가 200 m² 이상인 것

③ 판매시설의 용도로 쓰는 3층 이상의 층으로서 그 층의 해당 용도로 쓰는 거실의 바닥면적의 합계가 200 m² 이상인 것

④ 업무시설 중 오피스텔의 용도로 쓰는 층으로서 그 층의 해당 용도로 쓰는 거실의 바닥면적의 합계가 200 m² 이상인 것

해설 업무시설 중 오피스텔의 용도로 쓰는 층으로서 그 층의 해당 용도로 쓰는 거실의 바닥면적의 합계가 300 m² 이상인 것

82. 다음 중 도시·군관리계획에 포함되지 않는 것은?

① 도시개발사업이나 정비사업에 관한 계획

② 광역계획권의 장기발전방향을 제시하는 계획

③ 기반시설의 설치·정비 또는 개량에 관한 계획

④ 용도지역·용도지구의 지정 또는 변경에 관한 계획

해설 도시·군관리계획

(1) 용도지역·용도지구의 지정·변경에 관한 계획

(2) 개발제한구역·도시자연공원구역·시가화조정구역 또는 수산자원보호구역의 지정·변경에 관한 계획

(3) 기반시설의 설치·정비 또는 개량에 관한 계획

(4) 도시개발사업 또는 정비사업에 관한 계획

(5) 지구단위계획구역의 지정 또는 변경에 관한 계획과 지구단위계획

(6) 입지규제최소구역의 지정 또는 변경에 관한 계획과 입지규제최소구역계획

※ ②는 광역도시계획을 의미한다.

83. 다음은 건축법령상 다세대주택의 정의이다. (　) 안에 알맞은 것은?

> 주택으로 쓰는 1개 동의 바닥면적 합계가 (　ⓐ　) 이하이고, (　ⓑ　) 이하인 주택(2개 이상의 동을 지하주차장으로 연결하는 경우에는 각각의 동으로 본다.)

① ⓐ 330 m², ⓑ 3개 층

② ⓐ 330 m², ⓑ 4개 층

③ ⓐ 660 m², ⓑ 3개 층

④ ⓐ 660 m², ⓑ 4개 층

해설 다세대주택 : 주택으로 쓰는 1개 동의 바닥면적 합계가 660 m² 이하이고, 층수가 4개 층 이하인 주택(2개 이상의 동을 지하주차장으로 연결하는 경우에는 각각의 동으로 본다.)

84. 건축물의 거실에 국토교통부령으로 정하는 기준에 따라 배연설비를 하여야 하는 대상 건축물에 속하지 않는 것은? (단, 피난층의 거실은 제외하며, 6층 이상인 건축물

의 경우)

① 종교시설   ② 판매시설

③ 위락시설   ④ 방송통신시설

해설 6층 이상인 건축물로서 문화 및 집회시설, 종교시설, 판매시설, 운수시설, 교육연구시설 중 연구소, 노유자시설 중 아동 관련 시설, 노인복지시설, 수련시설 중 유스호스텔, 운동시설, 업무시설, 숙박시설, 위락시설, 관광휴게시설, 장례시설 등의 용도로 쓰는 건축물에는 배연설비를 설치해야 한다.

85. 건축물을 신축하는 경우 옥상에 조경을 150 m² 시공했다. 이 경우 대지의 조경면적은 최소 얼마 이상으로 하여야 하는가? (단, 대지면적은 1,500 m²이고, 조경설치기준은 대지면적의 10 %이다.)

① 25 m²   ② 50 m²

③ 75 m²   ④ 100 m²

해설 (1) 옥상조경면적의 2/3를 대지 내의 조경면적으로 산정하고 전체조경면적의 50/100 이내로 한다.

(2) 대지의 조경면적 계산

㉮ 대지 안의 조경면적

: $1,500 \, m^2 \times 0.1 = 150 \, m^2$

㉯ 옥상조경면적 : $150 \, m^2 \times \dfrac{2}{3} = 100 \, m^2$

㉰ 옥상조경면적의 최댓값 : 대지 안의 조경면적 $150 \, m^2 \times 50 \% = 75 \, m^2$

㉱ 대지 내의 조경면적(옥상조경면적 제외)

: $150 \, m^2 - 75 \, m^2 = 75 \, m^2$

86. 건축물에 설치하는 지하층의 구조에 관한 기준 내용으로 옳지 않은 것은?

① 지하층에 설치하는 비상탈출구의 유효너비는 0.75 m 이상으로 할 것

② 거실의 바닥면적의 합계가 1,000 m² 이상인 층에는 환기설비를 설치할 것

③ 지하층의 바닥면적이 300 m² 이상인

층에는 식수공급을 위한 급수전을 1개소 이상 설치할 것

④ 거실의 바닥면적이 33 m² 이상인 층에는 직통계단 외에 피난층 또는 지상으로 통하는 비상탈출구를 설치할 것

해설 거실의 바닥면적이 50 m² 이상인 층에는 직통계단 외에 피난층 또는 지상으로 통하는 비상탈출구 및 환기통을 설치할 것. 다만, 직통계단이 2개소 이상 설치되어 있는 경우에는 그러하지 아니하다.

87. 다음은 대지와 도로의 관계에 관한 기준 내용이다. ( ) 안에 알맞은 것은? (단, 축사, 작물 재배사, 그 밖에 이와 비슷한 건축물로서 건축조례로 정하는 규모의 건축물은 제외)

> 연면적의 합계가 2,000 m²(공장인 경우에는 3,000 m²) 이상인 건축물의 대지는 너비(ⓐ) 이상의 도로에 (ⓑ) 이상 접하여야 한다.

① ⓐ 2 m, ⓑ 4 m

② ⓐ 4 m, ⓑ 2 m

③ ⓐ 4 m, ⓑ 6 m

④ ⓐ 6 m, ⓑ 4 m

해설 연면적의 합계가 2,000 m²(공장인 경우에는 3,000 m²) 이상인 건축물의 대지는 너비 6 m 이상의 도로에 4 m 이상 접하여야 한다.

88. 건축법령상 공사감리자가 수행하여야 하는 감리업무에 속하지 않는 것은?

① 공정표의 작성

② 상세시공도면의 검토·확인

③ 공사현장에서의 안전관리의 지도

④ 설계변경의 적정여부의 검토·확인

해설 공정표의 작성은 공사관리자의 업무에 해당한다.

정답   85. ③   86. ④   87. ④   88. ①

89. 다음 중 부설주차장 설치대상 시설물이 종교시설인 경우, 부설주차장 설치기준으로 옳은 것은?

① 시설면적 50 m²당 1대
② 시설면적 100 m²당 1대
③ 시설면적 150 m²당 1대
④ 시설면적 200 m²당 1대

해설 종교시설은 시설면적 150 m²당 1대의 부설주차장을 설치해야 한다.

90. 공작물을 축조할 때 특별자치시장·특별자치도지사 또는 시장·군수·구청장에게 신고를 하여야 하는 대상 공작물 기준으로 옳지 않은 것은? (단, 건축물과 분리하여 축조하는 경우)

① 높이 6 m를 넘는 굴뚝
② 높이 4 m를 넘는 광고탑
③ 높이 3 m를 넘는 장식탑
④ 높이 2 m를 넘는 옹벽 또는 담장

해설 건축물과 분리하여 축조할 때 특별자치시장·특별자치도지사 또는 시장·군수·구청장에게 신고를 해야 하는 공작물은 다음과 같다.
(1) 높이 6 m를 넘는 굴뚝, 골프연습장 등의 운동시설을 위한 철탑, 주거지역·상업지역에 설치하는 통신용 철탑
(2) 높이 4 m를 넘는 장식탑, 기념탑, 첨탑, 광고탑, 광고판
(3) 높이 8 m를 넘는 고가수조
(4) 높이 2 m를 넘는 옹벽 또는 담장

91. 용도지역의 세분에 있어 주거기능을 위주로 이를 지원하는 일부 상업기능 및 업무기능을 보완하기 위하여 필요한 지역은?

① 준주거지역
② 전용주거지역
③ 일반주거지역
④ 유통상업지역

해설 ① 준주거지역 : 주거기능을 위주로 이를 지원하는 일부 상업기능 및 업무기능을 보완하기 위하여 필요한 지역
② 전용주거지역 : 양호한 주거환경을 보호하기 위하여 필요한 지역
③ 일반주거지역 : 편리한 주거환경을 조성하기 위하여 필요한 지역
④ 유통상업지역 : 도시내 및 지역간 유통기능의 증진을 위하여 필요한 지역

92. 일반주거지역에서 건축물을 건축하는 경우 건축물의 높이 5 m인 부분은 정북 방향의 인접 대지경계선으로부터 원칙적으로 최소 얼마 이상을 띄어 건축하여야 하는가?

① 1.0 m   ② 1.5 m
③ 2.0 m   ④ 3.0 m

해설 일조 등의 확보를 위한 건축물의 높이 제한 : 전용주거지역이나 일반주거지역에서 건축물을 건축하는 경우에는 건축물의 각 부분을 정북 방향으로의 인접 대지경계선으로부터 다음 범위에서 건축조례로 정하는 거리 이상을 띄어 건축하여야 한다.
(1) 높이 9 m 이하인 부분 : 인접 대지경계선으로부터 1.5 m 이상
(2) 높이 9 m를 초과하는 부분 : 인접 대지경계선으로부터 해당 건축물 각 부분 높이의 2분의 1 이상

93. 국토의 계획 및 이용에 관한 법률에 따른 용도지역에서의 용적률 최대한도 기준이 옳지 않은 것은? (단, 도시지역의 경우)

① 주거지역 : 500퍼센트 이하
② 녹지지역 : 100퍼센트 이하
③ 공업지역 : 400퍼센트 이하
④ 상업지역 : 1,000퍼센트 이하

해설 상업지역 : 1,500 % 이하

정답 89. ③   90. ③   91. ①   92. ②   93. ④

94. 높이 31 m를 넘는 각 층의 바닥면적 중 최대 바닥면적이 5,000 m²인 업무시설에 원칙적으로 설치하여야 하는 비상용 승강기의 최소 대수는?

① 1대   ② 2대

③ 3대   ④ 4대

해설 비상용 승강기 설치 대수

$$= \frac{A - 1,500\,\text{m}^2}{3,000\,\text{m}^2} + 1\text{대}$$

$$= \frac{5,000\,\text{m}^2 - 1,500\,\text{m}^2}{3,000\,\text{m}^2} + 1\text{대} = 2.17\text{대}$$

∴ 3대

여기서, A : 31 m를 넘는 각 층의 바닥면적 중 최대 바닥면적

95. 주차장 수급 실태 조사의 조사구역 설정에 관한 기준내용으로 옳지 않은 것은?

① 실태조사의 주기는 3년으로 한다.

② 사각형 또는 삼각형 형태로 조사구역을 설정한다.

③ 각 조사구역은 건축법에 따른 도로를 경계로 구분한다.

④ 조사구역 바깥 경계선의 최대거리가 500 m를 넘지 않도록 한다.

해설 조사구역 바깥 경계선의 최대거리가 300 m를 넘지 않도록 한다.

96. 다음 중 태양열을 주된 에너지원으로 이용하는 주택의 건축면적 산정 시 기준이 되는 것은?

① 외벽의 외곽선

② 외벽의 내측 벽면선

③ 외벽 중 내측 내력벽의 중심선

④ 외벽 중 외측 비내력벽의 중심선

해설 태양열을 주된 에너지원으로 이용하는 주택의 건축면적과 단열재를 구조체의 외기측에 설치하는 단열공법으로 건축된 건축물의 건축면적은 건축물의 외벽 중 내측 내력벽의 중심선을 기준으로 한다.

97. 다음 중 지하식 또는 건축물식 노외주차장의 차로에 관한 기준 내용으로 옳지 않은 것은? (단, 이륜자동차전용 노외주차장이 아닌 경우)

① 높이는 주차바닥면으로부터 2.3 m 이상으로 하여야 한다.

② 경사로의 종단경사도는 직선부분에서는 17 %를 초과하여서는 아니 된다.

③ 곡선 부분은 자동차가 4 m 이상의 내변반경으로 회전할 수 있도록 하여야 한다.

④ 주차대수 규모가 50대 이상인 경우의 경사로는 너비 6 m 이상인 2차로를 확보하거나 진입차로와 진출차로를 분리하여야 한다.

해설 곡선 부분은 자동차가 6 m(같은 경사로를 이용하는 주차장의 총주차대수가 50대 이하인 경우에는 5 m, 이륜자동차전용 노외주차장의 경우에는 3 m) 이상의 내변반경으로 회전할 수 있도록 하여야 한다.

98. 비상용 승강기 승강장의 구조에 관한 기준 내용으로 옳지 않은 것은?

① 승강장은 각 층의 내부와 연결될 수 있도록 할 것

② 벽 및 반자가 실내에 접하는 부분의 마감재료는 준불연재료로 할 것

③ 옥내에 설치하는 승강장의 바닥면적은 비상용승강기 1대에 대하여 6 m² 이상으로 할 것

④ 피난층이 있는 승강장의 출입구로부터 도로 또는 공지에 이르는 거리가 30 m 이하일 것

해설 벽 및 반자가 실내에 접하는 부분의 마감 재료는 불연재료로 할 것

99. 다음 중 제2종일반주거지역 안에 건축할 수 있는 건축물에 속하지 않는 것은?

① 종교시설
② 운수시설
③ 노유자시설
④ 제1종근린생활시설

해설 운수시설은 여객자동차터미널, 철도시설, 공항시설, 항만시설 등으로 제2종일반주거지역 안에 건축할 수 없다.

100. 다음 중 허가 대상 건축물이라 하더라도 건축신고를 하면 건축허가를 받은 것으로 보는 경우에 속하지 않는 것은?

① 건축물의 높이를 4 m 증축하는 건축물
② 연면적의 합계가 80 m^2인 건축물의 건축
③ 연면적이 150 m^2이고 2층인 건축물의 대수선
④ 2층 건축물로서 바닥면적의 합계 80 m^2를 증축하는 건축물

해설 건축신고를 하면 건축허가를 받은 것으로 보는 경우
(1) 건축물 높이를 3 m 이하의 범위에서 증축하는 건축물
(2) 연면적의 합계가 100 m^2 이하인 건축물
(3) 연면적이 200 m^2 미만이고 3층 미만인 건축물의 대수선
(4) 바닥면적의 합계가 85 m^2 이내의 증축·개축·재축

2019년도 시행문제

건축기사	2019년 3월 3일(제1회)

1. 숑바르 드 로브(Chombard de Lawve)가 제시하는 1인당 주거면적의 병리기준은?
① 6 m²
② 8 m²
③ 10 m²
④ 12 m²

해설 숑바르 드 로브(Chombard de Lawve)의 1인당 주거면적
(1) 병리기준 : 1인당 8 m² 이하이면 거주자의 건강에 좋지 않은 영향
(2) 한계기준 : 1인당 14 m²
(3) 표준기준 : 1인당 16 m²

2. 공포 형식 중 다포식에 관한 설명으로 옳지 않은 것은?
① 다포식 건축물로는 서울 숭례문(남대문) 등이 있다.
② 기둥 상부 이외에 기둥 사이에도 공포를 배열한 형식이다.
③ 규모가 커지면서 내부출목보다는 외부출목이 점차 많아졌다.
④ 주심포식에 비해서 지붕하중을 등분포로 전달할 수 있는 합리적인 구조법이다.

해설 (1) 공포 형식 : 전통 목조 건축에서 처마 끝의 하중을 받치기 위해 기둥의 상부 또는 기둥 사이의 도리에서 빗방향으로 장식을 겸하며 배치하는 부재로서 주심포, 다포, 익공의 종류가 있다.

(2) 공포 형식의 종류 및 내용
㉮ 주심포 : 공포가 기둥에만 있는 형식
㉯ 다포 : 공포가 기둥뿐만 아니라 기둥 사이에도 있는 방식
㉰ 익공 : 주심포 형식으로서 공포를 새 날개 모양으로 한 형식
(3) 출목(出木) : 전통 목조 건축에서 규모가 큰 건축물의 지붕 서까래를 받치기 위해 기둥 열 내·외부로 설치한 도리로서 다포식은 내부출목을 더 많이 배치한다.

3. 도서관의 출납시스템 중 열람자는 직접 서가에 면하여 책의 체제나 표지 정도는 볼 수 있으나 내용을 보려면 관원에게 요구하여 대출 기록을 남긴 후 열람하는 형식은?
① 폐가식
② 반개가식
③ 안전개가식
④ 자유개가식

해설 개가식은 서가에서 자유롭게 책을 선택하여 열람실에서 책을 열람하는 방식이나 반개가식은 서고를 유리 등으로 막아 책의 제목, 표지 등을 보고 선택하여 관원에게 대출 수속을 받아 열람하는 방식이다.

4. 종합병원 건축계획에 관한 설명으로 옳지 않은 것은?
① 간호사 대기실은 각 간호단위 또는 층별, 동별로 설치한다.
② 수술실의 바닥마감은 전기도체성 마감

을 사용하는 것이 좋다.

③ 병실의 창문은 환자가 병상에서 외부를 전망할 수 있게 하는 것이 좋다.

④ 우리나라의 일반적인 외래진료 방식은 오픈 시스템이며 대규모의 각종 과를 필요로 한다.

> **해설** (1) 우리나라의 외래진료 방식은 폐쇄형 시스템(closed system)이며, 대규모의 각종 과(내과·외과 등)를 설치하고 있다.
>
> (2) 개방형 시스템(open system)은 미국·유럽에서 운영하는 방식으로 종합병원에 등록된 개업의사가 진료실을 사용하는 방식이다.

5. 페리(C.A Perry)의 근린주구(neighborhood unit) 이론의 내용으로 옳지 않은 것은?

① 초등학교 학구를 기본단위로 한다.

② 중학교와 의료시설을 반드시 갖추어야 한다.

③ 지구 내 가로망은 통과 교통에 사용되지 않도록 한다.

④ 주민에게 적절한 서비스를 제공하는 1~2개소 이상의 상점가를 주요도로의 결절점에 배치한다.

> **해설** 페리의 근린주구 구성 6가지 원리
>
> (1) 근린주구의 규모 : 초등학교 운영에 필요한 인구 규모로 한다.
>
> (2) 경계 : 근린주구 내로 통과하는 간선도로가 없도록 근린주구 4면에 간선도로를 구획한다.
>
> (3) 공공시설용지 : 학교와 공공시설을 주구의 중심부에 배치한다.
>
> (4) 오픈 스페이스 : 주민을 위한 소공원과 레크레이션 공간을 둔다.
>
> (5) 상업시설(근린점포) : 주구 내 주민을 위한 상업시설을 1개소 이상 설치하되 주구 외곽의 교통 결점부에 배치한다.
>
> (6) 지구 내 가로체계 : 내부 가로망을 설치하여 통과 교통을 방지한다.

6. 미술관의 전시 기법 중 전시 평면이 동일한 공간으로 연속되어 배치되는 전시 기법으로 동일 종류의 전시물을 반복 전시할 경우에 유리한 방식은?

① 디오라마 전시   ② 파노라마 전시

③ 하모니카 전시   ④ 아일랜드 전시

> **해설** 특수전시기법
>
> ① 디오라마 전시 : 전시물을 각종 장치(조명 장치·스피커·프로젝터)로 부각시켜 현장감을 가장 실감나게 표현하는 방법
>
> ② 파노라마 전시 : 연속적인 주제를 선(線)적으로 관계성 깊게 표현하기 위하여 전경(全景)으로 펼치도록 연출하는 것으로 맥락이 중요시될 때 사용되는 전시 기법
>
> ④ 아일랜드 전시 : 사방에서 감상해야 할 필요가 있는 조각물이나 모형을 전시하기 위해 벽면에서 띄어 놓아 전시하는 기법

7. 사무소 건축의 코어 유형에 관한 설명으로 옳지 않은 것은?

① 중심코어형은 유효율이 높은 계획이 가능하다.

② 양단코어형은 2방향 피난에 이상적이며 방재상 유리하다.

③ 편심코어형은 각 층 바닥면적이 소규모인 경우에 적합하다.

④ 독립코어형은 구조적으로 가장 바람직한 유형으로, 고층, 초고층 사무소 건축에 주로 사용된다.

> **해설** (1) 사무소 코어(core) 계획 : 화장실, 계단, 승강기, 각종 설비(전기, 소방, 배관, 배수, 환기) 등이 배치되는 곳
>
> (2) 중심코어형은 유효율(실면적 이용률)이 높고, 코어(core)가 중앙에 있으므로 내진적으로 설계할 수 있어 구조적으로 가장 바람직한 유형이며, 고층, 초고층 건물에 사용된다.
>
> (3) 독립코어형은 내진구조에 바람직하지 않

고 각종 설비의 배관이 길어지며, 방재상의 문제점이 발생한다.

8. 이슬람교의 영향을 받은 건축물에서 볼 수 있는 연속적인 기하학적 문양, 식물 문양, 당초 문양 등을 이르는 용어는?

① 스퀸치　　　② 펜던티브
③ 모자이크　　④ 아라베스크

해설 아라베스크는 이슬람교 사원의 벽면 장식에서 볼 수 있는 연속적인 기하학적 문양, 식물의 문양, 당초 문양 등을 의미한다.

9. 극장의 평면 형식 중 관객이 연기자를 사면에서 둘러싸고 관람하는 형식으로 가장 많은 관객을 수용할 수 있는 형식은?

① 애리나(arena)형
② 가변형(adaptable stage)
③ 프로시니엄(proscenium)형
④ 오픈 스테이지(open stage)형

해설 ① 애리나(arena)형 : 관객이 원형 무대 주위를 360° 둘러싸 관람할 수 있는 형식으로 가장 많은 관객을 수용할 수 있다.
② 가변형(adaptable stage) : 무대와 객석의 크기, 형태, 배치 등이 필요에 따라 변화될 수 있는 구조이다.
③ 프로시니엄(proscenium)형 : 무대의 한 방향으로만 관객이 관람할 수 있다.
④ 오픈 스테이지(open stage)형 : 관객이 연기자를 부분적으로 둘러싸는 형식

10. 로마 시대의 것으로 그리스의 아고라(agora)와 유사한 기능을 갖는 것은?

① 포럼(forum)　　② 인슐라(insula)
③ 도무스(domus)　④ 판테온(pantheon)

해설 로마의 포럼은 정책토론장으로서 그리스의 아고라(회의장소·시장 등의 역할을 하는 장소)와 같은 용도의 의미로 사용되었다.

11. 사무소 건축의 실단위 계획 중 개방식 배치에 관한 설명으로 옳지 않은 것은?

① 공사비를 줄일 수 있다.
② 실의 깊이나 길이에 변화를 줄 수 없다.
③ 시각 차단이 없으므로 독립성이 적어진다.
④ 경영자의 입장에서는 전체를 통제하기가 쉽다.

해설 사무소 개방식 배치 방식은 큰 실을 하나의 공간으로 사용하는 방식으로 실의 깊이나 길이를 줄이거나 늘릴 수 있다.

12. 다음 설명에 알맞은 백화점 진열장 배치 방법은?

> • main 통로를 직각배치하며, sub 통로를 45° 정도 경사지게 배치하는 유형이다.
> • 많은 고객이 매장 공간의 코너까지 접근하기 용이하지만, 이형의 진열장이 많이 필요하다.

① 직각배치　　　② 방사배치
③ 사행배치　　　④ 자유유선배치

해설 사행배치
(1) 주통로를 직각배치하고, 부통로를 주통로에 45° 경사지게 배치하는 방법
(2) 수직 동선 접근이 쉽고, 매장 공간의 코너까지 가기 쉽다.
(3) 이형의 진열장이 많이 필요하다.

13. POE(post-occupancy evaluation)의 의미로 가장 알맞은 것은?

① 건축물 사용자를 찾는 것이다.
② 건축물을 사용해 본 후에 평가하는 것이다.
③ 건축물의 사용을 염두에 두고 계획하는 것이다.
④ 건축물 모형을 만들어 설계의 적정성

을 평가하는 것이다.

해설 POE : 건축물(공동주택 등)을 사용해 본 후 사용자들의 반응을 통해 문제점을 평가하여 다음 사업에 반영하는 체계

14. 다음 설명에 알맞은 공장 건축의 레이아웃 형식은?

> • 동종의 공정, 동일한 기계 설비 또는 기능이 유사한 것을 하나의 그룹으로 집합시키는 방식
> • 다종 소량 생산의 경우, 예상 생산이 불가능한 경우, 표준화가 이루어지기 어려운 경우에 채용

① 고정식 레이아웃
② 혼성식 레이아웃
③ 공정 중심의 레이아웃
④ 제품 중심의 레이아웃

해설 공정 중심의 레이아웃
(1) 동종의 공정, 동일한 기계, 기능이 유사한 것을 그룹으로 집합시키는 방식
(2) 주문 생산에 적합하며 생산성은 낮다.
(3) 다종 소량 생산의 경우, 예상 생산이 불가능한 경우, 표준화가 행해지기 어려운 경우에 채용된다.

15. 아파트에 의무적으로 설치하여야 하는 장애인·노인·임산부 등의 편의시설에 속하지 않는 것은?

① 점자블록
② 장애인 전용주차구역
③ 높이 차이가 제거된 건축물 출입구
④ 장애인 등의 통행이 가능한 접근로

해설 아파트에 장애인·노인·임산부 등을 위해 설치해야 하는 편의시설
(1) 장애인전용주차구역
(2) 높이 차이가 제거된 건축물 출입구
(3) 장애인 등의 통행이 가능한 접근로

※ 점자블록은 의무 사항이 아니라 권장 사항이다.

16. 극장의 무대에 관한 설명으로 옳지 않은 것은?

① 프로시니엄 아치는 일반적으로 장방형이며, 종횡의 비율은 황금비가 많다.
② 프로시니엄 아치의 바로 뒤에는 막이 쳐지는데, 이 막의 위치를 커튼 라인이고 한다.
③ 무대의 폭은 적어도 프로시니엄 아치 폭의 2배, 깊이는 프로시니엄 아치 폭 이상으로 한다.
④ 플라이 갤러리는 배경이나 조명기구, 연기자 또는 음향반사판 등을 매달 수 있도록 무대 천장 밑에 철골로 설치한 것이다.

해설 (1) 그리드 아이언(grid iron) : 무대 천장 밑에 철골 트러스를 격자 형태로 설치하여 무대에 필요한 조명기구, 연기자 또는 음향반사판을 매달수 있도록 한 것
(2) 플라이 갤러리(fly gallery) : 극장 무대의 벽 6~9 m 정도 높이에 폭 1.2~2 m로 설치한 좁은 통로로서 캣워크(catwalk)라고도 한다.

17. 백화점의 에스컬레이터 배치에 관한 설명으로 옳지 않은 것은?

① 교차식 배치는 점유면적이 작다.
② 직렬식 배치는 점유면적이 크나 승객의 시야가 좋다.
③ 병렬식 배치는 백화점 매장 내부에 대한 시계가 양호하다.
④ 병렬 연속식 배치는 연속적으로 승강할 수 없다는 단점이 있다.

해설 병렬은 오름과 내림이 한 장소에 있고 연속식은 끊어지지 않고 연속적으로 이동할 수

있는 방식이므로 병렬 연속식 배치는 연속적으로 승강할 수 있다.

18. 공동주택을 건설하는 주택단지는 기간도로와 접하거나 기간도로로부터 당해 단지에 이르는 진입도로가 있어야 한다. 주택단지의 총세대수가 400세대인 경우 기간도로와 접하는 폭 또는 진입도로의 폭은 최소 얼마 이상이어야 하는가? (단, 진입도로가 1개이며, 원룸형 주택이 아닌 경우)

① 4 m   ② 6 m
③ 8 m   ④ 12 m

해설 주택단지의 총세대수에 따른 기간도로와 접하는 폭 또는 진입 도로의 폭

주택단지의 총세대수	기간도로와 접하는 폭 또는 진입 도로의 폭
300세대 미만	6 m 이상
300세대 이상 500세대 미만	8 m 이상
500세대 이상 1,000세대 미만	12 m 이상
1,000세대 이상 2,000세대 미만	15 m 이상
2,000세대 이상	20 m 이상

19. 한식주택과 양식주택에 관한 설명으로 옳지 않은 것은?

① 양식주택은 입식생활이며, 한식주택은 좌식생활이다.
② 양식주택의 실은 단일용도이며, 한식주택의 실은 혼용도이다.
③ 양식주택은 실의 위치별 분화이며, 한식주택은 실의 기능별 분화이다.
④ 양식주택의 가구는 주요한 내용물이며, 한식주택의 가구는 부차적 존재이다.

해설 양식주택은 실의 기능별 분화(분리)이며, 한식주택은 실의 위치별 분화이다.

20. 학교 운영방식에 관한 설명으로 옳지 않은 것은?

① 교과교실형은 교실의 순수율은 높으나 학생의 이동이 심하다.
② 종합교실형은 학생의 이동이 없고 초등학교 저학년에 적합하다.
③ 일반교실, 특별교실형은 각 학급마다 일반교실을 하나씩 배당하고 그 외에 특별교실을 갖는다.
④ 플래툰(platoon)형은 학급과 학년을 없애고 학생들은 각자의 능력에 따라서 교과를 선택하는 방식이다.

해설 (1) 달톤형 : 학급과 학년을 없애고 각자의 능력에 따라서 교과를 선택하여 자율적·개별적 학습을 하며 교사는 개별지도하여 학습 목표에 도달하는 방식이다.
(2) 플래툰형 : 학급을 일반교실과 특별교실의 2분단으로 구분하여 학습시키는 방식이다.

제2과목   건축시공

21. 무지보공 거푸집에 관한 설명으로 옳지 않은 것은?

① 하부 공간을 넓게 하여 작업 공간으로 활용할 수 있다.
② 슬래브(slab) 동바리의 감소 또는 생략이 가능하다.
③ 트러스 형태의 빔(beam)을 보 거푸집 또는 벽체 거푸집에 걸쳐 놓고 바닥판 거푸집을 시공한다.
④ 층고가 높을 경우 적용이 불리하다.

해설 무지보공 거푸집은 주로 층고가 높은 경우 벽 거푸집에 트러스 빔을 설치하여 바닥 거푸집을 시공한다.

22. 철근콘크리트 슬래브와 철골보가 일체로 되는 합성구조에 관한 설명으로 옳지 않은 것은?

① 시어커넥터가 필요하다.

② 바닥판의 강성을 증가시키는 효과가 크다.

③ 자재를 절감하므로 경제적이다.

④ 경간이 작은 경우에 주로 적용한다.

> **해설** 철골형강보에 덱플레이트(거푸집 철판)를 시어커넥터(스터드볼트)로 연결하여 콘크리트를 타설해서 철골보와 슬래브가 일체로 거동하게 하는 구조는 경간이 큰 경우에 주로 적용한다.

23. 건축공사에서 활용되는 견적방법 중 가장 상세한 공사비의 산출이 가능한 견적방법은?

① 명세견적 ② 개산견적

③ 입찰견적 ④ 실행견적

> **해설** (1) 명세견적(detailed estimate) : 정밀한 적산을 하며 공사비를 산출한 것으로서 정밀견적이라고도 한다.
> (2) 개산견적(approximate estimate) : 실적통계 등을 참고로 하여 개략적으로 공사비를 산출하는 방식

24. 다음 중 도장공사 시 주의사항으로 옳지 않은 것은?

① 바탕의 건조가 불충분하거나 공기의 습도가 높을 때에는 시공하지 않는다.

② 불투명한 도장일 때에는 초벌부터 정벌까지 같은 색으로 시공해야 한다.

③ 야간에는 색을 잘못 도장할 염려가 있으므로 시공하지 않는다.

④ 직사광선은 가급적 피하고 도막이 손상될 우려가 있을 때에는 도장하지 않는다.

> **해설** 칠의 구분을 위해서 초벌, 재벌, 정벌 순으로 도장하며, 초벌은 엷은 색으로 칠하고, 정벌은 정색으로 마무리한다.

25. 철근콘크리트공사 중 거푸집이 벌어지지 않게 하는 긴장재는?

① 세퍼레이터(seperator)

② 스페이서(spacer)

③ 폼타이(form tie)

④ 인서트(insert)

> **해설** 거푸집 설치 부속재료
> (1) 세퍼레이터 : 거푸집 간격 유지재
> (2) 스페이서 : 철근과 거푸집, 철근과 철근간격 유지재
> (3) 폼타이 : 거푸집 긴결재(고정재)
> (4) 박리제 : 거푸집을 쉽게 떼어내기 위해서 거푸집 면에 칠하는 약제
> (5) 인서트 : 콘크리트에 달대와 같은 설치물을 고정하기 위하여 매입하는 철물

26. 다음 중 합성수지에 관한 설명으로 옳지 않은 것은?

① 에폭시 수지는 접착제, 프린트 배선판 등에 사용된다.

② 염화비닐수지는 내후성이 있고, 수도관 등에 사용된다.

③ 아크릴 수지는 내약품성이 있고, 조명기구커버 등에 사용된다.

④ 페놀수지는 알칼리에 매우 강하고, 천장 채광판 등에 주로 사용된다.

> **해설** 페놀수지
> (1) 페놀과 포름알데히드류의 축합반응에 의해서 생기는 열경화성 수지이다.
> (2) 페놀류는 석탄산이 주가 되므로 석탄산수지라고도 한다.
> (3) 전기절연재, 접착재, 주전자의 손잡이, 냄비의 손잡이 등에 사용된다.

(4) 내열성·내산성·내수성·내용제성이 좋다.

(5) 산에는 강하고 알칼리에는 약하다.

※ 천장 채광판으로는 FRP 또는 메타크릴 등이 사용된다.

27. 수밀 콘크리트에 관한 설명으로 옳지 않은 것은?

① 콘크리트의 소요 슬럼프는 되도록 작게 하여 180 mm를 넘지 않도록 한다.

② 콘크리트의 워커빌리티를 개선시키기 위해 공기연행제, 공기연행감수제 또는 고성능 공기연행감수제를 사용하는 경우라도 공기량은 2 % 이하가 되게 한다.

③ 물결합재비는 50 % 이하를 표준으로 한다.

④ 콘크리트 타설 시 다짐을 충분히 하여, 가급적 이어붓기를 하지 않아야 한다.

해설 콘크리트의 워커빌리티를 개선시키기 위하여 공기연행제(AE제), AE감수제 또는 고성능 AE감수제를 사용하는 경우라도 공기량은 4% 이하가 되게 한다.

28. QC(quality control) 활동의 도구가 아닌 것은?

① 기능계통도   ② 산점도

③ 히스토그램   ④ 특성요인도

해설 TQC(전사적 품질 관리)의 7가지 활동 도구

(1) 파레토도   (2) 특성요인도

(3) 히스토그램   (4) 산점도(산포도)

(5) 체크시트   (6) 층별

(7) 관리도

29. 다음 중 건설공사의 일반적인 특징으로 옳은 것은?

① 공사비, 공사기일 등의 제약을 받지 않는다.

② 주로 도급식 또는 직영식으로 이루어진다.

③ 육체노동이 주가 되므로 대량생산이 가능하다.

④ 건설 생산물의 품질이 일정하다.

해설 건설공사의 일반적인 특징

(1) 공사비, 공사기일의 제약을 받는다.

(2) 도급방식(계약방식) 또는 직영공사로 이루어진다.

(3) 대량생산이 곤란하다.

(4) 건설 생산물은 습식 공법 또는 조립식 공법이므로 품질이 일정하지 않다.

30. 건설현장에서 굳지 않은 콘크리트에 대해 실시하는 시험으로 옳지 않은 것은?

① 슬럼프(slump) 시험

② 코어(core) 시험

③ 염화물 시험

④ 공기량 시험

해설 굳지 않은 콘크리트의 시험의 종류

(1) 슬럼프 시험

(2) 압축강도 시험

(3) 염화물 시험

(4) 공기량 시험

※ 코어 시험 : 경화된 콘크리트를 코어 드릴로 절취하여 압축강도를 측정하는 시험

31. 목공사에 사용되는 철물에 관한 설명으로 옳지 않은 것은?

① 감잡이쇠는 큰 보에 걸쳐 작은 보를 받게 하고, 안장쇠는 평보를 대공에 달아매는 경우 또는 평보와 ㅅ자보의 밑에 쓰인다.

② 못의 길이는 박아대는 재두께의 2.5배 이상이며, 마구리 등에 박는 것은 3.0배 이상으로 한다.

③ 볼트 구멍은 볼트 지름보다 3mm 이상 커서는 안 된다.

④ 듀벨은 볼트와 같이 사용하여 듀벨에는 전단력, 볼트에는 인장력을 분담시킨다.

> **해설** (1) 감잡이쇠
> • 평보+왕대공, 토대+기둥의 연결재
> • ㄷ형 띠쇠
> (2) 안장쇠 : 큰 보에 작은 보를 연결할 때 사용하는 철물

32. 지반 조사 시 실시하는 평판 재하 시험에 관한 설명으로 옳지 않은 것은?

① 시험은 예정 기초면보다 높은 위치에서 실시해야 하기 때문에 일부 성토작업이 필요하다.

② 시험재하판은 실제 구조물의 기초면적에 비해 매우 작으므로 재하판 크기의 영향, 즉 스케일 이펙트(scale effect)를 고려한다.

③ 하중시험용 재하판은 정방형 또는 원형의 판을 사용한다.

④ 침하량을 측정하기 위해 다이얼게이지 지지대를 고정하고 좌우측에 2개의 다이얼게이지를 설치한다.

> **해설** 평판 재하 시험은 기초 저면의 지내력을 측정하는 시험으로 예정 기초 저면에서 실시한다.

33. 돌로마이트 플라스터 바름에 관한 설명으로 옳지 않은 것은?

① 실내온도가 5℃ 이하일 때는 공사를 중단하거나 난방하여 5℃ 이상으로 유지한다.

② 정벌바름용 반죽은 물과 혼합한 후 4시간 정도 지난 다음 사용하는 것이 바람직하다.

③ 초벌바름에 균열이 없을 때에는 고름질한 후 7일 이상 두어 고름질면의 건조를 기다린 후 균열이 발생하지 아니함을 확인한 다음 재벌바름을 실시한다.

④ 재벌바름이 지나치게 건조한 때는 적당히 물을 뿌리고 정벌바름한다.

> **해설** 돌로마이트 플라스터
> (1) 돌로마이트 석회+시멘트+모래+여물에 물반죽하여 사용하고, 정벌바름에서는 시멘트와 모래는 사용하지 않는다.
> (2) 기경성이며, 점성은 좋으나 균열 발생이 크다.
> (3) 통풍이 적은 지하실은 적당하지 않다.
> (4) 정벌바름용 반죽은 물과 혼합한 후 12시간 정도 지난 다음 사용한다.

34. 다음 중 공사감리업무와 가장 거리가 먼 항목은?

① 설계 도서의 적정성 검토

② 시공상의 안전관리 지도

③ 공사 실행 예산의 편성

④ 사용 자재와 설계 도서와의 일치 여부 검토

> **해설** 실행 예산의 편성은 공무(공사업무)에서 집행한다.

35. 다음 중 건축공사에서 공사원가를 구성하는 직접공사비에 포함되는 항목을 옳게 나열한 것은?

① 자재비, 노무비, 이윤, 일반관리비

② 자재비, 노무비, 이윤, 경비

③ 자재비, 노무비, 외주비, 경비

④ 자재비, 노무비, 외주비, 일반관리비

> **해설** 공사비의 구성
> (1) 직접공사비 : 재료비(자재비), 노무비, 외주비, 경비
> (2) 간접공사비 : 공통 경비

정답 32. ① 33. ② 34. ③ 35. ③

36. 그림과 같은 네트워크 공정표에서 주공정선(critical path)은?

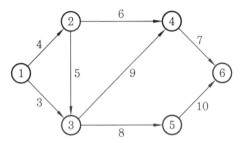

① ①→③→⑤→⑥
② ①→②→④→⑥
③ ①→②→③→④→⑥
④ ①→②→③→⑤→⑥

해설 (1) 주공정선(critical path)
  • 작업의 경로 중 가장 긴 경로이다.
  • 주공정선상에는 여유시간이 없다.
(2) 주공정선의 작업일수
  ①→③→⑤→⑥ : 3+8+10=21일
  ①→②→④→⑥ : 4+6+7=17일
  ①→②→③→④→⑥ : 4+5+9+7=25일
  ①→②→③→⑤→⑥ : 4+5+8+10=27일
  ∴ 주공정선 ①→②→③→⑤→⑥

37. 다음 중 멤브레인 방수공사에 해당되지 않은 것은?

① 아스팔트 방수공사
② 실링 방수공사
③ 시트 방수공사
④ 도막 방수공사

해설 (1) 멤브레인(membrane) 방수는 얇은 피막의 방수로서 아스팔트 방수, 시트 방수, 도막 방수 등을 말한다.
(2) 실링 방수는 실란트 방수라 하여 이질재의 접합부, 균열부 보수, 새시 주위 부분에 사용하는 방수이다.

38. 방수공사에 관한 설명으로 옳은 것은?

① 보통 수압이 작고 얕은 지하실에는 바깥방수법, 수압이 크고 깊은 지하실에는 안방수법이 유리하다.
② 지하실에 안방수법을 채택하는 경우, 지하실 내부에 설치하는 칸막이벽, 창문틀 등은 방수층 시공 전 먼저 시공하는 것이 유리하다.
③ 바깥방수법은 안방수법에 비하여 하자보수가 곤란하다.
④ 바깥방수법은 보호누름이 필요하지만, 안방수법은 없어도 무방하다.

해설 (1) 안방수와 바깥방수의 비교

구분	안방수	바깥방수
선택	수압이 작고, 깊이가 얕은 지하실	수압이 크고, 깊이가 깊은 지하실
하자보수	비교적 쉽다	곤란하다
보호누름	필수	권장사항

(2) 지하실 안방수의 경우 방수층 시공 후 칸막이벽, 창문틀 등을 시공한다.

39. 사질 지반 굴착 시 벽체 배면의 토사가 흙막이 틈새 또는 구멍으로 누수가 되어 흙막이벽 배면에 공극이 발생하여 물의 흐름이 점차로 커져 결국에는 주변 지반을 함몰시키는 현상은?

① 보일링 현상
② 히빙 현상
③ 액상화 현상
④ 파이핑 현상

해설 파이핑 현상 : 흙막이 널말뚝의 틈새나 구멍에서 흙막이 배면의 토사가 빠져나와 흙막이가 붕괴되는 현상

40. 다음 중 용접결함에 관한 설명으로 옳지 않은 것은?

① 슬래그 함입 – 용융금속이 급속하게 냉각되면 슬래그의 일부분이 달아나지 못하고 용착금속 내에 혼입되는 것

② 오버랩 – 용접금속과 모재가 융화되지 않고 겹쳐지는 것

③ 블로 홀 – 용융금속이 응고할 때 방출되어야 할 가스가 잔류한 것

④ 크레이터 – 용접전류가 과소하여 발생

(해설) (1) 오버랩 : 용접전류가 과소하거나 용접속도가 느린 경우 용접금속과 모재가 융화되지 않고 겹쳐지는 것

(2) 크레이터 : 용접 종단에 항아리 모양의 홈이 패이는 현상(전류가 과대하여 발생)

제3과목 건축구조

41. 등분포하중을 받는 그림과 같은 3회전단 아치에서 C점의 전단력을 구하면?

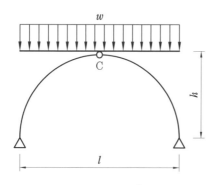

① 0

② $\dfrac{wl}{2}$

③ $\dfrac{wl}{4}$

④ $\dfrac{wl}{8}$

(해설) 3회전단 아치에서 등분포하중을 받는 경우 전단력과 휨모멘트는 발생하지 않고 축방향 압축력만 존재한다. 그러므로 전단력은 0이다.

42. 다음 그림과 같은 H형강(H-440×300 ×10×20) 단면의 전소성모멘트(M_p)는 얼마인가? (단, $F_y = 400$ MPa)

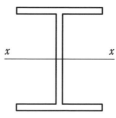

① 963 kN·m

② 1,168 kN·m

③ 1,368 kN·m

④ 1,568 kN·m

(해설) 도심 y_c

$$= \frac{G_x}{A} = \frac{300 \times 20 \times 210 + 200 \times 10 \times 100}{(300 \times 20 + 200 \times 10)}$$

$$= 182.5 \text{ mm}$$

전소성모멘트 M_p

$$= Cj = Tj = F_y A_c(y_c \times 2)$$

$$= 400 \times (300 \times 20 + 200 \times 10) \times (182.5 \times 2)$$

$$= 1,168 \times 10^6 \text{N} \cdot \text{mm} = 1,168 \text{kN} \cdot \text{m}$$

43. 다음 그림과 같은 구조물의 부정정 차수는 어느 것인가?

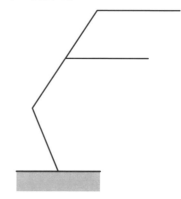

① 불안정

② 1차 부정정

③ 3차 부정정

④ 정정

(해설) $m = n + s + r - 2k$

$$= 3 + 5 + 4 - 2 \times 6 = 0$$

$m = 0$이므로 정정 구조물

(정답) **41.** ① **42.** ② **43.** ④

44. 다음 그림과 같이 단면의 크기가 500 mm×500 mm인 띠철근 기둥이 저항할 수 있는 최대 설계축하중 ϕP_n은? (단, $f_y = 400$ MPa, $f_{ck} = 27$ MPa)

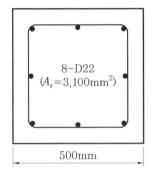

8-D22
($A_s = 3,100\,\text{mm}^2$)

500mm

① 3,591 kN   ② 3,972 kN
③ 4,170 kN   ④ 4,275 kN

해설 띠철근 기둥의 최대 설계축하중
$\phi P_{n(\max)} = 0.8\phi\{0.85 f_{ck}(A_g - A_{st}) + f_y A_{st}\}$
$= 0.8 \times 0.65 \times \{0.85 \times 27 \times (500 \times 500 - 3,100)$
$\qquad + 400 \times 3,100\}$
$= 3,591,304.6\,\text{N} = 3,591.3\,\text{kN}$
여기서, A_g : 기둥의 단면적
$\qquad A_{st}$: 주철근의 단면적
$\qquad \phi$: 강도감소계수(띠철근 : 0.65)
$\qquad f_y$: 철근의 항복강도
$\qquad f_{ck}$: 콘크리트의 설계기준강도

45. 연약지반에서 부동침하를 줄이기 위한 가장 효과적인 기초의 종류는?
① 독립기초   ② 복합기초
③ 연속기초   ④ 온통기초

해설 연약지반의 부동침하를 방지하기 위해서는 건축물 하부 전체를 기초로 하는 온통기초(매트기초)가 가장 좋다.

46. 그림과 같은 하중을 받는 단순보에서 단면에 생기는 최대 휨응력도는? (단, 목재는 결함이 없는 균질한 단면이다.)

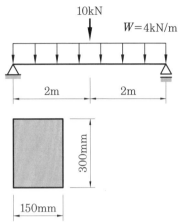

10kN

$W = 4$kN/m

2m   2m

300mm

150mm

① 8 MPa   ② 10 MPa
③ 12 MPa   ④ 15 MPa

해설 (1) 단면계수
$$Z = \frac{bh^2}{6} = \frac{150 \times 300^2}{6} = 2,250,000\,\text{mm}^3$$
(2) 최대 휨모멘트
$$M_{\max} = \frac{Pl}{4} + \frac{wl^2}{8} = \frac{10 \times 4}{4} + \frac{4 \times 4^2}{8}$$
$$= 10 + 8 = 18\,\text{kN} \cdot \text{m}$$
$$= 18,000,000\,\text{N} \cdot \text{mm}$$
(3) 최대 휨응력
$$\sigma_{\max} = \frac{M_{\max}}{Z} = \frac{18,000,000}{2,250,000}$$
$$= 8\,\text{N/mm}^2 (\text{MPa})$$

47. 부하면적 36 m²인 콘크리트 기둥의 영향면적에 따른 활하중저감계수(C)로 옳은 것은? (단, $C = 0.3 + \dfrac{4.2}{\sqrt{A}}$, A는 영향면적)
① 0.25   ② 0.45
③ 0.65   ④ 1

해설 (1) 지붕활하중을 제외한 등분포활하중은 부재의 영향면적이 36 m² 이상인 경우 활하중저감계수 C를 곱하여 저감할 수 있다.
$$C = 0.3 + \frac{4.2}{\sqrt{A}}$$

(2) 영향면적은 기둥 및 기초에서는 부하면적의 4배, 보 또는 벽체에서는 부하면적의 2배, 슬래브에서는 부하면적을 적용한다.

$$\therefore \ C = 0.3 + \frac{4.2}{\sqrt{A}}$$

$$= 0.3 + \frac{4.2}{\sqrt{36 \times 4}} = 0.65$$

48. 강도설계법에서 D22 압축 이형철근의 기본정착길이 l_{db}는? (단, 경량콘크리트 계수 $\lambda = 1.0$, $f_{ck} = 27$ MPa, $f_y = 400$ MPa)

① 200.5 mm   ② 378.4 mm
③ 423.4 mm   ④ 604.6 mm

해설 $l_{db} = \dfrac{0.25 d_b f_y}{\lambda \sqrt{f_{ck}}} \geq 0.043 d_b f_y$ 에서

$l_{db} = \dfrac{0.25 \times 22 \times 400}{1 \times \sqrt{27}} = 423.4 \text{mm}$

$l_{db} = 0.043 \times 22 \times 400 = 378.4 \text{mm}$

$\therefore \ l_{db} = 423.4 \text{mm}$

여기서, d_b : 철근의 공칭지름
       f_y : 철근의 항복강도
       f_{ck} : 콘크리트의 설계기준강도
       λ : 경량콘크리트(보통중량콘크리트)
         계수

49. 다음 중 철골구조에 관한 설명으로 옳지 않은 것은?

① 수평하중에 의한 접합부의 연성능력이 낮다.
② 철근콘크리트조에 비하여 넓은 전용면적을 얻을 수 있다.
③ 정밀한 시공을 요한다.
④ 장스팬 구조물에 적합하다.

해설 (1) 연성(ductility) : 탄성한계 이상에서 부러지지 않고 길게 늘어나는 성질
     (2) 철골구조는 수평하중에 의한 접합부의 연성능력이 크다.

(3) 철골구조는 철근콘크리트 구조에 비하여 기둥, 보·벽의 단면을 작게 할 수 있으므로 전용바닥면적을 넓게 사용할 수 있다.

50. 양단 힌지인 길이 6 m의 H−300×300×10×15의 기둥이 약축 방향으로 부재 중앙이 가새로 지지되어 있을 때, 이 부재의 세장비는? (단, 단면 2차 반경 $r_x = 13.1$ cm, $r_y = 7.51$ cm)

① 40.0   ② 45.8
③ 58.2   ④ 66.3

해설 (1) 세장비 $\lambda = \dfrac{l_k}{r}$

여기서, l_k : 기둥의 길이
       r : 단면 2차 반지름
(2) 설계용 세장비는 x축, y축 계산값 중 큰 값으로 한다.

$\lambda_x = \dfrac{6,000 \text{ mm}}{131 \text{ mm}} = 45.8$

$\lambda_y = \dfrac{6,000 \text{ mm}/2}{75.1 \text{ mm}} = 39.95$

$\therefore \ 45.8$

51. 아래 그림과 같은 단순보의 중앙점에서 보의 최대 처짐은? (단, 부재의 EI는 일정하다.)

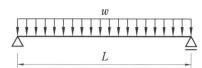

① $\dfrac{wL^3}{24EI}$ ② $\dfrac{wL^3}{48EI}$

③ $\dfrac{wL^4}{384EI}$ ④ $\dfrac{5wL^4}{384EI}$

해설 단순보에 등분포하중이 작용하는 경우

중앙부의 최대 처짐 $y_{\max} = \dfrac{5wL^4}{384EI}$

정답   **48.** ③   **49.** ①   **50.** ②   **51.** ④

52. 각 지반의 허용지내력의 크기가 큰 것부터 순서대로 올바르게 나열된 것은?

| A. 자갈 | B. 모래 |
| C. 연암반 | D. 경암반 |

① B>A>C>D ② A>B>C>D
③ D>C>A>B ④ D>C>B>A

해설 지반의 허용지내력

지반의 종류	장기허용 지내력	단기허용 지내력
경암반	4,000	장기허용 지내력의 1.5배
연암반	1,000~2,000	
자갈	300	
모래	100	

53. 다음 그림과 같은 중공형 단면에 대한 단면 2차 반경 r_x는?

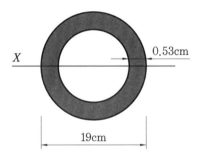

① 3.21 cm   ② 4.62 cm
③ 6.53 cm   ④ 7.34 cm

해설 (1) 중공형 단면의 단면적

$$\frac{\pi D^2}{4} - \frac{\pi d^2}{4} = \frac{\pi \times 19^2}{4} - \frac{\pi \times 17.94^2}{4}$$
$$= 30.75 \, \text{cm}^2$$

(2) 중공형 단면의 단면 2차 모멘트(I_x)

$$I_x = I_{x1} - I_{x2}$$
$$= \frac{\pi D^4}{64} - \frac{\pi d^4}{64} = \frac{\pi \times 19^4}{64} - \frac{\pi \times 17.94^4}{64}$$
$$= 1,312.48 \, \text{cm}^4$$

(3) 중공형 단면의 단면 2차 회전반경

$$i_x = \sqrt{\frac{I_x}{A}} = \sqrt{\frac{1,312.48}{30.75}} = 6.53 \, \text{cm}$$

54. 보의 유효깊이 $d = 550$ mm, 보의 폭 $b_w = 300$ mm인 보에서 스터럽이 부담할 전단력 $V_s = 200$ kN일 경우, 수직 스터럽의 간격으로 가장 타당한 것은? (단, $A_v = 142 \, \text{mm}^2$, $f_{yt} = 400$ MPa, $f_{ck} = 24$ MPa)

① 120 mm   ② 150 mm
③ 180 mm   ④ 200 mm

해설 수직 스터럽(늑근)의 간격

$$V_s = \frac{A_v f_{yt} d}{S}$$ 에서

$$S = \frac{A_v f_{yt} d}{V_s} = \frac{142 \times 400 \times 550}{200,000} = 156.2 \, \text{mm}$$

$\therefore \ S = 150 \, \text{mm}$

여기서, A_v : 간격 내의 늑근의 단면적
$\qquad f_{yt}$: 전단철근의 항복강도
$\qquad d$: 유효깊이
$\qquad V_s$: 전단력

55. 다음 그림의 모살용접부의 유효 목두께는?

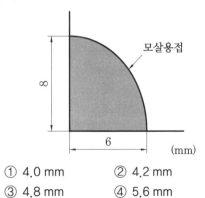

① 4.0 mm   ② 4.2 mm
③ 4.8 mm   ④ 5.6 mm

해설 모살용접의 목두께 $a = 0.7S$에서 모살사이즈 S는 큰 값과 작은 값이 있는 경우 작은 값으로 한다.
$\therefore \ a = 0.7S = 0.7 \times 6 = 4.2 \, \text{mm}$

56. 그림과 같은 연속보에 있어 절점 B의 회전을 저지시키기 위해 필요한 모멘트의 절댓값은?

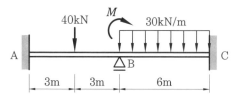

① 30 kN·m   ② 60 kN·m
③ 90 kN·m   ④ 120 kN·m

해설 (1) 하중항 : 하중에 의해 고정단에 생기는 모멘트

$$C_{BA} = \frac{Pl}{8} = \frac{40 \times 6}{8} = 30 \text{kN} \cdot \text{m}$$

$$C_{BC} = -\frac{wl^2}{12} = -\frac{30 \times 6^2}{12} = -90 \text{kN} \cdot \text{m}$$

(2) 불균형 모멘트
$$M_m = C_{BA} + C_{BC} = 30 - 90$$
$$= -60 \text{kN} \cdot \text{m}$$

(3) 균형 모멘트
$$\overline{M} = -60 \text{kN} \cdot \text{m} = 60 \text{kN} \cdot \text{m}$$
$$\therefore \ \overline{M} = 60 \text{kN} \cdot \text{m}$$

57. 지진하중 설계 시 밑면 전단력과 관계없는 것은?

① 유효건물중량   ② 중요도계수
③ 지반증폭계수   ④ 가스트계수

해설 가스트계수는 평균풍속에서 순간최대풍속(돌풍의 영향)을 고려하기 위해 풍하중에 1.0 이상의 계수를 곱해주는 값으로서 밑면 전단력과 관계없다.

58. 철근콘크리트구조물의 내구성 설계에 관한 설명으로 옳지 않은 것은?

① 설계기준 강도가 35 MPa을 초과하는 콘크리트는 동해저항 콘크리트에 대한

전체 공기량 기준에서 1 % 감소시킬 수 있다.

② 동해저항 콘크리트에 대한 전체 공기량 기준에서 굵은 골재의 최대치수가 25 mm인 경우 심한 노출에서의 공기량 기준은 6.0 %이다.

③ 바닷물에 노출된 콘크리트의 철근부식 방지를 위한 보통골재 콘크리트의 최대 물결합재비는 40 %이다.

④ 철근의 부식 방지를 위하여 굳지 않은 콘크리트의 전체 염소이온량은 원칙적으로 0.9 kg/m³ 이하로 하여야 한다.

해설 철근의 부식을 방지하기 위해 굳지 않은 콘크리트의 전체 염소이온량은 0.3 kg/m³ 이하로 해야 한다.

59. 다음 그림과 같이 수평하중 30 kN이 작용하는 라멘구조에서 E점에서의 휨모멘트값(절댓값)은?

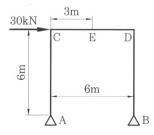

① 40 kN·m   ② 45 kN·m
③ 60 kN·m   ④ 90 kN·m

해설 (1) 반력의 계산
$$\sum M_A = 0$$
$$-R_B \times 6 + 30 \times 6 = 0$$
$$\therefore \ R_B = 30 \text{kN}$$

(2) E점의 휨모멘트
$$M_E = -R_B \times 3 = -30 \times 3$$
$$= -90 \text{kN} = 90 \text{kN}(\text{우측으로 계산했으므로 부호를 바꾸어 준다.})$$

60. 독립 기초(자중 포함)가 축방향력 650 kN, 휨모멘트 130 kN·m를 받을 때 기초 저면의 편심거리는?

① 0.2 m   ② 0.3 m
③ 0.4 m   ④ 0.6 m

해설 $M = N \cdot e$ 에서

편심거리 $e = \dfrac{M}{N} = \dfrac{130}{650} = 0.2\,\mathrm{m}$

제4과목   **건축설비**

61. 다음 중 온수난방에 관한 설명으로 옳지 않은 것은?

① 증기난방에 비해 보일러의 취급이 비교적 쉽고 안전하다.
② 동일 방열량인 경우 증기난방보다 관 지름을 작게 할 수 있다.
③ 증기난방에 비해 난방부하의 변동에 따른 온도 조절이 용이하다.
④ 보일러 정지 후에도 여열이 남아 있어 실내난방이 어느 정도 지속된다.

해설 동일 방열량인 경우 온수난방이 증기난방 보다 배관의 지름을 크게 해야 한다.

62. 다음 중 그 값이 클수록 안전한 것은?

① 접지저항   ② 도체저항
③ 접촉저항   ④ 절연저항

해설 절연이란 전기 또는 열을 통하지 않게 하는 것이다. 절연저항이 커야 전기나 열이 통하지 않아 안전하다.

63. 겨울철 주택의 단열 및 결로에 관한 설명으로 옳지 않은 것은?

① 단층 유리보다 복층 유리의 사용이 단열에 유리하다.
② 벽체 내부로 수증기 침입을 억제할 경우 내부결로 방지에 효과적이다.
③ 단열이 잘 된 벽체에서는 내부결로는 발생하지 않으나 표면결로는 발생하기 쉽다.
④ 실내측 벽 표면온도가 실내공기의 노점온도보다 높은 경우 표면결로는 발생하지 않는다.

해설 (1) 노점온도 : 수증기가 응결하여 이슬이 맺히는 온도
(2) 결로현상 : 실내온도와 실외온도의 차이에 의해서 실내공기의 수증기가 응결하여 물방울로 변하는 현상
(3) 단열이 잘 된 벽체에서는 표면결로는 발생하지 않으나 내부결로가 발생할 수 있다.

64. 가로, 세로, 높이가 각각 4.5×4.5×3 m인 실의 각 벽면 표면온도가 18℃, 천장면 20℃, 바닥면 30℃일 때 평균복사온도(MRT)는?

① 15.2℃   ② 18.0℃
③ 21.0℃   ④ 27.2℃

해설 평균복사온도(MRT)

$= \dfrac{(표면적 \times 표면온도)의\ 총합}{표면적의\ 총합}$

$= \dfrac{4.5 \times 4.5 \times 30 + 4.5 \times 4.5 \times 20 + 4.5 \times 3 \times 4 \times 18}{4.5 \times 4.5 + 4.5 \times 4.5 + 4.5 \times 3 \times 4}$

$= 21℃$

65. 냉방부하 계산 결과 현열부하가 620 W, 잠열부하가 155 W일 경우, 현열비는?

① 0.2   ② 0.25
③ 0.4   ④ 0.8

해설 (1) 현열(sensible heat) : 온도 변화에 필요한 열량(kcal)

---

(2) 잠열(latent heat) : 상태 변화(고체 → 액체 → 기체)에 필요한 열량(kcal)

(3) 현열비(SHF)

$$= \frac{현열량}{현열량 + 잠열량} = \frac{620}{620 + 155}$$
$$= 0.8$$

66. 수도직결방식의 급수방식에서 수도 본관으로부터 8 m 높이에 위치한 기구의 소요압이 70 kPa이고 배관의 마찰손실이 20 kPa인 경우, 이 기구에 급수하기 위해 필요한 수도 본관의 최소 압력은?

① 약 90 kPa
② 약 98 kPa
③ 약 170 kPa
④ 약 210 kPa

해설 수도직결방식에서 수도 본관의 최소 압력

$P \geq P_1 + P_2 + 10h$

여기서, P_1 : 기구별 소요압력(kPa)

　　　　P_2 : 마찰손실수두(kPa)

　　　　h : 수도 본관에서 급수기구까지의 높이(m)

수두 10 m ≒ 1 kg/cm² = 100 kPa(kN/m²)

수두 1 m = 10 kPa

∴ $P = P_1 + P_2 + 10h$
　　$= 70 + 20 + 10 \times 8 = 170 \text{ kPa}$

67. 수관식 보일러에 관한 설명으로 옳지 않은 것은?

① 사용압력이 연관식보다 낮다.
② 설치면적이 연관식보다 넓다.
③ 부하변동에 대한 추종성이 높다.
④ 대형건물과 같이 고압증기를 다량 사용하는 곳이나 지역난방 등에 사용된다.

해설 (1) 연관식 보일러 : 보일러 내에 지름이 작은 다수의 연관을 사용하여 가열된 연소가스가 연관을 다니면서 보일러 내의 물을 뜨겁게 하여 급탕하는 방식

(2) 수관식 보일러 : 보일러 내에 기수드럼통과 하부수드럼통을 수관으로 연결하여 연소가스로 가열하는 방식으로 고압증기를 만들므로 사용압력이 연관식보다 높다.

68. 스프링클러설비 설치장소가 아파트인 경우, 스프링클러헤드의 기준개수는? (단, 폐쇄형 스프링클러헤드를 사용하는 경우)

① 10개
② 20개
③ 30개
④ 40개

해설 (1) 스프링클러헤드
　　• 개방형 : 감열부가 없다.
　　• 폐쇄형 : 감열부가 있다.
(2) 아파트의 폐쇄형 스프링클러헤드 설치개수 : 10개

69. 간접가열식 급탕설비에 관한 설명으로 옳지 않은 것은?

① 대규모 급탕설비에 적당하다.
② 비교적 안정된 급탕을 할 수 있다.
③ 보일러 내면에 스케일이 많이 생긴다.
④ 가열 보일러는 난방용 보일러와 겸용할 수 있다.

해설 간접가열식은 저탕조에 가열 코일을 설치하여 저탕조의 물을 간접적으로 가열하여 급탕하는 방식으로 보일러 내면에 스케일이 생길 염려가 없다.

70. 승객 스스로 운전하는 전자동 엘리베이터 카 버튼이나 승강장의 호출신호로 기동, 정지를 이루는 엘리베이터 조작 방식은 어느 것인가?

① 승합전자동 방식
② 카 스위치 방식
③ 시그널 컨트롤 방식
④ 레코드 컨트롤 방식

해설 엘리베이터 조작 방식

(1) 카 스위치 방식, 시그널 컨트롤 방식, 레코드 컨트롤 방식은 승객 스스로 운전하는 방식이 아니라 운전원의 조작에 의해서 운행하는 방식이다.

(2) 승합전자동식은 승강기 내에서 카 버튼을 조작하거나 승강장의 호출신호로 기동 및 정지를 이루는 엘리베이터 조작 방식이다.

71. 전압이 1 V일 때 1 A의 전류가 1 s 동안 하는 일을 나타내는 것은?

① 1 Ω 　　　② 1 J
③ 1 dB 　　　④ 1 W

해설 와트(watt)

(1) 1초 동안에 소비하는 전력 에너지(전력의 단위)

(2) 1 W : 1 V의 전압으로 1 A의 전류가 흐를 때 전력의 크기

72. 도시가스에서 중압의 가스압력은? (단, 액화가스가 기화되고 다른 물질과 혼합되지 아니한 경우 제외)

① 0.05 MPa 이상, 0.1 MPa 미만
② 0.01 MPa 이상, 0.1 MPa 미만
③ 0.1 MPa 이상, 1 MPa 미만
④ 1 MPa 이상, 10 MPa 미만

해설 도시가스사업법에 규정한 압력의 기준

(1) 고압 : 1 MPa 이상의 압력(게이지 압력)
(2) 중압 : 0.1 MPa이상 1 MPa 미만의 압력
(3) 저압 : 0.1 MPa 미만의 압력

73. 다음 중 고속 덕트에 관한 설명으로 옳지 않은 것은?

① 원형 덕트의 사용이 불가능하다.
② 동일한 풍량을 송풍할 경우 저속 덕트에 비해 송풍기 동력이 많이 든다.
③ 공장이나 창고 등과 같이 소음이 별로 문제가 되지 않는 곳에 사용된다.
④ 동일한 풍량을 송풍할 경우 저속 덕트에 비해 덕트의 단면 치수가 작아도 된다.

해설 고속 덕트는 덕트 내 풍속이 15 m/s 이상인 덕트로서 공기의 마찰 저항을 줄이기 위하여 원형 덕트를 사용한다.

74. 다음 중 통기관의 설치 목적으로 옳지 않은 것은?

① 트랩의 봉수를 보호한다.
② 오수와 잡배수가 서로 혼합되지 않게 한다.
③ 배수계통 내의 배수 및 공기의 흐름을 원활히 한다.
④ 배수관 내에 환기를 도모하여 관 내를 청결하게 유지한다.

해설 통기관의 설치 목적

(1) 트랩(trap)의 봉수를 보호한다.
(2) 배수관 내의 배수 및 공기의 흐름을 원활하게 한다.
(3) 배수관 내의 환기를 도모하여 관내의 청결을 유지한다.

참고 (1) 통기관 : 배수관의 내부와 외기를 연결한 관
(2) 트랩 : 배수관의 악취의 역류를 막기 위해 기구의 가까운 배수관에 U자, S자 형태로 물을 채워두는 곳

75. 다음 중 수격작용의 발생 원인과 가장 거리가 먼 것은?

① 밸브의 급폐쇄
② 감압밸브의 설치
③ 배관방법의 불량
④ 수도본관의 고수압

해설 수격작용(water hammer)

(1) 정의 : 급수배관 내에 유속의 급변으로 인한 충격으로 진동과 소음이 발생하는 현상

(2) 발생 원인
　㉮ 밸브의 급폐쇄
　㉯ 배관방법의 불량(굴곡부)
　㉰ 수도본관의 고수압
　㉱ 급수관 내의 빠른 유속
　㉲ 관의 지름이 작은 경우
(3) 방지 대책
　㉮ 기구류 가까이에 공기실(air chamber)를 둔다.
　㉯ 배관의 지름을 크게 한다.
　㉰ 기체나 액체의 압력을 낮추는 감압밸브를 사용한다.

76. 공조시스템의 전열교환기에 관한 설명으로 옳지 않은 것은?
① 공기 대 공기의 열교환기로서 현열만 교환이 가능하다.
② 공조기는 물론 보일러나 냉동기의 용량을 줄일 수 있다.
③ 공기방식의 중앙공조시스템이나 공장 등에서 환기에서의 에너지 회수방식으로 사용된다.
④ 전열교환기를 사용한 공조시스템에서 중간기(봄, 가을)를 제외한 냉방기와 난방기의 열회수량은 실내·외의 온도차가 클수록 많다.
해설 전열교환기는 급기와 배기를 통하여 실내의 오염물질은 내보내고 신선한 공기를 유입시키며, 열에너지를 효율적으로 저장하는 역할을 하고, 공기 대 공기의 열교환기로서 현열과 잠열을 교환한다.

77. 음의 대소를 나타내는 감각량을 음의 크기라고 하는데 음의 크기의 단위는?
① dB　② cd
③ Hz　④ sone
해설 ① 데시벨(dB) : 소리의 세기를 나타내는 단위

② 칸델라(cd) : 광도의 단위
③ 헤르츠(Hz) : 1초 동안 진동한 횟수를 나타내는 단위
④ 손(sone) : 청각에 알맞은 소리의 크기의 단위 (음의 감각적인 크기를 나타내는 척도)

78. 간접조명기구에 관한 설명으로 옳지 않은 것은?
① 직사 눈부심이 없다.
② 매우 넓은 면적이 광원으로서의 역할을 한다.
③ 일반적으로 발산광속 중 상향광속이 90~100 % 정도이다.
④ 천장, 벽면 등은 빛이 잘 흡수되는 색과 재료를 사용하여야 한다.
해설 간접조명기구에서 천장 및 벽면 등은 빛이 잘 반사되는 색과 재료를 사용해야 한다.

79. 전기설비가 어느 정도 유효하게 사용되는가를 나타내며, 다음과 같은 식으로 산정되는 것은?
$$\frac{부하의\ 평균전력}{최대수용전력}\times100\%$$
① 역률　② 부등률
③ 부하율　④ 수용률
해설 ① $역률=\frac{유효전력}{피상전력}$
② $부등률=\frac{각\ 부하의\ 최대수용전력의\ 합계}{합성\ 최대수용전력}\times100\%$
③ $부하율=\frac{평균사용전력}{최대수용전력}\times100\%$
④ $수용률=\frac{최대수용전력}{총부하설비용량}\times100\%$

80. 전기설비에서 다음과 같이 정의되는 것

은 어느 것인가?

전면이나 후면 또는 양면에 개폐기, 과전류 차단장치 및 기타 보호장치, 모선 및 계측기 등이 부착되어 있는 하나의 대형 패널 또는 여러 개의 패널, 프레임 또는 패널 조립품으로서, 전면과 후면에서 접근할 수 있는 것

① 캐비닛　　　　② 차단기
③ 배전반　　　　④ 분전반

해설　① 캐비닛 : 틀이나 받침대를 구비한 분전반 등을 넣는 문이 달린 금속제 또는 합성 수지제의 함
　② 차단기 : 수동으로 회로를 개폐하고, 미리 설정된 전류의 과부하에서 자동적으로 회로를 개방하는 장치로 정격의 범위 내에서 적절히 사용하는 경우 자체에 어떠한 손상을 일으키지 않도록 설계된 장치
　③ 배전반 : 변압기에 직접 연결되어 각 실의 분전반으로 전기를 보내는 역할을 하며 전후면 또는 양면에 계폐기, 과전류 차단장치, 계측기 등이 부착되어 있는 대형 패널로서 전면, 후면에서 접근할 수 있다.
　④ 분전반 : 하나의 패널로 조립하도록 설계된 단위패널의 집합체로 모선이나 자동 과전류 차단장치, 조명, 온도, 전력회로의 제어용 개폐기가 설치되어 있으며, 벽이나 칸막이판에 접하여 배치한 캐비닛이나 차단기를 설치할 수 있도록 설계되어 있고 전면에서만 접근할 수 있는 것

제5과목　**건축관계법규**

81. 주차장의 수급 실태조사에 관한 설명으로 옳지 않은 것은?
① 실태조사의 주기는 5년으로 한다.

② 조사구역은 사각형 또는 삼각형 형태로 설정한다.
③ 조사구역 바깥 경계선의 최대거리가 300 m를 넘지 않도록 한다.
④ 각 조사구역은 「건축법」에 따른 도로를 경계로 구분한다.

해설　수급 실태조사 및 안전관리 실태조사의 주기는 3년으로 한다.

82. 다음 중 아파트를 건축할 수 없는 용도지역은?
① 준주거지역
② 제1종일반주거지역
③ 제2종전용주거지역
④ 제3종일반주거지역

해설　주거지역에서 아파트를 건축할 수 없는 용도지역은 제1종전용주거지역과 제1종일반주거지역이다.

83. 다음 중 건축에 속하지 않는 것은?
① 이전　　　　② 증축
③ 개축　　　　④ 대수선

해설　(1) 건축 : 건축물의 신축·증축·개축·재축·이전
　(2) 대수선 : 건축물의 기둥·보·내력벽·주계단 등의 구조나 외부 형태를 수선·변경하거나 증설하는 것

84. 전용주거지역 또는 일반주거지역 안에서 높이 8 m의 2층 건축물을 건축하는 경우, 건축물의 각 부분은 일조 등의 확보를 위하여 정북 방향으로의 인접 대지경계선으로부터 최소 얼마 이상 띄어 건축하여야 하는가?
① 1 m　　　　② 1.5 m
③ 2 m　　　　④ 3 m

해설 일조 등의 확보를 위한 건축물의 높이 제한 : 전용주거지역이나 일반주거지역에서 건축물을 건축하는 경우에는 건축물의 각 부분을 정북 방향으로의 인접 대지경계선으로부터 다음 범위에서 건축조례로 정하는 거리 이상을 띄어 건축하여야 한다.

(1) 높이 9 m 이하인 부분 : 인접 대지경계선으로부터 1.5 m 이상
(2) 높이 9 m를 초과하는 부분 : 인접 대지경계선으로부터 해당 건축물 각 부분 높이의 2분의 1 이상

85. 다음의 대규모 건축물의 방화벽에 관한 기준 내용 중 (　　) 안에 공통으로 들어갈 내용은?

> 연면적 (　　) 이상인 건축물은 방화벽으로 구획하되, 각 구획된 바닥면적의 합계는 (　　) 미만이어야 한다.

① 500 m^2　　② 1,000 m^2
③ 1,500 m^2　　④ 3,000 m^2

해설 연면적 1,000 m^2 이상인 건축물은 방화벽으로 구획하되, 각 구획된 바닥면적의 합계는 1,000 m^2 미만이어야 한다.

86. 다음 중 건축물의 대지에 공개공지 또는 공개공간을 확보하여야 하는 대상 건축물에 속하는 것은? (단, 일반주거지역의 경우)

① 업무시설로서 해당 용도로 쓰는 바닥면적의 합계가 3,000 m^{2}인 건축물
② 숙박시설로서 해당 용도로 쓰는 바닥면적의 합계가 4,000 m^{2}인 건축물
③ 종교시설로서 해당 용도로 쓰는 바닥면적의 합계가 5,000 m^{2}인 건축물
④ 문화 및 집회시설로서 해당 용도로 쓰는 바닥면적의 합계가 4,000 m^{2}인 건축물

해설 공개공지 또는 공개공간 확보
(1) 대상지역 : 일반주거지역·준주거지역·상업지역·준공업지역
(2) 대상건축물 : 바닥면적 5,000 m^2 이상인 문화 및 집회시설·종교시설·판매시설·운수시설·업무시설·숙박시설

87. 다음 중 건축물의 내부에 설치하는 피난계단의 구조에 관한 기준 내용으로 옳지 않은 것은?

① 계단의 유효너비는 0.9 m 이상으로 할 것
② 계단실의 실내에 접하는 부분의 마감은 불연재료로 할 것
③ 계단은 내화구조로 하고 피난층 또는 지상까지 직접 연결되도록 할 것
④ 건축물의 내부에서 계단실로 통하는 출입구의 유효너비는 0.9 m 이상으로 할 것

해설 건축물의 내부에 설치하는 피난계단의 구조
(1) 계단실은 창문·출입구 기타 개구부를 제외한 당해 건축물의 다른 부분과 내화구조의 벽으로 구획할 것
(2) 계단실의 실내에 접하는 부분의 마감은 불연재료로 할 것
(3) 계단실에는 예비전원에 의한 조명설비를 할 것
(4) 계단실의 바깥쪽과 접하는 창문 등은 당해 건축물의 다른 부분에 설치하는 창문 등으로부터 2 m 이상의 거리를 두고 설치할 것
(5) 건축물의 내부와 접하는 계단실의 창문 등(출입구 제외)은 망이 들어 있는 유리의 붙박이창으로서 그 면적을 각각 1 m^2 이하로 할 것
(6) 건축물의 내부에서 계단실로 통하는 출입구의 유효너비는 0.9 m 이상으로 할 것
(7) 계단은 내화구조로 하고 피난층 또는 지상까지 직접 연결되도록 할 것

정답 　85. ②　　86. ③　　87. ①

※ ①은 건축물의 바깥쪽에 설치하는 피난계
단의 구조에 해당한다.

88. 다음은 공동주택의 환기설비에 관한 기준 내용이다. (   ) 안에 알맞은 것은?

> 신축 또는 리모델링하는 100세대 이상의 공동주택에는 시간당 (   ) 이상의 환기가 이루어질 수 있도록 자연환기설비 또는 기계환기설비를 설치하여야 한다.

① 0.5회   ② 1회

③ 1.5회   ④ 2회

해설 신축 또는 리모델링하는 다음 중 어느 하나에 해당하는 주택 또는 건축물은 시간당 0.5회 이상의 환기가 이루어질 수 있도록 자연환기설비 또는 기계환기설비를 설치하여야 한다.
(1) 100세대 이상의 공동주택
(2) 주택을 주택 외의 시설과 동일건축물로 건축하는 경우로서 주택이 100세대 이상인 건축물
※ 현행 법규에서는 100세대→30세대로 변경

89. 다음 중 건축법이 적용되는 건축물은?

① 역사(驛舍)
② 고속도로 통행료 징수시설
③ 철도의 선로 부지에 있는 플랫폼
④ 「문화재보호법」에 따른 가지정(假指定) 문화재

해설 건축법이 적용되지 않는 건축물
(1) 「문화재보호법」에 따른 지정문화재나 임시지정문화재
(2) 철도나 궤도의 선로 부지에 있는 다음 각목의 시설
㉮ 운전보안시설
㉯ 철도 선로의 위나 아래를 가로지르는 보행시설
㉰ 플랫폼

㉱ 해당 철도 또는 궤도사업용 급수·급탄 및 급유 시설
(3) 고속도로 통행료 징수시설
(4) 컨테이너를 이용한 간이창고
(5) 「하천법」에 따른 하천구역 내의 수문조작실

90. 건축법 제61조 제2항에 따른 높이를 산정할 때, 공동주택을 다른 용도와 복합하여 건축하는 경우 건축물의 높이 산정을 위한 지표면 기준은?

> 건축법 제61조(일조 등의 확보를 위한 건축물의 높이 제한)
> ② 다음 각 호의 어느 하나에 해당하는 공동주택(일반상업지역과 중심상업지역에 건축하는 것은 제외한다.)은 채광(採光) 등의 확보를 위하여 대통령령으로 정하는 높이 이하로 하여야 한다.
> 1. 인접 대지경계선 등의 방향으로 채광을 위한 창문 등을 두는 경우
> 2. 하나의 대지에 두 동(棟) 이상을 건축하는 경우

① 전면도로의 중심선
② 인접 대지의 지표면
③ 공동주택의 가장 낮은 부분
④ 다른 용도의 가장 낮은 부분

해설 제61조 제2항에 따른 높이를 산정할 때 해당 대지가 인접 대지의 높이보다 낮은 경우에는 해당 대지의 지표면을 지표면으로 보고, 공동주택을 다른 용도와 복합하여 건축하는 경우에는 공동주택의 가장 낮은 부분을 그 건축물의 지표면으로 본다.

91. 다음 중 허가 대상에 속하는 용도변경은 어느 것인가?

① 숙박시설에서 의료시설로의 용도변경
② 판매시설에서 문화 및 집회시설로의

용도변경

③ 제1종근린생활시설에서 업무시설로의 용도변경

④ 제1종근린생활시설에서 공동주택으로의 용도변경

해설 건축물의 용도변경

(1) 허가 대상 : 상위군에 해당하는 용도로 변경하는 경우

(2) 신고 대상 : 하위군에 해당하는 용도로 변경하는 경우

시설군	세부 용도
1. 자동차 관련 시설군	자동차 관련 시설
2. 산업 등의 시설군	운수시설, 창고시설, 위험물저장 및 처리 시설, 자원순환 관련 시설, 묘지 관련 시설, 장례시설
3. 전기통신시설군	방송통신시설, 발전시설
4. 문화 및 집회시설군	문화 및 집회시설, 종교시설, 위락시설, 관광휴게시설
5. 영업시설군	판매시설, 운동시설, 숙박시설
6. 교육 및 복지시설군	의료시설, 교육연구시설, 노유자시설, 수련시설
7. 근린생활시설군	제1, 2종 근린생활시설
8. 주거업무시설군	단독주택, 공동주택, 업무시설, 교정 및 군사시설
9. 그 밖의 시설군	동물 및 식물 관련 시설

※ ①, ③, ④는 하위군에 해당하는 용도로 변경하는 경우이므로 신고 대상이다.

92. 한 방에서 층의 높이가 다른 부분이 있는 경우 층고 산정 방법으로 옳은 것은?

① 가장 낮은 높이로 한다.

② 가장 높은 높이로 한다.

③ 각 부분 높이에 따른 면적에 따라 가중평균한 높이로 한다.

④ 가장 낮은 높이와 가장 높은 높이의 산술평균한 높이로 한다.

해설 층고는 방의 바닥구조체 윗면으로부터 위층 바닥구조체의 윗면까지의 높이로 한다. 다만, 한 방에서 층의 높이가 다른 부분이 있는 경우에는 그 각 부분의 높이에 따른 면적에 따라 가중평균한 높이로 한다.

93. 국토의 계획 및 이용에 관한 법률상 다음과 같이 정의되는 것은?

도시·군계획 수립 대상지역의 일부에 대하여 토지 이용을 합리화하고 그 기능을 증진시키며 미관을 개선하고 양호한 환경을 확보하며, 그 지역을 체계적·계획적으로 관리하기 위하여 수립하는 도시·군관리계획

① 광역도시계획

② 지구단위계획

③ 도시·군기본계획

④ 입지규제최소구역계획

해설 지구단위계획이란 도시·군계획 수립 대상지역의 일부에 대하여 토지 이용을 합리화하고 그 기능을 증진시키며 미관을 개선하고 양호한 환경을 확보하며, 그 지역을 체계적·계획적으로 관리하기 위하여 수립하는 도시·군관리계획을 말한다.

94. 다음 중 부설주차장 설치대상 시설물의 종류와 설치기준의 연결이 옳지 않은 것은 어느 것인가?

① 골프장 – 1홀당 10대

② 숙박시설 – 시설면적 200 m²당 1대

③ 위락시설 – 시설면적 150 m²당 1대

④ 문화 및 집회시설 중 관람장 – 정원

100명당 1대

해설　위락시설 - 시설면적 100 m²당 1대

95. 다음 설명에 알맞은 용도지구의 세분은 어느 것인가?

> 산지·구릉지 등 자연경관을 보호하거나 유지하기 위하여 필요한 지구

① 자연경관지구
② 자연방재지구
③ 특화경관지구
④ 생태계보호지구

해설　① 자연경관지구 : 산지·구릉지 등 자연경관을 보호하거나 유지하기 위하여 필요한 지구
② 자연방재지구 : 토지의 이용도가 낮은 해안변, 하천변, 급경사지 주변 등의 지역으로서 건축 제한 등을 통하여 재해 예방이 필요한 지구
③ 특화경관지구 : 지역 내 주요 수계의 수변 또는 문화적 보존가치가 큰 건축물 주변의 경관 등 특별한 경관을 보호 또는 유지하거나 형성하기 위하여 필요한 지구
④ 생태계보호지구 : 야생동식물서식처 등 생태적으로 보존가치가 큰 지역의 보호와 보존을 위하여 필요한 지구

96. 그림과 같은 대지의 도로 모퉁이 부분의 건축선으로서 도로 경계선의 교차점에서의 거리 "A"로 옳은 것은?

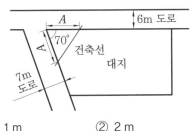

① 1 m　　　　② 2 m
③ 3 m　　　　④ 4 m

해설　너비 8 m 미만인 도로의 모퉁이에 위치한 대지의 도로모퉁이 부분의 건축선은 그 대지에 접한 도로경계선의 교차점으로부터 도로경계선에 따라 다음의 표에 따른 거리를 각각 후퇴한 두 점을 연결한 선으로 한다.

(단위 : m)

도로의 교차각	해당 도로의 너비		교차되는 도로의 너비
	6 이상 8 미만	4 이상 6 미만	
90° 미만	4	3	6 이상 8 미만
	3	2	4 이상 6 미만
90° 이상 120° 미만	3	2	6 이상 8 미만
	2	2	4 이상 6 미만

97. 다음 중 건축물에 설치하는 지하층의 구조 및 설비에 관한 기준 내용으로 옳지 않은 것은?

① 거실의 바닥면적의 합계가 1,000 m²이상인 층에는 환기설비를 설치할 것
② 거실의 바닥면적이 30 m² 이상인 층에는 피난층으로 통하는 비상탈출구를 설치할 것
③ 지하층의 바닥면적이 300 m² 이상인 층에는 식수 공급을 위한 급수전을 1개소 이상 설치할 것
④ 문화 및 집회시설 중 공연장의 용도에 쓰이는 층으로서 그 층의 거실 바닥면적의 합계가 50 m² 이상인 건축물에는 직통계단을 2개소 이상 설치할 것

해설　거실의 바닥면적이 50 m² 이상인 층에는 직통계단 외에 피난층 또는 지상으로 통하는 비상탈출구 및 환기통을 설치할 것. 다만, 직통계단이 2개소 이상 설치되어 있는 경우에는 그러하지 아니하다.

98. 다음과 같은 경우 연면적 1,000 m²인 건축물의 대지에 확보하여야 하는 전기설비 설치공간의 면적기준은?

> ⓐ 수전전압 : 저압
> ⓑ 전력수전 용량 : 200 kW

① 가로 2.5 m, 세로 2.8 m
② 가로 2.5 m, 세로 4.6 m
③ 가로 2.8 m, 세로 2.8 m
④ 가로 2.8 m, 세로 4.6 m

해설 (1) 수전전압 : 전력회사가 전력공급에 사용하는 전압(시설물 측에서 보는 관점)으로 특고압, 고압, 저압의 3종류가 있다.
(2) 전기설비 설치공간(배전용)
㉮ 연면적 500 m² 이상인 건축물의 대지
㉯ 대지확보면적 : 수전전압이 저압이고, 전력수전 용량이 200 kW 이상 300 kW 미만인 경우 가로 2.8 m, 세로 4.6 m의 대지 공간이 필요함

99. 다음 중 국토의 계획 및 이용에 관한 법령에 따른 도시·군관리계획의 내용에 속하지 않는 것은?

① 광역계획권의 장기발전방향에 관한 계획
② 도시개발사업이나 정비사업에 관한 계획
③ 기반시설의 설치·정비 또는 개량에 관한 계획
④ 용도지역·용도지구의 지정 또는 변경에 관한 계획

해설 광역계획권의 장기발전방향에 관한 계획은 광역도시계획이다.

100. 다음 중 노외주차장의 출구 및 입구를 설치할 수 있는 장소는?

① 육교로부터 4 m 거리에 있는 도로의 부분
② 지하횡단보도에서 10 m 거리에 있는 도로의 부분
③ 초등학교 출입구로부터 15 m 거리에 있는 도로의 부분
④ 장애인복지시설 출입구로부터 15 m 거리에 있는 도로의 부분

해설 노외주차장의 출구 및 입구를 설치할 수 없는 장소
(1) 횡단보도·육교·지하횡단보도로부터 5 m 이내의 도로 부분
(2) 초등학교·유아원·유치원·특수학교·노인복지시설·장애인복지시설·아동전용시설의 출입구로부터 20 m 이내의 도로 부분

건축기사　　　　　　　　　　2019년 4월 27일(제2회)

제1과목　　건축계획

1. 다음의 호텔 중 연면적에 대한 숙박면적의 비가 일반적으로 가장 큰 것은?

① 커머셜 호텔　　② 클럽 하우스
③ 리조트 호텔　　④ 아파트먼트 호텔

해설 커머셜 호텔은 국제회의 등 상업상의 목적을 지닌 투숙객을 대상으로 하는 호텔로서 객실이 주가 되며, 부대시설은 최소화되므로 다른 호텔에 비하여 연면적에 대한 숙박면적의 비가 가장 크다.

2. 도서관의 출납시스템 중 폐가식에 관한 설명으로 옳지 않은 것은?

① 서고와 열람실이 분리되어 있다.
② 도서의 유지 관리가 좋아 책의 망실이 적다.
③ 대출절차가 간단하여 관원의 작업량이 적다.
④ 규모가 큰 도서관의 독립된 서고의 경우에 많이 채용된다.

해설 폐가식 : 서고와 열람실이 분리되어 있어 대출실 앞에 있는 목록카드를 선택하여 대출 후 열람석에서 열람하는 방식
※ 도서의 대출절차가 복잡하여 도서관원의 작업량이 많다.

3. 주택의 부엌 계획에 관한 설명으로 옳지 않은 것은?

① 일사가 긴 서쪽은 음식물이 부패하기 쉬우므로 피하도록 한다.
② 작업 삼각형은 냉장고와 개수대 그리고 배선대를 잇는 삼각형이다.

③ 부엌가구의 배치유형 중 ㄱ자형은 부엌과 식당을 겸할 경우 많이 활용되는 형식이다.
④ 부엌가구의 배치유형 중 일렬형은 면적이 좁은 경우 이용에 효과적이므로 소규모 부엌에 주로 활용된다.

해설 부엌 계획에서 작업 삼각형은 냉장고, 가열대, 개수대를 잇는 삼각형으로 주목표는 효율적인 동선이다.

4. 다음 중 전시공간의 융통성을 주요 건축 개념으로 한 것은?

① 퐁피두 센터
② 루브르 박물관
③ 구겐하임 미술관
④ 슈투트가르트 미술관

해설 퐁피두 센터는 프랑스 파리의 국립예술문화센터이다. 배수관, 가스관, 통풍구 등의 설비를 외부에 노출시켰고, 철골구조와 유리를 노출시켜 내부 전시공간을 극대화한 계획으로 전시공간의 융통성을 주요 건축 개념으로 한 건축물이다.

5. 테라스 하우스에 관한 설명으로 옳지 않은 것은?

① 경사가 심할수록 밀도가 높아진다.
② 각 세대의 깊이는 7.5 m 이상으로 하

여야 한다.

③ 평지보다 더 많은 인구를 수용할 수 있어 경제적이다.

④ 시각적인 인공 테라스형은 위층으로 갈수록 건물의 내부면적이 작아지는 형태이다.

해설 테라스 하우스는 경사지 지형에 따라 각 세대를 건축하는 방식으로서 각 세대의 후면에 창 설치의 문제가 생기므로 각 세대의 깊이는 7.5 m 이하로 한다.

테라스 하우스

6. 봉정사 극락전에 관한 설명으로 옳지 않은 것은?

① 지붕은 팔작지붕의 형태를 띠고 있다.

② 공포를 주상에만 짜놓은 주심포 양식의 건축물이다.

③ 우리나라에 현존하는 목조 건축물 중 가장 오래된 것이다.

④ 정면 3칸에 측면 4칸의 규모이며 서남향으로 배치되어 있다.

해설 (1) 봉정사 극락전은 고려시대 건물로서 현존하는 목조 건축물 중 가장 오래된 것이며 정면 3칸, 측면 4칸의 단층 맞배지붕 주심포 양식이다.

(2) 전통 한식 건물의 지붕 형태

팔작지붕

맞배지붕

우진각지붕

7. 미술관 전시공간의 순회형식 중 갤러리 및 코리도 형식에 관한 설명으로 옳은 것은?

① 복도의 일부를 전시장으로 사용할 수 있다.

② 전시실 중 하나의 실을 폐쇄하면 동선이 단절된다는 단점이 있다.

③ 중앙에 커다란 홀을 계획하고 그 홀에 접하여 전시실을 배치한 형식이다.

④ 이 형식을 채용한 대표적인 건축물로는 뉴욕 근대미술관과 프랭크 로이드 라이트의 구겐하임 미술관이 있다.

해설 갤러리(전시장) 및 코리도(복도) 형식은 복도의 한쪽에 연속된 전시실을 배치한 형식으로 복도의 일부를 전시장으로 사용할 수 있다.

8. 상점의 매장 및 정면 구성에서 요구되는 AIDMA 법칙의 내용으로 옳지 않은 것은?

① Memory ② Interest
③ Attention ④ Attraction

해설 AIDMA 법칙
(1) A : Attention(주의, 집중)
(2) I : Interest(흥미)
(3) D : Desire(욕망, 욕구)
(4) M : Memory(기억)
(5) A : Action(행동)

9. 사무소 건축의 실단위계획에 관한 설명으로 옳지 않은 것은?

① 개실 시스템은 독립성과 쾌적감의 이점이 있다.

② 개방식 배치는 전면적을 유용하게 사용할 수 있다.

③ 개방식 배치는 개실 시스템보다 공사비가 저렴하다.

④ 오피스 랜드스케이프(office landscape)는 개실 시스템을 위한 실단위계획이다.

해설 오피스 랜드스케이프(풍경) 방식은 개방된 큰 실에서 전실을 의사 전달, 작업 흐름에 따라 배치하는 방식으로 개방식 배치이다.

10. 종합병원계획에 관한 설명으로 옳지 않은 것은?

① 수술부는 타 부분의 통과교통이 없는 장소에 배치한다.

② 수술실의 바닥은 전기도체성 마감을 사용하는 것이 좋다.

③ 간호사 대기실은 각 간호단위 또는 층별, 동별로 설치한다.

④ 평면계획 시 모듈을 적용하여 각 병실을 모두 동일한 크기로 하는 것이 좋다.

해설 병실의 크기는 환자들의 요구사항에 맞추어 1인실, 2인실, 4인실, 6인실, 8인실 등으로 다양하게 계획하는 것이 바람직하다.

11. 상점의 판매방식에 관한 설명으로 옳지 않은 것은?

① 측면판매방식은 직원 동선의 이동성이 많다.

② 대면판매방식은 측면판매방식에 비해 상품 진열면적이 넓어진다.

③ 측면판매방식은 고객이 직접 진열된 상품을 접촉할 수 있는 관계로 선택이 용이하다.

④ 대면판매방식은 쇼케이스를 중심으로 판매원이 고정된 자리나 위치를 확보하는 것이 용이하다.

해설 (1) 대면판매방식 : 카운터(쇼케이스)를 사이에 두고, 통로측에는 고객이 내측에는 판매원이 서서 고객을 1 : 1로 대응하는 방식
(2) 측면판매방식 : 매장을 고객을 위한 영역으로 꾸미고 요소요소에 판매원을 배치하여 제품 설명 때마다 상담해 주는 방식
(3) 대면판매방식은 고객의 동선이 고정되어

있어 상품 진열면적은 측면판매방식보다 작아진다.

12. 다음 중 구조코어로서 가장 바람직한 코어형식으로, 바닥면적이 큰 고층, 초고층 사무소에 적합한 것은?

① 중심코어형　　② 편심코어형
③ 독립코어형　　④ 양단코어형

해설 중앙에 내진벽을 설치하는 중심코어형식이 바닥면적이 큰 고층, 초고층 사무소에 가장 바람직하다.

13. 다음 중 르 꼬르뷔제가 제시한 근대건축의 5원칙에 속하는 것은?

① 옥상정원
② 유기적 건축
③ 노출 콘크리트
④ 유니버설 스페이스

해설 르 꼬르뷔제의 근대건축의 5원칙
　(1) 옥상정원(옥상 테라스)
　(2) 피로티
　(3) 자유로운 열린 평면
　(4) 가로로 긴 창(따로 된 긴창)
　(5) 자유로운 파사드(출구가 있는 정면)

14. 공장 건축계획에 관한 설명으로 옳지 않은 것은?

① 기능식 레이아웃은 소종 다량생산이나 표준화가 쉬운 경우에 주로 적용된다.

② 공장의 지붕형식 중 톱날지붕은 균일한 조도를 얻을 수 있다는 장점이 있다.

③ 평면계획 시 관리 부분과 생산공정 부분을 구분하고 동선이 혼란되지 않게 한다.

④ 공장 건축의 형식에서 집중식(block type)은 건축비가 저렴하고, 공간효율

도 좋다.

해설 기능식 레이아웃은 유사한 기계설비를 집합시켜 다종(여러 종류)의 소량생산이나 표준화 또는 예측생산이 어려운 경우에 적용하는 방식이다.

15. 주택단지 내 도로의 형태 중 쿨데삭 (cul-de-sac)형에 관한 설명으로 옳지 않은 것은?

① 통과교통이 방지된다.

② 우회도로가 없기 때문에 방재·방범상으로는 불리하다.

③ 주거환경의 쾌적성과 안정성 확보가 용이하다.

④ 대규모 주택단지에 주로 사용되며, 도로의 최대길이는 1 km 이하로 한다.

해설 쿨데삭(cul de sac)형식은 대규모 주택단지에서 막다른 도로 끝에 차량이 되돌아 나올 때 회전이 용이하도록 설치한 공간으로서 막다른 도로의 최대길이는 300 m 이하로 한다.

16. 다음 중 건축가와 작품의 연결이 옳지 않은 것은?

① 르 꼬르뷔제-사보이 주택

② 오스카 니마이어-브라질 국회의사당

③ 미스 반 데어 로에-뉴욕 레버 하우스

④ 프랭크 로이드 라이트-뉴욕 구겐하임 미술관

해설 뉴욕 맨해튼 레버 하우스(Lever house)

(1) 유리와 스테인리스 스틸로 구성된 오피스 빌딩(커튼월 건축의 시초)

(2) 건축회사 SOM의 고든 번샤프트(Gordon Bunshaft)의 작품이다.

17. 학교의 배치 형식 중 분산병렬형에 관한 설명으로 옳지 않은 것은?

① 일종의 핑거 플랜이다.

② 구조계획이 간단하고 시공이 용이하다.

③ 부지의 크기에 상관없이 적용이 용이하다.

④ 일조·통풍 등 교실의 환경조건을 균등하게 할 수 있다.

해설 분산병렬형(finger plan)은 교사를 병렬식으로 배치하는 방식이므로 넓은 부지가 필요하다.

18. 척도 조정(M.C.)에 관한 설명으로 옳지 않은 것은?

① 설계 작업이 단순해지고 간편해진다.

② 현장 작업이 단순해지고 공기가 단축된다.

③ 건축물 형태의 다양성 및 창조성 확보가 용이하다.

④ 구성재의 상호조합에 의한 호환성을 확보할 수 있다.

해설 척도 조정(modular coordination)은 건축 전반의 치수를 모듈화하여 사용되는 재료를 규격화하는 작업으로서 건축물의 형태의 다양성이 곤란하고, 창조성 확보가 어렵다.

19. 아파트의 평면 형식에 관한 설명으로 옳지 않은 것은?

① 중복도형은 부지의 이용률이 적다.

② 홀형(계단실형)은 독립성(privacy)이 우수하다.

③ 집중형은 복도부분의 자연환기, 채광이 극히 나쁘다.

④ 편복도형은 복도를 외기에 터놓으면 통풍, 채광이 중복도형보다 양호하다.

해설 중복도형은 복도를 각 세대의 중간에 배치하므로 부지의 이용률이 높다.

20. 극장건축에서 무대의 제일 뒤에 설치되

는 무대 배경용의 벽을 의미하는 것은?

① 사이클로라마 ② 플라이 로프트

③ 플라이 갤러리 ④ 그리드아이언

> **해설** ① 사이클로라마 : 무대의 제일 뒤에 설치되는 무대 배경용 벽
> ② 플라이 로프트 : 무대의 상부 공간을 뜻하며, 높이는 일반적으로 프로시니엄 높이의 4배 이상으로 한다.
> ③ 플라이 갤러리 : 무대 주위의 벽에 6~9 m 높이로 설치되는 좁은 통로
> ④ 그리드 아이언 : 무대 천장 밑에 설치한 것으로 배경이나 조명 기구 등이 매달린다.

제2과목 건축시공

21. 다음과 같은 철근콘크리트조 건축물에서 외줄 비계면적으로 옳은 것은? (단, 비계높이는 건축물의 높이로 함)

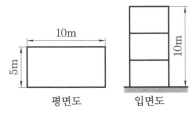

평면도　　　　입면도

① 300 m² ② 336 m²

③ 372 m² ④ 400 m²

> **해설** 비계면적
> (1) 통나무 비계
> 　㉮ 외줄 비계·겹비계 : $H(l+3.6)$
> 　㉯ 쌍줄 비계 : $H(l+7.2)$
> (2) 파이프 비계
> 　㉮ 단관 비계 : $H(l+8.0)$
> 　㉯ 강관틀 비계 : $H(l+8.0)$
> 여기서, H : 높이, l : 외벽의 둘레길이
> ∴ $A = 10 \times \{(10+5) \times 2 + 3.6\} = 336 \, \text{m}^2$

22. 다음 각 유리에 관한 설명으로 옳지 않은 것은?

① 망입유리는 파손되더라도 파편이 튀지 않으므로 진동에 의해 파손되기 쉬운 곳에 사용된다.

② 복층유리는 단열 및 차음성이 좋지 않아 주로 선박의 창 등에 이용된다.

③ 강화유리는 압축강도를 한층 강화한 유리로 현장 가공 및 절단이 되지 않는다.

④ 자외선투과유리는 병원이나 온실 등에 이용된다.

> **해설** 복층유리(pair glass) : 2중 또는 3중 유리 사이에 건조 공기 등을 밀봉하여 단열, 방음, 결로 방지에 사용되며 단열겹유리라 한다.

23. 공사장 부지 경계선으로부터 50 m 이내에 주거·상가건물이 있는 경우에 공사현장 주위에 가설울타리는 최소 얼마 이상의 높이로 설치하여야 하는가?

① 1.5 m ② 1.8 m

③ 2 m ④ 3 m

> **해설** 공사현장 주위에 가설울타리를 높이 1.8 m 이상으로 설치하되, 공사장 부지 경계선으로부터 50 m 이내에 주거·상가건물이 있는 경우에는 높이 3 m 이상으로 설치해야 한다.

24. 다음 중 가설비용의 종류로 볼 수 없는 것은?

① 가설건물비 ② 바탕처리비

③ 동력, 전등설비 ④ 용수설비

> **해설** (1) 공사를 위해 일시적으로 설치하는 가설물의 비용에는 가설건물비, 동력, 전등설비, 용수설비 등이 있다.
> (2) 미장·타일·도장·방수 등의 시공을 위한 바탕처리비는 직접공사비에 포함된다.

25. 표준시방서에 따른 시스템 비계에 관한 기준으로 옳지 않은 것은?

　① 수직재와 수직재의 연결은 전용의 연결조인트를 사용하여 견고하게 연결하고, 연결 부위가 탈락 또는 꺾어지지 않도록 하여야 한다.

　② 수평재는 수직재에 연결핀 등의 결합방법에 의해 견고하게 결합되어 흔들리거나 이탈되지 않도록 하여야 한다.

　③ 대각으로 설치하는 가새는 비계의 외면으로 수평면에 대해 40~60° 방향으로 설치하며 수평재 및 수직재에 결속한다.

　④ 시스템 비계 최하부에 설치하는 수직재는 받침철물의 조절너트와 밀착되도록 설치하여야 하며, 수직과 수평을 유지하여야 한다. 이때, 수직재와 받침철물의 겹침길이는 받침철물 전체길이의 5분의 1 이상이 되도록 하여야 한다.

　해설 시스템 비계의 수직재의 하부는 받침철물의 조절너트로 밀착시키고, 수직과 수평을 유지시키며 수직재는 받침철물 높이의 $\frac{1}{3}$ 이상 겹치도록 해야 한다.

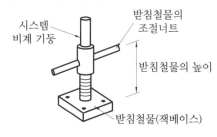

시스템
비계 기둥

받침철물의
조절너트

받침철물의 높이

받침철물(잭베이스)

26. 고강도 콘크리트의 배합에 대한 기준으로 옳지 않은 것은?

　① 단위수량은 소요의 워커빌리티를 얻을 수 있는 범위 내에서 가능한 작게 하여야 한다.

　② 잔골재율은 소요의 워커빌리티를 얻도

록 시험에 의하여 결정하여야 하며, 가능한 작게 하도록 한다.

　③ 고성능 감수제의 단위량은 소요 강도 및 작업에 적합한 워커빌리티를 얻도록 시험에 의해서 결정하여야 한다.

　④ 기상의 변화 등에 관계없이 공기연행제를 사용하는 것을 원칙으로 한다.

　해설 고강도 콘크리트에서 공기연행제(AE제)는 사용하지 않는 것을 원칙으로 하며, 기상변화가 심한 경우에만 사용한다.

27. 타격에 의한 말뚝박기공법을 대체하는 저소음, 저진동의 말뚝공법에 해당되지 않는 것은?

　① 압입 공법

　② 사수(water jetting) 공법

　③ 프리보링 공법

　④ 바이브로 콤포저 공법

　해설 바이브로 콤퍼저 공법은 모래를 물로 다짐하고 강관에 진동을 가하여 모래 말뚝을 구성하는 공법이다.

28. 다음 중 금속 커튼월의 mock up test에 있어 기본성능 시험의 항목에 해당되지 않는 것은?

　① 정압수밀시험　② 방재시험

　③ 구조시험　④ 기밀시험

　해설 커튼월의 mock up test(실물대 시험) : 커튼월을 실제와 같은 크기와 조건으로 설치해 놓고 기밀시험·수밀시험·내풍압시험·층간변위 추종성시험·구조시험 등을 하는 것이다.

29. 콘크리트 균열의 발생 시기에 따라 구분할 때 콘크리트의 경화 전 균열의 원인이 아닌 것은?

① 크리프 수축　② 거푸집의 변형
③ 침하　④ 소성수축

해설 (1) 크리프(creep) 수축은 하중의 증가 없이 수축이 진행되는 현상으로 콘크리트의 경화 후 균열 현상이다.
(2) 소성수축은 굳지 않는 콘크리트에서 수분의 손실에 의해 발생되는 수축이다.

30. 건축공사 스프레이 도장방법에 관한 설명으로 옳지 않은 것은?

① 도장거리는 스프레이 도장면에서 300 mm를 표준으로 한다.
② 매 회에 에어스프레이는 붓도장과 동등한 정도의 두께로 하고, 2회분의 도막 두께를 한 번에 도장하지 않는다.
③ 각 회의 스프레이 방향은 전회의 방향에 평행으로 진행한다.
④ 스프레이할 때는 항상 평행이동하면서 운행의 한 줄마다 스프레이 너비의 1/3 정도를 겹쳐 뿜는다.

해설 스프레이(spray) 도장 시 각 회의 스프레이(뿜칠) 방향은 전회(초벌 또는 재벌) 방향에 직각으로 진행한다.

31. 다음 중 열가소성수지에 해당하는 것은?

① 페놀수지　② 염화비닐수지
③ 요소수지　④ 멜라민수지

해설 합성수지의 구분
(1) 열가소성 수지
㉮ 열을 가하여 성형한 뒤 다시 열을 가하여 형태를 만들 수 있는 수지
㉯ 종류 : 염화비닐수지·아크릴수지·초산비닐수지·폴리스티렌수지·폴리프로필렌수지·폴리에틸렌수지
(2) 열경화성수지
㉮ 열을 가하여 성형하면 다시 열을 가해도 더 이상 연화되지 않는 합성수지
㉯ 종류 : 페놀수지·에폭시수지·멜라민수

지·폴리에스테르수지·요소수지·실리콘수지·폴리우레탄수지

32. 보통 콘크리트용 부순 골재의 원석으로서 가장 적합하지 않은 것은?

① 현무암　② 응회암
③ 안산암　④ 화강암

해설 (1) 보통 콘크리트용 부순 골재(쇄석)의 원석으로 일반적으로 강도가 큰 안산암·현무암·화강암을 사용한다.
(2) 응회암은 장식재로 주로 쓰인다.

33. 공정관리에서의 네트워크(network)에 관한 용어와 관계없는 것은?

① 커넥터(connector)
② 크리티컬 패스(critical path)
③ 더미(dummy)
④ 플로트(float)

해설 (1) 주공정선(critical path)
㉮ 가장 긴 경로
㉯ 작업의 소요일수
(2) 더미(dummy) : 작업의 경로를 표시하는 화살점선(소요일수는 없다.)
(3) 플로트(float) : 각 작업의 여유시간

34. 조적식 구조의 기초에 관한 설명으로 옳지 않은 것은?

① 내력벽의 기초는 연속기초로 한다.
② 기초판은 철근콘크리트 구조로 할 수 있다.
③ 기초판은 무근콘크리트 구조로 할 수 있다.
④ 기초벽의 두께는 최하층의 벽체 두께와 같게 하되, 250 mm 이하로 하여야 한다.

해설 조적식 구조의 기초벽의 두께는 최하층 벽두께 이상으로 하되 250 mm 이상으로 해야 한다.

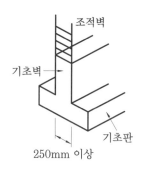

250mm 이상

35. 적외선을 반사하는 은소재 도막으로 코팅하여 방사율과 열관류율을 낮추고 가시광선 투과율을 높인 유리는?

① 스팬드럴 유리 　② 접합유리
③ 배강도유리 　　④ 로이유리

해설 로이(low-emissivity)유리 : 복층유리 안쪽에 열적외선을 반사시키는 은소재 도막으로 코팅하여 방사율과 열관류율을 낮추고 가시광선의 투과율을 높인 유리

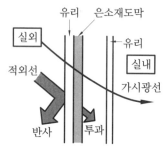

36. 건설현장에서 공사감리자로 근무하고 있는 A씨가 하는 업무로 옳지 않은 것은?

① 상세시공도면의 작성
② 공사시공자가 사용하는 건축자재가 관계법령에 의한 기준에 적합한 건축자재인지 여부의 확인
③ 공사현장에서의 안전관리지도
④ 품질시험의 실시여부 및 시험성과의 검토, 확인

해설 상세시공도면의 작성은 설계자 또는 시공

자의 업무에 해당한다.

37. 다음 중 조적벽 치장줄눈의 종류로 옳지 않은 것은?

① 오목줄눈 　　② 빗줄눈
③ 통줄눈 　　　④ 실줄눈

해설 치장줄눈의 종류에는 오목줄눈·빗줄눈·실줄눈 등이 있으며, 줄눈의 형태에 따라 막힌 줄눈·통줄눈으로 구분된다.

38. 철골공사의 접합에 관한 설명으로 옳지 않은 것은?

① 고력볼트접합의 종류에는 마찰접합, 지압접합이 있다.
② 녹막이도장은 작업장소 주위의 기온이 5℃ 미만이거나 상대습도가 85 %를 초과할 때는 작업을 중지한다.
③ 철골이 콘크리트에 묻히는 부분은 특히 녹막이칠을 잘해야 한다.
④ 용접 접합에 대한 비파괴시험의 종류에는 자분탐상시험, 초음파탐상시험 등이 있다.

해설 철골이 콘크리트에 묻히는 부분은 공기가 잘 통하지 않으므로 녹막이 도료를 칠할 필요가 없다.

39. 다음 중 프리스트레스트 콘크리트(pre-stressed concrete)에 관한 설명으로 옳지 않은 것은?

① 포스트텐션(post-tension) 공법은 콘크리트의 강도가 발현된 후에 프리스트레스를 도입하는 현장형 공법이다.
② 구조물의 자중을 경감할 수 있으며, 부재단면을 줄일 수 있다.
③ 화재에 강하며, 내화피복이 불필요하다.
④ 고강도이면서 수축 또는 크리프 등의

변형이 적은 균일한 품질의 콘크리트가 요구된다.

해설 프리스트레스트 콘크리트는 고강도 철근을 사용하므로 열에 약하다.

---

40. 시멘트 광물질의 조성 중에서 발열량이 높고 응결시간이 가장 빠른 것은?

① 알루민산삼석회
② 규산삼석회
③ 규산이석회
④ 알루민산철사석회

해설 알루민산삼석회(C3A)는 1일 이내 조기강도를 발휘하는 성분으로 발열량이 높고 응결시간이 가장 빠르다.

제3과목 **건축구조**

41. 그림과 같은 도형의 $X-X$축에 대한 단면 2차 모멘트는?

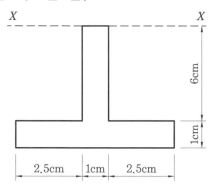

① 326 cm^4　② 278 cm^4
③ 215 cm^4　④ 188 cm^4

해설 (1) 단면 2차 모멘트

$$I_X = I_x + Ay^2$$

여기서, I_x : 도심축에 대한 단면 2차 모멘트
y : 구하고자 하는 축으로부터 도형

의 중심까지의 거리
　A : 단면적

(2) 단면 2차 모멘트의 계산

$$I_X = I_{X1} + I_{X2}$$

$$= \left(\frac{1 \times 6^3}{12} + 1 \times 6 \times 3^2 \right)$$

$$+ \left(\frac{6 \times 1^3}{12} + 6 \times 1 \times 6.5^2 \right)$$

$$= 326 \text{cm}^4$$

---

42. 다음 중 압축재의 좌굴하중 산정 시 직접적인 관계가 없는 것은?

① 부재의 푸아송비
② 부재의 단면 2차 모멘트
③ 부재의 탄성계수
④ 부재의 지지조건

해설 오일러의 좌굴하중

$$P_b = \frac{\pi^2 EI}{(Kl)^2}$$

여기서, E : 탄성계수
　　　　I : 단면 2차 모멘트
　　　　K : 지지조건계수
　　　　l : 부재의 길이

참고 (1) 푸아송비 : 세로변형에 대한 가로변형의 비

$$\nu = \frac{\beta(가로변형률)}{\varepsilon(세로변형률)} = \frac{1}{m}$$

(2) 푸아송수

$$m = \frac{\varepsilon}{\beta} = \frac{\Delta l/l}{\Delta d/d}$$

---

43. 보 또는 보의 역할을 하는 리브나 지판이 없어 기둥으로 하중을 전달하는 2방향으로 철근이 배치된 콘크리트 슬래브는?

① 워플 슬래브(waffle slab)
② 플랫 플레이트(flat plate)
③ 플랫 슬래브(flat slab)
④ 덱 플레이트 슬래브(deck plate slab)

해설 기둥으로 직접 하중을 전달하는 슬래브는
플랫 플레이트 슬래브 구조이다.

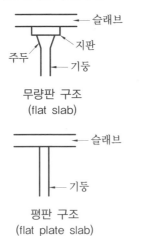

무량판 구조
(flat slab)

평판 구조
(flat plate slab)

44. H-300×150×6.5×9인 형강보가 10 kN
의 전단력을 받을 때 웨브에 생기는 전단응
력도의 크기는 약 얼마인가? (단, 웨브전단
면적 산정 시 플랜지 두께는 제외함)

① 3.46 MPa   ② 4.46 MPa
③ 5.46 MPa   ④ 6.46 MPa

해설 (1) H-300×150×6.4×9의 표시

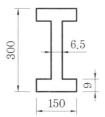

(2) H형강의 전단응력도

$$\tau = \frac{V}{t_1 \times h} = \frac{10 \times 10^3}{6.5 \times (300 - 9 \times 2)}$$
$$= 5.46 \text{N/mm}^2 (\text{MPa})$$

45. 다음 강종 표시기호에 관한 설명으로 옳
지 않은 것은? (단, KS 강종기호 개정사항
반영)

SMA	355	B	W
(가)	(나)	(다)	(라)

① (가) : 용도에 따른 강재의 명칭 구분
② (나) : 강재의 인장강도 구분
③ (다) : 충격흡수에너지 등급 구분
④ (라) : 내후성 등급 구분

해설 KS D 3529
(1) SMA : 용접 구조용 내후성 열간 압연 강
재(용도에 따른 강재의 명칭 구분)
(2) 355 : 강종의 항복강도(N/mm², MPa)
(3) B : 충격흡수에너지에 의한 강재의 품질
중 B등급
(4) W : 내후성 등급 구분

46. 각종 단면의 주축을 표시한 것으로 옳지
않은 것은?

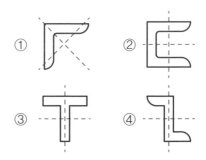

해설 단면의 주축 : 단면 2차 모멘트가 최대인
축과 직교하는 단면 2차 모멘트가 최소인 축
(주축에 대한 단면 상승 모멘트는 0이다.)

④

47. 철근콘크리트 단근보에서 균형철근비를
계산한 결과 $\rho_b = 0.039$이었다. 최대 철근
비는? (단, $E = 200,000$ MPa, $f_y = 400$

MPa, $f_{ck} = 24$ MPa)

① 0.01863   ② 0.02256

③ 0.02607   ④ 0.02831

해설 휨부재의 최대 철근비($\rho_{\max}$)는 순인장변형률(ε_t)이 최소허용변형률 $[0.004,\ 2.0\varepsilon_y]_{\max}$ 이상이 되도록 해야 한다.

$$\rho_{\max} = \left(\frac{\varepsilon_{cu} + \varepsilon_y}{\varepsilon_{cu} + \varepsilon_{t\min}}\right)\rho_b$$

$$= \left(\frac{0.0033 + 0.002}{0.0033 + 0.004}\right) \times 0.039$$

$$= 0.726 \times 0.039 = 0.02831$$

48. 다음과 같은 단순보의 최대 처짐량($\delta_{\max}$)이 30 cm 이하가 되기 위하여 보의 단면 2차 모멘트는 최소 얼마 이상이 되어야 하는가? (단, 보의 탄성계수는 $E = 1.25 \times 10^4$ N/mm²)

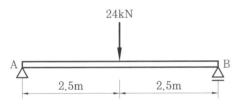

24kN

| 2.5m | 2.5m |

① 1,500 cm⁴   ② 1,670 cm⁴

③ 2,000 cm⁴   ④ 2,500 cm⁴

해설 $\delta_{\max} = \dfrac{Pl^3}{48EI}$ 에서

$$I = \frac{Pl^3}{48E\delta_{\max}} = \frac{24 \times 10^3 \times (5,000)^3}{48 \times 1.25 \times 10^4 \times 300}$$

$$= 16,666,666.67\text{mm}^4 = 1,666\text{cm}^4$$

49. 강도설계법에서 처짐을 계산하지 않는 경우 스팬이 8.0 m인 단순지지된 보의 최소 두께로 옳은 것은? (단, 보통중량콘크리트와 $f_y = 400$ MPa 철근을 사용한 경우)

① 380 mm   ② 430 mm

③ 500 mm   ④ 600 mm

해설 (1) 처짐을 계산하지 않는 경우 보·리브가 있는 1방향 슬래브 최소 두께(보통중량콘크리트와 $f_y = 400$MPa)

단순지지	1단연속	양단연속	캔틸레버
$\dfrac{l}{16}$	$\dfrac{l}{18.5}$	$\dfrac{l}{21}$	$\dfrac{l}{8}$

(2) 최소두께

$$h = \frac{l}{16} = \frac{8,000}{16} = 500\text{mm}$$

50. 그림과 같은 트러스(truss)에서 T부재에 발생하는 부재력으로 옳은 것은?

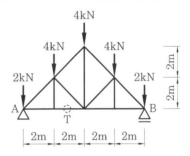

4kN

4kN   4kN

2kN   2kN

A   T   B

| 2m | 2m | 2m | 2m |

① 4 kN   ② 6 kN

③ 8 kN   ④ 16 kN

해설 (1) 반력

$$V_A = V_B = \frac{(2+4+4+4+2)\text{kN}}{2} = 8\text{kN}$$

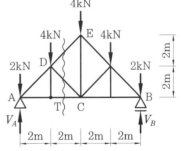

(2) T부재의 부재력

구하고자 하는 부재를 인장재로 가정하고 구하고자 하는 부재를 중심으로 3개의 부재로 절단한다.

$\sum M_D = 0$ 에서

$$V_A \times 2 - 2 \times 2 - T \times 2 = 0$$
$$8 \times 2 - 4 - T \times 2 = 0$$
$$\therefore T = \frac{12}{2} = 6\,kN(인장)$$

51. 인장 이형철근의 정착길이를 산정할 때 적용되는 보정계수에 해당되지 않는 것은?

① 철근배근위치계수
② 철근도막계수
③ 크리프계수
④ 경량콘크리트계수

> **해설** 인장 이형철근의 정착길이 산정 시 적용되는 보정계수
> (1) α : 철근배치위치계수
> (2) β : 철근도막계수
> (3) λ : 경량콘크리트계수
> (4) γ : 철근 또는 철선의 크기계수

52. 그림과 같은 ㄷ형강(channel)에서 전단중심(剪斷中心)의 대략적인 위치는?

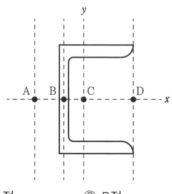

① A점
② B점
③ C점
④ D점

> **해설** 전단중심(shear center)은 비틀림이 발생하지 않는 지점이다.

53. 폭 $b = 250\,mm$, 높이 $h = 500\,mm$인 직사각형 콘크리트보 부재의 균열모멘트 M_{cr}

은? (단, 경량콘크리트계수 $\lambda = 1$, $f_{ck} = 24$ MPa)

① 8.3 kN·m
② 16.4 kN·m
③ 24.5 kN·m
④ 32.2 kN·m

> **해설** (1) 휨파괴계수
> $$f_r = 0.63\lambda\sqrt{f_{ck}}$$
> 단, λ : 경량콘크리트계수(보통중량콘크리트인 경우 $\lambda = 1.0$)
> f_{ck} : 설계기준압축강도
> (2) 단면계수
> $$z = \frac{bh^2}{6}$$
> (3) 균열모멘트
> $$M_{cr} = f_r \times z$$
> $$= 0.63 \times 1.0 \times \sqrt{24} \times \frac{250 \times 500^2}{6}$$
> $$= 32,149,552N \cdot mm \fallingdotseq 32.2kN \cdot m$$

54. 철근콘크리트 T형보의 유효폭 산정식에 관련된 사항과 거리가 먼 것은?

① 보의 폭
② 슬래브 중심간 거리
③ 슬래브의 두께
④ 보의 춤

> **해설** T형보의 유효폭 b_e(다음 중 작은 값)
> (1) $16t + b$(t : 슬래브 두께, b : 보의 너비)
> (2) 양측 슬래브 중심간 거리
> (3) 보의 경간의 $\frac{1}{4}$

55. 구조물의 내진보강 대책으로 적합하지 않은 것은?

① 구조물의 강도를 증가시킨다.
② 구조물의 연성을 증가시킨다.
③ 구조물의 중량을 증가시킨다.
④ 구조물의 감쇠를 증가시킨다.

정답 **51.** ③ **52.** ① **53.** ④ **54.** ④ **55.** ③

해설 구조물의 내진보강 대책
(1) 구조물의 강도 증가
(2) 구조물의 연성 증가
(3) 구조물의 감쇠(damping) 증가

56. 저층 강구조 장스팬 건물의 구조계획에서 고려해야 할 사항과 가장 관계가 적은 것은?
① 층고, 지붕형태 등 건물의 형상 선정
② 적절한 골조 간격의 선정
③ 강절점, 활절점에 대한 부재의 접합방법 선정
④ 풍하중에 의한 횡변위 제어방법

해설 풍하중에 의한 횡변위 제어방법은 고층이나 초고층 구조물에서의 고려사항이다.

57. 하중저항계수설계법에 따른 강구조 연결 설계기준을 근거로 할 때 고장력볼트의 직경이 M24라면 표준구멍의 직경으로 옳은 것은?
① 26 mm   ② 27 mm
③ 28 mm   ④ 30 mm

해설 고장력볼트의 표준구멍 직경
(1) M22 이하 : $d+2$[mm]
(2) M24 이상 : $d+3$[mm]
∴ 고장력볼트의 직경이 M24일 때 표준구멍의 직경 $=24\,mm+3\,mm=27\,mm$

58. 횡력의 25 % 이상을 부담하는 연성모멘트골조가 전단벽이나 가새골조와 조합되어 있는 구조방식을 무엇이라 하는가?
① 제진시스템방식
② 면진시스템방식
③ 이중골조방식
④ 메가칼럼–전단벽 구조방식

해설 골조방식의 분류
(1) 전단벽방식 : 벽체가 횡력을 저항하는 구조방식
(2) 내력벽방식 : 수직하중과 횡력을 저항하는 구조방식
(3) 모멘트골조방식 : 기둥과 보로 구성되는 라멘골조로서 횡력과 수직하중에 저항하는 구조방식
(4) 연성모멘트골조방식 : 모멘트골조방식의 접합부 부재에 연성을 증가시킨 골조방식
(5) 이중골조방식 : 횡력의 25 % 이상을 부담하는 연성모멘트골조가 전단벽이나 가새골조와 조합되어 있는 구조방식
(6) 건물골조방식 : 수직하중은 입체골조가 저항하고, 지진하중은 전단벽이나 가새골조가 저항하는 구조방식

59. 그림과 같은 단순보에서 A점과 B점에 발생하는 반력으로 옳은 것은?

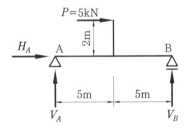

① $H_A = +5\,kN$, $V_A = +1\,kN$, $V_B = +1\,kN$
② $H_A = -5\,kN$, $V_A = -1\,kN$, $V_B = +1\,kN$
③ $H_A = +5\,kN$, $V_A = +1\,kN$, $V_B = -1\,kN$
④ $H_A = -5\,kN$, $V_A = +1\,kN$, $V_B = +1\,kN$

해설 (1) 부호의 약속

(2) 반력
㉮ 수평반력
$\sum H = 0$에서 $H_A + 5kN = 0$
∴ $H_A = -5\,kN$

정답 **56.** ④   **57.** ②   **58.** ③   **59.** ②

④ 수직반력

$\sum M_B = 0$에서

$V_A \times 10\,\text{m} + 5\text{kN} \times 2\,\text{m} = 0$

$\therefore V_A = \dfrac{-10\,\text{kN} \cdot \text{m}}{10\,\text{m}} = -1\text{kN}$

$\sum V = 0$에서 $V_A + V_B = 0$

$-1\text{kN} + V_B = 0$

$\therefore V_B = 1\text{kN}$

60. 그림과 같은 라멘의 AB재에 휨모멘트가 발생하지 않게 하려면 P는 얼마가 되어야 하는가?

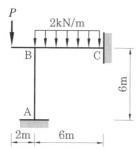

① 3 kN ② 4 kN
③ 5 kN ④ 6 kN

해설 (1) 양단고정보의 휨모멘트

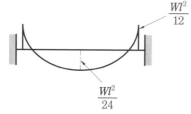

(2) 기둥의 응력

B점의 좌우측 휨모멘트가 같은 경우 기둥에 휨모멘트가 발생하지 않는다.

$P \times 2 = \dfrac{wl^2}{12} = \dfrac{2 \times 6^2}{12}$

$\therefore P = 3\text{kN}$

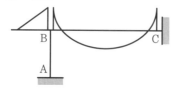

제4과목　건축설비

61. 다음 중 습공기를 가열하였을 때 증가하지 않는 상태량은?

① 엔탈피 ② 비체적
③ 상대습도 ④ 습구온도

해설 (1) 포화수증기량 : 공기 1kg 속에 최대로 들어갈 수 있는 수증기량

(2) 상대습도(%)

$= \dfrac{\text{현재 공기 중의 수증기량(g/kg)}}{\text{현재 기온에서의 포화수증기량(g/kg)}}$

$\times 100$

(3) 습공기를 가열하면 습공기의 체적이 증가되어 포화수증기량이 증가되므로 상대습도는 작아진다.

62. 냉방설비의 냉각탑에 관한 설명으로 옳은 것은?

① 열에너지에 의해 냉동효과를 얻는 장치
② 냉동기의 냉각수를 재활용하기 위한 장치
③ 임펠러의 원심력에 의해 냉매가스를 압축하는 장치
④ 물과 브롬화리튬 혼합용액으로부터 냉매인 수증기와 흡수제인 LiBr로 분리시키는 장치

해설 냉각탑(cooling tower) : 물을 냉각수로 사용하는 수랭식 냉동기에서 냉매를 응축시키는 데 사용된 냉각수를 재사용하기 위하여 냉각시키는 설비

63. 100 V, 500 W의 전열기를 90 V에서 사용할 경우 소비 전력은?

① 200 W ② 310 W
③ 405 W ④ 420 W

해설 옴의 법칙에서 전압 $V = IR$

전력 $P = VI = (IR)I = I^2 R$

정답 **60.** ①　**61.** ③　**62.** ②　**63.** ③

$$= \left(\frac{V}{R}\right)^2 R = \frac{V^2}{R}$$

전압 V의 증감에 따른 전력의 값은 $P : V^2 = P_1 : V_1^2$에서 구할 수 있다.(저항 R이 같으므로)

$$V^2 \cdot P_1 = P \cdot V_1^2$$

$$\therefore P_1 = \frac{V_1^2}{V^2} \times P = \frac{90^2}{100^2} \times 500 = 405\,W$$

64. 습공기의 상태변화에 관한 설명으로 옳지 않은 것은?

① 냉각하면 비체적은 감소한다.
② 가열하면 엔탈피는 증가한다.
③ 가열하면 절대습도는 증가한다.
④ 냉각하면 습구온도는 감소한다.

해설 (1) 엔탈피(enthalpy) : 습공기가 외부로부터 열을 흡수하여 에너지를 축적하는 것으로 습공기를 가열하면 엔탈피는 증가한다.
(2) 비체적(specific volume) : 단위중량당 체적으로 습공기를 냉각하면 비체적은 감소한다.
(3) 절대습도 : 건공기 1kg 중에 함유된 수증기 중량으로 습공기를 가열하면 절대습도는 변하지 않는다.
(4) 습구온도 : 온도계의 감온부를 젖은 헝겊으로 감싸 증발할 때 잠열에 의한 냉각온도로 습공기를 냉각하면 습구온도는 감소한다.

65. 건구온도 26℃인 실내공기 8,000 m³/h와 건구온도 32℃인 외부공기 2,000 m³/h를 단열 혼합하였을 때 혼합공기의 건구온도는?

① 27.2℃   ② 27.6℃
③ 28.0℃   ④ 29.0℃

해설 (1) 건구온도 : 건구온도계로 측정한 온도로서 현재의 기온이다.
(2) 혼합공기의 건구온도(℃)

$$= \frac{\text{실내공기체적}\times\text{건구온도}+\text{외부공기체적}\times\text{건구온도}}{\text{혼합공기의 체적}}$$

$$= \frac{8,000\times26+2,000\times32}{8,000+2,000}$$

$$= \frac{272,000\,\text{m}^3\cdot\text{℃}/\text{h}}{10,000\,\text{m}^3/\text{h}} = 27.2\text{℃}$$

66. 다음의 저압 옥내배선방법 중 노출되고 습기가 많은 장소에 시설이 가능한 것은? (단, 400V 미만인 경우)

① 금속관 배선   ② 금속몰드 배선
③ 금속덕트 배선   ④ 플로어덕트 배선

해설 옥내저압배선 설계(단, 사용전압이 400 V 미만) 시 옥내에 건조한 장소, 습기진 장소, 노출배선 장소, 은폐배선을 하여야 할 장소, 점검이 불가능한 장소 등에 적용 가능한 배선방법의 종류는 다음과 같다.
(1) 금속관 배선
(2) 합성수지관 배선
(3) 비닐피복 2종 가요전선관
(4) 케이블 배선

67. 다음 중 급탕설비에 관한 설명으로 옳지 않은 것은?

① 냉수, 온수를 혼합 사용해도 압력차에 의한 온도변화가 없도록 한다.
② 배관은 적정한 압력손실 상태에서 피크 시를 충족시킬 수 있어야 한다.
③ 도피관에는 압력을 도피시킬 수 있도록 밸브를 설치하고 배수는 직접배수로 한다.
④ 밀폐형 급탕시스템에는 온도 상승에 의한 압력을 도피시킬 수 있는 팽창탱크 등의 장치를 설치한다.

해설 급탕설비에서 도피관(팽창관)은 온수의 체적 팽창을 높은 곳의 팽창탱크로 유도하는 관(안전장치)으로서 도피관에는 밸브를 설치하지 않는다.

정답 **64.** ③   **65.** ①   **66.** ①   **67.** ③

68. 다음의 냉방부하 발생 요인 중 현열부하만 발생시키는 것은?

① 인체의 발생열량
② 벽체로부터의 취득열량
③ 극간풍에 의한 취득열량
④ 외기의 도입으로 인한 취득열량

해설 (1) 현열(sensible heat) : 물질의 상태를 바꾸지 않고, 온도만 변화시키는 데 필요한 열
(2) 잠열(latent heat) : 물질의 상태를 바꾸는 데 쓰는 열
(3) 냉방부하 : 냉방 시 제거해야 하는 열량으로서 현열과 잠열이 있다.
(4) 냉방부하 발생 요인 중 외기의 도입, 극간풍, 인체환기 등에 의해 얻어지는 열량은 현열부하 및 잠열부하를 발생시킨다.

69. 트랩의 구비 조건으로 옳지 않은 것은?

① 봉수깊이는 50 mm 이상 100 mm 이하일 것
② 오수에 포함된 오물 등이 부착 또는 침전하기 어려운 구조일 것
③ 봉수부에 이음을 사용하는 경우에는 금속제 이음을 사용하지 않을 것
④ 봉수부의 소제구는 나사식 플러그 및 적절한 개스킷을 이용한 구조일 것

해설 트랩의 봉수는 배수관의 악취를 막기 위한 장치로서 봉수부에 이음을 사용하는 경우에는 금속제로 이음해야 한다.

70. 전력부하 산정에서 수용률 산정 방법으로 옳은 것은?

① (부등률/설비용량)×100 %
② (최대수용전력/부등률)×100 %
③ (최대수용전력/설비용량)×100 %
④ (부하각개의 최대수용전력 합계/각 부하를 합한 최대수용전력)×100 %

해설 $수용률 = \dfrac{최대수용 전력(kW)}{설비용량(kW)} \times 100(\%)$

※ 변압기에서 적정 공급 설비 용량을 파악하기 위해 사용한다.

71. 직경 200 mm의 배관을 통하여 물이 1.5 m/s의 속도로 흐를 때 유량은?

① 2.83 m³/min
② 3.2 m³/min
③ 3.83 m³/min
④ 6.0 m³/min

해설 (1) 원의 단면적 : $\pi r^2 = \pi \times 0.1^2$
r : 반지름$\left(= \dfrac{200mm}{2} = 100mm = 0.1m\right)$
(2) 유량(Q) = 단면적(A) × 유속(V)
$= \pi \times 0.1^2 \times 1.5 = 0.047\,\mathrm{m^3/s}$
$= 0.047 \times 60 = 2.83\,\mathrm{m^3/min}$

72. 바닥복사 난방방식에 관한 설명으로 옳지 않은 것은?

① 열용량이 커서 예열시간이 짧다.
② 방을 개방상태로 하여도 난방효과가 있다.
③ 다른 난방방식에 비교하여 쾌적감이 높다.
④ 실내에 방열기를 설치하지 않으므로 바닥이나 벽면을 유용하게 이용할 수 있다.

해설 복사난방 : 바닥·벽·천장 등에 관을 두고 증기나 온수를 보내어 복사열에 의해 난방하는 방식으로 예열시간(뜨겁게 하는 시간)이 길다.

73. 작업구역에는 전용의 국부조명 방식으로 조명하고, 기타 주변 환경에 대하여는 간접조명과 같은 낮은 조도레벨로 조명하는 방식은?

① TAL 조명방식
② 반직접 조명방식

③ 반간접 조명방식

④ 전반확산 조명방식

[해설] TAL(task & ambient lighting) 조명방식은 작업구역(task)에는 전용의 국부조명방식으로 조명하고, 기타 주변(ambient) 환경에 대하여는 간접조명과 같은 낮은 조도레벨로 조명하는 방식을 말한다.

74. 크로스 커넥션(cross connection)에 관한 설명으로 맞는 것은?

① 관로 내의 유체의 유동이 급격히 변화하여 압력변화를 일으키는 것

② 상수의 급수·급탕계통과 그 외의 계통 배관이 장치를 통하여 직접 접속되는 것

③ 겨울철 난방을 하고 있는 실내에서 창을 타고 차가운 공기가 하부로 내려오는 현상

④ 급탕·반탕관의 순환거리를 각 계통에 있어서 거의 같게 하여 전 계통의 탕의 순환을 촉진하는 방식

[해설] 크로스 커넥션(cross connection) : 고가수조의 상수(수돗물)에 정수, 단수나 고장 시를 고려하여 배관을 연결하는 것

75. 다음의 에스컬레이터의 경사도에 관한 설명 중 ( ) 안에 알맞은 것은?

> 에스컬레이터의 경사도는 (ⓐ)를 초과하지 않아야 한다. 다만, 높이가 6 m 이하이고 공칭속도가 0.5 m/s 이하인 경우에는 경사도를 (ⓑ)까지 증가시킬 수 있다.

① ⓐ 25°, ⓑ 30°

② ⓐ 25°, ⓑ 35°

③ ⓐ 30°, ⓑ 35°

④ ⓐ 30°, ⓑ 40°

[해설] 에스컬레이터의 경사도는 30° 이하로 한다.(단, 높이가 6 m 이하이고, 공칭속도가 0.5 m/s 이하인 경우 35° 이하로 할 수 있다.)

76. 온열지표 중 기온, 습도, 기류, 주벽면 온도의 4요소를 조합하여 체감과의 관계를 나타낸 것은?

① 작용온도

② 불쾌지수

③ 등온지수

④ 유효온도

[해설] 등온지수(등가온도) : 4요소(기온, 습도, 기류, 주벽면온도)를 조합하여 체감과의 관계를 나타낸 것

77. 점광원으로부터의 거리가 n배가 되면 그 값은 $1/n^2$배가 된다는 '거리의 역제곱의 법칙'이 적용되는 빛환경 지표는?

① 조도

② 광도

③ 휘도

④ 복사속

[해설] 조도

(1) 조도는 어떤 면에서의 입사 광속밀도를 말하며, 단위는 럭스(lx)이다.

(2) 조도의 크기는 점광원으로부터 거리의 제곱에 반비례한다.

78. TV 공청설비의 주요 구성기기에 속하지 않는 것은?

① 증폭기

② 월패드

③ 컨버터

④ 혼합기

[해설] TV 공동시청설비

(1) 1조의 안테나로 TV 전파를 수신하여 증폭기를 통하거나 직접 TV 수상기로 배분하는 시스템

(2) 구성기기 : 안테나·혼합기(mixer)·컨버터·증폭기(booster)·선로기기·전송선

※ 월패드(wall pad) : 비디어 도어폰·조명·보일러·가전제품 등 가정 내 각종 기기를 제어할 수 있는 단말기

정답 74. ② 75. ③ 76. ③ 77. ① 78. ②

79. 가스사용시설의 가스계량기에 관한 설명으로 옳지 않은 것은?

① 가스계량기와 전기점멸기와의 거리는 30 cm 이상 유지하여야 한다.

② 가스계량기와 전기계량기와의 거리는 60 cm 이상 유지하여야 한다.

③ 가스계량기와 전기개폐기와의 거리는 60 cm 이상 유지하여야 한다.

④ 공동주택의 경우 가스계량기는 일반적으로 대피공간이나 주방에 설치된다.

해설 가스계량기의 설치금지 장소

(1) 건축법 시행령 제46조 제4항에 따른 공동주택의 대피공간

(2) 방·거실 및 주방 등 사람이 거처하는 곳

(3) 가스계량기에 나쁜 영향을 미칠 우려가 있는 장소

80. 소방시설은 소화설비, 경보설비, 피난구조설비, 소화용수설비, 소화활동설비로 구분할 수 있다. 다음 중 소화활동설비에 속하는 것은?

① 제연설비　　　② 비상방송설비

③ 스프링클러설비　④ 자동화재탐지설비

해설 (1) 제연설비 : 화재로 인한 유독가스를 차단·배출·희석시키는 소방시설로서 소화활동설비에 속한다.

(2) 경보설비 : 비상방송설비·자동화재탐지설비

(3) 소화설비 : 스프링클러설비

제5과목　건축관계법규

81. 다음은 대지의 조경에 관한 기준 내용이다. ( ) 안에 알맞은 것은?

> 면적이 ( ) 이상인 대지에 건축을 하는 건축주는 용도지역 및 건축물의 규모에 따라 해당 지방자치단체의 조례로 정하는 기준에 따라 대지에 조경이나 그 밖에 필요한 조치를 하여야 한다.

① 100 m^2　　　② 150 m^2

③ 200 m^2　　　④ 300 m^2

해설 면적이 200 m^2 이상인 대지에 건축을 하는 건축주는 용도지역 및 건축물의 규모에 따라 해당 지방자치단체의 조례로 정하는 기준에 따라 대지에 조경이나 그 밖에 필요한 조치를 하여야 한다.

82. 건축물에 설치하는 피난안전구역의 구조 및 설비에 관한 기준 내용으로 옳지 않은 것은?

① 피난안전구역의 높이는 1.8 m 이상일 것

② 피난안전구역의 내부마감재료는 불연재료로 설치할 것

③ 비상용 승강기는 피난안전구역에서 승하차할 수 있는 구조로 설치할 것

④ 건축물의 내부에서 피난안전구역으로 통하는 계단은 특별피난계단의 구조로 설치할 것

해설 피난안전구역의 높이는 2.1 m 이상으로 해야 한다.

83. 국토의 계획 및 이용에 관한 법령상 광장·공원·녹지·유원지·공공공지가 속하는 기반시설은?

① 교통시설

② 공간시설

③ 환경기초시설

④ 공공·문화체육시설

해설 ① 교통시설 : 도로·철도·항만·공항·주

차장·자동차정류장·궤도·차량 검사 및 면허시설

② 공간시설 : 광장·공원·녹지·유원지·공공공지

③ 환경기초시설 : 하수도·폐기물처리 및 재활용시설·빗물저장 및 이용시설·수질오염방지시설·폐차장

④ 공공·문화체육시설 : 학교·공공청사·문화시설·공공필요성이 인정되는 체육시설·연구시설·사회복지시설·공공직업훈련시설·청소년수련시설

84. 6층 이상의 거실면적의 합계가 12,000 m²인 문화 및 집회시설 중 전시장에 설치하여야 하는 승용승강기의 최소대수는? (단, 8인승 승강기 기준)

① 4대   ② 5대
③ 6대   ④ 7대

[해설] 전시장, 동·식물원, 업무시설, 숙박시설, 위락시설인 경우 승용승강기의 설치기준은 다음과 같다.

(1) 6층 이상의 거실면적의 합계가 3,000 m² 이하 : 1대

(2) 6층 이상의 거실면적의 합계가 3,000 m² 초과

: $\dfrac{(6층\ 이상의\ 거실면적의\ 합계-3,000m^2)}{2000m^2}$

　　+1대

∴ $\dfrac{12,000-3,000}{2,000}+1대=5.5≒6대$

85. 피난용 승강기의 설치에 관한 기준 내용으로 옳지 않은 것은?

① 예비전원으로 작동하는 조명설비를 설치할 것

② 승강장의 바닥면적은 승강기 1대당 5 m² 이상으로 할 것

③ 각 층으로부터 피난층까지 이르는 승

강로를 단일구조로 연결하여 설치할 것

④ 승강장의 출입구 부근의 잘 보이는 곳에 해당 승강기가 피난용 승강기임을 알리는 표지를 설치할 것

[해설] 승강장의 바닥면적은 승강기 1대당 6 m² 이상으로 할 것

86. 다음 설명에 알맞은 용도지구의 세분은?

> 건축물·인구가 밀집되어 있는 지역으로서 시설 개선 등을 통하여 재해 예방이 필요한 지구

① 시가지방재지구
② 특정개발진흥지구
③ 복합개발진흥지구
④ 중요시설물보호지구

[해설] ① 시가지방재지구 : 건축물·인구가 밀집되어 있는 지역으로서 시설 개선 등을 통하여 재해 예방이 필요한 지구

② 특정개발진흥지구 : 주거기능, 공업기능, 유통·물류기능 및 관광·휴양기능 외의 기능을 중심으로 특정한 목적을 위하여 개발·정비할 필요가 있는 지구

③ 복합개발진흥지구 : 주거기능, 공업기능, 유통·물류기능 및 관광·휴양기능중 2 이상의 기능을 중심으로 개발·정비할 필요가 있는 지구

④ 중요시설물보호지구 : 중요시설물의 보호와 기능의 유지 및 증진 등을 위하여 필요한 지구

87. 다음 중 평행주차형식으로 일반형인 경우 주차장의 주차단위 구획의 크기 기준으로 옳은 것은?

① 너비 1.7 m 이상, 길이 5.0 m 이상
② 너비 1.7 m 이상, 길이 6.0 m 이상
③ 너비 2.0 m 이상, 길이 5.0 m 이상
④ 너비 2.0 m 이상, 길이 6.0 m 이상

해설 주차장의 주차구획(평행주차형식)

구분	너비	길이
경형	1.7 m 이상	4.5 m 이상
일반형	2.0 m 이상	6.0 m 이상
보도와 차도의 구분이 없는 주거지역의 도로	2.0 m 이상	5.0 m 이상
이륜자동차 전용	1.0 m 이상	2.3 m 이상

88. 건축허가를 하기 전에 건축물의 구조안전과 인접 대지의 안전에 미치는 영향 등을 평가하는 건축물 안전영향평가를 실시하여야 하는 대상 건축물 기준으로 옳은 것은?

① 층수가 6층 이상으로 연면적 1만 제곱미터 이상인 건축물

② 층수가 6층 이상으로 연면적 10만 제곱미터 이상인 건축물

③ 층수가 16층 이상으로 연면적 1만 제곱미터 이상인 건축물

④ 층수가 16층 이상으로 연면적 10만 제곱미터 이상인 건축물

해설 건축물 안전영향평가 대상 건축물

(1) 초고층 건축물

(2) 층수가 16층 이상으로 연면적 10만 m^2 이상인 건축물

89. 지하층에 설치하는 비상탈출구의 유효너비 및 유효높이 기준으로 옳은 것은? (단, 주택이 아닌 경우)

① 유효너비 0.5 m 이상, 유효높이 1.0 m 이상

② 유효너비 0.5 m 이상, 유효높이 1.5 m 이상

③ 유효너비 0.75 m 이상, 유효높이 1.0 m 이상

④ 유효너비 0.75 m 이상, 유효높이 1.5 m 이상

해설 지하층에 설치하는 비상탈출구(주택이 아닌 경우)

• 유효너비 : 0.75 m 이상

• 유효높이 : 1.5 m 이상

90. 같은 건축물 안에 공동주택과 위락시설을 함께 설치하고자 하는 경우에 관한 기준 내용으로 옳지 않은 것은?

① 건축물의 주요구조부를 내화구조로 할 것

② 공동주택과 위락시설은 서로 이웃하도록 배치할 것

③ 공동주택과 위락시설은 내화구조로 된 바닥 및 벽으로 구획하여 서로 차단할 것

④ 공동주택의 출입구와 위락시설의 출입구는 서로 그 보행거리가 30 m 이상이 되도록 설치할 것

해설 (1) 공동주택 : 아파트·연립주택·다세대주택·기숙사

(2) 위락시설 : 유흥주점·무도장·무도학원·카지노

(3) 공동주택과 위락시설은 서로 이웃하지 아니하도록 배치해야 한다.

91. 다음은 건축선에 따른 건축제한에 관한 기준 내용이다. (   ) 안에 알맞은 것은?

> 도로면으로부터 높이 (   ) 이하에 있는 출입구, 창문, 그 밖에 이와 유사한 구조물은 열고 닫을 때 건축선의 수직면을 넘지 아니하는 구조로 하여야 한다.

① 3 m
② 4.5 m
③ 6 m
④ 10 m

해설 도로면으로부터 높이 4.5 m 이하에 있는

출입구, 창문, 그 밖에 이와 유사한 구조물은 열고 닫을 때 건축선의 수직면을 넘지 아니하는 구조로 하여야 한다.

92. 건축물과 해당 건축물의 용도의 연결이 옳지 않은 것은?

① 주유소–자동차 관련 시설
② 야외음악당–관광 휴게 시설
③ 치과의원–제1종 근린생활시설
④ 일반음식점–제2종 근린생활시설

해설 (1) 위험물 저장 및 처리 시설 : 위험물 취급소·위험물 저장소·위험물 제조소·액체석유가스충전소·주유소
(2) 자동차 관련 시설 : 주차장·세차장·폐차장·매매장·검사장·정비공장

93. 노외주차장의 구조·설비에 관한 기준 내용으로 옳지 않은 것은?

① 출입구의 너비는 3.0 m 이상으로 하여야 한다.
② 주차구획선의 긴 변과 짧은 변 중 하나 이상이 차로에 접하여야 한다.
③ 지하식인 경우 차로의 높이는 주차바닥면으로부터 2.3 m 이상으로 하여야 한다.
④ 주차에 사용되는 부분의 높이는 주차바닥면으로부터 2.1 m 이상으로 하여야 한다.

해설 노외주차장의 출입구 너비는 3.5 m 이상으로 해야 한다.

94. 다음 중 특별건축구역으로 지정할 수 없는 구역은?

① 「도로법」에 따른 접도구역
② 「택지개발촉진법」에 따른 택지개발사업구역

③ 국가가 국제행사 등을 개최하는 도시 또는 지역의 사업구역
④ 지방자치단체가 국제행사 등을 개최하는 도시 또는 지역의 사업구역

해설 특별건축구역으로 지정할 수 없는 구역
(1) 「개발제한구역의 지정 및 관리에 관한 특별조치법」에 따른 개발제한구역
(2) 「자연공원법」에 따른 자연공원
(3) 「도로법」에 따른 접도구역
(4) 「산지관리법」에 따른 보전산지

95. 용도지역의 건폐율 기준으로 옳지 않은 것은?

① 주거지역 : 70 % 이하
② 상업지역 : 90 % 이하
③ 공업지역 : 70 % 이하
④ 녹지지역 : 30 % 이하

해설 녹지지역 : 20 % 이하

96. 건축법령상 다음과 같이 정의되는 용어는 어느 것인가?

> 건축물의 건축·대수선·용도변경, 건축설비의 설치 또는 공작물의 축조에 관한 공사를 발주하거나 현장 관리인을 두어 스스로 그 공사를 하는 자

① 건축주
② 건축사
③ 설계자
④ 공사시공자

해설 "건축주"란 건축물의 건축·대수선·용도변경, 건축설비의 설치 또는 공작물의 축조에 관한 공사를 발주하거나 현장 관리인을 두어 스스로 그 공사를 하는 자를 말한다.

97. 용적률 산정에 사용되는 연면적에 포함되는 것은?

① 지하층의 면적
② 층고가 2.1 m인 다락의 면적

③ 준초고층 건축물에 설치하는 피난안전
구역의 면적
④ 건축물의 경사지붕 아래에 설치하는
대피공간의 면적

해설 용적률을 산정 시 연면적에서 제외되는
면적
(1) 지하층의 면적
(2) 지상층의 주차용으로 쓰는 면적
(3) 초고층 건축물과 준초고층 건축물에 설치
하는 피난안전구역의 면적
(4) 건축물의 경사지붕 아래에 설치하는 대피
공간의 면적

98. 국토의 계획 및 이용에 관한 법령상 아파
트를 건축할 수 있는 지역은?
① 자연녹지지역
② 제1종 전용주거지역
③ 제2종 전용주거지역
④ 제1종 일반주거지역

해설 아파트를 건축할 수 없는 지역 : 자연녹
지지역, 제1종 전용주거지역, 제1종 일반주거
지역

99. 다음은 대피공간의 설치에 관한 기준 내
용이다. 밑줄 친 요건 내용으로 옳지 않은
것은?

> 공동주택 중 아파트로서 4층 이상인 층의
> 각 세대가 2개 이상의 직통계단을 사용할
> 수 없는 경우에는 발코니에 인접 세대와
> 공동으로 또는 각 세대별로 다음 각 호의
> 요건을 모두 갖춘 대피공간을 하나 이상
> 설치하여야 한다.

① 대피공간은 바깥의 공기와 접하지 않
을 것
② 대피공간은 실내의 다른 부분과 방화
구획으로 구획될 것

③ 대피공간의 바닥면적은 각 세대별로
설치하는 경우에는 2 m² 이상일 것
④ 대피공간의 바닥면적은 인접 세대와
공동으로 설치하는 경우에는 3 m² 이상
일 것

해설 (1) 대피공간의 설치 : 아파트로서 4층 이
상인 층의 각 세대가 2개 이상의 직통계단
을 사용할 수 없는 경우에는 발코니에 인접
세대와 공동으로 또는 각 세대별로 대피공
간을 하나 이상 설치해야 한다.
(2) 대피공간 설치 기준
㉮ 대피공간은 바깥의 공기와 접해야 한다.
㉯ 대피공간은 실내의 다른 부분과 방화구
획으로 구획되어야 한다.
㉰ 대피공간의 바닥면적
• 인접 세대와 공동으로 설치하는 경우 :
3 m² 이상
• 각 세대별로 설치하는 경우 : 2 m² 이상

100. 부설주차장의 설치대상 시설물 종류와
설치기준의 연결이 옳지 않은 것은?
① 위락시설 – 시설면적 150 m²당 1대
② 종교시설 – 시설면적 150 m²당 1대
③ 판매시설 – 시설면적 150 m²당 1대
④ 수련시설 – 시설면적 150 m²당 1대

해설 위락시설 – 시설면적 100 m²당 1대

건축기사　　　　　　　　　　　　2019년 9월 21일(제4회)

제1과목 **건축계획**

1. 그리스 아테네의 아크로폴리스에 관한 설명으로 옳지 않은 것은?

① 프로필리어는 아크로폴리스로 들어가는 입구 건물이다.

② 에렉테이온 신전은 이오닉 양식의 대표적인 신전으로 부정형 평면으로 구성되어 있다.

③ 니케 신전은 순수한 코린트식 양식으로서 페르시아와의 전쟁 승리 기념으로 세워졌다.

④ 파르테논 신전은 도릭 양식의 대표적인 신전으로서 그리스 고전건축을 대표하는 건물이다.

[해설] (1) 그리스 아테네 아크로폴리스 : 고대 그리스의 언덕에 위치하는 도시의 중심

(2) 그리스 신전 건축의 3대 기둥양식 : 도리아·이오닉·코린트

(3) 니케 신전은 그리스 아테네의 아크로폴리스에 있는 신전으로 페르시아 전쟁 승리 기념으로 세워졌으며, 기둥의 양식은 이오닉 양식이다.

2. 도서관 출납 시스템에 관한 설명으로 옳지 않은 것은?

① 폐가식은 서고와 열람실이 분리되어 있다.

② 반개가식은 새로 출간된 신간 서적 안내에 채용된다.

③ 안전개가식은 서가 열람이 가능하여 도서를 직접 뽑을 수 있다.

④ 자유개가식은 이용자가 자유롭게 도서를 꺼낼 수 있으나 열람석으로 가기 전에 관원에게 체크를 받는 형식이다.

[해설] (1) 자유개가식 : 열람자가 서가에 접근해서 열람한 후 선택하여 열람석에서 열람하는 방식

(2) 안전개가식 : 자유개가식과 같으나 열람석에 가기 전에 관원의 체크를 받는 형식

3. 공장의 레이아웃 형식 중 생산에 필요한 모든 공정과 기계류를 제품의 흐름에 따라 배치하는 형식은?

① 고정식 레이아웃

② 혼성식 레이아웃

③ 제품 중심의 레이아웃

④ 공정 중심의 레이아웃

[해설] 제품 중심의 레이아웃

(1) 생산에 필요한 모든 공정, 기계 기구를 제품의 흐름에 따라 배치하는 방식

(2) 대량 생산에 유리하고, 생산성이 높다.

(3) 가전제품 조립공장 등

(4) 공정 간의 시간적, 수량적 균형을 이룰 수 있고, 상품의 연속성이 유지된다.

4. 장애인·노인·임산부 등의 편의증진 보장에 관한 법령에 따른 편의시설 중 매개시설에 속하지 않는 것은?

① 주출입구 접근로

② 유도 및 안내설비

③ 장애인 전용주차구역

④ 주출입구 높이차이 제거

[해설] 유도 및 안내설비는 편의시설 중 안내시설에 속한다.

5. 극장의 평면형식에 관한 설명으로 옳지 않은 것은?

① 오픈스테이지형은 무대장치를 꾸미는 데 어려움이 있다.

② 프로시니엄형은 객석 수용 능력에 있어서 제한을 받는다.

③ 가변형 무대는 필요에 따라서 무대와 객석을 변화시킬 수 있다.

④ 애리나형은 무대 배경 설치 비용이 많이 소요된다는 단점이 있다.

해설 애리나(arena)형 : 관객이 원형 무대를 360° 둘러싸 관람

(1) 무대 배경을 설치할 수 없으므로 무대 배경 비용은 소요되지 않는다

(2) 무대의 장치나 소품은 낮은 가구로 구성된다.

6. 1주간의 평균수업시간이 30시간인 어느 학교에서 설계제도교실이 사용되는 시간은 24시간이다. 그 중 6시간은 다른 과목을 위해 사용된다고 할 때, 설계제도교실의 이용률과 순수율은?

① 이용률 80 %, 순수율 25 %

② 이용률 80 %, 순수율 75 %

③ 이용률 60 %, 순수율 25 %

④ 이용률 60 %, 순수율 75 %

해설 (1) 이용률

$$= \frac{\text{교실이 사용되는 시간}}{\text{1주간의 평균수업시간}} \times 100$$

$$= \frac{24\text{시간}}{30\text{시간}} \times 100 = 80\%$$

(2) 순수율

$$= \frac{\text{당해 교실과목을 위해 사용되는 시간}}{\text{교실이 사용되는 시간}}$$
$$\times 100$$

$$= \frac{24\text{시간} - 6\text{시간}}{24\text{시간}} \times 100 = 75\%$$

7. 사무소 건축에서 엘리베이터 계획 시 고려되는 승객 집중시간은?

① 출근 시 상승   ② 출근 시 하강

③ 퇴근 시 상승   ④ 퇴근 시 하강

해설 사무소 건물은 출근 시 엘리베이터 이용자가 급증한다. 즉, 승객 집중시간은 출근 시 상승한다.

8. 다음은 주택의 기준척도에 관한 설명이다. ( ) 안에 알맞은 것은?

거실 및 침실의 평면 각 변의 길이는 ( )를 단위로 한 것을 기준척도로 할 것

① 5 cm   ② 10 cm

③ 15 cm   ④ 30 cm

해설 주택의 기준척도 : 거실 및 침실의 평면 각 변의 길이는 5 cm를 단위로 한 것을 기준척도로 할 것

9. 주거단지의 각 도로에 관한 설명으로 옳지 않은 것은?

① 격자형 도로는 교통을 균등 분산시키고 넓은 지역을 서비스할 수 있다.

② 선형 도로는 폭이 넓은 단지에 유리하고 한쪽 측면의 단지만을 서비스할 수 있다.

③ 루프(loop)형은 우회도로가 없는 쿨데삭(cul-de-sac)형의 결점을 개량하여 만든 유형이다.

④ 쿨데삭(cul-de-sac)형은 통과교통을 방지함으로써 주거환경의 쾌적성과 안정성을 모두 확보할 수 있다.

해설 선형 도로는 폭이 좁은 단지에 유리하고 양쪽 측면의 단지를 서비스할 수 있다.

참고 주거단지의 도로 형식

격자형   선형

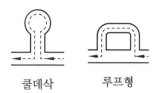

쿨데삭   루프형

10. 다음 중 상점 계획에 관한 설명으로 옳지
않은 것은?

① 고객의 동선은 일반적으로 짧을수록
좋다.

② 점원의 동선과 고객의 동선은 서로 교
차되지 않는 것이 바람직하다.

③ 대면판매형식은 일반적으로 시계, 귀
금속, 의약품 상점 등에서 쓰여진다.

④ 쇼케이스 배치 유형 중 직렬형은 다른
유형에 비하여 상품의 전달 및 고객의
동선상 흐름이 빠르다.

해설 상점 계획에서 고객의 동선은 길게, 점원
의 동선은 짧게 한다.

11. 학교 건축에서 단층 교사에 관한 설명으
로 옳지 않은 것은?

① 내진·내풍구조가 용이하다.

② 학습 활동을 실외로 연장할 수 있다.

③ 계단이 필요 없으므로 재해 시 피난이
용이하다.

④ 설비 등을 집약할 수 있어서 치밀한 평
면계획이 용이하다.

해설 단층 교사는 여러 동을 분리 설치해야 하
므로 설비를 집약해서 설계할 수 없다.

12. 사무소 건축의 코어계획에 관한 설명으
로 옳지 않은 것은?

① 코어부분에는 계단실도 포함시킨다.

② 코어 내의 각 공간은 각 층마다 공통의
위치에 두도록 한다.

③ 코어 내의 화장실은 외부 방문객이 잘
알 수 없는 곳에 배치한다.

④ 엘리베이터 홀은 출입구 문에 근접시
키지 않고 일정한 거리를 유지하도록
한다.

해설 사무실 코어(core) 계획

(1) 코어배치 : 계단실·엘리베이터 및 홀·화
장실·공조실·전기실·배관 등

(2) 코어 내의 화장실은 외부 방문객이 쉽게
찾을 수 있는 곳에 배치한다.

13. 상점 매장의 가구배치에 따른 평면유형
에 관한 설명으로 옳지 않은 것은?

① 직렬형은 부분별로 상품진열이 용이
하다.

② 굴절형은 대면판매 방식만 가능한 유
형이다.

③ 환상형은 대면판매와 측면판매 방식을
병행할 수 있다.

④ 복합형은 서점, 패션점, 액세서리점 등
의 상점에 적용이 가능하다.

해설 굴절형은 진열장의 배치가 굴절로 구성된
형태로 대면판매와 측면판매의 조합으로 이
루어진다.

14. 다음은 극장의 가시거리에 관한 설명이
다. (   ) 안에 알맞은 것은?

연극 등을 감상하는 경우 연기자의 표정
을 읽을 수 있는 가시한계는 (ⓐ)m 정
도이다. 그러나 실제적으로 극장에서는
잘 보여야 되는 동시에 많은 관객을 수용
해야 하므로 (ⓑ)m까지를 1차 허용한도
로 한다.

① ⓐ 15, ⓑ 22

② ⓐ 20, ⓑ 35

③ ⓐ 22, ⓑ 35

④ ⓐ 22, ⓑ 38

해설 극장의 가시거리

(1) 연기자의 표정을 읽을 수 있는 가시한계 : 15 m

(2) 1차 허용한도 : 22 m(잘 보여야 되는 동시에 많은 관객을 수용)

15. 다음의 공동주택 평면형식 중 각 주호의 프라이버시와 거주성이 가장 양호한 것은?

① 계단실형　　② 중복도형

③ 편복도형　　④ 집중형

해설 계단실형은 공동주택 형식 중 각 세대 간 독립성(프라이버시)과 거주성이 가장 높다.

16. 미술관의 전시실 순회 형식 중 많은 실을 순서별로 통해야 하고, 1실을 폐쇄할 경우 전체 동선이 막히게 되는 것은?

① 중앙홀 형식

② 연속순회 형식

③ 갤러리(gallery) 형식

④ 코리도(corridor) 형식

해설 연속순회(순로) 형식은 각 전시실을 연속적 동선으로 연결한 방식이므로 1실을 폐쇄하는 경우 전체 동선이 막히게 된다.

17. 다음 중 건축가와 작품의 연결이 옳지 않은 것은?

① 르 꼬르뷔지에(Le Corbusier)-롱샹 교회

② 월터 그로피우스(Walter Gropius)-아테네 미국대사관

③ 프랭크 로이드 라이트(Frank Lloyd Wright)-구겐하임 미술관

④ 미스 반 데르 로에(Mies Van der Rohe)-MIT 공대 기숙사

해설 (1) 미스 반 데르 로에 – 마천루(철과 유리의 고층건물) 계획안

(2) MIT(메사추세스 공대) 기숙사 – 스티븐 홀

18. 메조넷형 아파트에 관한 설명으로 옳지 않은 것은?

① 다양한 평면 구성이 가능하다.

② 소규모 주택에서는 비경제적이다.

③ 편복도형일 경우 프라이버시가 양호하다.

④ 복도와 엘리베이터 홀은 각 층마다 계획된다.

해설 메조넷형은 복층형이므로 복도와 엘리베이터 홀이 없는 층이 있다.

19. 주택의 부엌가구 배치 유형에 관한 설명으로 옳지 않은 것은?

① L자형은 부엌과 식당을 겸할 경우 많이 활용된다.

② ㄷ자형은 작업공간이 좁기 때문에 작업효율이 나쁘다.

③ 일(一)자형은 좁은 면적 이용에 효과적이므로 소규모 부엌에 주로 사용된다.

④ 병렬형은 작업 동선은 줄일 수 있지만 작업 시 몸을 앞뒤로 바꿔야 하므로 불편하다.

해설 ㄷ자형(U형)은 작업공간이 넓은 편이고 작업효율이 좋다.

20. 한국 고대 사찰배치 중 1탑 3금당 배치에 속하는 것은?

① 미륵사지　　② 불국사지

③ 정림사지　　④ 청암리사지

해설 가람배치(사찰배치)

(1) 1탑 3금당
- 1탑 : 중심배치
- 3금당 : 동서북 3당(건물)에 금당(본존배치건물)을 배치
(2) 미륵사지 : 3탑 3금당
정림사지 : 1탑 1금당
정림사지 : 1탑 1금당
청암리사지 : 1탑 3금당

제2과목 건축시공

21. 타일 108 mm 각으로, 줄눈은 5 mm로 벽면 6 m²를 붙일 때 필요한 타일의 장수는? (단, 정미량으로 계산)

① 350장　　② 400장
③ 470장　　④ 520장

해설 타일 장수(정미량)

$$= \frac{1\,m \times 1\,m}{(0.108\,m + 0.005\,m) \times (0.108\,m + 0.005\,m)} \times 6\,m^2$$

$= 469.8$장

∴ 470장

22. 아스팔트 방수공사에 관한 설명으로 옳지 않은 것은?

① 아스팔트 프라이머는 건조하고 깨끗한 바탕면에 솔, 롤러, 뿜칠기 등을 이용하여 규정량을 균일하게 도포한다.
② 용융 아스팔트는 운반용 기구로 시공 장소까지 운반하여 방수 바탕과 시트재 사이에 롤러, 주걱 등으로 뿌리면서 시트재를 깔아 나간다.
③ 옥상에서의 아스팔트 방수 시공 시 평탄부에서의 방수 시트 깔기 작업 후 특

수부위에 대한 보강 붙이기를 시행한다.
④ 평탄부에서는 프라이머의 적절한 건조 상태를 확인하여 시트를 깐다.

해설 특수부위에 대한 보강 붙이기를 시행한 후 방수 시트 깔기 작업을 한다.

23. 거푸집에 작용하는 콘크리트의 측압에 끼치는 영향 요인과 가장 거리가 먼 것은?

① 거푸집의 강성
② 콘크리트 타설 속도
③ 기온
④ 콘크리트의 강도

해설 콘크리트 강도의 크고 작음은 거푸집 측압에 영향을 미치지 않는다.

24. 실의 크기 조절이 필요한 경우 칸막이 기능을 하기 위해 만든 병풍 모양의 문은?

① 여닫이문　　② 자재문
③ 미서기문　　④ 홀딩 도어

해설 홀딩 도어(holding door)
(1) 한 개의 실을 두 개의 실로 구분하고자 할 때 사용
(2) 칸막이 역할을 하기 위해 병풍처럼 만들어 사용하는 접이식 문

25. 수장공사 적산 시 유의사항에 관한 설명으로 옳지 않은 것은?

① 수장공사는 각종 마감재를 사용하여 바닥·벽·천장을 치장하므로 도면을 잘 이해하여야 한다.
② 최종 마감재만 포함하므로 설계도서를 기준으로 각종 부속공사는 제외하여야 한다.
③ 마무리 공사로서 자재의 종류가 다양하게 포함되므로 자재별로 잘 구분하여 시공 및 관리하여야 한다.

④ 공사범위에 따라서 주자재, 부자재, 운반 등을 포함하고 있는지 파악하여야 한다.

> **해설** 수장공사 적산(물량 산출) 시 각종 부속공사도 포함해야 한다.

26. 콘크리트의 균열을 발생시기에 따라 구분할 때 경화 후 균열의 원인에 해당되지 않는 것은?

① 알칼리 골재 반응
② 동결융해
③ 탄산화
④ 재료분리

> **해설** (1) 알칼리 골재 반응 : 시멘트의 알칼리 성분과 골재의 실리카질 광물이 반응하여 팽창 균열이 발생하는 현상
> (2) 콘크리트의 탄산화 : 굳어진 콘크리트가 탄산가스와 반응하여 알칼리성을 잃고 중성이 되는 현상
> (3) 콘크리트의 재료분리에 의한 균열은 경화 전 균열에 해당된다.

27. 일반경쟁입찰의 업무 순서에 따라 보기의 항목을 옳게 나열한 것은?

A. 입찰공고	B. 입찰등록
C. 견적	D. 참가등록
E. 입찰	F. 현장설명
G. 개찰 및 낙찰	H. 계약

① A → B → F → D → C → E → G → H
② A → D → F → C → B → E → G → H
③ A → B → C → F → D → G → E → H
④ A → D → C → F → E → G → B → H

> **해설** 일반경쟁입찰 순서 : 입찰공고 → 참가등록신청 → 현장설명 → 견적 → 입찰등록신청 → 입찰 → 개찰 및 낙찰 → 계약

28. 스프레이 도장방법에 관한 설명으로 옳지 않은 것은?

① 도장거리는 스프레이 도장면에서 150 mm를 표준으로 하고 압력에 따라 가감한다.
② 스프레이할 때에는 매끈한 평면을 얻을 수 있도록 하고, 항상 평행이동하면서 운행의 한 줄마다 스프레이 너비의 1/3 정도를 겹쳐 뿜는다.
③ 각 회의 스프레이 방향은 전회의 방향에 직각으로 한다.
④ 에어레스 스프레이 도장은 1회 도장에 두꺼운 도막을 얻을 수 있고 짧은 시간에 넓은 면적을 도장할 수 있다.

> **해설** 스프레이(spray : 뿜칠) 도장 시 도장면과 스프레이건(뿜칠총)의 도장거리는 300 mm를 표준으로 한다.

29. 터파기 공사 시 지하수위가 높으면 지하수에 의한 피해가 우려되므로 차수공사를 실시하며, 이 방법만으로 부족할 때에는 강제배수를 실시하게 되는데 이때 나타나는 현상으로 옳지 않은 것은?

① 점성토의 압밀
② 주변 침하
③ 흙막이벽의 토압 감소
④ 주변 우물의 고갈

> **해설** 터파기 공사 시 지하수에 의한 피해를 막기 위해 강제배수를 실시할 때 나타나는 현상은 다음과 같다.
> (1) 주변 우물의 고갈
> (2) 주변 지반 침하
> (3) 점성토의 압밀
> (4) 흙막이 배면의 토압 증가

30. 석재의 표면 마무리의 갈기 및 광내기에 사용하는 재료가 아닌 것은?

① 금강사   ② 황산

③ 숫돌   ④ 산화주석

해설 석재의 표면 마무리의 갈기 및 광내기를 물갈기라 하며, 카보런덤, 금강사, 숫돌, 산화주석 등을 뿌리고 물을 주면서 연마기로 간다.

31. 경량기포 콘크리트(ALC)에 관한 설명으로 옳지 않은 것은?

① 기건 비중은 보통콘크리트의 약 1/4 정도로 경량이다.

② 열전도율은 보통콘크리트의 약 1/10 정도로서 단열성이 우수하다.

③ 유기질 소재를 주원료로 사용하여 내화성능이 매우 낮다.

④ 흡음성과 차음성이 우수하다.

해설 경량기포 콘크리트(ALC) : 석회질·규산질에 혼화제를 혼입하여 오토클레이브에서 고온·고압으로 양생한 콘크리트로 무기질 소재이며 내화성능이 좋다.

※ 유기질 소재 : 코르크 · 면(솜) 등

32. 다음 중 도막방수에 관한 설명으로 옳지 않은 것은?

① 복잡한 형상에 대한 시공성이 우수하다.

② 용제형 도막방수는 시공이 어려우나 충격에 매우 강하다.

③ 에폭시계 도막방수는 접착성, 내열성, 내마모성, 내약품성이 우수하다.

④ 셀프레벨링 공법은 바닥에서 도료 상태의 도막재를 바닥에 부어 도포한다.

해설 용제형 도막방수 : 합성수지 재료를 용제(solvent) 등으로 녹여 페인트처럼 바닥을 칠하여 방수막을 구성하는 공법으로 시공이 쉬우나 충격에 매우 약하다.

33. 평판재하시험에 관한 설명으로 옳지 않은 것은?

① 시험재하판은 실제 구조물의 기초면적에 비해 매우 작으므로 재하판 크기의 영향, 즉 스케일 이펙트(scale effect)를 고려한다.

② 침하량을 측정하기 위해 다이얼게이지 지지대를 고정하고 좌우측에 2개의 다이얼게이지를 설치한다.

③ 시험할 장소에서의 즉시침하를 방지하기 위하여 다짐을 실시한 후 시작한다.

④ 지반의 허용지지력을 구하는 것이 목적이다.

해설 평판재하시험은 기초 저면의 실제 허용지지력을 측정해야 하므로 다짐을 하지 않는다.

34. 창호철물 중 여닫이문에 사용하지 않는 것은?

① 도어행어(door hanger)

② 도어체크(door check)

③ 실린더록(cylinder lock)

④ 플로어 힌지(floor hinge)

해설 여닫이문 사용 철물

(1) 도어체크(도어클로저)

(2) 실린더록

(3) 플로어 힌지

※ 도어행어 : 접이문에 사용

35. 다음과 같은 원인으로 인하여 발생하는 용접결함의 종류는?

| 원인 : 도료, 녹, 밀 스케일, 모재의 수분 |

① 피트   ② 언더컷

③ 오버랩   ④ 엔드탭

해설 (1) 밀 스케일(mill scale : 흑피) : 산화물의 피막

(2) 피트(pit)

㉮ 피트 : 용접결함 중 용접 표면에 생기는 흠집

㉯ 발생원인 : 모재에 탄소, 망간 등의 합금원소가 많을 때, 습기가 많거나 기름, 녹, 페인트가 묻을 때

36. 서로 다른 종류의 금속재가 접촉하는 경우 부식이 일어나는 경우가 있는데 부식성이 큰 금속 순으로 옳게 나열된 것은?

① 알루미늄>철>주석>구리
② 주석>철>알루미늄>구리
③ 철>주석>구리>알루미늄
④ 구리>철>알루미늄>주석

해설 금속의 이온화경향 순서 : K > Ca > Na > Mg > Al > Zn > Fe > Ni > Sn > Pb > H > Cu > Hg > Pt > Au
※ 금속의 이온화경향이 클수록 부식성이 크므로 알루미늄(Al) > 철(Fe) > 주석(Sn) > 구리(Cu)이다.

37. 건축주가 시공회사의 신용, 자산, 공사경력, 보유기자재 등을 고려하여 그 공사에 적격한 하나의 업체를 지명하여 입찰시키는 방법은?

① 공개경쟁입찰 ② 제한경쟁입찰
③ 지명경쟁입찰 ④ 특명입찰

해설 적격자 1인을 지명하는 방식을 특명입찰(수의계약)이라 한다.

38. 건설 프로세스의 효율적인 운영을 위해 형성된 개념으로 건설생산에 초점을 맞추고 이에 관련된 계획, 관리, 엔지니어링, 설계, 구매, 계약, 시공, 유지 및 보수 등의 요소들을 주요 대상으로 하는 것은?

① CIC(computer intergrated construction)
② MIS(management information system)
③ CIM(computer intergrated manufacturing)
④ CAM(computer aided manufacturing)

해설 건설 통합 시스템(computer intergrated construction) : 건설 프로젝트 전 과정에 걸쳐 컴퓨터, 정보통신, 자동화생산, 조립기술 등의 기능과 인력을 연계하여 각 사에 맞도록 최적화하는 시스템

39. TQC를 위한 7가지 도구 중 다음 설명에 해당하는 것은?

모집단에 대한 품질 특성을 알기 위하여 모집단의 분포상태, 분포의 중심 위치, 분포의 산포 등을 쉽게 파악할 수 있도록 막대그래프 형식으로 작성한 도수분포도를 말한다.

① 히스토그램 ② 특성요인도
③ 파레토도 ④ 체크시트

해설 히스토그램 : 가로축에 계급(등급)을 정하고 세로축에는 도수(개수)를 막대그래프 형식으로 작성한 도수분포도로서 모집단의 분포상태, 분포중심상태, 분포의 중심위치, 분포의 산포 등을 알 수 있다.

40. 경량형 강재의 특징에 관한 설명으로 옳지 않은 것은?

① 경량형 강재는 중량에 대한 단면계수, 단면 2차 반경이 큰 것이 특징이다.
② 경량형 강재는 일반구조용 열간 압연한 일반형 강재에 비하여 단면형이 크다.
③ 경량형 강재는 판두께가 얇지만 판의 국부좌굴이나 국부변형이 생기지 않아 유리하다.
④ 일반구조용 열간 압연한 일반형 강재에 비하여 판두께가 얇고 강재량이 적으면서 휨강도는 크고 좌굴 강도도 유리하다.

해설 경량형 강재는 판두께가 얇아서 국부좌굴, 국부변형, 비틀림이 생기기 쉽다.

정답 36. ① 37. ④ 38. ① 39. ① 40. ③

41. 철근콘크리트의 보강철근에 관한 설명으로 옳지 않은 것은?

① 보강철근으로 보강하지 않은 콘크리트는 연성거동을 한다.

② 보강철근은 콘크리트의 크리프를 감소시키고 균열의 폭을 최소화시킨다.

③ 이형철근은 원형강봉의 표면에 돌기를 만들어 철근과 콘크리트의 부착력을 최대가 되도록 한 것이다.

④ 보강철근을 콘크리트 속에 매립함으로써 콘크리트의 휨강도를 증대시킨다.

해설 보강철근으로 보강하지 않은 콘크리트는 취성거동을 한다.

42. 다음 그림과 같은 구멍 2열에 대하여 파단선 A–B–C를 지나는 순단면적과 동일한 순단면적을 갖는 파단선 D–E–F–G의 피치(s)는? (단, 구멍은 여유폭을 포함하여 23 mm임)

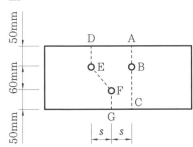

① 3.7 cm
② 7.4 cm
③ 11.1 cm
④ 14.8 cm

해설 (1) 순단면적

㉮ 정렬배치

$$A_n = A_g - ndt$$

㉯ 엇모배치

$$A_n = A_g - ndt + \sum \frac{s^2}{4g} t$$

여기서, A_g : 부재의 총단면적

n : 파단선상 구멍의 수

d : 구멍의 직경(mm)

t : 부재의 두께(mm)

s : 인접한 2개 구멍의 응력방향 중심간격(mm)

g : 게이지선상의 응력수직방향 중심간격(mm)

(2) $A_n = 160 \times t - 1 \times 23 \times t$

$= (160 - 1 \times 23) \times t = 137t$

$$A_n = 160 \times t - 2 \times 23 \times t + \frac{s^2}{4 \times 60} \times t$$

$$= 114t + \frac{s^2}{240} t$$

$$137t = 114t + \frac{s^2}{240} t \rightarrow s^2 = 5520$$

$$\therefore s = \sqrt{5,520} = 74.3 \,\mathrm{mm} = 7.4 \,\mathrm{cm}$$

43. 스팬이 l 이고 양단이 고정인 보의 전체에 등분포하중 w 가 작용할 때 중앙부의 최대 처짐은?

① $\dfrac{wl^4}{48EI}$
② $\dfrac{5wl^4}{48EI}$
③ $\dfrac{wl^4}{384EI}$
④ $\dfrac{5wl^4}{384EI}$

해설 $\delta_{\max} = \dfrac{wl^4}{384EI}$

44. 강도설계법에 의한 철근콘크리트보 설계에서 양단연속인 경우 처짐을 계산하지 않아도 되는 보의 최소 두께로 옳은 것은? (단, 보통콘크리트 $w_c = 2,300$ kg/m³와 설계기준 항복강도 400 MPa 철근을 사용)

① $\dfrac{l}{16}$
② $\dfrac{l}{21}$
③ $\dfrac{l}{24}$
④ $\dfrac{l}{28}$

해설 처짐을 계산하지 않은 경우의 최소 두께
(보통콘크리트 $w_c = 2,300\,\text{kg/m}^3$, 철근 f_y
$= 400\,\text{MPa}$)

구분	캔틸레버	단순지지	일단연속	양단연속
부재	⊢━	△━△	△△	△△
보	$\dfrac{l}{8}$	$\dfrac{l}{16}$	$\dfrac{l}{18.5}$	$\dfrac{l}{21}$
1방향 슬래브	$\dfrac{l}{10}$	$\dfrac{l}{20}$	$\dfrac{l}{24}$	$\dfrac{l}{28}$

45. 다음 중 말뚝기초에 관한 설명으로 옳지 않은 것은?

① 말뚝기초는 지반이 연약하고 기초상부의 하중을 지지하지 못할 때 보강공법으로 쓰인다.

② 지지말뚝은 굳은 지반까지 말뚝을 박아 하중을 직접 지반에 전달하며 주위 흙과 마찰력은 고려하지 않는다.

③ 마찰말뚝은 주위 흙과의 마찰력으로 지지되며 n개를 박았을 때 그 지지력은 n배가 된다.

④ 동일 건물에서는 서로 다른 종류의 말뚝을 혼용하지 않는다.

해설 마찰말뚝은 말뚝과 흙의 마찰력에 의해서 지지되는데 마찰말뚝 n개를 설치하면 허용지지력이 중복되므로 지지력은 n배보다 작아야 한다.

46. 내진설계에 있어서 밑면 전단력 산정인자가 아닌 것은?

① 건물의 중요도계수

② 반응수정계수

③ 진도계수

④ 유효건물중량

해설 (1) 밑면 전단력

㉮ 지진력에 의한 1층의 층전단력을 지상부분의 전체 중량으로 나눈 값

㉯ 산정인자 : 건물의 중요도계수, 반응수정계수, 유효건물중량

(2) 진도계수 : 내진 설계에 필요한 지진 시의 수평 하중을 구하기 위해 지진의 최대 가속도를 중력 가속도로 나눈 값

$$\text{진도계수} = \frac{\text{지진의 최대 가속도}}{\text{중력 가속도}}$$

47. 다음 그림과 같은 보에서 중앙점(C점)의 휨모멘트(M_C)를 구하면?

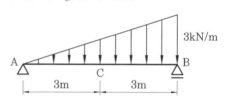

① $4.50\,\text{kN}\cdot\text{m}$ ② $6.75\,\text{kN}\cdot\text{m}$

③ $8.00\,\text{kN}\cdot\text{m}$ ④ $10.50\,\text{kN}\cdot\text{m}$

해설 (1) 반력 R_A의 계산

$\sum M_B = 0$에서

$$R_A \times 6\,\text{m} - 3\,\text{kN/m} \times 6\,\text{m} \times \frac{1}{2} \times 6\,\text{m} \times \frac{1}{3}$$
$$= 0$$
$$\therefore R_A = 3\,\text{kN}(\uparrow)$$

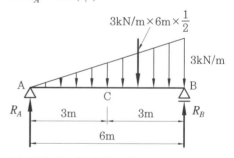

(2) 중앙점(C점)의 휨모멘트 M_C

$$= R_A \times 3 - 1.5\,\text{kN/m} \times 3\,\text{m} \times \frac{1}{2} \times 3\,\text{m} \times \frac{1}{3}$$
$$= 6.75\,\text{kN}\cdot\text{m}$$

48. 철골트러스의 특성에 관한 설명으로 옳지 않은 것은?

① 직선 부재들이 삼각형의 형태로 구성되어 안정적인 거동을 한다.

② 트러스의 개방된 웨브공간으로 전기배선이나 덕트 등과 같은 설비배관의 통과가 가능하다.

③ 부정정차수가 낮은 트러스의 경우에는 일부 부재나 접합부의 파괴가 트러스의 붕괴를 야기할 수 있다.

④ 직선 부재로만 구성되기 때문에 비정형 건축물의 구조체에는 적용되지 않는다.

해설 철골트러스는 비정형 건축물의 구조체에도 적용 가능하다.

49. 철근의 정착길이에 관한 사항으로 옳지 않은 것은?

① 인장 이형철근 및 이형철선의 정착길이 l_d는 항상 300 mm 이상이어야 한다.

② 압축 이형철근의 정착길이 l_d는 항상 150 mm 이상이어야 한다.

③ 인장 또는 압축을 받는 하나의 다발철근 내에 있는 개개철근의 정착길이 l_d는 다발철근이 아닌 경우의 각 철근의 정착길이보다 3개의 철근으로 구성된 다발철근에 대해서 20 % 증가시켜야 한다.

④ 단부에 표준갈고리를 갖는 인장 이형철근의 정착길이 l_{db}는 항상 $8d_b$ 이상 또한 150 mm 이상이어야 한다.

해설 철근의 정착길이

(1) 인장 이형철근의 정착길이

l_d : 300 mm 이상

(2) 압축 이형철근의 정착길이

l_d : 200 mm 이상

(3) 표준갈고리를 갖는 인장 이형철근의 정착길이

l_{db} : $8d_b$ 이상, 150 mm 이상

50. 원형 단면에 전단력 $S = 30$ kN이 작용할 때 단면의 최대 전단응력도는? (단, 단면의 반경은 180 mm이다.)

① 0.19 MPa   ② 0.24 MPa

③ 0.39 MPa   ④ 0.44 MPa

해설 원형 단면의 최대 전단응력

$$\tau_{max} = \frac{4}{3} \frac{S}{A} = \frac{4}{3} \times \frac{30,000\,\text{N}}{\pi \times (180\,\text{mm})^2}$$

$$= 0.39\,\text{N/mm}^2 = 0.39\,\text{MPa}$$

51. 다음 그림과 같은 부정정보에서 고정단 모멘트 $M_{AB}(C_{AB})$의 절댓값은?

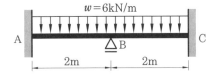

① 2 kN·m   ② 3 kN·m

③ 4 kN·m   ④ 5 kN·m

해설 $-C_{AB} = \dfrac{wl^2}{12} = \dfrac{6\,\text{kN/m} \times (2\,\text{m})^2}{12}$

$$= 2\,\text{kN·m}$$

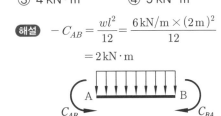

52. 아래 단면을 가진 철근콘크리트 기둥의 최대 설계축하중(ϕP_n)은? (단, $f_{ck} = 30$ MPa, $f_y = 400$ MPa)

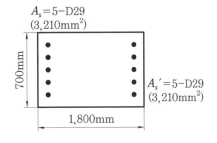

① 12,958 kN ② 15,425 kN

③ 17,958 kN ④ 21,425 kN

해설 띠철근기둥의 최대 설계축하중

$$\phi P_n = 0.80\phi[0.85f_{ck}(A_g - A_{st}) + f_y A_{st}]$$

여기서, ϕ : 강도감소계수

A_{st} : 기둥 주철근의 단면적

f_y : 철근의 항복강도

f_{ck} : 콘크리트의 설계기준강도

A_g : 기둥의 단면적

$\phi P_n = 0.80 \times 0.65 \times [0.85 \times 30\text{N/mm}^2 \times$

$(1,800\,\text{mm} \times 700\,\text{mm} - 3,210\,\text{mm}^2 \times 2)$

$+ 400\,\text{N/mm}^2 \times 3,210\,\text{mm}^2 \times 2]$

$= 17,957,830.8\,\text{N} = 17,958\,\text{kN}$

53. 그림과 같은 구조에서 B단에 발생하는 모멘트는?

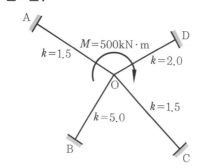

① 125 kN·m ② 188 kN·m

③ 250 kN·m ④ 300 kN·m

해설 (1) 분배율

$$f_{OB} = \frac{\text{OB 부재의 강비}}{\text{강비의 총합}} = \frac{k_{OB}}{\sum k}$$

$$= \frac{5.0}{1.5 + 2.0 + 1.5 + 5.0} = \frac{5}{10}$$

(2) 분배모멘트

$M_{OB} = $ 모멘트 $\times$ 분배율

$$= 500\,\text{kN} \cdot \text{m} \times \frac{1}{2} = 250\,\text{kN} \cdot \text{m}$$

(3) B단의 도달모멘트

$$M_{BO} = \text{분배모멘트} \times \frac{1}{2} = M_{OB} \times \frac{1}{2}$$

$$= 250\,\text{kN} \cdot \text{m} \times \frac{1}{2} = 125\,\text{kN} \cdot \text{m}$$

54. 다음 중 철골구조 주각부의 구성요소가 아닌 것은?

① 커버 플레이트

② 앵커 볼트

③ 베이스 모르타르

④ 베이스 플레이트

해설 커버 플레이트(cover plate)는 판보의 휨력 보강재이다.

55. 다음 그림과 같은 라멘의 부정정 차수는?

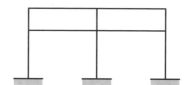

① 6차 부정정 ② 8차 부정정

③ 10차 부정정 ④ 12차 부정정

해설 $m = n + s + r - 2k$

$= 9 + 10 + 11 - 2 \times 9 = 12$

여기서, n : 반력수

s : 부재수

r : 강철점수

k : 절점수

∴ 12차 부정정 구조물

56. 1단은 고정, 1단은 자유인 길이 10 m인 철골기둥에서 오일러의 좌굴하중은 얼마인가? (단, $A = 6,000\,\text{mm}^2$, $I_x = 4,000\,\text{cm}^4$, $I_y = 2,000\,\text{cm}^4$, $E = 205,000\,\text{MPa}$)

① 101.2kN ② 168.4kN

③ 195.7kN ④ 202.4kN

해설 좌굴하중(P_{cr})

$$= \frac{\pi^2 EI}{(KL)^2}$$

$$= \frac{\pi^2 \times 2.05 \times 10^5 \,\text{N/mm}^2 \times 2.0 \times 10^7 \,\text{mm}^4}{(2.0 \times 10{,}000 \,\text{mm})^2}$$

$$= 101{,}163 \,\text{N} = 101.2 \,\text{kN}$$

여기서, E : 탄성계수

$\quad\quad I$: 단면 2차 모멘트

$\quad\quad K$: 좌굴길이계수

$\quad\quad L$: 부재의 길이

57. 다음 그림과 같은 보의 C점에서의 최대 처짐은?

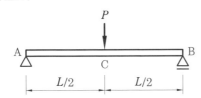

① $\dfrac{PL^3}{2EI}$ ② $\dfrac{PL^3}{48EI}$

③ $\dfrac{PL^3}{384EI}$ ④ $\dfrac{5PL^3}{384EI}$

해설 단순보 중앙에 집중하중이 작용하는 경우

최대 처짐 $\delta_{\max} = \dfrac{PL^3}{48EI}$

58. 그림과 같은 단면에서 $x-x$축에 대한 단면 2차 반경으로 옳은 것은?

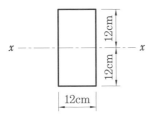

① 5.5 cm ② 6.9 cm

③ 7.7 cm ④ 8.1 cm

해설 (1) 단면 2차 모멘트

직사각형 단면 $I_x = \dfrac{bh^3}{12}$

(2) 단면 2차 회전반경

$$i_x = \sqrt{\frac{I_x}{A}} = \sqrt{\frac{\dfrac{bh^3}{12}}{bh}} = \frac{h}{2\sqrt{3}} = \frac{24\,\text{cm}}{2\sqrt{3}}$$

$$= 6.93 \,\text{cm}$$

59. 강도설계법 적용 시 그림과 같은 단철근 직사각형 단면의 공칭휨강도 M_n은? (단, $f_{ck} = 21\,\text{MPa}$, $f_y = 400\,\text{MPa}$, $A_s = 1{,}200$ mm^2이다.)

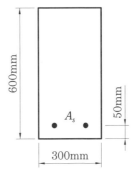

① 162 kN · m ② 182 kN · m

③ 202 kN · m ④ 242 kN · m

해설 (1) 등가응력블록깊이

$C_c = T$에서 $\eta 0.85 f_{ck} ab = A_s f_y$

($f_{ck} \leq 40\,\text{MPa}$일 때 $\eta = 1.0$)

$$a = \frac{A_s f_y}{\eta 0.85 f_{ck} b}$$

$$= \frac{1{,}200\,\text{mm}^2 \times 400\,\text{N/mm}^2}{1.0 \times 0.85 \times 21\,\text{N/mm}^2 \times 300\,\text{mm}}$$

$$= 89.64 \,\text{mm}$$

(2) 공칭휨강도

$$M_n = A_s f_y \left(d - \frac{a}{2} \right)$$

$$= 1{,}200\,\text{mm}^2 \times 400\,\text{N/mm}^2$$

$$\times \left(550\,\text{mm} - \frac{89.64\,\text{mm}}{2} \right)$$

$$= 242{,}486{,}400 \,\text{N} \cdot \text{mm} = 242 \,\text{kN} \cdot \text{m}$$

60. 바닥 슬래브와 철골보 사이에 발생하는 전단력에 저항하기 위해 설치하는 것은?

① 커버 플레이트(cover plate)
② 스티프너(stiffener)
③ 턴버클(turn buckle)
④ 시어 커넥터(shear connector)

해설 ① 커버 플레이트(cover plate) : 판보에
서 휨력에 저항하기 위해 설치하는 덧판
② 스티프너(stiffener) : 웨브(web) 플레이트
의 좌굴방지용재
③ 턴버클(turn buckle) : 인장가새 긴결재
④ 시어 커넥터(shear connector) : 형강보와
슬래브를 일체로 만드는 전단연결재

제4과목　건축설비

61. 실내의 탄산가스 허용농도가 1,000
ppm, 외기의 탄산가스 농도가 400 ppm일
때, 실내 1인당 필요한 환기량은? (단, 실내
1인당 탄산가스 배출량은 15 L/h이다.)

① 15 m³/h　　② 20 m³/h
③ 25 m³/h　　④ 30 m³/h

해설 (1) 단위

- 체적 : $1L = \dfrac{1}{1,000} m^3$

- 농도 : $1 ppm = \dfrac{1}{1,000,000}$

(2) 필요 환기량(m^3/h)

$$= \dfrac{1시간당\ CO_2\ 발생량}{실내공기의\ CO_2\ 허용농도}$$

$$= \dfrac{\dfrac{15}{1,000} m^3/h}{\dfrac{1,000}{1,000,000} - \dfrac{400}{1,000,000}} = 25\,m^3/h$$

62. 다음 그림과 같은 형태를 갖는 간선의 배
선방식은?

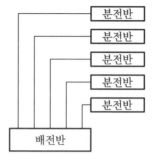

① 개별방식　　② 루프방식
③ 병용방식　　④ 나뭇가지방식

해설 (1) 간선의 배선방식
㉮ 나뭇가지방식(수지상식) : 배전반에서
하나의 간선으로 여러 분전반을 연결
㉯ 개별방식(평행식) : 배전반에서 각 분전
반에 간선으로 배선
㉰ 병용식(나뭇가지방식, 개별방식 병용) :
배전반에서 각 부하에 배선하는 방식

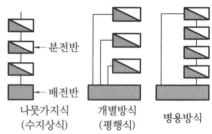

(2) 배전 순서
수전반-배전반-간선-분전반-분기회로
(3) 분전반
㉮ 배전반으로부터 공급받아 각 말단 부하
에 배전
㉯ 과전류 차단기가 있다.
(4) 수전반 : 한전에서 전기를 공급받기 위한
기기

63. 다음 중 증기난방에 관한 설명으로 옳지
않은 것은?

① 온수난방에 비해 예열시간이 짧다.
② 온수난방에 비해 한랭지에서 동결의
우려가 적다.

③ 운전 시 증기해머로 인한 소음을 일으키기 쉽다.

④ 온수난방에 비해 부하변동에 따른 실내방열량의 제어가 용이하다.

해설 증기난방은 실내방열량의 제어가 곤란하다.

64. 액화천연가스(LNG)에 관한 설명으로 옳지 않은 것은?

① 공기보다 가볍다.

② 무공해, 무독성이다.

③ 프로필렌, 부탄, 에탄이 주성분이다.

④ 대규모의 저장시설을 필요로 하며, 공급은 배관을 통하여 이루어진다.

해설 액화천연가스(LNG)의 주성분은 에탄, 메탄이고, 액화석유가스(LPG)의 주성분은 프로판, 프로필렌, 부탄, 부틸렌이다.

65. 공기조화방식 중 팬코일 유닛 방식에 관한 설명으로 옳지 않은 것은?

① 각 실에 수배관으로 인한 누수의 우려가 있다.

② 덕트 샤프트나 스페이스가 필요 없거나 작아도 된다.

③ 각 실의 유닛은 수동으로도 제어할 수 있고, 개별제어가 쉽다.

④ 유닛을 창문 밑에 설치하면 콜드 드래프트(cold draft)가 발생할 우려가 높다.

해설 (1) 팬코일 유닛(fan coil unit) 방식 : 물을 열매로 해서 실내에 설치한 유닛(송풍기, 냉온수 코일 등의 캐비닛)으로 공기를 냉각 또는 가열하는 방식(전수방식)

(2) 팬코일 유닛(FCU)을 창문 밑에 설치하면 콜드 드래프트(cold draft : 찬 바람) 발생이 적다.

66. 다음 중 기온, 습도, 기류의 3요소의 조합에 의한 실내 온열감각을 기온의 척도로 나타낸 것은?

① 작용온도 ② 등가온도

③ 유효온도 ④ 등온지수

해설 유효온도(effective temperature) : 사람이 느끼는 감각을 기온·습도·풍속(기류)의 3요소의 조합으로 나타낸 온도

67. 다음 중 변전실 면적에 영향을 주는 요소와 가장 거리가 먼 것은?

① 발전기실의 면적

② 변전설비 변압방식

③ 수전전압 및 수전방식

④ 설치 기기와 큐비클의 종류

해설 변전실 면적에 영향을 주는 요소

(1) 수전전압 및 수전방식

(2) 변전설비 변압방식, 변압기 용량, 수량 및 형식

(3) 설치 기기와 큐비클의 종류 및 시방

(4) 기기의 배치방법 및 유지보수 필요 면적

(5) 건축물의 구조적 여건

68. 조명설비에서 눈부심에 관한 설명으로 옳지 않은 것은?

① 광원의 크기가 클수록 눈부심이 강하다.

② 광원의 휘도가 작을수록 눈부심이 강하다.

③ 광원이 시선에 가까울수록 눈부심이 강하다.

④ 배경이 어둡고 눈이 암순응될수록 눈부심이 강하다.

해설 (1) 휘도(눈부심 정도) : 빛이 반사되는 면의 밝기

(2) 휘도가 클수록 눈부심이 강하다.

정답 64. ③ 65. ④ 66. ③ 67. ① 68. ②

69. 최대수요전력을 구하기 위한 것으로 총 부하설비용량에 대한 최대수요전력의 비율을 백분율로 나타낸 것은?

① 역률 ② 수용률
③ 부등률 ④ 부하율

해설 ① 역률 $= \dfrac{\text{유효전력}}{\text{피상전력}}$

② 수용률 $= \dfrac{\text{최대수용전력}}{\text{총부하설비용량}} \times 100\%$

③ 부등률
$= \dfrac{\text{각 부하의 최대수용전력의 합계}}{\text{합성 최대수용전력}}$
$\times 100\%$

④ 부하율 $= \dfrac{\text{평균사용전력}}{\text{최대수용전력}} \times 100\%$

70. 전류가 흐르고 있는 전기기기, 배선과 관련된 화재를 의미하는 것은?

① A급 화재 ② B급 화재
③ C급 화재 ④ K급 화재

해설 화재의 구분
(1) A급 : 일반 화재 (2) B급 : 유류 화재
(3) C급 : 전기 화재 (4) K급 : 주방 화재

71. 전기 샤프트(ES)에 관한 설명으로 옳지 않은 것은?

① 전기 샤프트(ES)는 각 층마다 같은 위치에 설치한다.
② 전기 샤프트(ES)의 면적은 보, 기둥부분을 제외하고 산정한다.
③ 전기 샤프트(ES)는 전력용(EPS)과 정보통신용(TPS)을 공용으로 설치하는 것이 원칙이다.
④ 전기 샤프트(ES)의 점검구는 유지보수 시 기기의 반입 및 반출이 가능하도록 하여야 한다.

해설 전기 샤프트(electrical shaft)는 전력용 (EPS)과 정보통신용(TPS)을 구분하여 설치하는 것을 원칙으로 하고, 장비나 배선이 작은 경우는 공용으로 사용한다.

72. 펌프의 양수량이 10 m³/min, 전양정이 10 m, 효율이 80 %일 때, 이 펌프의 축동력은 얼마인가?

① 20.4 kW ② 22.5 kW
③ 26.5 kW ④ 30.6 kW

해설 펌프의 축동력(kW)
$= \dfrac{\gamma Q H}{102 E}$
$= \dfrac{1{,}000\,\mathrm{kgf/m^3} \times 10\,\mathrm{m^3/min} \times 10\,\mathrm{m}}{102 \times 60 \times 0.8}$
$= 20.42\,\mathrm{kW}$

73. 다음 중 배관재료에 관한 설명으로 옳지 않은 것은?

① 주철관은 오배수관이나 지중 매설 배관에 사용된다.
② 경질염화비닐관은 내식성은 우수하나 충격에 약하다.
③ 연관은 내식성이 작아 배수용보다는 난방배관에 주로 사용된다.
④ 동관은 전기 및 열전도율이 좋고 전성·연성이 풍부하며 가공도 용이하다.

해설 (1) 연관(납관) : 내식성이 커 수도관, 가스관, 배수관에 사용된다.
(2) 난방배관에는 주로 동관 등이 사용된다.

74. 다음 설명에 알맞은 냉동기는?

• 기계적 에너지가 아닌 열에너지에 의해 냉동효과를 얻는다.
• 구조는 증발기, 흡수기, 재생기(발생기), 응축기 등으로 구성되어 있다.

① 터보식 냉동기

② 흡수식 냉동기

③ 스크루식 냉동기

④ 왕복동식 냉동기

해설 흡수식 냉동기

(1) 냉매로 물을 사용하여 냉매의 증발·흡수, 흡수제의 재생·응축을 통하여 냉수를 얻는 방식이다.

(2) 열에너지에 의해서 냉동효과를 얻는다.

(3) 증발기, 흡수기, 재생기, 응축기로 구성되어 있다.

75. 건축물의 에너지절약설계기준에 따라 건축물의 단열을 위한 권장사항으로 옳지 않은 것은?

① 외벽 부위는 내단열로 시공한다.

② 열손실이 많은 북측 거실의 창 및 문의 면적은 최소화한다.

③ 외피의 모서리 부분은 열교가 발생하지 않도록 단열재를 연속적으로 설치한다.

④ 발코니 확장을 하는 공동주택에는 단열성이 우수한 로이(Low-E) 복층창이나 삼중창 이상의 단열 성능을 갖는 창을 설치한다.

해설 (1) 열교(thermal bridge) : 단열 성능이 떨어지는 경우 열기가 빠르게 빠져나가는 현상

(2) 외벽 부위는 에너지 절약, 열교 현상과 내부 표면 결로 방지를 위해 외단열 시공이 바람직하다.

76. 실내공기오염의 종합적 지표로서 사용되는 오염물질은?

① 부유분진

② 이산화탄소

③ 일산화탄소

④ 이산화질소

해설 실내공기오염의 지표 : 이산화탄소(CO_2)

77. 다음 중 엘리베이터의 안전장치와 가장 관계가 먼 것은?

① 조속기

② 핸드 레일

③ 종점 스위치

④ 전자 브레이크

해설 핸드 레일은 승강기 내부의 노약자나 장애인의 안전을 위해 설치하는 수평 손잡이이다.

78. 주철제 보일러에 관한 설명으로 옳지 않은 것은?

① 재질이 약하여 고압으로는 사용이 곤란하다.

② 섹션(section)으로 분할되므로 반입이 용이하다.

③ 재질이 주철이므로 내식성이 약하여 수명이 짧다.

④ 규모가 비교적 작은 건물의 난방용으로 사용된다.

해설 주철제 보일러

(1) 규모가 작은 건물의 온수 및 난방용으로 사용된다.

(2) 내식성(부식의 저항성)이 크고 수명이 긴 편이다.

79. 수량 22.4 m³/h를 양수하는 데 필요한 터빈 펌프의 구경으로 적당한 것은? (단, 터빈 펌프 내의 유속은 2 m/s로 한다.)

① 65 mm

② 75 mm

③ 100 mm

④ 125 mm

해설 펌프의 구경

$$d = 1.13 \times \sqrt{\frac{Q}{V}}$$

$$= 1.13 \times \sqrt{\frac{22.4\,\mathrm{m}^3}{\dfrac{3,600\,\mathrm{s}}{2\,\mathrm{m/s}}}} = 0.063\,\mathrm{m}$$

$$= 63\,\mathrm{mm}$$

참고 터빈 펌프 : 소용돌이 모양(임펠러)의 날 개로 높은 곳까지 물을 퍼올리는 펌프(원심 펌프의 한 종류)

80. 다음 중 배수트랩에 관한 설명으로 옳지 않은 것은?

① 트랩은 이중으로 설치하면 효과적이다.

② 트랩의 봉수깊이가 너무 깊으면 통수 능력이 감소된다.

③ 트랩은 하수가스의 실내 침입을 방지 하는 역할을 한다.

④ 트랩은 위생기구에 가능한 한 접근시 켜 설치하는 것이 좋다.

해설 (1) 트랩(trap)의 설치 목적 : 봉수를 둠으 로써 악취 유입과 벌레 침입을 방지한다.

(2) 배수트랩은 이중으로 설치하지 않는다.

제5과목 **건축관계법규**

81. 건축법령상 초고층 건축물의 정의로 옳은 것은?

① 층수가 30층 이상이거나 높이가 90 m 이상인 건축물

② 층수가 30층 이상이거나 높이가 120 m 이상인 건축물

③ 층수가 50층 이상이거나 높이가 150 m 이상인 건축물

④ 층수가 50층 이상이거나 높이가 200 m 이상인 건축물

해설 (1) 고층 건축물 : 층수가 30층 이상 또는 높이가 120 m 이상인 건축물

(2) 초고층 건축물 : 층수가 50층 이상 또는 높이가 200 m 이상인 건축물

82. 비상용 승강기의 승강장의 구조에 관한 기준 내용으로 옳지 않은 것은?

① 채광이 되는 창문이 있거나 예비전원 에 의한 조명설비를 할 것

② 벽 및 반자가 실내에 접하는 부분의 마 감재료는 불연재료로 할 것

③ 피난층이 있는 승강장의 출입구로부터 도로 또는 공지에 이르는 거리가 50 m 이하일 것

④ 옥내에 승강장을 설치하는 경우 승강 장의 바닥면적은 비상용 승강기 1대에 대하여 6 m² 이상으로 할 것

해설 비상용 승강기의 승강장은 피난층이 있는 승강장의 출입구로부터 도로 또는 공지에 이 르는 거리가 30 m 이하일 것

83. 건축물의 주요구조부를 내화구조로 하여 야 하는 대상 건축물에 속하지 않는 것은?

① 공장의 용도로 쓰는 건축물로서 그 용 도로 쓰는 바닥면적의 합계가 500 m² 인 건축물

② 판매시설의 용도로 쓰는 건축물로서 그 용도로 쓰는 바닥면적의 합계가 500 m² 인 건축물

③ 창고시설의 용도로 쓰는 건축물로서 그 용도로 쓰는 바닥면적의 합계가 500 m² 인 건축물

④ 문화 및 집회시설 중 전시장의 용도로 쓰는 건축물로서 그 용도로 쓰는 바닥 면적의 합계가 500 m²인 건축물

해설 바닥면적의 합계가 2,000 m² 이상인 공 장(단, 화재의 위험이 적은 경우 제외)은 주요 구조부를 내화구조로 해야 한다.

84. 그림과 같은 일반 건축물의 건축면적은? (단, 평면도 건물 치수는 두께 300 mm인

외벽의 중심치수이고, 지붕선 치수는 지붕 외곽선 치수임)

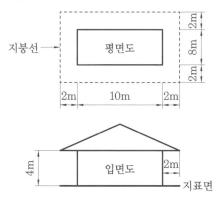

① 80 m² ② 100 m²
③ 120 m² ④ 168 m²

해설 건축면적 : 건축물의 외벽의 중심선으로 둘러싸인 부분의 수평투영면적

※ 처마, 차양, 부연, 그 밖에 이와 비슷한 것으로서 1 m 이상 돌출된 경우 끝부분으로부터 1 m 후퇴한 선으로 둘러싸인 수평투영면적으로 한다.

∴ 건축면적
$$= (14\,m - 1\,m - 1\,m) \times (12\,m - 1\,m - 1\,m)$$
$$= 120\,m^2$$

85. 도시지역에서 복합적인 토지이용을 증진시켜 도시 정비를 촉진하고 지역 거점을 육성할 필요가 있다고 인정되는 지역을 대상으로 지정하는 구역은?

① 개발제한구역
② 시가화조정구역
③ 입지규제최소구역
④ 도시자연공원구역

해설 입지규제최소구역

(1) 도시지역에서 복합적인 토지이용을 증진시켜 도시 정비를 촉진하고 지역 거점을 육성할 필요가 있다고 인정되는 지역을 대상으로 정하는 구역

(2) 도심의 쇠퇴한 주거지역, 역세권 등의 용적률·건폐율·조경·공지·주택건설기준·주차장 확보기준·미술품 설치 의무 등 토지이용관련 규제 완화

86. 다음 중 제1종 전용주거지역 안에서 건축할 수 있는 건축물에 속하지 않는 것은? (단, 도시·군계획조례가 정하는 바에 의하여 건축할 수 있는 건축물 포함)

① 노유자시설
② 공동주택 중 아파트
③ 교육연구시설 중 고등학교
④ 제2종 근린생활시설 중 종교집회장

해설 공동주택 중 아파트·기숙사는 제1종 전용주거지역 안에서 건축할 수 없다.

87. 문화 및 집회시설 중 공연장의 개별관람실을 다음과 같이 계획하였을 경우, 옳지 않은 것은? (단, 개별관람실의 바닥면적은 1,000 m²이다.)

① 각 출구의 유효너비는 1.5 m 이상으로 하였다.
② 관람실로부터 바깥쪽으로의 출구로 쓰이는 문을 밖여닫이로 하였다.
③ 개별관람실의 바깥쪽에는 그 양쪽 및 뒤쪽에 각각 복도를 설치하였다.
④ 개별관람실의 출구는 3개소 설치하였으며 출구의 유효너비의 합계는 4.5 m로 하였다.

해설 문화 및 집회시설 중 공연장의 개별 관람실(바닥면적 300 m² 이상인 경우)

(1) 출구의 개수 : 관람실별 2개소 이상
(2) 출구의 유효너비 : 1.5 m 이상
(3) 개별관람실 출구의 유효너비의 합계

$$: \frac{\text{개별관람실의 바닥면적}\,(m^2)}{100\,m^2} \times 0.6\,m$$

∴ 출구의 유효너비의 합계

$$= \frac{1,000\,\text{m}^2}{100\,\text{m}^2} \times 0.6\,\text{m} = 6\,\text{m} \text{ 이상}$$

출구의 개수 $= 6\,\text{m} \div 1.5\,\text{m} = 4$개 이상

88. 부설주차장의 설치대상 시설물이 업무시설인 경우 설치기준으로 옳은 것은? (단, 외국공관 및 오피스텔은 제외)

① 시설면적 100 m²당 1대
② 시설면적 150 m²당 1대
③ 시설면적 200 m²당 1대
④ 시설면적 350 m²당 1대

[해설] 업무시설의 부설주차장의 설치대수는 시설면적 150 m²당 1대이다.

89. 노외주차장의 출입구가 2개인 경우 주차형식에 따른 차로의 최소 너비가 옳지 않은 것은? (단, 이륜자동차전용 외의 노외주차장의 경우)

① 직각주차 : 6.0 m
② 평행주차 : 3.3 m
③ 45도 대향주차 : 3.5 m
④ 60도 대향주차 : 5.0 m

[해설] 60도 대향주차 : 4.5 m

90. 용도지역의 세분 중 도심·부도심의 상업기능 및 업무기능의 확충을 위하여 필요한 지역은?

① 유통상업지역 ② 근린상업지역
③ 일반상업지역 ④ 중심상업지역

[해설] ① 일반상업지역 : 일반적인 상업기능 및 업무기능을 담당하게 하기 위하여 필요한 지역
② 근린상업지역 : 근린지역에서의 일용품 및 서비스의 공급을 위하여 필요한 지역

③ 유통상업지역 : 도시내 및 지역간 유통기능의 증진을 위하여 필요한 지역
④ 중심상업지역 : 도심·부도심의 상업기능 및 업무기능의 확충을 위하여 필요한 지역

91. 층수가 15층이며, 6층 이상의 거실면적의 합계가 15,000 m²인 종합병원에 설치하여야 하는 승용승강기의 최소 대수는? (단, 8인승 승용승강기의 경우)

① 6대 ② 7대
③ 8대 ④ 9대

[해설] (1) 승용승강기의 설치대수 산정식(공연장·집회장·관람장·판매시설·의료시설인 경우)

$$\frac{A - 3,000\,\text{m}^2}{2,000\,\text{m}^2} + 2\text{대}$$

A : 6층 이상의 거실바닥면적(m²)
※ 8인승 이상 15인승 이하는 1대, 16인승 이상은 2대로 본다.
(2) 대수 산정

$$\frac{15,000\,\text{m}^2 - 3,000\,\text{m}^2}{2,000\,\text{m}^2} + 2\text{대} = 8\text{대}$$

92. 건축법령상 아파트의 정의로 가장 알맞은 것은?

① 주택으로 쓰는 층수가 3개 층 이상인 주택
② 주택으로 쓰는 층수가 5개 층 이상인 주택
③ 주택으로 쓰는 층수가 7개 층 이상인 주택
④ 주택으로 쓰는 층수가 10개 층 이상인 주택

[해설] 아파트 : 주택으로 쓰는 층수가 5개 층 이상인 주택(단, 층수를 산정함에 있어 1층 전부를 필로티 구조로 하여 주차장으로 사용하는 경우에는 필로티 부분은 층수에서 제외한다.)

93. 다음은 차수설비의 설치에 관한 기준 내용이다. ( ) 안에 알맞은 것은?

> 「국토의 계획 및 이용에 관한 법률」에 따른 방재지구에서의 연면적 ( ) 이상의 건축물을 건축하려는 자는 빗물 등의 유입으로 건축물이 침수되지 아니하도록 해당 건축물의 지하층 및 1층의 출입구(주차장의 출입구를 포함한다.)에 차수설비를 설치하여야 한다. 다만, 법 제5조 제1항에 따른 허가권자가 침수의 우려가 없다고 인정하는 경우에는 그러하지 아니하다.

① 3,000 m² ② 5,000 m²
③ 10,000 m² ④ 20,000 m²

해설 차수설비
(1) 설치지역
㉮ 방재지구
㉯ 자연재해위험지구
(2) 설치대상 : 연면적 10,000 m² 이상의 건축물을 건축하려는 자
※ 현행 법규에서는 '차수설비'가 '물막이설비'로 변경되었다.

94. 특별피난계단의 구조에 관한 기준 내용으로 옳지 않은 것은?

① 계단실에는 예비전원에 의한 조명설비를 할 것
② 계단은 내화구조로 하되, 피난층 또는 지상까지 직접 연결되도록 할 것
③ 출입구의 유효너비는 0.9 m 이상으로 하고 피난의 방향으로 열 수 있을 것
④ 계단실의 노대 또는 부속실에 접하는 창문은 그 면적을 각각 3 m² 이하로 할 것

해설 계단실의 노대 또는 부속실에 접하는 창문은 망이 들어 있는 유리의 붙박이창으로서 그 면적을 각각 1 m² 이하로 한다.

95. 건축법령상 건축허가신청에 필요한 설계도서에 속하지 않는 것은?

① 조감도 ② 배치도
③ 건축계획서 ④ 구조도

해설 건축허가신청에 필요한 설계도서 : 건축계획서·배치도·평면도·입면도·단면도·구조도·구조계산서·소방설비도

96. 막다른 도로의 길이가 20 m인 경우, 이 도로가 건축법령상 '도로'이기 위한 최소 너비는?

① 2 m ② 3 m
③ 4 m ④ 6 m

해설 막다른 도로의 길이에 따른 도로의 너비

막다른 도로의 길이	최소 너비
10 m 미만	2 m
10 m 이상 35 m 미만	3 m
35 m 이상	6 m(읍·면지역 : 4 m)

97. 어느 건축물에서 주차장 외의 용도로 사용되는 부분이 판매시설인 경우, 이 건축물이 주차전용건축물이기 위해서는 주차장으로 사용되는 부분의 연면적 비율이 최소 얼마 이상이어야 하는가?

① 50 % ② 70 %
③ 85 % ④ 95 %

해설 "주차전용건축물"이란 건축물의 연면적 중 주차장으로 사용되는 부분의 비율이 95 % 이상인 것을 말한다. 다만, 주차장 외의 용도로 사용되는 부분이 단독주택, 공동주택, 제1종 근린생활시설, 제2종 근린생활시설, 문화 및 집회시설, 종교시설, 판매시설, 운수시설, 운동시설, 업무시설, 창고시설 또는 자동차 관련 시설인 경우에는 주차장으로 사용되는 부분의 비율이 70 % 이상인 것을 말한다.

98. 건축물의 거실에 건축물의 설비기준 등에 관한 규칙에 따라 배연설비를 설치하여야 하는 대상 건축물에 속하지 않는 것은? (단, 피난층의 거실은 제외)

① 6층 이상인 건축물로서 창고시설의 용도로 쓰는 건축물

② 6층 이상인 건축물로서 운수시설의 용도로 쓰는 건축물

③ 6층 이상인 건축물로서 위락시설의 용도로 쓰는 건축물

④ 6층 이상인 건축물로서 종교시설의 용도로 쓰는 건축물

해설 6층 이상인 건축물로서 문화 및 집회시설, 종교시설, 판매시설, 운수시설, 교육연구시설 중 연구소, 노유자시설 중 아동 관련 시설, 노인복지시설, 수련시설 중 유스호스텔, 운동시설, 업무시설, 숙박시설, 위락시설, 관광휴게시설, 장례시설 등의 용도로 쓰는 건축물에는 배연설비를 설치해야 한다.

99. 국토의 계획 및 이용에 관한 법령상 기반시설 중 광장의 세분에 해당하지 않는 것은 어느 것인가?

① 옥상광장

② 일반광장

③ 지하광장

④ 건축물부설광장

해설 (1) 기반시설 중 공간시설 : 광장·공원·녹지·유원지·공공공지

(2) 광장의 구분 : 교통광장·일반광장·경관광장·지하광장·건축물부설광장

100. 다음은 대지의 조경에 관한 기준 내용이다. (   ) 안에 알맞은 것은?

> 면적이 (   ) 이상인 대지에 건축을 하는 건축주는 용도지역 및 건축물의 규모에 따라 해당 지방자치단체의 조례로 정하는 기준에 따라 대지에 조경이나 그 밖에 필요한 조치를 하여야 한다.

① 100 m^2

② 200 m^2

③ 300 m^2

④ 500 m^2

해설 면적이 200 m^2 이상인 대지에 건축을 하는 건축주는 용도지역 및 건축물의 규모에 따라 해당 지방자치단체의 조례로 정하는 기준에 따라 대지에 조경이나 그 밖에 필요한 조치를 하여야 한다.

2020년도 시행문제

건축기사 2020년 6월 6일(제1, 2회)

제1과목 | 건축계획

1. 다음 설명에 알맞은 국지도로의 유형은?

> 불필요한 차량 진입이 배제되는 이점을
> 살리면서 우회도로가 없는 cul-de-sac
> 형의 결점을 개량하여 만든 패턴으로서
> 보행자의 안전성 확보가 가능하다.

① loop형   ② 격자형
③ T자형   ④ 간선분리형

해설 (1) 국지도로(지구내 관통하지 않는 도로)
의 종류

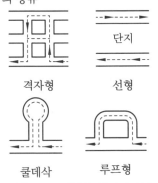

격자형   선형

쿨데삭   루프형

(2) 집산도로 : 지구내 국지도로를 모아 간선
도로에 연결하는 도로
(3) 간선도로 : 도시와 도시를 연결하는 도로

2. 각 사찰에 관한 설명으로 옳지 않은 것은?
① 부석사의 가람배치는 누하진입 형식을
취하고 있다.

② 화엄사는 경사된 지형을 수단(數段)으
로 나누어서 정지(整地)하여 건물을 적
절히 배치하였다.
③ 통도사는 산지에 위치하나 산지가람처
럼 건물들을 불규칙하게 배치하지 않고
직교식으로 배치하였다.
④ 봉정사 가람배치는 대지가 3단으로 나
누어져 있으며 상단 부분에 대웅전과
극락전 등 중요한 건물들이 배치되어
있다.

해설 (1) 가람배치 : 사찰 건물의 배치
(2) 누하진입 : 다락(망루)집 아래로 진입
(3) 산지가람 : 사찰을 산지에 배치
(4) 대웅전 : 사찰에서 석가모니불상을 모시
는 불교 건축물
(5) 극락전 : 사찰에서 아미타불을 봉안하여
모시는 불교 건축물
(6) 통도사 : 직교식 배치를 한 것이 아니라
산지가람처럼 불규칙하게 배치하였다.

3. 공장 건축의 레이아웃 계획에 관한 설명으
로 옳지 않은 것은?
① 플랜트 레이아웃은 공장 건축의 기본
설계와 병행하여 이루어진다.
② 고정식 레이아웃은 조선소와 같이 제
품이 크고 수량이 적을 경우에 적용된다.
③ 다품종 소량생산이나 주문생산 위주의
공장에는 공정 중심의 레이아웃이 적합
하다.

 정답   **1.** ①   **2.** ③   **3.** ④

④ 레이아웃 계획은 작업장 내의 기계설비 배치에 관한 것으로 공장 규모 변화에 따른 융통성은 고려대상이 아니다.

해설 레이아웃(layout) 계획은 작업장 내의 기계설비 배치뿐만 아니라 작업자·부품창고 배치를 고려하여 작업흐름을 계획하는 것으로서 공장 규모 변화에 따른 융통성도 고려해야 한다.

4. 한국 전통건축의 지붕양식에 관한 설명으로 옳은 것은?

① 팔작지붕은 원초적인 지붕형태로 원시움집에서부터 사용되었다.

② 모임지붕은 용마루와 내림마루가 있고 추녀마루만 없는 형태이다.

③ 맞배지붕은 용마루와 추녀마루로만 구성된 지붕으로 주로 다포식 건물에 사용되었다.

④ 우진각지붕은 네 면에 모두 지붕면이 있으며 전후 지붕면은 사다리꼴이고 양측 지붕면은 삼각형이다.

해설 ① 팔작지붕은 맞배지붕과 우진각지붕이 합쳐진 형태이다.

팔작지붕

② 모임지붕은 추녀마루로만 구성되어 있으며, 종류는 사모, 육모, 팔모가 있다.

사모지붕 육모지붕

③ 맞배지붕은 용마루와 내림마루로만 구성되어 있다.

맞배지붕

④ 우진각지붕은 용마루와 추녀마루로 구성되어 있으며, 건물의 전후 지붕면은 사다리꼴, 양측 지붕은 삼각형 형태로 원시움집에서부터 사용되었다.

용마루 추녀마루

우진각지붕

5. 백화점의 에스컬레이터 배치형식에 관한 설명으로 옳은 것은?

① 직렬식 배치는 승객의 시야도 좋고 점유면적도 작다.

② 병렬연속식 배치는 연속적으로 승강할 수 없다는 단점이 있다.

③ 교차식 배치는 점유면적이 작으며 연속 승강이 가능하다는 장점이 있다.

④ 병렬단속식 배치는 승객의 시야는 안 좋으나 점유면적이 작아 고층 백화점에 주로 사용된다.

해설 ① 직렬식 배치는 승객의 시야가 좋으나 점유면적이 크다.

② 병렬연속식 배치는 연속적으로 승강할 수 있고 점유면적이 작다(중소규모 백화점).

③ 교차식 배치는 점유면적이 가장 작고, 연속 승강이 가능하다(대형 백화점).

④ 병렬단속식 배치는 승객의 시야는 좋으나 점유면적이 다소 큰 편이다(중소규모 백화점).

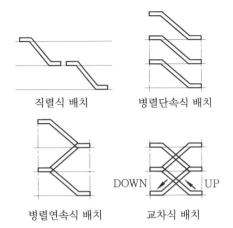

직렬식 배치   병렬단속식 배치

병렬연속식 배치   교차식 배치

6. 주거단지 내의 공동시설에 관한 설명으로 옳지 않은 것은?

① 중심을 형성할 수 있는 곳에 설치한다.

② 이용 빈도가 높은 건물은 이용거리를 길게 한다.

③ 확장 또는 증설을 위한 용지를 확보하는 것이 좋다.

④ 이용성, 기능상의 인접성, 토지이용의 효율성에 따라 인접하여 배치한다.

해설 (1) 주거단지 내의 공동시설 : 놀이터·마을회관·공원·공중변소 등

(2) 이용 빈도가 높은 건물은 이용거리를 짧게 해야 한다.

7. 건축물의 에너지 절약을 위한 계획 내용으로 옳지 않은 것은?

① 공동주택은 인동간격을 넓게 하여 저층부의 일사 수열량을 증대시킨다.

② 건축물의 체적에 대한 외피면적의 비 또는 연면적에 대한 외피면적의 비는 가능한 크게 한다.

③ 건축물은 대지의 향, 일조 및 주풍향 등을 고려하여 배치하며, 남향 또는 남동향 배치를 한다.

④ 거실의 층고 및 반자높이는 실의 용도와 기능에 지장을 주지 않는 범위 내에서 가능한 낮게 한다.

해설 건축물의 체적에 대한 외피면적의 비 또는 연면적에 대한 외피면적의 비는 가능한 작게 한다.(외부환경에 적게 노출되어 에너지 절약을 할 수 있다.)

8. 사무실 내의 책상 배치의 유형 중 좌우대향형에 관한 설명으로 옳은 것은?

① 대향형과 동향형의 양쪽 특성을 절충한 형태로 커뮤니케이션의 형성에 불리하다.

② 4개의 책상이 맞물려 십자를 이루도록 배치하는 형식으로 그룹작업을 요하는 업무에 적합하다.

③ 책상이 서로 마주보도록 하는 배치로 면적효율은 좋으나 대면 시선에 의해 프라이버시가 침해당하기 쉽다.

④ 낮은 칸막이로 한 사람의 작업활동을 위한 공간이 주어지는 형태로 독립성을 요하는 전문직에 적합한 배치이다.

해설 (1) 대향형 : 서로 마주보게 하는 배치로 면적효율은 높으나 대면시선에 의해 프라이버시가 침해당하기 쉽다.

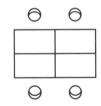

(2) 동향형 : 독립성을 요하는 전문직에 적합한 배치, 한 방향으로 배치

(3) 좌우대향형 : 대향형과 동향형의 특성을 절충한 형태로서 단점은 의사소통이 어려운 것이다.

정답   **6.** ②   **7.** ②   **8.** ①

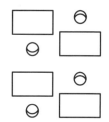

(4) 십자형 : 그룹작업을 요하는 업무에 적합하다.

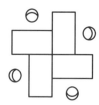

9. 다음 중 연면적에 대한 숙박부분의 비율이 가장 높은 호텔은?

① 커머셜 호텔   ② 리조트 호텔

③ 클럽 하우스   ④ 아파트먼트 호텔

해설 커머셜 호텔(commercial hotel) : 주로 도심지에서 비즈니스 여행객을 대상으로 하므로 부대시설은 최소화하고 객실 위주로 영업하며 연면적에 대한 숙박부분의 비율이 가장 높다.

10. 극장 무대에서 그리드 아이언(grid iron)이란 무엇인가?

① 조명 조작 등을 위해 무대 주위 벽에 6~9 m의 높이로 설치되는 좁은 통로

② 조명 기구, 연기자 또는 음향 반사판을 매달기 위해 무대 천장 밑에 설치되는 시설

③ 하늘이나 구름 등 자연 현상을 나타내기 위한 무대 배경용 벽

④ 무대와 객석의 경계를 이루는 곳으로 액자와 같은 시각적 효과를 갖게 하는 시설

해설 그리드 아이언 : 무대의 천장 밑에 격자모양의 철골구조물을 설치하여 조명기구, 연기자, 음향 반사판 등을 매달아 두기 위한 장치

※ ①은 플라이 갤러리, ③은 사이클로라마, ④는 프로시니엄 아치에 대한 설명이다.

11. 다음 설명에 알맞은 도서관의 자료 출납 시스템 유형은?

이용자가 직접 서고 내의 서가에서 도서자료의 제목 정도는 볼 수 있지만 내용을 열람하고자 할 경우 관원에게 대출을 요구해야 하는 형식

① 폐가식   ② 반개가식

③ 자유개가식   ④ 안전개가식

해설 반개가식 : 열람자가 직접 서가에 면하여 책의 체제나 표지 정도는 볼 수 있으나 내용을 보려면 관원에게 요구하여 대출 기록을 남긴 후 열람하는 형식

12. 다음 중 상점계획에서 파사드 구성에 요구되는 소비자 구매심리 5단계(AIDMA 법칙)에 속하지 않는 것은?

① 흥미(interest)

② 욕망(desire)

③ 기억(memory)

④ 유인(attraction)

해설 (1) 파사드(facade) : 건축물의 주된 출입구가 있는 정면부

　(2) 소비자 구매심리 5단계 : Attention(주의), Interest(흥미), Desire(욕망), Memory(기억), Action(행동)

13. 학교 건축에서 단층 교사에 관한 설명으로 옳지 않은 것은?

① 재난 시 피난이 유리하다.

② 학습활동을 실외에 연장할 수 있다.

③ 부지의 이용률이 높으며 설비의 배선, 배관을 집약할 수 있다.

④ 개개의 교실에서 밖으로 직접 출입할 수 있으므로 복도가 혼잡하지 않다.

> **해설** (1) 단층 교사 : 1층 학교 건물, 다층 교사 : 2층 이상 학교 건물
> (2) 부지이용률이 높고, 설비의 배선, 배관을 집약할 수 있는 것은 다층 교사이다.

14. 전시공간의 특수 전시 기법에 관한 설명으로 옳지 않은 것은?

① 파노라마 전시는 전체의 맥락이 중요하다고 생각될 때 사용된다.

② 하모니카 전시는 동일 종류의 전시물을 반복하여 전시할 경우에 유리하다.

③ 디오라마 전시는 하나의 사실 또는 주제의 시간 상황을 고정시켜 연출하는 기법이다.

④ 아일랜드 전시는 벽면 전시 기법으로 전체 벽면의 일부만을 사용하며 그림과 같은 미술품 전시에 주로 사용된다.

> **해설** 아일랜드 전시는 전시물을 전시케이스에 배치하여 전시물을 사방에서 관람할 수 있도록 한다.

15. 교학건축인 성균관의 구성에 속하지 않는 것은?

① 동재   ② 존경각
③ 천추전   ④ 명륜당

> **해설** (1) 천추전 : 조선시대 왕의 편전으로서 왕과 신하가 학문을 토론하던 장소
> (2) 성균관 : 조선시대 인재 양성을 위한 국립 대학격의 유학교육기관
> ㉮ 교학건축 : 교육과 학문
>   ㉱ 명륜당·존경각·동재·서재
> ㉯ 문묘건축 : 공자와 성현을 받드는 사당
>   ㉱ 대성전·동무·서무

16. 바실리카식 교회당의 각부 명칭과 관계 없는 것은?

① 아일(aisle)
② 파일론(pylon)
③ 나르텍스(narthex)
④ 트란셉트(transept)

> **해설** (1) 바실리카식 교회당 : 고대 로마 시대 성당 건축의 초기 양식(초기 기독교 교회 건축 양식)
> ※ 구성요소 : 아일·아트리움·나르텍스·고측창·앱스·트란셉트
> (2) 파일론 : 고대 이집트 신전의 정문

17. 사무소 건축의 중심코어 형식에 관한 설명으로 옳은 것은?

① 구조코어로서 바람직한 형식이다.

② 유효율이 낮아 임대 사무소 건축에는 부적합하다.

③ 일반적으로 기준층 바닥면적이 작은 경우에 주로 사용된다.

④ 2방향 피난에는 이상적인 관계로 방재·피난상 가장 유리한 형식이다.

> **해설** ① 중심코어(core) 형식은 코어를 내진벽으로 설치할 수있으므로 구조적으로 유리하다.
> ② 중심코어 형식은 연면적에 대한 대실면적의 비율(유효율)이 크다.
> ③ 중심코어 형식은 기준층 바닥면적이 큰 경우에 주로 사용된다.
> ④ 양측코어 형식은 2방향 피난에 가장 적합하며 방재·피난상 가장 유리하다.

18. 종합병원의 건축형식 중 분관식(pavilion type)에 관한 설명으로 옳지 않은 것은?

① 평면 분산식이다.

② 채광 및 통풍 조건이 좋다.

③ 일반적으로 3층 이하의 저층 건물로

구성된다.

④ 재난 시 환자의 피난이 어려우며 공사비가 높다.

> 해설 (1) 종합병원 건축 형식
> ㉮ 분관식(pavilion type) : 3층 이하의 건물을 분산배치하여 복도로 연결시키는 형식
> ㉯ 집중식(집약식) : 중앙진료부·외부진료부·병동실을 한 건물에 배치하는 형식
> (2) 분관식은 재난 시 저층이므로 환자의 피난이 쉬우며, 공사비가 저렴하다.

19. 극장의 평면 형식 중 애리나(arena)형에 관한 설명으로 옳지 않은 것은?

① 관객이 무대를 360도로 둘러싼 형식이다.

② 무대의 장치나 소품은 주로 낮은 기구들로 구성된다.

③ 픽처 프레임 스테이지(picture frame stage)형이라고도 한다.

④ 가까운 거리에서 관람하면서 많은 관객을 수용할 수 있다.

> 해설 ③은 프로시니엄형에 대한 설명이다.

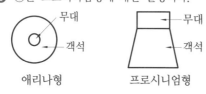

애리나형 프로시니엄형

20. 동일한 대지조건, 동일한 단위주호 면적을 가진 편복도형 아파트가 홀형 아파트에 비해 유리한 점은?

① 피난에 유리하다.

② 공용면적이 작다.

③ 엘리베이터 이용효율이 높다.

④ 채광, 통풍을 위한 개구부가 넓다.

> 해설 편복도형(홀형과 비교)
> (1) 피난에 불리하다.

(2) 공용면적이 크다.

(3) 채광·통풍을 위한 개구부가 작다.

(4) 계단실형에 비해 많은 세대가 엘리베이터를 사용할 수 있으므로 엘리베이터 이용효율이 높다.

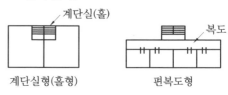

계단실형(홀형) 편복도형

제2과목 **건축시공**

21. 목재의 무늬나 바탕의 재질을 잘 보이게 하는 도장 방법은?

① 유성 페인트 도장

② 에나멜 페인트 도장

③ 합성수지 페인트 도장

④ 클리어 래커 도장

> 해설 클리어 래커(clear lacquer)는 목재면 무늬나 바탕의 재질을 잘 보이게 하는 투명한 도장으로서 내후성이 좋지 않아 내부용으로만 사용된다.

22. 건축재료별 수량 산출 시 적용하는 할증률로 옳지 않은 것은?

① 유리 : 1 % ② 단열재 : 5 %

③ 붉은벽돌 : 3 % ④ 이형철근 : 3 %

> 해설 단열재 : 10 %

23. 다음에서 설명하고 있는 도장 결함은?

> 도료를 겹칠하였을 때 하도의 색이 상도막 표면에 떠올라 상도의 색이 변하는 현상

① 번짐 ② 색 분리

---

③ 주름   ④ 핀홀

해설 번짐 : 초벌(하도)칠을 하고 재벌(상도)칠을 할 때 건조되기 이전에 상도칠하는 경우 하도의 색이 상도막에 떠올라 색이 변하는 현상

24. 공사 진행의 일반적인 순서로 가장 알맞은 것은?

① 가설공사 → 공사착공 준비 → 토공사 → 구조체공사 → 지정 및 기초공사

② 공사착공 준비 → 가설공사 → 토공사 → 지정 및 기초공사 → 구조체공사

③ 공사착공 준비 → 토공사 → 가설공사 → 구조체공사 → 지정 및 기초공사

④ 공사착공 준비 → 지정 및 기초공사 → 토공사 → 가설공사 → 구조체공사

해설 공사의 일반적인 순서 : 공사착공 준비 → 가설공사 → 토공사 → 지정 및 기초공사 → 구조체공사

25. 목구조 재료로 사용되는 침엽수의 특징에 해당하지 않는 것은?

① 직선부재의 대량생산이 가능하다.

② 단단하고 가공이 어려우나 미관이 좋다.

③ 병·충해에 약하여 방부 및 방충처리를 하여야 한다.

④ 수고(樹高)가 높으며 통직하다.

해설 (1) 침엽수
    ㉮ 잎이 바늘 모양으로 생긴 나무(소나무· 잣나무·향나무)
    ㉯ 한옥주택 목재로 사용
  (2) 활엽수
    ㉮ 잎이 넓은 나무(떡갈나무·뽕나무)
    ㉯ 단단하고 가공이 어려우나 미관이 좋다.
    ㉰ 장식재·가구재로 사용

26. 계약방식 중 단가계약제도에 관한 설명

으로 옳지 않은 것은?

① 실시수량의 확정에 따라서 차후 정산하는 방식이다.

② 긴급공사 시 또는 수량이 불명확할 때 간단히 계약할 수 있다.

③ 설계변경에 의한 수량의 증감이 용이하다.

④ 공사비를 절감할 수 있으며, 복잡한 공사에 적용하는 것이 좋다.

해설 단가계약제도는 단위공사에 대한 단가만을 정하여 계약하는 방식으로 공사비 절감과 관계없고 단순한 공사에 적용된다.

27. 건축물 외부에 설치하는 커튼월에 관한 설명으로 옳지 않은 것은?

① 커튼월이란 외벽을 구성하는 비내력벽 구조이다.

② 커튼월의 조립은 대부분 외부에 대형 발판이 필요하므로 비계공사가 필수적이다.

③ 공장에서 생산하여 반입하는 프리패브 제품이다.

④ 일반적으로 콘크리트나 벽돌 등의 외장재에 비하여 경량이어서 건물의 전체 무게를 줄이는 역할을 한다.

해설 커튼월은 양중기를 이용하여 설치하는 것이 대부분이므로 외부 비계공사가 필수적인 것은 아니다.

28. 블록조 벽체에 와이어메시를 가로줄눈에 묻어 쌓기도 하는데 이에 관한 설명으로 옳지 않은 것은?

① 전단작용에 대한 보강이다.

② 수직하중을 분산시키는 데 유리하다.

③ 블록과 모르타르의 부착성능의 증진을 위한 것이다.

④ 교차부의 균열을 방지하는 데 유리하다.

해설 블록 벽체에 와이어메시(용접 철망)를 가로줄눈에 묻어 쌓으면 전단작용 보강, 수직하중 분산, 교차부 균열 방지 등의 효과가 있다.

29. 콘크리트용 골재의 품질에 관한 설명으로 옳지 않은 것은?

① 골재는 청정, 견경하고 유해량의 먼지, 유기불순물이 포함되지 않아야 한다.

② 골재의 입형은 콘크리트의 유동성을 갖도록 한다.

③ 골재는 예각으로 된 것을 사용하도록 한다.

④ 골재의 강도는 콘크리트 내 경화한 시멘트 페이스트의 강도보다 커야 한다.

해설 콘크리트용 골재는 골재 사이의 공극을 작고 시공연도를 좋게 하기 위해 둥글거나 입방체인 것이 좋다. 예각으로 날카로운 것은 사용하지 않도록 한다.

30. 유동화콘크리트에 관한 설명으로 옳지 않은 것은?

① 높은 유동성을 가지면서도 단위수량은 보통콘크리트보다 적다.

② 일반적으로 유동성을 높이기 위하여 화학혼화제를 사용한다.

③ 동일한 단위 시멘트량을 갖는 보통콘크리트에 비하여 압축강도가 매우 높다.

④ 일반적으로 건조수축은 묽은 비빔 콘크리트보다 적다.

해설 (1) 유동화콘크리트 : 베이스 콘크리트에 유동화제(나프탈린계·멜라민계)를 첨가하여 일시적으로 슬럼프를 증대시켜 시공하는 콘크리트
(2) 유동화콘크리트의 압축강도는 보통콘크리트와 거의 같다.

31. 콘크리트의 크리프에 관한 설명으로 옳지 않은 것은?

① 습도가 높을수록 크리프는 크다.

② 물-시멘트비가 클수록 크리프는 크다.

③ 콘크리트의 배합과 골재의 종류는 크리프에 영향을 끼친다.

④ 하중이 제거되면 크리프 변형은 일부 회복된다.

해설 크리프(creep) : 하중이 지속적으로 작용하는 경우 하중의 증가 없이도 변형이 증대되는 현상
※ 습도가 높을수록 크리프는 감소한다.

32. 건설공사현장에서 보통 콘크리트를 KS 규격품인 레미콘으로 주문할 때의 요구항목이 아닌 것은?

① 잔골재의 조립률

② 굵은 골재의 최대치수

③ 호칭강도

④ 슬럼프

해설 레미콘의 주문규격
(1) 굵은 골재의 최대치수(mm)
(2) 호칭강도(MPa)
(3) 슬럼프(mm)

33. 콘크리트 블록(block) 벽체의 크기가 3×5 m일 때 쌓기 모르타르의 소요량으로 옳은 것은? (단, 블록의 치수는 390×190×190 mm, 재료량은 할증이 포함되었으며, 모르타르 배합비는 1 : 3)

① 0.10 m³   ② 0.12 m³

③ 0.15 m³   ④ 0.18 m³

해설 기본블록 390×190×190 mm의 쌓기용 모르타르 소요량은 벽면적 1 m²당 0.01 m³ (단, 할증 포함 모르타르 배합비 1 : 3, 줄눈두께 10 mm)
∴ 쌓기용 모르타르 소요량

$: 3 \times 5 \times 0.01 = 0.15\,\mathrm{m}^3$

34. 공사관리방법 중 CM 계약방식에 관한 설명으로 옳지 않은 것은?

① 대리인형 CM(CM for fee)인 경우 공사 품질에 책임을 지며, 품질 문제 발생 시 책임 소재가 명확하다.

② 프로젝트의 전 과정에 걸쳐 공사비, 공기 및 시공성에 대한 종합적인 평가 및 설계 변경에 대한 효율적인 평가가 가능하여 발주자의 의사 결정에 도움이 된다.

③ 설계 과정에서 설계가 시공에 미치는 영향을 예측할 수 있어 설계도서의 현실성을 향상시킬 수 있다.

④ 단계적 발주 및 시공의 적용이 가능하다.

해설 공사관리계약방식(CM 방식)

(1) CM for fee(보수형 CM, 대리인형 CM) 방식 : CM자가 발주자를 대리인으로 하여 설계자와 시공자를 조정하면서 발주자에게 서비스를 제공하는 방식(CM 역할을 하면서 보수만을 받고 시공 결과, 품질 관련하여 책임은 지지 않는다.)

(2) CM at risk 방식(위험부담형 CM, 시공자형 CM) : CM자가 발주자와 설계자에 대하여 CM에 관한 서비스를 제공하며, 책임지고 시공하거나 관리하는 방식

35. 웰포인트 공법에 관한 설명으로 옳지 않은 것은?

① 흙파기 밑면의 토질 약화를 예방한다.

② 진공펌프를 사용하여 토중의 지하수를 강제적으로 집수한다.

③ 지하수 저하에 따른 인접지반과 공동 매설물 침하에 주의가 필요하다.

④ 사질 지반보다 점토층 지반에서 효과적이다.

해설 (1) 웰포인트(well point) 공법은 사질 지반에서 지하수를 배수하여 지하수위를 낮추는 공법이다.

(2) 웰포인트 공법은 사질 지반에서 효과적이며 점토질 지반에서는 투수성이 나쁘므로 배수가 곤란하다.

36. 다음 중 창호철물과 창호의 연결로 옳지 않은 것은?

① 도어 체크(door check) – 미닫이문

② 플로어 힌지(floor hinge) – 자재 여닫이문

③ 크레센트(crecent) – 오르내리창

④ 레일(rail) – 미서기창

해설 도어 체크(도어 클로저) : 여닫이문이 자동으로 닫히게 하는 철물

37. 지표 재하 하중으로 흙막이 저면에 흙이 붕괴되고 바깥에 있는 흙이 안으로 밀려 불룩하게 되어 파괴되는 현상은?

① 히빙(heaving) 파괴

② 보일링(boiling) 파괴

③ 수동토압(passive earth pressure) 파괴

④ 전단(shearing) 파괴

해설 히빙 파괴 현상 : 널말뚝 배면의 재하 하중에 의해서 널말뚝 하부의 연약지반이 흙파기 저면으로 불룩하게 밀려나와 널말뚝 하부가 파괴되는 현상

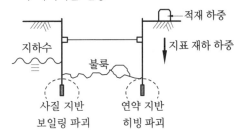

38. 대안입찰제도의 특징에 관한 설명으로 옳지 않은 것은?

① 공사비를 절감할 수 있다.

② 설계상 문제점의 보완이 가능하다.

③ 신기술의 개발 및 축적을 기대할 수 있다.

④ 입찰기간이 단축된다.

해설 대안입찰제도는 발주기관이 제시하는 공사입찰 설계에 대하여 기본 방침의 변경 없이 기능과 품질효과를 가진 신공법·신기술·공기단축·공비절감 등이 반영된 설계를 도급자가 입찰하는 방식이다.

39. 잔류유(찌꺼기)를 저온으로 장시간 증류한 것으로 응집력이 크고 온도에 의한 변화가 적으며 연화점이 높고 안전하여 방수공사에 많이 사용되는 것은?

① 아스팔트 펠트　② 블로운 아스팔트

③ 아스팔타이트　④ 레이크 아스팔트

해설 블로운 아스팔트 : 스트레이트 아스팔트에 공기를 불어넣어 만든 아스팔트로 응집력이 크고 연화점이 높으며 온도에 의한 변화가 적다.

40. ALC 패널의 설치공법이 아닌 것은?

① 수직 철근 공법

② 슬라이드 공법

③ 커버 플레이트 공법

④ 피치 공법

해설 (1) ALC : 석회질·규산질 원료에 기포혼화제를 첨가하여 오토클레이브(고압솥)에서 고온·고압으로 양생한 경량 기포 콘크리트 제품으로 블록류와 패널이 있다.

(2) ALC 패널의 설치공법의 종류

　㉮ 수직 철근 공법

　㉯ 슬라이드 공법

　㉰ 커버 플레이트 공법

　㉱ 볼트 조임 공법

제3과목　건축구조

41. 등가정적해석법에 의한 건축물의 내진설계 시 고려해야 할 사항이 아닌 것은?

① 지역계수　　② 노풍도계수

③ 지반종류　　④ 반응수정계수

해설 (1) 등가정적해석법 : 건축물에 정하중으로 작용하는 것처럼 해석하는 방식

㉮ 지진하중(밑면전단력)

$$V = C_s W$$

　여기서, C_s : 지진응답계수,

　　　　　W : 유효 건물의 중량

㉯ $C_s = \dfrac{I \cdot S}{R \cdot T}$

　여기서, I : 중요도계수

　　　　　S : 가속도(지력, 지반)

　　　　　R : 반응수정계수(철골구조 >
　　　　　　　　R·C구조 > 목조·조적)

　　　　　T : 건물의 고유주기

(2) 노풍도계수

㉮ 풍하중 산정 시의 용어로서 '지표면조도'로 용어 변경

㉯ 풍속의 높이 분포에 큰 영향을 주는 지표면의 거칠기를 말한다.

42. 그림과 같은 트러스에서 '가' 및 '나' 부재의 부재력을 옳게 구한 것은? (단, −는 압축력, +는 인장력을 의미한다.)

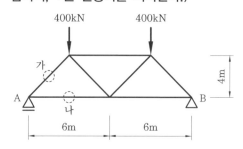

① 가=−500 kN, 나=300 kN

② 가=−500 kN, 나=400 kN

③ 가=−400 kN, 나=300 kN

④ 가=−400 kN, 나=400 kN

해설 (1) 반력

$$R_A = R_B = \frac{(400+400)}{2} = 400 \text{kN}$$

(2) 인장재 가정

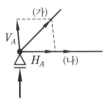

(3) 수직·수평으로 분해

$$V_A = (가) \times \frac{4}{5}, \quad H_A = (가) \times \frac{3}{5}$$

(4) A점의 힘의 평형조건

$\sum V = 0$에서

$$R_A + (가) \times \frac{4}{5} = 0$$

$$\therefore (가) = -500 \text{kN}$$

$\sum H = 0$에서

$$(나) + (가) \times \frac{3}{5} = 0$$

$$(나) - 500 \text{kN} \times \frac{3}{5} = 0$$

$$\therefore (나) = 300 \text{kN}$$

43. 다음 두 보의 최대 처짐량이 같기 위한 등분포하중의 비로 옳은 것은? (단, 부재의 재질과 단면은 동일하며 A부재의 길이는 B부재 길이의 2배임)

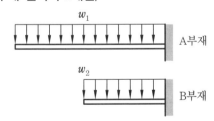

① $w_2 = 2w_1$ ② $w_2 = 4w_1$

③ $w_2 = 8w_1$ ④ $w_2 = 16w_1$

해설 (1) 켄틸레버 보에 등분포하중이 작용하는 경우의 최대 처짐량

$$\delta_{\max} = \frac{wl^4}{8EI}$$

(2) 최대 처짐량이 서로 같고, A부재의 길이가 B부재의 길이의 2배이므로 등분포하중의 비는 다음과 같다.

$$\frac{w_1(2l)^4}{8EI} = \frac{w_2 l^4}{8EI}$$

$$w_1 \times 16 l^4 = w_2 l^4$$

$$\therefore w_2 = 16 w_1$$

44. 강도설계법에 의한 철근콘크리트 보에서 콘크리트만의 설계전단강도는 얼마인가? ($f_{ck} = 24 \text{MPa}, \ \lambda = 1$)

① 31.5 kN   ② 75.8 kN

③ 110.2 kN   ④ 145.6 kN

해설 (1) 콘크리트가 부담하는 전단강도

$$V_c = \frac{1}{6} \lambda \sqrt{f_{ck}} b_w d$$

여기서, λ : 경량콘크리트계수

f_{ck} : 콘크리트의 설계기준강도

b_w : 보의 너비

d : 보의 유효깊이

(2) 설계전단강도

$$V_u \le V_d = \phi V_n = \phi(V_c + V_s)$$

여기서, ϕ : 강도감소계수(0.75)

V_n : 공칭전단강도

V_s : 철근이 부담하는 전단강도

V_u : 계수전단강도

V_d : 설계전단강도

$$\therefore \ V_d = 0.75 \times \frac{1}{6} \times 1.0 \times \sqrt{24} \times 300 \times 600$$
$$= 110,227.04\,\text{N} = 110.2\,\text{kN}$$

---

45. 건축물의 기초구조 설계 시 말뚝재료별 구조세칙으로 옳지 않은 것은?

① 나무말뚝을 타설할 때 그 중심간격은 말뚝머리 지름의 2.5배 이상 또한 600 mm 이상으로 한다.

② 기성콘크리트말뚝을 타설할 때 그 중심간격은 말뚝머리 지름의 2.5배 이상 또한 1,100 mm 이상으로 한다.

③ 강재말뚝을 타설할 때 그 중심간격은 말뚝머리의 지름 또는 폭의 2.0배 이상 (다만, 폐단강관말뚝에 있어서 2.5배) 또한 750 mm 이상으로 한다.

④ 현장타설콘크리트말뚝을 배치할 때 그 중심간격은 말뚝머리 지름의 2.0배 이상 또한 말뚝머리 지름에 1,000 mm를 더한 값 이상으로 한다.

해설 기성콘크리트말뚝의 중심간격은 말뚝머리 지름의 2.5배 이상 또한 750 mm 이상으로 한다.

---

46. 볼트의 기계적 등급을 나타내기 위해 표시하는 F8T, F10T, F11T에서 가운데 숫자는 무엇을 의미하는가?

① 휨강도 ② 인장강도
③ 압축강도 ④ 전단강도

해설 F8T에서
F : 마찰접합(friction grip)
8 : 고력볼트의 인장강도 하한값
　　(800~1,000 N/mm²)
T : 인장강도(tensile strength)

---

47. 그림에서 절점 D는 이동을 하지 않으며, A, B, C는 고정단일 때 C단의 모멘트는?

(단, k는 부재의 강비임)

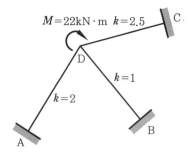

① 4.0 kN·m ② 4.5 kN·m
③ 5.0 kN·m ④ 5.5 kN·m

해설 (1) DC부재의 분배율
$$f_{DC} = \frac{\text{DC부재의 강비}}{\text{강비의 총합}}$$
$$= \frac{2.5}{2+1+2.5} = \frac{2.5}{5.5}$$

(2) DC부재에 대한 분배모멘트
$$M_{DC} = M_D \times f_{DC}$$
$$= 22 \times \frac{2.5}{5.5} = 10\,\text{kN·m}$$

(3) C점의 고정단모멘트
$$M_{CD} = M_{DC} \times \frac{1}{2} = 10 \times \frac{1}{2} = 5\,\text{kN·m}$$

---

48. 다음 중 한계상태설계법에서 강도한계상태를 구성하는 요소가 아닌 것은?

① 바닥재의 진동
② 기둥의 좌굴
③ 골조의 불안정성
④ 취성파괴

해설 (1) 한계상태설계법(LSD : limit state design method) : 구조물이나 구조체가 사용목적상 유용하지 않거나 안전하지 않다고 판단되는 한계상태를 규정한 설계법

(2) 한계상태설계법의 구분
㉮ 사용성 한계상태 : 처짐, 진동, 균열, 피로
㉯ 강도한계상태 : 취성파괴, 골조의 불안정성, 기둥의 좌굴, 피로파괴

---

49. 단면의 지름이 150 mm, 재축방향 길이가 300 mm인 원형 강봉의 윗면에 300 kN의 힘이 작용하여 재축방향 길이가 0.16 mm 줄어들었고, 단면의 지름이 0.02 mm 늘어났다면 이 강봉의 탄성계수 E와 푸아송비는?

① 31,830 MPa, 0.25

② 31,830 MPa, 0.125

③ 39,630 MPa, 0.25

④ 39,630 MPa, 0.125

해설 (1) 변형$(\varepsilon) = \dfrac{\Delta l}{l}$

여기서, λ : 원래의 길이(mm)

$\Delta \lambda$: 변형된 길이(mm)

(2) 응력$(\sigma) = \dfrac{N}{A}$

여기서, A : 단면적(mm²)

N : 하중(N)

(3) 탄성계수(E)

$= \dfrac{\sigma}{\varepsilon} = \dfrac{N \cdot l}{A \cdot \Delta l} = \dfrac{300,000 \times 300}{\dfrac{\pi \times 150^2}{4} \times 0.16}$

$= 31,830.99 \mathrm{N/mm^2(MPa)}$

(4) 푸아송비(ν)

$= \dfrac{\beta(횡방향\ 변형도)}{\varepsilon(길이방향\ 변형도)} = \dfrac{\Delta dl}{d\Delta l}$

$= \dfrac{0.02 \times 300}{150 \times 0.16} = 0.25$

50. 스터럽으로 보강된 휨부재의 최외단 인장철근의 순인장변형률 ε_t가 0.004일 경우 강도감소계수 ϕ로 옳은 것은? (단, $f_y = 400\mathrm{MPa}$)

① 0.65 ② 0.717

③ 0.783 ④ 0.817

해설 휨부재로서 나선철근이 아닌 경우 최외단 인장철근의 순인장변형률(ε_t)은 다음과 같다.

$\varepsilon_y = 0.002 < \varepsilon_t < 0.005$ 이고

SD400$(f_y = 400\mathrm{MPa})$ 이하일 때 강도감소계수 ϕ

$= 0.65 + (\varepsilon_t - 0.002) \times \dfrac{0.2}{0.03}$

$\therefore \ \phi = 0.65 + (\varepsilon_t - 0.002) \times \dfrac{0.2}{0.03}$

$= 0.65 + (0.004 - 0.002) \times \dfrac{0.2}{0.03}$

$= 0.783$

51. 그림과 같은 압축재에 $V-V$ 축의 세장비 값으로 옳은 것은? (단, $A = 10\,\mathrm{cm^2}$, $I_V = 36\,\mathrm{cm^4}$)

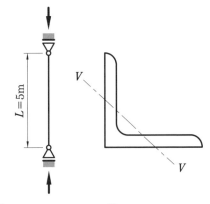

① 270.3 ② 263.1

③ 254.8 ④ 236.4

해설 (1) 유효좌굴길이$(l_k) = KL$

여기서, K : 유효좌굴길이계수

L : 부재의 길이

양단이 힌지이므로 유효좌굴길이계수는 1.0

$\therefore KL = 1.0 \times 5 = 5\,\mathrm{m}$

(2) 단면 2차 회전반경(i)

$= \sqrt{\dfrac{I}{A}} = \sqrt{\dfrac{360,000}{1,000}} = 18.97\,\mathrm{mm}$

여기서, I : 단면 2차 모멘트

A : 단면적

(3) 세장비$(\lambda) = \dfrac{l_k}{i} = \dfrac{5,000}{18.97} = 263.57$

52. 강재의 응력-변형도 시험에서 인장력을 가해 소성상태에 들어선 강재를 다시 반대 방향으로 압축력을 작용하였을 때의 압축항복점이 소성상태에 들어서지 않은 강재의 압축항복점에 비해 낮은 것을 볼 수 있는데 이러한 현상을 무엇이라 하는가?

① 루더선(Luder's line)
② 소성흐름(plastic flow)
③ 바우싱거 효과(Baushinger's effect)
④ 응력집중(stress concentration)

해설 바우싱거 효과(Baushinger's effect) : 인장을 가하여 소성력에 도달한 후 압축을 가하면 이론상의 압축항복점보다 작아지는 현상

53. 그림과 같은 정정구조의 CD부재에서 C, D점의 휨모멘트 값 중 옳은 것은?

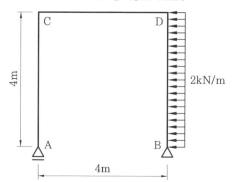

① C점 : 0, D점 : 16 kN·m
② C점 : 16 kN·m, D점 : 16 kN·m
③ C점 : 0, D점 : 32 kN·m
④ C점 : 32 kN·m, D점 : 32 kN·m

해설 (1) 반력
㉮ 수평반력
$\sum H = 0$에서 $H_B - 2 \times 4 = 0$
$\therefore H_B = 8\,kN$
㉯ 수직반력
$\sum M_B = 0$에서 $R_A \times 4 - 8 \times 2 = 0$
$\therefore R_A = 4\,kN$

(2) 휨모멘트
$M_C = 0$
$M_D = R_A \times 4 = 4 \times 4 = 16\,kN \cdot m$

54. 철근콘크리트 구조 설계 시 고려하는 강도설계법에 관한 설명으로 옳지 않은 것은?

① 보의 압축 측의 응력분포는 사다리꼴, 포물선 등의 형태로 본다.
② 규정된 허용하중이 초과될지도 모를 가능성을 예측하여 하중계수를 사용한다.
③ 재료의 변화, 시공오차 등의 기술적인 면을 고려하여 강도감소계수를 사용한다.
④ 이 설계방법은 탄성이론하에서 이루어진 설계법이다.

해설 • 강도설계법 : 소성이론
• 허용응력설계법 : 탄성이론

55. 그림과 같은 단면에 전단력 50 kN이 가해진 경우 중립축에서 상방향으로 100 mm 떨어진 지점의 전단응력은? (단, 전체 단면의 크기는 200×300 mm임)

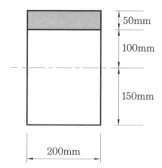

① 0.85 MPa   ② 0.79 MPa
③ 0.73 MPa   ④ 0.69 MPa

해설 (1) 구하고자 하는 지점 외측단에 대한 단면 1차 모멘트

$$G_x = A \cdot Y = 200 \times 50 \times 125$$
$$= 1,250,000 \, \text{mm}^3$$

(2) 도심축에 대한 단면2차모멘트

$$I_x = \frac{bh^3}{12} = \frac{200 \times 300^3}{12} = 450 \times 10^6 \, \text{mm}^4$$

(3) 전단응력

$$\tau = \frac{G_x \times S}{I_x \times b} = \frac{1,250 \times 10^3 \times 50 \times 10^3}{450 \times 10^6 \times 200}$$
$$= 0.69 \, \text{N/mm}^2 \, (\text{MPa})$$

여기서, G_x : 단면 1차 모멘트

S : 전단력

I_x : 단면 2차 모멘트

b : 보의 너비

56. 3회전단 포물선 아치에 그림과 같이 등분포하중이 가해졌을 경우 단면상에 나타나는 부재력의 종류는?

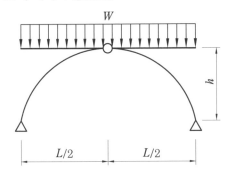

① 전단력, 휨모멘트
② 축방향력, 전단력, 휨모멘트
③ 축방향력, 전단력
④ 축방향력

해설 3회전단 포물선 아치에 등분포하중이 수직으로 작용하는 경우 축방향력의 부재력만 작용한다.

57. 그림과 같은 앵글(angle)의 순단면적으로 옳은 것은? (단, Ls-50×50×6 사용, $a = 5.644 \, \text{cm}^2$, $d = 1.7 \, \text{cm}$)

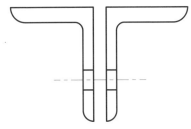

① 8.0 cm²
② 8.5 cm²
③ 9.0 cm²
④ 9.25 cm²

해설 인장재의 순단면적

$$A_n = A_g - ndt$$
$$= (5.644 - 1.7 \times 0.6) \times 2$$
$$= 9.25 \, \text{cm}^2$$

여기서, A_g : 총단면적

n : 구멍의 수

d : 구멍의 직경

t : 부재의 두께

58. 다음 용어 중 서로 관련이 가장 적은 것은?

① 기둥 – 메탈 터치(metal touch)
② 인장가새 – 턴 버클(turn buckle)
③ 주각부 – 거싯 플레이트(gusset plate)
④ 중도리 – 새그 로드(sag rod)

해설 (1) 메탈 터치(metal touch) : 기둥의 밀착 이음

(2) 턴 버클(turn buckle) : 인장가새 긴결재

(3) 거싯 플레이트(gusset plate) : 트러스 보에서 웨브재를 상현재·하현재에 부착시키는 철판

(4) 새그 로드(sag rod) : 중도리의 처짐을 방지하기 위해 중도리간을 연결해 주는 가새형 강봉

59. 일반 또는 경량콘크리트 휨부재의 크리프와 건조수축에 의한 추가 장기처짐 산정과 관련하여 5년 이상일 때 지속하중에 대한 시간경과계수 ξ는 얼마인가?

① 2.4　　　　② 2.2

③ 2.0　　　　④ 1.4

해설　시간경과계수(ξ)

지속하중의 재하기간	5년 이상	12개월	6개월	3개월
ξ	2.0	1.4	1.2	1.0

60. 콘크리트 구조 설계 시 철근간격제한에 관한 내용으로 옳지 않은 것은?

① 벽체 또는 슬래브에서 휨 주철근의 간격은 벽체나 슬래브 두께의 3배 이하로 하여야 하고, 또한 450 mm 이하로 하여야 한다.

② 상단과 하단에 2단 이상으로 배치된 경우 상하 철근은 동일 연직면 내에 배치되어야 하고, 이때 상하 철근의 순간격은 25 mm 이상으로 하여야 한다.

③ 나선철근 또는 띠철근이 배근된 압축부재에서 축방향 철근의 순간격은 25 mm 이상, 또한 철근 공칭 지름의 2.5배 이상으로 하여야 한다.

④ 2개 이상의 철근을 묶어서 사용하는 다발철근은 이형철근으로, 그 개수는 4개 이하이어야 하며, 이 다발철근은 스터럽이나 띠철근으로 둘러싸여져야 한다.

해설　나선철근 또는 띠철근이 배근된 압축부재에서 축방향 철근의 순간격은 40 mm 이상, 또한 철근 공칭 지름의 1.5배 이상으로 하여야 한다.

제4과목　　**건축설비**

61. 급수방식 중 고가수조방식에 관한 설명으로 옳은 것은?

① 급수압력이 일정하다.

② 2층 정도의 건물에만 적용이 가능하다.

③ 위생성 측면에서 가장 바람직한 방식이다.

④ 저수조가 없으므로 단수 시에 급수가 불가능하다.

해설　(1) 고가수조방식 : 건물의 상부에 고가수조를 설치하여 지상에서 펌프를 통해 고가수조에 물을 채워서 각 층으로 하향 급수하는 방식

(2) 고가수조방식은 수압 차이로 하향 급수하는 방식이므로 급수압력이 일정하다.

62. 다음과 같은 조건에 있는 양수펌프의 축동력은?

- 양수량 : 490 L/min
- 전양정 : 30 m
- 펌프의 효율 : 60 %

① 약 3 kW　　　② 약 4 kW

③ 약 5 kW　　　④ 약 6 kW

해설　(1) 물의 비중량 : $1000 \, \text{kgf/m}^3$

(2) 일률의 단위

$$1\text{W} = 1\text{J/s} = 1\,\text{N} \cdot \text{m/s}$$

$$= \frac{1}{9.8}\,\text{kgf} \cdot \text{m/s} = 0.102\,\text{kgf} \cdot \text{m/s}$$

$$1\text{kW} = 1,000 \times 0.102\,\text{kgf} \cdot \text{m/s}$$

$$= 102\,\text{kgf} \cdot \text{m/s}$$

(2) 펌프의 축동력(일률)

$$= \frac{1,000\,\text{kgf/m}^3 \times 0.49\,\text{m}^3/\text{min} \times 30\,\text{m}}{102 \times 60 \times 0.6}$$

$$= 4\,\text{kW}$$

63. 다음 중 옥내의 노출된 건조한 장소에 시설할 수 없는 배선 방법은? (단, 사용전압이 400V 미만인 경우)

① 금속관 배선

② 버스덕트 배선

정답　**60.** ③　**61.** ①　**62.** ②　**63.** ④

③ 가요전선관 배선

④ 플로어덕트 배선

> **해설** 플로어덕트 배선 : 콘크리트 바닥면에 강판제 덕트를 설치하여 절연전선을 매립하여 마루바닥에 콘센트를 설치하는 방식으로 옥내 은폐 방식이다.

64. 국소식 급탕방식에 관한 설명으로 옳지 않은 것은?

① 배관의 열손실이 적다.

② 급탕개소와 급탕량이 많은 경우에 유리하다.

③ 급탕개소마다 가열기의 설치스페이스가 필요하다.

④ 건물 완공 후에도 급탕개소의 증설이 비교적 쉽다.

> **해설** (1) 국소식(개별식) 급탕방식 : 소규모의 주택·사무소에 이용
> (2) 중앙식 급탕방식 : 대규모의 사무소·호텔·병원 등의 건물에 이용
> ※ 급탕개소와 급탕량이 많은 경우에는 중앙식 급탕방식을 사용한다.

65. 전기샤프트(ES)에 관한 설명으로 옳지 않은 것은?

① 각 층마다 같은 위치에 설치한다.

② 전력용과 정보통신용은 공용으로 사용해서는 안 된다.

③ 전기샤프트의 면적은 보, 기둥 부분을 제외하고 산정한다.

④ 현재 장비 이외에 장래의 배선 등에 대한 여유성을 고려한 크기로 한다.

> **해설** 전력용과 정보통신용은 구분하여 설치하는 것을 원칙으로 하나 설치장비 및 배선이 적은 경우는 공용으로 사용이 가능하다.

66. 어떤 상태의 습공기를 절대습도의 변화

없이 건구온도만 상승시킬 때, 습공기의 상태변화로 옳은 것은?

① 엔탈피는 증가한다.

② 비체적은 감소한다.

③ 노점온도는 낮아진다.

④ 상대습도는 증가한다.

> **해설** (1) 절대습도(g/m^3) : 공기 $1\,m^3$ 중에 포함된 수증기량(g)
> (2) 상대습도(%)$=\dfrac{\text{현재 수증기량}}{\text{포화 수증기량}}\times100$
> 상대습도 100 %일 때 노점온도(이슬점온도)·건구온도·습구온도 값이 동일하다.
> (3) 비체적 : 단위질량당 부피(m^3/kg)
> (4) 노점온도(이슬점온도)
> ㉮ 공기 중의 수증기가 포화수증기압이 될 때의 온도
> ㉯ 공기를 냉각시켜 포화상태로 될 때의 온도
> ※ 습공기를 절대습도의 변화 없이 건구온도만 상승시킬 때 노점온도는 변화 없이 비체적, 엔탈피는 증가하고 상대습도는 감소한다.

67. 다음 중 냉방부하 계산 시 현열만을 고려하는 것은?

① 인체의 발생열량

② 벽체로부터의 취득열량

③ 극간풍에 의한 취득열량

④ 외기의 도입으로 인한 취득열량

> **해설** (1) 현열(sensible heat) : 물질의 상태를 바꾸지 아니하고 단순히 온도만 높이거나 낮추는 데 필요한 열
> (2) 잠열(latent heat) : 물질의 상태를 바꾸는 데 필요한 열
> (3) 냉방부하 : 냉방을 위해서 제거해야 할 열량
> (4) 냉방부하 계산 시 현열과 잠열을 고려하는 것
> ㉮ 인체에서 발생하는 열량
> ㉯ 극간풍(틈새바람)에 의한 취득열량
> ㉰ 외기의 도입으로 인한 취득열량

68. 고온수 난방방식에 관한 설명으로 옳지 않은 것은?

① 장치의 열용량이 크므로 예열시간이 길게 된다.

② 공급과 환수의 온도차를 크게 할 수 있으므로 열수송량이 크다.

③ 공업용과 같이 고압증기를 다량으로 필요로 할 경우에는 부적당하다.

④ 지역난방에는 이용할 수 없으며 높이가 높고 건축면적이 넓은 단일 건물에 주로 이용된다.

해설 (1) 온수난방 : 보일러에서 방열판까지 파이프를 연결하여 온수 유입과 환수를 반복하면서 온수의 현열로 난방하는 방식

(2) 온수난방 종류 : 저온수 난방(온수온도 100℃ 이하), 고온수 난방(온수온도 100℃ 이상)

(3) 고온수 난방은 지역난방이나 대규모 건물의 난방방식에 사용된다.

69. 다음 중 실내를 부압으로 유지하며 실내의 냄새나 유해물질을 다른 실로 흘려보내지 않으므로 욕실, 화장실 등에 사용되는 환기방식은?

①  급기구   배기구

② 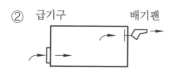 급기구   배기팬

③  급기팬   배기구

④ 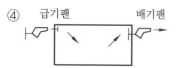 급기팬   배기팬

해설 (1) 부압 : 외부보다 내부의 압력이 작은 경우

(2) 제3종 환기 : 자연급기+강제배기(배기팬)

㉮ 실내의 상부에 배기팬을 설치하여 실내의 공기를 배기하고, 실내는 자연급기를 하는 방식

㉯ 실내를 부압으로 유지하며, 실내의 냄새나 유해물질을 외기로 배출하는 방식으로 욕실, 화장실 등에 사용된다.

70. 다음 설명에 알맞은 화재의 종류는?

나무, 섬유, 종이, 고무, 플라스틱류와 같은 일반 가연물이 타고 나서 재가 남는 화재

① A급 화재   ② B급 화재

③ C급 화재   ④ K급 화재

해설 화재의 구분

(1) A급 : 일반화재(나무, 종이, 섬유, 고무, 플라스틱 등 일반재료의 화재)

(2) B급 : 유류화재

(3) C급 : 전기화재

(4) D급 : 금속화재

(5) K급 : 주방화재

71. 흡음 및 차음에 관한 설명으로 옳지 않은 것은?

① 벽의 차음 성능은 투과손실이 클수록 높다.

② 차음 성능이 높은 재료는 흡음 성능도 높다.

③ 벽의 차음 성능은 사용재료의 면밀도에 크게 영향을 받는다.

④ 벽의 차음 성능은 동일 재료에서도 두께와 시공법에 따라 다르다.

해설 (1) 음향투과손실은 투과율의 역수이다.

(2) 벽의 차음 성능은 투과손실이 클수록 높다.

(3) 차음 성능이 좋은 재료는 흡음 성능이 낮다.

(4) 면밀도

⑦ 평판상 단위면적당 질량

⑭ 면밀도가 크면 투과손실이 커지므로 차음 성능이 증가한다.

72. 다음 중 변전실 면적 결정 시 영향을 주는 요소와 가장 거리가 먼 것은?

① 수전전압 ② 수전방식
③ 발전기 용량 ④ 큐비클의 종류

해설 변전실 면적에 영향을 주는 요소
(1) 수전전압 및 수전방식
(2) 변전설비 변압방식, 변압기 용량, 수량 및 형식
(3) 설치 기기와 큐비클의 종류 및 시방
(4) 기기의 배치방법 및 유지보수 필요 면적
(5) 건축물의 구조적 여건

참고 (1) 수변전실 : 큰 건물이나 공장같은 소비전력이 큰 곳에 보내온 높은 전압의 전기를 변전소에서 전압을 낮추어 필요한 각 실로 보내는 실
(2) 수변전실 구성 : 수전반 → 변전반(변압기) → 배전반
(3) 큐비클(cubicle) : 강철로 제작한 배전반

73. 엘리베이터의 안전장치 중 일정 이상의 속도가 되었을 때 브레이크 등을 작동시키는 기능을 하는 것은?

① 조속기 ② 권상기
③ 완충기 ④ 가이드 슈

해설 엘리베이터의 안전장치
(1) 조속기 : 엘리베이터가 규정된 속도를 초과하면 안전스위치를 작동시킴
(2) 비상정지장치
(3) 완충기
(4) 승강장문 안전장치

74. 다음 중 자연환기에 관한 설명으로 옳지 않은 것은?

① 외부 풍속이 커지면 환기량은 많아진다.
② 실내외의 온도차가 크면 환기량은 작아진다.
③ 중력환기는 실내외의 온도차에 의한 공기의 밀도차가 원동력이 된다.
④ 자연환기량은 중성대로부터 공기유입구 또는 유출구까지의 높이가 클수록 많아진다.

해설 (1) 자연환기에서 실내외의 온도차가 크면 환기량은 많아진다.
(2) 중력환기 : 실내와 외부 사이에 온도차가 있으면 공기 밀도 차이로 압력차가 발생하고 이에 따라 자연배기가 발생한다.
(3) 중성대 : 실내외의 압력차가 0이 되는 지점으로서, 공기의 유출입이 없는 면

75. 전기설비에서 다음과 같이 정의되는 장치는?

지락전류를 영상변류기로 검출하는 전류동작형으로 지락전류가 미리 정해 놓은 값을 초과할 경우, 설정된 시간 내에 회로나 회로의 일부의 전원을 자동으로 차단하는 장치

① 퓨즈 ② 누전차단기
③ 단로스위치 ④ 절환스위치

해설 (1) 지락전류 : 전기가 외부로 누출되어 땅으로 흘러버리는 전류
(2) 영상변류기 : 지락전류 발생 시 나타나는 영상전류를 검출하여 보호장치에 입력시키는 전류변성기
(3) 누전차단기 : 지락전류의 영상전류를 영상변류기로 검출하여 정해놓은 값을 초과하는 경우 전원을 자동으로 차단하는 기계

참고 (1) 퓨즈(fuse) : 과전류가 통과하면 가열되어 끊어지는 용융 회로개방형의 가용성 부분이 있는 과전류보호장치

정답 **72.** ③ **73.** ① **74.** ② **75.** ②

(2) 단로스위치 : 회로의 접속을 절환하고, 전원으로부터 회로나 장치를 분리하는데 사용하는 스위치

(3) 절환스위치 : 하나 또는 몇 개의 부하도체의 접속을 하나의 전원으로부터 다른 전원으로 절체하는 장치

76. 조명설비의 광원 중 할로겐램프에 관한 설명으로 옳지 않은 것은?

① 휘도가 낮다.

② 백열전구에 비해 수명이 길다.

③ 연색성이 좋고 설치가 용이하다.

④ 흑화가 거의 일어나지 않고 광속이나 색온도의 저하가 극히 적다.

해설 할로겐램프 : 유리구 안에 질소·아르곤·할로겐 원소를 넣어 만든 전구

(1) 자동차 헤드라이트, 미술관 스포트라이트 등에 사용된다.

(2) 휘도(반사면의 밝기)가 높다.

77. 실내 CO_2 발생량이 17 L/h, 실내 CO_2 허용농도가 0.1 %, 외기의 CO_2 농도가 0.04 %일 경우 필요환기량은?

① 약 28.3 m³/h ② 약 35.0 m³/h

③ 약 40.3 m³/h ④ 약 42.5 m³/h

해설 (1) $1\,m^3 = 1,000\,L \rightarrow 1\,L = \dfrac{1}{1,000}\,m^3$

(2) 필요환기량(m³/h)

$= \dfrac{CO_2\,발생량(m^3/h)}{실내\,CO_2\,허용농도 - 외기\,CO_2\,농도}$

$= \dfrac{\dfrac{17}{1000}\,m^3/h}{\dfrac{0.1}{100} - \dfrac{0.04}{100}} = 28.33\,m^3/h$

78. 가스사용시설에서 가스계량기의 설치에 관한 설명으로 옳지 않은 것은?

① 전기접속기와의 거리가 최소 30 cm 이상이 되도록 한다.

② 전기점멸기와의 거리가 최소 60 cm 이상이 되도록 한다.

③ 전기개폐기와의 거리가 최소 60 cm 이상이 되도록 한다.

④ 전기계량기와의 거리가 최소 60 cm 이상이 되도록 한다.

해설 가스계량기 설치

(1) 전기접속기·전기점멸기 : 30 cm 이상

(2) 전기계폐기·전기계량기 : 60 cm 이상

(3) 전선(절연조치를 하지 않은 것) : 15 cm 이상

79. 다음과 같은 조건에서 실내에 500 W의 열을 발산하는 기기가 있을 때, 이 열을 제거하기 위한 필요환기량은?

- 실내온도 : 20℃
- 환기온도 : 10℃
- 공기의 정압비열 : 1.01 kJ/kg·K
- 공기의 밀도 : 1.2 kg/m³

① 41.3 m³/h ② 148.5 m³/h

③ 413 m³/h ④ 1485 m³/h

해설 (1) 단위 환산

$1\,W = 1\,J/s = 3.6\,kJ/h$

(2) 현열부하(발열량)

$500\,W = 500 \times 3.6\,kJ/h = 1,800\,kJ/h$

(3) 필요환기량(m³/h)

$= \dfrac{실내발열량(현열부하)[kJ/h]}{밀도(kg/m^3) \times 비열(kJ/kg \cdot K) \times 온도차(K\,또는\,℃)}$

$= \dfrac{1,800\,kJ/h}{1.2\,kg/m^3 \times 1.01\,kJ/kg \cdot K \times (20-10)\,℃}$

$= 148.5\,m^3/h$

80. 급수설비에서 펌프의 실양정이 의미하는 것은? (단, 물을 높은 곳으로 보내는 경우)

① 배관계의 마찰손실에 해당하는 높이

정답 **76.** ① **77.** ① **78.** ② **79.** ② **80.** ②

② 흡수면에서 토출수면까지의 수직거리

③ 흡수면에서 펌프축 중심까지의 수직 거리

④ 펌프축 중심에서 토출수면까지의 거리

> **해설** • 실양정=흡입양정+토출양정
> • 전양정=실양정+마찰손실수두

제5과목 건축관계법규

81. 공동주택을 리모델링이 쉬운 구조로 하여 건축허가를 신청할 경우 100분의 120의 범위에서 완화하여 적용받을 수 없는 것은?

① 대지의 분할 제한

② 건축물의 용적률

③ 건축물의 높이 제한

④ 일조 등의 확보를 위한 건축물의 높이 제한

> **해설** 공동주택의 리모델링에 대한 특례 : 공동주택을 리모델링이 쉬운 구조로 하여 건축허가를 신청할 경우 $\frac{120}{100}$ 범위에서 완화하여 적용받을 수 있는 것
> (1) 건축물의 용적률
> (2) 건축물의 높이 제한
> (3) 일조 등의 확보를 위한 건축물의 높이 제한
>
> **참고** 리모델링 : 건축물의 노후화를 억제하거나 기능 향상을 위해 대수선·증축·개축하는 행위

82. 노외주차장 내부 공간의 일산화탄소 농도는 주차장을 이용하는 차량이 가장 빈번한 시각의 앞뒤 8시간의 평균치가 몇 ppm 이하로 유지되어야 하는가?

① 80 ppm   ② 70 ppm

③ 60 ppm   ④ 50 ppm

> **해설** 노외주차장 내부 공간의 일산화탄소 농도는 주차장을 이용하는 차량이 가장 빈번한 시각의 앞뒤 8시간의 평균치가 50 ppm 이하로 유지되어야 한다.

83. 상업지역 및 주거지역에서 건축물에 설치하는 냉방시설 및 환기시설의 배기구를 설치하는 높이 기준으로 옳은 것은?

① 도로면으로부터 1.5 m 이상

② 도로면으로부터 2.0 m 이상

③ 건축물 1층 바닥에서 1.5 m 이상

④ 건축물 1층 바닥에서 2.0 m 이상

> **해설** 배기구와 배기장치의 설치기준(상업지역 및 주거지역에서 건축물에 설치하는 냉방시설 및 환기시설)
> (1) 배기구는 도로면으로부터 2 m 이상의 높이에 설치할 것
> (2) 배기장치에서 나오는 열기가 인근 건축물의 거주자나 보행자에게 직접 닿지 아니하도록 할 것

84. 문화재·전통사찰 등 역사·문화적으로 보존가치가 큰 시설 및 지역의 보호와 보존을 위하여 필요한 지구는?

① 생태계보존지구

② 역사문화미관지구

③ 중요시설물보존지구

④ 역사문화환경보호지구

> **해설** (1) 역사문화환경보호지구 : 문화재·전통사찰 등 역사·문화적으로 보존가치가 큰 시설 및 지역의 보호와 보존을 위하여 필요한 지구
> (2) 역사문화미관지구 : 문화재와 문화적으로 보존가치가 큰 건축물 등의 미관을 유지·관리하기 위하여 필요한 지구(현행 법규에서 삭제)

정답 81. ① 82. ④ 83. ② 84. ④

85. 국토의 계획 및 이용에 관한 법령에 따른 기반시설 중 공간시설에 속하지 않는 것은?

① 녹지   ② 유원지

③ 유수지   ④ 공공공지

> **해설** (1) 기반시설 중 공간시설 : 녹지·유원지·공공공지·광장·공원
> (2) 기반시설 중 방재시설(재해로 인한 피해 예방시설) : 하천·유수지·저수지·방화설비·방풍설비·방수설비·사방설비·방조설비

86. 건축물의 출입구에 설치하는 회전문의 설치기준으로 틀린 것은?

① 계단이나 에스컬레이터로부터 2 m 이상의 거리를 둘 것

② 회전문의 회전속도는 분당 회전수가 15회를 넘지 아니하도록 할 것

③ 출입에 지장이 없도록 일정한 방향으로 회전하는 구조로 할 것

④ 회전문의 중심축에서 회전문과 문틀 사이의 간격을 포함한 회전문 날개 끝부분까지의 길이는 140 cm 이상이 되도록 할 것

> **해설** 회전문의 회전속도는 분당 회전수가 8회를 넘지 아니하도록 할 것

87. 태양열을 주된 에너지원으로 이용하는 주택의 건축면적 산정의 기준이 되는 것은?

① 외벽 중 내측 내력벽의 중심선

② 외벽 중 외측 비내력벽의 중심선

③ 외벽 중 내측 내력벽의 외측 외곽선

④ 외벽 중 외측 비내력벽의 외측 외곽선

> **해설** 태양열을 주된 에너지원으로 이용하는 주택의 건축면적과 단열재를 구조체의 외기측에 설치하는 단열공법으로 건축된 건축물의 건축면적은 건축물의 외벽 중 내측 내력벽의 중심선을 기준으로 한다.

88. 건축물의 바깥쪽에 설치하는 피난계단의 구조에서 피난층으로 통하는 직통계단의 최소 유효너비 기준이 옳은 것은?

① 0.7 m 이상

② 0.8 m 이상

③ 0.9 m 이상

④ 1.0 m 이상

> **해설** 건축물의 바깥쪽에 설치하는 피난계단의 구조에서 피난층으로 통하는 직통계단의 최소 유효너비는 0.9 m 이상으로 할 것

89. 200 m²인 대지에 10 m²의 조경을 설치하고 나머지는 건축물의 옥상에 설치하고자 할 때 옥상에 설치하여야 하는 최소 조경면적은?

① 10 m²   ② 15 m²

③ 20 m²   ④ 30 m²

> **해설** (1) 조경면적 : 대지면적 200 m² 이상 300 m² 미만인 대지에 건축하는 경우
> 조경면적=대지면적의 10 % 이상
> (2) 건축물의 옥상조경면적 : 옥상부분조경면적의 $\frac{2}{3}$ 에 해당하는 면적은 대지의 조경면적으로 산정할 수 있다.
> (3) 옥상조경면적 풀이 순서
> ㉮ 대지면적 200 m² 이상 300 m² 미만인 대지에 건축하는 경우 조경면적은 대지면적의 10 %이므로
> $$200\,m^2 \times \frac{10}{100} = 20\,m^2$$
> ㉯ 대지에 10 m²의 조경을 설치하므로
> $$20\,m^2 - 10\,m^2 = 10\,m^2$$
> ∴ 옥상조경면적은 10 m² 이상
> ㉰ 옥상부분조경면적 $\times \frac{2}{3} = 10\,m^2$이어야 하므로 옥상부분의 최소 조경면적
> $$= \frac{30}{2} = 15\,m^2$$

정답 85. ③ 86. ② 87. ① 88. ③ 89. ②

90. 방화와 관련하여 같은 건축물에 함께 설치할 수 없는 것은?

① 의료시설과 업무시설 중 오피스텔
② 위험물저장 및 처리시설과 공장
③ 위락시설과 문화 및 집회시설 중 공연장
④ 공동주택과 제2종 근린생활시설 중 다중생활시설

해설 방화에 장애가 되는 용도의 제한 : 단독주택, 공동주택, 조산원 또는 산후조리원과 다중생활시설은 같은 건축물에 함께 설치할 수 없다.

91. 다음의 피난계단의 설치에 관한 기준 내용 중 ( ) 안에 들어갈 내용으로 옳은 것은 어느 것인가?

> 5층 이상 또는 지하 2층 이하인 층에 설치하는 직통계단은 피난계단 또는 특별피난계단으로 설치하여야 하는데, ( )의 용도로 쓰는 층으로부터의 직통계단은 그 중 1개소 이상을 특별피난계단으로 설치하여야 한다.

① 의료시설   ② 숙박시설
③ 판매시설   ④ 교육연구시설

해설 5층 이상 또는 지하 2층 이하인 층에 설치하는 직통계단은 피난계단 또는 특별피난계단으로 설치하여야 하는데, 판매시설의 용도로 쓰는 층으로부터의 직통계단은 그 중 1개소 이상을 특별피난계단으로 설치하여야 한다.

92. 건축물의 면적·높이 및 층수 등의 산정 기준으로 틀린 것은?

① 대지면적은 대지의 수평투영면적으로 한다.
② 건축면적은 건축물의 외벽의 중심선으로 둘러싸인 부분의 수평투영면적으로 한다.
③ 바닥면적은 건축물의 각 층 또는 그 일부로서 벽, 기둥, 그 밖에 이와 비슷한 구획의 중심선으로 둘러싸인 부분의 수평투영면적으로 한다.
④ 연면적은 하나의 건축물 각 층의 거실 면적의 합계로 한다.

해설 연면적은 하나의 건축물 각 층의 바닥면적의 합계로 한다.

93. 두 도로의 너비가 각각 6 m이고 교차각이 90°인 도로의 모퉁이에 위치한 대지의 도로 모퉁이 부분의 건축선은 그 대지에 접한 도로경계선의 교차점으로부터 도로경계선에 따라 각각 얼마를 후퇴한 두 점을 연결한 선으로 하는가?

① 후퇴하지 아니한다.
② 2 m
③ 3 m
④ 4 m

해설 너비 8 m 미만인 도로의 모퉁이에 위치한 대지의 도로모퉁이 부분의 건축선은 그 대지에 접한 도로경계선의 교차점으로부터 도로경계선에 따라 다음의 표에 따른 거리를 각각 후퇴한 두 점을 연결한 선으로 한다.

(단위 : m)

도로의 교차각	해당 도로의 너비		교차되는 도로의 너비
	6 이상 8 미만	4 이상 6 미만	
90° 미만	4	3	6 이상 8 미만
	3	2	4 이상 6 미만
90° 이상 120° 미만	3	2	6 이상 8 미만
	2	2	4 이상 6 미만

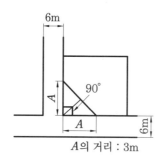

A의 거리 : 3m

94. 국토의 계획 및 이용에 관한 법령상 일반 상업지역 안에서 건축할 수 있는 건축물은?

① 묘지 관련 시설
② 자원순환 관련 시설
③ 의료시설 중 요양병원
④ 자동차 관련 시설 중 폐차장

해설 일반상업지역 안에서 건축할 수 없는 건축물

(1) 묘지 관련 시설
(2) 자원순환 관련 시설
(3) 자동차 관련 시설 중 폐차장
(4) 액화석유가스 충전소 및 고압가스 충전소·저장소

95. 특별건축구역의 지정과 관련한 아래의 내용에서 밑줄 친 부분에 해당하지 않는 것은 어느 것인가?

> 국토교통부장관 또는 시·도지사는 다음 각 호의 구분에 따라 도시나 지역의 일부가 특별건축구역으로 특례 적용이 필요하다고 인정하는 경우에는 특별건축구역을 지정할 수 있다.
> 1. 국토교통부장관이 지정하는 경우
> 　가. 국가가 국제행사 등을 개최하는 도시 또는 지역의 사업구역
> 　나. 관계법령에 따른 국가정책사업으로서 대통령령으로 정하는 사업구역

① 「도로법」에 따른 접도구역

② 「도시개발법」에 따른 도시개발구역
③ 「택지개발촉진법」에 따른 택지개발사업구역
④ 「혁신도시 조성 및 발전에 관한 특별법」에 따른 혁신도시의 사업구역

해설 관계법령에 따른 국가정책사업으로서 대통령령으로 정하는 사업구역

(1) 「신행정수도 후속대책을 위한 연기·공주지역 행정중심복합도시 건설을 위한 특별법」에 따른 행정중심복합도시의 사업구역
(2) 「혁신도시 조성 및 발전에 관한 특별법」에 따른 혁신도시의 사업구역
(3) 「경제자유구역의 지정 및 운영에 관한 특별법」 제4조에 따라 지정된 경제자유구역
(4) 「택지개발촉진법」에 따른 택지개발사업구역
(5) 「공공주택 특별법」 제2조 제2호에 따른 공공주택지구
(6) 「도시개발법」에 따른 도시개발구역
(7) 「아시아문화중심도시 조성에 관한 특별법」에 따른 국립아시아문화전당 건설사업구역
(8) 「국토의 계획 및 이용에 관한 법률」 제51조에 따른 지구단위계획구역 중 현상설계 등에 따른 창의적 개발을 위한 특별계획구역

참고 특별건축구역으로 지정할 수 없는 지역·구역

(1) 「개발제한구역의 지정 및 관리에 관한 특별조치법」에 따른 개발제한구역
(2) 「자연공원법」에 따른 자연공원
(3) 「도로법」에 따른 접도구역
(4) 「산지관리법」에 따른 보전산지

96. 부설주차장의 설치대상 시설물 종류에 따른 설치기준이 틀린 것은?

① 골프장 – 1홀당 10대
② 위락시설 – 시설면적 80 m²당 1대
③ 판매시설 – 시설면적 150 m²당 1대
④ 숙박시설 – 시설면적 200 m²당 1대

해설 위락시설 – 시설면적 100 m²당 1대

97. 비상용 승강기 승강장의 구조 기준에 관한 내용으로 틀린 것은?

① 승강장은 각 층의 내부와 연결될 수 있도록 한다.

② 벽 및 반자가 실내에 접하는 부분의 마감재료는 불연재료로 하여야 한다.

③ 피난층에 있는 승강장의 경우 내부와 연결되는 출입구에는 갑종방화문을 반드시 설치하여야 한다.

④ 옥내에 설치하는 승강장의 바닥면적은 비상용 승강기 1대에 대하여 6 m² 이상으로 하여야 한다.

(해설) 피난층에 있는 승강장에 연결되는 출입구에는 갑종방화문을 설치하지 않을 수 있다.

98. 건축법령상 건축물과 해당 건축물의 용도가 옳게 연결된 것은?

① 의원–의료시설

② 도매시장–판매시설

③ 유스호스텔–숙박시설

④ 장례식장–묘지 관련 시설

(해설) ① 의원–제1종 근린생활시설
③ 유스호스텔–수련시설
④ 장례식장(의료시설의 부수시설은 제외)–장례시설

99. 국토의 계획 및 이용에 관한 법령상 개발행위 허가를 받지 아니하여도 되는 경미한 행위 기준으로 틀린 것은?

① 지구단위계획구역에서 무게 100 t 이하, 부피 50 m³ 이하, 수평투영면적 25 m² 이하인 공작물의 설치

② 조성이 완료된 기존 대지에 건축물이나 그 밖의 공작물을 설치하기 위한 토지의 형질 변경(절토 및 성토 제외)

③ 지구단위계획구역에서 채취면적이 25 m² 이하인 토지에서의 부피 50 m³ 이하의 토석 채취

④ 녹지지역에서 물건을 쌓아놓는 면적이 25 m² 이하인 토지에 전체무게 50t 이하, 전체부피 50 m³ 이하로 물건을 쌓아놓는 행위

(해설) ① 도시지역 또는 지구단위계획구역에서 무게 50 t 이하, 부피 50 m³ 이하, 수평투영면적 50 m² 이하인 공작물의 설치

100. 주거용 건축물 급수관의 지름 산정에 관한 기준 내용으로 틀린 것은?

① 가구 또는 세대수가 1일 때 급수관 지름의 최소기준은 15 mm이다.

② 가구 또는 세대수가 7일 때 급수관 지름의 최소기준은 25 mm이다.

③ 가구 또는 세대수가 18일 때 급수관 지름의 최소기준은 50 mm이다.

④ 가구 또는 세대의 구분이 불분명한 건축물에 있어서는 주거에 쓰이는 바닥면적의 합계가 85 m² 초과 150 m² 이하인 경우는 3가구로 산정한다.

(해설) 가구 또는 세대수가 6~8세대일 때 주거용 건축물 급수관의 지름은 32 mm이다.

건축기사

제1과목 건축계획

1. 다음 중 건축요소와 해당 건축요소가 사용된 건축양식의 연결이 옳지 않은 것은?

① 장미창(rose window) – 고딕
② 러스티케이션(rustication) – 르네상스
③ 첨두아치(pointed arch) – 로마네스크
④ 펜덴티브 돔(pendentive dome) – 비잔틴

해설 (1) 고딕양식 : 첨두아치

(2) 로마네스크양식 : 반원아치

2. 극장건축과 관련된 용어 설명으로 옳지 않은 것은?

① 플라이 갤러리(fly gallery) : 무대 주위의 벽에 설치되는 좁은 통로이다.
② 사이클로라마(cyclorama) : 무대의 제일 뒤에 설치되는 무대 배경용 벽
③ 그린룸(green room) : 연기자가 분장 또는 화장을 하고 의상을 갈아입는 곳이다.
④ 그리드 아이언(grid iron) : 무대 천장 밑에 설치한 것으로 배경이나 조명 기구 등이 매달린다.

해설 (1) 의상실(dressing room) : 연기자가 분장·화장을 하고 의상을 갈아 입는 장소
(2) 그린룸(green room) : 무대 근처에 있는 출연자 대기실

3. 사무소 건축에서 오피스 랜드스케이핑(office landscaping)에 관한 설명으로 옳지 않은 것은?

① 프라이버시 확보가 용이하여 업무의 효율성이 증대된다.
② 커뮤니케이션의 융통성이 있고 장애요인이 거의 없다.
③ 실내에 고정된 칸막이를 설치하지 않으며 공간을 절약할 수 있다.
④ 변화하는 작업의 패턴에 따라 조절이 가능하며 신속하고 경제적으로 대처할 수 있다.

해설 오피스 랜드스케이핑 방식은 사무실 건축에서 실내에 고정된 칸막이를 설치하지 않으므로 업무의 효율성은 증대되나 프라이버시 확보가 어렵다.

4. 경복궁의 궁궐 배치는 전조공간과 후침공간으로 이루어져 있다. 다음 중 전조공간의 구성에 속하지 않는 것은?

① 근정전
② 만춘전
③ 천추전
④ 강녕전

해설 경복궁의 궁궐 배치
(1) 전조공간 : 조정(왕이 나라의 정치를 신하들과 의논하거나 집행하는 곳)
㉮ 근정전
㉯ 만춘전
㉰ 천추전
(2) 후침공간 : 왕실의 생활공간
㉮ 강녕전(왕의 일상 거처 전각으로서 주요 침전)
㉯ 교태전

5. 극장의 평면형식에 관한 설명으로 옳지 않은 것은?

① 애리나형에서 무대 배경은 주로 낮은 가구로 구성된다.

② 프로시니엄형은 픽처 프레임 스테이지형이라고도 불리운다.

③ 오픈 스테이지형은 관객석이 무대의 대부분을 둘러싸고 있는 형식이다.

④ 프로시니엄형은 가까운 거리에서 관람하게 되며, 가장 많은 관객을 수용할 수 있다.

해설 극장 평면형식

(1) 오픈 스테이지(open stage) : 무대를 중심으로 3면이 관객으로 둘러싸인 무대(주로 콘서트 공연)

(2) 애리나형(arena type stage)
  ㉮ 관객으로 둘러싸여 경기나 공연 등을 하는 평탄한 공간을 가지는 무대(주로 권투·레슬링·마당극 등의 경기장 무대)
  ㉯ 배경은 주로 낮은 가구로 구성
  ㉰ 가까운 거리에서 관람하면서 가장 많은 관객을 수용

(3) 프로시니엄형(proscenium type stage) : 관객이 무대를 한 면만 접촉하게 하는 무대로 액자형 같아 픽처 프레임 스테이지(picture frame stage)라고도 한다. (일반 영화관, 연극 무대 등)

6. 래드번(Radburn) 주택단지계획에 관한 설명으로 옳지 않은 것은?

① 중앙에는 대공원 설치를 계획하였다.

② 주거구는 슈퍼블록 단위로 계획하였다.

③ 보행자의 보도와 차도를 분리하여 계획하였다.

④ 주거지 내의 통과교통으로 간선도로를 계획하였다.

해설 (1) 래드번(Radburn) : 뉴욕에서 24 km 떨어진 뉴저지에 위치한 420 ha 규모의 주택단지

(2) 슈퍼블록(super block) : 4변이 도로로 구획된 대가구 주택단지

(3) 래드번의 주택단지계획에서 주거지(슈퍼블록) 내의 통과교통을 배제했다.

7. 다음 중 공장의 지붕 형태에 관한 설명으로 옳은 것은?

① 솟음지붕은 채광 및 환기에 적합한 방법이다.

② 샤렌구조는 기둥이 많이 소요된다는 단점이 있다.

③ 뾰족지붕은 직사광선이 완전히 차단된다는 장점이 있다.

④ 톱날지붕은 남향으로 할 경우 하루 종일 변함없는 조도를 가진 약광선을 받아들일 수 있다.

해설 공장 지붕 형태

(1) 솟음지붕(솟을지붕) : 중앙부의 채광·환기에 적합

(2) 샤렌지붕(샤렌구조) : 기둥이 적게 소요

(3) 뾰족지붕 : 어느 정도의 직사광선 허용

(4) 톱날지붕 : 북향의 채광창으로 하루 종일 변함없는 조도를 가질 수 있어 작업능률에 지장이 없다.

8. 미술관 전시실의 순회형식에 관한 설명으로 옳지 않은 것은?

① 연속순회 형식은 전시 벽면이 최대화되고 공간절약 효과가 있다.

② 연속순회 형식은 한 실을 폐쇄하면 다음 실로의 이동이 불가능하다.
③ 갤러리 및 복도 형식은 관람자가 전시실을 자유롭게 선택하여 관람할 수 있다.
④ 중앙홀 형식에서 중앙홀이 크면 장래의 확장에는 용이하나 동선의 혼잡이 심해진다.

해설 (1) 미술관 전시실의 순회형식

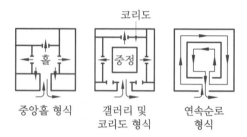

중앙홀 형식   갤러리 및   연속순로
                 코리도 형식   형식

(2) 중앙홀 형식에서 중앙홀이 크면 동선의 혼잡이 없어지나 장래의 확장이 어렵다.

9. 다음 중 호텔건축에 관한 설명으로 옳지 않은 것은?
① 커머셜 호텔은 가급적 저층으로 한다.
② 아파트먼트 호텔은 장기 체류용 호텔이다.
③ 리조트 호텔은 자연 경관이 좋은 곳을 선택한다.
④ 터미널 호텔은 교통기관의 발착지점에 위치한다.

해설 커머셜 호텔(commercial hotel)은 비즈니스 수요가 많은 도심에 있는 호텔로서 교통 및 상업의 중심지에 위치하므로 주로 고밀도 고층형이다.

10. 종합병원의 외래진료부를 클로즈드 시스템(closed system)으로 계획할 경우 고려할 사항으로 가장 부적절한 것은?

① 1층에 두는 것이 좋다.
② 부속 진료시설을 인접하게 한다.
③ 약국, 회계 등은 정면 출입구 근처에 설치한다.
④ 외과 계통은 소진료실을 다수 설치하도록 한다.

해설 (1) 종합병원의 외래진료부 : 외부인과 병동부 환자가 진단 및 치료를 하는 장소
(2) 외과 계통은 진료를 쉽게 할 수 있도록 1실을 크게 하고, 내과 계통은 진료가 다양하므로 소진료실을 다수 설치한다.

11. 주택의 평면과 각 부위의 치수 및 기준척도에 관한 설명으로 옳지 않은 것은?
① 치수 및 기준척도는 안목치수를 원칙으로 한다.
② 거실 및 침실의 평면 각 변의 길이는 10 cm를 단위로 한 것을 기준척도로 한다.
③ 거실 및 침실의 층높이는 2.4 m 이상으로 하되, 5 cm를 단위로 한 것을 기준척도로 한다.
④ 계단 및 계단참의 평면 각 변의 길이 또는 너비는 5 cm를 단위로 한 것을 기준척도로 한다.

해설 주택의 치수 및 기준척도(주택건설기준 등에 관한 규칙)
(1) 치수 및 기준척도는 안목치수를 원칙으로 한다.
(2) 거실 및 침실의 평면 각 변의 길이는 5 cm를 단위로 한 것을 기준척도로 한다.
(3) 부엌·식당·욕실·화장실·복도·계단 및 계단참 등의 평면 각 변의 길이 또는 너비는 5 cm를 단위로 한 것을 기준척도로 한다.
(4) 거실 및 침실의 반자높이는 2.2 m 이상으로 하고 층높이는 2.4 m 이상으로 하되, 각각 5 cm를 단위로 한 것을 기준척도로 한다.

정답 **9.** ①   **10.** ④   **11.** ②

12. 학교의 운영방식에 관한 설명으로 옳지 않은 것은?

① 플래툰형은 교과교실형보다 학생의 이동이 많다.

② 종합교실형은 초등학교 저학년에 가장 권장할만한 형식이다.

③ 달톤형은 규모 및 시설이 다른 다양한 형태의 교실이 요구된다.

④ 일반 및 특별교실형은 우리나라 중학교에서 일반적으로 사용되는 방식이다.

> 해설 (1) 교과교실형 : 모든 교실이 특별교실로 구성되어 일반교실이 없으며, 학생의 이동이 많다.
>
> (2) 플래툰형 : 일반교실과 특별교실 반반으로 구성되어 점심시간을 이용하여 교실 이동을 하며, 교과교실형에 비해 학생 이동이 적다.

13. 도서관 건축에 관한 설명으로 옳지 않은 것은?

① 캐럴(carrel)은 서고 내에 설치된 소연구실이다.

② 서고의 내부는 자연채광을 하지 않고 인공조명을 사용한다.

③ 일반 열람실의 면적은 $0.25 \sim 0.5 \, m^2/$인 규모로 계획한다.

④ 서고면적 $1 \, m^2$당 $150 \sim 250$권 정도의 수장능력을 갖도록 계획한다.

> 해설 (1) 열람실
> ㉮ 아동 열람실 : $1.2 \sim 1.5 \, m^2/$인, 성인 열람실 : $1.5 \sim 2 \, m^2/$인
> ㉯ 서고에 가까운 위치
> (2) 서고
> ㉮ 수장능력 : $150 \sim 250$ 권/m^2
> ㉯ 서고 내부 : 인공조명
> ㉰ 캐럴 : 서고 내 설치하는 소연구실

14. 탑상형 공동주택에 관한 설명으로 옳지 않은 것은?

① 각 세대에 시각적인 개방감을 준다.

② 각 세대의 거주 조건 및 환경이 균등하다.

③ 도심지 내의 랜드마크적인 역할이 가능하다.

④ 건축물 외면의 4개의 입면성을 강조한 유형이다.

> 해설 공동주택
> (1) 판상형 : 일자형(상자형)으로 배치
> (2) 탑상형(타워형) : 계단실 또는 홀을 중심으로 4면에 몇 세대를 배치하는 방식으로 각 세대의 거주 조건 및 환경이 균등하지 않다.

15. 숑바르 드 로브의 주거면적 기준으로 옳은 것은?

① 병리기준 : $6 \, m^2$, 한계기준 : $12 \, m^2$

② 병리기준 : $6 \, m^2$, 한계기준 : $14 \, m^2$

③ 병리기준 : $8 \, m^2$, 한계기준 : $12 \, m^2$

④ 병리기준 : $8 \, m^2$, 한계기준 : $14 \, m^2$

> 해설 숑바르 드 로브의 주거면적 기준
> (1) 병리기준 (건강에 나쁜 영향) : $8 \, m^2/$인
> (2) 한계기준(개인 또는 가족 간의 융통성 보장 못함) : $14 \, m^2/$인
> (3) 표준기준 : $16 \, m^2/$인

16. 엘리베이터의 설계 시 고려사항으로 옳지 않은 것은?

① 군관리운전의 경우 동일 군내의 서비스 층은 같게 한다.

② 승객의 층별 대기시간은 평균운전간격 이하가 되게 한다.

③ 건축물의 출입층이 2개 층이 되는 경우는 각각의 교통수요량 이상이 되도록 한다.

④ 백화점과 같은 대규모 매장에는 일반 적으로 승객 수송의 70~80 %를 분담하도록 계획한다.

해설 대규모 매장의 백화점에서 승객 수송은 에스컬레이터가 70~80 %, 엘리베이터가 10 %, 계단이 10 % 부담하는 것으로 계획한다.

17. 다음 중 백화점 기둥간격의 결정 요소와 가장 거리가 먼 것은?

① 지하주차장의 주차 방법
② 진열대의 치수와 배열법
③ 엘리베이터의 배치 방법
④ 각 층별 매장의 상품 구성

해설 백화점 매장의 기둥간격 결정 요소
(1) 엘리베이터·에스컬레이터 설치 유무 및 배치 방법
(2) 지하주차장 주차 방식과 주차 폭
(3) 진열장 치수와 배치 방법

18. 공포형식 중 다포형식에 관한 설명으로 옳지 않은 것은?

① 출목은 2출목 이상으로 전개된다.
② 수덕사 대웅전이 대표적인 건물이다.
③ 내부 천장 구조는 대부분 우물천장이다.
④ 기둥 상부 이외에 기둥 사이에도 공포를 배열한 형식이다.

해설 (1) 공포 : 전통 목조 건축에서 처마 끝의 하중을 받치기 위해 기둥머리 중심이나 기둥 사이에서 처마 끝에 대준 부재로서 장식을 겸하는 부재
(2) 공포의 종류
㉮ 주심포 : 기둥머리 중심에 댄 공포
㉯ 다포식 : 기둥머리 중심뿐만 아니라 기둥 사이에서도 댄 공포
㉰ 익공 : 기둥머리 중심에 댄 공포를 새 날

개 모양으로 한 것
(3) 출목 : 건물이 큰 경우 기둥 중심열 안팎으로 설치한 도리
(4) 수덕사 대웅전은 주심포식이다.

19. 공동주택 단위주거의 단면구성 형태에 관한 설명으로 옳지 않은 것은?

① 플랫형은 주거단위 동일층에 한하여 구성되는 형식이다.
② 스킵플로어형은 통로 및 공용면적이 적은 반면에 전체적으로 유효면적이 높다.
③ 복층형(메조넷형)은 플랫형에 비해 엘리베이터의 정지층수를 적게 할 수 있다.
④ 트리플렉스형은 듀플렉스형보다 프라이버시의 확보율이 낮고 통로면적이 많이 필요하다.

해설 (1) 복층형(maisonett type)
㉮ 단위주거가 2층 이상에 걸쳐 있는 복층 거주 형식
㉯ 듀플렉스형 : 2층 구조, 트리플렉스형 : 3층 구조
(2) 트리플렉스형은 듀플렉스형보다 프라이버시 확보가 좋다.

20. 은행 건축계획에 관한 설명으로 옳지 않은 것은?

① 고객과 직원과의 동선이 중복되지 않도록 계획한다.
② 대규모 은행일 경우 고객의 출입구는 되도록 1개소로 계획한다.
③ 이중문을 설치할 경우 바깥문은 바깥여닫이 또는 자재문으로 계획한다.
④ 어린이의 출입이 많은 경우에는 주출입구에 회전문을 설치하는 것이 좋다.

해설 은행계획에서 어린이 출입이 많은 경우 주출입구에 회전문을 설치하지 않는다.

정답 **17.** ④ **18.** ② **19.** ④ **20.** ④

제2과목	건축시공

21. 네트워크(network) 공정표의 장점으로 볼 수 없는 것은?

① 작업 상호 간의 관련성을 알기 쉽다.
② 공정 계획의 초기 작성시간이 단축된다.
③ 공사의 진척 관리를 정확히 할 수 있다.
④ 공기 단축 가능 요소의 발견이 용이하다.

[해설] 공정 계획의 작성시간이 길다.

22. 건설사업지원 통합전산망으로 건설 생산활동 전 과정에서 건설 관련 주체가 전산망을 통해 신속히 교환·공유할 수 있도록 지원하는 통합정보시스템을 지칭하는 용어는 어느 것인가?

① 건설 CIC(computer intergrated construction)
② 건설 CALS(continuous acquisition & life cycle support)
③ 건설 EC(engineering construction)
④ 건설 EVMS(earned value management system)

[해설] CALS : 건설의 주체(시행주 또는 도급자)가 전산망을 통하여 기획·설계·시공·유지관리 등에 관련되는 정보를 관련된 업체들과 교환·공유할 수 있도록 지원하는 통합정보시스템

23. 철근콘크리트 구조물에서 철근 조립 순서로 옳은 것은?

① 기초철근 → 기둥철근 → 보철근 → 슬래브철근 → 계단철근 → 벽철근
② 기초철근 → 기둥철근 → 벽철근 → 보철근 → 슬래브철근 → 계단철근
③ 기초철근 → 벽철근 → 기둥철근 → 보

철근 → 슬래브철근 → 계단철근
④ 기초철근 → 벽철근 → 보철근 → 기둥철근 → 슬래브철근 → 계단철근

[해설] 철근콘크리트 구조에서 일반적인 철근 조립 순서 : 기초 → 기둥 → 벽 → 보 → 슬래브 → 계단

24. MCX(minimum cost expediting) 기법에 의한 공기 단축에서 아무리 비용을 투자해도 그 이상 공기를 단축할 수 없는 한계점을 무엇이라 하는가?

① 표준점　　　　② 포화점
③ 경제속도점　　④ 특급점

[해설] (1) MCX 기법은 CPM 공정표의 공기 단축의 핵심이론이다.
(2) 특급점 이상에서는 비용을 투자해도 더 이상 공사기간을 단축할 수 없다.

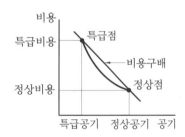

25. 철근콘크리트 공사에서 철근 조립에 관한 설명으로 옳지 않은 것은?

① 황갈색의 녹이 발생한 철근은 그 상태가 경미하다 하더라도 사용이 불가하다.
② 철근의 피복두께를 정확하게 확보하기 위해 적절한 간격으로 고임재 및 간격재를 배치하여야 한다.
③ 거푸집에 접하는 고임재 및 간격재는 콘크리트 제품 또는 모르타르 제품을 사용하여야 한다.
④ 철근을 조립한 다음 장기간 경과한 경우에는 콘크리트를 타설 전에 다시 조

립검사를 하고 청소하여야 한다.

해설 콘크리트 표준시방서 : 경미한 황갈색의 녹이 발생한 철근은 콘크리트와의 부착을 해치지 않으므로 조립에 사용할 수 있다.

26. 바깥방수와 비교한 안방수의 특징에 관한 설명으로 옳지 않은 것은?
① 공사가 간단하다.
② 공사비가 비교적 싸다.
③ 보호누름이 없어도 무방하다.
④ 수압이 작은 곳에 이용된다.

해설 안방수는 방수 시공 후 보호누름을 반드시 해야 한다.

27. 외부 조적벽의 방습, 방열, 방한, 방서 등을 위해서 설치하는 쌓기법은?
① 내쌓기　　② 기초쌓기
③ 공간쌓기　　④ 엇모쌓기

해설 공간쌓기 : 단열, 방습, 방음, 결로 방지 등을 목적으로 하여 벽 사이에 공간을 두고 이중벽으로 쌓는 방식

28. 칠공사에 사용되는 희석제의 분류가 잘못 연결된 것은?
① 송진 건류품 – 테레빈유
② 석유 건류품 – 휘발유, 석유
③ 콜타르 증류품 – 미네랄 스피리트
④ 송근 건류품 – 송근유

해설 (1) 희석제(thinner : 휘발성 용제) 사용 목적
㉮ 유성페인트, 바니시 등의 점도를 작게 한다.
㉯ 귀얄(솔)칠이 잘되게 한다.
㉰ 칠 바탕에 침투하여 바탕에 교착이 잘되게 한다.
(2) 희석제의 종류
㉮ 송진 건류품 : 테레빈유

㉯ 석유 건류품 : 미네랄 스피리트, 벤진, 휘발유, 석유
㉰ 콜타르 증류품 : 벤졸, 솔벤트 나프타
㉱ 송근 건류품 : 송근유

29. 다음 중 통계적 품질관리 기법의 종류에 해당되지 않는 것은?
① 히스토그램
② 특성요인도
③ 브레인스토밍
④ 파레토도

해설 (1) 통계적 품질관리(SQC) 기법 : 파레토도, 특성요인도, 히스토그램, 관리도, 산점도(산포도), 체크시트, 층별
(2) 브레인스토밍(brain storming) : 회의를 통해 아이디어를 찾는 방식

30. 다음 중 유리의 주성분으로 옳은 것은?
① Na_2O　　② CaO
③ SiO_2　　④ K_2O

해설 (1) 가장 일반적인 유리 : 소다석회유리
(2) 소다석회유리의 성분
㉮ SiO_2(이산화규소) : 주성분(약 75 %)
㉯ Na_2O(산화나트륨 : 소다)
㉰ CaO(산화칼슘 : 석회)

31. 타일의 흡수율 크기의 대소관계로 옳은 것은?
① 석기질>도기질>자기질
② 도기질>석기질>자기질
③ 자기질>석기질>도기질
④ 석기질>자기질>도기질

해설 (1) 흡수율의 순서
←점토 성분이 많음　　석재 성분이 많음→
도기>석기>자기
(2) 도기 : 주로 벽, 자기 : 바닥

정답 26. ③　27. ③　28. ③　29. ③　30. ③　31. ②

32. 다음 중 도장공사에 필요한 가연성 도료를 보관하는 창고에 관한 설명으로 옳지 않은 것은?

① 독립한 단층건물로서 주위 건물에서 1.5 m 이상 떨어져 있게 한다.

② 건물 내의 일부를 도료의 저장장소로 이용할 때는 내화구조 또는 방화구조로 구획된 장소를 선택한다.

③ 바닥에는 침투성이 없는 재료를 깐다.

④ 지붕은 불연재로 하고, 적정한 높이의 천장을 설치한다.

해설 지붕은 불연재로 하고, 천장은 설치하지 않는 것을 원칙으로 한다.

33. 다음 중 아래 그림의 형태를 가진 흙막이의 명칭은?

① H-말뚝 토류관
② 슬러리월
③ 소일콘크리트 말뚝
④ 시트파일

해설 출수가 많은 흙파기 공사에서 토사의 붕괴를 막기 위해 사용하는 철재 널말뚝(시트파일) 중 랜섬(ransom) 방식이다.

34. 콘크리트에 사용되는 혼화재 중 플라이애시의 사용에 따른 이점으로 볼 수 없는 것은?

① 유동성의 개선
② 수화열의 감소
③ 수밀성의 향상
④ 초기강도의 증진

해설 (1) 플라이애시(fly ash) : 화력발전소 등에서 발생하는 연소가스의 미분탄의 재에서 채집한 미립분

(2) 플라이애시는 수화열 발생이 적어 초기강도는 작고 장기강도는 크다.

35. 다음 중 공사시방서에 기재하지 않아도 되는 사항은?

① 건물 전체의 개요
② 공사비 지급방법
③ 시공방법
④ 사용재료

해설 (1) 공사시방서 : 표준시방서·전문시방서를 기준으로 작성하는 시방서

(2) 공사시방서 기재 내용
㉠ 건물 전체의 개요
㉡ 시공방법
㉢ 사용재료

36. 다음 중 한중 콘크리트에 관한 설명으로 옳은 것은?

① 한중 콘크리트는 공기연행콘크리트를 사용하는 것을 원칙으로 한다.

② 타설할 때의 콘크리트 온도는 구조물의 단면 치수, 기상조건 등을 고려하여 최소 25℃ 이상으로 한다.

③ 물-결합재비는 50 % 이하로 하고, 단위수량은 소요의 워커빌리티를 유지할 수 있는 범위 내에서 되도록 크게 정하여야 한다.

④ 콘크리트를 타설한 직후에 찬바람이 콘크리트 표면에 닿도록 하여 초기양생을 실시한다.

해설 ② 한중 콘크리트의 타설 시의 콘크리트 온도 : 5~20℃

③ 물-결합재(시멘트+혼화재)비는 60 % 이하, 단위수량은 가급적 작게 해야 한다.

④ 타설 직후 콘크리트 표면에 찬바람이 닿는 것을 방지하여야 한다.

37. 일반 콘크리트의 내구성에 관한 설명으로 옳지 않은 것은?

① 콘크리트에 사용하는 재료는 콘크리트의 소요 내구성을 손상시키지 않는 것이어야 한다.

② 굳지 않은 콘크리트 중의 전 염소이온량은 원칙적으로 $0.3\,kg/m^3$ 이하로 하여야 한다.

③ 콘크리트는 원칙적으로 공기연행콘크리트로 하여야 한다.

④ 콘크리트의 물−결합재비는 원칙적으로 50 % 이하이어야 한다.

해설 콘크리트의 내구성을 위해서 물−결합재(시멘트+혼합재)비는 60 % 이하로 해야 한다.

38. 8개월간 공사하는 현장에 필요한 시멘트량이 2,397포이다. 이 공사현장에 필요한 시멘트 창고 필요면적으로 적당한 것은? (단, 쌓기단수는 13단)

① $24.6\,m^2$　② $54.2\,m^2$

③ $73.8\,m^2$　④ $98.5\,m^2$

해설 시멘트 창고 면적(A)

$$= 0.4 \times \frac{N}{n}\,[m^2]$$

여기서, n : 쌓기단수(단, 단수 최대 13단 이하)

　　　　N : 저장할 포대수

(1) 600포 미만 : N

(2) 600포 이상 1800포 이하 : $N = 600$

(3) 1800포 초과 : $\dfrac{1}{3}N$

$$\therefore A = 0.4 \times \frac{2,397}{13} \times \frac{1}{3} = 24.58\,m^2$$

39. 방수공사용 아스팔트의 종류 중 표준 용융온도가 가장 낮은 것은?

① 1종　② 2종

③ 3종　④ 4종

해설 (1) 방수공사용 아스팔트

　㉮ 블로운 아스팔트 : 용융점이 높고 온도에 대한 변화가 적다.

　㉯ 아스팔트 콤파운드 : 블로운 아스팔트+유류+광물성분말

(2) 방수공사용 아스팔트의 종별 용융온도

종류	온도(℃)
1종	220~230
2종	240~250
3종	260~270
4종	260~270

40. 토공사에 쓰이는 굴착용 기계 중 기계가 서있는 지반면보다 위에 있는 흙의 굴착에 적합한 장비는?

① 파워셔블(power shovel)

② 드래그라인(drag line)

③ 드래그셔블(drag shovel)

④ 클램셸(clamshell)

해설 ① 파워셔블 : 지반면보다 높은 곳의 흙파기

② 드래그라인 : 지반면보다 낮고 깊은 터파기(하천 모래 채집)

③ 드래그셔블 : 지반면보다 낮은 곳의 굴착

④ 클램셸 : 좁은 곳의 수직 굴착

제3과목　건축구조

41. 연약한 지반에 대한 대책 중 상부구조의 조치사항으로 옳지 않은 것은?

① 건물의 수평길이를 길게 한다.

② 건물을 경량화한다.

③ 건물의 강성을 높여준다.

④ 건물의 인동간격을 멀리한다.

해설 건물의 수평길이를 짧게 해야 한다.

42. 다음 그림과 같은 모살용접의 유효용접 길이는? (단, 유효용접길이는 1면에 대해서만 산정)

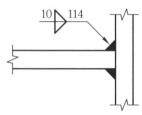

① 10 mm ② 94 mm
③ 107 mm ④ 114 mm

해설 모살(fillet)용접의 유효용접길이(1면만 산정)

$$l_e = l - 2S$$
$$= 114 - 2 \times 10 = 94\,mm$$

참고 (1) 목두께 $a = 0.7S$

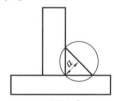

a : 목두께
S : 모살사이즈

(2) 유효용접길이 $l_e = l - 2S$

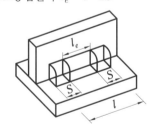

43. 다음 그림과 같이 양단이 고정된 강재 부재에 온도가 $\triangle T = 30℃$ 증가될 때 이 부재에 발생되는 압축응력은 얼마인가? (단, 강재의 탄성계수 $E_s = 2.0 \times 10^5$ MPa, 부재 단면적은 5,000mm², 선팽창계수 $\alpha = 1.2 \times 10^{-5}$/℃이다.)

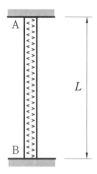

① 25MPa ② 48MPa
③ 64MPa ④ 72MPa

해설 열응력 $\sigma_T = E \cdot \alpha \cdot \triangle T$
$$= 2.0 \times 10^5 \times 1.2 \times 10^{-5} \times 30$$
$$= 72MPa$$

여기서, E : 탄성계수
α : 선팽창계수
$\triangle T$: 나중온도−처음온도

44. 그림과 같은 캔틸레버보에서 B점의 처짐을 구하면?

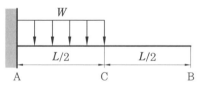

① $\dfrac{WL^4}{128EI}$ ② $\dfrac{3WL^4}{128EI}$

③ $\dfrac{3WL^4}{384EI}$ ④ $\dfrac{7WL^4}{384EI}$

해설 (1) 면적 및 도심

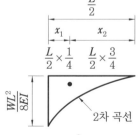

㉮ 면적 : $\dfrac{WL^2}{8EI} \times \dfrac{L}{2} \times \dfrac{1}{3} = \dfrac{WL^3}{48EI}$

㉯ 도심 : $x_1 = \dfrac{L}{2} \times \dfrac{1}{4} = \dfrac{L}{8}$

$x_2 = \dfrac{L}{2} \times \dfrac{3}{4} = \dfrac{3L}{8}$

(2) 휨모멘트

$$M_A = \frac{WL}{2} \times \frac{L}{2} \times \frac{L}{2} = \frac{WL^2}{8}$$

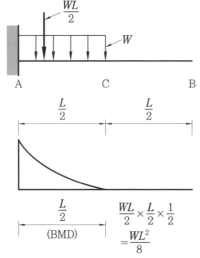

(3) 공액보

$$y_B = \frac{WL^3}{48EI} \times \left(\frac{L}{2} \times \frac{3}{4} + \frac{L}{2} \right)$$

$$= \frac{WL^3}{48EI} \times \frac{7L}{8} = \frac{7WL^4}{384EI}$$

45. 강구조에서 하중점과 볼트, 접합된 부재의 반력 사이에서 지렛대와 같은 거동에 의해 볼트에 작용하는 인장력이 증폭되는 현상을 무엇이라 하는가?

① slip-critical action

② bearing action

③ prying action

④ buckling action

해설 고력볼트의 prying action : 강구조의 기둥·보 접합 시 end plate 또는 T형 접합에 고력볼트 설계에 작용하는 인장력을 지레작용에 의한 인장력을 추가로 고려해야 하는 현상

46. 다음 그림과 같은 압축재 H-200×200×8×12가 부재의 중앙지점에서 약축에 대해 휨변형이 구속되어 있다. 이 부재의 탄성좌굴응력도를 구하면? (단, 단면적 $A = 63.53 \times 10^2 \text{mm}^2$, $I_x = 4.72 \times 10^7 \text{mm}^4$, $I_y = 1.60 \times 10^7 \text{mm}^4$, $E = 205,000 \text{MPa}$)

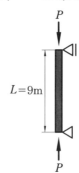

① 252 N/mm²　　② 186 N/mm²

③ 132 N/mm²　　④ 108 N/mm²

해설 (1) 유효좌굴길이계수(K)

- 양단고정 $K=0.5$
- 일단고정 타단힌지 $K=0.7$
- 일단고정 타단회전구속, 이동자유 $K=1.0$
- 일단회전 타단회전 $K=1.0$
- 일단고정 타단자유 $K=2.0$
- 일단회전 타단회전구속, 이동자유 $K=2.0$

(2) 탄성좌굴하중(오일러 좌굴하중)

$$P_{cr} = \frac{\pi^2 EI}{(KL)^2}$$

(3) 탄성좌굴응력

$$F_{cr} = \frac{P_{cr}}{A} = \frac{\pi^2 E}{(KL/r)^2}$$

여기서, K : 유효좌굴길이계수

　　　L : 부재의 길이(mm)

　　　E : 탄성계수

　　　I : 최소 단면 2차 모멘트

　　　r : 최소 단면 2차 회전반경

　　　$\dfrac{KL}{r}$: 세장비

(4) 양단이 힌지인 경우 $K=1.0$, 약축에 대하여 휨변형이 구속되어 있으므로 탄성좌굴하중 P_{cr}은 x축, y축 중 작은 값으로 정한다.

㉮ $P_{cr} = \dfrac{\pi^2 EI}{(KL)^2}$

　　 $= \dfrac{\pi^2 \times 205,000 \times 4.72 \times 10^7}{(1 \times 9,000)^2}$

　　 $= 1,178,991 \, \text{N}$

㉯ 탄성좌굴응력(F_{cr})

　　 $= \dfrac{P_{cr}}{A} = \dfrac{1,178,991}{6353}$

　　 $= 185.58 \, \text{N/mm}^2$

---

47. 철골조의 가새에 관한 설명으로 옳지 않은 것은?

① 트러스의 절점 또는 기둥의 절점을 각각 대각선 방향으로 연결하여 구조체의 변형을 방지하는 부재이다.

② 풍하중, 지진력 등의 수평하중에 저항하는 것으로 부재에는 인장응력만 발생한다.

③ 보통 단일형강재 또는 조립재를 쓰지만 응력이 작은 지붕 가새에는 봉강을 사용한다.

④ 수평가새는 지붕트러스의 지붕면(경사면)에 설치한다.

해설 가새는 풍하중, 지진하중 등의 수평하중에 의해서 인장응력 또는 압축응력이 발생할 수 있다.

---

48. 다음 그림과 같은 띠철근 기둥의 설계축

하중(ϕP_n) 값으로 옳은 것은? (단, $f_{ck} = 24 \, \text{MPa}$, $f_y = 400 \, \text{MPa}$, 주근단면적(A_{st}) : 3,000mm²)

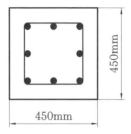

① 2,740 kN　　　② 2,952 kN

③ 3,335 kN　　　④ 3,359 kN

해설 띠철근 기둥의 설계축하중(ϕP_n)

$\phi P_n = 0.8\phi \times [0.85 f_{ck}(A_g - A_{st}) + f_y A_{st}]$

$= 0.8 \times 0.65 \times [0.85 \times 24 \times (450 \times 450 - 3000)$
$\qquad + 400 \times 3000]$

$= 2,740,296 \, \text{N} \fallingdotseq 2,740 \, \text{kN}$

여기서, ϕ : 강도감소계수

　　　　f_{ck} : 콘크리트의 설계기준강도

　　　　A_g : 기둥의 전체 단면적

　　　　A_{st} : 주철근의 단면적

　　　　f_y : 철근의 항복강도

---

49. 철근콘크리트보에서 콘크리트를 이어붓기 할 때 그 이음의 위치로 가장 적당한 곳은 어느 것인가?

① 전단력이 최소인 부분

② 휨모멘트가 최소인 부분

③ 큰 보와 작은 보가 접합되는 단면이 변화되는 부분

④ 보의 단부

해설 콘크리트 타설 시 이어붓기를 하는 경우 보·슬래브는 전단력이 최소인 중앙 부분에서 수직으로 이어붓기 한다.

---

50. 다음 그림과 같은 구조물에서 기둥에 발생하는 휨모멘트가 0이 되려면 등분포하중 w는?

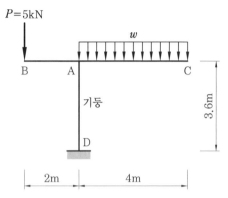

① 2.5 kN/m ② 0.8 kN/m

③ 1.25 kN/m ④ 1.75 kN/m

해설 절점방정식

$\sum M_A = 0$에서

$M_{AB} + M_{AC} + M_{AD} = 0$

$-5 \times 2 + w \times 4 \times 2 + 0 = 0$

$\therefore w = 1.25 \, \text{kN/m}$

51. 다음 중 지진에 의하여 발생되는 현상이 아닌 것은?

① 동상현상 ② 해일

③ 지반의 액상화 ④ 단층의 이동

해설 (1) 동상현상 : 0℃ 이하의 날씨에 흙 속의 간극수가 얼어 지표면으로 융기하는 현상(지진에 의해 발생하는 것이 아니고 대기의 기온이 내려가는 경우 발생한다.)

(2) 해일 : 해저의 지각변동 등으로 바닷물이 육지로 넘쳐 들어오는 현상

(3) 지반의 액상화 : 사질 지반 하부에 지하수가 있는 경우 지진에 의해서 지하수가 지표면으로 분출하여 사질 지반이 액상화되는 현상

(4) 단층의 이동 : 암층이나 암괴가 지진에 의해 어떤 면을 따라 움직여서 불연속성이 되는 현상

52. 압축 이형철근의 정착길이에 관한 기준으로 옳지 않은 것은?

① 계산된 정착길이는 항상 200 mm 이상이어야 한다.

② 기본정착길이는 최소 $0.043 d_b f_y$ 이상이어야 한다.

③ 해석 결과 요구되는 철근량을 초과하여 배치한 경우 $\left(\dfrac{\text{소요철근량}}{\text{배근철근량}}\right)$을 곱하여 보정한다.

④ 전경량콘크리트를 사용한 경우 기본정착길이에 0.85배하여 정착길이를 산정한다.

해설 (1) 압축 이형철근의 정착길이

㉮ 기본정착길이(l_{db})

$= \dfrac{0.25 d_b f_y}{\lambda \sqrt{f_{ck}}} \geq 0.043 d_b f_y$

㉯ 정착길이(l_d)

$= l_{db}(\text{기본정착길이}) \times \text{보정계수}$

$\geq 200\text{mm}$

(2) 경량콘크리트계수(λ)=1.0, 모래경량콘크리트계수(λ)=0.85, 전경량콘크리트계수 (λ)=0.75

53. 다음 그림과 같은 구조물의 부정정 차수로 옳은 것은?

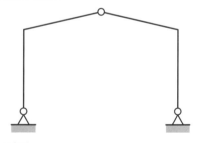

① 정정

② 1차 부정정

③ 2차 부정정

④ 3차 부정정

해설 (1) 구조물의 판별

㉮ $m > 0$: 부정정

㉯ $m = 0$: 정정

㉰ $m < 0$: 불안정

(2) 판별식

$$m = n + s + r - 2k$$
$$= 4 + 4 + 2 - 2 \times 5 = 0$$

∴ 정정

54. 그림과 같은 단면에서 x 축에 대한 단면 2차 모멘트는?

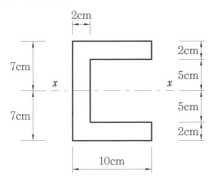

① 1,420 cm⁴

② 1,520 cm⁴

③ 1,620 cm⁴

④ 1,720 cm⁴

해설 $I_x = I_{x_1} - I_{x_2} = \dfrac{10 \times 14^3}{12} - \dfrac{8 \times 10^3}{12}$
$= 1,620 \, \text{cm}^4$

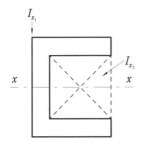

55. 다음과 같은 볼트군의 x_0 부터의 도심위치 x 를 구하면? (단, 그림의 단위는 mm)

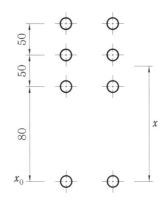

① 80 mm   ② 89.5 mm

③ 90 mm   ④ 97.5 mm

해설 (1) 단면 1차 모멘트

$$Gx_0 = Ax$$

(2) 구하고자 하는 축으로부터 도형의 중심까지의 거리$(x) = \dfrac{Gx_0}{A} A_J x_J$

$$= \dfrac{A_1 x_1 + A_2 x_2 + \cdots}{A}$$

$$= \dfrac{2A \times 0 + 2A \times 80 + 2A \times 130 + 2A \times 180}{8A}$$

$$= \dfrac{A(2 \times 0 + 2 \times 80 + 2 \times 130 + 2 \times 180)}{8A}$$

$$= 97.5 \, \text{mm}$$

56. 절점 B에 외력 $M = 200 \text{kN} \cdot \text{m}$가 작용하고 각 부재의 강비가 그림과 같은 경우 M_{AB}는?

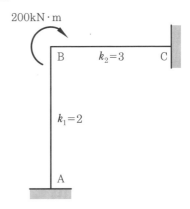

① 20 kN·m　　② 40 kN·m
③ 60 kN·m　　④ 80 kN·m

해설　(1) 분배율

$$f_{BA} = \frac{K_{BA}}{\sum K} = \frac{\text{BA 부재의 강비}}{\text{강비의 총합}}$$

$$= \frac{2}{2+3} = \frac{2}{5}$$

$$f_{BC} = \frac{3}{2+3} = \frac{3}{5}$$

(2) 고정단 모멘트

$$M_{AB} = 200 \times \frac{1}{2} \times \frac{2}{5} = 40\,\text{kN·m}$$

57. 강도설계법에서 휨 또는 휨과 축력을 동시에 받는 부재의 콘크리트 압축연단에서 극한변형률은 얼마로 가정하는가?

① 0.002　　　② 0.003
③ 0.005　　　④ 0.007

해설　강도설계법에서 휨 또는 휨과 축력을 동시에 받는 부재의 콘크리트 압축연단에서 극한변형률은 0.003이다.

58. 철근콘크리트보의 사인장균열에 관한 설명으로 옳지 않은 것은?

① 전단력 및 비틀림에 의하여 발생한다.
② 보의 축과 약 45°의 각도를 이룬다.
③ 주인장응력도의 방향과 사인장균열의 방향은 일치한다.
④ 보의 단부에 주로 발생한다.

해설　사인장균열은 주인장응력 방향과 직각방향으로 발생한다.

59. 철근콘크리트보의 장기처짐을 구할 때 적용되는 5년 이상 지속하중에 대한 시간경과계수 ξ의 값은?

① 2.4　② 2.0　③ 1.2　④ 1.0

해설　(1) 최종처짐 = 탄성처짐+장기추가처짐

(2) 탄성처짐(즉시처짐 ; 순간처짐) : 하중이 작용하자마자 발생되는 처짐
(3) 장기추가처짐 : 크리프(creep)와 건조수축 등에 의해 시간이 경과함에 따라 지속적으로 변형이 발생하는 현상
(4) 장기추가처짐량
= 탄성처짐×장기추가처짐계수

장기추가처짐계수 $\lambda_\Delta = \dfrac{\xi}{1+50\rho'}$

여기서, ρ' : 압축철근비
　　　　 ξ : 시간경과계수

5년 이상	12개월	6개월	3개월
2.0	1.4	1.2	1.0

60. 다음 그림과 같은 보에서 고정단에 생기는 휨모멘트는?

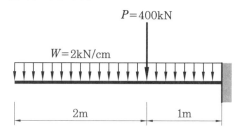

① 500 kN·m　　② 900 kN·m
③ 1,300 kN·m　　④ 1,500 kN·m

해설　$M = 400\,\text{kN} \times 1\,\text{m}$

$$+ \left(\frac{2\,\text{kN}}{0.01\,\text{m}} \times 3\,\text{m}\right) \times \frac{3}{2}\,\text{m}$$

$$= 1,300\,\text{kN·m}$$

제4과목　　**건축설비**

61. 다음 중 난방방식에 관한 설명으로 옳지 않은 것은?

① 증기난방은 잠열을 이용한 난방이다.
② 온수난방은 온수의 현열을 이용한 난

방이다.

③ 온풍난방은 온습도 조절이 가능한 난방이다.

④ 복사난방은 열용량이 작으므로 간헐난방에 적합하다.

해설 (1) 복사난방은 열용량이 크므로 방열량 조절에 시간이 필요하기 때문에 간헐난방에 부적절하다.

(2) 온풍난방은 가열 공기를 이용하는 방법으로 예열시간이 짧아 필요한 시간에 난방하는 간헐난방에 적합하다.

62. 어느 점광원에서 1 m 떨어진 곳의 직각면 조도가 200 lx일 때, 이 광원에서 2 m 떨어진 곳의 직각면 조도는?

① 25 lx ② 50 lx
③ 100 lx ④ 200 lx

해설 (1) 조도 : 장소의 밝기

(2) 조도(lx) = $\dfrac{광속(\mathrm{lm})}{(거리(\mathrm{m}))^2}$

(3) 광속(lm) = 조도(lx) × (거리(m))^2
$= 200 \times 1^2 = 200\,\mathrm{lm}$

∴ $\dfrac{200}{2^2} = \dfrac{200}{4} = 50\,\mathrm{lx}$

63. 전기설비가 어느 정도 유효하게 사용되는가를 나타내며, 최대수용전력에 대한 부하의 평균전력의 비로 표현되는 것은?

① 부하율 ② 부등률
③ 수용률 ④ 유효율

해설 (1) 부하율(load factor) : 공급설비가 어느 정도 유효하게 사용되는가 나타내는 것

(2) 부하율
$= \dfrac{일정\ 기간의\ 평균수용전력(\mathrm{kW})}{일정\ 기간의\ 최대부하\ 전력(\mathrm{kW})} \times 100$

64. 다음과 같은 특징을 갖는 배선 방법은?

• 열적 영향이나 기계적 외상을 받기 쉬운 곳이 아니면 금속관 배선과 같이 광범위하게 사용 가능하다.
• 관 자체가 절연체이므로 감전의 우려가 없으며 시공이 용이하다.

① 금속덕트 배선
② 버스덕트 배선
③ 플로어덕트 배선
④ 합성수지관 배선

해설 합성수지관 배선
(1) 합성수지관 자체가 절연체이므로 감전의 우려가 없으며 시공이 쉽다.
(2) 열적 영향을 받을 우려가 있는 곳이나 기계적 충격에 의한 외상을 받기 쉬운 곳은 피하여야 한다.

65. 가스배관 경로 선정 시 주의하여야 할 사항으로 옳지 않은 것은?

① 장래의 증설 및 이설 등을 고려한다.
② 주요구조부를 관통하지 않도록 한다.
③ 옥내배관은 매립하는 것을 원칙으로 한다.
④ 손상이나 부식 및 전식을 받지 않도록 한다.

해설 옥내에 배치하는 가스배관은 매립하지 않고 외부에 노출하여 시공하도록 한다.

66. 덕트 설비에 관한 설명으로 옳은 것은?

① 고속 덕트에는 소음상자를 사용하지 않는 것이 원칙이다.
② 고속 덕트는 관마찰저항을 줄이기 위하여 일반적으로 장방형 덕트를 사용한다.
③ 등마찰손실법은 덕트 내의 풍속을 일정하게 유지할 수 있도록 덕트 치수를 결정하는 방법이다.
④ 같은 양의 공기가 덕트를 통해 송풍될

때 풍속을 높게 하면 덕트의 단면치수를 작게 할 수 있다.

해설 ① 고속 덕트는 덕트 내의 소음이 크므로 소음을 줄이기 위해 배출구 앞에 소음상자를 설치하고, 분기부나 만곡부에는 완만한 곡선을 취함으로써 와류 발생을 줄이도록 한다.
② 고속 덕트는 관내 마찰저항을 줄이기 위해 원형 덕트를 사용한다.
③ 덕트 내의 풍속을 일정하게 유지할 수 있도록 덕트 치수를 결정하는 방법은 등속법이다.
④ 고속 덕트는 덕트 내의 풍속을 빠르게 하여 덕트의 치수를 작게 하는 방식이다.

67. 습공기를 가열하였을 경우 상태량이 변하지 않는 것은?

① 엔탈피 　② 비체적
③ 절대습도 ④ 상대습도

해설 (1) 엔탈피(H) : 물질 속에 저장된 에너지
$H = U + PV$
여기서, U : 내부에너지, P : 압력
V : 부피
(2) 비체적(v) : 단위질량당 체적(m^3/g)
(3) 상대습도(%)
$$= \frac{절대습도(단위부피당 수증기)}{포화습도(최대포화수증기)}$$
(4) 습공기를 가열할 때 상태변화
㉮ 엔탈피(H) 증가
㉯ 비체적(v) 증가
㉰ 절대습도 변화 없음
㉱ 상대습도 감소

68. 알칼리 축전지에 관한 설명으로 옳지 않은 것은?

① 고율방전특성이 좋다.
② 공칭전압은 2 V/셀이다.
③ 기대수명이 10년 이상이다.

④ 부식성의 가스가 발생하지 않는다.

해설 알칼리 축전지의 공칭전압은 1.2 V/셀이다.

69. 사무소 건물에서 다음과 같이 위생기구를 배치하였을 때 이들 위생기구 전체로부터 배수를 받아들이는 배수수평지관의 관경으로 가장 알맞은 것은?

기구종류	바닥배수	소변기	대변기
배수부하단위	2	4	8
기구수	2	8	2

관경(mm)	배수수평지관의 배수부하단위
75	14
100	96
125	216
150	372

① 75 mm 　② 100 mm
③ 125 mm ④ 150 mm

해설 기구수×배수부하단위
$\leq$ 배수수평지관의 배수부하단위 → 관경
$2 \times 2 + 8 \times 4 + 2 \times 8 = 52 \leq 96$이므로
∴ 100 mm

70. 다음 중 통기방식에 관한 설명으로 옳지 않은 것은?

① 신정통기방식에서는 통기수직관을 설치하지 않는다.
② 루프통기방식은 각 기구의 트랩마다 통기관을 설치하고 각각을 통기수평지관에 연결하는 방식이다.
③ 신정통기방식은 배수수직관의 상부를 연장하여 신정통기관으로 사용하는 방식으로, 대기 중에 개구한다.
④ 각개통기방식은 트랩마다 통기되기 때문에 가장 안정도가 높은 방식으로, 자

기사이펀작용의 방지에도 효과가 있다.

해설 (1) 통기관 : 배수관 등에 설치하여 대기에 개방하게 되어 배수의 흐름을 원활하게 함

(2) 트랩마다 통기관을 수직으로 설치하고, 각각을 통기수평지관에 연결하는 방식은 각개통기방식이다.

(3) 각개통기방식은 가장 안정도가 높은 방식으로 자기사이펀작용의 방지 효과도 있다.

(4) 자기사이펀작용 : S트랩 이외의 수직 배수관에 만수가 되는 경우 S트랩의 봉수가 파괴되는 현상

71. 양수량이 1 m³/min, 전양정이 50 m인 펌프에서 회전수를 1.2배 증가시켰을 때 양수량은?

① 1.2배 증가 ② 1.44배 증가

③ 1.73배 증가 ④ 2.4배 증가

해설 (1) 펌프의 회전수와의 비례 관계

㉮ 양수량은 회전수에 비례

㉯ 양정은 회전수의 제곱에 비례

㉰ 축동력은 회전수의 3제곱에 비례

(2) 양수량(토출량)은 펌프의 회전수에 비례하므로 회전수를 1.2배 증가시켰다면 양수량도 1.2배 증가된다.

72. 높이 30 m의 고가수조에 매분 1 m³의 물을 보내려고 할 때 필요한 펌프의 축동력은? (단, 마찰손실수두 6 m, 흡입양정 1.5 m, 펌프효율 50 %인 경우)

① 약 2.5 kW ② 약 98 kW

③ 약 12.3 kW ④ 약 16.7 kW

해설 (1) $1\,kW = 1\,kJ/s = 1\,kN \cdot m/s$

$= \dfrac{1{,}000}{9.8}\,kgf \cdot m/s$

$= 102.04\,kgf \cdot m/s$

(2) 물의 비중량 : $1{,}000\,kgf/m^3$

(3) 펌프의 축동력(kW)

$= \dfrac{물의\ 비중량 \times 유량(m^3/min) \times 전양정}{102 \times 60 \times 효율}$

$= \dfrac{1000 \times 1 \times (30 + 6 + 1.5)}{6120 \times 0.5} = 12.3\,kW$

73. 공기조화방식 중 전수 방식에 관한 설명으로 옳지 않은 것은?

① 각 실의 제어가 용이하다.

② 실내 배관에 의한 누수의 우려가 있다.

③ 극장의 관객석과 같이 많은 풍량을 필요로 하는 곳에 주로 사용된다.

④ 열매체가 증기 또는 냉·온수이므로 열의 운송동력이 공기에 비해 적게 소요된다.

해설 (1) 공기조화방식

㉮ 전공기 방식 : 냉풍·온풍을 덕트를 통해 실내로 송풍

㉯ 전수 방식 : 물을 열매로 해서 실내유닛으로 공급하는 팬코일 유닛 방식(FCU)

(2) 극장의 관객석과 같이 많은 풍량을 필요로 하는 곳에는 전공기 방식을 이용한다.

74. 급탕설비에 관한 설명으로 옳은 것은?

① 팽창탱크는 반드시 개방식으로 해야 한다.

② 리버스리턴(reverse-return) 방식은 전 계통의 탕의 순환을 촉진하는 방식이다.

③ 직접가열식 중앙급탕법은 보일러 안에 스케일 부착이 없이 내부에 방식처리가 불필요하다.

④ 간접가열식 중앙급탕법은 저탕조와 보일러를 직결하여 순환가열하는 것으로 고압용 보일러가 주로 사용된다.

해설 ① 팽창탱크는 개방식과 밀폐식이 있다.

② 리버스 리턴(역환수방식) 방식은 전 계통의 온수(탕)의 순환을 촉진하는 방식이다.

③ 직접가열식 중앙급탕법은 보일러 내에 스케일(이물질)이 발생하므로 내부에 방식처리가 필요하다.

④ 간접가열식 중앙급탕법은 저탕조 내에 코일을 설치한 것으로 저압 보일러에 적합하다.

75. 자동화재탐지설비의 감지기 중 감지기 주위의 온도가 일정한 온도 이상이 되었을 때 작동하는 것은?

① 차동식 감지기   ② 정온식 감지기

③ 광전식 감지기   ④ 이온화식 감지기

해설 화재감지기의 종류

(1) 차동식 감지기

㉮ 일정한 온도 변화(분당 6.7~8.3℃)가 발생하면 화재로 인식하는 방식

㉯ 가장 많이 사용하는 방식으로 일반적인 위치에 설치

(2) 광전식 감지기

㉮ 연기로 화재를 감지하는 방식

㉯ 복도·계단·창고 등의 반자높이가 높은 곳에 설치

(3) 정온식 감지기

㉮ 특정 온도(70~75℃)이면 화재로 인식하는 방식

㉯ 주방·보일러실 등에 적당

76. 다음 중 건물 실내에 표면결로 현상이 발생하는 원인과 가장 거리가 먼 것은?

① 실내외 온도차

② 구조재의 열적 특성

③ 실내 수증기 발생량 억제

④ 생활 습관에 의한 환기 부족

해설 표면결로 현상은 표면의 온도가 이슬점 온도보다 낮은 경우 표면에 물방울이 맺히는 현상으로 실내외 온도차가 큰 경우, 실내 수증기 발생량이 많은 경우, 환기가 부족한 경우, 구조재의 열적 특성이 나쁜 경우에 발생

한다. 수증기 발생량이 적은 경우 결로현상을 억제할 수 있다.

77. 다음과 같은 조건에 있는 실의 틈새바람에 의한 현열 부하량은?

- 실의 체적 : 400 m^3
- 환기횟수 : 0.5회/h
- 실내공기 건구온도 : 20℃
- 외기 건구온도 : 0℃
- 공기의 밀도 : 1.2 kg/m^3
- 공기의 비열 : 1.01 kJ/kg·K

① 986 W   ② 1,124 W

③ 1,347 W   ④ 1,542 W

해설 (1) 현열부하 : 물질의 상태를 바꾸지 않고 온도만 올리거나 낮추는 열에 대한 부하

(2) 공기의 현열부하(kJ/h)

$=$환기량(m^3/h)×비열(kJ/kg·K)

$\times$밀도(kg/m^3)×온도변화(℃)

$= (400 \times 0.5) \text{m}^3/\text{h} \times 1.01 \text{kJ/kg·K}$

$\times 1.2 \text{kg/m}^3 \times 20℃ = 4,848 \text{kJ/h}$

$1 \text{W} = 1 \text{J/s} = 3.6 \text{kJ/h}$이므로

$4,848 \text{kJ/h} \times \dfrac{1 \text{W}}{3.6 \text{kJ/h}} = 1,347 \text{W}$

78. 터보 냉동기에 관한 설명으로 옳지 않은 것은?

① 왕복동식에 비하여 진동이 적다.

② 흡수식에 비해 소음 및 진동이 심하다.

③ 임펠러 회전에 의한 원심력으로 냉매 가스를 압축한다.

④ 일반적으로 대용량에는 부적합하며 비례제어가 불가능하다.

해설 (1) 터보(원심식) 냉동기 : 고속으로 회전하는 날개의 원심력으로 냉매가스(프레온 가스·암모니아가스 등)를 압축하는 냉동방식

(2) 터보 냉동기는 대용량에 적합하며, 무단계 비례제어가 가능하다.

79. 각 층마다 옥내소화전이 3개씩 설치되어 있는 건물에서 옥내소화전설비의 수원의 저수량을 최소 얼마 이상이 되도록 하여야 하는가?

① 5.2 m³   ② 6.6 m³
③ 7.2 m³   ④ 7.8 m³

해설 옥내소화전설비의 수원의 저수량
=옥내소화전 개수가 가장 많은 층의 개수
×2.6 m³
(단, 가장 많은 층의 개수가 2개 이상인 경우 2개로 계산한다.)
∴ 2개 × 2.6 m³ = 5.2 m³

80. 엘리베이터의 일주시간 구성요소에 속하지 않는 것은?

① 주행시간   ② 도어개폐시간
③ 승객출입시간   ④ 승객대기시간

해설 승강기(엘리베이터)의 평균 일주시간
=승객출입시간+문개폐시간+주행시간

제5과목   건축관계법규

81. 다음 중 광역도시계획에 관한 내용으로 틀린 것은?

① 인접한 둘 이상의 특별시·광역시·특별자치시·특별자치도·시 또는 군의 관할구역 전부 또는 일부를 광역계획권으로 지정할 수 있다.
② 군수가 광역도시계획을 수립하는 경우 도지사의 승인을 생략한다.
③ 광역계획권의 공간구조와 기능 분담에 관한 정책 방향이 포함되어야 한다.
④ 광역도시계획을 공동으로 수립하는 시·도지사는 그 내용에 관하여 서로 협의

가 되지 아니하면 공동이나 단독으로 국토교통부장관에게 조정을 신청할 수 있다.

해설 광역도시계획
(1) 넓은 지역에 걸쳐서 건설된 도시에 해당되며, 예를 들면 안양·부천·성남 등의 위성도시가 서울광역도시권이다.
(2) 군수가 광역도시계획을 수립하는 경우 도지사의 승인을 받아야 한다.

82. 주요구조부가 내화구조 또는 불연재료로 된 층수가 16층 이상인 공동주택의 경우, 피난층이 아닌 16층 이상의 층에서는 피난층 또는 지상으로 통하는 직통계단을 거실의 각 부분으로부터 계단에 이르는 보행거리가 최대 얼마 이하가 되도록 설치하여야 하는가? (단, 직통계단은 거실로부터 가장 가까운 거리에 있는 1개소의 직통계단을 말한다.)

① 30 m ② 40 m ③ 50 m ④ 60 m

해설 (1) 피난층 : 직접 지상으로 통하는 출입구가 있는 층 및 피난안전구역
(2) 피난안전구역 : 고층·초고층건물 등에 화재·지진 등의 재난이 발생했을 때 건축물 내 사용자가 대피할 수 있는 구역
(3) 거실의 각 부분으로부터 직통계단까지의 보행거리 : 40 m 이하
㉮ 건축물의 주요구조부가 내화구조 또는 불연재료로 된 건축물
㉯ 16층 이상인 층(피난층 제외)으로서 공동주택인 경우

83. 건축물의 면적, 높이 및 층수 등의 산정 방법에 관한 설명으로 옳은 것은?

① 건축물의 높이 산정 시 건축물의 대지에 접하는 전면도로의 노면에 고저차가 있는 경우에는 그 건축물이 접하는 범위의 전면도로 부분의 수평거리에 따라

가중평균한 높이의 수평면을 전면도로 면으로 본다.

② 용적률 산정 시 연면적에는 지하층의 면적과 지상층의 주차용으로 쓰는 면적을 포함시킨다.

③ 건축면적은 건축물의 내벽의 중심선으로 둘러싸인 부분의 수평투영면적으로 한다.

④ 건축물의 층수는 지하층을 포함하여 산정하는 것이 원칙이다.

해설 ② 연면적은 하나의 건축물 각 층의 바닥면적의 합계로 하되, 용적률을 산정 시 지하층의 면적, 지상층의 주차용으로 쓰는 면적, 초고층 건축물과 준초고층 건축물에 설치하는 피난안전구역의 면적, 건축물의 경사지붕 아래에 설치하는 대피공간의 면적은 제외한다.

③ 건축면적은 건축물의 외벽의 중심선으로 둘러싸인 부분의 수평투영면적으로 한다.

④ 지하층은 건축물의 층수에 산입하지 아니한다.

84. 태양열을 주된 에너지원으로 이용하는 주택의 건축 면적 산정 시 이용하는 중심선의 기준으로 옳은 것은?

① 건축물의 외벽 경계선

② 건축물 기둥 사이의 중심선

③ 건축물의 외벽 중 내측 내력벽의 중심선

④ 건축물의 외벽 중 외측 내력벽의 중심선

해설 태양열을 주된 에너지원으로 이용하는 주택의 건축면적과 단열재를 구조체의 외기측에 설치하는 단열공법으로 건축된 건축물의 건축면적은 건축물의 외벽 중 내측 내력벽의 중심선을 기준으로 한다.

85. 지구단위계획구역의 지정목적을 이루기 위하여 지구단위계획에 포함될 수 있는 내용이 아닌 것은?

① 용도지역이나 용도지구를 대통령령으로 정하는 범위에서 세분하거나 변경하는 사항

② 건축물 높이의 최고한도 또는 최저한도

③ 도시·군관리계획 중 정비사업에 관한 계획

④ 대통령령으로 정하는 기반시설의 배치와 규모

해설 지구단위계획에 포함될 수 있는 내용
(1) 용도지역이나 용도지구를 대통령령으로 정하는 범위에서 세분하거나 변경하는 사항
(2) 기존의 용도지구를 폐지하고 그 용도지구에서의 건축물이나 그 밖의 시설의 용도·종류 및 규모 등의 제한을 대체하는 사항
(3) 대통령령으로 정하는 기반시설의 배치와 규모
(4) 도로로 둘러싸인 일단의 지역 또는 계획적인 개발·정비를 위하여 구획된 일단의 토지의 규모와 조성계획
(5) 건축물의 용도제한, 건축물의 건폐율 또는 용적률, 건축물 높이의 최고한도 또는 최저한도
(6) 건축물의 배치·형태·색채 또는 건축선에 관한 계획
(7) 환경관리계획 또는 경관계획
(8) 보행안전 등을 고려한 교통처리계획
(9) 그 밖에 토지 이용의 합리화, 도시나 농·산·어촌의 기능 증진 등에 필요한 사항으로서 대통령령으로 정하는 사항

86. 비상용 승강기의 승강장 및 승강로 구조에 관한 기준 내용으로 틀린 것은?

① 옥내 승강장의 바닥면적은 비상용 승강기 1대에 대하여 6 m^2 이상으로 한다.

② 각 층으로부터 피난층까지 이르는 승강로를 단일구조로 연결하여 설치하여야 한다.

③ 피난층이 있는 승강장의 출입구로부터

도로 또는 공지에 이르는 거리는 30 m 이하로 한다.

④ 승강장에는 배연설비를 설치하여야 하며, 외부를 향하여 열 수 있는 창문 등을 설치하여서는 안된다.

해설 비상용 승강기의 승강장(다음 중 하나 이상 설치)

(1) 노대

(2) 외부를 향하여 열 수 있는 창문

(3) 배연설비

87. 다음의 대지와 도로의 관계에 관한 기준 내용 중 ( ) 안에 알맞은 것은?

> 연면적의 합계가 2천 제곱미터(공장인 경우에는 3천 제곱미터) 이상인 건축물 (축사, 작물 재배사, 그 밖에 이와 비슷한 건축물로서 건축조례로 정하는 규모의 건축물은 제외한다)의 대지는 너비 (ⓐ) 이상의 도로에 (ⓑ) 이상 접하여야 한다.

① ⓐ : 4 m, ⓑ : 2 m

② ⓐ : 6 m, ⓑ : 4 m

③ ⓐ : 8 m, ⓑ : 6 m

④ ⓐ : 8 m, ⓑ : 4 m

해설 대지와 도로의 관계

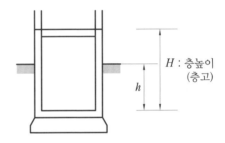

88. 다음은 건축법령상 지하층의 정의 내용이다. ( ) 안에 알맞은 것은?

> "지하층"이란 건축물의 바닥이 지표면 아래에 있는 층으로서 바닥에서 지표면까지 평균 높이가 해당 층 높이의 ( ) 이상인 것을 말한다.

① 2분의 1

② 3분의 1

③ 3분의 2

④ 4분의 3

해설 건축물의 지하층 : $h \geqq \dfrac{H}{2}$

89. 다음 중 건축물의 용도 분류가 옳은 것은 어느 것인가?

① 식물원 – 동물 및 식물 관련 시설

② 동물병원 – 의료시설

③ 유스호스텔 – 수련시설

④ 장례식장 – 묘지 관련 시설

해설 ① 식물원 – 문화 및 집회시설

② 동물병원 – 제2종 근린생활시설

④ 장례식장 – 장례시설

90. 주차전용건축물이란 건축물의 연면적 중 주차장으로 사용되는 부분의 비율이 최소 얼마 이상인 건축물을 말하는가? (단, 주차장 외의 용도로 사용되는 부분이 자동차 관련 시설인 건축물의 경우)

① 70 %

② 80 %

③ 90 %

④ 95 %

해설 "주차전용건축물"이란 건축물의 연면적

중 주차장으로 사용되는 부분의 비율이 95 %
이상인 것을 말한다. 단, 주차장 외의 용도로
사용되는 부분이 자동차 관련 시설인 경우에
는 주차장으로 사용되는 부분의 비율이 70 %
이상인 것을 말한다.

91. 부설주차장의 설치대상 시설물 종류와
연결이 옳은 것은?

① 판매시설 – 시설면적 100 m²당 1대
② 위락시설 – 시설면적 150 m²당 1대
③ 종교시설 – 시설면적 200 m²당 1대
④ 숙박시설 – 시설면적 200 m²당 1대

해설 부설주차장 설치기준(시설면적당)
(1) 숙박시설 : 200 m²당 1대
(2) 판매시설·종교시설 : 150 m²당 1대
(3) 위락시설 : 100 m²당 1대

92. 국토의 계획 및 이용에 관한 법령상 다음
과 같이 정의되는 용어는?

> 개발로 인하여 기반시설이 부족할 것으
> 로 예상되나 기반시설을 설치하기 곤란
> 한 지역을 대상으로 건폐율이나 용적률
> 을 강화하여 적용하기 위하여 지정하는
> 구역

① 시가화조정구역
② 개발밀도관리구역
③ 기반시설부담구역
④ 지구단위계획구역

해설 개발밀도관리구역 : 개발로 인하여 기반
시설이 부족할 것으로 예상되나 기반시설을
설치하기 곤란한 지역을 대상으로 건폐율이
나 용적률을 강화하여 적용하기 위하여 지정
하는 구역

93. 다음 중 방화구조의 기준으로 틀린 것은
어느 것인가?

① 시멘트모르타르 위에 타일을 붙인 것
으로서 그 두께의 합계가 2.5 cm 이상
인 것
② 석고판 위에 회반죽을 바른 것으로서
그 두께의 합계가 2.5 cm 이상인 것
③ 철망모르타르로서 그 바름두께가 1.5
cm 이상인 것
④ 심벽에 흙으로 맞벽치기한 것

해설 철망모르타르로서 그 바름두께가 2 cm
이상인 경우 방화구조이다.

94. 오피스텔에 설치하는 복도의 유효너비는
최소 얼마이상이어야 하는가? (단, 건축물
의 연면적은 300제곱미터이며, 양옆에 거
실이 있는 복도의 경우이다.)

① 1.2 m   ② 1.8 m
③ 2.4 m   ④ 2.7 m

해설 연면적 200 m² 초과하는 건축물로서 공
동주택·오피스텔의 경우 양옆에 거실이 있는
복도의 유효너비는 1.8 m 이상으로 한다.

95. 대형건축물의 건축허가 사전승인신청 시
제출도서 중 설계설명서에 표시하여야 할
사항에 속하지 않는 것은?

① 시공방법   ② 동선계획
③ 개략공정계획   ④ 각부 구조계획

해설 (1) 대형건축물의 건축허가 사전승인신청
시 제출도서의 종류
㉮ 건축계획서 : 설계설명서, 구조계획서,
지질조사서, 시방서
㉯ 기본설계도서
(2) 설계설명서 : 공사개요·사전조사사항·건
축계획·시공방법·개략공정계획·주요설
비계획·주요자재사용계획
(3) 각부 구조계획은 구조계획서에 포함되고
동선계획은 건축계획에 포함된다.

96. 건축물을 건축하는 경우 해당 건축물의 설계자가 국토교통부령으로 정하는 구조기준 등에 따라 그 구조의 안전을 확인할 때, 건축구조기술사의 협력을 받아야 하는 대상 건축물 기준으로 틀린 것은?

① 다중이용건축물
② 5층 이상인 건축물
③ 3층 이상의 필로티형식 건축물
④ 기둥과 기둥 사이의 거리가 20 m 이상인 건축물

(해설) 6층 이상인 건축물의 경우 설계자가 구조 안전을 확인할 때 건축구조기술사의 협력을 받아야 한다.

97. 오피스텔의 난방설비를 개별난방방식으로 하는 경우에 관한 기준 내용으로 틀린 것은?

① 보일러의 연도는 내화구조로서 공동연도로 설치할 것
② 보일러는 거실 외의 곳에 설치할 것
③ 보일러실의 윗부분에는 그 면적이 0.5 m² 이상인 환기창을 설치할 것
④ 기름보일러를 설치하는 경우에는 기름저장소를 보일러실에 설치할 것

(해설) 기름보일러를 설치하는 경우에는 기름저장소를 보일러실 외의 다른 곳에 설치해야 한다.

98. 다음 방화구획의 설치에 관한 기준을 적용하지 아니하거나 그 사용에 지장이 없는 범위에서 완화하여 적용할 수 있는 건축물의 부분에 해당되지 않는 것은?

주요구조부가 내화구조 또는 불연재료로 된 건축물로서 연면적이 1천 제곱미터를 넘는 것은 내화구조로 된 바닥·벽 및 갑종방화문으로 구획하여야 한다.

① 복층형 공동주택의 세대별 층간 바닥 부분
② 주요구조부가 내화구조 또는 불연재료로 된 주차장
③ 계단실 부분·복도 또는 승강기의 승강로 부분으로서 그 건축물의 다른 부분과 방화구획으로 구획된 부분
④ 문화 및 집회시설 중 동물원의 용도로 쓰는 거실로서 시선 및 활동공간의 확보를 위하여 불가피한 부분

(해설) 방화구획의 설치
(1) 주요구조부가 내화구조도 또는 불연재료로 된 건축물로서 연면적이 1,000 m²를 넘는 것은 내화구조로 된 바닥·벽 및 갑종방화문으로 구획하여야 한다.
(2) 문화 및 집회 시설의 용도로 쓰는 거실로서 시선 및 활동공간의 확보를 위하여 불가피한 부분은 방화구획의 설치를 하지 않거나 완화하여 적용할 수 있으나 동물원·식물원은 제외한다.

99. 시장·군수·구청장이 국토의 계획 및 이용에 관한 법률에 따른 도시지역에서 건축선을 따로 지정할 수 있는 최대 범위는?

① 2 m ② 3 m ③ 4 m ④ 6 m

(해설) 시장·군수·구청장은 국토의 계획 및 이용에 관한 법률에 따른 도시지역에서 건축물의 위치나 환경을 정비하기 위해 4 m 이하의 범위에서 건축선을 따로 지정할 수 있다.

100. 다음 중 국토의 계획 및 이용에 관한 법령상 공공(公共)시설에 속하지 않는 것은 어느 것인가?

① 광장   ② 공동구
③ 유원지   ④ 사방설비

(해설) 국토의 계획 및 이용에 관한 법률
(1) 공공시설 : 광장·공동구·사방설비
(2) 기반시설 : 유원지(공간시설)

건축기사

제1과목 건축계획

1. 도서관의 출납시스템 유형 중 이용자가 자유롭게 도서를 꺼낼 수 있으나 열람석으로 가기 전에 관원의 검열을 받는 형식은?

① 폐가식
② 반개가식
③ 자유개가식
④ 안전개가식

해설 안전개가식 절차
(1) 열람자가 서가에 접근
(2) 열람 후 선택
(3) 대출 기록 후 열람석 열람

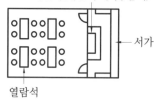

카운터(대출 수속 및 감시)

서가

열람석

2. 다음 중 백화점 매장의 기둥 간격 결정 요소와 가장 거리가 먼 것은?

① 엘리베이터의 배치 방법
② 진열장의 치수와 배치 방법
③ 지하주차장 주차 방식과 주차 폭
④ 층별 매장 구성과 예상 이용 인원

해설 백화점 매장의 기둥 간격 결정 요소
(1) 엘리베이터·에스컬레이터 설치 유무 및 배치 방법
(2) 지하주차장 주차 방식과 주차 폭
(3) 진열장 치수와 배치 방법

3. 공장 건축의 레이아웃(layout)에 관한 설명으로 옳지 않은 것은?

① 제품 중심의 레이아웃은 대량생산에 유리하며 생산성이 높다.
② 레이아웃은 장래 공장규모의 변화에 대응한 융통성이 있어야 한다.
③ 공정 중심의 레이아웃은 다품종 소량 생산이나 주문생산에 적합한 형식이다.
④ 고정식 레이아웃은 기능이 동일하거나 유사한 공정, 기계를 집합하여 배치하는 방식이다.

해설 (1) 기능이 동일하거나 유사한 공정, 기계를 접합하여 배치하는 방식은 공정 중심의 레이아웃이다.
(2) 고정식 레이아웃 : 재료 또는 조립부품은 고정된 장소에 있고 기계 또는 사람이 작업 장소로 이동해가서 작업을 행하는 방식

4. 극장건축의 관련 제실에 관한 설명으로 옳지 않은 것은?

① 앤티 룸(anti room)은 출연자들이 출연 바로 직전에 기다리는 공간이다.
② 그린 룸(green room)은 출연자 대기실을 말하며 주로 무대 가까운 곳에 배치한다.
③ 배경제작실의 위치는 무대에 가까울수록 편리하며, 제작 중의 소음을 고려하여 차음설비가 요구된다.
④ 의상실은 실의 크기가 1인당 최소 8 m² 이 필요하며, 그린 룸이 있는 경우 무대와 동일한 층에 배치하여야 한다.

해설 의상실(dressing room)
(1) 실의 크기 : 1인당 최소 4~5 m²
(2) 무대 가까운 곳에 그린 룸(green room)이 있는 경우 무대와 동일 층에 있을 필요는 없다.

정답 1. ④ 2. ④ 3. ④ 4. ④

5. 고대 로마 건축물 중 판테온(pantheon)에 관한 설명으로 옳지 않은 것은?

① 로툰다 내부는 드럼과 돔 부분으로 구성된다.

② 직사각형의 입구 공간은 외부와 내부 사이의 전이공간으로 사용된다.

③ 드럼 하부는 깊은 니치와 독립된 도리아식 기둥들로 동적인 공간을 구현한다.

④ 거대한 돔을 얹은 로툰다와 대형 열주 현관이라는 2가지 주된 구성 요소로 이루어진다.

해설 로마의 판테온 신전

(1) 드럼의 하부 : 7개의 니치와 코린트식 기둥으로 구성

(2) 니치 : 조각상을 만들어 배치한 움푹 들어간 공간

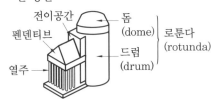

6. 단독주택의 평면계획에 관한 설명으로 옳지 않은 것은?

① 거실은 평면계획상 통로나 홀로 사용하지 않는 것이 좋다.

② 현관의 위치는 대지의 형태, 도로와의 관계 등에 의하여 결정된다.

③ 부엌은 주택의 서측이나 동측이 좋으며 남향은 피하는 것이 좋다.

④ 노인침실은 일조가 충분하고 전망이 좋은 조용한 곳에 면하게 하고 식당, 욕실 등에 근접시킨다.

해설 단독주택 평면계획 시 음식물 취급이 많은 부엌의 경우는 일사시간이 많은 서측을 반드시 피한다.

7. 메조넷형(maisonette type) 아파트에 관한 설명으로 옳지 않은 것은?

① 설비, 구조적인 해결이 유리하며 경제적이다.

② 통로가 없는 층의 평면은 프라이버시 확보에 유리하다.

③ 통로가 없는 층의 평면은 화재 발생 시 대피상 문제점이 발생할 수 있다.

④ 엘리베이터 정지층 및 통로 면적의 감소로 전용면적의 극대화를 도모할 수 있다.

해설 (1) 메조넷형 : 하나의 주거단위가 복층으로 구성된 형식

㉮ 듀플렉스형 : 주거단위의 평면이 2개 층에 걸쳐져 있는 것

㉯ 트리플렉스형 : 주거단위의 평면이 3개 층에 걸쳐져 있는 것

(2) 복층형은 설비·구조가 복잡하고, 소규모 주거의 경우는 비경제적이다.

8. 극장의 평면형식 중 오픈 스테이지(open stage)형에 관한 설명으로 옳은 것은?

① 연기자가 한쪽 방향으로만 관객을 대하게 된다.

② 강연, 음악회, 독주, 연극 공연에 가장 적합한 형식이다.

③ 가장 일반적인 극장의 형식으로 어떠한 배경이라도 창출이 가능하다.

④ 무대와 객석이 동일 공간에 있는 것으로 관객석이 무대의 대부분을 둘러싸고 있다.

해설 (1) 오픈 스테이지(open stage)형

㉮ 관객석이 무대의 대부분을 둘러싸고 있다.

㉯ 무대와 객석이 동일한 공간에 있다.

(2) 애리나 스테이지(arena stage)

㉮ 관객석이 무대를 360°로 둘러싼 형식이다.

정답 **5.** ③ **6.** ③ **7.** ① **8.** ④

㉰ 무대는 낮은 가구로 구성된다.

(3) 프로시니엄 스테이지(procenium stage)

㉮ 관객석과 무대를 구분해 주는 액자틀에 커튼막을 칠 수 있는 무대

㉯ 관객석은 무대의 전면부에 있다.

※ ①, ②, ③은 프로시니엄 스테이지에 대한 설명이다.

9. 다음 중 종합병원에서 클로즈드 시스템 (closed system)의 외래진료부에 관한 설명으로 옳지 않은 것은?

① 내과는 소규모 진료실을 다수 설치하도록 한다.

② 환자의 이용이 편리하도록 1층 또는 2층 이하에 둔다.

③ 중앙주사실, 회계, 약국 등은 정면 출입구 근처에 설치한다.

④ 전체 병원에 대한 외래진료부의 면적 비율은 40~45 % 정도로 한다.

해설 (1) 종합병원의 외래진료부는 개방(오픈) 시스템과 클로즈드 시스템이 있다.

(2) 외래진료부의 클로즈드 시스템은 우리나라 종합병원에서 사용하는 방식으로서 외래진료부의 면적은 전체 병원 면적의 10~15 %이다.

10. 다음 설명에 알맞은 사무소 건축의 코어 유형은?

• 코어와 일체로 한 내진구조가 가능한 유형이다.

• 유효율이 높으며, 임대 사무소로서 경제적인 계획이 가능하다.

---

① 편심형 　　　 ② 독립형

③ 분리형 　　　 ④ 중심형

해설 사무소 건축의 중심코어형

(1) 중심코어를 RC조로 하여 내진

(2) 바닥면적이 큰 경우, 고층, 초고층의 경우

에 적합하다.

(3) 유효율이 높아 임대 사무실로서 경제적 계획이 가능하다.

(4) 유효율 $= \dfrac{\text{사용수익 발생부분}}{\text{전체면적(연면적)}}$

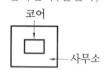

11. 학교 운영 방식에 관한 설명으로 옳지 않은 것은?

① 종합교실형은 초등학교 저학년에 권장되는 방식이다.

② 교과교실형은 교실의 이용률은 높으나 순수율이 낮다.

③ 달톤형은 학급과 학년을 없애고 각자의 능력에 따라 교과를 선택하는 방식이다.

④ 플라툰형은 전 학급을 2분단으로 나누어 한쪽이 일반교실을 사용할 때 다른 쪽은 특별교실을 사용한다.

해설 (1) 학교 운영 방식

㉮ 종합교실형(U형) : 교실 안에서 모든 교과를 행한다.

㉯ 교과교실형(V형) : 교실에서 특정교과만 진행된다.

㉰ 달톤형(D형) : 각자 능력에 맞는 교과를 선택하여 수업을 들을 수 있도록 한다.

㉱ 플라툰형(P형) : 전 학급을 2분단으로 나누어 한쪽이 일반교실을 사용할 때 다른 쪽은 특별교실을 사용할 수 있도록 한다.

(2) 교과교실형(V형)은 교실의 이용률은 반드시 높지는 않고, 순수율은 높다.

12. 사무소 건축의 실단위계획 중 개실 시스템에 관한 설명으로 옳지 않은 것은?

① 공사비가 저렴하다.

② 독립성과 쾌적감이 높다.

③ 방 길이에 변화를 줄 수 있다.

④ 방 깊이에 변화를 줄 수 없다.

해설 사무소 건축의 개실 시스템은 복도를 통해서 각 실로 입실하는 형식으로 특징은 다음과 같다.

(1) 공사비가 다소 비싸다.

(2) 독립성과 쾌적성이 좋다.

(3) 실 길이에 변화를 줄 수 있다.

(4) 실 깊이에 변화를 주기가 곤란하다.

13. 주택단지계획에서 보차분리의 형태 중 평면분리에 해당하지 않는 것은?

① T자형

② 루프(loop)

③ 쿨데삭(cul-de-sac)

④ 오버브리지(overbridge)

해설 보차분리의 형태

(1) 평면분리 : 쿨데삭, 루프(loop), T자형, 격자형

(2) 입체분리 : 오버브리지(overbridge, 육교), 언더패스(under path, 지하도)

14. 단독주택에서 다음과 같은 실들을 각각 직상층 및 직하층에 배치할 경우 가장 바람직하지 않은 것은?

① 상층 : 침실, 하층 : 침실

② 상층 : 부엌, 하층 : 욕실

③ 상층 : 욕실, 하층 : 침실

④ 상층 : 욕실, 하층 : 부엌

해설 침실과 욕실은 같은 층에 있는 것이 바람직하다.

15. 조선시대에 田자형 주택으로 대별되는 서민주택의 지방 유형은?

① 서울 지방형   ② 남부 지방형

③ 중부 지방형   ④ 함경도 지방형

해설 田(밭전)자형의 겹집구조(추위가 심한 함경도 지방형)

(1) 용마루 아래 모든 방을 배열, 방을 앞뒤로 배치

(2) 정주간 : 부엌과 방 사이에 위치한 온돌방 (다목적 공간)

(3) 툇마루와 대청이 없는 것이 특징임

방	방	정주간	부엌	툇간
				외양간
방	방			방

16. 다음 중 고딕 성당에 관한 설명으로 옳지 않은 것은?

① 중앙집중식 배치를 지배적으로 사용하였다.

② 건축 형태에서 수직성을 강하게 강조하였다.

③ 고딕 성당으로는 랭스 성당, 아미앵 성당 등이 있다.

④ 수평 방향으로 통일되고 연속적인 공간을 만들었다.

해설 (1) 고딕 건축 : 중세말(1120~1550년) 유럽에서 번성한 중세 건축 양식

(2) 비잔틴 건축 : 527~1453년 동로마제국 일대에서 발생한 건축 양식

※ 중앙집중식 배치는 비잔틴 건축 양식이다.

17. 다음 중 호텔의 성격상 연면적에 대한 숙박면적의 비가 가장 큰 것은?

① 리조트 호텔

② 커머셜 호텔

③ 클럽 하우스

④ 레지덴셜 호텔

해설 커머셜 호텔(commercial hotel)

(1) 사업상의 목적을 지닌 투숙객을 대상으로 하는 호텔로서 주로 도심지에 위치한다.

정답   **13.** ④   **14.** ③   **15.** ④   **16.** ①   **17.** ②

(2) 부대시설이 최소화되므로 객실이 많은 경우로서 연면적에 대한 객실(숙박)면적의 비가 가장 크다.

18. 상점의 동선계획에 관한 설명으로 옳지 않은 것은?

① 고객동선은 가능한 길게 한다.
② 직원동선은 가능한 짧게 한다.
③ 상품동선과 직원동선은 동일하게 처리한다.
④ 고객 출입구와 상품 반입/출 출입구는 분리하는 것이 좋다.

해설 상품동선과 직원동선은 분리하고, 상품의 진열을 위해 일부는 교차시킨다.

19. 기업체가 자사제품의 홍보, 판매 촉진 등을 위해 제품 및 기업에 관한 자료를 소비자들에게 직접 호소하여 제품의 우위성을 인식시키는 전시공간은?

① 쇼룸   ② 런드리
③ 프로시니엄   ④ 인포메이션

해설 쇼룸(showroom) : 기업체가 자사제품의 홍보 및 판매 촉진을 위해 소비자에게 직접 호소하여 제품의 우위성을 인식시키는 전시공간

20. 건축공간의 치수계획에서 "압박감을 느끼지 않을 만큼의 천장 높이 결정"은 다음 중 어디에 해당하는가?

① 물리적 스케일
② 생리적 스케일
③ 심리적 스케일
④ 입면적 스케일

해설 천장 높이가 낮으면 압박감을 느끼므로 압박감을 느끼지 않을 정도에서 천장 높이를 결정하는 것은 심리적 스케일에 해당한다.

제2과목 **건축시공**

21. power shovel의 1시간당 추정 굴착 작업량을 다음 조건에 따라 구하면?

$$q=1.2 \text{ m}^3, \ f=1.28, \ E=0.9$$
$$K=0.9, \ C_m=60\text{초}$$

① 67.2 m³/h   ② 74.7 m³/h
③ 82.2 m³/h   ④ 89.6 m³/h

해설 (1) 파워 셔블(power shovel) : 지반면보다 높은 곳의 흙파기 굴삭용기계
(2) 파워 셔블의 시간당 작업량

$$Q = \frac{3600 \times q \times f \times K \times E}{C_m}[\text{m}^3/\text{h}]$$
$$= \frac{3600 \times 1.2 \times 1.28 \times 0.9 \times 0.9}{60}$$
$$= 74.7\,\text{m}^3/\text{h}$$

22. 콘크리트의 내화, 내열성에 관한 설명으로 옳지 않은 것은?

① 콘크리트의 내화, 내열성은 사용한 골재의 품질에 크게 영향을 받는다.
② 콘크리트는 내화성이 우수해서 600℃ 정도의 화열을 장시간 받아도 압축강도는 거의 저하하지 않는다.
③ 철근콘크리트 부재의 내화성을 높이기 위해서는 철근의 피복두께를 충분히 하면 좋다.
④ 화재를 입은 콘크리트의 탄산화 속도는 그렇지 않은 것에 비하여 크다.

해설 콘크리트에 화열이 생겨서 콘크리트의 수열온도가 500℃가 되면 콘크리트의 강도가 50 % 정도 저하되고 600℃ 이상이 되면 콘크리트의 파열·손상에 이르게 된다.

23. 아스팔트 방수공사에서 아스팔트 프라이머를 사용하는 가장 중요한 이유는?

---

① 콘크리트면의 습기 제거
② 방수층의 습기 침입 방지
③ 콘크리트면과 아스팔트 방수층의 접착
④ 콘크리트 밑바닥의 균열방지

해설 아스팔트 프라이머는 아스팔트 바탕 모르타르에 접착이 용이하도록 하기 위해 사용한다.

24. 다음 중 발주자에 의한 현장관리로 볼 수 없는 것은?

① 착공신고　　　② 하도급계약
③ 현장회의 운영　④ 클레임 관리

해설 하도급계약은 원도급자와 하도급업자가 계약하는 것으로서 발주자의 현장관리와 관계없다.

25. 콘크리트 배합에 직접적으로 영향을 주는 요소가 아닌 것은?

① 단위수량　　　② 물–결합재비
③ 철근의 품질　　④ 골재의 입도

해설 콘크리트 배합에 영향을 주는 요인에는 단위수량, 물–결합재비(W/B), 골재의 입도, 혼화재료 등이 있으며 철근의 품질은 관련이 없다.

26. 철근, 볼트 등 건축용 강재의 재료시험 항목에서 일반적으로 제외되는 항목은?

① 압축강도시험　② 인장강도시험
③ 굽힘시험　　　④ 연신율시험

해설 건축용 강재는 압축강도가 크고 일정하므로 강재의 재료시험 항목에서 일반적으로 제외된다.

27. 다음 중 도장작업 시 주의사항으로 옳지 않은 것은?

① 도료의 적부를 검토하여 양질의 도료

를 선택한다.
② 도료량을 표준량보다 두껍게 바르는 것이 좋다.
③ 저온 다습 시에는 작업을 피한다.
④ 피막은 각 층마다 충분히 건조 경화한 후 다음 층을 바른다.

해설 도료량은 표준량만큼의 두께로 바르는 것이 좋다.

28. 다음 중 QC 활동의 도구가 아닌 것은?

① 특성요인도　　② 파레토그램
③ 층별　　　　　④ 기능계통도

해설 QC(품질관리) 7가지 도구 : 파레토도, 특성요인도, 히스토그램, 산점도(산포도), 체크시트, 층별, 관리도

29. 철근의 가스압접에 관한 설명으로 옳지 않은 것은?

① 이음공법 중 접합강도가 극히 크고 성분원소의 조직변화가 적다.
② 압접공은 작업 대상과 압접 장치에 관하여 충분한 경험과 지식을 가진 자로 책임기술자 승인을 받아야 한다.
③ 가스압접할 부분은 직각으로 자르고 절단면을 깨끗하게 한다.
④ 접합되는 철근의 항복점 또는 강도가 다른 경우에 주로 사용한다.

해설 (1) 철근의 가스압접 : 철근을 맞댄 후 맞댄 면을 가스(아세틸렌가스)불꽃으로 가열하고 압력을 가하여 접합하는 방식
　(2) 가스압접을 하지 않는 경우
　　㉮ 철근의 재질(항복점·강도)이 다른 경우
　　㉯ 철근의 형태의 차이가 있는 경우
　　㉰ 철근의 지름이 7 mm 이상 차이 나는 경우

30. 용제형(solvent) 고무계 도막방수 공법에 관한 설명으로 옳지 않은 것은?

정답 24. ②　25. ③　26. ①　27. ②　28. ④　29. ④　30. ③

① 용제는 인화성이 강하므로 부근의 화기는 엄금한다.

② 한 층의 시공이 완료되면 1.5~2시간 경과 후 다음 층의 작업을 시작하여야 한다.

③ 완성된 도막은 외상(外傷)에 매우 강하다.

④ 합성고무를 휘발성 용제에 녹인 일종의 고무도료를 칠하여 두께 0.5~0.8 mm의 방수피막을 형성하는 것이다.

해설 완성된 도막은 고무계통이므로 외상에 매우 약하다.

31. 공사계약제도 중 공사관리방식(CM)의 단계별 업무 내용 중 비용의 분석 및 VE 기법의 도입 시 가장 효과적인 단계는?

① pre-design 단계

② design 단계

③ pre-construction 단계

④ construction 단계

해설 설계단계(design phase)에서는 원가를 절감하여 예산을 결정해야 하므로 비용 분석 및 VE 기법(가치공학) 도입을 해서 설계 완성을 해야 한다.

32. 철골공사 접합 중 용접에 관한 주의사항으로 옳지 않은 것은?

① 현장용접을 하는 부재는 그 용접 부위에 얇은 에나멜 페인트를 칠하되, 이밖에 다른 칠을 해서는 안된다.

② 용접봉의 교환 또는 다층용접일 때에는 먼저 슬래그를 제거하고 청소한 후 용접한다.

③ 용접할 소재는 용접에 의한 수축변형이 생기고, 또 마무리 작업도 고려해야 하므로 치수에 여분을 두어야 한다.

④ 용접이 완료되면 슬래그 및 스패터를 제거하고 청소한다.

해설 용접 부위로부터 100 mm 이내에는 보일 드유 이외의 칠은 하지 않는다.

33. 수밀 콘크리트의 시공에 관한 설명으로 옳지 않은 것은?

① 수밀 콘크리트는 누수 원인이 되는 건조수축 균열의 발생이 없도록 시공하여야 하며, 0.1 mm 이상의 균열 발생이 예상되는 경우 누수를 방지하기 위한 방수를 검토하여야 한다.

② 거푸집의 긴결재로 사용한 볼트, 강봉, 세퍼레이터 등의 아래쪽에는 블리딩 수가 고여서 콘크리트가 경화한 후 물의 통로를 만들어 누수를 일으킬 수 있으므로 누수에 대하여 나쁜 영향이 없는 재질의 것을 사용하여야 한다.

③ 소요 품질을 갖는 수밀 콘크리트를 얻기 위해서는 전체 구조부가 시공 이음 없이 설계되어야 한다.

④ 수밀성의 향상을 위한 방수제를 사용하고자 할 때에는 방수제의 사용 방법에 따라 배처플랜트에서 충분히 혼합하여 현장으로 반입시키는 것을 원칙으로 한다.

해설 소요 품질을 갖는 수밀 콘크리트를 얻기 위해서는 적당한 간격으로 시공 이음을 두어야 하며, 그 이음부의 수밀성에 대하여 특히 주의하여야 한다.

34. 기성말뚝 세우기 공사 시 말뚝의 연직도나 경사도는 얼마 이내로 하여야 하는가?

① 1/50   ② 1/75

③ 1/80   ④ 1/100

해설 기성말뚝 세우기 공사 시 말뚝의 연직도나 경사도는 1/50 이내로 한다.

35. 고층건축물 공사의 반복작업에서 각 작업조의 생산성을 기울기로 하는 직선으로 각 반복작업의 진행을 표시하여 전체공사를 도식화하는 기법은?

① CPM   ② PERT
③ PDM   ④ LOB

해설 (1) LOB(linear of balance) 기법은 반복작업에서 각 작업조의 생산성을 기울기로 하는 직선으로 각 반복작업의 진척상황을 표시하여 전체공사를 도식화하는 기법이며 LSM 기법이라고도 한다.
    (2) 고층건물 LOB의 실례

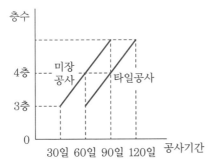

36. 어스앵커 공법에 관한 설명으로 옳지 않은 것은?

① 버팀대가 없어 굴착공간을 넓게 활용할 수 있다.
② 인접한 구조물의 기초나 매설물이 있는 경우 효과가 크다.
③ 대형기계의 반입이 용이하다.
④ 시공 후 검사가 어렵다.

해설 (1) 어스앵커 공법(earth anchor method) : 흙막이 배면을 보링 굴착한 후 앵커 강재를 삽입하고 모르타르를 채워 흙막이를 지지하는 방식
    (2) 흙막이벽 주변에 인접한 구조물의 기초나 매설물이 있는 경우 어스앵커 공법의 적용이 어렵다.

37. 석재의 일반적 성질에 관한 설명으로 옳지 않은 것은?

① 석재의 비중은 조암광물의 성질·비율·공극의 정도 등에 따라 달라진다.
② 석재의 강도에서 인장강도는 압축강도에 비해 매우 작다.
③ 석재의 공극률이 클수록 흡수율이 크고 동결융해저항성은 떨어진다.
④ 석재의 강도는 조성결정형이 클수록 크다.

해설 석재의 강도는 조성결정형(광물의 겉모양의 형태)이 클수록 작다.

38. 단순조적 블록쌓기에 관한 설명으로 옳지 않은 것은?

① 살두께가 큰 편을 아래로 하여 쌓는다.
② 특별한 지정이 없으면 줄눈은 10 mm가 되게 한다.
③ 하루의 쌓기 높이는 1.5 m 이내를 표준으로 한다.
④ 줄눈 모르타르는 쌓은 후 줄눈누르기 및 줄눈파기를 한다.

해설 블록쌓기에서 블록의 살두께가 두꺼운 편을 위로 하여 쌓는다.

39. 커튼월(curtain wall)의 외관 형태별 분류에 해당하지 않는 방식은?

① unit 방식   ② mullion 방식
③ spandrel 방식   ④ sheath 방식

해설 커튼월(curtain wall)의 외관 형태에 따른 분류
    (1) mullion 방식 : 기둥을 강조하는 방식
    (2) spandrel 방식 : 수평재(스팬드럴)를 강조하는 방식
    (3) grid 방식 : 수직·수평을 강조하는 방식
    (4) sheath 방식 : 구조체를 은폐하는 방식

40. 벽두께 1.0B, 벽면적 30 m² 쌓기에 소요 되는 벽돌의 정미량은? (단, 벽돌은 표준형 을 사용한다.)

① 3,900매 ② 4,095매
③ 4,470매 ④ 4,604매

해설 (1) 벽면적 1 m²당 정미수량

종류 \ 두께	0.5B	1.0B	1.5B
표준형(기본형) (190×90×57mm)	75장	149장	224장

(2) 표준형(기본형) 벽돌 정미량
벽면적 1 m² 정미수량×벽면적
$= 149 \times 30 = 4,470$장

제3과목 **건축구조**

41. 1방향 철근콘크리트 슬래브에서 철근의 설계기준항복강도가 500 MPa인 경우 콘크 리트 전체 단면적에 대한 수축·온도철근비 는 최소 얼마 이상이어야 하는가? (단, KDS 기준, 이형철근 사용)

① 0.0015 ② 0.0016
③ 0.0018 ④ 0.0020

해설 1방향 철근콘크리트 슬래브에서 콘크리 트의 전체 단면적에 대한 수축·온도철근비
(1) $f_y \leq 400\text{MPa}$(이형철근) : 0.0020
(2) $f_y > 400\text{MPa}$(이형철근 또는 용접철망)
$$0.002 \times \frac{400}{f_y} = 0.002 \times \frac{400}{500} = 0.0016$$

42. 단일 압축재에서 세장비를 구할 때 필요 하지 않은 것은?

① 유효좌굴길이 ② 단면적
③ 탄성계수 ④ 단면 2차 모멘트

해설 압축재의 세장비
(1) 유효좌굴길이(l_k)
$$l_k = kl$$
여기서, k : 유효좌굴길이계수
l : 길이
(2) 단면 2차 반경(i_{min})
$$i_{min} = \sqrt{\frac{I_{min}}{A}}$$
여기서, I_{min} : 최소 단면 2차 모멘트
A : 단면적
(3) 세장비(λ)
$$\lambda = \frac{l_k}{i_{min}}$$

43. 바람의 난류로 인해 발생되는 구조물의 동적거동 성분을 나타내는 것으로 평균변위 에 대한 최대변위의 비를 통계적인 값으로 나타낸 계수는?

① 활하중저감계수 ② 중요도계수
③ 가스트영향계수 ④ 지역계수

해설 가스트영향계수(gust influence factor)
(1) 바람의 난류로 인해 발생되는 구조물의 동 적거동 성분
(2) $\dfrac{최대변위}{평균변위}$

44. 정사각형 독립기초에 $N = 20$ kN, $M = 10$ kN·m가 작용할 때 접지압이 압축력만 발생하도록 하기 위한 기초저면의 최소길이 는 얼마인가?

① 2 m ② 3 m
③ 4 m ④ 5 m

해설 (1) 핵반경
$$M = N \cdot e \text{에서 편심거리 } e = \frac{M}{N}$$
사각형 핵반경 $e = \dfrac{h}{6}$
여기서, M : 모멘트

N : 수직하중

h : 기초판의 크기

(2) 인장응력이 발생하지 않는 기초판의 크기

$$\frac{h}{6} = \frac{M}{N}$$

$$h = \frac{6M}{N} = \frac{6 \times 10}{20} = 3\,\text{m}$$

45. 다음 캔틸레버보의 자유단의 처짐각은?
(단, 탄성계수 E, 단면2차모멘트 I)

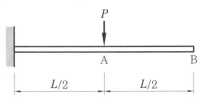

① $\dfrac{PL^2}{2EI}$
　　② $\dfrac{PL^2}{3EI}$

③ $\dfrac{PL^2}{6EI}$
　　④ $\dfrac{PL^2}{8EI}$

해설 처짐 및 처짐각

(1) 반력과 휨모멘트를 구한다.

(2) 탄성하중과 공액보로 만든다.

전단력=처짐각
휨모멘트=처짐
B점의 처짐각

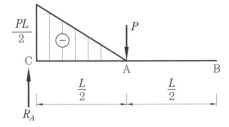

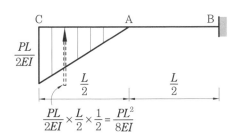

$$\frac{PL}{2EI} \times \frac{L}{2} \times \frac{1}{2} = \frac{PL^2}{8EI}$$

46. 다음 그림은 각 구간에서 직선적으로 변화하는 단순보의 모멘트도이다. C점과 D점에 동일한 힘 P_1이 작용하고 보의 중앙점 E에 P_2가 작용할 때 P_1과 P_2의 절댓값은?

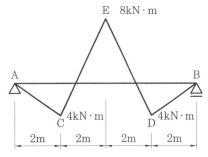

① $P_1 = 4\,\text{kN}$, $P_2 = 6\,\text{kN}$

② $P_1 = 4\,\text{kN}$, $P_2 = 8\,\text{kN}$

③ $P_1 = 8\,\text{kN}$, $P_2 = 10\,\text{kN}$

④ $P_1 = 8\,\text{kN}$, $P_2 = 12\,\text{kN}$

해설 (1) 반력의 계산

$M_C = R_A \times 2 = 4$에서

$$\therefore R_A = \frac{4}{2} = 2\,\text{kN}$$

$R_A = R_B$이므로 $R_B = 2\,\text{kN}$

$$M_C = R_A \times 4 - P_1 \times 2 = -8$$
$$= 2 \times 4 - P_1 \times 2$$

$$\therefore P_1 = \frac{16}{2} = 8\,\text{kN}$$

(2) P_2의 계산

$\sum V = 0$에서

$$R_A - P_1 + P_2 - P_1 + R_B = 0$$
$$2 - 8 + P_2 - 8 + 2 = 0$$

$$\therefore P_2 = 12\,\text{kN}$$

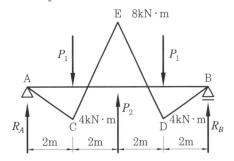

47. 한계상태설계법에 따라 강구조물을 설계할 때 고려되는 강도한계상태가 아닌 것은?

① 기둥의 좌굴　　② 접합부 파괴
③ 바닥재의 진동　④ 피로 파괴

해설 한계상태설계법 : 구조물이 견디는 한계상태를 정하여 그 이내의 하중을 고려하는 설계법
  (1) 사용성한계상태 : 구조물의 변형, 구조물의 진동, 피로 등
  (2) 강도한계상태 : 기둥의 좌굴, 접합부 파괴, 피로 파괴, 인장 파괴 등

48. 기초설계 시 인접대지를 고려하여 편심기초를 만들고자 한다. 이때 편심기초의 지내력이 균등해지도록 하기 위한 가장 타당한 방법은?

① 지중보를 설치한다.
② 기초 면적을 넓힌다.
③ 기둥의 단면적을 크게 한다.
④ 기초 두께를 두껍게 한다.

해설 편심기초가 발생하는 경우 지중보를 설치하면 편심기초로 인한 모멘트를 막을 수 있어 지내력이 균등해진다.

49. 길이 8 m의 단순보가 100 kN/m의 등분포활하중을 받을 때 위험단면에서 전단철근이 부담해야 하는 공칭전단력(V_s)은 얼마인가? (단, 구조물 자중에 의한 $w_D = 6.72$ kN/m, $f_{ck} = 24$ MPa, $f_y = 300$ MPa, $\lambda = 1$, $b_w = 400$ mm, $d = 600$ mm, $h = 700$ mm)

① 424.43 kN　　② 530.53 kN
③ 565.91 kN　　④ 571.40 kN

해설 단순보의 위험단면에서의 전단철근이 부담하는 공칭전단력
  (1) 강도감소계수(ϕ)=0.75
  (2) 콘크리트가 부담하는 전단력

$$V_c = \frac{1}{6} \times 1 \times \sqrt{24} \times 400 \times 600$$
$$= 195,959 \, \text{N} = 195.959 \, \text{kN}$$

  (3) 위험단면 위치에서의 계수전단력
$$W_u = 1.2 \times 6.72 + 1.6 \times 100$$
$$= 168.06 \, \text{kN/m}$$
$$V_{ud} = \frac{168.06 \times 8}{2} - 1.68.06 \times 0.6$$
$$= 571.40 \, \text{kN}$$

  (4) 철근이 부담하는 공칭전단력
$$V_{ud} = \phi(V_c + V_s) \text{에서}$$
$$V_s = \frac{V_{ud}}{\phi} - V_c = \frac{571.40}{0.75} - 195.96$$
$$= 565.91 \, \text{kN}$$

50. 그림과 같은 구조물에서 C점에 발생되는 모멘트는?

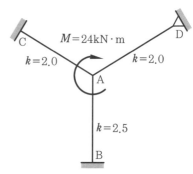

① 4.0 kN·m　　② 3.5 kN·m
③ 3.0 kN·m　　④ 2.5 kN·m

해설 (1) AC 부재의 분배율
  D절점은 회전절점이므로
$$k_{AD} = \frac{3}{4} \times k = \frac{3}{4} \times 2 = \frac{3}{2}$$
$$f_{AC} = \frac{k_{AC}(강비)}{\sum k(강비의 \ 총합)}$$
$$= \frac{2}{2.5 + 2 + \frac{3}{2}} = \frac{1}{3}$$

  (2) AC 부재의 분배모멘트
$$M_{AC} = M_A \times f_{AC} = 24 \times \frac{1}{3} = 8 \, \text{kN·m}$$

(3) C점의 도달모멘트

$$M_{CA} = M_{AC} \times \frac{1}{2} = 8 \times \frac{1}{2} = 4\,\text{kN} \cdot \text{m}$$

51. 다음 중 온통기초에 관한 설명으로 옳지 않은 것은?

① 연약지반에 주로 사용된다.

② 독립기초에 비하여 구조해석 및 설계가 매우 단순하다.

③ 부동침하에 대하여 유리하다.

④ 지하수가 높은 지반에서도 유효한 기초방식이다.

해설 온통기초는 건축물의 하부 전체를 기초판으로 설계하는 방식으로 독립기초에 비하여 구조해석 및 설계가 매우 복잡하다.

52. 모살치수 8 mm, 용접길이 500 mm인 양면 모살용접 전체의 유효단면적은 약 얼마인가?

① 2,100 mm²   ② 3,221 mm²

③ 4,300 mm²   ④ 5,421 mm²

해설 양면 모살용접의 유효단면적(A_n)

(1) 목두께(a) $= 0.7S$(모살치수)

(2) 유효길이(l_e) $= l - 2S$

(3) 양면 모살용접 유효단면적(A_n)

$= a \times (l - 2S) \times 2$

$= 0.7 \times 8 \times (500 - 2 \times 8) \times 2$

$= 5,420.8\,\text{mm}^2$

53. 압축 이형철근(D19)의 기본정착길이를 구하면? (단, 보통콘크리트 사용, D19의 단면적 : 287 mm², $f_{ck} = 21$ MPa, $f_y = 400$ MPa)

① 674 mm   ② 570 mm

③ 482 mm   ④ 415 mm

해설 압축 이형철근의 기본정착길이

$$l_{db} = \frac{0.25 d_b f_y}{\lambda \sqrt{f_{ck}}} \geq 0.043 d_b f_y$$

여기서, d_b : 철근의 공칭지름

f_y : 철근의 항복강도

λ : 경량콘크리트계수

f_{ck} : 콘크리트의 설계기준강도

(1) $l_{db} = \dfrac{0.25 \times 19 \times 400}{1 \times \sqrt{21}} = 414.6\,\text{mm}$

(2) $l_{db} = 0.043 d_b f_y = 0.043 \times 19 \times 400$

$= 326.8\,\text{mm}$

(1), (2) 중 큰 값을 택하므로 ∴ 414.6 mm

54. 다음 그림과 같은 내민보에서 휨모멘트가 0이 되는 두 개의 반곡점 위치를 구하면? (단, 반곡점 위치는 A점으로부터의 거리임)

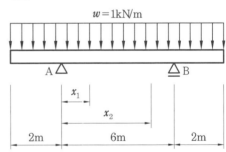

① $x_1 = 0.765$ m, $x_2 = 5.235$ m

② $x_1 = 0.765$ m, $x_2 = 5.215$ m

③ $x_1 = 0.805$ m, $x_2 = 5.195$ m

④ $x_1 = 0.805$ m, $x_2 = 5.175$ m

해설 (1) 반곡점 : 휨모멘트가 0인 점

(2) 지점의 반력

$\sum V = 0$에서

$R_A + R_B - 1 \times 10 = 0$

∴ $R_A = R_B = \dfrac{10}{2} = 5\,\text{kN}$

(3) A로부터 x_1거리의 지점 휨모멘트

$$M_{x_1} = R_A \times x_1 - 1 \times (2+x_1) \times \frac{(2+x_1)}{2} = 0$$

$$5 \times x_1 - (4 + 4x_1 + x_1^2) \times \frac{1}{2} = 0$$

$$5x_1 - 2 - 2x_1 - \frac{x_1^2}{2} = 0$$

근의 공식에서 $x_1 = \dfrac{-b \pm \sqrt{b^2 - 4ac}}{2a}$

$$= \frac{-3 \pm \sqrt{3^2 - 4 \times \left(\frac{-1}{2}\right) \times (-2)}}{2 \times \left(-\frac{1}{2}\right)}$$

$$= 0.764\,\mathrm{m}$$

$$x_2 = 6 - 0.764 = 5.236\,\mathrm{m}$$

55. 다음 그림과 같은 보에서 A점의 수직반력을 구하면?

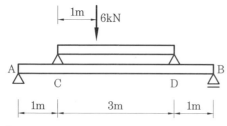

① 2.4 kN   ② 3.6 kN
③ 4.8 kN   ④ 6.0 kN

해설 (1) C점의 반력

$$R_C \times 3 - 6 \times 2 = 0$$

$$\therefore R_C = \frac{12}{3} = 4\,\mathrm{kN}$$

(2) D점의 반력

$$\sum V = 0 에서$$

$$4 - 6 + R_D = 0$$

$$\therefore R_D = 2\,\mathrm{kN}$$

(3) A점의 반력

$$\sum M_B = 0 에서$$

$$R_A \times 5 - 4 \times 4 - 2 \times 1 = 0$$

$$\therefore R_A = \frac{18}{5} = 3.6\,\mathrm{kN}$$

56. 그림과 같은 철근콘크리트보의 균열모멘트(M_{cr})값은? (단, 보통중량콘크리트 사용, $f_{ck} = 24$ MPa, $f_y = 400$ MPa)

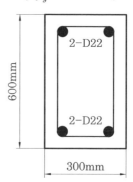

① 21.5 kN · m   ② 33.6 kN · m
③ 42.8 kN · m   ④ 55.6 kN · m

해설 (1) 휨인장강도(파괴계수)

$$f_r = 0.63\lambda\sqrt{f_{ck}}$$

여기서, λ : 경량콘크리트계수
　　　　 (보통중량콘크리트 : 1.0)
　　　　 f_{ck} : 콘크리트의 설계기준강도

(2) 단면계수

$$Z = \frac{bh^2}{6}$$

여기서, b : 보의 너비
　　　　 h : 보의 높이

(3) 균열모멘트

$$M_{cr} = f_r \cdot Z = 0.63\lambda\sqrt{f_{ck}}\,\frac{bh^2}{6}$$

$$= 0.63 \times 1 \times \sqrt{24} \times \frac{300 \times 600^2}{6}$$

$$= 55,554,427\,\mathrm{N \cdot mm}$$

$$= 55.6\,\mathrm{kN \cdot m}$$

57. 강구조의 소성설계와 관계없는 항목은?

① 소성힌지   ② 안전율
③ 붕괴기구   ④ 하중계수

해설 (1) 허용응력설계법은 탄성한계, 소성설계법은 소성한계를 고려한 설계법이다.
(2) 소성설계 : 소성힌지, 붕괴기구, 하중계수 등

58. 그림과 같은 구조물의 부정정 차수는?

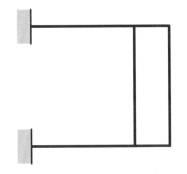

① 3차 부정정   ② 4차 부정정
③ 5차 부정정   ④ 6차 부정정

해설 구조물의 판별

$m = n + s + r - 2k = 6 + 6 + 6 - 2 \times 6$
$\quad = 6차\ 부정정$

여기서, n : 반력수, s : 부재수
$\qquad\qquad r$: 강절점수, k : 절점수

59. 강구조에서 용접선 단부에 붙인 보조판으로 아크의 시작이나 종단부의 크레이터 등의 결함을 방지하기 위해 붙이는 판은?

① 엔드탭   ② 스티프너
③ 윙플레이트   ④ 커버플레이트

해설 엔드탭(end tab)은 용접의 시점이나 종점에서 아크(arc)의 불안정으로 크레이터 등의 용접불량이 생길 염려가 있으므로 시점이나 종점에 보조판을 덧대는 것이다.

60. 강도설계법에 따른 철근콘크리트 단근보에서 $f_{ck} = 27$ MPa, $f_y = 400$ MPa, 균형철근비(ρ_b)=0.0293일 때 최대 철근비는?

① 0.0258   ② 0.0220
③ 0.0213   ④ 0.0188

해설 휨부재의 최대 철근비($\rho_{\max}$)는 순인장변형률(ε_t)이 최소허용변형률 $[0.004, 2.0\varepsilon_y]_{\max}$ 이상이 되도록 해야 한다.

$$\rho_{\max} = \left(\frac{\varepsilon_{cu} + \varepsilon_y}{\varepsilon_{cu} + \varepsilon_{t\min}} \right) \rho_b$$
$$= \left(\frac{0.0033 + 0.002}{0.0033 + 0.004} \right) \times 0.0293$$
$$= 0.726 \times 0.0293 = 0.0213$$

제4과목   **건축설비**

61. 엘리베이터의 안전장치 중에서 카가 최상층이나 최하층에서 정상 운행위치를 벗어나 그 이상으로 운행하는 것을 방지하는 것은 어느 것인가?

① 완충기(buffer)
② 조속기(governor)
③ 리밋스위치(limit switch)
④ 카운터웨이트(counter weight)

해설 엘리베이터의 안전장치
① 완충기(buffer) : 카(승강기)와 균형추가 낙하할 때 저부에서 충격을 완화하기 위해 설치하는 장치(바닥 스프링 형태)
② 조속기(governor) : 카가 과속하는 경우 멈추게 하는 장치
③ 리밋스위치(limit swich) : 카가 최하층·최상층을 벗어나는 경우를 방지하기 위한 스위치
④ 균형추(counter weight) : 카(승강기)의 반대편에 설치하여 균형을 유지하는 추

62. 급수 및 급탕설비에 사용되는 슬리브(sleeve)에 관한 설명으로 옳은 것은?

① 사이펀 작용에 의한 트랩의 봉수 파괴 방지를 위해 사용한다.
② 스케일 부착 및 이물질 투입에 의한 관 폐쇄를 방지하기 위해 사용한다.
③ 가열장치 내의 압력이 설정압력을 넘

는 경우에 압력을 도피시키기 위해 사
용한다.

④ 배관 시 차후의 교체, 수리를 편리하게
하고 관의 신축에 무리가 생기지 않도
록 하기 위해 사용한다.

해설 ① 사이펀 작용에 의한 트랩 봉수 파괴 방
지를 위해 통기관을 설치한다.
② 관내 스케일, 이물질에 의한 폐쇄를 방지
하기 위해 스트레이너(여과기)나 플랜지를
설치한다.
③ 압력이 설정압력을 넘는 경우에 압력을 도
피시키기 위해 사용하는 것은 팽창관이다.
④ 배관 시 교체·수리를 편리하게 하고 관의
신축에 무리가 없도록 하는 것은 슬리브
(sleeve)이다.

63. 다음 설명에 알맞은 유체역학의 기본 원
리는?

> 에너지보존의 법칙을 유체의 흐름에 적
> 용한 것으로서 유체가 갖고 있는 운동에
> 너지, 중력에 의한 위치에너지 및 압력
> 에너지의 총합은 흐름 내 어디에서나 일
> 정하다.

① 사이펀 작용
② 파스칼의 원리
③ 뉴턴의 점성법칙
④ 베르누이의 정리

해설 베르누이 정리 : 유체의 운동(속도)에너
지, 위치에너지, 압력에너지의 총합은 흐름
내 어디에서나 일정하다.

64. 냉각탑에 관한 설명으로 옳은 것은?
① 고압의 액체냉매를 증발시켜 냉동효과
를 얻게 하는 설비이다.
② 증발기에서 나온 수증기를 냉각시켜
물이 되도록 하는 설비이다.
③ 대기 중에서 기체냉매를 냉각시켜 액

체냉매로 응축하기 위한 설비이다.
④ 냉매를 응축시키는 데 사용된 냉각수
를 재사용하기 위하여 냉각시키는 설비
이다.

해설 냉각탑(cooling tower) : 응축기에서 증
기를 액체로 만들기 위해 필요한 냉각수를 재
사용하기 위해 냉각시키는 설비

65. 다음 중 습공기를 가열할 경우 감소하는
상태값은?

① 엔탈피   ② 비체적
③ 상대습도   ④ 건구온도

해설 (1) 습공기 선도의 용어
㉮ 엔탈피(enthalpy) : 물질이 가지고 있는
고유 에너지의 양(kJ/kg)
㉯ 비체적 : 단위질량당 체적(m^3/kg), 밀도
의 역수
㉰ 상대습도 $= \dfrac{현재수증기량}{포화수증기량} \times 100\%$
㉱ 건구온도 : 일반온도계의 온도
㉲ 습구온도 : 일반온도계의 구근을 젖은
헝겊으로 감싸고 측정한 온도
(2) 습공기 선도의 상태
㉮ 가열하면 건구온도가 높아지나 절대습
도는 일정하다.
㉯ 건구온도가 높아지면 포화수증기가 증
가되므로 상대습도는 낮아진다.
㉰ 가열하면 엔탈피, 비체적이 증가된다.

66. 평균 BOD 150 ppm인 가정오수 1,000
m^3/d가 유입되는 오수정화조의 1일 유입
BOD량은?

① 150 kg/d
② 300 kg/d
③ 45,000 kg/d
④ 150,000 kg/d

해설 (1) BOD(biochemical oxygen demand)
㉮ 생물학적 산소요구량, 수중에서 미생물

이 유기물을 분해할 때 소모되는 산소의 양

㉯ 수질오염 여부, 수질 등급을 정할 때의 지표

㉰ 단위 : $\dfrac{mg}{kg}$, $\dfrac{산소의 양(mg)}{시료(L)}$

(2) 오수정화조의 1일 유입 BOD량
= 평균 BOD × 가정오수 1일 유입량

$= (150 \times \dfrac{1\,kg}{1,000\,m^3}) \times 1,000\,m^3/d$

$= 150\,kg/d$

67. 다음 중 냉방부하 계산 시 현열과 잠열 모두 고려하여야 하는 요소는?

① 덕트로부터의 취득열량

② 유리로부터의 취득열량

③ 벽체로부터의 취득열량

④ 극간풍에 의한 취득열량

해설 (1) 잠열 : 상변화에 필요한 열량

(2) 현열 : 온도변화에 필요한 열량

(3) 냉방부하(cooling load) : 실온을 일정하게 유지하기 위해 제거해야 할 열량

(4) 냉방부하 계산 시 현열과 잠열 모두 고려해야 하는 요소

㉮ 인체에서 발생하는 열량

㉯ 극간풍(틈새바람)에 의한 취득열량

㉰ 외기의 도입으로 인한 취득열량

68. 급수방식 중 고가수조방식에 관한 설명으로 옳은 것은?

① 대규모의 급수 수요에 쉽게 대응할 수 있다.

② 저수조가 없으므로 단수 시에 급수할 수 없다.

③ 수도 본관의 영향을 그대로 받아 수압 변화가 심하다.

④ 위생 및 유지·관리 측면에서 가장 바람직한 방식이다.

해설 고가수조방식은 건축물의 옥상에 고가수

조를 설치하여 하향 급수하는 방식으로서 대규모의 급수 수요에 쉽게 대응할 수 있다.

69. 변풍량 단일덕트방식에서 송풍량 조절의 기준이 되는 것은?

① 실내 청정도

② 실내 기류속도

③ 실내 현열부하

④ 실내 잠열부하

해설 (1) 단일덕트방식 : 1개의 공조기에 의해서 1개의 덕트로 냉풍·온풍을 송풍하는 방식

㉮ 정풍량(CVA) 방식 : 송풍량을 일정하게 유지하면서 실내의 열부하에 따라 공조기에서 온도·습도를 조절하는 방식

㉯ 변풍량(VAV) 방식 : 실내의 열부하에 따라 취출구 가까이에 있는 가변풍량조절기(VAV)로 송풍량을 조절하는 방식

(2) 변풍량(variable air volumn) 단일덕트방식은 실내의 현열부하에 따라 송풍량이 조절된다.

참고 현열부하 : 온도를 높이거나 낮추는 데 필요한 열에 대한 부하(외벽으로부터 열이동, 일사, 조명, 인체열 등)

70. 다음 중 방송공동수신설비의 구성기기에 속하지 않는 것은?

① 혼합기

② 모시계

③ 컨버터

④ 증폭기

해설 (1) 방송공동수신설비 : 공동주택(아파트·연립주택)에서 텔레비전 방송·위성방송·라디오방송·종합유선방송을 공동으로 수신할 수 있도록 하는 설비

(2) 구성기기 : 안테나·혼합기(mixer)·컨버터·증폭기·전송선

71. 간선의 배선 방식 중 평행식에 관한 설명으로 옳은 것은?

① 설비가 가장 저렴하다.

② 배선자재의 소요가 가장 작다.

③ 사고의 영향을 최소화할 수 있다.

④ 전압이 안정되나 부하의 증가에 적응할 수 없다.

해설 간선의 배선 방식

(1) 종류

㉮ 나뭇가지식(수지상식) : 한 개의 간선이 각각의 분전반을 배선한다.

㉯ 평행식 : 배전반에서 각 분전반마다 단독으로 배선된다.

㉰ 병용식 : 나뭇가지식과 평행식 병용

(2) 평행식은 배전반에서 각각의 분전반에 하나씩 연결하므로 설비비가 많이 들고, 자재가 많이 소요되며, 부하 증가에 쉽게 적응할 수 있다.

참고 간선 : 인입개폐기에서 분배개폐기에 이르는 전선

---

72. 몰드 변압기에 관한 설명으로 옳지 않은 것은?

① 내진성이 우수하다.

② 내습성이 우수하다.

③ 반입, 반출이 용이하다.

④ 옥외 설치 및 대용량 제작이 용이하다.

해설 변압기(전압을 높이거나 낮추는 장치)

(1) 유입 변압기 : 철심에 감은 코일(권선)을 절연유로 절연

(2) 몰드 변압기

㉮ 철심에 감은 코일(권선)을 에폭시 수지로 절연

㉯ 빌딩·병원·공장 등의 옥내용 변압기로 많이 쓰이고 있다.

㉰ 외함 없이는 옥외설치 불가, 대형 제작이 곤란하다.

---

73. 온수난방의 일반적인 특징에 관한 설명으로 옳지 않은 것은?

① 한랭지에서는 운전정지 중에 동결의 위험이 있다.

② 난방을 정지하여도 난방효과가 어느 정도 지속된다.

③ 증기난방에 비하여 난방부하 변동에 따른 온도조절이 용이하다.

④ 증기난방에 비하여 소요방열면적과 배관경이 작게 되므로 설비비가 적게 든다.

해설 (1) 온수난방 : 난방기기에 온수를 공급하는 방식, 현열(온도변화에 필요한 열량) 이용

(2) 온수난방은 증기난방에 비하여 방열면적과 배관경이 크다.

---

74. 면적이 100 m²인 어느 강당의 야간 소요 평균조도가 300 lx이다. 1개당 광속이 2,000 lm인 형광등을 사용할 경우 소요 형광등 수는? (단, 조명률은 60 %이고 감광보상률은 1.50이다.)

① 25개
② 29개
③ 34개
④ 38개

해설 소요 램프(형광등) 수(N)

$$= \frac{A \cdot E}{F \cdot U \cdot M}$$

$$= \frac{100\,\mathrm{m}^2 \times 300\,\mathrm{lx}}{2{,}000\,\mathrm{lm} \times 0.6 \times \dfrac{1}{1.5}} = 37.5 \text{개}$$

∴ 38개

여기서, A : 실내면적(m²)

$\quad\quad\quad E$: 소요 평균조도(lx)

$\quad\quad\quad U$: 조명률

$\quad\quad\quad M$: 보수율(감광보상률의 역수)

$\quad\quad\quad F$: 사용 램프 전체 광속(lm)

---

75. 전기설비용 시설공간(실)의 계획에 관한 설명으로 옳지 않은 것은?

① 변전실은 부하의 중심에 설치한다.

② 변전실은 외부로부터 전력의 수전이 용이해야 한다.

③ 중앙감시실은 일반적으로 방재센터와

겸하도록 한다.

④ 발전기실은 변전실에서 최소 10 m 이상 떨어진 위치에 배치한다.

해설 발전기실은 변전실과 인접하도록 배치하고, 냉각수 공급, 연료의 공급, 급기 및 배기 용이성, 연돌과의 관계를 고려한 위치로 한다.

76. 아파트의 각 세대에 폐쇄형 스프링클러 헤드를 10개 설치한 경우, 스프링클러설비의 수원의 저수량은 최소 얼마 이상이 되도록 하여야 하는가?

① $12 \, m^3$ ② $16 \, m^3$
③ $36 \, m^3$ ④ $48 \, m^3$

해설 (1) 아파트의 폐쇄형 스프링클러헤드의 기준 개수 : 10개
(2) 스프링클러설비의 수원의 저수량
= 스프링클러헤드의 기준 개수 × $1.6 \, m^3$
= $10 × 1.6 \, m^3 = 16 \, m^3$

77. 다음의 공기조화방식 중 전수방식에 속하는 것은?

① 단일덕트방식
② 2중덕트방식
③ 멀티존유닛방식
④ 팬코일유닛방식

해설 공기조화방식의 구분
(1) 전공기 방식(덕트 필요)
㉮ 단일덕트방식
㉯ 2중덕트방식
㉰ 멀티존유닛방식
(2) 전수방식(배관 필요) : 팬코일유닛(FCU)방식

78. 도시가스 설비에서 도시가스 압력을 사용처에 맞게 낮추는 감압 기능을 갖는 기기는 어느 것인가?

① 기화기 ② 정압기
③ 압송기 ④ 가스홀더

해설 정압기(governor)
(1) 도시가스 압력을 사용처에 맞게 낮추는 감압 기능
(2) 허용범위 내의 압력을 유지하기 위한 정압 기능
(3) 압력 상승을 방지하는 폐쇄 기능

79. 다음 중 겨울철 실내 유리창 표면에 발생하기 쉬운 결로의 방지 방법과 가장 거리가 먼 것은?

① 실내공기의 움직임을 억제한다.
② 실내에서 발생하는 수증기를 억제한다.
③ 이중유리로 하여 유리창의 단열성능을 높인다.
④ 난방기기를 이용하여 유리창 표면온도를 높인다.

해설 (1) 이슬점(노점온도) : 습한 공기의 온도를 낮추면 포화수증기량이 작아져 상대습도가 100%에 도달하여 수증기가 물방울로 변할 때의 온도
(2) 결로현상 : 수분을 포함한 대기의 온도가 이슬점 이하로 떨어져 물방울이 맺히는 현상
(3) 결로 방지 방법
㉮ 이중유리(복층유리)를 사용하면 단열효과가 있어 결로 방지에 효과적이다.
㉯ 실내에서 수증기 발생을 억제할 경우 내부결로 방지에 효과적이다.
㉰ 실내측 벽 표면온도가 실내공기의 노점온도보다 높은 경우 표면결로는 발생하지 않는다.

80. 습공기의 건구온도와 습구온도를 알 때 습공기 선도에서 구할 수 있는 상태값이 아닌 것은?

① 엔탈피 ② 비체적
③ 기류속도 ④ 절대습도

정답 **76.** ② **77.** ④ **78.** ② **79.** ① **80.** ③

해설 습공기 선도

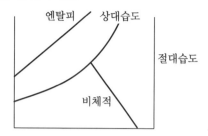

④ 채광 및 환기를 위한 창문 등의 면적에 관한 규정을 적용함에 있어서 수시로 개방할 수 있는 미닫이로 구획된 2개의 거실은 이를 1개의 거실로 본다.

제5과목　　건축관계법규

81. 거실의 채광 및 환기에 관한 규정으로 옳은 것은?

① 교육연구시설 중 학교의 교실에는 채광 및 환기를 위한 창문 등이나 설비를 설치하아여 한다.

② 채광을 위하여 거실에 설치하는 창문 등의 면적은 그 거실의 바닥면적의 20분의 1 이상이어야 한다.

③ 환기를 위하여 거실에 설치하는 창문 등의 면적은 그 거실의 바닥면적의 10분의 1 이상이어야 한다.

④ 채광 및 환기를 위한 창문 등의 면적에 관한 규정을 적용함에 있어서 수시로 개방할 수 있는 미닫이로 구획된 2개의 거실은 이를 2개의 거실로 본다.

해설 ① 단독주택 및 공동주택의 거실, 교육연구시설 중 학교의 교실, 의료시설의 병실 및 숙박시설의 객실에는 채광 및 환기를 위한 창문 등이나 설비를 설치해야 한다.
② 채광을 위하여 거실에 설치하는 창문 등의 면적은 그 거실의 바닥면적의 10분의 1 이상이어야 한다.
③ 환기를 위하여 거실에 설치하는 창문 등의 면적은 그 거실의 바닥면적의 20분의 1 이상이어야 한다.

82. 시가화조정구역의 지정과 관련된 기준 내용 중 밑줄 친 "대통령령으로 정하는 기간"으로 옳은 것은?

> 시·도지사는 직접 또는 관계 행정기관의 장의 요청을 받아 도시지역과 그 주변 지역의 무질서한 시가화를 방지하고 계획적·단계적인 개발을 도모하기 위하여 <u>대통령령으로 정하는 기간</u> 동안 시가화를 유보할 필요가 있다고 인정되면 시가화조정구역의 지정 또는 변경을 도시·군관리계획으로 결정할 수 있다.

① 5년 이상 10년 이내의 기간
② 5년 이상 20년 이내의 기간
③ 7년 이상 10년 이내의 기간
④ 7년 이상 20년 이내의 기간

해설 시·도지사는 직접 또는 관계 행정기관의 장의 요청을 받아 도시지역과 그 주변지역의 무질서한 시가화를 방지하고 계획적·단계적인 개발을 도모하기 위하여 5년 이상 20년 이내의 기간 동안 시가화를 유보할 필요가 있다고 인정되면 시가화조정구역의 지정 또는 변경을 도시·군관리계획으로 결정할 수 있다.

83. 공동주택과 오피스텔의 난방설비를 개별난방방식으로 하는 경우에 관한 기준 내용으로 틀린 것은?

① 보일러는 거실 외의 곳에 설치할 것
② 보일러실의 윗부분에는 그 면적이 0.5 m² 이상인 환기창을 설치할 것
③ 보일러실과 거실 사이의 출입구는 그 출입구가 닫힌 경우에는 보일러가스가 거실에 들어갈 수 없는 구조로 할 것

④ 보일러의 연도는 내화구조로서 개별연
도로 설치할 것

해설 보일러의 연도는 내화구조로서 공동연도
로 설치할 것

84. 다음 중 국토의 계획 및 이용에 관한 법
령상 공공시설에 속하지 않는 것은?

① 공동구 ② 방풍설비
③ 사방설비 ④ 쓰레기 처리장

해설 공공시설 : 항만·공항·광장·녹지·공공
공지·공동구·하천·유수지·방화설비·방풍
설비·방수설비·사방설비·방조설비·하수도·
구거(도랑)

85. 6층 이상의 거실면적의 합계가 5,000
m²인 경우, 다음 중 승용승강기를 가장 많
이 설치해야 하는 것은? (단, 8인승 승용승
강기를 설치하는 경우)

① 위락시설 ② 숙박시설
③ 판매시설 ④ 업무시설

해설 승용승강기의 설치 대수

(1) 판매시설 : $\dfrac{x-3{,}000\,\text{m}^2}{2{,}000\,\text{m}^2}+2$대

(2) 위락시설·숙박시설·업무시설

: $\dfrac{x-3{,}000\,\text{m}^2}{2{,}000\,\text{m}^2}+1$대

여기서, x : 6층 이상의 거실면적의 합계

86. 다음은 건축물의 사용승인에 관한 기준
내용이다. ( ) 안에 알맞은 것은?

건축주가 허가를 받았거나 신고를 한 건
축물의 건축공사를 완료한 후 그 건축물
을 사용하려면 공사감리자가 작성한 (ⓐ)
와 국토교통부령으로 정하는 (ⓑ)를 첨
부하여 허가권자에게 사용승인을 신청하
여야 한다.

① ⓐ 설계도서, ⓑ 시방서
② ⓐ 시방서, ⓑ 설계도서
③ ⓐ 감리완료보고서, ⓑ 공사완료도서
④ ⓐ 공사완료도서, ⓑ 감리완료보고서

해설 건축주가 허가를 받았거나 신고를 한 건
축물의 건축공사를 완료한 후 그 건축물을 사
용하려면 공사감리자가 작성한 감리완료보고
서와 국토교통부령으로 정하는 공사완료도서
를 첨부하여 허가권자에게 사용승인을 신청
하여야 한다.

87. 주거기능을 위주로 이를 지원하는 일부
상업기능 및 업무기능을 보완하기 위하여
지정하는 주거지역의 세분은?

① 준주거지역
② 제1종 전용주거지역
③ 제1종 일반주거지역
④ 제2종 일반주거지역

해설 ① 준주거지역 : 주거기능을 위주로 이를
지원하는 일부 상업기능 및 업무기능을 보
완하기 위하여 필요한 지역
② 제1종 전용주거지역 : 단독주택 중심의 양
호한 주거환경을 보호하기 위하여 필요한
지역
③ 제1종 일반주거지역 : 저층주택을 중심으
로 편리한 주거환경을 조성하기 위하여 필
요한 지역
④ 제2종 일반주거지역 : 중층주택을 중심으
로 편리한 주거환경을 조성하기 위하여 필
요한 지역

88. 제2종 일반주거지역 안에서 건축할 수
있는 건축물에 속하지 않는 것은?

① 아파트
② 노유자시설
③ 종교시설
④ 문화 및 집회시설 중 관람장

해설 제2종 일반주거지역 안에서 건축할 수

있는 건축물
(1) 단독주택
(2) 공동주택 : 아파트, 연립주택, 다세대주택, 기숙사
(3) 제1종 근린생활시설
(4) 종교시설
(5) 교육연구시설 중 유치원·초등학교·중학교 및 고등학교
(6) 노유자시설

89. 대통령령으로 정하는 용도와 규모의 건축물이 소규모 휴식시설 등의 공개공지 또는 공개공간을 설치하여야 하는 대상지역에 해당되지 않는 곳은?

① 준공업지역   ② 일반공업지역
③ 일반주거지역   ④ 준주거지역

해설 공개공지 또는 공개공간을 설치해야 하는 지역
(1) 일반주거지역
(2) 준주거지역
(3) 상업지역
(4) 준공업지역
(5) 도시화 가능성이 크거나 노후 산업단지의 정비가 필요하다고 지정·공고한 지역

90. 공사감리자의 업무에 속하지 않는 것은?

① 시공계획 및 공사관리의 적정여부의 확인
② 상세 시공도면의 검토·확인
③ 설계변경의 적정여부의 검토·확인
④ 공정표 및 현장설계도면 작성

해설 공정표 및 현장설계도면은 공사시공자가 작성한다.

91. 지방건축위원회의가 심의 등을 하는 사항에 속하지 않는 것은?

① 건축선의 지정에 관한 사항

② 다중이용건축물의 구조안전에 관한 사항
③ 특수구조건축물의 구조안전에 관한 사항
④ 경관지구 내의 건축물의 건축에 관한 사항

해설 지방건축위원회의가 심의 등을 하는 사항
(1) 건축선의 지정에 관한 사항
(2) 조례의 제정·개정 및 시행에 관한 중요 사항
(3) 다중이용 건축물 및 특수구조 건축물의 구조안전에 관한 사항
(4) 다른 법령에서 지방건축위원회의 심의를 받도록 한 경우 해당 법령에서 규정한 심의사항

92. 다음 중 건축면적에 산입하지 않는 대상 기준으로 틀린 것은?

① 지하주차장의 경사로
② 지표면으로부터 1.8 m 이하에 있는 부분
③ 건축물 지상층에 일반인이 통행할 수 있도록 설치한 보행통로
④ 건축물 지상층에 차량이 통행할 수 있도록 설치한 차량통로

해설 건축면적은 외벽의 중심선으로 둘러싸인 부분의 수평투영면적으로 하나 지표면으로부터 1 m 이하의 부분은 건축면적에서 제외한다.

93. 건축허가신청에 필요한 설계도서에 해당하지 않는 것은?

① 배치도   ② 투시도
③ 건축계획서   ④ 구조도

해설 건축허가신청에 필요한 설계도서
· 건축계획서   · 배치도
· 평면도   · 입면도
· 단면도   · 구조도
· 구조계산서   · 소방설비도

94. 직통계단의 설치에 관한 기준 내용 중 밑줄 친 "다음 각 호의 어느 하나에 해당하는 용도 및 규모의 건축물"의 기준 내용으로 틀린 것은?

> 법 제49조 제1항에 따라 피난층 외의 층이 다음 각 호의 어느 하나에 해당하는 용도 및 규모의 건축물에는 국토교통부령으로 정하는 기준에 따라 피난층 또는 지상으로 통하는 직통계단을 2개소 이상 설치하여야 한다.

① 지하층으로서 그 층 거실의 바닥면적의 합계가 200 ㎡ 이상인 것
② 종교시설의 용도로 쓰는 층으로서 그 층에서 해당 용도로 쓰는 바닥면적의 합계가 200 ㎡ 이상인 것
③ 숙박시설의 용도로 쓰는 3층 이상의 층으로서 그 층의 해당 용도로 쓰는 거실의 바닥면적의 합계가 200 ㎡ 이상인 것
④ 업무시설 중 오피스텔의 용도로 쓰는 층으로서 그 층의 해당 용도로 쓰는 거실의 바닥면적의 합계가 200 ㎡ 이상인 것

> **해설** 업무시설 중 오피스텔의 용도로 쓰는 층으로서 그 층의 해당 용도로 쓰는 거실의 바닥면적의 합계가 300㎡ 이상인 경우 직통계단을 2개소 이상 설치해야 한다.

95. 지하식 또는 건축물식 노외주차장의 차로에 관한 기준 내용으로 틀린 것은?
① 경사로 노면은 거친 면으로 하여야 한다.
② 높이는 주차바닥면으로부터 2.3미터 이상으로 하여야 한다.
③ 경사로의 종단경사도는 직선 부분에서는 14퍼센트를 초과하여서는 아니 된다.
④ 주차대수 규모가 50대 이상인 경우의 경사로는 너비 6미터 이상인 2차로를 확보하거나 진입차로와 진출차로를 분리하여야 한다.

> **해설** 노외주차장 경사로의 종단경사도
> (1) 직선 부분 : 17 % 이하
> (2) 곡선 부분 : 14 % 이하

96. 위락시설의 시설면적이 1,000 ㎡일 때 주차장법령에 따라 설치해야 하는 부설주차장의 설치 기준은?
① 10대 　　② 13대
③ 15대 　　④ 20대

> **해설** (1) 위락시설
> ㉮ 지역주민에게 위안과 안락감을 주기 위해 설치하는 시설
> ㉯ 종류 : 일반유흥음식점, 특수목욕탕, 투전기업소, 무도·유흥음식점, 유기장업법에 의한 유기·기원 등으로서 근린생활시설이 아닌 것
> (2) 위락시설의 부설주차장의 설치대수는 시설면적 100 ㎡당 1대이므로
> $$\therefore \ \frac{1,000\,㎡}{100\,㎡} = 10대$$

97. 주요구조부가 내화구조 또는 불연재료로 된 건축물로서 국토교통부령으로 정하는 기준에 따라 내화구조로 된 바닥·벽 및 갑종방화문으로 구획하여야 하는 연면적 기준은 어느 것인가?
① 400 ㎡ 초과
② 500 ㎡ 초과
③ 1,000 ㎡ 초과
④ 1,500 ㎡ 초과

> **해설** 주요구조부가 내화구조 또는 불연재료로 된 건축물로서 연면적 1,000 ㎡를 초과하는 경우 내화구조로 된 바닥·벽 및 갑종방화문으로 구획하여야 한다.

98. 다음 거실의 반자높이와 관련된 기준 내용 중 ( ) 안에 해당되지 않는 건축물의 용도는?

> ( )의 용도에 쓰이는 건축물의 관람실 또는 집회실로서 그 바닥면적이 200 m² 이상인 것의 반자의 높이는 4 m(노대의 아랫부분의 높이는 2.7 m) 이상이어야 한다. 다만, 기계환기장치를 설치하는 경우에는 그렇지 않다.

① 문화 및 집회시설 중 동·식물원
② 장례식장
③ 위락시설 중 유흥주점
④ 종교시설

해설 문화 및 집회시설(전시장 및 동·식물원은 제외한다), 종교시설, 장례식장 또는 위락시설 중 유흥주점의 용도에 쓰이는 건축물의 관람실 또는 집회실로서 그 바닥면적이 200 m² 이상인 것의 반자의 높이는 4 m(노대의 아랫부분의 높이는 2.7 m) 이상이어야 한다.

99. 건축물의 대지 및 도로에 관한 설명으로 틀린 것은?

① 손궤의 우려가 있는 토지에 대지를 조성하고자 할 때 옹벽의 높이가 2 m 이상인 경우에는 이를 콘크리트구조로 하여야 한다.
② 면적이 100 m² 이상인 대지에 건축을 하는 건축주는 대지에 조경이나 그 밖에 필요한 조치를 하여야 한다.
③ 연면적의 합계가 2천m²(공장인 경우 3천m² 이상인 건축물(축사, 작물 재배사, 그 밖에 이와 비슷한 건축물로서 건축조례로 정하는 규모의 건축물은 제외)의 대지는 너비 6 m 이상의 도로에 4 m 이상 접하여야 한다.

④ 도로면으로부터 높이 4.5 m 이하에 있는 창문은 열고 닫을 때 건축선의 수직면을 넘지 아니하는 구조로 하여야 한다.

해설 면적이 200 m² 이상인 대지에 건축을 하는 건축주는 용도지역 및 건축물의 규모에 따라 해당 지방자치단체의 조례로 정하는 기준에 따라 대지에 조경이나 그 밖에 필요한 조치를 하여야 한다.

100. 다음 중 피난층이 아닌 거실에 배연설비를 설치하여야 하는 대상 건축물에 속하지 않는 것은? (단, 6층 이상인 건축물의 경우)

① 판매시설
② 종교시설
③ 교육연구시설 중 학교
④ 운수시설

해설 피난층이 아닌 거실에 배연설비를 설치하여야 하는 대상 건축물(6층 이상인 건축물)
(1) 제2종 근린생활시설 중 공연장, 종교집회장, 인터넷컴퓨터게임시설제공업소 및 다중생활시설
(2) 문화 및 집회시설, 종교시설, 판매시설, 운수시설
(3) 의료시설(요양병원 및 정신병원 제외)
(4) 노유자시설 중 아동 관련 시설, 노인복지시설(노인요양시설 제외)
(5) 수련시설 중 유스호스텔
(6) 운동시설, 업무시설, 숙박시설, 관광휴게시설, 장례시설

2021년도 시행문제

건축기사

제1과목   건축계획

1. 다음 중 단독주택의 현관 위치 결정에 가장 주된 영향을 끼치는 것은?

① 방위
② 주택의 층수
③ 거실의 위치
④ 도로와의 관계

해설 현관의 위치는 도로의 위치, 대지 및 건물의 형태, 방위 순으로 결정된다.

2. 미술관 전시실의 순회 형식 중 연속순회 형식에 관한 설명으로 옳은 것은?

① 각 전시실에 바로 들어갈 수 있다는 장점이 있다.
② 연속된 전시실의 한쪽 복도에 의해서 각 실을 배치한 형식이다.
③ 중심부에 하나의 큰 홀을 두고 그 주위에 각 전시실을 배치한 형식이다.
④ 전시실을 순서별로 통해야 하고, 한 실을 폐쇄하면 전체 동선이 막히게 된다.

해설 (1) 연속순회(순로) 형식은 전시실을 따라 순서별로 전시하는 방식으로 한 실을 폐쇄하면 나머지 전체 동선은 막히게 된다.
(2) 전시실의 순회 형식
㉮ 중앙홀 형식 : 중앙홀에서 전시실 진입
㉯ 갤러리 및 코리도 형식 : 복도에서 전시실 진입)
㉰ 연속순로 형식 : 전시실을 순서대로 설치

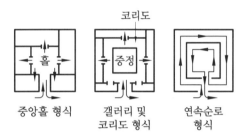

중앙홀 형식   갤러리 및   연속순로
                코리도 형식   형식

3. 고대 그리스의 기둥 양식에 속하지 않는 것은?

① 도리아식
② 코린트식
③ 컴포지트식
④ 이오니아식

해설 (1) 그리스의 3오더 : 이오니아, 도리아, 코린트
(2) 로마의 5오더 : 이오니아, 도리아, 코린트, 터스칸, 컴포지트
• 터스칸 : 도리아 형식을 단순화한 것
• 컴포지트 : 이오니아+코린트 복합

4. 클로즈드 시스템(closed system)의 종합병원에서 외래진료부 계획에 관한 설명으로 옳지 않은 것은?

① 환자의 이용이 편리하도록 2층 이하에 두도록 한다.
② 부속 진료시설을 인접하게 하여 이용이 편리하게 한다.
③ 중앙주사실, 약국은 정면 출입구에서 멀리 떨어진 곳에 둔다.

④ 외과 계통 각 1실에서 여러 환자를 볼 수 있도록 대실로 한다.

해설 클로즈드 시스템의 종합병원에서 중앙주사실, 약국은 정면 출입구 가까운 곳에 둔다.

5. 다음 중 다포식(多包式) 건축으로 가장 오래된 것은?

① 창경궁 명정전　② 전등사 대웅전
③ 불국사 극락전　④ 심원사 보광전

해설 (1) 공포 : 처마 끝 하중을 받치는 삼각형 형태의 구조
(2) 다포식 공포
㉮ 기둥뿐만 아니라 기둥 사이의 도리에도 배치하는 공포
㉯ 오래된 순서 : 심원사 보광전→창경궁 명정전→전등사 대웅전→불국사 극락전

6. 주택단지 도로의 유형 중 쿨데삭(cul-de-sac)형에 관한 설명으로 옳은 것은?

① 단지 내 통과교통의 배제가 불가능하다.
② 교차로가 +자형이므로 자동차의 교통 처리에 유리하다.
③ 우회도로가 없기 때문에 방재상 불리하다는 단점이 있다.
④ 주행속도 감소를 위해 도로의 교차방식을 주로 T자 교차로 한 형태이다.

해설 쿨데삭은 주택단지를 통과하지 않는 국지 도로로서 우회도로가 없어 재난방지상 불리하다.

7. 아파트 형식에 관한 설명으로 옳지 않은 것은?

① 계단실형은 거주의 프라이버시가 높다.
② 편복도형은 복도에서 각 세대로 진입하는 형식이다.
③ 메조넷형은 평면 구성의 제약이 적어

소규모 주택에 주로 이용된다.
④ 플랫형은 각 세대의 주거단위가 동일한 층에 배치 구성된 형식이다.

해설 공동주택의 단면 형식에 의한 분류
(1) 단층형(flat type)
㉮ 주거단위를 1개 층으로 구성
㉯ 소규모 평면 계획도 가능하다.
㉰ 평면 구성의 제약이 적다.
(2) 메조넷형(maisonette type) : 주거단위가 2~3개 층에 걸쳐 구성되므로 평면 구성의 제약이 많고 중규모 주택 이상에 적용할 수 있다.

8. 다음 설명에 알맞은 극장 건축의 평면 형식은?

- 가까운 거리에서 관람하면서 가장 많은 관객을 수용할 수 있다.
- 객석과 무대가 하나의 공간에 있으므로 양자의 일체감이 높다.
- 무대의 배경을 만들지 않으므로 경제성이 있다.

① 애리나(arena)형
② 가변형(adaptable)
③ 프로시니엄(proscenium)형
④ 오픈 스테이지(open stage)형

해설 애리나(arena)형
(1) 관객이 원형의 무대를 둘러싸고 관람할 수 있는 방식
(2) 연기자와 관객이 일체가 되며 무대의 배경은 없고 의자 등의 소품은 낮은 것을 배치한다.

9. 공장건축의 레이아웃(lay out)에 관한 설명으로 옳지 않은 것은?

① 제품 중심의 레이아웃은 대량생산에 유리하며 생산성이 높다.
② 레이아웃이란 생산품의 특성에 따른

공장의 건축면적 결정 방식을 말한다.
③ 공정 중심의 레이아웃은 다종 소량생산으로 표준화가 행해지기 어려운 경우에 적합하다.
④ 고정식 레이아웃은 조선소와 같이 조립부품이 고정된 장소에 있고 사람과 기계를 이동시키며 작업을 행하는 방식이다.

해설 레이아웃(layout) : 공장 내에서 제품 생산을 위하여 설비, 작업자, 제품의 재료, 창고 등을 효율적으로 배치하는 것

10. 사무소 건축의 실단위 계획에 관한 설명으로 옳지 않은 것은?
① 개실 시스템은 독립성과 쾌적감의 이점이 있다.
② 개방식 배치는 전면적을 유용하게 이용할 수 있다.
③ 개방식 배치는 개실 시스템보다 공사비가 저렴하다.
④ 개실 시스템은 연속된 긴 복도로 인해 방 깊이에 변화를 주기가 용이하다.

해설 개실 시스템은 연속된 긴 복도로 인해 방 깊이에 변화를 주기가 곤란하지만 길이 방향으로는 변화가 가능하다.

11. 연속적인 주제를 선(線)적으로 관계성 깊게 표현하기 위하여 전경(全景)으로 펼치도록 연출하는 것으로 맥락이 중요시될 때 사용되는 특수전시기법은?
① 아일랜드 전시　② 파노라마 전시
③ 하모니카 전시　④ 디오라마 전시

해설 특수전시기법
① 아일랜드 전시 : 사방에서 감상해야 할 필요가 있는 조각물이나 모형을 전시하기 위해 벽면에서 띄어 놓아 전시하는 기법
③ 하모니카 전시 : 전시 평면이 동일한 공간

으로 연속되어 배치되는 전시 기법으로 동일 종류의 전시물을 반복 전시할 경우에 유리한 방식
④ 디오라마 전시 : 현장감을 가장 실감나게 표현하는 방법으로 하나의 사실 또는 주제의 시간상황을 고정시켜 연출하는 것으로 현장에 임한 느낌을 주는 전시 기법

12. 쇼핑센터의 몰(mall)의 계획에 관한 설명으로 옳지 않은 것은?
① 전문점들과 중심상점의 주출입구는 몰에 면하도록 한다.
② 몰에는 자연광을 끌어들여 외부공간과 같은 성격을 갖게 하는 것이 좋다.
③ 다층으로 계획할 경우, 시야의 개방감을 적극적으로 고려하는 것이 좋다.
④ 중심상점들 사이의 몰의 길이는 100 m를 초과하지 않아야 하며, 길이 40~50 m마다 변화를 주는 것이 바람직하다.

해설 쇼핑센터
(1) 몰(mall) : 고객의 주보행동선과 휴게공간
(2) 중심(핵)상점 사이의 몰의 길이는 240 m 이하
(3) 페데스트리언 지대(pedestrain area) : 쇼핑스트리트 몰(보행동선) · 코트(연회 · 이벤트행사) · 연못 · 조경

13. 사무소 건축의 코어 유형에 관한 설명으로 옳지 않은 것은?
① 편심코어형은 기준층 바닥면적이 작은 경우에 적합하다.
② 독립코어형은 코어를 업무공간에서 별도로 분리시킨 형식이다.
③ 중심코어형은 코어가 중앙에 위치한 유형으로 유효율이 높은 계획이 가능하다.
④ 양단코어형은 수직동선이 양 측면에

위치한 관계로 피난에 불리하다는 단점이 있다.

해설 양단코어형은 수직동선이 양 측면에 위치한 관계로 피난에 유리한 장점이 있다.

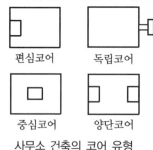

사무소 건축의 코어 유형

14. 다음과 같은 특징을 갖는 에스컬레이터 배치 유형은?

> • 점유면적이 다른 유형에 비해 작다.
> • 연속적으로 승강이 가능하다.
> • 승객의 시야가 좋지 않다.

① 교차식 배치
② 직렬식 배치
③ 병렬 단속식 배치
④ 병렬 연속식 배치

해설 교차식 배치는 점유면적이 가장 작고 연속 승강이 가능하나 승객의 시야는 나쁘다.

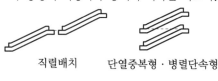

직렬배치   단열중복형 · 병렬단속형

복열병렬형   교차형   복열형 · 병렬연속형

15. 다음 중 시티 호텔에 속하지 않는 것은?

① 비치 호텔
② 터미널 호텔

③ 커머셜 호텔
④ 아파트먼트 호텔

해설 비치 호텔은 휴양지 호텔로서 리조트 호텔이다.

16. 주택의 동선계획에 관한 설명으로 옳지 않은 것은?

① 동선은 가능한 굵고 짧게 계획하는 것이 바람직하다.
② 동선의 3요소 중 속도는 동선의 공간적 두께를 의미한다.
③ 개인, 사회, 가사노동권의 3개 동선은 상호간 분리하는 것이 좋다.
④ 화장실, 현관 등과 같이 사용빈도가 높은 공간은 동선을 짧게 처리하는 것이 중요하다.

해설 (1) 동선 : 사람·물체가 움직이는 선
(2) 동선의 3요소는 속도·빈도·하중으로서 동선의 공간적 두께를 의미하는 것은 빈도이다.

17. 도서관의 열람실 및 서고계획에 관한 설명으로 옳지 않은 것은?

① 서고 안에 캐럴(carrel)을 둘 수도 있다.
② 서고면적 1 m^2당 150~250권의 수장능력으로 계획한다.
③ 열람실은 성인 1인당 3~3.5 m^2의 면적으로 계획한다.
④ 서고실은 모듈러 플래닝(modular planning)이 가능하다.

해설 일반 열람실은 성인 1인당 1.6~2.0 m^2의 면적으로 계산한다.

18. 학교운영방식에 관한 설명으로 옳지 않은 것은?

① 종합교실형은 각 학급마다 가정적인 분위기를 만들 수 있다.

② 교과교실형은 초등학교 저학년에 대해 가장 권장되는 방식이다.

③ 플래툰형은 미국의 초등학교에서 과밀을 해소하기 위해 실시한 것이다.

④ 달톤형은 학급, 학년 구분을 없애고 학생들은 각자의 능력에 따라 교과를 선택하고 일정한 교과를 끝내면 졸업하는 방식이다.

해설 (1) 초등학교 저학년에 권장되는 방식은 종합교실형(U형)이다.

(2) 교과교실형(V형)은 특별교실형으로 고학년에 적합한 방식이다.

19. 다음 중 건축계획에서 말하는 미의 특성 중 변화 또는 다양성을 얻는 방식과 가장 거리가 먼 것은?

① 억양(accent)

② 대비(contrast)

③ 비례(proportion)

④ 대칭(symmetry)

해설 대칭은 변화 또는 다양성이 아니라 통일성에 해당한다.

20. 비잔틴 건축에 관한 설명으로 옳지 않은 것은?

① 사라센 문화의 영향을 받았다.

② 도저렛(dosseret)이 사용되었다.

③ 펜덴티브 돔(pendentive dome)이 사용되었다.

④ 평면은 주로 장축형 평면(라틴 십자가)이 사용되었다.

해설 (1) 비잔틴 교회 건축은 바실리카 평면에서 점차 둥근 돔 형태의 지붕을 가진 집중형으로 변형되었다.

(2) 장축형 라틴 십자가 평면은 로마네스크 건축의 특징에 해당한다.

제2과목 건축시공

21. 건축주 자신이 특정의 단일 업체를 선정하여 발주하는 방식으로서, 특수공사나 기밀보장이 필요한 경우, 또 긴급을 요하는 공사에서 주로 채택되는 것은?

① 공개경쟁입찰   ② 제한경쟁입찰

③ 지명경쟁입찰   ④ 특명입찰

해설 특명입찰

(1) 가장 적합한 적격자 1인을 지명하여 선정하는 방식

(2) 특수공사, 기밀보장이 필요한 경우, 긴급을 요하는 경우 채택하는 방식

22. 용접작업 시 용착금속 단면에 생기는 작은 은색의 점을 무엇이라 하는가?

① 피시 아이(fish eye)

② 블로 홀(blow hole)

③ 슬래그 함입(slag inclusion)

④ 크레이터(crater)

해설 피시 아이(fish eye)

(1) 용접 시 용착금속의 파면에 나타나는 은백색의 생선 눈 모양의 결함부

(2) 생성 원인 : 저수소계 용접봉을 사용하는 경우

(3) 용접 후 500~600℃로 가열하면 발생 방지 가능

23. 벤치마크(bench mark)에 관한 설명으로 옳지 않은 것은?

① 적어도 2개소 이상 설치하도록 한다.

② 이동 또는 소멸 우려가 없는 곳에 설치한다.

③ 건축물 기초의 너비 또는 길이 등을 표시하기 위한 것이다.

④ 공사 완료 시까지 존치시켜야 한다.

정답   19. ④   20. ④   21. ④   22. ①   23. ③

해설 (1) 벤치마크(bench mark) : 공사 중 건
축물 높이의 기준이 되는 점으로서 지반면
으로부터 0.5~1.0 m 위치에 설치한다.
(2) 수평규준틀 : 터파기에서 기초의 너비·기
초의 깊이·기초의 길이를 정하기 위해 설
치하는 것

24. 타일공사에서 시공 후 타일접착력 시험
에 관한 설명으로 옳지 않은 것은?

① 타일의 접착력 시험은 600 m² 당 한
장씩 시험한다.
② 시험할 타일은 먼저 줄눈 부분을 콘크
리트면까지 절단하여 주위의 타일과 분
리시킨다.
③ 시험은 타일 시공 후 4주 이상일 때 행
한다.
④ 시험결과의 판정은 타일 인장 부착강
도가 10 MPa 이상이어야 한다.

해설 타일의 인장 부착강도는 0.39 N/mm^2(MPa)
이상이어야 한다.

25. 벽돌조 건물에서 벽량이란 해당 층의 바
닥면적에 대한 무엇의 비를 말하는가?

① 벽면적의 총합계
② 내력벽길이의 총합계
③ 높이
④ 벽두께

해설 벽량(cm/m^2)
$$= \frac{\text{내력벽길이의 총합계}(\text{cm})}{\text{바닥면적}(\text{m}^2)}$$

26. 시멘트 200포를 사용하여 배합비가 1 :
3 : 6의 콘크리트를 비벼 냈을 때의 전체 콘
크리트량은? (단, 물–시멘트 비는 60 %이
고 시멘트 1포대는 40 kg이다.)

① 25.25 m³
② 36.36 m³

③ 39.39 m³
④ 44.44 m³

해설 (1) 콘크리트 1 m³당 각 재료의 양

배합비	시멘트 (kg)	모래 (m³)	자갈 (m³)
1 : 2 : 4	320	0.45	0.9
1 : 3 : 6	220	0.47	0.94

(2) 전체 콘크리트량(m³)
• 200포 × 40 kg = 8000 kg
• 1 : 3 : 6일 때 콘크리트 1 m³당 시멘트량
: 220 kg

∴ 전체 콘크리트량 = $\frac{8,000 \text{ kg}}{220 \text{ kg}} = 36.36 \text{ m}^3$

27. 건축 석공사에 관한 설명으로 옳지 않은
것은?

① 건식쌓기 공법의 경우 시공이 불량하
면 백화현상 등의 원인이 된다.
② 석재 물갈기 마감 공정의 종류는 거친
갈기, 물갈기, 본갈기, 정갈기가 있다.
③ 시공 전에 설계도에 따라 돌나누기 상
세도, 원척도를 만들고 석재의 치수, 형
상, 마감방법 및 철물 등에 의한 고정방
법을 정한다.
④ 마감면에 오염의 우려가 있는 경우에
는 폴리에틸렌 시트 등으로 보양한다.

해설 백화현상 : 시멘트의 수산화칼슘이 탄산
가스와 반응하여 탄산칼슘·황산칼슘으로 변
화하면서 흰 가루가 돋는 현상(습식공법에서
발생)

28. 시멘트 600포대를 저장할 수 있는 시멘
트 창고의 최소 필요면적으로 옳은 것은?
(단, 시멘트 600포대 전량을 저장할 수 있
는 면적으로 산정)

① 18.46 m²
② 21.64 m²

③ 23.25 m²
④ 25.84 m²

정답 **24.** ④ **25.** ② **26.** ② **27.** ① **28.** ①

해설 시멘트 창고 면적

$$A = 0.4 \times \frac{N}{n} = 0.4 \times \frac{600}{13} = 18.46\,\mathrm{m}^2$$

여기서, N : 저장할 포대수
n : 쌓기 단수

29. 달성가치(earned value)를 기준으로 원가관리를 시행할 때, 실제투입원가와 계획된 일정에 근거한 진행성과 차이를 의미하는 용어는?

① CV(cost variance)
② SV(schedule variance)
③ CPI(cost performance Index)
④ SPI(schedule performance Index)

해설 EVMS(eanred value management system) : 성과관리체계

(1) ACWP(actual cost of work performed) : 성과 측정 시점까지 실제로 투입된 금액
(2) BCWP(budget cost of work performed) : 성과 측정 시점까지 완료된 성과에 배분된 예산
(3) BCWS(budget cost of work schedule) : 성과 측정 시점까지 배분된 예산
(4) CV(cost variance) : 성과 측정 시점에서 달성 공사비에서 실제 투입 공사비를 제외한 비용(BCWP−ACWP)

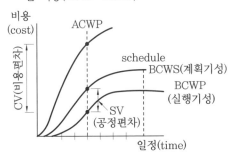

30. 콘크리트 거푸집 용 박리제 사용 시 주의사항으로 옳지 않은 것은?
① 거푸집 종류에 상응하는 박리제를 선택·사용한다.
② 박리제 도포 전에 거푸집면의 청소를 철저히 한다.
③ 거푸집뿐만 아니라 철근에도 도포하도록 한다.
④ 콘크리트 색조에 영향이 없는지를 시험한다.

해설 (1) 박리제 : 거푸집을 콘크리트면에서 쉽게 떼어낼 수 있도록 칠하는 약제로 동식물유·석유·비눗물·합성수지 등이 있다.
(2) 철근에는 박리제를 도포하지 않는다.

31. 건축용 목재의 일반적인 성질에 관한 설명으로 옳지 않은 것은?
① 섬유포화점 이하에서는 목재의 함수율이 증가함에 따라 강도는 감소한다.
② 기건상태의 목재의 함수율은 15 % 정도이다.
③ 목재의 심재는 변재보다 건조에 의한 수축이 적다.
④ 섬유포화점 이상에서는 목재의 함수율이 증가함에 따라 강도는 증가한다.

해설 (1) 목재 함수율
• 섬유포화점 : 30 %
• 기건재 : 15 %
• 절건재 : 0 %
(2) 섬유포화점(세포공의 유리수는 증발이 되고 세포벽의 세포수만 남은 상태) 이상에서는 함수율이 증가함에 따라 강도는 변함이 없다.

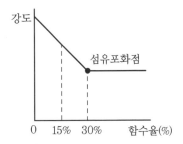

32. 창면적이 클 때에는 스틸바(steel bar)만으로는 부족하고, 또한 여닫을 때의 진동으로 유리가 파손될 우려가 있으므로 이것을 보강하고 외관을 꾸미기 위하여 강판을 중공형으로 접어 가로 또는 세로로 대는 것을 무엇이라 하는가?

① mullion   ② ventilator
③ gallery   ④ pivot

해설 멀리온(mullion) 구조

(1) 창면적이 클 때 사용한다.
(2) 강판을 중공형으로 접어 가로 또는 세로로 대어 설치한다.
(3) 창문을 여닫을 때 진동에 의한 파손을 막을 수 있다.

33. 건축공사에서 VE(value engineering)의 사고방식으로 옳지 않은 것은?

① 기능 분석
② 제품 위주의 사고
③ 비용 절감
④ 조직적 노력

해설 가치공학(value engineering) : 기능을 유지 또는 향상시키면서 비용을 절감하여 가치를 극대화하는 기법

(1) $V = \dfrac{F}{C}$

여기서, V : 가치(value)
F : 기능(function)
C : 비용(cost)

(2) 사고방식
㉮ 고정 관념 제거
㉯ 기능 중심 사고
㉰ 사용자 중심 사고
㉱ 조직적 노력

34. 다음 중 도장공사를 위한 목부 바탕 만들기 공정으로 옳지 않은 것은?

① 오염, 부착물의 제거

② 송진의 처리
③ 옹이땜
④ 바니시칠

해설 (1) 목부 도장 바탕 만들기 : 오염, 부착물의 제거 → 송진 처리 → 연마(사포) → 옹이 또는 구멍 메움

(2) 바니시칠은 목부 칠로서 바탕 만들기 다음 칠 공정이다.

35. PMIS(프로젝트 관리 정보 시스템)의 특징에 관한 설명으로 옳지 않은 것은?

① 합리적인 의사결정을 위한 프로젝트용 정보 관리 시스템이다.
② 협업관리체계를 지원하며 정보의 공유와 축적을 지원한다.
③ 공정 진척도는 구체적으로 측정할 수 없으므로 별도 관리한다.
④ 조직 및 월간업무 현황 등을 등록하고 관리한다.

해설 프로젝트 관리 정보 시스템(project management information system)

(1) 프로젝트의 발주·설계·시공·감리·시공 유지 관리 등 공사의 전반에 걸쳐 관련된 정보를 축적하고 공유하는 합리적인 의사 결정을 위한 정보 관리 시스템이다.

(2) 공정 진척도는 구체적으로 측정할 수 있으므로 함께 관리한다.

36. 시멘트, 모래, 잔자갈, 안료 등을 섞어 이긴 것을 바탕바름이 마르기 전에 뿌려 붙이거나 또는 바르는 것으로 일종의 인조석 바름으로 볼 수 있는 것은?

① 회반죽
② 경석고 플라스터
③ 혼합석고 플라스터
④ 러프 코트

해설 러프 코트(rough coat) : 벽이나 천장을

거칠게 마감하는 방식으로 시멘트, 모래, 잔자갈, 안료를 혼합하여 이긴 것을 뿜칠 또는 바름하여 마무리한 것

37. 방부력이 약하고 **도포용으로만 쓰이며,** 상온에서 침투가 잘 되지 않고 흑색이므로 사용 장소가 제한되는 유성 방부제는?

① 캐로신
② PCP
③ 염화아연 4 % 용액
④ 콜타르

해설 콜타르
(1) 석탄에서 얻어진 유성 방부제
(2) 방부력이 약하고 도포용으로만 쓰인다.

38. 문 윗틀과 문짝에 설치하여 문이 자동적으로 닫혀지게 하며, 개폐압력을 조절할 수 있는 장치는?

① 도어 체크(door check)
② 도어 홀더(door holder)
③ 피벗 힌지(pivot hinge)
④ 도어 체인(door chain)

해설 도어 체크(도어 클로저)
(1) 문 윗틀과 문짝에 설치하여 문이 개폐압력을 조절하면서 닫혀지게 하는 장치
(2) 여닫이문을 자동으로 닫히게 하는 장치

39. 철근의 가공 및 조립에 관한 설명으로 옳지 않은 것은?

① 철근의 가공은 철근상세도에 표시된 형상과 치수가 일치하고 재질을 해치지 않은 방법으로 이루어져야 한다.
② 철근상세도에 철근의 구부리는 내면 반지름이 표시되어 있지 않은 때에는 KDS에 규정된 구부림의 최소 내면 반지름 이상으로 철근을 구부려야 한다.

③ 경미한 녹이 발생한 철근이라 하더라도 일반적으로 콘크리트와의 부착성능을 매우 저하시키므로 사용이 불가하다.
④ 철근은 상온에서 가공하는 것을 원칙으로 한다.

해설 경미한 황갈색 녹은 콘크리트와의 부착성능을 저하시키지 않으므로 담당관의 승인을 받아 사용할 수 있다.

40. 수직굴삭, 수중굴삭 등에 사용되는 깊은 흙파기용 기계이며, 연약지반에 사용하기에 적당한 기계는?

① 드래그 셔블
② 클램셸
③ 모터 그레이더
④ 파워 셔블

해설 클램셸
(1) 버팀대 또는 잠함 속에 사용
(2) 수직굴삭, 수중굴삭 등에 사용되는 깊은 흙파기용 기계

제3과목 **건축구조**

41. 그림과 같은 트러스에서 a부재의 부재력은 얼마인가?

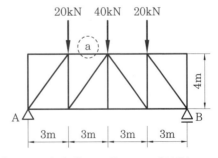

① 20 kN(인장)
② 30 kN(압축)
③ 40 kN(인장)
④ 60 kN(압축)

해설 (1) 반력 $R_A = R_B = \dfrac{P}{2} = \dfrac{80\,\text{kN}}{2} = 40\,\text{kN}$

(2) a부재력

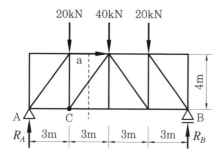

※ 절단법 순서

㉮ 3개의 부재 절단

㉯ 인장재 가정(절점에서 밖으로 향한다.)

㉰ C점에서 모멘트법으로 계산한다.

$$\sum M_C = 0 \text{에서}$$

$$R_A \times 3 + a \times 4 = 0$$

$$\therefore a = -\frac{40 \times 3}{4} = -30\,\text{kN(압축재)}$$

42. 그림과 같이 O점에 모멘트가 작용할 때 OB부재와 OC부재에 분배되는 모멘트가 같게 하려면 OC부재의 길이를 얼마로 해야 하는가?

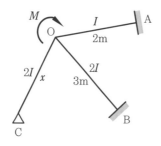

① $\dfrac{2}{3}$ m ② $\dfrac{3}{2}$ m

③ $\dfrac{9}{4}$ m ④ 3 m

해설 (1) 강도$(K) = \dfrac{I}{l}$

여기서, I : 단면 2차 모멘트

l : 부재의 길이

(2) 강비(k) : 강도의 비율

유효강비 $k_e = \dfrac{3}{4}k$

(3) 분배율$(\mu) = \dfrac{k}{\sum k}$

여기서, $\sum k$: 유효강비의 총합

(4) 절점의 모멘트가 동일 모멘트로 분배되려면 강비가 같아야 한다.

$$\frac{3}{4} \times \frac{2I}{x} = \frac{2I}{3} \text{에서 } x = \frac{9}{4}\text{m}$$

43. 지진계에 기록된 진폭을 진원의 깊이와 진앙까지의 거리 등을 고려하여 지수로 나타낸 것으로 장소에 관계없는 절대적 개념의 지진 크기를 말하는 것은?

① 규모 ② 진도

③ 진원시 ④ 지진동

해설 지진 크기

(1) 절대적 개념 : 규모(지진파의 진폭)

(2) 상대적 개념 : 진도(인체 감각, 구조물의 피해 정도, 지진동의 세기)

44. 철근콘크리트 압축부재의 철근량 제한 조건에 따라 사각형이나 원형 띠철근으로 둘러싸인 경우 압축부재의 축방향 주철근의 최소 개수는 얼마인가?

① 2개 ② 3개

③ 4개 ④ 6개

해설 철근콘크리트 압축부재의 축방향 주철근의 개수

(1) 사각형·원형 띠철근으로 둘러싸인 경우 : 4개 이상

(2) 삼각형 띠철근 내부의 철근의 경우 : 3개 이상

(3) 나선 철근의 경우 : 6개 이상

45. 보의 재질과 단면의 크기가 같을 때 (A)보의 최대처짐은 (B)보의 몇 배인가?

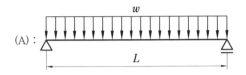

(A) :

w

L

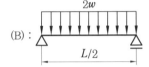

(B) :

$2w$

$L/2$

① 2배　　　② 4배

③ 8배　　　④ 16배

해설 단순보에 등분포하중이 작용하는 경우 최

대처짐 $\delta_{\max} = \dfrac{5wL^4}{384EI}$

$$\delta_A : \delta_B = \frac{5wL^4}{384EI} : \frac{5(2w)\left(\dfrac{L}{2}\right)^4}{384EI}$$

$$= \frac{5wL^4}{384EI} : \frac{5wL^4 \times 2 \times \dfrac{1}{16}}{384EI} = \frac{16}{2} : 1$$

$$\therefore \ 8 : 1$$

46. 다음 그림에서 파단선 A–B–F–C–D의 인장재 순단면적은? (단, 볼트 구멍 지름 d : 22 mm, 인장재 두께는 6 mm)

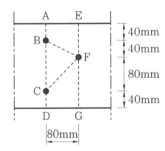

A　　E
B
F
C
D　　G

40mm
40mm
80mm
40mm

80mm

① 1,164 mm²　　　② 1,364 mm²

③ 1,564 mm²　　　④ 1,764 mm²

해설 부재의 순단면적(A_n)

(1) 정렬배치

$$A_n = A_g - ndt$$

(2) 엇모배치

$$A_n = A_g - ndt + \Sigma \frac{s^2}{4g}t$$

여기서, A_g : 강재의 단면적

n : 파단면 선상의 구멍 개수

d : 구멍 지름

t : 부재의 두께

s : 응력방향 중심 간격

g : 게이지 간격

∴ 인장재의 순단면적(A_n)

$$= (6 \times 200) - 3 \times 22 \times 6$$

$$+ \left(\frac{80^2}{4 \times 40} + \frac{80^2}{4 \times 80} \right) \times 6$$

$$= 1,164 \, \text{mm}^2$$

47. 그림과 같은 등변분포하중이 작용하는 단순보의 최대휨모멘트 $M_{\max}$는?

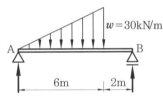

$w = 30\text{kN/m}$

A　　　　　　　B

6m　　2m

① $25\sqrt{3}\,\text{kN} \cdot \text{m}$　　② $25\sqrt{2}\,\text{kN} \cdot \text{m}$

③ $90\sqrt{3}\,\text{kN} \cdot \text{m}$　　④ $90\sqrt{2}\,\text{kN} \cdot \text{m}$

해설 (1) 반력 $R_A = R_B = \dfrac{90}{2} = 45\,\text{kN}$

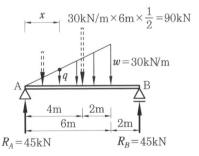

x　　$30\text{kN/m} \times 6\text{m} \times \dfrac{1}{2} = 90\text{kN}$

q　　$w = 30\text{kN/m}$

A　　　　　　　B

4m　　2m

6m　　2m

$R_A = 45\text{kN}$　　$R_B = 45\text{kN}$

(2) A점으로부터 전단력이 0인 점까지의 거리 x

$R_A - \dfrac{qx}{2} = 0$과 $\dfrac{q}{x} = \dfrac{30}{6}$에서

$q = \dfrac{30x}{6}$이므로 $R_A - \dfrac{5x^2}{2} = 0$

$45 \times 2 = 5x^2$

$x^2 = \dfrac{90}{5} = 18$

$\therefore \ x = \sqrt{18} = 3\sqrt{2}\,\text{m}$

(3) $M_{\max} = R_A \times x - \dfrac{q \times x}{2} \times x \times \dfrac{1}{3}$

$= 45 \times 3\sqrt{2} - \dfrac{15\sqrt{2} \times 3\sqrt{2}}{2} \times 3\sqrt{2} \times \dfrac{1}{3}$

$= \left(45 - \dfrac{15\sqrt{2} \times 3\sqrt{2}}{2} \times \dfrac{1}{3} \right) \times 3\sqrt{2}$

$= 30 \times 3\sqrt{2} = 90\sqrt{2}\ \text{kN} \cdot \text{m}$

48. 그림과 같은 콘크리트 슬래브에서 합성보 A의 슬래브 유효폭 b_e를 구하면? (단, 그림의 단위는 mm임)

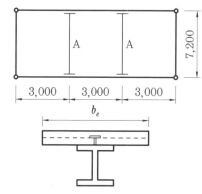

① 1,500 mm　　② 1,800 mm
③ 2,000 mm　　④ 2,250 mm

해설 (1) 합성부재 : 강재가 콘크리트와 함께 거동
(2) 합성보의 유효폭(b_e) : 다음 값은 좌우 중심 한방향 값이므로 유효폭(b_e)은 좌우를 합산해야 한다.
• 보스팬(지지점의 중심간)의 $\dfrac{1}{8}$

• 보 중심선에서 인접보 중심선까지 거리의 $\dfrac{1}{2}$
• 보 중심선에서 슬래브의 가장자리까지의 거리
(3) 합성보 좌우에 슬래브가 있는 경우의 유효폭(b_e)
• $b_{e1} = \dfrac{7,200}{8} \times 2 = 1,800$
• $b_{e2} = 3,000 + \dfrac{3,000}{2} = 4,500$
$\therefore \ b_e = 1,800\,\text{mm}$

49. 연약한 지반에서 기초의 부동침하를 감소시키기 위한 상부구조에 대한 대책으로 옳지 않은 것은?
① 건물을 경량화 할 것
② 강성을 크게 할 것
③ 이웃 건물과의 거리를 멀게 할 것
④ 폭이 일정한 경우 건물의 길이를 길게 할 것

해설 (1) 부동침하 : 동일하지 않게 침하, 건물의 균열·누수의 원인
(2) 부동침하를 방지하기 위해서는 건물의 길이를 짧게 한다.

50. 다음 그림과 같이 D16철근이 90° 표준 갈고리로 정착되었다면 이 갈고리의 소요정착길이(L_{dh})는 약 얼마인가?

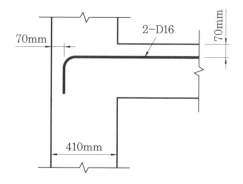

- $L_{hb} = \dfrac{0.24\beta d_b f_y}{\lambda \sqrt{f_{ck}}}$
- 철근도막계수 : 1
- 경량콘크리트계수 : 1
- D16의 공칭지름 : 15.9 mm
- f_{ck} : 21 MPa
- f_y : 400 MPa

① 233mm ② 243mm
③ 253mm ④ 263mm

해설 인장철근의 표준갈고리에 의한 정착
(1) 기본정착길이

$$L_{hb} = \frac{0.24\beta d_b f_y}{\lambda \sqrt{f_{ck}}}$$

여기서, β : 에폭시 도막계수(도막되지 않은 경우 : 1.0)
d_b : 정착 철근의 공칭지름
f_y : 철근의 항복강도
f_{ck} : 콘크리트의 설계기준압축강도
λ : 경량골재콘크리트의 계수

(2) 소요정착길이

$L_{dh} = L_{hb} \times$ 보정계수 $\geq 8d_b \geq 150\,\mathrm{mm}$

보정계수 : D35 이하 철근에서 갈고리 평면에 직각인 측면 덮개 7 cm 이상, 연장 끝에서 덮개 5 cm 이상인 경우 0.7

(3) $L_{dh} = L_{hb} \times$ 보정계수

$= \dfrac{0.24 \times 1 \times 15.9 \times 400}{1 \times \sqrt{21}} \times 0.7$

$= 233.16\,\mathrm{mm}$

51. 다음 각 구조시스템에 관한 정의로 옳지 않은 것은?
① 모멘트골조방식 : 수직하중과 횡력을 보와 기둥으로 구성된 라멘골조가 저항하는 구조방식
② 연성모멘트골조방식 : 횡력에 대한 저항능력을 증가시키기 위하여 부재와 접합부의 연성을 증가시킨 모멘트골조방식

③ 이중골조방식 : 횡력의 25 % 이상을 부담하는 전단벽이 연성모멘트골조와 조합되어 있는 구조방식
④ 건물골조방식 : 수직하중은 입체골조가 저항하고 지진하중은 전단벽이나 가새골조가 저항하는 구조방식

해설 이중골조방식은 횡력의 25 % 이상을 부담하는 연성모멘트골조가 전단벽이나 가새골조와 조합되어 있는 구조방식

참고 전단내력벽 방식
(1) 전단벽 : 횡력에 저항
(2) 내력벽 : 횡력·수직하중에 저항

52. 강도설계법에서 철근콘크리트 부재 중 콘크리트의 공칭전단강도(V_c)가 40 kN, 전단철근에 의한 공칭전단강도(V_s)가 20 kN일 때, 이 부재의 설계전단강도(ϕV_n)는? (단, 강도감소계수는 0.75 적용)
① 60 kN ② 48 kN
③ 52 kN ④ 45 kN

해설 (1) $V_u \leq \phi V_n = \phi(V_c + V_s)$
여기서, V_u : 소요강도(계수강도)
ϕ : 강도감소계수
V_n : 공칭강도
V_c : 콘크리트의 공칭전단강도
V_s : 전단철근의 공칭전단강도

(2) 설계전단강도(ϕV_n)
$= \phi(V_c + V_s) = 0.75 \times (40 + 20)$
$= 45\,\mathrm{kN}$

53. 철근 콘크리트 단순보에서 순간탄성처짐이 0.9 mm이었다면 1년 뒤 이 부재의 총처짐량을 구하면? (단, 시간경과계수 $\xi = 1.4$, 압축철근비 $\rho' = 0.01071$)
① 1.52 mm ② 1.72 mm
③ 1.92 mm ④ 2.12 mm

해설 총처짐 = 탄성처짐 + 장기처짐

(1) 탄성처짐(즉시처짐, 순간처짐) : 단순보에 등분포하중이 작용하는 경우

$$\delta_{max} = \frac{5wL^4}{384EI}$$

(2) 장기처짐

㉮ 건조수축·크리프변형 등에 의해 시간의 경과에 따라 변형이 지속적으로 발생하는 처짐

㉯ 장기처짐 = 탄성처짐 × 장기처짐계수 (λ_Δ)

㉰ 장기처짐계수$(\lambda_\Delta) = \dfrac{\xi}{1+50\rho'}$

여기서, ρ' : 압축철근비$\left(=\dfrac{A_s}{bd}\right)$

ξ : 시간경과계수(5년 이상 : 2.0, 1년 이상 : 1.4, 6개월 이상 : 1.2, 3개월 이상 : 1.0)

(3) 총처짐량

= 탄성처짐 + 탄성처짐 × 장기처짐계수

$= 0.9 + 0.9 \times \dfrac{1.4}{1+50\times0.01071}$

$= 1.72\,mm$

54. 다음 그림과 같은 필릿 용접부의 유효면적은?

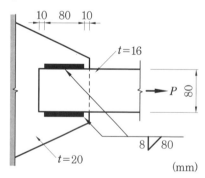

(mm)

① 614.4 mm²
② 691.2 mm²
③ 716.8 mm²
④ 806.4 mm²

해설 모살 용접(fillet welding)

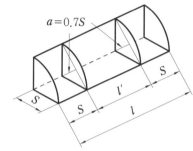

여기서, S : 모살 사이즈
a : 목두께(0.7S)
l : 용접길이
l' : 유효용접길이($l-2S$)

∴ 필릿(fillet) 용접의 유효면적

$= a \times l' = 0.7 \times S \times (l-2S) \times 2$
$= 0.7 \times 8 \times (80 - 2\times8) \times 2$
$= 716.8\,mm^2$

55. 그림과 같은 단면에 전단력 40kN이 작용할 때 A점에서 전단응력은?

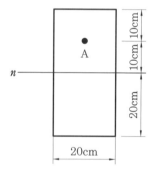

① 0.28 MPa ② 0.56 MPa
③ 0.84 MPa ④ 1.12 MPa

해설 보의 전단응력 $\tau = \dfrac{GS}{Ib}$

여기서, I : 단면 2차 모멘트
b : 보의 너비
G : 도심축으로부터 구하고자 하는 지점 외측단의 단면 1차 모멘트
S : 전단력

$$\therefore \tau = \frac{200 \times 100 \times 150 \times 40,000}{\frac{200 \times 400^3}{12} \times 200}$$

$$= 0.5625 \, \text{N/mm}^2 (\text{MPa})$$

56. 그림과 같은 원통 단면의 핵반경은?

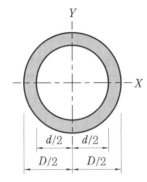

① $\dfrac{D+d}{6}$ ② $\dfrac{D}{8}$

③ $\dfrac{D+d}{8}$ ④ $\dfrac{D^2+d^2}{8D}$

해설 (1) 핵점 : 단주에서 축하중이 작용하는 경우 하중 작용점 반대편의 응력이 0일 때의 작용점

(2) 핵반경

⑦ 단주의 중심축에서 핵점까지의 거리

⑭ 작용점 반대쪽 응력은 항상 최소이고 0이므로

$$\sigma_{\min} = -\frac{P}{A} + \frac{M}{Z} = -\frac{P}{A} + \frac{Pe}{Z} = 0$$

핵반경 $e = \dfrac{P}{A} \times \dfrac{Z}{P} = \dfrac{Z}{A}$

(3) 원통 단면의 핵반경

⑦ 음영 A

$$= \frac{\pi D^2 - \pi d^2}{4}$$

$$= \frac{\pi (D^2 - d^2)}{4}$$

⑭ 음영 Z

$$= \frac{\text{전체 } I_X - \text{음영내측 } I_X}{y}$$

$$= \frac{\frac{\pi(D^4 - d^4)}{64}}{\frac{D}{2}}$$

⑭ 원통 단면의 핵반경 $e = \dfrac{Z}{A}$

$$= \frac{\pi(D^4 - d^4)}{64} \times \frac{2}{D} \times \frac{4}{\pi(D^2 - d^2)}$$

$$= \frac{D^2 + d^2}{8D}$$

57. 그림과 같이 양단이 회전단인 부재의 좌굴축에 대한 세장비는?

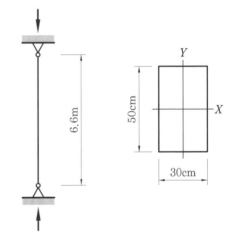

① 76.2 ② 84.28
③ 94.64 ④ 103.77

해설 장주

(1) 유효좌굴길이$(L_k) = kL$

1단고정 타단자유	양단힌지	1단힌지 타단고정	양단고정
L	L	L	L
$2L$	$1.0L$	$0.7L$	$0.5L$

(2) 좌굴축 : 단면 2차 모멘트가 최소인 축

(3) 세장비$(\lambda) = \dfrac{L_k}{i_{\min}}$

$$= \frac{6,600}{\sqrt{\frac{500 \times 300^3}{12} \times \frac{1}{500 \times 300}}} = 76.21$$

여기서, L_k : 유효좌굴길이

i : 최소회전반경$\left(\sqrt{\frac{L_{\min}}{A}} \right)$

58. 그림과 같은 독립기초에 N=480 kN, M=96 kN·m가 작용할 때 기초저면에 발생하는 최대 지반반력은?

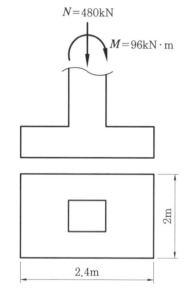

N=480kN

M=96kN·m

2m

2.4m

① 15 kN/m² ② 150 kN/m²
③ 20 kN/m² ④ 200 kN/m²

해설 독립기초 저면의 최대 압축응력

$$\sigma_{\max} = \frac{N}{A} + \frac{M}{Z} = \frac{480}{2 \times 2.4} + \frac{96}{\frac{2 \times 2.4^2}{6}}$$

$$= 150\,\mathrm{kN/m^2}$$

59. 강구조 용접에서 용접 개시점과 종료점에 용착금속에 결함이 없도록 임시로 부착하는 것은?
① 엔드탭(end tap)
② 오버랩(overlap)

③ 뒷댐재(backing strip)
④ 언더컷(under cut)

해설 엔드탭(end tap) : 용접의 시점과 종점에 용접봉의 아크(arc)가 불안정하여 용접 불량이 생기는 것을 막기 위하여 시점과 종점에 용접 모재와 같은 개선 모양의 철판을 덧대는 것으로서 용접 후 떼어낸다.

60. 그림과 같은 라멘 구조물의 판별은?

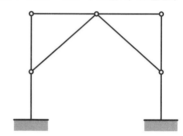

① 불안정 구조물
② 안정이며, 정정 구조물
③ 안정이며, 1차 부정정 구조물
④ 안정이며, 2차 부정정 구조물

해설 (1) 구조물의 판별식

$$m = n + s + r - 2k$$
$$= 6 + 8 + 0 - 2 \times 7 = 0$$

여기서, n : 반력수, s : 부재수
r : 강절점수, k : 절점수

(2) 구조물 판별
• 불안정 : $m < 0$
• 안정 : $m = 0$(정정), $m > 0$(부정정)
∴ $m = 0$이므로 안정이며 정정 구조물이다.

제4과목 **건축설비**

61. 플러시 밸브식 대변기에 관한 설명으로 옳은 것은?
① 대변기의 연속 사용이 가능하다.

② 급수관경과 급수압력에 제한이 없다.

③ 우리나라에서는 일반 주택을 중심으로 널리 채용되고 있다.

④ 탱크에 저장된 물의 낙차에 의한 수압으로 대변기를 세척하는 방식이다.

> **해설** 세정 밸브(flush valve)
> (1) 형식
>   • 대변기 : 핸들식
>   • 소변기 : 푸시버튼식
> (2) 직접 급수관의 물을 이용
> (3) 연속 사용 가능
> (4) 수격작용이 발생 가능하며 소음이 크다.
> (5) 급수관경 25 mm 이상, 급수압력 70 MPa 이상
> (6) 주택에서는 급수관 20 mm로 작아서 맞지 않고 소음도 커서 사용하지 않는다.

62. 화재안전기준에 따라 소화기구를 설치하여야 하는 특정소방대상물의 연면적 기준은 어느 것인가?

① 10 m² 이상   ② 25 m² 이상

③ 33 m² 이상   ④ 50 m² 이상

> **해설** (1) 소화기구를 설치하여야 하는 특정소방대상물
>   ㉮ 연면적 33 m² 이상(노유자시설 : 투척용 소화용구 등을 소화기 수량의 $\frac{1}{2}$ 이상으로 설치)
>   ㉯ 가스시설, 발전시설 중 전기저장시설 및 문화재
>   ㉰ 터널
>   ㉱ 지하구
> (2) 소화기구 : 물·소화약제를 압력에 의해 방사하는 기구

63. 온수난방과 비교한 증기난방의 설명으로 옳은 것은?

① 예열시간이 길다.

② 한랭지에서 동결의 우려가 있다.

③ 부하변동에 따른 방열량 제어가 용이하다.

④ 열매온도가 높으므로 방열기의 방열면적이 작아진다.

> **해설** ① 예열시간이 짧다.
> ② 배관내 수증기를 사용하므로 동결의 우려가 적다.
> ③ 온수난방은 온도 조절이 가능하나 증기난방은 잠열을 사용하므로 방열량 조절이 곤란하다.
> ④ 증기난방의 열매는 수증기로서 고온고압이므로 단위면적당 방열량이 많기 때문에 방열면적이 작아도 된다.

> **참고** 증기난방과 온수난방의 비교
>
> | 구분 | 증기난방 | 온수난방 |
> |---|---|---|
> | 예열시간 | 짧다 | 길다 |
> | 배관관경 방열면적 | 작다 | 크다 |
> | 방열량 | 크다 | 작다 |
> | 열운반능력 | 증발잠열 (크다) | 현열(작다) |
> | 방열량 조절 | 어렵다 | 용이하다 |

64. 다음 중 변전실에 관한 설명으로 옳지 않은 것은?

① 부하의 중심에 설치한다.

② 외부로부터 전력의 수전이 용이해야 한다.

③ 발전기실과 가능한 한 거리를 두고 설치한다.

④ 간선의 배선과 점검·유지보수가 용이한 장소에 설치한다.

> **해설** 변전실
> (1) 발전소의 전력을 전압을 낮추어 수요자에게 보내주는 설비
> (2) 부하(전기를 필요로 하는 곳)의 중심에 설치한다.

정답 62. ③ 63. ④ 64. ③

(3) 발전기실은 변전실과 인접하도록 배치하고, 냉각수 공급, 연료의 공급, 급기 및 배기 용이성, 연돌과의 관계를 고려한 위치로 한다.

65. 액화천연가스(LNG)에 관한 설명으로 옳지 않은 것은?

① 메탄이 주성분이다.
② 무공해, 무독성이다.
③ 비중이 공기보다 크다.
④ 일반적으로 배관을 통해 공급한다.

해설 액화천연가스(LNG)는 공기보다 비중이 작고 가볍다.

참고 가스의 구분
(1) LPG(액화석유가스)
  ㉮ 냄새가 없고 공기보다 무겁다.
  ㉯ 부탄 : 1회용 부탄가스
  ㉰ 프로판 : 가정용 취사
(2) LNG(액화천연가스)
  ㉮ 메탄을 액화해서 도시가스로 활용
  ㉯ 무공해·무독성
  ㉰ 비중이 공기보다 가볍다.

66. 다음 중 급탕설비에서 온수 순환 펌프로 주로 이용되는 것은?

① 사류 펌프   ② 원심식 펌프
③ 왕복식 펌프   ④ 회전식 펌프

해설 원심식 펌프는 임펠러 회전에 의해 유체를 압송하는 방식으로 급탕설비의 온수 순환 펌프에 이용된다.

67. 배수트랩에서 봉수깊이에 관한 설명으로 옳지 않은 것은?

① 봉수깊이는 50~100 mm로 하는 것이 보통이다.
② 봉수깊이가 너무 낮으면 봉수를 손실하기 쉽다.

③ 봉수깊이를 너무 깊게 하면 통수능력이 감소된다.
④ 봉수깊이를 너무 깊게 하면 유수의 저항이 감소된다.

해설 봉수깊이가 너무 깊으면 유수의 저항이 증가된다.

참고 배수트랩 봉수깊이
(1) 봉수의 깊이가 낮으면 봉수가 쉽게 증발할 수 있다.
(2) 봉수의 깊이가 깊으면 물이 잘 내려가지 않아 자기세정 작용이 안 되고 이물질의 침전이 가능하다.

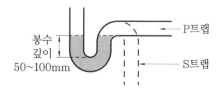

68. 다음 중 압축식 냉동기의 냉동사이클로 옳은 것은?

① 압축 → 응축 → 팽창 → 증발
② 압축 → 팽창 → 응축 → 증발
③ 응축 → 증발 → 팽창 → 압축
④ 팽창 → 증발 → 응축 → 압축

해설 압축식 냉동기 : 냉장고·에어컨 등에 활용
(1) 압축기 : 냉매 압축
(2) 응축기 : 찬바람을 이용하여 액체로 만듦
(3) 팽창밸브 : 액체를 가는 노즐에 통과(교축)시켜 분무시킴
(4) 증발기 : 기체로 만듦

69. 다음과 같은 공식을 통해 산출되는 값으로 전기 설비가 어느 정도 유효하게 사용되는가를 나타내는 것은?

$$\frac{\text{부하의 평균전력}}{\text{최대수용전력}} \times 100(\%)$$

① 부하율   ② 보상률

③ 부등률　　　④ 수용률

해설 (1) 부하율

$$= \frac{\text{부하의 평균전력}}{\text{최대수용전력}} \times 100\%$$

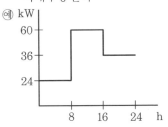

• 평균전력 $= \dfrac{24 \times 8 + 60 \times 8 + 36 \times 8}{24}$

　　　　　$= 40\,\mathrm{kW}$

• 부하율 $= \dfrac{40\,\mathrm{kW}}{60\,\mathrm{kW}} \times 100\% = 66.7\%$

(2) 수용률

$$= \frac{\text{최대수용전력}}{\text{총부하설비용량}} \times 100\%$$

예 전등 300 W, 온풍기 300 W, 에어컨 400 W

수용률 $= \dfrac{700}{300 + 300 + 400} \times 100\% = 70\%$

(3) 부등률

$$= \frac{\text{수용가의 최대수용전력의 합}}{\text{합성 최대수용전력}} > 1$$

---

70. 다음과 같은 특징을 갖는 간선 배선 방식은 어느 것인가?

> • 사고 발생 때 타부하에 파급효과를 최소한으로 억제할 수 있어 다른 부하에 영향을 미치지 않는다.
> • 경제적이지 못하다.

① 평행식
② 나뭇가지식
③ 네트워크식
④ 나뭇가지 평행 병용식

해설 간선 배선 방식

(1) 수지상식(나뭇가지식) : 배전반에서 한 개

의 간선을 보내어 각각의 분전반으로 연결하는 방식

㉮ 사고 발생 시 타부하에 파급효과가 크다.
㉯ 경제적이다.

(2) 평행식(개별방식) : 배전반으로부터 각각의 분전반으로 간선을 보내는 방식

㉮ 사고 발생 시 타부하에 영향이 없다.
㉯ 간선의 양이 많아져 비경제적이다.

---

71. 광원으로부터 일정 거리 떨어진 수조면의 조도에 관한 설명으로 옳지 않은 것은?

① 광원의 광도에 비례한다.
② $\cos\theta$(입사각)에 비례한다.
③ 거리의 제곱에 반비례한다.
④ 측정점의 반사율에 반비례한다.

해설 ④ 조도는 측정면의 밝기로서 측정점의 반사율에 비례한다.

조도 $E[\mathrm{lx}] = \dfrac{\text{광속}(\mathrm{lm})}{\text{면적}(\mathrm{m}^2)}$

(1) 광원의 광도 및 $\cos\theta$ 에 비례한다.
(2) 광원의 거리의 제곱에 반비례한다.

---

72. 다음과 같은 조건에서 2,000명을 수용하는 극장의 실온을 20℃로 유지하기 위한 필요 환기량은?

> • 외기온도 : 10℃
> • 1인당 발열량(현열) : 60 W
> • 공기의 정압비열 : 1.01 kJ/kg·K
> • 공기의 밀도 : 1.2 kg/m³
> • 전등 및 기타 부하는 무시한다.

① 11,110 m³/h　　② 21,222 m³/h
③ 30,444 m³/h　　④ 35,644 m³/h

해설 (1) 발열량(현열부하)

1W = 1 J/s = 3.6 kJ/h

2,000명 발열량 $= 2,000 \times 60 \times 3.6\,\mathrm{kJ/h}$

　　　　　　　　$= 432,000\,\mathrm{kJ/h}$

정답 **70.** ① 　**71.** ④ 　**72.** ④

(2) 필요 환기량(m^3/h)

$$= \frac{현열부하}{밀도 \times 비열 \times 온도차}$$

$$= \frac{432,000\,kJ/h}{1.2\,kg/m^3 \times 1.01\,kJ/kg \cdot K \times 10℃}$$

$$= 35,644\,m^3/h$$

73. 카(car)가 최상층이나 최하층에서 정상 운행 위치를 벗어나 그 이상으로 운행하는 것을 방지하는 엘리베이터 안전장치는?

① 완충기   ② 가이드 레일
③ 리밋 스위치   ④ 카운터 웨이트

해설 ① 완충기 : 카·균형추가 하부의 피트로 충돌될 때 충격을 완화하는 역할을 한다.
② 가이드 레일 : 승강로에 안정적으로 움직일 수 있도록 해준다.
③ 리밋 스위치 : 카가 최상층·최하층을 벗어나 운행하는 것을 방지한다.
④ 카운터 웨이트(균형추) : 카와 반대방향에 설치(시소와 같은 원리)

74. 환기에 관한 설명으로 옳지 않은 것은?

① 화장실은 송풍기(급기팬)와 배풍기(배기팬)를 설치하는 것이 일반적이다.
② 기밀성이 높은 주택의 경우 잦은 기계환기를 통해 실내공기의 오염을 낮추는 것이 바람직하다.
③ 병원의 수술실은 오염공기가 실내로 들어오는 것을 방지하기 위해 실내압력을 주변공간보다 높게 설정한다.
④ 공기의 오염농도가 높은 도로에 면해 있는 건물의 경우, 공기조화설비 계통의 외기도입구를 가급적 높은 위치에 설치한다.

해설 (1) 화장실·부엌·욕실 등에는 배풍기만 설치하여 오염된 공기, 냄새 등을 배출한다.
(2) 병원의 수술실 또는 무균실 등은 다른 실에서의 공기가 유입되지 않도록 급기팬을

설치한다.

참고 기계환기
(1) 제1종 환기 : 급기·배기구에 송풍기를 설치
(2) 제2종 환기
  • 급기구에만 송풍기를 설치
  • 다른 실로부터 오염된 공기가 유입되는 것을 방지(무균실·수술실)
(3) 제3종 환기
  • 배기구에만 송풍기를 설치
  • 화장실·부엌·욕실 등에 설치

75. 다음 중 지역난방에 적용하기에 가장 적합한 보일러는?

① 수관보일러   ② 관류보일러
③ 입형보일러   ④ 주철제보일러

해설 (1) 지역난방 : 대단지 아파트나 대형 빌딩의 난방을 위해 중앙의 열 발전소에서 관을 통하여 증기나 중온수를 보내는 방식
(2) 수관보일러 : 관(pipe)에 물을 채우고 관을 가열하여 증기·고온수를 만들어 보내는 방식

76. 공기조화방식 중 2중덕트방식에 관한 설명으로 옳지 않은 것은?

① 전공기방식에 속한다.
② 냉·온풍의 혼합으로 인한 혼합손실이 있어 에너지 소비량이 많다.
③ 단일덕트방식에 비해 덕트 샤프트 및 덕트 스페이스를 크게 차지한다.
④ 부하특성이 다른 여러 개의 실이나 존이 있는 건물에는 적용할 수 없다.

해설 2중덕트방식은 공조기 또는 취출구에 있는 냉·난방 혼합기가 있어 부하특성이 다른 실이나 구역이 있는 건물에 적용이 가능하다.

참고 공기조화방식
(1) 전공기방식
  ㉮ 단일덕트방식
    • 정풍량방식 : 풍량 일정, 온도 변화

• 변풍량방식 : 풍량 변화, 온도 일정

 ④ 이중덕트방식

(2) 전수방식 : 팬코일유닛(FCU)방식

---

77. 음의 세기가 10^{-9} W/m²일 때 음의 세기 레벨은? (단, 기준음의 세기 $I_o = 10^{-12}$ W/m²이다.)

① 3 dB   ② 30 dB

③ 0.3 dB   ④ 0.03 dB

해설 SIL(sound intensity level) : 소리의 강도(세기)

$$SIL = 10\log\frac{I}{I_o}\,[\mathrm{dB}]$$

$$= 10\log\frac{10^{-9}}{10^{-12}} = 30\,\mathrm{dB}$$

여기서, I_o : 기준음의 세기(W/m²)

    I : 현재음의 세기(W/m²)

---

78. 전기설비에서 경질 비닐관 공사에 관한 설명으로 옳은 것은?

① 절연성과 내식성이 강하다.

② 자성체이며 금속관보다 시공이 어렵다.

③ 온도 변화에 따라 기계적 강도가 변하지 않는다.

④ 부식성 가스가 발생하는 곳에는 사용할 수 없다.

해설 경질 비닐관 공사 : 경질 비닐관 안에 전선을 매입하는 공사

(1) 절연성과 내식성이 강하다.

(2) 비자성체이며 금속관보다 시공이 쉽다.

(3) 온도 변화에 따라 기계적 강도의 변화가 크다.

(4) 부식성 가스가 발생하는 곳에 사용할 수 있다.

※ 부식성 가스 : 물질을 부식시키는 특성을 가진 가스로 염소, 암모니아, 아황산가스, 황화수소 등이 있다.

---

79. 바닥면적이 50 m²인 사무실이 있다. 32 W 형광등 20개를 균등하게 배치할 때 사무실의 평균 조도는? (단, 형광등 1개의 광속은 3300 lm, 조명률은 0.5, 보수율은 0.76이다.)

① 약 350 lx

② 약 400 lx

③ 약 450 lx

④ 약 500 lx

해설 광속$(F) = \dfrac{EAD}{NU}$ 에서 $E = \dfrac{FNU}{AD}$

여기서, E : 조도(lx)

    A : 실내면적(m²)

    U : 조명률

    D : 감광보상률$\left(= \dfrac{1}{M}\right)$

    M : 보수율

    N : 램프의 개수(개)

$$\therefore \ 조도(E) = \frac{3,300\,\mathrm{lm} \times 20개 \times 0.5}{50\,\mathrm{m}^2 \times \dfrac{1}{0.76}}$$

$$= 501.6\,\mathrm{lx}$$

---

80. 급탕설비 중 개별식 급탕방식에 관한 설명으로 옳지 않은 것은?

① 배관길이가 길어 배관 중의 열손실이 크다.

② 건물 완공 후에도 급탕 개소의 증설이 비교적 쉽다.

③ 급탕 개소마다 가열기의 설치 스페이스가 필요하다.

④ 용도에 따라 필요한 개소에서 필요한 온도의 탕을 비교적 간단하게 얻을 수 있다.

해설 개별식 급탕설비는 온수가 필요한 장소에 보일러를 설치하여 온수를 제공하는 방식으로 배관길이가 짧고 열손실이 작다.

제5과목 **건축관계법규**

81. 건축물의 건축 시 허가 대상 건축물이라 하더라도 미리 특별자치시장·특별자치도지사 또는 시장·군수·구청장에게 국토교통부령으로 정하는 바에 따라 신고를 하면 건축허가를 받은 것으로 보는 소규모 건축물의 연면적 기준은?

① 연면적의 합계가 100 m² 이하인 건축물
② 연면적의 합계가 150 m² 이하인 건축물
③ 연면적의 합계가 200 m² 이하인 건축물
④ 연면적의 합계가 300 m² 이하인 건축물

해설 소규모 건축물의 건축 신고 시 건축허가로 보는 건축물은 다음과 같다.
(1) 바닥면적의 합계가 85 m² 이내의 증축·개축·재축
(2) 연면적 200 m² 미만이고 3층 미만인 건축물의 대수선
(3) 주요구조부 해체가 없는 대수선
(4) 연면적의 합계가 100 m² 이하인 건축물
(5) 건축물의 높이를 3 m 이하의 범위에서 증축하는 건축물

82. 건축물의 관람실 또는 집회실로부터 바깥쪽으로의 출구로 쓰이는 문을 안여닫이로 해서는 안 되는 건축물은?

① 위락시설
② 수련시설
③ 문화 및 집회시설 중 전시장
④ 문화 및 집회시설 중 동·식물원

해설 건축물의 관람실 또는 집회실로부터 바깥쪽으로의 출구로 쓰이는 문을 안여닫이로 해서는 안 되는 건축물은 다음과 같다.
(1) 제2종 근린생활시설 중 바닥면적의 합계가 300 m² 이상인 공연장·종교집회장
(2) 전시장 및 동·식물원을 제외한 문화 및 집회시설
(3) 종교시설·위락시설·장례시설

83. 노외주차장에 설치하여야 하는 차로의 최소 너비가 가장 작은 주차형식은? (단, 출입구가 2개 이상이며, 이륜자동차전용 외의 노외주차장의 경우)

① 평행주차
② 교차주차
③ 직각주차
④ 45도 대향주차

해설 이륜자동차전용 외의 노외주차장의 경우 차로의 너비

구분	출입구 2개 이상	출입구 1개
평행주차	3.3 m	5.0 m
직각주차	6.0 m	6.0 m
60° 대향주차	4.5 m	5.5 m
45° 대향주차	3.5 m	5.0 m
교차주차	3.5 m	5.0 m

84. 지구단위계획 중 관계 행정기관의 장과의 협의, 국토교통부장관과의 협의 및 중앙도시계획위원회·지방도시계획위원회 또는 공동위원회의 심의를 거치지 않고 변경할 수 있는 사항에 관한 기준 내용으로 옳은 것은?

① 건축선의 2 m 이내의 변경인 경우
② 획지면적의 30 % 이내의 변경인 경우
③ 가구면적의 20 % 이내의 변경인 경우
④ 건축물 높이의 30 % 이내의 변경인 경우

해설 (1) 지구단위계획
㉮ 지역을 체계적·계획적으로 관리하기 위해 수립하는 도시·군관리 계획
㉯ 기반시설의 배치와 규모, 건축물의 용도제한, 건폐율, 용적률, 높이제한 등을 고려하여 수립
(2) 지구단위계획 중 심의를 거치지 않고 변경할 수 있는 사항
㉮ 가구면적의 10 % 이내의 변경
㉯ 획지면적의 30 % 이내의 변경
㉰ 건축물 높이의 20 % 이내의 변경

정답 **81.** ① **82.** ① **83.** ① **84.** ②

㉐ 건축선의 1 m 이내의 변경

85. 중고층주택을 중심으로 편리한 주거환경을 조성하기 위하여 지정하는 용도지역은?

① 제1종 일반주거지역
② 제2종 일반주거지역
③ 제3종 일반주거지역
④ 제4종 일반주거지역

해설 일반주거지역(주택이 밀집한 주거지역)
(1) 제1종 일반주거지역 : 저층 주택 중심
(2) 제2종 일반주거지역 : 중층 주택 중심
(3) 제2종 일반주거지역 : 중고층 주택 중심

86. 일조 등의 확보를 위한 건축물의 높이 제한 기준 중 ㉠과 ㉡에 해당하는 내용이 옳은 것은?

> 전용주거지역이나 일반주거지역에서 건축물을 건축하는 경우에는 건축물의 각 부분을 정북(正北)방향으로의 인접 대지경계선으로부터 다음 각 호의 범위에서 건축조례로 정하는 거리 이상을 띄어 건축하여야 한다.
> 1. 높이 9미터 이하인 부분 : 인접 대지경계선으로부터 (㉠) 이상
> 2. 높이 9미터를 초과하는 부분 : 인접 대지경계선으로부터 해당 건축물 각 부분 높이의 (㉡) 이상

① ㉠ 1 m
② ㉠ 1.5 m
③ ㉡ 3분의 1
④ ㉡ 3분의 2

해설 일조 확보를 위한 건축물 높이 제한

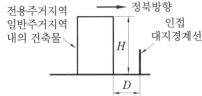

전용주거지역
일반주거지역
내의 건축물
정북방향
인접
대지경계선
H
D

(1) $H \le 9\,\text{m} \rightarrow D : 1.5\,\text{m}$ 이상

(2) $H > 9\,\text{m} \rightarrow D : \dfrac{H}{2}\,[\text{m}]$ 이상

87. 주거에 쓰이는 바닥면적의 합계가 200제곱미터인 주거용 건축물에 설치하는 음용수용 급수관의 최소 지름 기준은?

① 25 mm
② 32 mm
③ 40 mm
④ 50 mm

해설 주거에 쓰이는 바닥면적의 합계가 150 m² 초과 300 m² 이하인 경우 주거용 건축물에 설치하는 음용수용 급수관의 최소 지름은 25 mm이다.

88. 비상용승강기 승강장의 바닥면적은 비상용승강기 1대에 대하여 최소 얼마 이상으로 하여야 하는가? (단, 옥내 승강장인 경우)

① 3 m²
② 4 m²
③ 5 m²
④ 6 m²

해설 승강장의 바닥면적은 비상용승강기 1대에 대하여 6 m² 이상으로 할 것. 다만, 옥외에 승강장을 설치하는 경우에는 그러하지 아니하다.

89. 거실의 반자설치와 관련된 기준 내용 중 ( ) 안에 들어갈 수 있는 건축물의 용도는 어느 것인가?

> ( )의 용도에 쓰이는 건축물의 관람실 또는 집회실로서 그 바닥면적이 200제곱미터 이상인 것의 반자의 높이는 4미터(노대의 아랫부분의 높이는 2.7미터) 이상이어야 한다. 다만, 기계환기장치를 설치하는 경우에는 그렇지 않다.

① 장례식장
② 교육 및 연구시설
③ 문화 및 집회시설 중 동물원
④ 문화 및 집회시설 중 전시장

해설 문화 및 집회시설(전시장 및 동·식물원은 제외한다), 종교시설, 장례식장 또는 위락시설 중 유흥주점의 용도에 쓰이는 건축물의 관람실 또는 집회실로서 그 바닥면적이 200 m² 이상인 것의 반자의 높이는 4 m(노대의 아랫부분의 높이는 2.7 m) 이상이어야 한다. 다만, 기계환기장치를 설치하는 경우에는 그렇지 않다.

90. 다음은 대지의 조경에 관한 기준 내용이다. ( ) 안에 알맞은 것은?

> 면적이 ( ) 이상인 대지에 건축을 하는 건축주는 용도지역 및 건축물의 규모에 따라 해당 지방자치단체의 조례로 정하는 기준에 따라 대지에 조경이나 그 밖에 필요한 조치를 하여야 한다.

① 100 m²   ② 200 m²
③ 300 m²   ④ 500 m²

해설 면적이 200 m² 이상인 대지에 건축을 하는 건축주는 용도지역 및 건축물의 규모에 따라 해당 지방자치단체의 조례로 정하는 기준에 따라 대지에 조경이나 그 밖에 필요한 조치를 하여야 한다.

91. 공동주택과 오피스텔 난방설비를 개별난방방식으로 하는 경우에 관한 기준 내용으로 틀린 것은?

① 보일러의 연도는 내화구조로서 공동연도로 설치할 것
② 보일러실의 윗부분에는 그 면적이 0.5 m² 이상인 환기창을 설치할 것
③ 오피스텔의 경우에는 난방구획을 방화구획으로 구획할 것
④ 보일러는 거실 외의 곳에 설치하되, 보일러를 설치하는 곳과 거실 사이의 경계벽은 출입구를 제외하고는 방화구조의 벽으로 구획할 것

해설 공동주택과 오피스텔의 난방설비를 개별난방방식으로 하는 경우

(1) 보일러는 거실 외의 곳에 설치하되, 보일러를 설치하는 곳과 거실 사이의 경계벽은 출입구를 제외하고는 내화구조의 벽으로 구획할 것
(2) 보일러실의 윗부분에는 그 면적이 0.5 m² 이상인 환기창을 설치하고, 보일러실의 윗부분과 아랫부분에는 각각 지름 10 cm 이상의 공기흡입구 및 배기구를 항상 열려있는 상태로 바깥공기에 접하도록 설치할 것. 다만, 전기보일러의 경우에는 그러하지 아니하다.
(3) 보일러실과 거실 사이의 출입구는 그 출입구가 닫힌 경우에는 보일러가스가 거실에 들어갈 수 없는 구조로 할 것
(4) 기름보일러를 설치하는 경우에는 기름저장소를 보일러실 외의 다른 곳에 설치할 것
(5) 오피스텔의 경우에는 난방구획을 방화구획으로 구획할 것
(6) 보일러의 연도는 내화구조로서 공동연도로 설치할 것

92. 건축법령상 건축물의 대지에 공개 공지 또는 공개 공간을 확보하여야 하는 대상 건축물에 해당하지 않는 것은 어느 것인가? (단, 해당 용도로 쓰는 바닥면적의 합계가 5,000 m²인 건축물의 경우로, 건축조례로 정하는 다중이 이용하는 시설의 경우는 고려하지 않는다.)

① 종교시설   ② 업무시설
③ 숙박시설   ④ 교육연구시설

해설 공개 공지 또는 공개 공간을 확보하여야 하는 대상 건축물

(1) 바닥면적의 합계가 5,000 m² 이상인 문화 및 집회시설, 종교시설, 판매시설, 여객용 운수시설, 업무시설, 숙박시설
(2) 다중이용시설 중 일부

93. 대지의 분할 제한과 관련한 아래 내용에서, 밑줄 친 부분에 해당하는 규모가 기준이 틀린 것은?

> 건축물이 있는 대지는 <u>대통령령으로 정하는 범위</u>에서 해당 지방자치단체의 조례로 정하는 면적에 못 미치게 분할할 수 없다.

① 주거지역 : 60 m² 이상
② 상업지역 : 100 m² 이상
③ 공업지역 : 150 m² 이상
④ 녹지지역 : 200 m² 이상

해설 건축물이 있는 대지의 분할 제한
 (1) 상업지역·공업지역 : 150 m² 이상
 (2) 녹지지역 : 200 m² 이상
 (3) 주거지역·상업지역·공업지역·녹지지역을 제외한 지역 : 60 m² 이상

94. 다음 중 승용승강기를 가장 많이 설치해야 하는 건축물의 용도는? (단, 6층 이상의 거실면적의 합계가 10,000 m²이며, 8인승 승강기를 설치하는 경우)

① 의료시설   ② 위락시설
③ 숙박시설   ④ 공동주택

해설 (1) 승용승강기의 설치대수(8인승 이상 15인승 이하는 1대, 16인승 이상은 2대로 본다.)

건축물의 용도	A(6층 이상의 거실면적의 합계)
공연장, 관람장, 집회장, 판매시설, 의료시설	$\dfrac{A-3{,}000\,\text{m}^2}{2{,}000\,\text{m}^2}+2$대
전시장, 동·식물원, 업무시설, 숙박시설, 위락시설	$\dfrac{A-3{,}000\,\text{m}^2}{2{,}000\,\text{m}^2}+1$대
공동주택, 교육연구시설, 노유자시설	$\dfrac{A-3{,}000\,\text{m}^2}{3{,}000\,\text{m}^2}+1$대

※ 소수점 이하는 1대로 본다.
 (2) 승용승강기를 가장 많이 설치해야 하는 건축물은 의료시설, 판매시설, 집회장, 공연장, 관람장이다.

95. 광역도시계획의 수립권자 기준에 대한 내용으로 틀린 것은?

① 광역계획권이 같은 도의 관할 구역에 속하여 있는 경우, 관할 시장 또는 군수가 공동으로 수립한다.
② 국가계획과 관련된 광역도시계획의 수립이 필요한 경우 국토교통부장관이 수립한다.
③ 광역계획권을 지정한 날부터 2년이 지날 때까지 관할 시장 또는 군수로부터 광역도시계획의 승인 신청이 없는 경우 국토교통부장관이 수립한다.
④ 광역계획권이 둘 이상의 시·도의 관할 구역에 걸쳐 있는 경우, 관할 시·도지사가 공동으로 수립한다.

해설 (1) 광역도시계획 : 서로 접한 도시를 묶어 토지이용 및 도시기능을 통합관리하는 제도
 (2) 광역계획권을 지정한 날부터 3년이 지날 때까지 관할 시장 또는 군수로부터 광역도시계획의 승인 신청이 없는 경우 관할 도지사가 수립한다. 시·도지사로부터 광역도시계획의 승인 신청이 없는 경우 국토교통부장관이 수립한다.

96. 국토교통부령으로 정하는 바에 따라 방화구조로 하거나 불연재료로 하여야 하는 목조 건축물의 최소 연면적 기준은?

① 500 m² 이상   ② 1,000 m² 이상
③ 1,500 m² 이상   ④ 2,000 m² 이상

해설 연면적 1,000 m² 이상인 목조 건축물의 구조는 국토교통부령으로 정하는 바에 따라 방화구조로 하거나 불연재료로 하여야 한다.

97. 대형건축물의 건축허가 사전승인신청 시 제출 도서의 종류 중 설계설명서에 표시하여야 할 사항이 아닌 것은?

① 공사금 　　　② 개략공정계획
③ 교통처리계획　④ 각부 구조계획

[해설] 설계설명서
(1) 공사개요 : 위치·대지면적·공사기간·공사금액 등
(2) 사전조사사항 : 지반고·기후·동결심도·수용인원·상하수와 주변지역을 포함한 지질 및 지형, 인구, 교통, 지역, 지구, 토지이용현황, 시설물현황 등
(3) 건축계획 : 배치·평면·입면계획·동선계획·개략조경계획·주차계획 및 교통처리계획 등
(4) 시공방법
(5) 개략공정계획
(6) 주요설비계획
(7) 주요자재 사용계획
※ 각부 구조계획은 구조계획서에 포함된다.

98. 국토의 계획 및 이용에 관한 법령상 건폐율의 최대 한도가 가장 높은 용도지역은?

① 준주거지역 　　② 생산관리지역
③ 중심상업지역　④ 전용공업지역

[해설] 건폐율의 최대 한도
(1) 중심상업지역 : 90 % 이하
(2) 준주거지역 : 70 % 이하
(3) 전용공업지역 : 70 % 이하
(4) 생산관리지역 : 20 % 이하

99. 노외주차장에 설치하는 부대시설(전기자동차 충전시설 제외)의 총면적은 주차장 총시설면적의 최대 얼마를 초과하여서는 아니 되는가?

① 5 % 　　　　② 10 %
③ 20 % 　　　　④ 30 %

[해설] 노외주차장에 설치할 수 있는 부대시설(전기자동차 충전시설 제외)의 총면적은 주차장 총시설면적(주차장으로 사용되는 면적과 주차장 외의 용도로 사용되는 면적을 합한 면적)의 20 %를 초과해서는 안 된다.

100. 건축물 관련 건축기준의 허용오차 범위 기준이 2 % 이내가 아닌 것은?

① 출구너비 　　　② 반자높이
③ 평면길이 　　　④ 벽체두께

[해설] 건축기준의 허용오차 범위
(1) 건축물 높이·출구너비·반자높이·평면길이 : 2 % 이내
(2) 벽체두께·바닥판 두께 : 3 % 이내

건축기사

제1과목 | 건축계획

1. 다음 설명에 알맞은 공장건축의 레이아웃 (layout) 형식은?

> • 생산에 필요한 모든 공정, 기계기구를 제품의 흐름에 따라 배치한다.
> • 대량생산에 유리하며 생산성이 높다.

① 혼성식 레이아웃
② 고정식 레이아웃
③ 제품 중심의 레이아웃
④ 공정 중심의 레이아웃

해설 제품 중심의 레이아웃(layout)
(1) 생산에 필요한 모든 공정, 기계 기구를 제품의 흐름에 따라 배치하는 방식
(2) 대량 생산에 유리하고, 생산성이 높다.
(3) 가전제품 조립공장 등

2. 페리(C. A. Perry)의 근린주구에 관한 설명으로 옳지 않은 것은?

① 경계 : 4면의 간선도로에 의해 구획
② 공공시설용지 : 지구 전체에 분산하여 배치
③ 오픈 스페이스 : 주민의 일상생활 요구를 충족시키기 위한 소공원과 위락공간 체계
④ 지구 내 가로체계 : 내부 가로망은 단지 내의 교통량을 원활히 처리하고 통과 교통을 방지

해설 페리(C. A. Perry)의 근린주구 6원칙
(1) 근린주구의 규모 : 초등학교 운영에 필요한 인구 규모로 한다.
(2) 경계 : 근린주구 내로 통과하는 간선도로가 없도록 근린주구 4면에 간선도로를 구획한다.
(3) 공공시설용지 : 학교와 공공시설을 주구의 중심부에 배치한다.
(4) 오픈 스페이스 : 주민을 위한 소공원과 레크레이션 공간을 둔다.
(5) 상업시설(근린점포) : 주구 내 주민을 위한 상업시설을 1개소 이상 설치하되 주구 외곽의 교통 결절부에 배치한다.
(6) 지구 내 가로체계 : 내부 가로망을 설치하여 통과 교통을 방지한다.

3. 다음 중 르네상스 건축에 관한 설명으로 옳은 것은?

① 건축 비례와 미적 대칭 등을 중시하였다.
② 첨탑과 플라잉 버트레스가 처음 도입되었다.
③ 펜덴티브 돔이 창안되어 실내 공간의 자유도가 높아졌다.
④ 강렬한 극적 효과를 추구하며 관찰자의 주관적 감흥을 중시하였다.

해설 (1) 르네상스 건축
㉮ 기독교 건축을 탈피하여 로마 건축 기법을 이용하였다.
㉯ 건축 비례와 미적 대칭 등을 중시하였다.(이탈리아 피렌체 지역의 투스칸 스타일 주택)
(2) 고딕 건축 : 첨탑과 플라잉 버트레스
(3) 비잔틴 건축 : 펜덴티브 돔
(4) 바로크 건축
㉮ 대상의 관찰자의 주관적 감흥 중시
㉯ 강렬한 극적 효과 추구

4. 쇼핑센터의 몰(mall)에 관한 설명으로 옳은 것은?

① 전문점과 핵상점의 주 출입구는 몰에 면하도록 한다.

② 쇼핑체류시간을 늘릴 수 있도록 방향성이 복잡하게 계획한다.

③ 몰은 고객의 통과동선으로서 부속시설과 서비스기능의 출입이 이루어지는 곳이다.

④ 일반적으로 공기조화에 의해 쾌적한 실내 기후를 유지할 수 있는 오픈 몰 (open mall)이 선호된다.

해설 쇼핑센터의 몰(mall)

(1) 정의 : 고객의 주보행동선과 휴게공간

(2) 핵상점(백화점·대형슈퍼)과 전문점(상점·은행·미장원 등)의 주 출입구는 몰에 면하도록 한다.

(3) 보행동선·휴식공간 등의 몰에는 확실한 방향성과 식별성이 요구된다.

(4) 핵상점과 전문점의 출입이 이루어지는 공간이다.

(5) 오픈 몰(open mall)은 몰의 상부가 개방된 상태이므로 기계적 공기조화를 처리하기는 곤란하다.

(6) 인클로즈드 몰(enclosed mall)은 몰의 상부가 닫힌 구조로 공기조화에 의한 쾌적한 실내 기후 유지가 가능하다.

5. 미술관 전시실의 전시기법에 관한 설명으로 옳지 않은 것은?

① 하모니카 전시는 동일 종류의 전시물을 반복하여 전시할 경우에 유리하다.

② 아일랜드 전시는 실물을 직접 전시할 수 없는 경우 영상매체를 사용하여 전시하는 방법이다.

③ 파노라마 전시는 연속적인 주제를 연관성 있게 표현하기 위해 선형의 파노라마로 연출하는 전시기법이다.

④ 디오라마 전시는 하나의 사실 또는 주제의 시간 상황을 고정시켜 연출하는

것으로 현장에 임한 느낌을 주는 기법이다.

해설 아일랜드 전시는 벽면에 띄워서 전시공간을 설치하여 전시공간 주변에서 관찰할 수 있도록 하는 방식으로 영상매체를 활용할 수 없다.

6. 도서관 건축 계획에서 장래에 증축을 반드시 고려해야 할 부분은?

① 서고   ② 대출실
③ 사무실   ④ 휴게실

해설 도서관의 서고는 도서와 열람자의 증가에 대한 증축을 고려한다.

7. 주심포 형식에 관한 설명으로 옳지 않은 것은?

① 공포를 기둥 위에만 배열한 형식이다.

② 장혀는 긴 것을 사용하고 평방이 사용된다.

③ 봉정사 극락전, 수덕사 대웅전 등에서 볼 수 있다.

④ 맞배지붕이 대부분이며 천장을 특별히 가설하지 않아 서까래가 노출되어 보인다.

해설 (1) 공포 : 처마 끝 하중을 받치는 빗방향 부재

(2) 장혀(장여) : 도리와 함께 서까래를 받치는 부재

(3) 평방 : 다포식에서 기둥 사이의 창방 위에 배치한 부재

(4) 주심포식은 기둥의 주두에 공포를 배치하고, 다포식은 기둥과 평방 위에 공포를 배치한다.

(5) 평방은 주심포 형식이 아니다.

8. 주택의 부엌 작업대 배치유형 중 ㄷ자형에 관한 설명으로 옳은 것은?

① 두 벽면을 따라 작업이 전개되는 전통적인 형태이다.

② 평면계획상 외부로 통하는 출입구의 설치가 곤란하다.

③ 작업동선이 길고 조리면적은 좁지만 다수의 인원이 함께 작업할 수 있다.

④ 가장 간결하고 기본적인 설계형태로 길이가 4.5 m 이상이 되면 동선이 비효율적이다.

> **해설** ① 두 벽면을 따라 작업이 전개되는 형식은 병렬형(Ⅱ)이다.
> ② ㄷ자형은 외부로 통하는 출입구의 설치가 곤란하다.
> ③ 작업동선이 긴 것은 일자형이다.
> ④ 일자형은 가장 간결하고 기본적인 설계형태로 길이가 4.5 m 이상이 되면 동선이 비효율적이다.

9. 다음 설명에 알맞은 사무소 건축의 코어 유형은?

> • 코어를 업무공간에서 분리시킨 관계로 업무공간의 융통성이 높은 유형이다.
> • 설비 덕트나 배관을 코어로부터 업무공간으로 연결하는 데 제약이 많다.

① 외코어형

② 편단코어형

③ 양단코어형

④ 중앙코어형

> **해설** 외코어(독립코어) 형식
> (1) 코어를 업무공간에서 분리
> (2) 업무공간의 융통성이 높다.
> (3) 코어로부터 업무공간까지의 설비 덕트나 배관 연결에 제약이 많다.

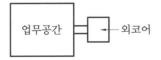

10. 병원 건축 형식 중 분관식(pavillion type)에 관한 설명으로 옳은 것은?

① 대지가 협소할 경우 주로 적용된다.

② 보행길이가 짧아져 관리가 용이하다.

③ 각 병실의 일조, 통풍 환경을 균일하게 할 수 있다.

④ 급수, 난방 등의 배관길이가 짧아져 설비비가 적게 된다.

> **해설** 병원건축 분관식(파빌리온 타입)
> (1) 기능별(병동부·진료부·외래진료부)로 구분하여 분동시켜 배치한다.
> (2) 넓은 대지일 때 가능하다.
> (3) 보행길이가 길어지고 관리가 어렵다.
> (4) 배관길이가 길어져 설비비가 많이 든다.
> (5) 각 병실의 일조, 통풍을 균일하게 할 수 있다.

11. 다음 중 백화점의 기둥 간격 결정 요소와 가장 거리가 먼 것은?

① 매장의 연면적

② 진열장의 배치 방법

③ 지하주차장의 주차 방식

④ 에스컬레이터의 배치 방법

> **해설** 백화점의 기둥 간격 결정 요소
> (1) 지하주차장의 주차 방식
> (2) 에스컬레이터의 배치 방법
> (3) 진열장의 배치방법
> (4) 매장의 통로와 계단실의 폭

12. 단독주택의 리빙 다이닝 키친에 관한 설명으로 옳지 않은 것은?

① 공간의 이용률이 높다.

② 소규모 주택에 주로 사용된다.

③ 주부의 동선이 짧아 노동력이 절감된다.

④ 거실과 식당이 분리되어 각 실의 분위기 조성이 용이하다.

해설 리빙 다이닝 키친(LDK : living dining kitchen)은 거실에 식사실과 부엌을 두는 방식이다.

13. 건축계획단계에서의 조사방법에 관한 설명으로 옳지 않은 것은?

① 설문조사를 통하여 생활과 공간 간의 대응관계를 규명하는 것은 생활행동행위의 관찰에 해당된다.

② 이용 상황이 명확하게 기록되어 있는 시설의 자료 등을 활용하는 것은 기존 자료를 통한 조사에 해당된다.

③ 건물의 이용자를 대상으로 설문을 작성하여 조사하는 방식은 생활과 공간의 대응관계 분석에 유효하다.

④ 주거단지에서 어린이들의 행동특성을 조사하기 위해서는 생활행동행위관찰 방식이 일반적으로 적절하다.

해설 (1) 설문조사방식 : 건물 이용자를 대상으로 설문을 작성하여 생활과 공간 간의 대응 관계를 규명하는 방식

(2) 생활행동행위관찰방식 : 어린이들의 행동특성이나 건물 이용자의 생활을 관찰하여 생활과 공간 간의 대응 관계를 규명하는 방식

14. 호텔에 관한 설명으로 옳지 않은 것은?

① 커머셜 호텔은 일반적으로 고밀도의 고층형이다.

② 터미널 호텔에는 공항 호텔, 부두 호텔, 철도역 호텔 등이 있다.

③ 리조트 호텔의 건축 형식은 주변 조건에 따라 자유롭게 이루어진다.

④ 레지던셜 호텔은 여행자의 장기간 체재에 적합한 호텔로서, 각 객실에는 주방 설비를 갖추고 있다.

해설 (1) 레지던셜 호텔 : 여행자의 단기간 체재에 적합하고, 간단한 취사가 가능하다.

(2) 아파트먼트 호텔 : 여행자의 장기간 체재에 적합하고, 각 객실에 주방 설비를 갖추고 있다.

15. 다음 중 고딕 양식의 건축물에 속하지 않는 것은?

① 아미앵 성당   ② 노트르담 성당

③ 샤르트르 성당   ④ 성 베드로 성당

해설 (1) 고딕 양식의 성당 : 아미앵 성당, 샤르트르 성당, 노트르담 성당, 밀라노 성당

(2) 르네상스 양식의 성당 : 성 베드로 성당

16. 학교운용방식에 관한 설명으로 옳지 않은 것은?

① 종합교실형은 교실의 이용률이 높지만 순수율은 낮다.

② 일반교실 및 특별교실형은 우리나라 중학교에서 주로 사용되는 방식이다.

③ 교과교실형에서는 모든 교실이 특정교과를 위해 만들어지고, 일반교실이 없다.

④ 플라톤형은 학년과 학급을 없애고 학생들은 각자의 능력에 따라 교과를 선택하고 일정한 교과가 끝나면 졸업을 한다.

해설 (1) 플라톤형(platon type) : 전학급을 2분단으로 나누어 한 분단이 일반교실을 사용할 때 다른 분단은 특별교실·체육관·운동장 등을 사용하는 방식

(2) 달톤형(dalton type) : 학급과 학년을 없애고 학생들의 능력에 따라 교과목을 이수하는 방식

17. 미술관의 전시실 순회형식에 관한 설명으로 옳지 않은 것은?

① 갤러리 및 코리도 형식에서는 복도 자체도 전시공간으로 이용이 가능하다.

② 중앙홀 형식에서 중앙홀이 크면 동선의 혼란은 많으나 장래의 확장에는 유리하다.

③ 연속순회 형식은 전시 중에 하나의 실을 폐쇄하면 동선이 단절된다는 단점이 있다.

④ 갤러리 및 코리도 형식은 복도에서 각 전시실에 직접 출입할 수 있으며 필요시에 자유로이 독립적으로 폐쇄할 수가 있다.

해설 중앙홀 형식에서 중앙홀이 크면 혼란은 없으나 장래의 확장에는 불리하다.

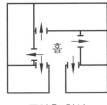

중앙홀 형식

18. 아파트의 평면 형식 중 계단실형에 관한 설명으로 옳은 것은?

① 대지에 대한 이용률이 가장 높은 유형이다.

② 통행을 위한 공용 면적이 크므로 건물의 이용도가 낮다.

③ 각 세대가 양쪽으로 개구부를 계획할 수 있는 관계로 통풍이 양호하다.

④ 엘리베이터를 공용으로 사용하는 세대수가 많으므로 엘리베이터의 효율이 높다.

해설 ① 아파트의 평면 형식 중 대지에 대한 이용률이 가장 높은 유형은 집중형이다.

② 계단실형은 통행을 위한 공용 면적이 작아서 건물의 이용도가 높은 편이다.

③ 계단실형은 양쪽으로 개구부를 계획할 수 있는 관계로 통풍이 양호하다.

④ 계단실형은 엘리베이터를 공용으로 사용하는 세대수가 적으므로 엘리베이터의 효율이 낮다.

19. 극장건축에서 무대의 제일 뒤에 설치되는 무대 배경용의 벽을 나타내는 용어는 어느 것인가?

① 프로시니엄　　② 사이클로라마
③ 플라이 로프트　④ 그리드 아이언

해설 프로시니엄(proscenium) 무대

(1) 프로시니엄 아치
　㉮ 관객석과 무대를 구분
　㉯ 액자 형태의 경계벽

(2) 그리드 아이언
　㉮ 무대 천장에 설치하는 철재틀
　㉯ 조명기구·배경·음향·연기자를 매달 수 있는 구조

(3) 플라이 로프트
　㉮ 무대의 지붕과 그리드 아이언 사이의 공간
　㉯ 무대장치 중 필요 없는 장치를 끌어올려 보관하는 장치

(4) 사이클로라마 : 무대의 후면에 설치하는 무대의 배경벽

(5) 플라이 갤러리 : 무대 주위벽 7 m 정도 높이에 설치하는 좁은 통로

20. 다음 중 사무소 건축의 실단위 계획에 있어서 개방식 배치에 관한 설명으로 옳지 않은 것은?

① 독립성과 쾌적감 확보에 유리하다.

② 공사비가 개실 시스템보다 저렴하다.

③ 방의 길이나 깊이에 변화를 줄 수 있다.

④ 전면적을 유효하게 이용할 수 있어 공간 절약상 유리하다.

해설 개방식 배치는 전체의 실을 업무의 기능 및 작업의 흐름에 따라 배치하는 것에 중점을 두므로 개인의 독립성과 쾌적감 확보에 곤란하다.

제2과목 건축시공

21. 계측관리 항목 및 기기에 관한 설명으로 옳지 않은 것은?

① 흙막이벽의 응력은 변형계(strain gauge)를 이용한다.

② 주변 건물의 경사는 건물경사계(tiltmeter)를 이용한다.

③ 지하수의 간극수압은 지하수위계(water level meter)를 이용한다.

④ 버팀보, 앵커 등의 축하중 변화 상태의 측정은 하중계(load cell)를 이용한다.

해설 (1) 변형계(strain gauge) : 변형을 측정하여 응력 파악

(2) 경사계(tiltmeter) : 주변 건물의 경사도 측정

(3) 피에조미터(piezometer) : 간극수압 측정

(4) 지하수위계(water level meter) : 지하수 위면 측정

(5) 하중계(load cell) : 버팀보, 앵커 등의 축하중 변화 상태의 측정

22. 철골부재의 용접 시 이음 및 접합부위의 용접선의 교차로 재용접된 부위가 열 영향을 받아 취약해짐을 방지하기 위하여 모재에 부채꼴 모양으로 모따기를 한 것은?

① blow hole   ② scallop

③ end tap   ④ crater

해설 ① 블로홀(blow hole) : 용착 금속 내 공기 구멍

② 스캘럽(scallop) : 용접 교차선에 열영향을 고려하여 용접 모서리면을 부채꼴 모양으로 모따기하는 방식

③ 엔드탭(end tap) : 용접의 시점이나 종점에 아크(arc)의 불안정에 의해 생기는 용접 결함을 막기 위해 덧대는 철판

④ 크레이터(crater) : 용접의 종점에서 아크(arc)를 끊었을 때 비드(beed)의 끝단에 오

목하게 생기는 용접 불량

23. 다음 중 재료별 할증률을 표기한 것으로 옳은 것은?

① 시멘트벽돌 : 3 %

② 강관 : 7 %

③ 단열재 : 7 %

④ 봉강 : 5 %

해설 재료별 할증률

(1) 유리 : 1 %

(2) 이형철·적벽돌·내화벽돌 : 3 %

(3) 시멘트블록 : 4 %

(4) 원형철근·강관·시멘트벽돌·봉강 : 5 %

(5) 대형 형강 : 7 %

(6) 강판·단열재 : 10 %

24. 토공사에 적용되는 체적환산계수 L의 정의로 옳은 것은?

① $\dfrac{\text{흐트러진 상태의 체적(m}^3)}{\text{자연 상태의 체적(m}^3)}$

② $\dfrac{\text{자연 상태의 체적(m}^3)}{\text{흐트러진 상태의 체적(m}^3)}$

③ $\dfrac{\text{다져진 상태의 체적(m}^3)}{\text{자연 상태의 체적(m}^3)}$

④ $\dfrac{\text{자연 상태의 체적(m}^3)}{\text{다져진 상태의 체적(m}^3)}$

해설 (1) $L = \dfrac{\text{흐트러진 상태의 토량(m}^3)}{\text{자연 상태의 토량(m}^3)}$

(2) $C = \dfrac{\text{다져진 상태의 토량(m}^3)}{\text{자연 상태의 토량(m}^3)}$

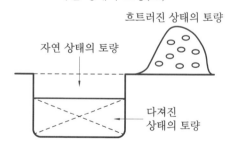

25. 보강 블록공사에 관한 설명으로 옳지 않은 것은?

① 벽의 세로근은 구부리지 않고 설치한다.

② 벽의 세로근은 밑창 콘크리트 윗면에 철근을 배근하기 위한 먹매김을 하여 기초판 철근 위의 정확한 위치에 고정시켜 배근한다.

③ 벽 가로근 배근 시 창 및 출입구 등의 모서리 부분에 가로근의 단부를 수평방향으로 정착할 여유가 없을 때에는 갈구리로 하여 단부 세로근에 걸고 결속선으로 결속한다.

④ 보강 블록조와 라멘구조가 접하는 부분은 라멘구조를 먼저 시공하고 보강 블록조를 나중에 쌓는 것이 원칙이다.

해설 보강 블록공사에서 보강 블록조와 라멘구조가 접하는 부분은 정착 철근을 고려해서 보강 블록조를 먼저 시공하고 라멘구조를 나중에 시공한다.

26. 사질토의 상대밀도를 측정하는 방법으로 가장 적합한 것은?

① 표준 관입 시험(standard penetration test)

② 베인 테스트(vane test)

③ 깊은 우물(deep well) 공법

④ 아일랜드 공법

해설 (1) 표준 관입 시험 : 사질 지반의 밀도 측정 시험

(2) 베인 테스트 : 점토 지반의 점착력 측정 시험

27. 다음 중 백화 현상에 관한 설명으로 옳지 않은 것은?

① 시멘트는 수산화칼슘의 주성분인 생석회(CaO)의 다량 공급원으로서 백화의 주된 요인이다.

② 백화 현상은 미장 표면뿐만 아니라 벽돌벽체, 타일 및 착색 시멘트 제품 등의 표면에도 발생한다.

③ 겨울철보다 여름철의 높은 온도에서 백화 발생 빈도가 높다.

④ 배합수 중에 용해되는 가용 성분이 시멘트 경화체의 표면건조 후 나타나는 현상이다.

해설 (1) 백화 현상의 메커니즘 : 생석회(산화칼슘)에 물을 첨가하면 수산화석회(수산화칼슘)가 생성되면서 대기 중의 탄산가스와 반응하여 탄산칼슘이 되고 물은 증발하면서 흰 가루가 돋게 된다.

$CaO + H_2O \rightarrow Ca(OH)_2 + CO_2 \rightarrow CaCO_3$

(2) 백화의 주된 요인은 생석회이며, 미장·벽돌·타일·시멘트에 나타난다.

(3) 저온 다습의 경우 백화 현상의 발생 빈도가 높다.

28. 다음 중 석재에 관한 설명으로 옳은 것은 어느 것인가?

① 인장강도는 압축강도에 비하여 10배 정도 크다.

② 석재는 불연성이긴 하나 화열에 닿으면 화강암과 같이 균열이 생기거나 파괴되는 경우도 있다.

③ 장대재를 얻기에 용이하다.

④ 조직이 치밀하여 가공성이 매우 뛰어나다.

해설 ① 석재의 인장강도는 압축강도의 $\dfrac{1}{10} \sim \dfrac{1}{20}$ 정도이다.

② 석재는 불연재료이지만 화열에 닿으면 화강암과 같이 균열이 생기거나 파괴된다.

③ 석재는 장대재를 얻기 어렵다.

④ 석재는 가공성이 나쁘다.

29. 아파트 온돌바닥미장용 콘크리트로서 고층 적용 실적이 많고 배합을 조닝별로 다르게 하며 타설 바탕면에 따라 배합비 조정이 필요한 것은?

① 경량기포 콘크리트
② 중량 콘크리트
③ 수밀 콘크리트
④ 유동화 콘크리트

[해설] 주거용 온돌바닥미장용 콘크리트
　(1) 시멘트, 기포혼화제, 물을 혼합하여 현장에서 직접 타설하는 콘크리트
　(2) 특징 : 경량성, 축열성, 차음성, 단열성
　(3) 고층 적용 가능하고 조닝별(구역별) 배합을 다르게 하며, 타설 바탕면에 따라 배합비를 조정한다.

30. 석고플라스터 바름에 관한 설명으로 옳지 않은 것은?

① 보드용 플라스터는 초벌바름, 재벌바름의 경우 물을 가한 후 2시간 이상 경과한 것은 사용할 수 없다.
② 실내온도가 10℃ 이하일 때는 공사를 중단하거나 난방하여 10℃ 이상으로 유지한다.
③ 바름작업 중에는 될 수 있는 한 통풍을 방지한다.
④ 바름 작업이 끝난 후 실내를 밀폐하지 않고 가열과 동시에 환기하여 바름면이 서서히 건조되도록 한다.

[해설] 석고플라스터 바름 시 실내온도가 5℃ 이하일 때는 공사를 중단하거나 난방하여 5℃ 이상으로 유지한다.

31. 공급망 관리(supply chain management)의 필요성이 상대적으로 가장 적은 공종은?

① PC(precast concrete)공사
② 콘크리트공사
③ 커튼월공사
④ 방수공사

[해설] (1) 공급망 관리(SCM : supply chain management) : 건설 과정에서 수요자가 원하는 기간까지의 원활한 시공을 위해 재료·노무 등의 공급을 관리하는 방식
　(2) 방수공사는 복잡하지 않은 공종이므로 공급망 관리의 필요성이 가장 적다.

32. 기술제안입찰제도의 특징에 관한 설명으로 옳지 않은 것은?

① 공사비 절감 방안의 제안은 불가하다.
② 기술제안서 작성에 추가비용이 발생된다.
③ 제안된 기술의 지적재산권 인정이 미흡하다.
④ 원안 설계에 대한 공법, 품질 확보 등이 핵심 제안요소이다.

[해설] 기술제안입찰제도 : 입찰자가 발주기관이 교부한 설계서 등을 검토한 후 공사비 절감, 공기 단축, 공사 관리 등을 제안하여 입찰하는 방식

33. 공동도급방식(joint venture)에 관한 설명으로 옳은 것은?

① 2명 이상의 수급자가 어느 특정 공사에 대하여 협동으로 공사계약을 체결하는 방식이다.
② 발주자, 설계자, 공사관리자의 세 전문집단에 의하여 공사를 수행하는 방식이다.
③ 발주자와 수급자가 상호신뢰를 바탕으로 팀을 구성하여 공동으로 공사를 수행하는 방식이다.
④ 공사수행방식에 따라 설계/시공(D/B)방식과 설계/관리(D/M)방식으로 구분한다.

해설 ① 공동도급방식(joint venture)은 2명 이상의 수급자가 어느 특정 공사에 대하여 협동으로 공사계약을 체결하는 방식이다.
② 발주자, 설계자, 공사관리자(CM)의 세 전문집단에 의하여 공사를 수행하는 방식은 공사관리계약방식이다.
③ 발주자와 수급자가 한 팀을 구성하여 시공하는 방식은 파트너링 방식이다.
④ 공사수행방식에 따라 설계/시공(D/B)방식과 설계/관리(D/M)방식으로 구분하는 것은 턴키 방식이다.

34. 녹막이 칠에 사용하는 도료와 가장 거리가 먼 것은?

① 광명단
② 크레오소트유
③ 아연분말 도료
④ 역청질 도료

해설 (1) 크레오소트유 : 목재의 방부처리재
(2) 녹막이 칠(방청도료) : 광명단, 아연분말 도료, 역청질 도료

35. 철근의 정착 위치에 관한 설명으로 옳지 않은 것은?

① 지중보의 주근은 기초 또는 기둥에 정착한다.
② 기둥 철근은 큰 보 혹은 작은 보에 정착한다.
③ 큰 보의 주근은 기둥에 정착한다.
④ 작은 보의 주근은 큰 보에 정착한다.

해설 기둥 철근은 기초에 정착한다.

36. 다음 중 멤브레인 방수에 속하지 않는 방수공법은?

① 시멘트 액체방수
② 합성고분자 시트방수
③ 도막방수
④ 아스팔트 방수

해설 멤브레인(membrane) 방수는 불투수성 얇은 피막의 방수층을 구성하는 공법으로 도막방수, 아스팔트 방수, 개량 아스팔트 시트방수, 합성고분자 시트방수가 있다.

37. 목재의 접착제로 활용되는 수지와 가장 거리가 먼 것은?

① 요소 수지
② 멜라민 수지
③ 폴리스티렌 수지
④ 페놀 수지

해설 목재의 접착제 : 요소 수지, 멜라민 수지, 페놀 수지

38. 다음 설명에서 의미하는 공법은?

> 구조물 하중보다 더 큰 하중을 연약지반(점성토) 표면에 프리로딩하여 압밀침하를 촉진시킨 뒤 하중을 제거하여 지반의 전단강도를 증대하는 공법

① 고결안정공법
② 치환공법
③ 재하공법
④ 탈수공법

해설 선행재하공법(preloading method)은 연약한 지반에 성토 등으로 미리 재하하여 압밀침하를 촉진시키는 공법이다.

39. 다음 중 칠공사에 관한 설명으로 옳지 않은 것은?

① 한랭 시나 습기를 가진 면은 작업을 하지 않는다.
② 초벌부터 정벌까지 같은 색으로 도장해야 한다.
③ 강한 바람이 불 때는 먼지가 묻게 되므로 외부 공사를 하지 않는다.
④ 야간은 색을 잘못 칠할 염려가 있으므

로 작업을 하지 않는 것이 좋다.

> **해설** 칠공사에서 칠의 구분을 위해 초벌은 연한 색, 정벌은 정색으로 칠한다.

40. 돌로마이트 플라스터 바름에 관한 설명으로 옳지 않은 것은?

① 정벌바름용 반죽은 물과 혼합한 후 12시간 정도 지난 다음 사용하는 것이 바람직하다.

② 바름두께가 균일하지 못하면 균열이 발생하기 쉽다.

③ 돌로마이트 플라스터는 수경성이므로 해초풀을 적당한 비율로 배합해서 사용해야 한다.

④ 시멘트와 혼합하여 2시간 이상 경과한 것은 사용할 수 없다.

> **해설** 돌로마이트 플라스터는 마그네시아를 다량 함유한 석회석인 백운석($CaO \cdot MgO$)을 구워 만든 재료로서 대기 중 탄산가스에 의해 경화되는 기경성이며, 점성이 좋아 해초풀이 필요 없다.

제3과목   **건축구조**

41. 다음 그림과 같은 단순보에서 반력 R_A의 값은?

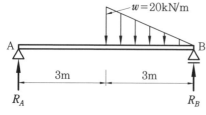

① 5 kN   ② 10 kN
③ 20 kN   ④ 25 kN

> **해설** $\sum M_B = 0$에서
>
> $$R_A \times 6\,\mathrm{m} - 30\,\mathrm{kN} \times 3\,\mathrm{m} \times \frac{2}{3} = 0$$
>
> $$\therefore\ R_A = 10\,\mathrm{kN}$$

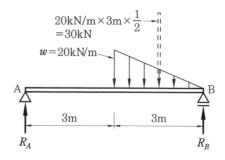

42. 도심축에 대한 음영 처리된 부분의 단면계수 값은?

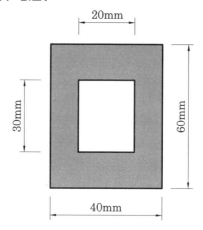

① 19,000 mm³   ② 20,500 mm³
③ 21,000 mm³   ④ 22,500 mm³

> **해설** 단면계수 $Z = \dfrac{I}{y}$
>
> (1) 음영 I = 전체 I - 공동부 I
>
> $$= \frac{40 \times 60^3}{12} - \frac{20 \times 30^3}{12}$$
>
> $$= 675,000\,\mathrm{mm}^4$$
>
> (2) 음영 $Z = \dfrac{I}{y} = \dfrac{675,000}{\dfrac{60}{2}} = 22,500\,\mathrm{mm}^3$

정답   **40.** ③   **41.** ②   **42.** ④

43. 다음 그림과 같은 단순 인장접합부의 강도한계 상태에 따른 고력볼트의 설계전단강도를 구하면? (단, 강재의 재질은 SS275이며 고력볼트는 M22(F10T), 공칭전단강도 $F_{nv} = 500$ MPa, $\phi = 0.75$)

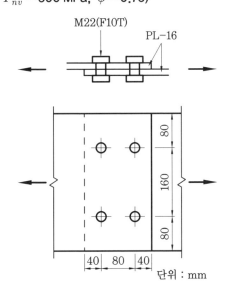

단위 : mm

① 500 kN

② 530 kN

③ 550 kN

④ 570 kN

해설 (1) F10T에서

    F : 마찰접합(friction grip joint)

    10T : 인장강도(tensile strength)

        10 tf/cm² (1kN/mm² = 1000N/mm²)

(2) 설계인장강도

    $\phi R_n = 0.75 F_{nt} A_b N_s$

(3) 공칭전단강도

    $\phi R_n = 0.75 F_{nv} A_b N_s$

    • 나사부 불포함 $F_{nv} = 0.5 F_u$ [N/mm²]

    • 나사부 포함 $F_{nv} = 0.4 F_u$ [N/mm²]

(4) 고력볼트의 설계전단강도

    $\phi R_n = 0.75 F_{nv} A_b N_s$

    $= 0.75 \times 500 \times \dfrac{\pi \times 22^2}{4} \times 4$

    $= 570.199 \, \text{N} \fallingdotseq 570 \, \text{kN}$

44. 그림과 같은 부정정 라멘에서 A점의 M_{AB}는?

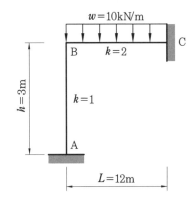

① 0

② 20 kN·m

③ 40 kN·m

④ 60 kN·m

해설 하중항 C_{BC}

$$= -\frac{wL^2}{12} = -\frac{10 \times 12^2}{12} = 120 \, \text{kN}$$

불균형 모멘트 $M_u = -120 \, \text{kN}$

작용 모멘트 $\overline{M} = 120 \, \text{kN}$

분배 모멘트 M_{DF}

$$= \overline{M} \times \mu = 120 \, \text{kN} \times \frac{1}{1+2} = 40 \, \text{kN·m}$$

도달 모멘트 M_{AB}

$$= M_{DF} \times \frac{1}{2} = 40 \, \text{kN·m} \times \frac{1}{2} = 20 \, \text{kN·m}$$

참고 모멘트 분배법(고정단 모멘트법)

(1) 고정단 모멘트(FEM) : 처짐각법의 하중항 표를 이용

(2) 불균형 모멘트(M_u) : 절점의 좌우는 같아야 하는데 그렇지 않을 때 절점의 좌우측 모멘트 값의 차이

(3) 해제 모멘트(작용 모멘트 $\overline{M}$) : 불균형 모멘트와 반대 $\overline{M} = -M_u$

(4) 분배율($DF = \mu$)

$$DF = \frac{k(\text{임의 강비})}{\sum k(\text{총 강비})}$$

(5) 분배 모멘트(DM)

    $M_{DF} = \overline{M} \times \mu$

정답 43. ④   44. ②

(6) 전달(도달) 모멘트

$$M' = M_{DF} \times \frac{1}{2}$$ (고정단인 경우)

(7) 재단 모멘트

$$M = 하중항 + 분배 \ 모멘트 + 전달 \ 모멘트$$

45. 그림과 같은 구조물에 힘 P가 작용할 때 휨모멘트가 0이 되는 곳은 모두 몇 개인가?

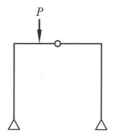

① 2개 ② 3개
③ 4개 ④ 5개

해설 3힌지 라멘의 휨모멘트도

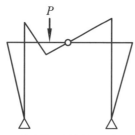

휨모멘트 0인 곳 : 4개

46. 활하중의 영향면적 산정기준으로 옳은 것은? (단, KDS 기준)

① 부하면적 중 캔틸레버 부분은 영향면적에 단순합산
② 기둥 및 기초에서는 부하면적의 6배
③ 보에서는 부하면적의 5배
④ 슬래브에서는 부하면적의 2배

해설 (1) 활하중 : 구조물을 점유·사용함으로써 발생하는 하중(책상·사람·사무기기 등)
(2) 부하면적 : 수직하중을 전달하는 구조부재가 분담하는 하중의 크기를 바닥면적으

로 나타낸 것

(3) 영향면적 : 수직하중 전달 구조부재에 영향을 미치는 하중이 재하되는 면적
㉮ 기둥 및 기초 : 부하면적의 4배
㉯ 보 또는 벽체 : 부하면적의 2배
㉰ 슬래브 : 부하면적
㉱ 캔틸레버 : 영향면적에 단순 합산

기둥부하면적 기둥영향면적

47. 보통중량콘크리트를 사용한 그림과 같은 보의 단면에서 외력에 의해 휨 균열을 일으키는 균열모멘트(M_{cr})값으로 옳은 것은? (단, $f_{ck} = 27$ MPa, $f_y = 400$ MPa, 철근은 개략적으로 도시되었음)

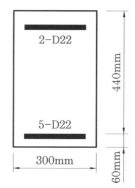

① 29.5 kN·m
② 34.7 kN·m
③ 40.9 kN·m
④ 52.4 kN·m

해설 (1) 휨인장강도 f_r
$$= 0.63\lambda\sqrt{f_{ck}} \ [\text{MPa}]$$
$$= 0.63 \times 1 \times \sqrt{27} = 3.27\text{MPa}$$
여기서, λ : 경량콘크리트계수
(보통중량콘크리트 $\lambda = 1$)
f_{ck} : 콘크리트의 설계기준강도
(2) 휨균열 모멘트 $M_{cr} = \dfrac{I_g}{y_t}f_r$

정답 **45.** ③ **46.** ① **47.** ③

$$= \frac{\dfrac{300\,mm \times (500\,mm)^3}{12}}{250\,mm} \times 3.27\,N/mm^2$$

$$= 40{,}875{,}000\,N \cdot mm = 40.875\,kN \cdot m$$

여기서, I_g : 총단면 2차 모멘트

y_t : 중립축에서 인장측면단면까지의 거리

48. 다음과 같은 구조물의 판별로 옳은 것은? (단, 그림의 하부지점은 고정단임)

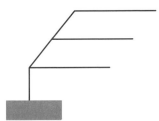

① 불안정   ② 정정

③ 1차 부정정   ④ 2차 부정정

해설 구조물의 판별

$m = n + s + r - 2k$

$\quad = 3 + 6 + 5 - 2 \times 7 = 0$

∴ 정정 구조물

여기서, n : 반력수

$\quad\quad s$: 부재수

$\quad\quad r$: 강절점수

$\quad\quad k$: 절점수

49. KDS에서 철근콘크리트 구조의 최소 피복두께를 규정하는 이유로 보기 어려운 것은 어느 것인가?

① 철근이 부식되지 않도록 보호

② 철근의 화해(火害) 방지

③ 철근의 부착력 확보

④ 콘크리트의 동결융해 방지

해설 철근콘크리트 구조의 최소 피복두께 유지 목적

(1) 철근의 부식 방지

(2) 철근의 화열에 의한 해로움 방지

(3) 철근의 부착력 확보

※ 콘크리트의 동결융해 : 겨울에 얼었다 녹으면서 해로워지는 것

50. 그림과 같은 부정정 라멘의 B.M.D에서 P값을 구하면?

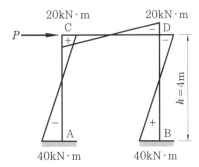

① 20 kN   ② 30 kN

③ 50 kN   ④ 60 kN

해설 부정정 라멘

(1) 기둥의 전단력 $V = \dfrac{M_{상} + M_{하}}{h}$

(2) 하중 $P = \sum V = V_1 + V_2$

$\quad = \dfrac{20 + 40 + 20 + 40}{4} = 30\,kN$

51. 다음 그림과 같은 단순보에서 부재 길이가 2배로 증가할 때 보의 중앙점 최대 처짐은 몇 배로 증가되는가?

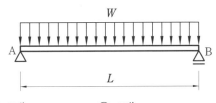

① 2배   ② 4배

③ 8배   ④ 16배

해설 단순보에 등분포하중이 작용하는 경우

최대 처짐 $\delta = \dfrac{5\,WL^4}{384\,EI}$

$$\delta_1 : \delta_2 = \frac{5\,WL^4}{384EI} : \frac{5\,W(2L)^4}{384EI} = 1 : 16$$

∴ 부재 길이가 2배로 증가하면 처짐은 16배 증가한다.

---

52. 인장력을 받는 원형 단면 강봉의 지름을 4배로 하면 수직응력도(normal stress)는 기존 응력도의 얼마로 줄어드는가?

① $\dfrac{1}{2}$ 　② $\dfrac{1}{4}$

③ $\dfrac{1}{8}$ 　④ $\dfrac{1}{16}$

해설 (1) 강봉의 인장응력 $\sigma = \dfrac{N}{A}$

여기서, N : 인장하중

A : 단면적 $\left(= \dfrac{\pi D^2}{4}\right)$

(2) $\sigma_1 : \sigma_2 = \dfrac{N}{\dfrac{\pi D^2}{4}} : \dfrac{N}{\dfrac{\pi (4D)^2}{4}} = 1 : \dfrac{1}{16}$

---

53. 인장이형철근 및 압축이형철근의 정착길이(l_d)에 관한 기준으로 옳지 않은 것은? (단, KDS 기준)

① 계산에 의하여 산정한 인장이형철근의 정착길이는 항상 200 mm 이상이어야 한다.

② 계산에 의하여 산정한 압축이형철근의 정착길이는 항상 200 mm 이상이어야 한다.

③ 인장 또는 압축을 받는 하나의 다발철근 내에 있는 개개 철근의 정착길이 l_d는 다발철근이 아닌 경우의 각 철근의 정착길이보다 3개의 철근으로 구성된 다발철근에 대해서는 20 %를 증가시켜야 한다.

④ 단부에 표준갈고리가 있는 인장이형철근의 정착길이는 항상 $8d_b$ 이상, 또한 150 mm 이상이어야 한다.

해설 인장이형철근

(1) 정착길이(l_d)

＝기본정착길이(l_{db})×보정계수≧300 mm

→ 인장이형철근의 정착길이는 항상 300 mm 이상이어야 한다.

(2) 기본정착길이(l_{db})＝$\dfrac{0.6 d_b f_y}{\lambda \sqrt{f_{ck}}}$

여기서, d_b : 철근의 공칭지름

f_y : 철근의 항복강도

λ : 경량콘크리트계수

f_{ck} : 콘크리트의 설계기준강도

---

54. 철근콘크리트 보 설계 시 적용되는 경량 콘크리트계수 중 모래경량콘크리트의 경우에 적용되는 계수값은 얼마인가?

① 0.65 　② 0.75

③ 0.85 　④ 1.0

해설 경량콘크리트계수(λ)

(1) 보통중량콘크리트 : $\lambda = 1.0$

(2) 모래경량콘크리트 : $\lambda = 0.85$

(3) 전경량콘크리트 : $\lambda = 0.75$

---

55. 그림과 같이 스팬이 8,000 mm이며, 보 중심 간격이 3,000 mm인 합성보 H−588×300×12×20의 강재에 콘크리트 두께 150 mm로 합성보를 설계하고자 한다. 합성보 B의 슬래브 유효폭을 구하면? (단, 스터드 전단연결재가 설치됨)

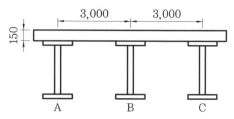

---

① 1,500 mm   ② 2,000 mm

③ 3,000 mm   ④ 4,000 mm

해설 (1) 합성보의 유효폭(b_e)

다음 값은 좌우 한방향의 값이므로 합성보의 유효폭(b_e)은 좌우 합산을 해야 한다.

- 보 스팬의 $\dfrac{1}{8}$

- 보 중심선에서 인접 보 중심선까지 거리의 $\dfrac{1}{2}$

- 보 중심선에서 슬래브의 가장자리까지의 거리

(2) 합성보의 유효폭(b_e)(다음 중 작은 값)

- $b_{e1} = 8,000 \times \dfrac{1}{8} \times 2 = 2,000\,\mathrm{mm}$

- $b_{e2} = 3,000 \times \dfrac{1}{2} \times 2 = 3,000\,\mathrm{mm}$

∴ $b_e = 2,000\,\mathrm{mm}$

56. 등분포하중을 받는 4변 고정 2방향 슬래브에서 모멘트양이 일반적으로 가장 크게 나타나는 곳은?

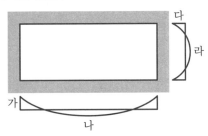

① 가   ② 나

③ 다   ④ 라

해설 (1) 4변 고정 바닥판

- 1방향 슬래브 : $\lambda = \dfrac{L_y}{L_x} > 2$

- 2방향 슬래브 : $\lambda = \dfrac{L_y}{L_x} \leq 2$

(2) 2방향 슬래브 휨모멘트 크기 순서

1. 단변 방향 단부 ㉯

2. 단변 방향 중앙부 ㉴

3. 장변 방향 단부 ㉮

4. 장변 방향 중앙부 ㉰

57. 다음 중 내진 I등급 구조물의 허용층간변위로 옳은 것은? (단, KDS 기준, h_{sx}는 x층 층고)

① $0.005h_{sx}$ ② $0.010h_{sx}$

③ $0.015h_{sx}$ ④ $0.020h_{sx}$

해설 (1) 허용층간변위

내진등급	허용층간변위
특등급	$0.010h_{sx}$
I등급	$0.015h_{sx}$
II등급	$0.020h_{sx}$

(2) 내진등급

㉮ 내진 특등급 : 지진 시 매우 큰 재난이 발생하거나, 기능이 마비된다면 사회적으로 매우 큰 영향을 줄 수 있는 시설의 등급을 의미한다.

㉯ 내진 I등급 : 지진 시 큰 재난이 발생하거나, 기능이 마비된다면 사회적으로 큰 영향을 줄 수 있는 시설의 등급을 의미한다.

㉰ 내진 II등급 : 지진 시 재난이 크지 않거나, 기능이 마비되어도 사회적으로 영향이 크지 않은 시설의 등급을 의미한다.

58. 강도설계법에서 양단 연속 1방향 슬래브의 스팬이 3,000 mm일 때 처짐을 계산하지 않는 경우 슬래브의 최소 두께를 계산한 값으로 옳은 것은? (단, 단위중량 $w_c =$ 2,300 kg/m³의 보통콘크리트 및 $f_y = 400$ MPa 철근 사용)

① 107.1 mm   ② 124.3 mm

③ 132.1 mm   ④ 145.5 mm

해설 (1) 처짐을 계산하지 않는 경우 슬래브의 최소 두께

정답   56. ③   57. ③   58. ①

구분	캔틸레버	단순지지	일단연속	양단연속
보	$\dfrac{l}{8}$	$\dfrac{l}{16}$	$\dfrac{l}{18.5}$	$\dfrac{l}{21}$
1방향 슬래브	$\dfrac{l}{10}$	$\dfrac{l}{20}$	$\dfrac{l}{24}$	$\dfrac{l}{28}$

(2) 양단 연속 1방향 슬래브의 처짐을 계산하지 않는 경우 슬래브의 최소 두께

$$= 3,000\,\text{mm} \times \frac{1}{28} = 107.1\,\text{mm}$$

59. 합성보에서 강재보와 철근콘크리트 또는 합성슬래브 사이의 미끄러짐을 방지하기 위하여 설치하는 것은?

① 스터드 볼트　　② 퍼린
③ 윈드칼럼　　　　④ 턴버클

해설 ① 스터드 볼트(stud bolt) : 형강보에 있는 슬래브의 전단에 의한 미끄러짐을 방지하기 위해 설치하는 철물
② 퍼린(pulin) : 중도리
③ 윈드칼럼(wind column) : 고층건물의 기둥 사이에 패널을 설치하기 위해 2 m 정도 간격으로 배치한 샛기둥
④ 턴버클(turn buckle) : 인장 가새 긴결재

60. 다음 구조용 강재의 명칭에 관한 내용으로 옳지 않은 것은?

① SM – 용접구조용 압연 강재(KS D 3515)
② SS – 일반구조용 압연 강재(KS D 3503)
③ SN – 건축구조용 각형 탄소 강관(KS D 3864)
④ SGT – 일반구조용 탄소 강관(KS D 3566)

해설 • SN(Steel New) – 건축구조용 압연 강재(KS D 3861)

• SNRT(Steel New Rectangular Tube)–건축구조용 각형 탄소 강관

제4과목　　건축설비

61. 옥내소화전설비에 관한 설명으로 옳지 않은 것은?

① 옥내소화전 방수구는 바닥으로부터의 높이가 1.5 m 이하가 되도록 설치한다.
② 옥내소화전설비의 송수구는 구경 65 mm의 쌍구형 또는 단구형으로 한다.
③ 전동기에 따른 펌프를 이용하는 가압송수 장치를 설치하는 경우, 펌프는 전용으로 하는 것이 원칙이다.
④ 어느 한 층의 옥내소화전을 동시에 사용할 경우 각 소화전의 노즐선단에서의 방수압력은 최소 0.7 MPa 이상이 되어야 한다.

해설 옥내소화전설비
(1) 옥내소화전함
• 건축물 내 소화를 위해 복도 등에 설치한 box
• 앵글밸브(방수구)·소방호스·노즐(관창)로 구성
(2) 옥내소화전 방수구는 소화전함의 앵글 밸브를 말하며, 바닥으로부터의 높이는 1.5 m 이하로 한다.
(3) 옥내소화전을 동시에 사용할 경우 각 소화전의 노즐선단에서의 방수압력이 0.17 MPa 이상이고, 방수량이 분당 130 L/min 이상이 되는 성능의 것으로 할 것. 다만, 하나의 옥내소화전을 사용하는 노즐선단에서의 방수압력이 0.7 MPa을 초과할 경우에는 호스접결구의 인입 측에 감압장치를 설치해야 한다.

62. 흡수식 냉동기의 주요 구성부분에 속하지 않는 것은?

① 응축기　　　② 압축기
③ 증발기　　　④ 재생기

해설 (1) 흡수식 냉동기의 구성요소
　　㉮ 흡수기 : 흡수제가 냉매를 흡수하는 곳
　　㉯ 재생기(발생기) : 흡수제와 냉매를 분리하여 기체를 발생시키는 곳
　　㉰ 응축기 : 냉매가 기체에서 액체로 응축되는 열교환기
　　㉱ 증발기 : 냉매가 액체에서 기체로 증발되는 열교환기
(2) 압축식 냉동기의 구성요소
　　㉮ 압축기 : 저압, 저온의 냉매가스를 압축
　　㉯ 응축기 : 고압, 고온의 냉매가스를 응축 및 액화
　　㉰ 팽창밸브 : 저온, 저압의 액체로 교축 및 팽창
　　㉱ 증발기 : 저온, 저압의 액체 냉매가 피냉각물질로부터 열을 흡수하여 증발

63. 다음과 같은 조건에 있는 실의 틈새바람에 의한 현열부하는?

- 실의 체적 : 400 m³
- 환기횟수 : 0.5회/h
- 실내온도 : 20℃, 외기온도 : 0℃
- 공기의 밀도 : 1.2 kg/m³
- 공기의 정압비열 : 1.01 kJ/kg·K

① 약 654 W　　② 약 972 W
③ 약 1,347 W　　④ 약 1,654 W

해설 (1) 현열부하 : 온도만 변화시키는 데 드는 열량

(2) 일량 $1W = 1 J/s = \dfrac{1}{1,000} kJ/s \times \dfrac{3,600 s}{1 h}$

$= \dfrac{3,600}{1,000} kJ/h = 3.6 kJ/h$

(3) 틈새바람에 의한 현열부하
- 환기량(m³/h)

$=$실의 체적(m³)$\times$환기횟수(회/h)
$= 400 m^3 \times 0.5회/h = 200 m^3/h$
- 현열부하$=$환기량(m³/h)$\times$공기의 밀도 (kg/m³)$\times$비열(kJ/kg·K)$\times$온도차(K)
$= 200 m^3/h \times 1.2 kg/m^3$
$\times 1.01 kJ/kg \cdot K \times 20 K$
$= 4,848 kJ/h$
∴　$4,848 kJ/h \div 3.6 kJ/h = 1,347 W$

64. 다음 설명에 알맞은 통기방식은?

- 회로통기방식이라고도 한다.
- 2개 이상의 기구트랩에 공통으로 하나의 통기관을 설치하는 방식이다.

① 공용통기방식　　② 루프통기방식
③ 신정통기방식　　④ 결합통기방식

해설 루프(회로)통기관
(1) 최상류 위생기구 밑에 통기관을 설치
(2) 2~8개의 위생기구의 봉수를 보호하기 위한 통기관

65. 가스설비에 사용되는 거버너(governor)에 관한 설명으로 옳은 것은?

① 실내에서 발생되는 배기가스를 외부로 배출시키는 장치
② 연소가 원활히 이루어지도록 외부로부터 공기를 받아들이는 장치
③ 가스가 누설되거나 지진이 발생했을 때 가스공급을 긴급히 차단하는 장치
④ 가스공급회사로부터 공급받은 가스를 건물에서 사용하기에 적합한 압력으로 조정하는 장치

해설 가스 거버너(gas governor) : 가스 공급 압력을 적정 압력으로 조절하는 장치

66. 급수설비에서 역류를 방지하여 오염으로부터 상수계통을 보호하기 위한 방법으로

옳지 않은 것은?

① 토수구 공간을 둔다.

② 각개통기관을 설치한다.

③ 역류방지밸브를 설치한다.

④ 가압식 진공브레이커를 설치한다.

해설 (1) 각개통기관 : 위생기구의 트랩의 봉수를 보호하기 위해 위생기구 배수수직관 위의 통기수직관에 연결한 통기관

(2) 급수설비 역류 방지 방법

㉮ 토수구 공간을 둔다.

㉯ 역류방지밸브를 설치한다.

㉰ 가압식 진공브레이커를 설치한다.

㉱ 크로스 커넥션의 오접합 방지를 한다.

67. 온수난방방식에 관한 설명으로 옳지 않은 것은?

① 예열시간이 짧아 간헐운전에 주로 이용된다.

② 한랭지에서 운전 정지 중에 동결의 위험이 있다.

③ 증기난방방식에 비해 난방부하 변동에 따른 온도조절이 용이하다.

④ 보일러 정지 후에도 여열이 남아 있어 실내 난방이 어느 정도 지속된다.

해설 (1) 예열시간 : 물을 가열하여 난방할 수 있을 때까지 걸리는 시간

(2) 간헐운전 : 필요한 시간에 난방하는 방식

(3) 온수난방은 예열시간이 길어 간헐운전에 적합하지 않고, 증기난방은 예열시간이 짧아 간헐운전에 적합하다.

68. 다음 중 자연환기에 관한 설명으로 옳지 않은 것은?

① 풍력환기량은 풍속이 높을수록 증가한다.

② 중력환기량은 개구부 면적이 클수록 증가한다.

③ 중력환기량은 실내외 온도차가 클수록 감소한다.

④ 중력환기는 실내외의 온도차에 의한 공기의 밀도차가 원동력이 된다.

해설 자연환기의 구분

(1) 풍력환기 : 바람의 압력차에 의한 환기

(2) 중력환기 : 실내외의 온도차에 의한 공기의 밀도차가 원동력이다. 중력환기량은 실내외 온도차가 클수록 증가한다.

69. 어떤 실의 취득열량이 현열 35,000 W, 잠열 15,000 W이었을 때, 현열비는?

① 0.3 ② 0.4

③ 0.7 ④ 2.3

해설 현열비(SHF : sensible heat factor)

$$= \frac{현열}{현열 + 잠열}$$
$$= \frac{35,000\,\text{W}}{35,000\,\text{W} + 15,000\,\text{W}} = 0.7$$

70. 간접가열식 급탕방식에 관한 설명으로 옳지 않은 것은?

① 저압보일러를 써도 되는 경우가 많다.

② 직접가열식에 비해 소규모 급탕설비에 적합하다.

③ 급탕용 보일러는 난방용 보일러와 겸용할 수 있다.

④ 직접가열식에 비해 보일러 내면에 스케일이 발생할 염려가 적다.

해설 중앙집중 급탕방식

(1) 직접가열식 급탕방식 : 보일러에서 급수를 가열하여 직접 수전에 보내거나 저탕조에 보내 저장 후 급탕하는 방식

(2) 간접가열식 급탕방식 : 보일러에서 가열한 고온수나 증기를 저탕조 내의 가열코일에 보내어 급탕하는 방식

(3) 급탕방식 비교

구분	직접가열식	간접가열식
보일러	고압	저압
스케일	발생 많다	발생 적다
규모	소규모	대규모

71. 엘리베이터의 안전장치에 속하지 않는 것은?

① 균형추　　　　② 완충기
③ 조속기　　　　④ 전자브레이크

해설 ① 균형추 : 카(승강기)와 반대쪽에 위치하여 균형을 유지하기 위한 것으로 안전장치가 아니다.
② 완충기 : 승강기 추락 시 충격을 완화하기 위해 피트 바닥에 설치하는 안전장치
③ 조속기 : 일정 속도 이상일 때 브레이크나 안전장치를 작동시키는 기능
④ 전자브레이크 : 정지할 때 급제동하여 미끄러짐을 방지하고 위치를 고정하는 장치

72. 다음 중 조명률에 영향을 끼치는 요소와 가장 거리가 먼 것은?

① 광원의 높이
② 마감재의 반사율
③ 조명기구의 배광방식
④ 글레어(glare)의 크기

해설 (1) 조명률 : 조명기구에서 나오는 광속 중 대상면에 비치는 비율
(2) 조명률에 영향을 미치는 요인
　㉮ 광원의 높이
　㉯ 마감재의 반사율
　㉰ 조명기구의 배광방식
(3) 글레어(glare) : 조명도가 고르지 못해 대상을 잘 볼 수 없거나 잠시 보지 못하게 되는 현상

73. 자동화재탐지설비의 열감지기 중 주위온도가 일정 온도 이상일 때 작동하는 것은?

① 차동식　　　　② 정온식
③ 광전식　　　　④ 이온화식

해설 (1) 열감지기
　㉮ 차동식 : 주위온도가 일정한 온도 상승률 이상일 때 작동(사무실에서 주로 사용)
　㉯ 정온식 : 주위온도가 일정 온도 이상일 때 작동(주방·보일러실에서 주로 사용)
　㉰ 보상식 : 차동식과 정온식의 두 가지의 성능을 갖고 있는 화재감지기
(2) 연기감지기
　㉮ 이온화식 : 연기가 이온화 공기와 결합하여 적은 전류에 의해 화재를 감지하는 방식
　㉯ 광전식 : 공기가 일정한 농도의 연기를 포함하게 되면 연기에 의하여 광전소자에 접하는 광량의 변화로 작동하는 감지기

74. 어느 점광원에서 1 m 떨어진 곳의 직각면 조도가 200 lx일 때, 이 광원에서 2 m 떨어진 곳의 직각면 조도는?

① 25 lx　　　　② 50 lx
③ 100 lx　　　④ 200 lx

해설 조도의 거리 역제곱의 법칙 : 조도는 광도에 비례하고 거리의 제곱에 반비례한다.

조도 $E = \dfrac{I}{r^2}$

여기서, I : 광도
　　　　r : 거리

$r = \dfrac{2\,\text{m}}{1\,\text{m}} = 2$배

$E_2 = \dfrac{E_1}{2^2} = \dfrac{200}{4} = 50\,\text{lx}$

참고 (1) 광속(F) : 광원의 빛의 양(단위 : lm)

(2) 광도(I) = $\dfrac{광속(\text{lm})}{입체각(\text{sr})}$ (단위 : cd)

(3) 조도(E) = $\dfrac{광속(F)}{면적(\text{m}^2)}$ (단위 : lx)

(4) 휘도(B) = $\dfrac{광도(I)}{면적(\text{m}^2)}$

정답　**71.** ①　**72.** ④　**73.** ②　**74.** ②

(단위 : nt=$\dfrac{\text{cd}}{\text{m}^2}$, sb=$\dfrac{\text{cd}}{\text{cm}^2}$)

(5) 광속발산도$(R)=\dfrac{\text{광속}(F)}{\text{광원의 면적}(\text{m}^2)}$

(단위 : rlx)

75. 단일 덕트 변풍량 방식에 관한 설명으로 옳지 않은 것은?

① 전공기 방식의 특성이 있다.
② 각 실이나 존의 온도를 개별제어할 수 있다.
③ 일사량 변화가 심한 페리미터 존에 적합하다.
④ 정풍량 방식에 비해 설비비는 낮아지나 운전비가 증가한다.

해설 단일 덕트 변풍량 방식은 실의 풍량을 조절하기 위해 VAV 기기를 설치하므로 정풍량 방식에 비해 설비비가 증가된다.

참고 (1) 공기조화 영역
⑦ 페리미터 존(perimeter zone) : 외벽에 접한 구역
⑭ 인테리어 존(interior zone) : 페리미터 존을 제외한 내부 구역
(2) 단일 덕트 변풍량 방식
⑦ 단일 덕트로 공조기에서 송풍온도는 일정하게 하고 VAV로 부하 변화에 따라 송풍량을 변화시킨다.
⑭ 전공기 방식이다.
⑭ 덕트의 단말에 송풍을 조절하는 VAV기기를 설치하므로 설비비는 증가하나 각 실의 개별제어를 할 수 있고 페리미터 존에 적합하다.

76. 다음 설명에 알맞은 접지의 종류는?

기능상 목적이 서로 다르거나 동일한 목적의 개별접지들을 전기적으로 서로 연결하여 구현한 접지

① 단독접지　　② 공통접지
③ 통합접지　　④ 종별접지

해설 접지의 종류
(1) 단독접지 : 접지를 필요로 하는 개개의 설비에 대해서 각각 독립적으로 하는 접지
(2) 공통접지 : 기능상 목적이 같은 접지들을 전기적으로 연결한 접지
(3) 통합접지 : 기능상 목적이 서로 다르거나 동일한 목적의 개별접지들을 전기적으로 서로 연결하여 구현한 접지
(4) 글로벌(전체적) 접지 : 여러 개의 공통접지나 통합접지를 연결한 접지
※ 종별접지 : 제1종, 제2종, 제3종, 특별 제3종 접지(2021년 시행 폐지)

77. 전기설비의 배선공사에 관한 설명으로 옳지 않은 것은?

① 금속관 공사는 외부적 응력에 대해 전선보호의 신뢰성이 높다.
② 합성수지관 공사는 열적 영향이나 기계적 외상을 받기 쉬운 곳에서는 사용이 곤란하다.
③ 금속 덕트 공사는 다수회선의 절연전선이 동일 경로에 부설되는 간선 부분에 사용된다.
④ 플로어 덕트 공사는 옥내의 건조한 콘크리트 바닥면에 매입 사용되나 강·약전을 동시에 배선할 수 없다.

해설 (1) 강전설비 : 전기배선공사, 변전설비, 전동기, 축전지설비, 조명설비, 전열설비 등
(2) 약전설비 : 전기공사 이외의 설비, 전화설비, 안테나 설비, 방송설비, 정보통신 설비 등
(3) 플로어 덕트 공사는 콘크리트 바닥면 위의 금속관 속에 강전과 약전을 설치하여 실바닥면에 전선을 인출하는 방식이다.

정답 75. ④　76. ③　77. ④

78. 다음 중 건축물 실내공간의 잔향시간에 가장 큰 영향을 주는 것은?

① 실의 용적

② 음원의 위치

③ 벽체의 두께

④ 음원의 음압

해설 잔향시간은 밀폐된 공간에서 실내음의 에너지가 $\dfrac{1}{1,000,000}$ 로 감쇠하는 데 소요되는 시간으로 실의 규모(실용적)에 비례한다.

잔향시간$(RT) = 0.16\dfrac{V}{A}$

여기서, V : 실의 용적(m^3)

　　　　A : 흡음면적(m^2)

79. 다음 설명에 알맞은 급수 방식은?

- 위생성 측면에서 가장 바람직한 방식이다.
- 정전으로 인한 단수의 염려가 없다.

① 수도직결방식　　② 고가수조방식

③ 압력수조방식　　④ 펌프직송방식

해설 수도직결방식

(1) 수도본관에서 수전까지 직접 연결한 방식

(2) 정전 시 급수할 수 있다.

(3) 단수 시 급수가 불가하다.

(4) 저장 후 사용하는 방식이 아니므로 위생상 가장 바람직하다.(수질오염 가능성이 가장 적다.)

80. 온열 감각에 영향을 미치는 물리적 온열 4요소에 속하지 않는 것은?

① 기온　　　　　② 습도

③ 일사량　　　　④ 복사열

해설 온열 감각

(1) 덥거나 춥다고 느끼는 감각

(2) 온열 4요소 : 온도(기온), 습도, 복사열, 기류

제5과목 | **건축관계법규**

81. 국토의 계획 및 이용에 관한 법령상 아래와 같이 정의되는 것은?

도시·군계획 수립 대상지역의 일부에 대하여 토지 이용을 합리화하고 그 기능을 증진시키며 미관을 개선하고 양호한 환경을 확보하며, 그 지역을 체계적·계획적으로 관리하기 위하여 수립하는 도시·군관리계획

① 광역도시계획

② 지구단위계획

③ 도시·군기본계획

④ 입지규제최소구역계획

해설 지구단위계획 : 도시·군계획 수립 대상지역의 일부에 대하여 토지 이용을 합리화하고 그 기능을 증진시키며 미관을 개선하고 양호한 환경을 확보하며, 그 지역을 체계적·계획적으로 관리하기 위하여 수립하는 도시·군관리계획

참고 국토의 계획 및 이용에 관한 법률

(1) 광역도시계획 : 광역계획권의 장기발전방향을 제시하는 계획

(2) 도시·군계획 : 특별시·광역시·특별자치시·특별자치도·시 또는 군의 관할 구역에 대하여 수립하는 공간구조와 발전방향에 대한 계획

(3) 도시·군기본계획 : 특별시·광역시·특별자치시·특별자치도·시 또는 군의 관할 구역에 대하여 기본적인 공간구조와 장기발전방향을 제시하는 종합계획으로서 도시·군관리계획 수립의 지침이 되는 계획

(4) 도시·군관리계획 : 특별시·광역시·특별자치시·특별자치도·시 또는 군의 개발·정비 및 보전을 위하여 수립하는 토지 이용, 교통, 환경, 경관, 안전, 산업, 정보통신, 보건, 복지, 안보, 문화 등에 관한 다음 각 목의 계획을 말한다.

정답　**78.** ①　**79.** ①　**80.** ③　**81.** ②

- 용도지역·용도지구의 지정 또는 변경에 관한 계획
- 개발제한구역, 도시자연공원구역, 시가화조정구역, 수산자원보호구역의 지정 또는 변경에 관한 계획
- 기반시설의 설치·정비 또는 개량에 관한 계획
- 도시개발사업이나 정비사업에 관한 계획
- 지구단위계획구역의 지정 또는 변경에 관한 계획과 지구단위계획
- 입지규제최소구역의 지정 또는 변경에 관한 계획과 입지규제최소구역계획

82. 주차장법령상 노외주차장의 구조 및 설비기준에 관한 아래 설명에서, ⓐ~ⓒ에 들어갈 내용이 모두 옳은 것은?

> 노외주차장의 출구 부근의 구조는 해당 출구로부터 (ⓐ)미터(이륜자동차전용 출구의 경우에는 1.3미터)를 후퇴한 노외주차장의 차로의 중심선상 (ⓑ)미터의 높이에서 도로의 중심선에 직각으로 향한 왼쪽·오른쪽 각각 (ⓑ)도의 범위에서 해당 도로를 통행하는 자를 확인할 수 있도록 하여야 한다.

① ⓐ 1, ⓑ 1.2, ⓒ 45
② ⓐ 2, ⓑ 1.4, ⓒ 60
③ ⓐ 3, ⓑ 1.6, ⓒ 60
④ ⓐ 2, ⓑ 1.2, ⓒ 45

해설 노외주차장
(1) 정의 : 도로 교통광장 이외의 주차장
(2) 출구 부근의 구조 : 해당 출구로부터 2 m (이륜자동차전용 출구의 경우에는 1.3 m)를 후퇴한 노외주차장의 차로의 중심선 상 1.4 m의 높이에서 도로의 중심선에 직각으로 향한 왼쪽·오른쪽 각각 60°의 범위에서 해당 도로를 통행하는 자를 확인할 수 있도록 하여야 한다.

83. 하나 이상의 필지의 일부를 하나의 대지로 할 수 있는 토지 기준에 해당하지 않는 것은?

① 도시·군계획시설이 결정·고시된 경우 그 결정·고시된 부분의 토지
② 농지법에 따른 농지전용허가를 받은 경우 그 허가받은 부분의 토지
③ 국토의 계획 및 이용에 관한 법률에 따른 지목변경 허가를 받은 경우 그 허가받은 부분의 토지
④ 산지관리법에 따른 산지전용허가를 받은 경우 그 허가받은 부분의 토지

해설 하나 이상의 필지의 일부를 하나의 대지로 할 수 있는 토지
(1) 도시·군계획시설이 결정·고시된 경우 그 결정·고시된 부분의 토지
(2) 농지법에 따른 농지전용허가를 받은 경우 그 허가받은 부분의 토지
(3) 산지관리법에 따른 산지전용허가를 받은 경우 그 허가받은 부분의 토지
(4) 국토의 계획 및 이용에 관한 법률에 따른 개발행위허가를 받은 경우 그 허가받은 부분의 토지
(5) 사용승인을 신청할 때 필지를 나눌 것을 조건으로 건축허가를 하는 경우 그 필지가 나누어지는 토지

참고 • 지번 : 땅의 번호
• 지목 : 땅의 명목(택지·논·밭 등)

84. 다음 중 건축물의 용도변경 시 허가를 받아야 하는 경우에 해당하지 않는 것은?

① 주거업무시설군에 속하는 건축물의 용도를 근린생활시설군에 해당하는 용도로 변경하는 경우
② 문화 및 집회시설군에 속하는 건축물의 용도를 영업시설군에 해당하는 용도로 변경하는 경우
③ 전기통신시설군에 속하는 건축물의 용

도를 산업 등의 시설군에 해당하는 용도로 변경하는 경우

④ 교육 및 복지시설군에 속하는 건축물의 용도를 문화 및 집회시설군에 해당하는 용도로 변경하는 경우

해설 (1) 허가 대상 : 상위군에 해당하는 용도로 변경하는 경우

(2) 신고 대상 : 하위군에 해당하는 용도로 변경하는 경우

시설군	세부 용도
1. 자동차 관련 시설군	자동차 관련 시설
2. 산업 등의 시설군	운수시설, 창고시설, 위험물저장 및 처리 시설, 자원순환 관련 시설, 묘지 관련 시설, 장례시설
3. 전기통신 시설군	방송통신시설, 발전시설
4. 문화 및 집회시설군	문화 및 집회시설, 종교시설, 위락시설, 관광휴게시설
5. 영업시설군	판매시설, 운동시설, 숙박시설
6. 교육 및 복지시설군	의료시설, 교육연구시설, 노유자시설, 수련시설
7. 근린생활시설군	제1, 2종 근린생활시설
8. 주거업무시설군	단독주택, 공동주택, 업무시설, 교정 및 군사시설
9. 그 밖의 시설군	동물 및 식물 관련 시설

①, ③, ④는 상위군에 해당하는 용도로 변경하는 경우이므로 허가 대상이고, ②는 하위군에 해당하는 용도로 변경하는 경우이므로 신고 대상이다.

85. 건축물의 피난층 외의 층에서 피난층 또는 지상으로 통하는 직통계단을 거실의 각 부분으로부터 계단에 이르는 보행거리가 최대 얼마 이내가 되도록 설치하여야 하는가? (단, 건축물의 주요구조부는 내화구조이고 층수는 15층으로 공동주택이 아닌 경우)

① 30 m 　　　② 40 m
③ 50 m 　　　④ 60 m

해설 건축물의 피난층 외의 층에서는 피난층 또는 지상으로 통하는 직통계단을 거실의 각 부분으로부터 계단에 이르는 보행거리가 30 m 이하가 되도록 설치해야 한다. 다만, 건축물의 주요구조부가 내화구조 또는 불연재료로 된 건축물은 그 보행거리가 50 m(층수가 16층 이상인 공동주택의 경우 16층 이상인 층에 대해서는 40 m) 이하가 되도록 설치할 수 있다.

86. 건축물의 대지는 원칙적으로 최소 얼마 이상이 도로에 접하여야 하는가? (단, 자동차만의 통행에 사용되는 도로는 제외)

① 1.5 m 　　　② 2 m
③ 3 m 　　　④ 4 m

해설 건축물의 대지는 2 m 이상이 도로(자동차만의 통행에 사용되는 도로는 제외한다)에 접하여야 한다.

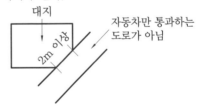

87. 다음 중 국토의 계획 및 이용에 관한 법령에 따른 용도지역 안에서의 건폐율 최대 한도가 가장 높은 것은?

① 준주거지역 　　　② 중심상업지역
③ 일반상업지역 　　　④ 유통상업지역

해설 건폐율
(1) 정의 : 대지면적에 대한 건축면적의 비율
(2) 최대 한도

- 중심상업지역 : 90 % 이하
- 유통상업지역 : 80 % 이하
- 일반상업지역 : 80 % 이하
- 근린상업지역 : 70 % 이하
- 준주거지역 : 70 % 이하

88. 피난 용도로 쓸 수 있는 광장을 옥상에 설치하여야 하는 대상 기준으로 옳지 않은 것은?

① 5층 이상인 층이 종교시설의 용도로 쓰는 경우

② 5층 이상인 층이 업무시설의 용도로 쓰는 경우

③ 5층 이상인 층이 판매시설의 용도로 쓰는 경우

④ 5층 이상인 층이 장례식장의 용도로 쓰는 경우

해설 5층 이상인 층이 제2종 근린생활시설 중 공연장·종교집회장·인터넷컴퓨터게임시설 제공업소(해당 용도로 쓰는 바닥면적의 합계가 각각 300 m² 이상인 경우만 해당한다), 문화 및 집회시설(전시장 및 동·식물원은 제외한다), 종교시설, 판매시설, 위락시설 중 주점영업 또는 장례시설의 용도로 쓰는 경우에는 피난 용도로 쓸 수 있는 광장을 옥상에 설치하여야 한다.

89. 공동주택과 오피스텔의 난방설비를 개별난방방식으로 하는 경우 설치기준과 거리가 먼 것은?

① 보일러실의 윗부분에는 그 면적이 0.5 m² 이상인 환기창을 설치할 것

② 보일러를 설치하는 곳과 거실 사이의 경계벽은 출입구를 포함하여 방화구조의 벽으로 구획할 것

③ 보일러의 연도는 내화구조로서 공동연도로 설치할 것

④ 기름보일러를 설치하는 경우에는 기름 저장소를 보일러실 외의 다른 곳에 설치할 것

해설 공동주택과 오피스텔의 난방설비를 개별난방방식으로 하는 경우 설치기준

(1) 보일러는 거실 외의 곳에 설치하되, 보일러를 설치하는 곳과 거실 사이의 경계벽은 출입구를 제외하고는 내화구조의 벽으로 구획할 것

(2) 보일러실의 윗부분에는 그 면적이 0.5 m² 이상인 환기창을 설치하고, 보일러실의 윗부분과 아랫부분에는 각각 지름 10 cm 이상의 공기흡입구 및 배기구를 항상 열려있는 상태로 바깥공기에 접하도록 설치할 것. 다만, 전기보일러의 경우에는 그러하지 아니하다.

(3) 보일러실과 거실 사이의 출입구는 그 출입구가 닫힌 경우에는 보일러가스가 거실에 들어갈 수 없는 구조로 할 것

(4) 기름보일러를 설치하는 경우에는 기름저장소를 보일러실 외의 다른 곳에 설치할 것

(5) 오피스텔의 경우에는 난방구획을 방화구획으로 구획할 것

(6) 보일러의 연도는 내화구조로서 공동연도로 설치할 것

90. 다음 설명에 알맞은 용도지구의 세분은?

> 건축물·인구가 밀집되어 있는 지역으로서 시설 개선 등을 통하여 재해 예방이 필요한 지구

① 일반방재지구

② 시가지방재지구

③ 중요시설물보호지구

④ 역사문화환경보호지구

해설 용도지구

(1) 시가지방재지구 : 건축물·인구가 밀집되어 있는 지역으로서 시설 개선 등을 통하여 재해 예방이 필요한 지구

(2) 중요시설물보호지구 : 중요시설물의 보호
와 기능의 유지 및 증진 등을 위하여 필요
한 지구

(3) 역사문화환경보호지구 : 문화재·전통사
찰 등 역사·문화적으로 보존가치가 큰 시
설 및 지역의 보호와 보존을 위하여 필요
한 지구

91. 국토의 계획 및 이용에 관한 법령상 지구
단위계획의 내용에 포함되지 않는 것은?
① 건축물의 배치·형태·색채에 관한 계획
② 건축물의 안전 및 방재에 대한 계획
③ 기반시설의 배치와 규모
④ 교통처리계획

해설 지구단위계획의 내용
(1) 기반시설의 배치와 규모
(2) 건축물의 용도제한, 건축물의 건폐율 또
는 용적률, 건축물 높이의 최고한도 또는
최저한도
(3) 환경관리계획 또는 경관계획
(4) 교통처리계획
(5) 건축물의 배치·형태·색채 또는 건축선에
관한 계획

참고 기반시설
(1) 도로·철도·항만·공항·주차장 등 교통시설
(2) 광장·공원·녹지 등 공간시설
(3) 유통업무설비, 수도·전기·가스공급설비,
방송·통신시설, 공동구 등 유통·공급 시설
(4) 학교·공공청사·문화시설 및 공공필요성이
인정되는 체육시설 등 공공·문화체육시설
(5) 하천·유수지·방화설비 등 방재시설
(6) 장사시설 등 보건위생시설
(7) 하수도, 폐기물처리 및 재활용시설, 빗물
저장 및 이용시설 등 환경기초시설

92. 다음은 지하층과 피난층 사이의 개방공
간 설치와 관련된 기준 내용이다. (   ) 안
에 알맞은 것은?

바닥면적의 합계가 (   ) 이상인 공연장·
집회장·관람장 또는 전시장을 지하층에
설치하는 경우에는 각 실에 있는 자가 지
하층 각 층에서 건축물 밖으로 피난하여
옥외 계단 또는 경사로 등을 이용하여 피
난층으로 대피할 수 있도록 천장이 개방
된 외부 공간을 설치하여야 한다.

① 5백 제곱미터   ② 1천 제곱미터
③ 2천 제곱미터   ④ 3천 제곱미터

해설 바닥면적의 합계가 $3,000\,\mathrm{m}^2$ 이상인 공
연장·집회장·관람장 또는 전시장을 지하층
에 설치하는 경우에는 각 실에 있는 자가 지
하층 각 층에서 건축물 밖으로 피난하여 옥외
계단 또는 경사로 등을 이용하여 피난층으로
대피할 수 있도록 천장이 개방된 외부 공간을
설치하여야 한다.

93. 건축지도원에 관한 설명으로 틀린 것은?
① 허가를 받지 아니하고 건축하거나 용
도변경한 건축물의 단속 업무를 수행
한다.
② 건축지도원은 시장, 군수, 구청장이 지
정할 수 있다.
③ 건축지도원의 자격과 업무범위는 국토
교통부령으로 정한다.
④ 건축신고를 하고 건축 중에 있는 건축
물의 시공 지도와 위법 시공 여부의 확
인·지도 및 단속 업무를 수행한다.

해설 건축지도원의 자격과 업무범위는 대통령
령으로 정한다.

94. 건축물의 거실에 국토교통부령으로 정하
는 기준에 따라 배연설비를 하여야 하는 대
상 건축물에 속하지 않는 것은? (단, 피난
층의 거실은 제외하며, 6층 이상인 건축물
의 경우)

① 종교시설　　② 판매시설
③ 위락시설　　④ 방송통신시설

해설 배연설비
(1) 정의 : 유독가스를 배출하는 시설
(2) 설치 대상 건축물 : 6층 이상인 건축물로 서 종교시설, 판매시설, 위락시설, 문화 및 집회시설, 운수시설, 교육연구 시설 중 연구소, 운동시설, 업무시설, 숙박시설 등

95. 계단 및 복도의 설치기준에 관한 설명으로 틀린 것은?

① 높이가 3 m를 넘은 계단에는 높이 3 m 이내마다 유효너비 120 cm 이상의 계단참을 설치할 것

② 거실 바닥면적의 합계가 100 m² 이상인 지하층에 설치하는 계단인 경우 계단 및 계단참의 유효너비는 120 cm 이상으로 할 것

③ 계단을 대체하여 설치하는 경사로의 경사도는 1 : 6을 넘지 아니할 것

④ 문화 및 집회시설 중 공연장의 개별 관람실(바닥면적이 300 m² 이상인 경우)의 바깥쪽에는 그 양쪽 및 뒤쪽에 각각 복도를 설치할 것

해설 계단을 대체하여 설치하는 경사로의 경사도는 1 : 8을 넘지 아니할 것

96. 주차장법령의 기계식주차장치의 안전기준과 관련하여, 중형 기계식주차장의 주차장치 출입구 크기기준으로 옳은 것은 어느 것인가? (단, 사람이 통행하지 않는 기계식주차장치인 경우)

① 너비 2.3 m 이상, 높이 1.6 m 이상
② 너비 2.3 m 이상, 높이 1.8 m 이상
③ 너비 2.4 m 이상, 높이 1.6 m 이상
④ 너비 2.4 m 이상, 높이 1.9 m 이상

해설 기계식주차장치 출입구의 크기는 중형 기

계식주차장의 경우에는 너비 2.3 m 이상, 높이 1.6 m 이상으로 하여야 하고, 대형 기계식주차장의 경우에는 너비 2.4 m 이상, 높이 1.9 m 이상으로 하여야 한다. 다만, 사람이 통행하는 기계식주차장치 출입구의 높이는 1.8 m 이상으로 한다.

97. 세대의 구분이 불분명한 건축물로 주거에 쓰이는 바닥면적의 합계가 300 m²인 주거용 건축물의 음용수용 급수관 지름의 최소 기준은?

① 20 mm　　② 25 mm
③ 32 mm　　④ 40 mm

해설 가구 또는 세대의 구분이 불분명한 건축물에 있어서는 주거에 쓰이는 바닥면적의 합계에 따라 다음과 같이 가구수를 산정한다.
(1) 바닥면적 85 m² 이하 : 1가구
(2) 바닥면적 85 m² 초과 150 m² 이하 : 3가구
(3) 바닥면적 150 m² 초과 300 m² 이하 : 5가구
(4) 바닥면적 300 m² 초과 500 m² 이하 : 16가구
(5) 바닥면적 500 m² 초과 : 17가구

주거용 건축물 급수관의 지름

가구 또는 세대수	급수관 지름의 최소 기준(mm)
1	15
2·3	20
4·5	25
6~8	32
9~16	40
17 이상	50

98. 면적 등의 산정방법과 관련한 용어의 설명 중 틀린 것은?

① 대지면적은 대지의 수평 투영면적으로 한다.

② 건축면적은 건축물의 외벽의 중심선으로 둘러싸인 부분의 수평 투영면적으로 한다.

③ 용적률을 산정할 때에는 지하층의 면적을 포함하여 연면적을 계산한다.

④ 건축물의 높이는 지표면으로부터 그 건축물의 상단까지의 높이로 한다.

해설 용적률

(1) 정의 : 용적률 $= \dfrac{\text{연면적}}{\text{대지면적}} \times 100\%$

(2) 용적률 산정 시 연면적에 포함되지 않는 항목

㉮ 지하층의 면적

㉯ 지상층의 주차용으로 쓰는 면적

㉰ 초고층 건축물과 준초고층 건축물에 설치하는 피난안전구역의 면적

㉱ 건축물의 경사지붕 아래에 설치하는 대피공간의 면적

99. 다음 중 건축법상 건축물의 용도 구분에 속하지 않는 것은? (단, 대통령령으로 정하는 세부 용도는 제외)

① 공장

② 교육시설

③ 묘지 관련 시설

④ 자원순환 관련 시설

해설 용도 구분에서 교육연구시설은 있으나 교육시설은 없다.

100. 다음 중 내화구조에 해당하지 않는 것은 어느 것인가?

① 벽의 경우 철재로 보강된 콘크리트블록조·벽돌조 또는 석조로서 철재에 덮은 콘크리트블록 등의 두께가 3 cm 이상인 것

② 기둥의 경우 철근콘크리트조로서 그 작은 지름이 25 cm 이상인 것

③ 바닥의 경우 철근콘크리트조로서 두께가 10 cm 이상인 것

④ 철근콘크리트조로 된 보

해설 벽의 경우 철재로 보강된 콘크리트블록조·벽돌조 또는 석조로서 철재에 덮은 콘크리트블록 등의 두께가 5 cm 이상인 것이 내화구조이다.

건축기사

제1과목 건축계획

1. 오토 바그너(Otto Wagner)가 주장한 근대 건축의 설계 지침 내용으로 옳지 않은 것은?

① 경제적인 구조
② 그리스 건축양식의 복원
③ 시공재료의 적당한 선택
④ 목적을 정확히 파악하고 완전히 충족시킬 것

해설 오토 바그너의 근대 건축의 설계 지침
(1) 단순하고 경제적인 구조
(2) 시공재료의 적당한 선택
(3) 정확한 목적의 파악

2. 사무소 건물의 엘리베이터 배치 시 고려사항으로 옳지 않은 것은?

① 교통동선의 중심에 설치하여 보행거리가 짧도록 배치한다.
② 대면배치에서 대면거리는 동일 군 관리의 경우 3.5~4.5 m로 한다.
③ 여러 대의 엘리베이터를 설치하는 경우, 그룹별 배치와 군 관리 운전방식으로 한다.
④ 일렬 배치는 6대를 한도로 하고, 엘리베이터 중심 간 거리는 10 m 이하가 되도록 한다.

해설 엘리베이터 배치 시 고려사항
(1) 교통동선의 중심에 설치하여 보행거리가 짧도록 배치한다.
(2) 여러 대의 엘리베이터를 설치하는 경우, 그룹별 배치와 군 관리 운전방식으로 한다.
(3) 일렬 배치는 4대를 한도로 하고, 엘리베이터 중심 간 거리는 8 m 이하가 되도록

한다.
(4) 4대 이상 설치 시에는 대면배치로 하고 대면거리는 동일 군 관리의 경우는 3.5~4.5 m로 하며, 다른 관리 존의 경우는 5~6 m 정도로 한다.
(5) 엘리베이터 홀은 엘리베이터 정원 합계의 50 % 정도를 수용할 수 있어야 하며, 1인당 점유면적은 0.5~0.8 m²로 계산한다.
(6) 지하층과 피난안전구역의 로비공간을 연결하거나 초고층 건축물에서 피난안전구역의 로비공간과 스카이 피난안전구역의 로비공간을 연결하는 셔틀용 엘리베이터는 위치가 명확한 별도의 구역으로 한다.

3. 공장건축의 레이아웃에 관한 설명으로 옳지 않은 것은?

① 장래 공장 규모의 변화에 대응한 융통성이 있어야 한다.
② 제품 중심의 레이아웃은 생산에 필요한 모든 공정, 기계기구를 제품의 흐름에 따라 배치한다.
③ 이동식 레이아웃은 사람이나 기계가 이동하여 작업하는 방식으로 제품이 크고, 수량이 적을 때 사용된다.
④ 레이아웃은 공장 생산성에 미치는 영향이 크므로 공장의 배치계획, 평면계획은 이것에 부합되는 건축계획이 되어야 한다.

해설 고정식 레이아웃은 사람(작업자)이나 작업기계가 이동하여 작업하는 방식으로 조선소처럼 제품이 크고, 수량이 적을 때 사용된다.

4. 열람자가 서가에서 책을 자유롭게 선택하나 관원의 검열을 받고 열람하는 도서관 출납 시스템은?

① 폐가식　　　② 반개가식
③ 안전개가식　　④ 자유개가식

> **해설** 안전개가식 : 열람자가 서고(도서 저장고)의 서가(책장)에서 책을 자유롭게 선택하나 관원의 검열을 받고 열람하는 도서관 출납 시스템
> ※ 자유개가식과 같으나 관원의 검열을 받고 열람하는 점이 다르다.

5. 학교 교사의 배치 형식에 관한 설명으로 옳지 않은 것은?

① 분산병렬형은 넓은 부지를 필요로 한다.
② 폐쇄형은 일조, 통풍 등 환경조건이 불균등하다.
③ 집합형은 이동 동선이 길어지고 물리적 환경이 나쁘다.
④ 분산병렬형은 구조계획이 간단하고 생활 환경이 좋아진다.

> **해설** 학교 교사의 배치 형식
> (1) 폐쇄형
> 　㉮ 운동장을 남향에 두고 T형·ㅁ형으로 배치
> 　㉯ 일조·통풍 등 환경 조건이 불균등하다.
> (2) 분산병렬형(핑거 플랜)
> 　㉮ 운동장을 남쪽으로 하고 북쪽으로 교사동을 평행으로 배치, 교사동에 연결복도 설치
> 　㉯ 넓은 부지가 필요하고, 생활 환경이 좋아진다.
> (3) 집합형
> 　㉮ 운동장 한편에 교사동 설치
> 　㉯ 이동 동선이 짧아지고 물리적 환경이 좋아진다.

6. 래드번(Radburn) 계획의 5가지 기본원리로 옳지 않은 것은?

① 기능에 따른 4가지 종류의 도로 구분
② 보도망 형성 및 보도와 차도의 평면적 분리

③ 자동차 통과도로 배제를 위한 슈퍼블록 구성
④ 주택단지 어디로나 통할 수 있는 공동 오픈 스페이스 조성

> **해설** 래드번(Radburn) 계획의 5가지 기본원리
> (1) 자동차 통과도로의 배제를 위한 슈퍼블록 구성(슈퍼블록 대공원 설치, 내부주택·학교 등은 보도로 연결)
> (2) 기능에 따른 4가지 종류의 도로 구분(4단계 도로 위계 : 간선도로·보조간선도로·집산도로·국지도로)
> (3) 보도망의 형성 및 보도와 차도의 입체적 분리(보도와 차도가 연결되는 부분은 차도의 건널목에 지하도·육교 설치)
> (4) 쿨데삭형의 세가로망 구성에 의해 주택의 거실을 차도에서 보도·정원을 향하도록 배치(쿨데삭 도로에 주차하고 주택 후면부의 거실·침실을 보도·정원에 면하게 배치)
> (5) 주택단지 어디로나 통할 수 있는 공동의 오픈 스페이스 조성(주택단지와 학교·수영장 등의 보도에는 공원·광장 위주의 오픈 스페이스로 연결)

7. 테라스 하우스에 관한 설명으로 옳지 않은 것은?

① 각 호마다 전용의 뜰(정원)을 갖는다.
② 각 세대의 깊이는 7.5 m 이상으로 하여야 한다.
③ 진입방식에 따라 하향식과 상향식으로 나눌 수 있다.
④ 시각적인 인공테라스형은 위층으로 갈수록 건물의 내부면적이 작아지는 형태이다.

> **해설** 테라스 하우스는 경사지를 이용하여 전면 휴게 공간인 테라스를 설치하는 연립주택으로 각 세대의 깊이는 7.5 m 이내로 한다.

8. 사무소 건축의 코어 형식 중 편심형 코어

에 관한 설명으로 옳지 않은 것은?

① 고층인 경우 구조상 불리할 수 있다.

② 각 층 바닥면적이 소규모인 경우에 사용된다.

③ 바닥면적이 커지면 코어 이외에 피난시설 등이 필요해진다.

④ 내진구조상 유리하며 구조코어로서 가장 바람직한 형식이다.

> **해설** (1) 중심 코어 형식 : 내진구조상 유리하며 구조코어로서 가장 바람직한 형식이다.
> (2) 편심 코어 형식 : 건물 한쪽 면에 코어를 설치하고, 바닥면적이 소규모인 경우에 사용되며, 구조적으로 피난상 불리하다.

9. 지속가능한(sustainable) 공동주택의 설계개념으로 적절하지 않은 것은?

① 환경친화적 설계

② 지형순응형 배치

③ 가변적 구조체의 확대 적용

④ 규격화, 동일화된 단위평면

> **해설** 지속가능한 공동주택
> (1) 사회적·기능적 변화에 대응하기 위해 건물의 골조는 유지하고 설비·내장·외장·평면 등을 쉽게 변경하거나 리모델링할 수 있도록 한 구조
> (2) 지형순응형 배치, 환경친화적 설계, 가변적 구조체의 확대 적용 등을 고려한다.

10. 우리나라의 현존하는 목조 건축물 중 가장 오래된 것은?

① 부석사 무량수전

② 부석사 조사당

③ 봉정사 극락전

④ 수덕사 대웅전

> **해설** 봉정사 극락전
> (1) 안동에 위치한 가장 오래된 목조 건축물
> (2) 맞배지붕·주심포집

11. 다음 중 병원건축에 있어서 파빌리온 타입(pavilion type)에 관한 설명으로 옳은 것은?

① 대지 이용의 효율성이 높다.

② 고층 집약식 배치형식을 갖는다.

③ 각 실의 채광을 균등히 할 수 있다.

④ 도심지에서 주로 적용되는 형식이다.

> **해설** 병원건축 형식의 분류
> (1) 집중식(고층밀집형)
> ㉮ 대지 이용의 효율성이 높다.
> ㉯ 대지 면적이 적은 도심지에 적합하다.
> ㉰ 일조·통풍이 불리하다.
> ㉱ 재난 시 피난에 불리하다.
> (2) 분관식(파빌리온형)
> ㉮ 넓은 대지가 필요하다.(저층 남향 배치 가능)
> ㉯ 일조·통풍이 유리하다.
> ㉰ 재난 시 피난에 유리하다.
> ㉱ 급배수·냉난방 등이 길어진다.
> ㉲ 채광을 균등히 할 수 있다.

12. 공연장의 객석 계획에서 잘 보이는 동시에 실제적으로 관객을 수용해야 하는 공연장에서 큰 무리가 없는 거리인 제1차 허용거리의 한도는?

① 15 m

② 22 m

③ 38 m

④ 52 m

> **해설** 공연장의 객석 계획
> (1) 무대 스크린의 수평시각 : 60°
> (2) 생리적 한도 : 15 m(연기자의 표정이나 동작을 감상)
> (3) 1차 허용한도 : 22 m(많은 관객을 수용할 수 있는 가시거리)
> (4) 2차 허용한도 : 35 m(연기자의 동작을 볼 수 있는 정도)

13. 백화점 매장의 배치 유형에 관한 설명으로 옳지 않은 것은?

① 직각 배치는 매장 면적의 이용률을 최대로 확보할 수 있다.

② 직각 배치는 고객의 통행량에 따라 통로폭을 조절하기 용이하다.

③ 사행 배치는 많은 고객이 매장공간의 코너까지 접근하기 용이한 유형이다.

④ 사행 배치는 main 통로를 직각 배치하며, sub 통로를 45° 정도 경사지게 배치하는 유형이다.

해설 백화점 매장의 진열대 계획

(1) 직각 배치
  ㉠ 이용률을 최대로 확보할 수 있다.
  ㉡ 통로폭의 조절이 어렵다.

(2) 사행 배치
  ㉠ 주(main) 통로는 직각 배치, 부(sub) 통로는 45° 정도 경사지게 배치한다.
  ㉡ 고객이 매장공간의 코너까지 접근하기 용이하다.

(3) 방사형 배치 : 매장의 중심에서 방사형으로 배치

14. 전시 공간의 특수전시기법 중 하나의 사실이나 주제의 시간상황을 고정시켜 연출함으로써 현장에 임한 듯한 느낌을 가지고 관찰할 수 있는 기법은?

① 알코브 전시

② 아일랜드 전시

③ 디오라마 전시

④ 하모니카 전시

해설 특수전시기법

(1) 파노라마 전시 : 연속적 표현

(2) 디오라마(알코브) 전시
  • 벽면 일부에 벽 장식으로 설치하여 전시물을 고정 설치
  • 현장에 임한 듯한 느낌

(3) 아일랜드 전시
  • 벽면에 띄워서 전시공간을 설치
  • 주변에서 관찰

(4) 하모니카 전시 : 일정한 평면 형태를 설치

15. 공동주택의 단면 형식에 관한 설명으로 옳지 않은 것은?

① 트리플렉스형은 듀플렉스형보다 공용면적이 크게 된다.

② 메조넷형에서 통로가 없는 층은 채광 및 통풍 확보가 양호하다.

③ 플랫형은 평면 구성의 제약이 적으며, 소규모의 평면계획도 가능하다.

④ 스킵 플로어형은 동일한 주거동에서 각기 다른 모양의 세대 배치가 가능하다.

해설 공동주택의 단면 형식의 분류

(1) 플랫형(단층형) : 주거단위가 동일한 층에만 구성되는 형식으로 평면 구성의 제약이 적다.

(2) 메조넷형(복층형)
  • 통로가 없는 층은 채광·통풍·프라이버시 확보가 가능하다.
  • 트리플렉스형(3개층 복층형)은 듀플렉스형(2개층 복층형)보다 공용면적이 작게 된다.

(3) 스킵 플로어형
  • 경사지를 이용하여 주거단위 일부를 층을 지게 계획
  • 각기 다른 모양의 세대 배치 가능

16. 도서관에 있어 모듈 계획(module plan)을 고려한 서고 계획 시 결정 및 선행되어야 할 요소와 가장 거리가 먼 것은?

① 엘리베이터의 위치

② 서가 선반의 배열 깊이

③ 서고 내의 주요 통로 및 교차 통로의 폭

④ 기둥의 크기와 방향에 따른 서가의 규모 및 배열의 길이

해설 (1) 모듈(module) : 건축물의 기본이 되는 단위

(2) 엘리베이터의 위치는 도서관의 모듈 계획과 거리가 멀다.

정답 **14.** ③ **15.** ① **16.** ①

17. 상점 건축의 진열장 배치에 관한 설명으로 옳은 것은?

① 손님 쪽에서 상품이 효과적으로 보이도록 계획한다.

② 들어오는 손님과 종업원의 시선이 정면으로 마주치도록 계획한다.

③ 도난을 방지하기 위하여 손님에게 감시한다는 인상을 주도록 계획한다.

④ 동선이 원활하여 다수의 손님을 수용하고 가능한 다수의 종업원으로 관리하게 한다.

해설 ② 손님과 종업원의 시선이 마주치지 않도록 계획한다.

③ 손님에게 감시한다는 인상을 주어서는 안 된다.

④ 동선을 원활하게 하여 소수의 종업원으로 다수의 손님을 관리하게 한다.

18. 다음과 같은 특징을 갖는 건축양식은?

> • 사라센 문화의 영향을 받았다.
> • 도서렛(dosseret)과 펜덴티브 돔(pendentive dome)이 사용되었다.

① 로마 건축 ② 이집트 건축
③ 비잔틴 건축 ④ 로마네스크 건축

해설 비잔틴 건축

(1) 사라센(아라비아 유목민) 문화의 영향

(2) 펜덴티브 돔이 사용된 성소피아 성당

(3) 주두 위에 부주두(도서렛)를 설치

19. 아파트에서 친교 공간 형성을 위한 계획 방법으로 옳지 않은 것은?

① 아파트에서의 통행을 공동 출입구로 집중시킨다.

② 별도의 계단실과 입구 주위에 집합단위를 만든다.

③ 큰 건물로 설계하고, 작은 단지는 통합하여 큰 단지로 만든다.

④ 공동으로 이용되는 서비스 시설을 현관에서 인접하여 통행의 주된 흐름에 약간 벗어난 곳에 위치시킨다.

해설 아파트의 친교 공간

(1) 종류 : 노인정·도서관·피트니스 공간·문화 공간 등

(2) 작은 건물로 설계하고, 큰 단지는 작은 단지로 구분하여 나눈다.

20. 호텔의 퍼블릭 스페이스(public space) 계획에 관한 설명으로 옳지 않은 것은?

① 로비는 개방성과 다른 공간과의 연계성이 중요하다.

② 프런트 데스크 후방에 프런트 오피스를 연속시킨다.

③ 주식당은 외래객이 편리하게 이용할 수 있도록 출입구를 별도로 설치한다.

④ 프런트 오피스는 기계화된 설비보다는 많은 사람을 고용함으로써 고객의 편의와 능률을 높여야 한다.

해설 프런트 데스크 후방에 있는 프런트 오피스(호텔 업무 공간)는 기계화된 설비 등을 배치하여 가급적 적은 인원으로 고객의 편의와 능률을 높여야 한다.

제2과목 **건축시공**

21. 페인트칠의 경우 초벌과 재벌 등을 도장할 때마다 색을 약간씩 다르게 하는 주된 이유는?

① 희망하는 색을 얻기 위하여

② 색이 진하게 되는 것을 방지하기 위하여

③ 착색안료를 낭비하지 않고 경제적으로 사용하기 위하여

④ 초벌, 재벌 등 페인트칠 횟수를 구별하기 위하여

해설 페인트칠에서 초벌은 엷은색, 재벌은 정색으로 칠하는 이유는 칠의 구분을 하기 위함이다.

22. 철근콘크리트 공사에 사용되는 거푸집 중 갱폼(gang form)의 특징으로 옳지 않은 것은?

① 기능공의 기능도에 따라 시공 정밀도가 크게 좌우된다.

② 대형 장비가 필요하다.

③ 초기 투자비가 높은 편이다.

④ 거푸집의 대형화로 이음 부위가 감소한다.

해설 갱폼(gang form) : 평면 구조가 동일한 아파트 등에 적용하는 시스템으로서 벽 외부에 상하로 이동할 수 있는 틀과 거푸집 설치·해체·미장·견출 마감 등을 할 수 있도록 한 구조이며, 내부는 유로폼·알폼 등을 설치한다.

(1) 대형 장비(크레인·윈치 등)가 필요하다.

(2) 초기 투자비가 높다.

(3) 이음부위가 감소된다.

(4) 기능공의 기능도에 따라 시공 정밀도가 좌우되지 않는다.

23. 철근콘크리트 PC 기둥을 8 ton 트럭으로 운반하고자 한다. 차량 1대에 최대로 적재가능한 PC 기둥의 수는? (단, PC 기둥의 단면크기는 30 cm×60cm, 길이는 3 m임)

① 1개   ② 2개

③ 4개   ④ 6개

해설 (1) 철근콘크리트의 단위용적중량 : 2.4 t/m^3

(2) 철근콘크리트 PC 기둥 1개의 중량

$$= 0.3\,m \times 0.6\,m \times 3\,m \times 2.4\,t/m^3$$

$$= 1.296\,t$$

(3) 8t 트럭 1대의 PC 기둥 적재 개수

$$= \frac{8\,t}{1.296\,t} = 6.17개$$

$$\therefore \ 6개$$

24. 실비정산보수가산계약 제도의 특징이 아닌 것은?

① 설계와 시공의 중첩이 가능한 단계별 시공이 가능하다.

② 복잡한 변경이 예상되거나 긴급을 요하는 공사에 적합하다.

③ 계약체결 시 공사비용의 최댓값을 정하는 최대보증한도 실비정산보수가산계약이 일반적으로 사용된다.

④ 공사금액을 구성하는 물량 또는 단위공사 부분에 대한 단가만을 확정하고 공사 완료 시 실시수량의 확정에 따라 정산하는 방식이다.

해설 실비정산보수가산식 : 공사의 실비(재료비·노무비)를 발주자가 도급자와 함께 확인 정산하고 도급자에게 보수만 지불하는 방식

(1) 긴급 공사에 적합하다.

(2) 수량 파악이 곤란하다.

(3) 설계 변경으로 수량 증감이 예상된다.

※ ④는 단가도급에 대한 설명이다.

25. 시멘트 광물질의 조성 중에서 발열량이 높고 응결시간이 가장 빠른 것은?

① 알루민산삼석회

② 규산삼석회

③ 규산이석회

④ 알루민산철사석회

해설 알루민산삼석회($3CaOAl_2O_3$)는 발열량이 높아 응결시간이 가장 빠르며, 조기강도가 1일 이내 발휘된다.

26. 프리패브 콘크리트(prefab concrete)에 관한 설명으로 옳지 않은 것은?

① 제품의 품질을 균일화 및 고품질화 할 수 있다.

② 작업의 기계화로 노무 절약을 기대할 수 있다.

③ 공장생산으로 부재의 규격을 다양하고 쉽게 변경할 수 있다.

④ 자재를 규격화하여 표준화 및 대량생산을 할 수 있다.

해설 프리패브 콘크리트(prefab concrete)는 공장에서 부재를 생산하여 현장에서 조립 시공하는 방식으로 부재의 규격을 다양하게 만들 수 없고 쉽게 변경할 수 없다.

27. 건축물 외벽공사 중 커튼월 공사의 특징으로 옳지 않은 것은?

① 외벽의 경량화

② 공업화 제품에 따른 품질 제고

③ 가설비계의 증가

④ 공기단축

해설 커튼월(curtain wall) 공사
(1) 외부벽·비내력벽 마감
(2) 양중기 등으로 조립 시공하므로 가설비계는 필요 없다.

28. 합성수지 중 건축물의 천장재, 블라인드 등을 만드는 열가소성수지는?

① 알키드수지   ② 요소수지

③ 폴리스티렌수지 ④ 실리콘수지

해설 합성수지(플라스틱)
(1) 열가소성 수지 : 열을 가하여 성형한 뒤 열을 가하면 가소성이 생겨 형태를 변형시키는 수지
예 염화비닐수지, 아크릴수지, 나일론, 폴리에틸렌수지, 폴리스티렌수지 등
(2) 열경화성 수지 : 열을 가하여 성형한 뒤

다시 가열해도 형태가 변형되지 않는 수지
예 페놀수지, 요소수지, 멜라민수지, 에폭시수지, 폴리에스테르수지, 알키드수지, 실리콘수지 등

참고 폴리스티렌수지 : 발포제로서 보드상으로 성형하여 저온단열재로 사용되며, 천장재, 블라인드 등을 만드는 열가소성수지

29. 쇄석 콘크리트에 관한 설명으로 옳지 않은 것은?

① 모래의 사용량은 보통콘크리트에 비해서 많아진다.

② 쇄석은 각이 둔각인 것을 사용한다.

③ 보통콘크리트에 비해 시멘트 페이스트의 부착력이 떨어진다.

④ 깬자갈 콘크리트라고도 한다.

해설 쇄석 콘크리트(깬자갈 콘크리트)
(1) 쇄석 콘크리트와 시멘트 페이스트의 부착력이 크다.
(2) 쇄석은 둔각을 사용한다.
(3) 모래는 보통콘크리트에 비하여 다소 많이 사용한다.

30. 가치공학(value engineering) 수행계획 4단계로 옳은 것은?

① 정보(informative) – 제안(proposal) – 고안(speculative) – 분석(analytical)

② 정보(informative) – 고안(speculative) – 분석(analytical) – 제안(proposal)

③ 분석(analytical) – 정보(informative) – 제안(proposal) – 고안(speculative)

④ 제안(proposal) – 정보(informative) – 고안(speculative) – 분석(analytical)

해설 가치공학(value engineering) : 기능을 유지 또는 향상시키면서 비용을 절감하여 가치를 극대화하는 기법

$$가치(V) = \frac{기능(fuction)}{비용(cost)}$$

정답 26. ③ 27. ③ 28. ③ 29. ③ 30. ②

(1) 사고방식
  ㉮ 고정 관념 제거
  ㉯ 사용자 중심 사고
  ㉰ 기능 중심 사고
  ㉱ 조직적 노력
(2) 수행계획 4단계 : 정보 – 고안(탐색) – 분석 – 제안

31. 보통 창유리의 특성 중 투과에 관한 설명으로 옳지 않은 것은?

① 투사각 0도일 때 투명하고 청결한 창유리는 약 90 %의 광선을 투과한다.
② 보통의 창유리는 많은 양의 자외선을 투과시키는 편이다.
③ 보통 창유리도 먼지가 부착되거나 오염되면 투과율이 현저하게 감소한다.
④ 광선의 파장이 길고 짧음에 따라 투과율이 다르게 된다.

해설 보통의 창유리는 화학선인 자외선을 거의 투과시키지 못한다.

참고 태양광선의 분류
(1) 적외선 : 열선, 열작용
(2) 가시광선 : 눈으로 볼 수 있는 영역
(3) 자외선 : 화학선, 살균작용

32. 수경성 마무리재료로 가장 적합하지 않은 것은?

① 돌로마이트 플라스터
② 혼합 석고 플라스터
③ 시멘트 모르타르
④ 경석고 플라스터

해설 미장 재료
(1) 기경성 : 대기 중의 탄산가스에 의해 경화
  ㉰ 돌로마이트 플라스터·진흙·회반죽
(2) 수경성 : 물에 의해 경화 ㉰ 순석고·혼합석고·무수석고·경석고·시멘트 모르타르
(3) 특수 용액(간수)에 의해서 경화 : 마그네시아 시멘트

33. 콘크리트를 타설하면서 거푸집을 수직방향으로 이동시켜 연속작업을 할 수 있게 한 것으로 사일로 등의 건설공사에 적합한 것은?

① euro form
② sliding form
③ air tube form
④ traveling form

해설 특수 거푸집
(1) 유로 폼(euro form) : 합판을 앵글로 짜고 손으로 조립하는 구조
(2) 슬라이딩 폼(sliding form) : 콘크리트를 타설하면서 거푸집을 수직방향으로 이동시켜 연속작업을 할 수 있게 한 거푸집으로 사일로, 돌출물이 없는 구조물에 적합하다.
(3) 에어 튜브 폼(air tube form) : 고무풍선 거푸집, 1차 타설 콘크리트 위에 고무풍선을 설치한 후 2차 콘크리트 타설(주로 구조물 내부에 사용)
(4) 트래블링 폼(traveling form) : 비계틀 또는 가동골조에 지지된 이동식 거푸집, 콘크리트 타설 후 틀을 낮추어 수평이동하는 거푸집

34. 신축할 건축물의 높이의 기준이 되는 주요 가설물로 이동의 위험이 없는 인근 건물의 벽 또는 담장에 설치하는 것은?

① 줄띄우기
② 벤치마크
③ 규준틀
④ 수평보기

해설 기준점(벤치 마크 : bench mark)
(1) 건축물의 높이의 기준이 되는 주요 가설물
(2) 이동할 염려가 없는 인근 건물의 벽 또는 담장 등에 설치

35. 다음 중 벽돌벽의 균열 원인과 가장 거리가 먼 것은?

① 문꼴의 불균형배치
② 벽돌벽의 공간쌓기
③ 기초의 부동침하

④ 하중의 불균등분포

해설 벽돌벽의 균열 원인
(1) 상하 문꼴의 불균형배치
(2) 기초의 부동침하
(3) 하중의 불균등분포
※ 벽돌벽의 공간쌓기는 건물의 단열·방습·결로방지 등을 위해 설치하는 벽돌쌓기 방식으로 균열 원인과 관계없다.

36. 공정관리에서 공기단축을 시행할 경우에 관한 설명으로 옳지 않은 것은?

① 특별한 경우가 아니면 공기단축 시행 시 간접비는 상승한다.
② 비용구배가 최소인 작업을 우선 단축한다.
③ 주공정선상의 작업을 먼저 대상으로 단축한다.
④ MCX(minimum cost expediting)법은 대표적인 공기단축방법이다.

해설 공기단축 시 간접비는 감소하고, 직접비는 증가한다.

참고 (1) 직접공사비 : 인건비·자재비·장비사용료 등
(2) 간접공사비 : 현장관리유지비·경상비
(3) 비용구배(cost slope)
 ㉮ 1일 공기단축 시 추가 비용
 ㉯ $\dfrac{\text{특급 비용} - \text{정상 비용}}{\text{정상 공기} - \text{특급 공기}}$
(4) MCX 기법
 ㉮ 최소의 비용으로 공기단축하기 위한 CPM 기법의 핵심이론
 ㉯ 주공정선상에서 공기단축을 한다.
 ㉰ 비용구배가 최소인 작업부터 단축한다.

37. 표준시방서에 따른 시스템비계에 관한 기준으로 옳지 않은 것은?

① 수직재와 수직재의 연결은 전용의 연결조인트를 사용하여 견고하게 연결하고, 연결 부위가 탈락 또는 꺾어지지 않도록 하여야 한다.
② 수평재는 수직재에 연결핀 등의 결합방법에 의해 견고하게 결합되어 흔들리거나 이탈되지 않도록 하여야 한다.
③ 대각으로 설치하는 가새는 비계의 외면으로 수평면에 대해 40~60° 방향으로 설치하며 수평재 및 수직재에 결속한다.
④ 시스템 비계 최하부에 설치하는 수직재는 받침 철물의 조절너트와 밀착되도록 설치하여야 하며, 수직과 수평을 유지하여야 한다. 이때, 수직재와 받침 철물의 겹침길이는 받침 철물 전체길이의 5분의 1 이상이 되도록 하여야 한다.

해설 시스템 비계의 수직재의 하부는 받침철물의 조절너트로 밀착시키고, 수직과 수평을 유지시키며 수직재는 받침철물 높이의 $\dfrac{1}{3}$ 이상 겹치도록 해야 한다.

시스템 비계 기둥 — 받침철물의 조절너트 — 받침철물의 높이 — 받침철물(잭베이스)

38. 콘크리트의 건조수축 영향인자에 관한 설명으로 옳지 않은 것은?

① 시멘트의 화학성분이나 분말도에 따라 건조수축량이 변화한다.
② 골재 중에 포함된 미립분이나 점토, 실트는 일반적으로 건조수축을 증대시킨다.
③ 바다모래에 포함된 염분은 그 양이 많으면 건조수축을 증대시킨다.
④ 단위수량이 증가할수록 건조수축량은 작아진다.

정답 **36.** ① **37.** ④ **38.** ④

[해설] 콘크리트는 단위수량이 증가할수록 건조 수축량이 증가한다.

39. 개념설계에서 유지관리 단계에까지 건물의 전 수명주기 동안 다양한 분야에서 적용되는 모든 정보를 생산하고 관리하는 기술을 의미하는 용어는?
① ERP(enterprise resource planning)
② SOA(service oriented architecture)
③ BIM(building information modeling)
④ CIC(computer integrated construction)

[해설] (1) BIM(building information modeling) : 개념설계에서 유지관리 단계에까지 건물의 전 수명주기 동안 다양한 분야에서 적용되는 모든 정보를 생산하고 관리하는 기술
(2) CIC(computer integrated construction)
• 건설 통합 정보 시스템
• 설계와 시공 분야를 통합하여 관리하는 시스템
• EC화를 실현하기 위한 기술·경영 위주의 전산 도구
(3) ERP(enterprise resource planning)
• 전사적 자원 관리 시스템
• 기업 내 구매 조달과 재무 회계 위주의 관리형 시스템

40. 지내력을 갖춘 지반으로 만들기 위한 배수 공법 또는 탈수 공법이 아닌 것은?
① 샌드 드레인 공법
② 웰 포인트 공법
③ 페이퍼 드레인 공법
④ 베노토 공법

[해설] ① 샌드 드레인 공법(sand drain method) : 연약 점토 지반에 모래 말뚝을 설치하고 모래 말뚝을 통해서 배수를 하여 압밀을 촉진하는 공법(탈수 공법)
② 웰 포인트 공법(well point method) : 지중에 설치한 집수관에 가로관을 설치하고

웰 포인트 펌프를 연결하여 배수하는 공법
③ 페이퍼 드레인 공법(paper drain method) : 샌드 드레인 공법의 모래 말뚝 대신 카드 보드(card board)를 설치(탈수 공법)
④ 베노토 공법(Benoto method) : 케이싱을 설치하고 해머그래브로 굴착과 동시에 콘크리트를 타설하여 제자리 콘크리트 말뚝을 구성하는 공법

41. 강구조 고장력볼트 마찰 접합의 특징에 관한 설명으로 옳지 않은 것은?
① 시공이 용이하여 공기가 절약된다.
② 접합부의 강성과 강도가 크다.
③ 품질관리가 용이하다.
④ 국부적인 응력집중이 발생한다.

[해설] (1) 고장력볼트의 마찰 접합은 인장강도가 큰 볼트를 임팩트 렌치나 토크 렌치로 조였을 때 철판면의 마찰력에 의한 접합이다.
(2) 일반 볼트 접합은 볼트에 국부적인 응력집중이 발생하지만 고장력볼트 마찰 접합은 면의 마찰력에 의한 접합이므로 국부적인 응력집중이 발생하지 않는다.

42. 그림과 같은 단면의 단순보에서 보의 중앙점 C단면에 생기는 휨응력 σ_b와 전단응력 v의 값은?

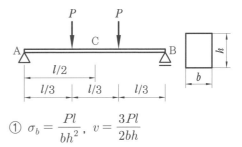

① $\sigma_b = \dfrac{Pl}{bh^2}$, $v = \dfrac{3Pl}{2bh}$

② $\sigma_b = \dfrac{2Pl}{bh^2}$, $v = 0$

③ $\sigma_b = \dfrac{2Pl}{bh^2}$, $v = \dfrac{3Pl}{2bh}$

④ $\sigma_b = \dfrac{Pl}{bh^2}$, $v = 0$

해설 단순보

(1) 반력 : P

(2) 전단력 : $V_c = P - P = 0$

(3) 중앙점 휨모멘트 $M_c = P \times \dfrac{L}{3} = \dfrac{PL}{3}$

(4) 휨응력 $\sigma_b = \dfrac{M}{I} y = \dfrac{M}{Z}$

$= \dfrac{PL}{3} \times \dfrac{6}{bh^2} = \dfrac{2PL}{bh^2}$

(5) 전단응력 $v = \dfrac{3}{2} \cdot \dfrac{V_c}{A} = \dfrac{3 \times 0}{2bh} = 0$

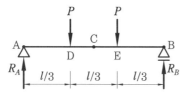

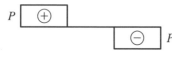

43. 그림과 같은 구조물의 부정정 차수는?

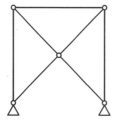

① 1차   ② 2차   ③ 3차   ④ 4차

해설 구조물 판별식

$m = n + s + r - 2k$

$= 4 + 7 + 0 - 2 \times 5 = 1$차

∴ 1차 부정정

여기서, n : 반력수, s : 부재수

r : 강절점수, k : 절점수

44. 다음 그림과 같이 단면적이 같은 4개의 단면을 보부재로 각각 사용할 경우 X축에 대한 처짐에 가장 유리한 단면은?

①

②

③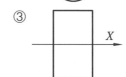

④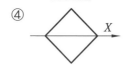

해설 (1) 처짐은 하중 P와 거리 L에 비례하고 탄성계수 E와 단면 2차 모멘트 I에 반비례 한다.

(2) $\delta = \alpha \dfrac{PL}{EI}$ 에서 P, L, E가 같을 때 단면 2차 모멘트 I가 클수록 처짐은 작아진다. 춤이 클수록 단면 2차 모멘트 I가 커진다.

(3) 춤이 클수록 처짐은 작다.

45. 다음 그림과 같은 단면을 가진 압축재에서 유효좌굴길이 $KL = 250$ mm일 때 Euler의 좌굴하중 값은? (단, $E = 210,000$ MPa이다.)

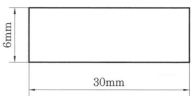

6mm

30mm

정답 **43.** ①   **44.** ③   **45.** ①

① 17.9 kN ② 43.0 kN

③ 52.9 kN ④ 64.7 kN

해설 오일러(Euler)의 좌굴하중

$$P_{cr} = \frac{\pi^2 EI}{(KL)^2}$$

$$= \frac{\pi^2 \times 2.1 \times 10^5 \text{N/mm}^2 \times 30 \text{mm} \times (6 \text{mm})^3}{(250 \text{mm})^2 \times 12}$$

$$= 17,907 \text{N} = 17.9 \text{kN}$$

여기서, E : 탄성계수

I : 단면 2차 모멘트

K : 좌굴유효길이계수

L : 부재의 길이

46. 압축철근 $A_s{}' = 2,400 \text{ mm}^2$로 배근된 복철근보의 탄성처짐이 15 mm라 할 때 지속하중에 의해 발생되는 5년 후 장기처짐은? (단, $b = 300 \text{ mm}$, $d = 400 \text{ mm}$, 5년 후 지속하중 재하에 따른 계수 $\xi = 2.0$)

① 9 mm ② 12 mm

③ 15 mm ④ 30 mm

해설 장기처짐=탄성처짐×장기처짐계수

$$= \delta \times \frac{\xi}{1 + 50 \times \dfrac{A_s{}'}{bd}}$$

$$= 15 \times \frac{2.0}{1 + 50 \times \dfrac{2,400}{300 \times 400}} = 15 \text{mm}$$

참고 (1) 탄성처짐(즉시처짐·순간처짐) : 단순보에 등분포하중이 작용하는 경우

$$\delta_{\max} = \frac{5wL^4}{384EI}$$

(2) 장기처짐 : 건조수축·크리프변형에 의해 변형이 지속적으로 발생

㉮ 장기처짐=탄성처짐×장기처짐계수

㉯ 장기처짐계수 $\lambda_\Delta = \dfrac{\xi}{1 + 50\rho'}$

㉰ 시간 경과에 따른 계수(ξ)

기간	3개월	6개월	12개월	5년
ξ	1.0	1.2	1.4	2.0

㉱ 압축철근비(ρ')$= \dfrac{A_s{}'}{bd}$

여기서, $A_s{}'$: 압축철근의 단면적

(3) 총처짐=탄성처짐+장기처짐

=탄성처짐+탄성처짐×장기처짐계수

47. 다음 그림과 같이 수평하중 30 kN이 작용하는 라멘구조에서 E점에서의 휨모멘트 값(절댓값)은?

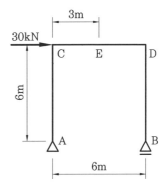

① 40 kN·m

② 45 kN·m

③ 60 kN·m

④ 90 kN·m

해설 (1) R_B의 계산

$\sum M_A = 0$에서 $-R_B \times 6 + 30 \times 6 = 0$

∴ $R_B = 30 \text{kN}$

(2) M_E의 계산

$M_E = -R_B \times 3 = -30 \times 3 = -90 \text{kN} \cdot \text{m}$

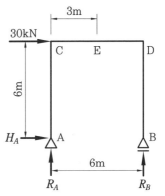

48. 주철근으로 사용된 D22 철근 180° 표준 갈고리의 구부림 최소 내면 반지름으로 옳은 것은?

① d_b　　　　② $2d_b$

③ $2.5d_b$　　　④ $3d_b$

해설 주철근의 180° 표준갈고리의 구부림의 최소 내면 반지름(d_b : 철근의 직경)

철근 크기	최소 내면 반지름
D10 ~D25	$3d_b$
D29 ~ D35	$4d_b$
D38 이상	$5d_b$

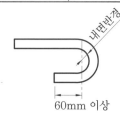

60mm 이상

49. 그림과 같이 캔틸레버 보가 상수 k를 가지는 스프링에 의해 지지되어 있으며 집중하중 P가 작용하고 있다. 스프링에 걸리는 힘은?

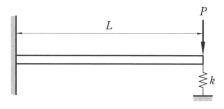

① $\dfrac{PL^3k}{2EI+kL^3}$　　② $\dfrac{PL^3k}{3EI+kL^3}$

③ $\dfrac{PL^3k}{6EI+kL^3}$　　④ $\dfrac{PL^3k}{8EI+kL^3}$

해설 (1) 하중에 의한 처짐

$$\delta_P = \frac{PL^3}{3EI}$$

(2) 반력 R_B에 의한 처짐

$$\delta_{R_B} = \frac{R_B L^3}{3EI}$$

(3) 스프링의 처짐 $\delta_s = \dfrac{R_B}{k}$

여기서, k : 스프링 상수

$$\delta_P = \delta_{R_B} + \delta_s$$

$$\frac{PL^3}{3EI} = \frac{R_B L^3}{3EI} + \frac{R_B}{k} = \frac{R_B(kL^3 + 3EI)}{3EIk}$$

$$\therefore R_B = \frac{PL^3 k}{3EI + kL^3}$$

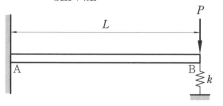

50. 그림과 같은 보에서 C점의 처짐은? (단, EI는 전 경간에 걸쳐 일정하다.)

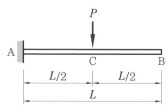

① $\dfrac{PL^3}{12EI}$　　② $\dfrac{PL^3}{24EI}$

③ $\dfrac{PL^3}{48EI}$　　④ $\dfrac{PL^3}{96EI}$

해설 C점의 처짐

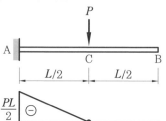

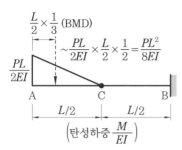

$$M_C{}' = \frac{PL^2}{8EI} \times \frac{L \times 2}{2 \times 3} = \frac{PL^3}{24EI}$$

탄성하중에 의한 휨모멘트가 처짐이다.

---

51. 강도설계법에서 처짐을 계산하지 않는 경우 스팬이 8.0 m인 단순지지된 보의 최소 두께로 옳은 것은? (단, 보통중량콘크리트와 $f_y = 400$ MPa 철근을 사용한 경우)

① 380 mm   ② 430 mm
③ 500 mm   ④ 600 mm

해설 처짐을 계산하지 않는 경우 보의 최소 두께(보통중량콘크리트 $m_c = 2,300 \text{kg/m}^3$, $f_y = 400$ MPa)

보의 종류	최소 두께
캔틸레버	$\dfrac{L}{8}$
단순지지	$\dfrac{L}{16}$
일단연속	$\dfrac{L}{18.5}$
양단연속	$\dfrac{L}{21}$

∴ 단순지지 보의 최소 두께

$$\frac{L}{16} = \frac{8,000}{16} = 500\,\text{mm}$$

---

52. 철골구조와 비교한 철근콘크리트구조의 특징으로 옳지 않은 것은?

① 진동이 적고 소음이 덜 난다.
② 시공 시 동절기 기후의 영향을 받을 수 있다.

③ 내화성이 크다.
④ 구조의 개조나 보강이 쉽다.

해설 철근콘크리트구조(RC조)는 구조물의 개조나 보강이 곤란하다.

---

53. 다음과 같은 조건에서의 필릿 용접의 최소 치수(mm)는 얼마인가? (단, 하중저항계수설계법 기준)

접합부의 얇은 쪽 모재 두께(t, mm)
$6 \leq t < 13$

① 5 mm   ② 6 mm
③ 7 mm   ④ 8 mm

해설 (1) 하중저항계수설계법(LRFD) : 한계 상태설계법이라고도 하며 한계상태·신뢰성에 대한 확률론적 결정을 고려하여 하중계수·저항계수를 적용한다.

(2) 필릿 용접(fillet welding)의 최소 치수

t(접합부의 얇은 쪽 모재 두께)	필릿 용접의 최소 치수
$t < 6$	3 mm
$6 \leq t < 13$	5 mm
$13 \leq t < 20$	6 mm
$20 \leq t$	8 mm

---

54. 보의 유효깊이 $d = 550$ mm, 보의 폭 $b_w = 30$ mm인 보에서 스터럽이 부담할 전단력 $V_s = 200$ kN일 경우, 적용 가능한 수직 스터럽의 간격으로 옳은 것은? (단, $A_v = 142$ mm², $f_{yt} = 400$ MPa, $f_{ck} = 24$ MPa)

① 150 mm   ② 180 mm
③ 200 mm   ④ 250 mm

해설 수직 스터럽(stirrup) 철근의 간격(S)

$$= \frac{A_v f_{yt} d}{V_s} = \frac{142\,\text{mm}^2 \times 400\,\text{MPa} \times 550\,\text{mm}}{200 \times 10^3\,\text{N}}$$

$$= 156.2\,\text{mm}$$

여기서, V_s : 전단철근이 부담하는 전단강도

A_v : 거리 S 사이의 전단철근의 단
　　　면적

f_{yt} : 전단철근의 설계기준항복강도

d : 보의 유효깊이

55. 연약지반에 대한 안전확보 대책으로 옳
지 않은 것은?

① 지반개량공법을 실시한다.

② 말뚝기초를 적용한다.

③ 독립기초를 적용한다.

④ 건물을 경량화한다.

해설 연약지반에 대한 안전확보 대책으로 독립
기초에 지중보를 연결하여 적용한다.

56. 강구조의 볼트 접합 구성에 관한 일반적
인 설명으로 옳지 않은 것은?

① 볼트의 중심 사이의 간격을 게이지 라
인이라고 한다.

② 볼트는 가공 정밀도에 따라 상볼트, 중
볼트, 흑볼트로 나뉜다.

③ 게이지 라인과 게이지 라인과의 거리
를 게이지라고 한다.

④ 배치 방식은 정렬 배치와 엇모 배치가
있다.

해설 볼트 접합

(1) 게이지 라인 : 볼트 중심선

(2) 피치 : 게이지 라인 상의 리벳 간격

(3) 게이지 : 게이지 라인과 게이지 라인의
　　간격

57. 고력볼트 F10T-M24의 현장시공을 위한
본조임의 조임력(T)은 얼마인가? (단, 토
크계수는 0.13, F10T-M24볼트의 설계볼
트장력은 200 kN이며 표준볼트장력은 설
계볼트장력에 10 %를 할증한다.)

① 568,573 N·mm　② 686,400 N·mm

③ 799,656 N·mm　④ 892,638 N·mm

해설 (1) 고력볼트 F10T-M24

• F(friction) : 마찰접합

• 10T(tensile strength) : 최소인장강도
　$10 \text{ tf/cm}^2 = 1,000 \text{ N/mm}^2(\text{MPa})$

• M24 : 공칭지름 24 mm

(2) 표준볼트장력(축력)
　= 설계볼트장력(축력)×1.1

(3) 조임력(T)
　= 토크계수(k)×공칭지름(d_1)×축력(N)

　= $0.13 \times 24 \text{ mm} \times (200 \times 10^3 \text{N} \times 1.1)$

　= $686,400 \text{ N·mm}$

58. 전단과 휨만을 받는 철근콘크리트 보에
서 콘크리트만으로 지지할 수 있는 전단강도
V_c는? (단, 보통중량콘크리트 사용, $f_{ck} =$
28 MPa, $b_w = 100$ mm, $d = 300$ mm)

① 26.5 kN　　　② 530 kN

③ 79.3 kN　　　④ 158.7 kN

해설 콘크리트가 부담하는 전단강도

$V_c = \dfrac{1}{6} \lambda \sqrt{f_{ck}} b_w d$

　$= \dfrac{1}{6} \times 1.0 \times \sqrt{28} \text{ N/mm}^2 \times 100 \text{ mm}$

　$\times 300 \text{ mm}$

　$= 26,457 \text{ N} \fallingdotseq 26.5 \text{ kN}$

59. 그림과 같은 정정라멘에서 BD부재의 축
방향력으로 옳은 것은? (단, ＋ : 인장력,
－ : 압축력)

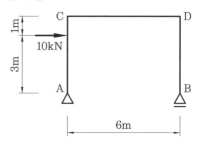

① 5 kN   ② −5 kN

③ 10 kN   ④ −10 kN

해설 (1) $\sum M_A = 0$ 에서

$$10\,\text{kN} \times 3\,\text{m} - R_B \times 6\,\text{m} = 0$$

$$\therefore R_B = 5\,\text{kN}(\uparrow)$$

(2) $\sum V = 0$ 에서 $R_A + R_B = 0$

$$\therefore R_A = -5\,\text{kN}(\downarrow)$$

(3) 축방향 $N_{BD} = R_B = -5\,\text{kN}$ (압축)

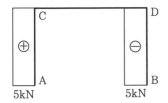

60. 각 지반의 허용지내력의 크기가 큰 것부터 순서대로 올바르게 나열된 것은?

A. 자갈 B. 모래 C. 연암반 D. 경암반

① B>A>C>D   ② A>B>C>D

③ D>C>A>B   ④ D>C>B>A

해설 지반의 장기허용지내력(kN/m^2)

• 경암반 : 4,000

• 연암반 : 수성암(2,000)

            혈암·토단반(1,000)

• 자갈 : 300

• 자갈+모래 : 200

• 모래+점토 : 150

• 모래 또는 점토 : 100

※ 각 지반의 허용지내력의 크기 순서
  : 경암반 > 연암반 > 자갈 > 모래

제4과목   **건축설비**

61. 터보식 냉동기에 관한 설명으로 옳지 않은 것은?

① 임펠러의 원심력에 의해 냉매가스를 압축한다.

② 대용량에서는 압축효율이 좋고 비례 제어가 가능하다.

③ 대·중형 규모의 중앙식 공조에서 냉방용으로 사용된다.

④ 기계적 에너지가 아닌 열에너지에 의해 냉동 효과를 얻는다.

해설 터보식 냉동기

(1) 임펠러의 원심력에 의해 냉매가스를 압축하며 냉매의 증발, 압축, 응축, 냉각 순으로 냉동하는 방식이다.

(2) 임펠러 회전에 의해 냉매가스를 압축하는 방식이므로 기계적 에너지에 의해 냉동효과를 얻는다.

※ 열에너지에 의해 냉동 효과를 얻는 냉동기는 흡수식 냉동기이다.

62. 의복의 단열성을 나타내는 단위로서, 그 값이 클수록 인체에서 발생되는 열이 주위 공기로 적게 발산되는 것을 의미하는 것은?

① clo   ② dB

③ NC   ④ MRT

해설 (1) clo : 의복의 보온력(단열성) 단위

(2) dB(데시벨) : 소리의 상대적 크기의 단위

(3) MRT : 평균복사온도(실내 표면적에 대한 평균온도)

63. 다음 중 급수 계통의 오염 원인과 가장 거리가 먼 것은?

① 급수로의 배수 역류

② 저수탱크에 유해물질 침입

③ 수격작용(water hammering)

④ 크로스 커넥션(cross connection)

해설 (1) 수격작용(water hammering) : 배관 내에 물이 지날 때 배관 면적이 작아지거나 갑자기 막히는 경우에 소음·진동이 생기는

현상

(2) 급수 계통의 오염 원인

㉮ 급수관 내의 배수 역류

㉯ 저수탱크에 유해물질 침입

㉰ 크로스 커넥션 : 상수 계통의 배관과 잡용수 계통의 배관을 연결하여 사용하는 경우 잡용수 계통의 물이 상수 계통의 배관으로 이동되는 현상

64. 3상 동력과 단상 전등 부하를 동시에 사용할 수 있는 방식으로 대형 빌딩이나 공장 등에서 사용되는 것은?

① 단상 3선식 220/110 V

② 3상 2선식 220 V

③ 3상 3선식 220 V

④ 3상 4선식 380/220 V

해설 (1) 3상 동력 : 380 V의 전력용 전기 공급

(2) 단상 전등 : 220 V의 일반용 전기 공급

(3) 3상 4선식 : 380/220 V

• 3상 동력과 단상 전등 부하를 동시 사용

• 대형 빌딩, 공장 등에 사용

65. 개방형 헤드를 사용하는 연결살수설비에 있어서 하나의 송수 구역에 설치하는 살수 헤드의 수는 최대 얼마 이하가 되도록 하여야 하는가?

① 10개　　　② 20개

③ 30개　　　④ 40개

해설 연결살수설비

(1) 스프링클러 설치 대상이 아닌 소규모 건물에 설치하며, 지하층에 화재 시 건물 1층 외벽에 있는 송수구에 물을 공급하여 살수 헤드로 화재를 진압한다.

(2) 개방형 헤드를 사용하는 연결살수설비에 있어서 하나의 송수 구역에 설치하는 살수헤드의 수는 10개 이하가 되도록 해야 한다.

66. 공조부하 중 현열과 잠열이 동시에 발생하는 것은?

① 인체의 발생열량

② 벽체로부터의 취득열량

③ 유리로부터의 취득열량

④ 덕트로부터의 취득열량

해설 (1) 현열 : 온도만 변화시키는 데 사용되는 열량

(2) 잠열 : 상태만 변화시키는 데 사용되는 열량

(3) 인체의 발생열량, 환기 또는 외기의 도입, 틈새 바람은 현열과 잠열이 동시에 발생한다.

67. 다음과 같은 조건에서 사무실의 평균조도를 800 lx로 설계하고자 할 경우, 광원의 필요 수량은?

• 광원 1개의 광속 : 2,000 lm

• 실의 면적 : 10 m²

• 감광보상률 : 1.5

• 조명률 : 0.6

① 3개　　　② 5개

③ 8개　　　④ 10개

해설 광원의 수량(램프의 수)

$$N = \frac{EAD}{FU} = \frac{800 \times 10 \times 1.5}{2,000 \times 0.6} = 10개$$

여기서, A : 면적(m^2)

E : 조도(lx)

D : 감광보상률

F : 광원 1개의 광속

U : 조명률

참고 (1) 조도(lx) : 장소의 밝기

(2) 광속(lm) : 광원 전체의 밝기

(3) 감광보상률 : 광속의 감소를 대비하여 여유를 두는 정도

(4) 보수율(유지율) : 감광보상률의 역수

68. 중앙식 급탕방식에 관한 설명으로 옳지

않은 것은?

① 온수를 사용하는 개소마다 가열장치가 설치된다.

② 상향 또는 하향 순환식 배관에 의해 필요개소에 온수를 공급한다.

③ 국소식에 비해 기기가 집중되어 있으므로 설비의 유지관리가 용이하다.

④ 호텔이나 병원 등과 같이 급탕개소가 많고 사용량이 많은 건물 등에 채용된다.

해설 온수를 사용하는 개소마다 가열장치를 설치하는 방식은 개별식 급탕방식이다.

69. 다음 중 온수난방에 관한 설명으로 옳지 않은 것은?

① 증기난방에 비해 예열시간이 길다.

② 온수의 잠열을 이용하여 난방하는 방식이다.

③ 한랭지에서 운전정지 중에 동결의 우려가 있다.

④ 증기난방에 비해 난방부하 변동에 따른 온도 조절이 비교적 용이하다.

해설 (1) 온수난방은 온수의 온도만 변화시키는 현열을 이용하여 난방하는 방식이다.
(2) 상태를 변화시키는 잠열을 이용하여 난방하는 방식은 증기난방이다.

70. 유압식 엘리베이터에 관한 설명으로 옳지 않은 것은?

① 오버헤드가 작다.

② 기계실의 위치가 자유롭다.

③ 큰 적재량으로 승강행정이 짧은 경우에는 적용할 수 없다.

④ 지하주차장 엘리베이터와 같이 지하층에만 운전하는 경우 적용할 수 있다.

해설 유압식 엘리베이터
(1) 실린더 피스톤의 움직임으로써 엘리베이터가 작동되는 구조로 화물용·자동차용

등 큰 용량의 승강에 사용된다.

(2) 기계 배치가 자유롭다.

(3) 엘리베이터 상부에 기계실이 없어도 되므로 엘리베이터의 최상부의 오버헤드가 작아도 된다.

(4) 승강행정(실린더의 4행정)이 짧은 경우에도 적용할 수 있다.

71. 다음과 같이 정의되는 통기관의 종류는?

오배수 수직관 내의 압력변동을 방지하기 위하여 오배수 수직관 상향으로 통기수직관에 연결하는 통기관

① 결합통기관　　② 공용통기관
③ 각개통기관　　④ 반송통기관

해설 ① 결합통기관 : 오배수 수직관 내의 압력이 변동되는 것을 방지하기 위하여 오배수 수직관의 세로 방향으로 통기수직관에 연결하는 통기관을 말한다.
② 공용통기관 : 맞물림 또는 병렬로 설치한 위생기구의 기구배수관 교차점에 접속하여, 그 양쪽 기구의 트랩 봉수를 보호하는 1개의 통기관을 말한다.
③ 각개통기관 : 위생기구마다 각개의 통기관을 설치하여 기구 상부의 통기관에 연결하거나 대기로 인출하여 설치하는 배관을 말한다.
④ 반송통기관 : 기구의 통기관을 그 기구의 물 넘침선보다 높은 위치에 세운 후 다시 내려서, 그 기구배수관이 다른 배수관과 합류 직전의 수평부에 접속하거나, 또는 바닥 밑을 수평 연장하여 통기수직관에 접속하는 통기관을 말한다.

참고 통기관의 설치 목적
(1) 외부의 공기를 유입하여 압력변화를 방지하여 배수의 흐름을 원활하게 한다.
(2) 트랩의 봉수(사이펀 작용 및 배압)를 보호한다.
(3) 배수관 내의 환기와 청결 유지

72. 다음 설명에 알맞은 전기설비 관련 용어는 어느 것인가?

> 최대수요전력을 구하기 위한 것으로 최대수요전력의 총부하설비용량에 대한 비율이다.

① 역률   ② 부등률
③ 부하율   ④ 수용률

해설 ① 역률 $=\dfrac{유효전력}{피상전력}$

② 부등률
$$=\dfrac{개개의\ 최대수용전력의\ 합}{합성\ 최대수용전력}>1$$

③ 부하율 $=\dfrac{평균부하전력}{최대부하전력}\times100\%$

④ 수용률 $=\dfrac{최대수요전력}{총부하설비용량}\times100\%$

73. 건구온도 30℃, 상대습도 60 %인 공기를 냉수코일에 통과시켰을 때 공기의 상태변화로 옳은 것은? (단, 코일 입구수온 5℃, 코일 출구수온 10℃)

① 건구온도는 낮아지고 절대습도는 높아진다.
② 건구온도는 높아지고 절대습도는 낮아진다.
③ 건구온도는 높아지고 상대습도는 높아진다.
④ 건구온도는 낮아지고 상대습도는 높아진다.

해설 건구온도 30℃인 공기가 코일 내의 온수가 5℃인 코일을 지나는 경우 공기의 건구온도는 낮아지고 절대습도가 변하지 않으므로 상대습도는 높아진다.

74. 공조방식 중 팬코일 유닛방식에 관한 설명으로 옳지 않은 것은?

① 유닛의 개별제어가 용이하다.

② 수배관이 없어 누수의 우려가 없다.
③ 덕트 샤프트나 스페이스가 필요 없다.
④ 덕트방식에 비해 유닛의 위치변경이 용이하다.

해설 팬코일 유닛방식 : 각 실에 팬코일을 설치하고 기계실 또는 보일러실에서 배관을 통하여 팬코일에 냉온수를 보내는 방식
  (1) 팬코일을 각 실에 배치할 수 있어 개별제어가 쉽다.
  (2) 수배관을 설치해야 하므로 배관의 이음부에 의해서 누수가 생길 수 있다.
  (3) 덕트 샤프트나 스페이스가 필요 없다.
  (4) 팬코일 유닛을 내부에 배관되어 있는 위치에 배치할 수 있으므로 팬코일 유닛의 위치변경이 쉽다.

75. 덕트의 분기부에 설치하여 풍량 조절용으로 사용되는 댐퍼는?

① 스플릿 댐퍼   ② 평행익형 댐퍼
③ 대향익형 댐퍼   ④ 버터플라이 댐퍼

해설 (1) 댐퍼(damper) : 덕트(duct) 속을 통과하는 풍량을 조절하거나 공기의 통과를 차단하기 위한 것
  (2) 스플릿 댐퍼(split damper) : 덕트 분기부에 설치하여 풍량의 분배에 사용
  (3) 버터플라이 댐퍼 : 가장 간단한 구조, 풍량 조절 기능이 떨어지고 소음이 크다.

76. 연결송수관설비의 방수구에 관한 설명으로 옳지 않은 것은?

① 방수구의 위치표시는 표시등 또는 축광식 표지로 한다.
② 호스접결구는 바닥으로부터 0.5 m 이상 1 m 이하의 위치에 설치한다.
③ 개폐 기능을 가진 것으로 설치하여야 하며, 평상시 닫힌 상태를 유지하도록 한다.

④ 연결송수관설비의 전용방수구 또는 옥내소화전방수구로서 구경 50 mm의 것으로 설치한다.

해설 연결송수관설비의 방수구

(1) 연결송수관 : 건축물의 외부에 설치하여 소방차의 물의 압력에 의해 건물 내부의 화재를 진압하는 연결관

(2) 연결송수관설비의 전용방수구 또는 옥내소화전방수구로서 구경 65 mm의 것으로 설치한다.

(3) 축광식 표지 : 전등이나 햇빛의 빛을 흡수하여 빛이 없을 때 발광할 수 있는 표지

77. 양수 펌프의 회전수를 원래보다 20 % 증가시켰을 경우 양수량의 변화로 옳은 것은?

① 20 % 증가

② 44 % 증가

③ 73 % 증가

④ 100 % 증가

해설 펌프의 상사 법칙

(1) 유량 : $\dfrac{Q_2}{Q_1} = \dfrac{N_2}{N_1}\left(\dfrac{D_2}{D_1}\right)^3$

(2) 양정 : $\dfrac{H_2}{H_1} = \left(\dfrac{N_2}{N_1}\right)^2\left(\dfrac{D_2}{D_1}\right)^2$

(3) 축동력 : $\dfrac{L_2}{L_1} = \left(\dfrac{N_2}{N_1}\right)^3\left(\dfrac{D_2}{D_1}\right)^5$

여기서, N : 회전수, D : 임펠러의 직경

펌프의 상사 법칙에서 양수량(유량)은 회전수 변화에 비례하므로 회전수가 20 % 증가하면 양수량은 20 % 증가한다.

78. 다음 중 변전실 면적에 영향을 주는 요소와 가장 거리가 먼 것은?

① 출입문의 높이

② 건축물의 구조적 여건

③ 수전전압 및 수전방식

④ 설치 기기와 큐비클의 종류 및 시방

해설 변전실 면적에 영향을 주는 요소

(1) 수전전압 및 수전방식

(2) 변전설비 변압방식, 변압기 용량, 수량 및 형식

(3) 설치 기기와 큐비클의 종류 및 시방

(4) 기기의 배치방법 및 유지보수 필요 면적

(5) 건축물의 구조적 여건

참고 (1) 변전실 : 변전소에서 보내온 높은 전압의 전기를 전압을 낮추어 다른 곳이나 부하로 보내는 곳

(2) 큐비클 : 발전소와 전기실에 설치하는 개폐 장치·계장 설비·단자 등으로 구성된 금속판이나 강철로 제작한 배전반

79. 엔탈피 변화량에 대한 현열 변화량의 비를 의미하는 것은?

① 현열비

② 잠열비

③ 유인비

④ 열수분비

해설 현열비(SHF : sensible heat factor) : 전열량(엔탈피)의 변화량에 대한 현열의 변화량의 비

$$SHF = \frac{현열부하}{현열부하 + 잠열부하}$$
$$= \frac{현열부하}{엔탈피(전열량)}$$

80. 220 V, 200 W 전열기를 110 V에서 사용하였을 경우 소비전력은?

① 50 W

② 100 W

③ 200 W

④ 400 W

해설 전력 $P = \dfrac{V^2}{R}$ 에서 저항(R)이 일정하면 전력은 전압(V)의 제곱에 비례한다. 전압이 220V 에서 110V 로 $\dfrac{1}{2}$ 로 줄어들면 전력 200 W는 $\left(\dfrac{1}{2}\right)^2$ 으로 줄어든다.

$$\therefore \ 200\,\mathrm{W} \times \left(\frac{1}{2}\right)^2 = 50\,\mathrm{W}$$

정답 **77.** ① **78.** ① **79.** ① **80.** ①

제5과목 건축관계법규

81. 대지의 조경에 있어 조경 등의 조치를 하지 아니할 수 있는 건축물 기준으로 옳지 않은 것은?

① 면적 5천 제곱미터 미만인 대지에 건축하는 공장
② 연면적의 합계가 1천500제곱미터 미만인 공장
③ 연면적의 합계가 2천제곱미터 미만인 물류시설
④ 녹지지역에 건축하는 건축물

해설 조경 등의 조치를 하지 아니할 수 있는 건축물
(1) 녹지지역에 건축하는 건축물
(2) 면적 5,000 m² 미만인 대지에 건축하는 공장
(3) 연면적의 합계가 1,500 m² 미만 공장
(4) 산업단지의 공장
(5) 대지에 염분이 함유되어 있는 경우 또는 건축물 용도의 특성상 조경 등의 조치를 하기가 곤란하거나 조경 등의 조치를 하는 것이 불합리한 경우로서 건축조례로 정하는 건축물
(6) 축사
(7) 가설건축물
(8) 연면적의 합계가 1,500 m² 미만인 물류시설
(9) 자연환경보전지역·농림지역 또는 관리지역의 건축물

82. 국토의 계획 및 이용에 관한 법령상 제1종 일반주거지역 안에서 건축할 수 있는 건축물에 속하지 않는 것은?

① 아파트
② 단독주택
③ 노유자시설
④ 교육연구시설 중 고등학교

해설 제1종 일반주거지역 안에서 건축할 수 있는 건축물
(1) 단독주택
(2) 공동주택(아파트를 제외한다)
(3) 제1종 근린생활시설
(4) 교육연구시설 중 유치원·초등학교·중학교 및 고등학교
(5) 노유자시설

83. 건축물의 출입구에 설치하는 회전문의 구조에 대한 설명으로 옳지 않은 것은?

① 계단이나 에스컬레이터로부터 2미터 이상의 거리를 둘 것
② 틈 사이를 고무와 고무펠트의 조합체 등을 사용하여 신체나 물건 등에 손상이 없도록 할 것
③ 출입에 지장이 없도록 일정한 방향으로 회전하는 구조로 할 것
④ 회전문의 회전속도는 분당회전수가 10회를 넘지 아니하도록 할 것

해설 회전문의 회전속도는 8회/min를 넘지 않도록 해야 한다.

84. 국토의 계획 및 이용에 관한 법률상 용도지역의 구분이 모두 옳은 것은?

① 도시지역, 관리지역, 농림지역, 자연환경보전지역
② 도시지역, 개발관리지역, 농림지역, 보전지역
③ 도시지역, 관리지역, 생산지역, 녹지지역
④ 도시지역, 개발제한지역, 생산지역, 보전지역

해설 용도지역의 구분
(1) 도시지역 : 인구와 산업이 밀집되어 있거나 밀집이 예상되어 그 지역에 대하여 체계적인 개발·정비·관리·보전 등이 필요한 지역

정답 81. ③ 82. ① 83. ④ 84. ①

(2) 관리지역 : 도시지역의 인구와 산업을 수용하기 위하여 도시지역에 준하여 체계적으로 관리하거나 농림업의 진흥, 자연환경 또는 산림의 보전을 위하여 농림지역 또는 자연환경보전지역에 준하여 관리할 필요가 있는 지역

(3) 농림지역 : 도시지역에 속하지 아니하는 「농지법」에 따른 농업진흥지역 또는 「산지관리법」에 따른 보전산지 등으로서 농림업을 진흥시키고 산림을 보전하기 위하여 필요한 지역

(4) 자연환경보전지역 : 자연환경·수자원·해안·생태계·상수원 및 문화재의 보전과 수산자원의 보호·육성 등을 위하여 필요한 지역

85. 다음의 옥상광장 등의 설치에 관한 기준 내용 중 (　) 안에 알맞은 것은?

> 옥상광장 또는 2층 이상인 층에 있는 노대나 그 밖에 이와 비슷한 것의 주위에는 높이 (　) 이상의 난간을 설치하여야 한다. 다만, 그 노대 등에 출입할 수 없는 구조인 경우에는 그러하지 아니하다.

① 1.0 m　　　　② 1.2 m
③ 1.5 m　　　　④ 1.8 m

해설 옥상광장 또는 2층 이상인 층에 있는 노대 등(노대나 그 밖에 이와 비슷한 것)의 주위에는 높이 1.2 m 이상의 난간을 설치하여야 한다. 다만, 그 노대 등에 출입할 수 없는 구조인 경우에는 그러하지 아니하다.

86. 허가권자가 가로구역별로 건축물의 높이를 지정·공고할 때 고려하지 않아도 되는 사항은?

① 도시·군관리계획의 토지이용계획
② 해당 가로구역에 접하는 대지의 너비
③ 도시미관 및 경관계획

④ 해당 가로구역의 상수도 수용능력

해설 허가권자가 가로구역별로 건축물의 높이를 지정·공고할 때 고려사항
(1) 도시·군관리계획 등의 토지이용계획
(2) 해당 가로구역이 접하는 도로의 너비
(3) 해당 가로구역의 상·하수도 등 간선시설의 수용능력
(4) 도시미관 및 경관계획
(5) 해당 도시의 장래 발전계획

87. 다음 중 지하식 또는 건축물식 노외주차장의 차로에 관한 기준 내용으로 옳지 않은 것은? (단, 이륜자동차전용 노외주차장이 아닌 경우)

① 높이는 주차바닥면으로부터 2.3 m 이상으로 하여야 한다.
② 경사로의 종단경사도는 직선 부분에서는 17 %를 초과하여서는 아니 된다.
③ 곡선 부분은 자동차가 4 m 이상의 내변반경으로 회전할 수 있도록 하여야 한다.
④ 주차대수 규모가 50대 이상인 경우의 경사로는 너비 6 m 이상인 2차로를 확보하거나 진입차로와 진출차로를 분리하여야 한다.

해설 곡선 부분은 자동차가 6 m(같은 경사로를 이용하는 주차장의 총주차대수가 50대 이하인 경우에는 5 m, 이륜자동차 전용 노외주차장의 경우에는 3 m) 이상의 내변반경으로 회전할 수 있도록 해야 한다.

참고 경사로의 종단경사도는 직선 부분에서는 17 %를 초과하여서는 아니 되며, 곡선 부분에서는 14 %를 초과하여서는 아니된다.

88. 건축법령에 따른 리모델링이 쉬운 구조에 속하지 않는 것은?

① 구조체가 철골구조로 구성되어 있을 것

② 구조체에서 건축설비, 내부 마감재료 및 외부 마감재료를 분리할 수 있을 것

③ 개별 세대 안에서 구획된 실의 크기, 개수 또는 위치 등을 변경할 수 있을 것

④ 각 세대는 인접한 세대와 수직 또는 수평 방향으로 통합하거나 분할할 수 있을 것

해설 (1) 리모델링 : 건축물의 노후화를 억제하거나 기능 향상 등을 위하여 대수선하거나 건축물의 일부를 증축 또는 개축하는 행위

(2) 리모델링이 쉬운 구조

㉮ 각 세대는 인접한 세대와 수직 또는 수평 방향으로 통합하거나 분할할 수 있을 것

㉯ 구조체에서 건축설비, 내부 마감재료 및 외부 마감재료를 분리할 수 있을 것

㉰ 개별 세대 안에서 구획된 실의 크기, 개수 또는 위치 등을 변경할 수 있을 것

(3) 공동주택을 리모델링하기 쉬운 구조로 하면 건축물의 용적률, 건축물의 높이제한, 일조권 확보를 위한 높이제한을 120 % 범위에서 완화하여 적용할 수 있다.

89. 국토의 계획 및 이용에 관한 법률상 용도지역에서의 용적률 최대 한도 기준이 옳지 않은 것은? (단, 도서지역의 경우)

① 주거지역 : 500퍼센트 이하
② 녹지지역 : 100퍼센트 이하
③ 공업지역 : 400퍼센트 이하
④ 상업지역 : 1,000퍼센트 이하

해설 용적률의 최대 한도

(1) 도시지역
 • 주거지역 : 500 % 이하
 • 상업지역 : 1,500 % 이하
 • 공업지역 : 400 % 이하
 • 녹지지역 : 100 % 이하

(2) 관리지역
 • 보전관리지역 : 80 % 이하
 • 생산관리지역 : 80 % 이하

 • 계획관리지역 : 100 % 이하

(3) 농림지역 : 80 % 이하

(4) 자연환경보전지역 : 80 % 이하

참고 (1) 용적률

$$= \frac{연면적}{대지면적} \times 100(\%)$$

(2) 연면적 산정 시 제외사항

 • 지하층의 면적
 • 지상층의 주차용으로 쓰는 면적
 • 초고층 건축물과 준초고층 건축물에 설치하는 피난안전구역의 면적
 • 건축물의 경사지붕 아래에 설치하는 대피공간의 면적

90. 다음 중 거실의 용도에 따른 조도기준이 가장 낮은 것은? (단, 바닥에서 85센티미터의 높이에 있는 수평면의 조도 기준)

① 독서
② 회의
③ 판매
④ 일반사무

해설 거실의 용도에 따른 조도기준

거실의 용도 구분		조도 (럭스)
거주	• 독서 · 식사 · 조리	150
	• 기타	70
집무	• 설계 · 제도 · 계산	700
	• 일반사무	300
	• 기타	150
작업	• 검사 · 시험 · 정밀검사 · 수술	700
	• 일반작업 · 제조 · 판매	300
	• 포장 · 세척	150
	• 기타	70
집회	• 회의	300
	• 집회	150
	• 공연 · 관람	70
오락	• 오락일반	150
	• 기타	30

91. 높이 31 m를 넘는 각 층의 바닥면적 중 최대 바닥면적이 5,000 m²인 건축물에 원칙적으로 설치하여야 하는 비상용 승강기의 최소 대수는?

① 1대 　　　　② 2대

③ 3대 　　　　④ 4대

해설 비상용 승강기 설치 대수

$$= \frac{A - 1,500\,\mathrm{m}^2}{3,000\,\mathrm{m}^2} + 1\,\text{대}$$

$$= \frac{5,000\,\mathrm{m}^2 - 1,500\,\mathrm{m}^2}{3,000\,\mathrm{m}^2} + 1\,\text{대} = 2.17\,\text{대}$$

∴ 3대

여기서, A : 31 m를 넘는 각 층의 바닥면적 중 최대 바닥면적

92. 다음 중 옥내계단의 너비의 최소 설치기준으로 적합하지 않은 것은?

① 관람장의 용도에 쓰이는 건축물의 계단의 너비 120센티미터 이상

② 중학교 용도에 쓰이는 건축물의 계단의 너비 150센티미터 이상

③ 거실의 바닥면적의 합계가 100제곱미터 이상인 지하층의 계단의 너비 120센티미터 이상

④ 바로 위층의 거실의 바닥면적의 합계가 200제곱미터 이상인 층의 계단의 너비 150센티미터 이상

해설 지상층으로서 바로 위층의 거실의 바닥면적의 합계가 200 m² 이상인 경우 계단의 너비는 120 cm 이상이다.

참고 옥내계단 및 계단참의 유효너비

(1) 초등학교, 중·고등학교 : 150 cm 이상

(2) 문화·판매시설·집회시설(공연장·집회장·관람장) : 120 cm 이상

(3) 지상층으로서 바로 위층부터 최상층까지의 거실 바닥면적의 합계가 200 m² 이상인 경우 : 120 cm 이상

(4) 지하층으로서 거실 바닥면적의 합계가

100 m² 이상인 경우 : 120 cm 이상

93. 다음은 건축선에 따른 건축제한에 관한 기준 내용이다. (　) 안에 알맞은 것은 어느 것인가?

> 도로면으로부터 높이 (　) 이하에 있는 출입구, 창문, 그 밖에 이와 유사한 구조물은 열고 닫을 때 건축선의 수직면을 넘지 아니하는 구조로 하여야 한다.

① 1.5 m 　　　　② 2.5 m

③ 3.5 m 　　　　④ 4.5 m

해설 도로면으로부터 높이 4.5 m 이하에 있는 출입구, 창문, 그 밖에 이와 유사한 구조물은 열고 닫을 때 건축선의 수직면을 넘지 아니하는 구조로 하여야 한다.

94. 피난용승강기의 설치에 관한 기준 내용으로 옳지 않은 것은?

① 예비전원으로 작동하는 조명설비를 설치할 것

② 승강장의 바닥면적은 승강기 1대당 5 m² 이상으로 할 것

③ 각 층으로부터 피난층까지 이르는 승강로를 단일구조로 연결하여 설치할 것

④ 승강장의 출입구 부근의 잘 보이는 곳에 해당 승강기가 피난용승강기임을 알리는 표지를 설치할 것

해설 승강장의 바닥면적은 승강기 1대당 6 m² 이상으로 할 것

95. 국토교통부장관이 정한 범죄예방 기준에 따라 건축하여야 하는 대상 건축물에 속하지 않는 것은?

① 수련시설

② 교육연구시설 중 도서관

③ 업무시설 중 오피스텔

④ 숙박시설 중 다중생활시설

해설 범죄예방 기준에 따라 건축하여야 하는 대상 건축물

(1) 공동주택 중 다세대주택, 연립주택, 아파트

(2) 단독주택 중 다가구주택

(3) 숙박시설 중 다중생활시설

(4) 업무시설 중 오피스텔·노유자시설·수련시설

(5) 제1종 근린생활시설(일용품 판매점), 제2종 근린생활시설(다중생활시설)

(6) 문화 및 집회시설(동·식물원 제외)

(7) 교육연구시설(연구소, 도서관 제외)

96. 국토의 계획 및 이용에 관한 법률상 주거지역의 세분에서 단독주택 중심의 양호한 주거환경을 보호하기 위하여 필요한 지역에 대해 지정하는 용도지역은?

① 제1종 전용주거지역

② 제1종 특별주거지역

③ 제1종 일반주거지역

④ 제3종 일반주거지역

해설 주거지역

(1) 전용주거지역 : 양호한 주거환경을 보호하기 위하여 필요한 지역

㉮ 제1종 전용주거지역 : 단독주택 중심의 양호한 주거환경을 보호하기 위하여 필요한 지역

㉯ 제2종 전용주거지역 : 공동주택 중심의 양호한 주거환경을 보호하기 위하여 필요한 지역

(2) 일반주거지역 : 편리한 주거환경을 조성하기 위하여 필요한 지역

㉮ 제1종 일반주거지역 : 저층주택을 중심으로 편리한 주거환경을 조성하기 위하여 필요한 지역

㉯ 제2종 일반주거지역 : 중층주택을 중심으로 편리한 주거환경을 조성하기 위하여 필요한 지역

㉰ 제3종 일반주거지역 : 중고층주택을 중심으로 편리한 주거환경을 조성하기 위하여 필요한 지역

(3) 준주거지역 : 주거기능을 위주로 이를 지원하는 일부 상업기능 및 업무기능을 보완하기 위하여 필요한 지역

97. 건축물이 있는 대지의 분할 제한 최소 기준이 옳은 것은? (단, 상업지역의 경우)

① 100제곱미터

② 150제곱미터

③ 200제곱미터

④ 250제곱미터

해설 건축물이 있는 대지의 최소 분할면적

(1) 상업지역·공업지역 : 150 m²

(2) 녹지지역 : 200 m²

(3) 주거지역 및 기타지역 : 60 m²

98. 건축법령상 공동주택에 해당하지 않는 것은?

① 기숙사

② 연립주택

③ 다가구주택

④ 다세대주택

해설 (1) 공동주택 : 아파트, 연립주택, 다세대주택, 기숙사

(2) 단독주택 : 단독주택, 다중주택, 다가구주택, 공관

99. 건축허가신청에 필요한 설계도서 중 건축계획서에 표시하여야 할 사항으로 옳지 않은 것은?

① 주차장규모

② 토지형질변경계획

③ 건축물의 용도별 면적

④ 지역·지구 및 도시계획사항

해설 건축계획서에 표시하여야 할 사항
(1) 개요(위치·대지면적 등)
(2) 지역·지구 및 도시계획사항
(3) 건축물의 규모(건축면적·연면적·높이·층수 등)
(4) 건축물의 용도별 면적
(5) 주차장규모
(6) 에너지절약계획서
(7) 노인 및 장애인 등을 위한 편의시설 설치 계획서

100. 노외주차장의 설치에 관한 계획기준 내용 중 ( )안에 알맞은 것은?

> 주차대수 400대를 초과하는 규모의 노외주차장의 경우에는 노외주차장의 출구와 입구를 각각 따로 설치하여야 한다. 다만, 출입구의 너비의 합이 ( )미터 이상으로서 출구와 입구가 차선 등으로 분리되는 경우에는 함께 설치할 수 있다.

① 4.5   ② 5.0
③ 5.5   ④ 6.0

해설 주차대수 400대를 초과하는 규모의 노외주차장의 경우에는 노외주차장의 출구와 입구를 각각 따로 설치하여야 한다. 다만, 출입구의 너비의 합이 5.5 m 이상으로서 출구와 입구가 차선 등으로 분리되는 경우에는 함께 설치할 수 있다.

2022년도 시행문제

건축기사

제1과목 건축계획

1. 다음 설명에 알맞은 학교운영방식은?

> 각 학급을 2분단으로 나누어 한쪽이 일반
> 교실을 사용할 때 다른 한쪽은 특별교실
> 을 사용한다.

① 달톤형   ② 플래툰형
③ 개방 학교   ④ 교과교실형

해설 (1) 교과교실형(variable type) : 일반교
실이 없이 특별교실·체육관·운동장 등으
로 구성
(2) 플래툰형(platoon type) : 전 학급을 2분
단으로 나누어 한 분단이 일반교실을 이용
할 때 다른 분단은 특별교실·체육관·운동
장 등을 이용하게 하는 방식
(3) 달톤형(dalton type) : 학급과 학년을 없
애고 학생의 능력에 따라 교과목을 이수하
는 방식

2. 르 꼬르뷔지에가 주장한 근대건축 5원칙
에 속하지 않는 것은?

① 필로티   ② 옥상 정원
③ 유기적 공간   ④ 자유로운 평면

해설 르 꼬르뷔지에의 근대건축 5원칙
(1) 필로티
(2) 옥상 테라스
(3) 자유로운 평면
(4) 가로로 긴 창(띠 유리창)

(5) 자유로운 퍼사드
※ 외부와 내부 공간을 자연스럽게 연결하는
유기적 건축은 프랑크로이드 라이트의 관
념이다.

3. 기계공장에서 지붕의 형식을 톱날지붕으
로 하는 가장 주된 이유는?

① 소음을 작게 하기 위하여
② 빗물의 배수를 충분히 하기 위하여
③ 실내 온도를 일정하게 유지하기 위하여
④ 실내의 주광조도를 일정하게 하기 위
하여

해설 기계공장에서 균일한 조도를 위해 지붕의
형식을 톱날지붕으로 한다.

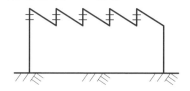

4. 다음 중 사무소 건축의 오피스 랜드스케이
핑(office landscaping)에 관한 설명으로
옳지 않은 것은?

① 의사전달, 작업흐름의 연결이 용이하다.
② 일정한 기하학적 패턴에서 탈피한 형
식이다.
③ 작업단위에 의한 그룹(group)배치가
가능하다.

④ 개인적 공간으로의 분할로 독립성 확보가 용이하다.

해설 사무소 건축의 오피스 랜드스케이핑은 의사전달, 작업흐름을 고려하여 배치하는 방식이므로 개인적 공간으로의 분할이 곤란하고 독립성 확보가 나쁘다.

5. 주택의 부엌에서 작업 순서에 따른 작업대 배열로 가장 알맞은 것은?

① 냉장고-싱크대-조리대-가열대-배선대
② 싱크대-조리대-가열대-냉장고-배선대
③ 냉장고-조리대-가열대-배선대-싱크대
④ 싱크대-냉장고-조리대-배선대-가열대

해설 주택의 부엌에서 작업 순서에 따른 작업대 배열 : 냉장고-싱크대(개수대)-조리대 - 가열대-배선대

6. 다음 중 백화점 건물의 기둥간격 결정 요소와 가장 거리가 먼 것은?

① 진열장의 치수
② 고객 동선의 길이
③ 에스컬레이터의 배치
④ 지하주차장의 주차 방식

해설 백화점 건물의 기둥간격 결정 요소
(1) 진열대 치수와 배열법
(2) 통로의 배치 방법 및 크기
(3) 엘리베이터 · 에스컬레이터의 배치
(4) 지하주차장의 주차 방식

7. 병원 건축의 병동 배치 방법 중 분관식 (pavilion type)에 관한 설명으로 옳은 것은 어느 것인가?

① 각종 설비 시설의 배관길이가 짧아진다.
② 대지의 크기와 관계없이 적용이 용이하다.

③ 각 병실을 남향으로 할 수 있어 일조와 통풍 조건이 좋다.
④ 병동부는 5층 이상의 고층으로 하며 환자는 엘리베이터로 운송된다.

해설 분관식(파빌리온 타입)
(1) 관리부 · 외래진료부 · 중앙부속진료부 · 병동부 등을 기능별로 분동시켜 배치하는 방식
(2) 배관길이는 길어진다.
(3) 대지의 크기는 분동 배치 가능 크기이어야 한다.
(4) 분동이므로 각 동은 남향 배치 가능하며 일조와 통풍 조건이 좋다.
(5) 분동식은 저층으로 한다.

8. 도서관 출납 시스템에 관한 설명으로 옳지 않은 것은?

① 자유개가식은 책 내용의 파악 및 선택이 자유롭다.
② 자유개가식은 서가의 정리가 잘 안되면 혼란스럽게 된다.
③ 안전개가식은 서가 열람이 가능하여 책을 직접 뽑을 수 있다.
④ 폐가식은 서가와 열람실에서 감시가 필요하나 대출 절차가 간단하여 관원의 작업량이 적다.

해설 폐가식
(1) 열람 순서 : 열람자 – 대출목록실 – 서고 관원 – 열람실
(2) 폐가식은 대출 절차가 복잡하여 관원의 작업량이 많다.

참고 도서관 출납 시스템
(1) 자유개가식 : 열람자가 서고에 있는 서가에서 도서를 선택하여 열람하는 방식
(2) 안전개가식 : 자유개가식과 같으나 선택된 책은 관원의 체크를 받아야 열람실로 갈 수 있다.
(3) 반개가식 : 열람자가 서고의 서가에서 표지만 볼 수 있고 관원에게 출납 요청을 하여 볼 수 있는 방식

정답 5. ① 6. ② 7. ③ 8. ④

9. 상점 정면(facade) 구성에 요구되는 5가지 광고요소(AIDMA 법칙)에 속하지 않는 것은?

① Attention(주의) ② Identity(개성)
③ Desire(욕구) ④ Memory(기억)

해설 상점 정면(facade : 퍼사드)의 5가지 광고요소(AIDMA)
(1) A : Attention(주의, 집중)
(2) I : Interest(흥미)
(3) D : Desire(욕구)
(4) M : Memory(기억)
(5) A : Action(행동)

10. 극장 무대 주위의 벽에 6~9 m 높이로 설치되는 좁은 통로로, 그리드 아이언에 올라가는 계단과 연결되는 것은?

① 록 레일
② 사이클로라마
③ 플라이 갤러리
④ 슬라이딩 스테이지

해설 (1) 플라이 갤러리(fly gallery) : 극장 무대 주위의 벽에 6~9 m 높이로 설치되는 좁은 통로로, 그리드 아이언에 올라가는 계단과 연결되는 것
(2) 그리드 아이언(grid iron) : 무대 천장에 설치하는 격자 철재 틀로서 조명기구·배경·음향반사판·연기자 등을 매달 수 있는 구조
(3) 사이클로라마(cyclorama) : 무대 후면에 설치하는 무대의 배경벽

11. 아파트의 단면 형식 중 메조넷 형식(maisonnette type)에 관한 설명으로 옳지 않은 것은?

① 하나의 주거단위가 복층 형식을 취한다.
② 양면 개구부에 의한 통풍 및 채광이 좋다.

③ 주택 내의 공간의 변화가 없으며 통로에 의해 유효면적이 감소한다.
④ 거주성, 특히 프라이버시는 높으나 소규모 주택에는 비경제적이다.

해설 메조넷 형식(maisonnette type)
(1) 주거단위가 2~3개 층에 걸쳐 구성
 • 듀플렉스(duplex) : 2개층 복층형
 • 트리플렉스(triplex) : 3개층 복층형
(2) 공간의 변화가 가능하며, 통로가 줄어들므로 유효면적이 증대된다.

12. 주택 부엌의 가구 배치 유형 중 병렬형에 관한 설명으로 옳은 것은?

① 연속된 두 벽면을 이용하여 작업대를 배치한 형식이다.
② 폭이 길이에 비해 넓은 부엌의 형태에 적당한 유형이다.
③ 작업면이 가장 넓은 배치 유형으로 작업효율이 좋다.
④ 좁은 면적 이용에 효과적이므로 소규모 부엌에 주로 이용된다.

해설 ① 연속된 두 벽면을 이용하여 작업대를 배치한 형식은 ㄱ자형이다.
② 폭이 길이에 비해 넓은 부엌의 형태에 적당한 유형은 병렬형(양쪽 벽면에 일자형으로 배치하는 형식)이다.
③ 작업면이 가장 넓은 배치 유형은 ㄷ자형으로 외부로 나가는 출입구의 설치가 곤란하다.
④ 좁은 면적 이용에 효과적인 유형은 일자형으로 동선의 길이가 길어진다.

13. 이슬람(사라센) 건축 양식에서 미나렛(minaret)이 의미하는 것은?

① 이슬람교의 신학원 시설
② 모스크의 상징인 높은 탑
③ 메카 방향으로 설치된 실내 제단

④ 열주나 아케이드로 둘러싸인 중정

해설 이슬람(사라센) 건축 양식

(1) 7세기 아랍에서 발생한 종교 건축

(2) 모스크 : 이슬람교의 예배당

(3) 미나렛 : 모스크의 상징인 높은 탑

14. 다음 중 다포식(多包式) 건물에 속하지 않는 것은?

① 서울 동대문   ② 창덕궁 돈화문

③ 전등사 대웅전   ④ 봉정사 극락전

해설 봉정사 극락전은 기둥에만 공포가 있는 주심포식 건물이다.

참고 공포의 정의 및 종류

(1) 공포 : 전통 목조 건축에서 처마 끝의 하중을 받치기 위해 기둥 상부 또는 기둥과 기둥 사이의 도리에서 빗방향으로 장식을 겸하여 배치하는 부재

(2) 종류
  • 주심포식 : 공포가 기둥에만 있는 형식
  • 다포식 : 공포가 기둥뿐만 아니라 기둥 사이의 도리에도 설치되는 형식
  • 익공식 : 주심포 공포를 새 모양으로 한 형식

15. 다음 중 사무소 건축에서 기준층 평면형태의 결정 요소와 가장 거리가 먼 것은?

① 동선상의 거리

② 구조상 스팬의 한도

③ 사무실 내의 책상 배치 방법

④ 덕트, 배선, 배관 등 설비시스템상의 한계

해설 사무실 내의 책상 배치 방법은 기둥간격 결정 요소이다.

참고 (1) 사무소 건축에서 기준층 평면형태의 결정 요소
  • 구조상 스팬(span)의 한도
  • 동선상의 거리
  • 덕트, 배선, 배관 등 설비시스템상의 한계

• 방화구획상 면적

• 대피상 최대 피난거리

• 자연광에 의한 조명한계

(2) 사무소 건축의 기둥간격 결정요소
  • 구조 재료 및 공법
  • 책상 배치 단위
  • 주차 배치 단위
  • 채광상 층높이에 의한 안깊이

16. 전시실의 순회형식에 관한 설명으로 옳지 않은 것은?

① 중앙홀 형식은 각 실에 직접 들어갈 수 없다는 단점이 있다.

② 연속순회 형식은 많은 실을 순서별로 통하여야 하는 불편이 있다.

③ 갤러리 및 코리도 형식에서는 복도 자체도 전시공간으로 이용할 수 있다.

④ 갤러리 및 코리도 형식은 각 실에 직접 들어갈 수 있으며, 필요시 독립적으로 폐쇄할 수 있다.

해설 중앙홀 형식은 전시실의 중앙에 홀을 설치하므로 중앙에서 각 전시실로 진입할 수 있다.

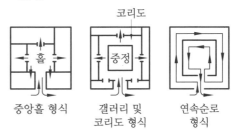

중앙홀 형식 / 갤러리 및 코리도 형식 / 연속순로 형식

17. 특수전시기법에 관한 설명으로 옳지 않은 것은?

① 하모니카 전시는 동일 종류의 전시물을 반복 전시하는 경우에 사용된다.

② 파노라마 전시는 연속적인 주제를 연관성 있게 표현하기 위해 선형의 파노라마로 연출하는 기법이다.

③ 디오라마 전시는 하나의 사실 또는 주제의 시간 상황을 고정시켜 연출하는 것으로 현장에 임한 느낌을 준다.

④ 아일랜드 전시는 실물을 직접 전시할 수 없거나 오브제 전시만의 한계를 극복하기 위해 영상매체를 사용하여 전시하는 기법이다.

해설 (1) 아일랜드 전시 : 전시물을 벽면에서 띄워서 평면을 활용하여 전시공간을 설치하는 방식으로 전시물을 주변에서 둘러볼 수 있다.

(2) 파노라마 전시 : 실물을 직접 전시할 수 없는 경우 오브제(전시 물체) 한계를 극복하기 위해 영상매체를 사용하여 전시하며 연속적인 주제를 연관성 있게 표현한다.

18. 다음 중 터미널 호텔의 종류에 속하지 않는 것은?

① 해변 호텔　　② 부두 호텔
③ 공항 호텔　　④ 철도역 호텔

해설 (1) 시티 호텔(도심지 호텔)
㉮ 커머셜 호텔
㉯ 레지덴셜 호텔
㉰ 아파트먼트 호텔
㉱ 터미널 호텔 : 부두 호텔, 공항 호텔, 철도역 호텔

(2) 리조트 호텔(휴양지 호텔)
㉮ 산장 호텔
㉯ 해변 호텔
㉰ 스포츠 호텔
㉱ 클럽하우스

19. 레이트 모던(late modern) 건축 양식에 관한 설명으로 옳지 않은 것은?

① 기호학적 분절을 추구하였다.
② 퐁피두 센터는 이 양식에 부합되는 건축물이다.

③ 공업기술을 바탕으로 기술적 이미지를 강조하였다.

④ 대표적 건축가로는 시저 펠리, 노만 포스터 등이 있다.

해설 현대 건축
(1) 레이트 모던(late modern) : 공업 기술, 퐁피두 센터(렌조 피아노)
(2) 포스트 모던(post modern) : 고전주의, 기호학적 분절 추구

20. 공동주택의 단지계획에서 보차분리를 위한 방식 중 평면분리에 해당하는 방식은?

① 시간제 차량통행
② 쿨데삭(cul-de-sac)
③ 오버브리지(overbridge)
④ 보행자 안전참(pedestrian safecross)

해설 보차분리의 형태
(1) 평면분리 : 쿨데삭, 루프(loop), T자형, 격자형
(2) 입체분리 : 오버브리지(overbridge, 육교), 언더패스(under path, 지하도)

제2과목　　　**건축시공**

21. 금속 커튼월의 성능시험 관련 항목과 가장 거리가 먼 것은?

① 내동해성 시험　② 구조시험
③ 기밀시험　　　④ 정압수밀시험

해설 금속 커튼월의 성능시험(모크업 테스트 : mock up test)
(1) 건축물에 설치하는 커튼월·창호 등을 실제 크기로 만들어 놓고 실제와 같은 조건으로 실험하는 방식
(2) 종류 : 수밀시험, 기밀시험, 내풍압성시험, 층간변위 추종성 시험, 구조시험 등

22. 린건설(lean construction)에서의 관리 방법으로 옳지 않은 것은?

① 변이관리　　② 당김생산

③ 대량생산　　④ 흐름생산

> **[해설]** 린건설(lean construction)
> (1) 낭비를 최소화하기 위한 건설 생산 체제
> (2) 관리방법
> 　㉮ 변이관리 능력 향상
> 　㉯ 당김(pull)생산 방식
> 　㉰ 흐름생산 방식
> ※ 대량생산은 밀어내기(push) 방식으로 재고가 쌓여 낭비를 촉진하는 원인이 된다.

23. top-down공법(역타공법)에 관한 설명으로 옳지 않은 것은?

① 지하와 지상작업을 동시에 한다.

② 주변지반에 대한 영향이 적다.

③ 수직부재 이음부 처리에 유리한 공법이다.

④ 1층 슬래브의 형성으로 작업공간이 확보된다.

> **[해설]** Top-Down공법(역타공법)은 1층 바닥을 시공 후 지하층과 지상층을 동시에 시공하는 방식으로 수직부재 이음부 처리는 곤란하다.

24. 타일 붙임 공법에 쓰이는 용어 중 거푸집에 전용 시트를 붙이고, 콘크리트 표면에 요철을 부여하여 모르타르가 파고 들어가는 것에 의해 박리를 방지하는 공법은?

① 개량압착 붙임 공법

② MCR 공법

③ 마스크 붙임 공법

④ 밀착 붙임 공법

> **[해설]** ① 개량압착 붙임 공법 : 먼저 시공된 모르타르 바탕면에 붙임 모르타르를 도포하고, 모르타르가 부드러운 경우에 타일 속면에도 같은 모르타르를 도포하여 벽 또는 바닥 타일을 붙이는 공법
> ② MCR 공법 : 거푸집에 전용 시트를 붙이고, 콘크리트 표면에 요철을 부여하여 모르타르가 파고 들어가는 것에 의해 박리를 방지하는 공법
> ③ 마스크 붙임 공법 : 유닛(unit)화된 50 mm 각 이상의 타일 표면에 모르타르 도포용 마스크를 덧대어 붙임 모르타르를 바르고 마스크를 바깥에서부터 바탕면에 타일을 바닥면에 누름하여 붙이는 공법
> ④ 밀착 붙임 공법 : 붙임 모르타르를 바탕면에 도포하여 모르타르가 부드러운 경우에 타일 붙임용 진동공구를 이용하여 타일에 진동을 주어 매입에 의해 벽타일을 붙이는 공법

25. 아스팔트 방수재료에 관한 설명으로 옳지 않은 것은?

① 아스팔트 콤파운드는 블로운 아스팔트에 동식물성 섬유를 혼합한 것이다.

② 아스팔트 프라이머는 아스팔트 싱글을 용제로 녹인 것이다.

③ 아스팔트 펠트는 섬유원지에 스트레이트 아스팔트를 가열용해하여 흡수시킨 것이다.

④ 아스팔트 루핑은 원지에 스트레이트 아스팔트를 침투시키고 양면에 콤파운드를 피복한 후 광물질 분말을 살포시킨 것이다.

> **[해설]** (1) 아스팔트 싱글 : 아스팔트 루핑을 사각형·육각형으로 절단하여 지붕 방수 마감재로 사용한다.
> (2) 아스팔트 프라이머 : 아스팔트를 휘발성 용제로 녹여 만든 것으로 아스팔트 바탕에 부착이 잘되게 하기 위해 사용한다.

26. 콘크리트의 압축강도를 시험하지 않을 경우 다음과 같은 조건에서의 거푸집널 해

체 시기로 옳은 것은?

> • 기초, 보, 기둥 및 벽의 측면의 경우
> • 평균기온 20℃ 이상
> • 조강 포틀랜드 시멘트 사용

① 1일 ② 2일
③ 3일 ④ 4일

해설 콘크리트의 압축강도를 시험하지 않을 경우 거푸집널의 해체 시기(기초, 보, 기둥 및 벽의 측면)

시멘트의 종류 / 평균기온	조강 포틀랜드 시멘트	보통 포틀랜드 시멘트, 고로 슬래그 시멘트(1종), 포틀랜드 포졸란 시멘트(1종), 플라이 애시 시멘트(1종)	고로 슬래그 시멘트(2종), 포틀랜드 포졸란 시멘트(2종), 플라이 애시 시멘트(2종)
20℃ 이상	2일	4일	5일
20℃ 미만 10℃ 이상	3일	6일	8일

27. 지질조사를 통한 주상도에서 나타나는 정보가 아닌 것은?

① N치 ② 투수계수
③ 토층별 두께 ④ 토층의 구성

해설 (1) 주상도 : 지질조사를 통하여 지층의 구성 형태를 나타내는 단면도
(2) 주상도 정보
  • 토질 명칭 및 상태
  • 토층의 깊이 및 두께
  • 지하수위
  • N치(사질토의 밀도·점성토의 전단강도)
  • 시료채취

※ 투수계수 : 흙의 누수 정도를 나타내는 계수

28. 건축용 석재 사용 시 주의사항으로 옳지 않은 것은?

① 석재를 구조재로 사용 시 압축강도가 큰 것을 선택하여 사용할 것
② 석재를 다듬어 쓸 때는 석질이 균일한 것을 사용할 것
③ 동일 건축물에는 다양한 종류 및 다양한 산지의 석재를 사용할 것
④ 석재를 마감재로 사용 시 석리와 색채가 우아한 것을 선택하여 사용할 것

해설 동일 건축물에는 동일한 종류 및 동일한 산지의 석재를 사용하는 것이 바람직하다.

29. 건축물에 사용되는 금속자재와 그 용도가 바르게 연결되지 않은 것은?

① 경량철골 M-BAR : 경량벽체 시공을 위한 구조용 지지틀
② 코너비드 : 벽, 기둥 등의 모서리에 대는 보호용 철물
③ 논슬립 : 계단에 사용하는 미끄럼 방지 철물
④ 조이너 : 천장, 벽 등의 이음새 감추기용 철물

해설 경량철골 M-BAR는 경량철골 반자틀에서 일명 텍스라 하는 석고보드를 지지시키는 철물로 벽체 시공을 위한 것이 아니라 반자 설치를 위한 틀이다.

30. 웰 포인트 공법에 관한 설명으로 옳지 않은 것은?

① 중력배수가 유효하지 않은 경우에 주로 쓰인다.
② 지하수위를 저하시키는 공법이다.
③ 인접지반과 공동매설물 침하에 주의가

필요한 공법이다.

④ 점토질의 투수성이 나쁜 지질에 적합하다.

> **해설** 웰 포인트 공법(well point method) : 출수가 많은 터파기에서 집수관과 가로관을 웰 포인트 펌프에 연결하여 배수하는 공법으로 사질지반 또는 투수성이 좋은 지반에 유효하다.

31. 건축공사의 도급계약서 내용에 기재하지 않아도 되는 항목은?

① 공사의 착수시기

② 재료의 시험에 관한 내용

③ 계약에 관한 분쟁 해결방법

④ 천재 및 그 외의 불가항력에 의한 손해부담

> **해설** 건축공사의 도급계약서 기재내용
> (1) 공사내용
> (2) 도급금액과 도급금액 중 임금에 해당하는 금액
> (3) 공사착수의 시기와 공사완성의 시기
> (4) 도급금액의 선급금이나 기성금의 지급에 관하여 약정을 한 경우에는 각각 그 지급의 시기·방법 및 금액
> (5) 공사의 중지, 계약의 해제나 천재·지변의 경우 발생하는 손해의 부담에 관한 사항
> (6) 설계변경·물가변동 등에 기인한 도급금액 또는 공사내용의 변경에 관한 사항
> (7) 하도급대금지급보증서의 교부에 관한 사항
> (8) 당해 공사에서 발생된 폐기물의 처리방법과 재활용에 관한 사항
> (9) 인도를 위한 검사 및 그 시기
> (10) 공사완성 후의 도급금액의 지급시기
> (11) 계약이행지체의 경우 위약금·지연이자의 지급 등 손해배상에 관한 사항
> (12) 분쟁 발생 시 분쟁의 해결방법에 관한 사항
> ※ 도급계약은 발주자와 시공자 간의 계약이며, 재료의 시험에 관한 내용은 시공자 간의 계약 내용이다.

32. 다음 중 도장공사 시 유의사항으로 옳지 않은 것은?

① 도장마감은 도막이 너무 두껍지 않도록 얇게 몇 회로 나누어 실시한다.

② 도장을 수회 반복할 때에는 칠의 색을 동일하게 하여 혼동을 방지해야 한다.

③ 칠하는 장소에서 저온, 다습하고 환기가 충분하지 못할 때는 도장작업을 금지해야 한다.

④ 도장 후 기름, 산, 수지, 알칼리 등의 유해물이 배어 나오거나 녹아 나올 때에는 재시공한다.

> **해설** 도장공사에서 도장을 수회 반복(초벌·재벌·정벌) 시에는 칠의 여부를 확인하기 위해 초벌은 엷은 색으로 칠하고, 점차 정색으로 칠한다.

33. 벽돌쌓기 시 벽면적 1 m²당 소요되는 벽돌(190×90×57 mm)의 정미량(매)과 모르타르량(m³)으로 옳은 것은? (단, 벽두께 1.0 B, 모르타르의 재료량은 할증이 포함된 것이며, 배합비는 1 : 3이다.)

① 벽돌매수 : 224매,
모르타르량 : 0.078 m³

② 벽돌매수 : 224매,
모르타르량 : 0.049 m³

③ 벽돌매수 : 149매,
모르타르량 : 0.078 m³

④ 벽돌매수 : 149매,
모르타르량 : 0.049 m³

> **해설** 벽면적 1 m²당 벽두께에 따른 벽돌의 정미량과 모르타르량(기본형 190×90×57)
>
> | 구분 \ 벽두께 | 0.5B | 1.0B | 1.5B |
> |---|---|---|---|
> | 벽돌 정미량 | 75매 | 149매 | 224매 |
> | 모르타르량 | 0.019m³ | 0.049m³ | 0.078m³ |

34. 건축공사 시 직접공사비 구성 항목으로 옳게 짝지어진 것은?

① 재료비, 노무비, 장비비, 간접공사비
② 재료비, 노무비, 외주비, 간접공사비
③ 재료비, 노무비, 일반관리비, 경비
④ 재료비, 노무비, 외주비, 경비

해설 공사비의 구성

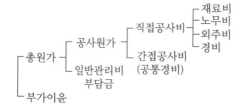

35. 네트워크 공정표에서 작업의 상호관계만을 도시하기 위하여 사용하는 화살선을 무엇이라 하는가?

① event
② dummy
③ activity
④ critical path

해설 네트워크 공정표

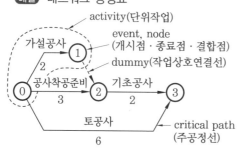

36. 철골부재 용접 시 겹침 이음, T자 이음 등에 사용되는 용접으로 목두께의 방향이 모재의 면과 45° 또는 거의 45°의 각을 이루는 것은?

① 필릿용접
② 완전용입 맞댐용접
③ 부분용입 맞댐용접
④ 다층용접

해설 모살용접(fillet welding)

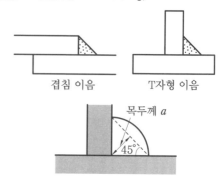

겹침 이음　　T자형 이음

37. 아래 설명은 어느 방식에 해당되는가?

> 도급자가 대상계획의 기업, 금융, 토지조달, 설계, 시공, 기계·기구설치, 시운전 및 조업지도까지 주문자가 필요로 하는 모든 것을 조달하며 주문자에게 인도하는 방식으로, 산업기술의 고도화, 전문화와 건축물의 고층화, 대형화에 따라 계속 증가 추세인 것

① 프로젝트관리방식(PM)
② 공사관리방식(CM)
③ 파트너링방식
④ 턴키방식

해설 ① 프로젝트관리방식(PM) : 프로젝트별로 관리하는 방식
② 공사관리방식(CM) : 발주자를 대리인으로 하여 설계자와 시공자를 조정하고 기획·설계·시공·유지관리 등의 업무의 일부 또는 전부를 관리하는 방식
③ 파트너링방식 : 발주자와 수급자가 한 팀이 되어 프로젝트를 집행 및 관리하는 방식
④ 턴키방식 : 주문자가 필요로 하는 모든 요소를 포괄하는 도급, 즉 건물의 탄생에서 소멸까지의 일부 또는 전부를 계약하는 방식

정답 **34.** ④　**35.** ②　**36.** ①　**37.** ④

38. 석재 설치 공법 중 오픈조인트 공법의 특징으로 옳지 않은 것은?

① 등압이론 방식을 적용한 수밀방식이다.

② 압력차에 의해서 빗물을 차단할 수 있다.

③ 실링재가 많이 소요된다.

④ 층간변위에도 유동적으로 변위를 흡수할 수 있으므로 파손 확률이 작아진다.

> **해설** 오픈조인트(open joint) 공법 : 건축물의 외벽과 석재의 사이에 공기층(등압공간)을 두고 석재를 외벽에 붙여대어 누수를 방지하는 공법으로 석재와 석재 사이를 실리콘으로 접착하지 않는다.

39. 레디믹스트 콘크리트 발주 시 호칭규격인 25 – 24 – 150에서 알 수 없는 것은?

① 염화물 함유량

② 슬럼프(slump)

③ 호칭강도

④ 굵은 골재의 최대치수

> **해설** 레미콘 호칭규격 25 – 24 – 150
> • 25 : 굵은 골재의 최대치수 25 mm
> • 24 : 재령 28일 호칭강도 24 MPa(N/mm²)
> • 150 : 슬럼프 150 mm

40. 타일크기가 10 cm×10 cm이고 가로세로 줄눈을 6 mm로 할 때 면적 1 m²에 필요한 타일의 정미수량은?

① 94매　　　　② 92매

③ 89매　　　　④ 85매

> **해설** 타일의 정미수량
> $$= \frac{1\,m^2}{(타일길이+줄눈두께)\times(타일높이+줄눈두께)}$$
> $$= \frac{1\,m^2}{(0.1+0.006)\times(0.1+0.006)}$$
> $$= 88.99$$
> ∴ 89매(장)

---

41. 강도설계법에서 직접설계법을 이용한 콘크리트 슬래브 설계 시 적용조건으로 옳지 않은 것은?

① 각 방향으로 3경간 이상 연속되어야 한다.

② 슬래브 판들은 단변 경간에 대한 장변 경간의 비가 2 이하인 직사각형이어야 한다.

③ 각 방향으로 연속한 받침부 중심간 경간 차이는 긴 경간의 1/3 이하이어야 한다.

④ 모든 하중은 슬래브 판의 특정지점에 작용하는 집중하중이어야 하며 활하중은 고정하중의 3배 이하이어야 한다.

> **해설** 강도설계법에서 직접설계법을 이용한 콘크리트 슬래브 설계 시 적용조건
> (1) 각 방향으로 3경간 이상 연속되어야 한다.
> (2) 슬래브 판들은 단변 경간에 대한 장변 경간의 비가 2 이하인 직사각형이어야 한다.
> $$\left(\frac{L_y(장변\ 경간)}{L_x(단변\ 경간)} \leq 2 \right)$$
> (3) 각 방향으로 연속한 받침부 중심간 경간 차이는 긴 경간의 1/3 이하이어야 한다.
> (각 방향 경간 차이 ≦ 긴 경간 × $\frac{1}{3}$)
> (4) 연속한 기둥 중심선을 기준으로 기둥의 어긋남은 그 방향 경간의 10 % 이하이어야 한다.(기둥의 어긋남 ≦ 그 방향 경간의 10 %)
> (5) 모든 하중은 슬래브 판 전체에 걸쳐 등분포된 연직하중이어야 하며, 활하중은 고정하중의 2배 이하이어야 한다.
> (활하중 ≦ 고정하중 × 2)

42. 인장시험을 통하여 얻어진 탄소강의 응력 – 변형도 곡선에서 변형도 경화영역의 최대 응력을 의미하는 것은?

① 인장강도　　　② 항복강도

③ 탄성강도　　　④ 비례한도

정답　38. ③　39. ①　40. ③　41. ④　42. ①

해설 응력 – 변형도 곡선에서 변형도 경화영역의 최대 응력은 인장강도이다.

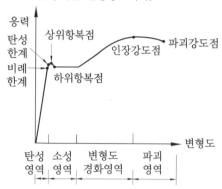

43. H형강이 사용된 압축재의 양단이 핀으로 지지되고 부재 중간에서 x축 방향으로만 이동할 수 없도록 지지되어 있다. 부재의 전 길이가 4 m일 때 세장비는? (단, $r_x = 8.62$ cm, $r_y = 5.02$ cm임)

① 26.4   ② 36.4
③ 46.4   ④ 56.4

해설 (1) 단면 2차 회전반경
　강축 $r_x = 8.62$ cm, 약축 $r_y = 5.02$ cm
(2) 유효좌굴길이계수
　양단 힌지이므로 $K = 1.0$
(3) 유효좌굴길이 : KL
(4) 세장비 $\lambda = \dfrac{\text{유효좌굴길이}}{\text{단면 2차 회전반경}}$
　다음 중 큰 값

- $\lambda_x = \dfrac{KL}{r_x} = \dfrac{1 \times 400}{8.62} = 46.4$

- $\lambda_y = \dfrac{K\dfrac{L}{2}}{r_y} = \dfrac{1 \times 200}{5.02} = 39.8$

∴ $\lambda = 46.4$

44. 다음 그림과 같은 트러스의 반력 R_A와 R_B는?

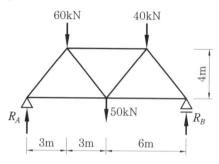

① $R_A = 60$ kN, $R_B = 90$ kN
② $R_A = 70$ kN, $R_B = 80$ kN
③ $R_A = 80$ kN, $R_B = 70$ kN
④ $R_A = 100$ kN, $R_B = 50$ kN

해설 $\sum M_B = 0$에서
　$R_A \times 12 - 60 \times 9 - 50 \times 6 - 40 \times 3 = 0$
∴ $R_A = \dfrac{540 + 300 + 120}{12} = 80$ kN
　$\sum V = 0$에서
　$80 - 60 - 50 - 40 + R_B = 0$
∴ $R_B = 70$ kN

45. 동일재료를 사용한 캔틸레버 보에서 작용하는 집중하중의 크기가 $P_1 = P_2$일 때, 보의 단면이 그림과 같다면 최대처짐 $y_1 : y_2$의 비는?

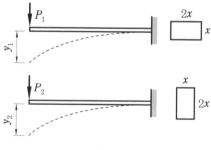

① 2 : 1   ② 4 : 1
③ 8 : 1   ④ 16 : 1

정답 **43.** ③   **44.** ③   **45.** ②

해설 (1) 캔틸레버 보의 처짐

$$y = \frac{PL^3}{3EI}$$

(2) $y_1 : y_2$

$$= \frac{PL^3}{3E\left(\dfrac{2x \cdot x^3}{12}\right)} : \frac{PL^3}{3E\left(\dfrac{x \cdot (2x)^3}{12}\right)}$$

$$= \frac{12}{2x \cdot x^3} : \frac{12}{x \cdot 8x^3}$$

$$= \frac{1}{2x^4} : \frac{1}{8x^4} = 4 : 1$$

46. 고층건물의 구조형식 중에서 건물의 중간층에 대형 수평부재를 설치하여 횡력을 외곽기둥이 분담할 수 있도록 한 형식은?

① 트러스 구조
② 골조 아웃리거 구조
③ 튜브 구조
④ 스페이스 프레임 구조

해설 ① 트러스 구조 : 삼각형 형태로 연결한 구조
② 골조 아웃리거 구조 : 초고층 건물에서 횡력에 저항하기 위해 중간층에 외곽기둥에서 중앙의 코어 또 외곽기둥까지 큰 보를 설치하고 외곽기둥 둘레에 벨트 트러스를 설치한 구조
③ 튜브 구조 : 초고층 건물에서 기둥을 1.0~1.2 m 정도 간격으로 배치하여 횡력에 대하여 캔틸레버 형태로 지지하도록 설계한 구조
④ 스페이스 프레임 구조 : 삼각형 트러스를 입체적으로 설치한 구조

47. 표준갈고리를 갖는 인장 이형철근(D13)의 기본정착길이는? (단, D13의 공칭지름 : 12.7 mm, f_{ck} = 27 MPa, f_y = 400 MPa, β = 1.0, m_c = 2,300 kg/m³)

① 190 mm
② 205 mm
③ 220 mm
④ 235 mm

해설 표준갈고리를 갖는 인장 이형철근의 정착
(1) 정착길이(L_{dh})
= 기본정착길이(L_{hb}) × 보정계수

(2) 기본정착길이(L_{hb}) = $\dfrac{0.24\beta d_b f_y}{\lambda \sqrt{f_{ck}}}$

$$= \frac{0.24 \times 1.0 \times 12.7 \times 400}{1.0 \times \sqrt{27}}$$

$$= 234.6 \, \text{mm}$$

여기서, β : 철근의 도막처리계수
d_b : 정착 철근의 공칭지름
f_y : 철근의 항복강도
f_{ck} : 콘크리트의 설계기준압축강도 (MPa)
λ : 경량골재콘크리트의 계수(보통 중량콘크리트 $\lambda = 1.0$)

48. 그림에서 파단선 a-1-2-3-d의 인장재의 순단면적은? (단, 판두께는 10 mm, 볼트 구멍지름은 22 mm)

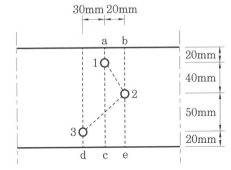

① 690 mm²
② 790 mm²
③ 890 mm²
④ 990 mm²

해설 엇모배치 인장재의 순단면적

$$A_n = A_g - ndt + \sum \frac{s^2}{4g} t$$

여기서, A_g : 총단면적
n : 파단선상에 있는 구멍의 수
d : 구멍의 지름
t : 부재 두께
s : 응력방향 중심간격

g : 응력 수직방향 중심간격

$$\therefore A_n = 130 \times 10 - 3 \times 22 \times 10$$
$$+ \left(\frac{20^2}{4 \times 40} \times 10 + \frac{50^2}{4 \times 40} \times 10 \right)$$
$$= 790 \, mm^2$$

49. 강구조에서 기초콘크리트에 매입되어 주각부의 이동을 방지하는 역할을 하는 것은?

① 앵커 볼트 ② 턴 버클

③ 클립 앵글 ④ 사이드 앵글

해설 ① 앵커 볼트 : 주각부의 이동을 방지하기 위해 기초콘크리트에 묻어둔 볼트

② 턴 버클 : 인장 가새 긴결재

참고 주각

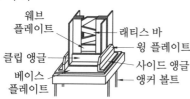

50. 강도설계법으로 설계된 보에서 스터럽이 부담하는 전단력 $V_s = 265 \, kN$일 경우 수직 스터럽의 적절한 간격은? (단, $A_v =$ 2×127 mm²(U형2 – D13), $f_{yt} = 350 \, MPa$, $b_w \times d = 300 \times 450 \, mm^2$)

① 120 mm ② 150 mm

③ 180 mm ④ 210 mm

해설 (1) 늑근(stirrup)이 부담하는 전단력

$$V_s = \frac{A_v f_{yt} d}{s}$$

여기서, A_v : 간격 내의 늑근 한 조의 단면적

f_{yt} : 늑근의 항복강도

d : 유효깊이

s : 늑근의 간격

(2) 늑근의 간격

$$s = \frac{A_v f_{yt} d}{V_s} = \frac{2 \times 127 \times 350 \times 450}{265 \times 10^3}$$

$$= 150.96 \, mm$$

$$\therefore 150 \, mm$$

51. 그림과 같은 단순보의 양단 수직반력을 구하면?

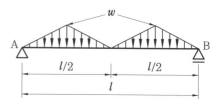

① $R_A = R_B = \dfrac{wl}{2}$

② $R_A = R_B = \dfrac{wl}{4}$

③ $R_A = R_B = \dfrac{wl}{6}$

④ $R_A = R_B = \dfrac{wl}{8}$

해설 수직반력 $\sum V = 0$에서

$$R_A - w \times \frac{l}{2} \times \frac{1}{2} - w \times \frac{l}{2} \times \frac{1}{2} + R_B = 0$$

$$R_A + R_B - \frac{2wl}{4} = 0$$

$$R_A + R_B = \frac{wl}{2}$$

$$\therefore R_A = R_B = \frac{wl}{4}$$

52. 다음과 같은 조건의 단면을 가진 부재의 균열모멘트 M_{cr}을 구하면?

- 단면의 중립축에서 인장연단까지의 거리 $y_t = 420 \, mm$
- 총 단면 2차 모멘트
  $I_g = 1.0 \times 10^{10} \, mm^4$
- 보통중량콘크리트 설계기준압축강도
  $f_{ck} = 21 \, MPa$

① 50.6 kN·m ② 53.3 kN·m

③ 62.5 kN·m   ④ 68.8 kN·m

해설 균열모멘트 M_{cr}

(1) 휨인장강도 $f_r = 0.63\lambda\sqrt{f_{ck}}$

     여기서, λ : 경량콘크리트계수(보통중량 콘
                     크리트 $\lambda = 1.0$)

                f_{ck} : 콘크리트의 설계기준강도(MPa)

(2) $M_{cr} = \dfrac{I_g}{y_t}f_r$

$$= \dfrac{1.0\times10^{10}}{420}\times0.63\times1.0\times\sqrt{21}$$

$$= 68,738,635\,\text{N}\cdot\text{mm}$$

$$= 68.7\,\text{kN}\cdot\text{m}$$

     여기서, I_g : 총 단면 2차 모멘트

              y_t : 중립축에서 인장연단까지의
                     거리

53. 직경(D) 30 mm, 길이(L) 4 m인 강봉에 90 kN의 인장력이 작용할 때 인장응력(σ_t)과 늘어난 길이(ΔL)는 약 얼마인가? (단, 강봉의 탄성계수 $E = 200,000$ MPa)

① $\sigma_t = 127.3$ MPa, $\Delta L = 1.43$ mm

② $\sigma_t = 127.3$ MPa, $\Delta L = 2.55$ mm

③ $\sigma_t = 132.5$ MPa, $\Delta L = 1.43$ mm

④ $\sigma_t = 132.5$ MPa, $\Delta L = 2.55$ mm

해설 (1) 인장응력(σ_t)

$$= \dfrac{N}{A} = \dfrac{N}{\dfrac{\pi D^2}{4}} = \dfrac{90,000\,\text{N}\times4}{\pi\times(30\,\text{mm})^2}$$

$$= 127.3\,\text{N}/\text{mm}^2$$

(2) 늘어난 길이(ΔL)

$$E = \dfrac{\sigma_t}{\varepsilon} \rightarrow \varepsilon = \dfrac{\sigma_t}{E} \rightarrow \dfrac{\Delta L}{L} = \dfrac{\sigma_t}{E}$$

$$\Delta L = \dfrac{\sigma_t L}{E} = \dfrac{127.3\times4,000}{200,000} = 2.546\,\text{mm}$$

54. 점 A에 작용하는 두 개의 힘 P_1과 P_2의 합력을 구하면?

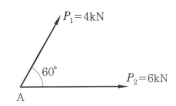

① $\sqrt{72}$ kN   ② $\sqrt{74}$ kN

③ $\sqrt{76}$ kN   ④ $\sqrt{78}$ kN

해설 합력 $R = \sqrt{P_1^2+P_2^2+2P_1P_2\cos\alpha}$

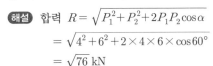

$$= \sqrt{4^2+6^2+2\times4\times6\times\cos60°}$$

$$= \sqrt{76}\,\text{kN}$$

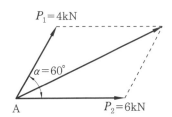

55. 그림과 같은 기둥단면이 300 mm×300 mm인 사각형 단주에서 기둥에 발생하는 최대 압축응력은? (단, 부재의 재질은 균등한 것으로 본다.)

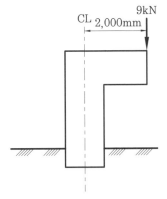

① −2.0 MPa   ② −2.6 MPa

③ −3.1 MPa   ④ −4.1 MPa

해설 기둥의 응력 $\sigma = -\dfrac{N}{A}\pm\dfrac{M}{Z}$

최대 응력 $\sigma_{max} = -\dfrac{N}{A} - \dfrac{M}{Z}$

$= -\dfrac{9,000}{300 \times 300} - \dfrac{9,000 \times 2,000}{\dfrac{300 \times 300^2}{6}}$

$= -4.1 \, \text{N/mm}^2(\text{MPa})$

56. 인장을 받는 이형철근의 정착길이(l_d)는 기본정착길이(l_{db})에 보정계수를 곱하여 산정한다. 다음 중 이러한 보정계수에 영향을 미치는 사항이 아닌 것은?

① 하중계수
② 경량콘크리트계수
③ 에폭시 도막계수
④ 철근배치 위치계수

해설 (1) 인장 이형철근의 정착길이(l_d)
＝기본정착길이(l_{db})×보정계수
(2) 보정계수
㉮ 철근배치 위치계수(α)
㉯ 도막계수(β) : 에폭시 도막 포함
㉰ 경량콘크리트계수(λ)
㉱ 철근 또는 철선의 크기계수(γ)
㉲ 철근 간격 또는 피복 두께에 관련된 치수(c)
※ 하중계수 : 극한강도설계법에서 하중이 증가될 가능성을 고려하여 실제하중에 하중을 증가해주는 계수

57. 바람의 난류로 인해서 발생되는 구조물의 동적 거동성분을 나타내는 것으로 평균변위에 대한 최대변위의 비를 통계적인 값으로 나타낸 계수는?

① 지형계수
② 가스트영향계수
③ 풍속고도분포계수
④ 풍력계수

해설 가스트영향계수 : 바람의 난류로 인해서 발생되는 구조물의 동적 거동성분을 나타내

는 것으로 $\dfrac{\text{최대변위}}{\text{평균변위}}$를 통계적인 값으로 나타낸 계수

참고 (1) 지형계수 : 언덕 및 산 경사지의 정점 부근에서 풍속이 증가하므로 이에 따른 정점 부근의 풍속을 증가시키는 계수
(2) 풍속고도분포계수 : 지표면의 고도에 따라 기준경도풍 높이까지의 풍속의 증가분포를 지수법칙에 의해 표현했을 때의 수직방향 분포계수
(3) 풍력계수 : 구조체와 지붕골조 또는 기타 구조물 등의 설계풍압을 산정하기 위한 계수

58. 다음 중 부동침하의 원인과 가장 거리가 먼 것은?

① 건물이 경사지반에 근접되어 있을 경우
② 건물이 이질지반에 걸쳐 있을 경우
③ 이질의 기초구조를 적용했을 경우
④ 건물의 강도가 불균등할 경우

해설 부동(불균등)침하의 원인
(1) 연약 지반인 경우
(2) 연약층의 두께가 서로 다른 경우
(3) 건물이 이질지층에 접한 경우
(4) 건물이 낭떠러지에 접한 경우
(5) 일부 증축하는 경우
(6) 지하수위가 변경되는 경우
(7) 건축물의 지하에 매설물 또는 구멍이 있는 경우
(8) 지반에 메운 땅이 있는 경우

59. 다음 용접 기호에 대한 옳은 설명은?

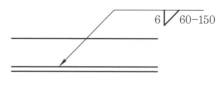

① 맞댐 용접이다.
② 용접되는 부위는 화살의 반대쪽이다.

정답 **56.** ① **57.** ② **58.** ④ **59.** ④

③ 유효목두께는 6 mm이다.

④ 용접길이는 60 mm이다.

해설 (1) ▽ : 지시쪽 모살용접

(2) 6 : 용접치수(다리길이)

(3) 60 : 용접길이

(4) 150 : 용접간격

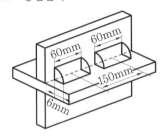

60. 그림과 같은 강접골조에 수평력 $P = 10$ kN이 작용하고 기둥의 강비 $k = \infty$인 경우, 기둥의 모멘트가 최대가 되는 위치 h_0는? (단, 괄호 안의 기호는 강비이다.)

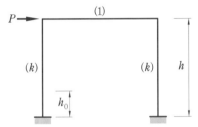

① 0

② $0.5h$

③ $\dfrac{4}{7}h$

④ h

해설 기둥의 강비가 ∞이면 기둥을 단순보의 캔틸레버로 보아 최대 휨모멘트는 고정 지점이고 변곡점은 하중점 위치이다.

 제4과목 **건축설비**

61. 다음 중 증기난방에 관한 설명으로 옳지 않은 것은?

① 응축수 환수관 내에 부식이 발생하기 쉽다.

② 동일 방열량인 경우 온수난방에 비해 방열기의 방열면적이 작아도 된다.

③ 방열기를 바닥에 설치하므로 복사난방에 비해 실내바닥의 유효면적이 줄어든다.

④ 온수난방에 비해 예열시간이 길어서 충분한 난방감을 느끼는 데 시간이 걸린다.

해설 증기난방은 온수난방에 비해 예열시간이 짧아 빠른 시간 내에 충분한 난방감을 느낄 수 있다.

62. 다음 설명에 알맞은 통기관의 종류는 어느 것인가?

> 기구가 반대방향(좌우분기) 또는 병렬로 설치된 기구배수관의 교점에 접속하여 입상하며, 그 양기구의 트랩 봉수를 보호하기 위한 1개의 통기관을 말한다.

① 공용통기관

② 결합통기관

③ 각개통기관

④ 신정통기관

해설 ① 공용통기관 : 맞물림 또는 병렬로 설치한 위생기구의 기구배수관 교차점에 접속하여, 그 양쪽 기구의 트랩 봉수를 보호하는 1개의 통기관을 말한다.

② 결합통기관 : 오배수 수직관 내의 압력변동을 방지하기 위하여 오배수 수직관 상향으로 통기수직관에 연결하는 통기관을 말한다.

③ 각개통기관 : 위생기구마다 각개의 통기관을 설치하여 기구 상부의 통기관에 연결하거나 대기로 인출하여 설치하는 배관을 말한다.

④ 신정통기관 : 배수수직관에서 최상부의 배수수평관이 접속한 지점보다 더 상부 방향으로 그 배수수직관을 지붕 위까지 연장

하여 이것을 통기관으로 사용하는 관을 말한다.

63. 저압옥내 배선공사 중 직접 콘크리트에 매설할 수 있는 공사는?

① 금속관공사
② 금속덕트공사
③ 버스덕트공사
④ 금속몰드공사

해설 ① 금속관공사 : 금속관 내에 절연전선을 넣어 콘크리트에 매설할 수 있는 공사
② 금속덕트공사 : 천장이나 벽면 전선을 금속덕트에 수납하여 시설하는 공사
③ 버스덕트공사 : 덕트 내에 금속체 나전선을 넣은 공사
④ 금속몰드공사 : 옥내 노출 절연전선을 금속몰드로 감싸 은폐한 공사

64. 가스설비에서 LPG에 관한 설명으로 옳지 않은 것은?

① 공기보다 무겁다.
② LNG에 비해 발열량이 작다.
③ 순수한 LPG는 무색, 무취이다.
④ 액화하면 체적이 1/250 정도가 된다.

해설 (1) LPG(액화석유가스)
㉮ 보통 가스통에 담아 사용한다.
㉯ 석유 성분 중 프로판과 부탄이 주성분이다.
㉰ 공기보다 무겁고 무색, 무취이다.
㉱ LNG에 비해 발열량이 크다.
㉲ 액화하면 체적이 1/250 정도가 된다.
(2) LNG(액화천연가스)
㉮ 가스 배관을 통해 가정용으로 사용된다.
㉯ 메탄을 주원료로 사용한다.

65. 다음의 스프링클러설비의 화재안전기준 내용 중 ( ) 안에 알맞은 것은?

전동기에 따른 펌프를 이용하는 가압송수장치의 송수량은 0.1 MPa의 방수압력 기준으로 ( ) 이상의 방수성능을 가진 기준개수의 모든 헤드로부터의 방수량을 충족시킬 수 있는 양 이상의 것으로 할 것

① 80 L/min
② 90 L/min
③ 110 L/min
④ 130 L/min

해설 가압송수장치의 송수량은 0.1 MPa의 방수압력 기준으로 80 L/min 이상의 방수성능을 가진 기준개수의 모든 헤드로부터의 방수량을 충족시킬 수 있는 양 이상의 것으로 할 것

66. 건구온도 26℃인 실내공기 8,000 m³/h와 건구온도 32℃인 외부공기 2,000 m³/h를 단열혼합하였을 때 혼합공기의 건구온도는 얼마인가?

① 27.2℃
② 27.6℃
③ 28.0℃
④ 29.0℃

해설 혼합공기의 건구온도

$$= \frac{\text{A건구온도} \times \text{A공기량} + \text{B건구온도} \times \text{B공기량}}{\text{혼합공기량}}$$

$$= \frac{26℃ \times 8,000\,\text{m}^3/\text{h} + 32℃ \times 2,000\,\text{m}^3/\text{h}}{8,000\,\text{m}^3/\text{h} + 2,000\,\text{m}^3/\text{h}}$$

$$= 27.2℃$$

참고 건구온도 : 공기에 노출시킨 건구온도계로 측정한 온도

67. 10 Ω의 저항 10개를 직렬로 접속할 때의 합성저항은 병렬로 접속할 때의 합성저항의 몇 배가 되는가?

① 5배
② 10배
③ 50배
④ 100배

해설 ・직렬 합성저항 $R_t = nR = 10 \times 10\,Ω$
$= 100\,Ω$

정답 **63.** ① **64.** ② **65.** ① **66.** ① **67.** ④

• 병렬 합성저항 $R_t = \dfrac{R}{n} = \dfrac{10\Omega}{10} = 1\Omega$

∴ 직렬 합성저항 R_t는 병렬 합성저항 R_t의 100배이다.

68. 습공기의 엔탈피에 관한 설명으로 옳은 것은?

① 건구온도가 높을수록 커진다.

② 절대습도가 높을수록 작아진다.

③ 수증기의 엔탈피에서 건공기의 엔탈피를 뺀 값이다.

④ 습공기를 냉각·가습할 경우, 엔탈피는 항상 감소한다.

해설 습공기 엔탈피

① 건구온도가 높을수록 커진다.

② 절대습도가 높을수록 증가한다.

습공기선도

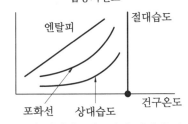

③ 습공기 엔탈피=건공기의 엔탈피+수증기의 엔탈피

④ 습공기를 냉각·가습하면 엔탈피는 증가한다.

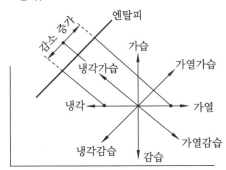

69. 실내에 4,500 W를 발열하고 있는 기기

가 있다. 이 기기의 발열로 인해 실내 온도 상승이 생기지 않도록 환기를 하려고 할 때, 필요한 최소 환기량은? (단, 공기의 밀도 1.2 kg/m³, 비열 1.01 kJ/kg·K, 실내온도 20℃, 외기온도 0℃이다.)

① 약 452 m³/h ② 약 668 m³/h

③ 약 856 m³/h ④ 약 928 m³/h

해설 현열부하=환기량×밀도×비열×온도차

$환기량 = \dfrac{현열부하}{밀도×비열×온도차}$

$= \dfrac{4{,}500×3.6\,\text{kJ/h}}{1.2\,\text{kg/m}^3×1.01\,\text{kJ/kg}\cdot\text{K}×(20-0)℃}$

$= 668.31\,\text{m}^3/\text{h}$

※ 1 W=1 J/s=3.6 kJ/h

70. 다음 설명에 알맞은 요운전원 엘리베이터 조작방식은?

> 기동은 운전원의 버튼 조작으로 하며, 정지는 목적층 단추를 누르는 것과 승강장의 호출신호로 층의 순서대로 자동 정지한다.

① 카 스위치 방식

② 전자동 군관리 방식

③ 레코드 컨트롤 방식

④ 시그널 컨트롤 방식

해설 시그널 컨트롤(signal control) 방식

(1) 시동 : 운전원의 버튼 조작

(2) 정지 : 목적층 단추 누름과 승강장 호출신호

(3) 반전 : 어느 층에서나 가능

(4) 뱅크(여러 엘리베이터를 하나로 묶어 사용)운전의 경우에는 운전간격 자동 조절

71. 압축식 냉동기의 냉동사이클을 옳게 나타낸 것은?

① 압축 → 응축 → 팽창 → 증발

② 압축 → 팽창 → 응축 → 증발

③ 응축 → 증발 → 팽창 → 압축

④ 팽창 → 증발 → 응축 → 압축

> **해설** (1) 압축식 냉동기
> ㉮ 냉매 : 암모니아, 프레온
> ㉯ 냉동사이클 : 압축→응축→팽창→증발
> (2) 흡수식 냉동기
> ㉮ 냉매 : 물
> ㉯ 냉동사이클 : 증발→흡수→재생→응축

72. 배수트랩의 봉수파괴 원인 중 통기관을 설치함으로써 봉수파괴를 방지할 수 있는 것이 아닌 것은?

① 분출작용

② 모세관작용

③ 자기사이펀작용

④ 유도사이펀작용

> **해설** 통기관을 설치함으로써 봉수파괴를 방지할수 있는 것
> (1) 자기사이펀작용 : 위생기구의 봉수에서 수직배수관까지 만수인 경우에 봉수가 파괴되는 현상(S트랩의 경우 심하게 발생)
> (2) 분출작용 : 수직관 가까이에 위생기구 봉수가 있고 수평주관에 하수가 정체되어 있는 상태에서 수직관에 다량의 물이 배수될 때 공간의 압력이 압축(정압)이 되어 위생기구의 봉수를 실내로 밀어내는 현상
> (3) 유도사이펀작용 : 수직배수관의 배수에 의해서 수직배수관 가까이에 있는 봉수 주위가 진공상태가 되어 봉수가 파괴되는 현상
> ※ 모세관작용 : 봉수 출구에 천 조각이나 머리카락 등이 걸려 있는 경우 봉수가 파괴되는 현상으로 이물질(천 조각·머리카락)을 제거해서 봉수 파괴를 방지한다.

73. 습공기가 냉각되어 포함되어 있던 수증기가 응축되기 시작하는 온도를 의미하는 것은?

① 노점온도

② 습구온도

③ 건구온도

④ 절대온도

> **해설** 노점온도 : 습공기가 냉각되어 습공기에 있는 수증기가 응축되면서 물방울이 되기 시작할 때의 온도를 말하며, 이슬점 온도라고도 한다.

74. 조명기구의 배광에 따른 분류 중 직접조명형에 관한 설명으로 옳은 것은?

① 상향 광속과 하향 광속이 거의 동일하다.

② 천장을 주광원으로 이용하므로 천장의 색에 대한 고려가 필요하다.

③ 매우 넓은 면적이 광원으로서의 역할을 하기 때문에 직사 눈부심이 없다.

④ 작업면에 고조도를 얻을 수 있으나 심한 휘도차 및 짙은 그림자가 생긴다.

> **해설** 직접조명
> ① 하향 광속이 상향 광속보다 크다.
> ② 천장을 주광원으로 이용하므로 천장의 색을 고려하지 않는다.
> ③ 직사 눈부심이 크다.
> ④ 작업면에 고조도(높은 조도)를 얻을 수 있으나 심한 휘도차 및 짙은 그림자가 생긴다.
>
> **참고** 휘도 : 눈부심 정도

75. 주위 온도가 일정 온도 이상으로 되면 동작하는 자동화재탐지설비의 감지기는?

① 이온화식 감지기

② 차동식 스폿형 감지기

③ 정온식 스폿형 감지기

④ 광전식 스폿형 감지기

> **해설** (1) 열 감지기
> • 차동식 : 온도가 일정 상승률 이상일 때 동작(사무실·거실 등)
> • 정온식 : 온도가 일정 온도 이상일 때 동작(주방·보일러실 등)
> • 보상식 : 차동식·정온식을 합친 것으로

둘 중 하나만 작동되어도 화재 신호를 보낼 수 있다.
(2) 연기 감지지
 • 광전식 : 연기의 농담에 따라 광전관을 동작
 • 이온화식 : 연기가 이온화 공기와 결합하여 적은 전류에 의해 화재를 감지하는 방식

76. 길이 20 m, 지름 400 mm의 덕트에 평균속도 12 m/s로 공기가 흐를 때 발생하는 마찰저항은? (단, 덕트의 마찰저항계수는 0.02, 공기의 밀도는 1.2 kg/m³이다.)

① 7.3 Pa
② 8.6 Pa
③ 73.2 Pa
④ 86.4 Pa

해설 직관 덕트의 마찰저항

$$\Delta p = f \cdot \frac{L}{d} \cdot \frac{V^2}{2} \cdot \rho \, [\text{Pa}]$$

여기서, f : 마찰계수
L : 덕트의 길이(m)
d : 덕트의 지름(m)
V : 공기의 평균속도(m/s)
ρ : 공기의 밀도(kg/m³)

$$\therefore \; \Delta p = 0.02 \times \frac{20 \, \text{m}}{0.4 \, \text{m}}$$
$$\times \frac{(12 \, \text{m/s})^2}{2} \times 1.2 \, \text{kg/m}^3$$
$$= 86.4 \, \text{Pa}$$

77. 다음 중 건축물 실내공간의 잔향시간에 가장 큰 영향을 주는 것은?

① 실의 용적
② 음원의 위치
③ 벽체의 두께
④ 음원의 음압

해설 잔향시간은 밀폐된 공간에서 실내음의 에너지가 $\frac{1}{1,000,000}$ 로 감쇠하는 데 소요되는 시간으로 실의 규모(용적)에 비례한다.

$$\text{잔향시간}(RT) = 0.16 \frac{V}{A}$$

여기서, V : 실의 용적(m³)
A : 흡음면적(m²)

78. 다음 중 급수배관계통에서 공기빼기밸브를 설치하는 가장 주된 이유는?

① 수격작용을 방지하기 위하여
② 배관 내면의 부식을 방지하기 위하여
③ 배관 내 유체의 흐름을 원활하게 하기 위하여
④ 배관 표면에 생기는 결로를 방지하기 위하여

해설 급수배관 내에 공기가 발생하면 굴곡부나 구석 부분 등에 공기가 뭉쳐 배관 내 유체의 흐름을 방해하므로 공기빼기밸브를 설치하여 공기를 빼주어 유체의 흐름을 원활하게 한다.

79. 다음 중 변전실에 관한 설명으로 옳지 않은 것은?

① 건축물의 최하층에 설치하는 것이 원칙이다.
② 용량의 증설에 대비한 면적을 확보할 수 있는 장소로 한다.
③ 사용부하의 중심에 가깝고, 간선의 배선이 용이한 곳으로 한다.
④ 변전실의 높이는 바닥의 케이블트렌치 및 무근 콘크리트 설치 여부 등을 고려한 유효 높이로 한다.

해설 전기설비의 침수에 관련하여 원칙적으로 건축물의 최하층은 피한다. 다만, 최하층인 경우는 방수 턱 설치, 바닥높임 등 건축 관점의 치수대책을 시행한다.

80. 각종 급수방식에 관한 설명으로 옳지 않은 것은?

① 수도직결방식은 정전으로 인한 단수의

염려가 없다.

② 압력수조방식은 단수 시에 일정량의 급수가 가능하다.

③ 수도직결방식은 위생 및 유지·관리 측면에서 가장 바람직한 방식이다.

④ 고가수조방식은 수도 본관의 영향에 따라 급수압력의 변화가 심하다.

> **해설** 고가수조방식은 수도 본관의 영향과 관계없이 급수압력이 일정하다.

제5과목　건축관계법규

81. 다음은 승용 승강기의 설치에 관한 기준 내용이다. 밑줄 친 "대통령령으로 정하는 건축물"에 대한 기준 내용으로 옳은 것은?

> 건축주는 6층 이상으로서 연면적이 2천 m² 이상인 건축물(대통령령으로 정하는 건축물은 제외한다)을 건축하려면 승강기를 설치하여야 한다.

① 층수가 6층인 건축물로서 각 층 거실의 바닥면적 300 m² 이내마다 1개소 이상의 직통계단을 설치한 건축물

② 층수가 6층인 건축물로서 각 층 거실의 바닥면적 500 m² 이내마다 1개소 이상의 직통계단을 설치한 건축물

③ 층수가 10층인 건축물로서 각 층 거실의 바닥면적 300 m² 이내마다 1개소 이상의 직통계단을 설치한 건축물

④ 층수가 10층인 건축물로서 각 층 거실의 바닥면적 500 m² 이내마다 1개소 이상의 직통계단을 설치한 건축물

> **해설** 건축주는 6층 이상으로서 연면적이 2,000 m² 이상인 건축물(대통령령으로 정하는 건축물은 제외한다)을 건축하려면 승강기를 설치

하여야 한다. "대통령령으로 정하는 건축물"이란 층수가 6층인 건축물로서 각 층 거실의 바닥면적 300 m² 이내마다 1개소 이상의 직통계단을 설치한 건축물을 말한다.

82. 중앙도시계획위원회에 관한 설명으로 틀린 것은?

① 위원장·부위원장 각 1명을 포함한 25명 이상 30명 이하의 위원으로 구성한다.

② 위원장은 국토교통부장관이 되고, 부위원장은 위원 중 국토교통부장관이 임명한다.

③ 공무원이 아닌 위원의 수는 10명 이상으로 하고, 그 임기는 2년으로 한다.

④ 도시·군계획에 관한 조사·연구 업무를 수행한다.

> **해설** 중앙도시계획위원회의 위원장과 부위원장은 위원 중에서 국토교통부장관이 임명하거나 위촉한다.
>
> **참고** 중앙도시계획위원회의 업무
> (1) 광역도시계획·도시·군계획·토지거래계약허가구역 등 국토교통부장관의 권한에 속하는 사항의 심의
> (2) 도시·군계획에 관한 조사·연구

83. 시가화조정구역에서 시가화유보기간으로 정하는 기간 기준은?

① 1년 이상 5년 이내

② 3년 이상 10년 이내

③ 5년 이상 20년 이내

④ 10년 이상 30년 이내

> **해설** 시·도지사는 직접 또는 관계 행정기관의 장의 요청을 받아 도시지역과 그 주변지역의 무질서한 시가화를 방지하고 계획적·단계적인 개발을 도모하기 위하여 5년 이상 20년 이내의 기간 동안 시가화를 유보할 필요가 있다고 인정되면 시가화조정구역의 지정 또는 변경을 도시·군관리계획으로 결정할 수 있다.

84. 다음 중 내화구조에 해당하지 않는 것은? (단, 외벽 중 비내력벽인 경우)

① 철근콘크리트조로서 두께가 7 cm인 것
② 무근콘크리트조로서 두께가 7 cm인 것
③ 골구를 철골조로 하고 그 양면을 두께 3 cm의 철망모르타르로 덮은 것
④ 철재로 보강된 콘크리트블록조로서 철재에 덮은 콘크리트블록의 두께가 3 cm인 것

해설 내화구조(외벽 중 비내력벽인 경우)
(1) 철근콘크리트조 또는 철골철근콘크리트조로서 두께가 7 cm 이상인 것
(2) 골구를 철골조로 하고 그 양면을 두께 3 cm 이상의 철망모르타르 또는 두께 4 cm 이상의 콘크리트블록·벽돌 또는 석재로 덮은 것
(3) 철재로 보강된 콘크리트블록조·벽돌조 또는 석조로서 철재에 덮은 콘크리트블록 등의 두께가 4 cm 이상인 것
(4) 무근콘크리트조·콘크리트블록조·벽돌조 또는 석조로서 그 두께가 7 cm 이상인 것

85. 다음 중 건축물 관련 건축기준의 허용되는 오차 범위(%)가 가장 큰 것은?

① 평면길이
② 출구너비
③ 반자높이
④ 바닥판두께

해설 건축물 관련 건축기준의 허용오차 범위(%)
(1) 평면길이 : 2 % 이내
(2) 출구너비 : 2 % 이내
(3) 반자높이·건축물 높이 : 2 % 이내
(4) 바닥판두께·벽체두께 : 3 % 이내

86. 판매시설 용도이며 지상 각 층의 거실면적이 2,000 ㎡인 15층의 건축물에 설치하여야 하는 승용승강기의 최소 대수는? (단, 16인승 승강기이다.)

① 2대
② 4대
③ 6대
④ 8대

해설 건축주는 6층 이상으로서 연면적이 2,000 m^2 이상인 건축물을 건축하려면 승강기를 설치하여야 한다. 승용승강기의 설치기준에 따르면 공연장·집회장·관람장·판매시설·의료시설일 경우 승강기의 대수는 다음과 같다.

$$\frac{A - 3,000 \ m^2}{2,000 \ m^2} + 2대$$

여기서, A : 6층 이상의 거실면적의 합계

$$\frac{(15 - 6 + 1) \times 2,000 \ m^2 - 3,000 \ m^2}{2,000 \ m^2} + 2대$$

$= 10.5대$

8인승 이상 15인승 이하의 승강기는 1대의 승강기로 보고, 16인승 이상의 승강기는 2대의 승강기로 본다. 16인승이므로 $\frac{11}{2} = 5.5대$(소수점 이하는 1대로 계산한다.)

∴ 6대

87. 건축허가 대상 건축물이라 하더라도 건축신고를 하면 건축허가를 받은 것으로 보는 경우에 속하지 않는 것은? (단, 층수가 2층인 건축물의 경우)

① 바닥면적의 합계가 75 ㎡의 증축
② 바닥면적의 합계가 75 ㎡의 재축
③ 바닥면적의 합계가 75 ㎡의 개축
④ 연면적이 250 ㎡인 건축물의 대수선

해설 건축허가 대상 건축물이라 하더라도 다음 중 어느 하나에 해당하는 경우에는 미리 특별자치시장·특별자치도지사 또는 시장·군수·구청장에게 국토교통부령으로 정하는 바에 따라 신고를 하면 건축허가를 받은 것으로 본다.
(1) 바닥면적의 합계가 85 m^2 이내의 증축·개축 또는 재축(다만, 3층 이상 건축물인 경우에는 증축·개축 또는 재축하려는 부분의 바닥면적의 합계가 건축물 연면적의 10분의 1 이내인 경우)

(2) 「국토의 계획 및 이용에 관한 법률」에 따른 관리지역, 농림지역 또는 자연환경보전지역에서 연면적이 200 m^2 미만이고 3층 미만인 건축물의 건축

(3) 연면적이 200 m^2 미만이고 3층 미만인 건축물의 대수선

(4) 주요구조부의 해체가 없는 등 대통령령으로 정하는 대수선

(5) 그 밖에 소규모 건축물로서 대통령령으로 정하는 건축물의 건축

88. 다음 노외주차장의 구조 및 설비기준에 관한 내용 중 ( ) 안에 알맞은 것은?

> 자동차용 승강기로 운반된 자동차가 주차구획까지 자주식으로 들어가는 노외주차장의 경우에는 주차대수 ( )마다 1대의 자동차용 승강기를 설치하여야 한다.

① 10대   ② 20대
③ 30대   ④ 40대

해설 자동차용 승강기로 운반된 자동차가 주차구획까지 자주식으로 들어가는 노외주차장의 경우에는 주차대수 30대마다 1대의 자동차용 승강기를 설치하여야 한다.

89. 막다른 도로의 길이가 15 m일 때, 이 도로가 건축법령상 도로이기 위한 최소 폭은?

① 2 m   ② 3 m
③ 4 m   ④ 6 m

해설 막다른 도로 길이에 대한 도로 폭

막다른 도로의 길이	최소 너비
10 m 미만	2 m
10 m 이상 35 m 미만	3 m
35 m 이상	6 m(도시지역이 아닌 읍·면지역은 4 m)

90. 특별피난계단의 구조에 관한 기준 내용으로 틀린 것은?

① 계단은 내화구조로 하되, 피난층 또는 지상까지 직접 연결되도록 한다.

② 계단실 및 부속실의 실내에 접하는 부분의 마감은 불연재료로 한다.

③ 출입구의 유효너비는 0.9 m 이상으로 하고 피난의 방향으로 열 수 있도록 한다.

④ 건축물의 내부에서 노대 또는 부속실로 통하는 출입구에는 30분방화문을 설치하고, 노대 또는 부속실로부터 계단실로 통하는 출입구에는 60분방화문을 설치하도록 한다.

해설 건축물의 내부에서 노대 또는 부속실로 통하는 출입구에는 60+방화문 또는 60분방화문을 설치하고, 노대 또는 부속실로부터 계단실로 통하는 출입구에는 60+방화문, 60분방화문 또는 30분 방화문을 설치한다.

참고 방화문
(1) 차열 : 화염·연기·열 차단, 비차열 : 화염·연기 차단
(2) 갑종 방화문 : 비차열 1시간 이상, 차열 30분 이상
(3) 을종 방화문 : 비차열 30분 이상
(4) 방화문의 구분

방화문	연기 및 불꽃 차단 시간	열 차단 시간
60분+방화문	60분 이상	30분 이상
60분 방화문	60분 이상	–
30분 방화문	30분 이상 60분 미만	–

91. 국토의 계획 및 이용에 관한 법령상 주거지역의 세분 중 중층주택을 중심으로 편리한 주거환경을 조성하기 위하여 지정하는 용도지역은?

① 제1종 일반주거지역

② 제2종 일반주거지역

③ 제1종 전용주거지역

④ 제2종 전용주거지역

해설 주거지역

(1) 전용주거지역 : 양호한 주거환경
  - 제1종 : 단독주택 중심
  - 제2종 : 공동주택 중심

(2) 일반주거지역 : 편리한 주거환경
  - 제1종 : 저층주택 중심
  - 제2종 : 중층주택 중심
  - 제3종 : 중고층주택 중심

(3) 준주거지역 : 주거기능을 위주로 이를 지원하는 일부 상업기능 및 업무기능을 보완하기 위하여 필요한 지역

92. 주차장의 용도와 판매시설이 복합된 연면적 20,000 ㎡인 건축물이 주차전용건축물로 인정받기 위해서는 주차장으로 사용되는 부분의 면적이 최소 얼마 이상이어야 하는가?

① 6,000 ㎡   ② 10,000 ㎡

③ 14,000 ㎡   ④ 19,500 ㎡

해설 주차장 외의 용도가 판매시설이므로 주차장으로 사용되는 부분의 비율이 연면적의 70 % 이상이면 주차전용건축물이 된다.
20,000 ㎡×0.7=14,000 ㎡

참고 주차전용건축물

(1) "주차장전용건축물"이란 건축물의 연면적 중 주차장으로 사용되는 부분의 비율이 95 % 이상인 것을 말한다.

(2) 주차장 외의 용도로 사용되는 부분이 단독주택, 공동주택, 제1종 근린생활시설, 제2종 근린생활시설, 문화 및 집회시설, 종교시설, 판매시설, 운수시설, 운동시설, 업무시설, 창고시설 또는 자동차 관련 시설인 경우에는 주차장으로 사용되는 부분의 비율이 70 % 이상인 건축물을 말한다.

93. 다음은 건축법령상 직통계단의 설치에 관한 기준 내용이다. (   ) 안에 알맞은 것은 어느 것인가?

> 초고층 건축물에는 피난층 또는 지상으로 통하는 직통계단과 직접 연결되는 피난안전구역(건축물의 피난·안전을 위하여 건축물 중간층에 설치하는 대피공간)을 지상층으로부터 최대 (   ) 층마다 1개소 이상 설치하여야 한다.

① 10개   ② 20개

③ 30개   ④ 40개

해설 초고층 건축물에는 피난층 또는 지상으로 통하는 직통계단과 직접 연결되는 피난안전구역(건축물의 피난·안전을 위하여 건축물 중간층에 설치하는 대피공간)을 지상층으로부터 최대 30개 층마다 1개소 이상 설치하여야 한다.

94. 건축물의 층수 산정에 관한 기준이 틀린 것은?

① 지하층은 건축물의 층수에 산입하지 아니한다.

② 층의 구분이 명확하지 아니한 건축물은 그 건축물의 높이 4 m마다 하나의 층으로 보고 그 층수를 산정한다.

③ 건축물이 부분에 따라 그 층수가 다른 경우에는 바닥면적에 따라 가중평균한 층수를 그 건축물의 층수로 본다.

④ 계단탑으로서 그 수평투영면적의 합계가 해당 건축물 건축면적의 8분의 1 이하인 것은 건축물의 층수에 산입하지 아니한다.

해설 건축물이 부분에 따라 그 층수가 다른 경우에는 그 중 가장 많은 층수를 그 건축물의 층수로 본다.

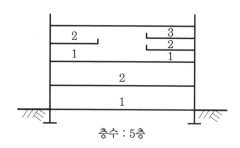

층수 : 5층

95. 특별시장·광역시장·특별자치시장·특별자치도지사·시장 또는 군수가 관할 구역의 도시·군기본계획에 대하여 타당성을 전반적으로 재검토하여 정비하여야 하는 기간의 기준은?

① 5년   ② 10년
③ 15년   ④ 20년

[해설] 특별시장·광역시장·특별자치시장·특별자치도지사·시장 또는 군수는 5년마다 관할 구역의 도시·군기본계획에 대하여 타당성을 전반적으로 재검토하여 정비하여야 한다.

[참고] 도시·군기본계획 : 특별시·광역시·특별자치시·특별자치도·시 또는 군의 관할 구역에 대하여 기본적인 공간구조와 장기발전방향을 제시하는 종합계획

96. 건축지도원에 관한 내용으로 틀린 것은?

① 건축지도원은 특별자치시·특별자치도 또는 시·군·구에 근무하는 건축직렬의 공무원과 건축에 관한 학식이 풍부한 자 중에서 지정한다.
② 건축지도원의 자격과 업무 범위는 건축조례로 정한다.
③ 건축설비가 법령 등에 적합하게 유지·관리되고 있는지 확인·지도 및 단속한다.
④ 허가를 받지 아니하거나 신고를 하지 아니하고 건축하거나 용도 변경한 건축물을 단속한다.

[해설] 건축지도원의 자격과 업무 범위 등은 대통령령으로 정한다.

97. 다음 중 비상용승강기의 승강장에 설치하는 배연설비의 구조에 관한 기준 내용으로 틀린 것은?

① 배연구 및 배연풍도는 불연재료로 할 것
② 배연구는 평상시에는 열린 상태를 유지할 것
③ 배연구가 외기에 접하지 아니하는 경우에는 배연기를 설치할 것
④ 배연기는 배연구의 열림에 따라 자동적으로 작동하고, 충분한 공기배출 또는 가압능력이 있을 것

[해설] 배연구는 평상시에는 닫힌 상태를 유지하고, 연 경우에는 배연에 의한 기류로 인하여 닫히지 않도록 해야 한다.

[참고] 배연설비의 구조
(1) 배연구 : 연기를 배출하는 출구로 평상시에는 닫힌 상태를 유지하고 연기감지기 또는 열감지기에 의하여 자동으로 열 수 있는 구조로 하되, 손으로도 열고 닫을 수 있도록 할 것
(2) 배연풍도 : 연기가 이동하는 통로
(3) 배연기 : 연기를 배출하는 기계장치(예비전원에 의해 작동)

98. 공동주택과 오피스텔의 난방설비를 개별난방방식으로 하는 경우의 기준으로 틀린 것은?

① 보일러실의 윗부분에는 그 면적이 0.5 m² 이상인 환기창을 설치할 것
② 보일러는 거실 외의 곳에 설치하되, 보일러를 설치하는 곳과 거실 사이의 경계벽은 출입구를 제외하고는 내화구조의 벽으로 구획할 것

③ 보일러의 연도는 방화구조로서 개별연도로 설치할 것

④ 기름보일러를 설치하는 경우 기름 저장소를 보일러실 외의 다른 곳에 설치할 것

해설 보일러의 연도는 내화구조로서 공동연도로 설치할 것

99. 건축법령상 건축을 하는 경우 조경 등의 조치를 하지 아니할 수 있는 건축물 기준으로 틀린 것은? (단, 옥상 조경 등 대통령령으로 따로 기준을 정하는 경우는 고려하지 않는다.)

① 축사

② 녹지지역에 건축하는 건축물

③ 연면적의 합계가 2,000 ㎡ 미만인 공장

④ 면적 5000 ㎡ 미만인 대지에 건축하는 공장

해설 대지의 조경

면적이 200 ㎡ 이상인 대지에 건축을 하는 건축주는 용도지역 및 건축물의 규모에 따라 해당 지방자치단체의 조례로 정하는 기준에 따라 대지에 조경이나 그 밖에 필요한 조치를 하여야 한다. 다음 중 어느 하나에 해당하는 건축물에 대하여는 조경 등의 조치를 하지 아니할 수 있다.

(1) 녹지지역에 건축하는 건축물

(2) 자연환경보전지역·농림지역 또는 관리지역(지구단위계획구역으로 지정된 지역은 제외)의 건축물

(3) 면적 5,000 ㎡ 미만인 대지에 건축하는 공장

(4) 연면적의 합계가 1,500 ㎡ 미만인 공장

(5) 축사

100. 사용승인을 받는 즉시 건축물의 내진 능력을 공개하여야 하는 대상 건축물의 층수 기준은? (단, 목구조 건축물의 경우이며 기타의 경우는 고려하지 않는다.)

① 2층 이상   ② 3층 이상

③ 6층 이상   ④ 16층 이상

해설 다음 중 어느 하나에 해당하는 건축물을 건축하고자 하는 자는 사용승인을 받는 즉시 내진을 공개하여야 한다.

(1) 층수가 2층(주요구조부 기둥과 보가 목재인 목구조 건축물의 경우에는 3층) 이상인 건축물

(2) 연면적이 200 ㎡(목구조 건축물의 경우에는 500 ㎡) 이상인 건축물

건축기사

제1과목 건축계획

1. 주당 평균 40시간을 수업하는 어느 학교에서 음악실에서의 수업이 총 20시간이며 이 중 15시간은 음악시간으로 나머지 5시간은 학급토론시간으로 사용되었다면, 이 음악실의 이용률과 순수율은?

① 이용률 37.5 %, 순수율 75 %
② 이용률 50 %, 순수율 75 %
③ 이용률 75 %, 순수율 37.5 %
④ 이용률 75 %, 순수율 50 %

해설 (1) 이용률

$$= \frac{교실이\ 이용되고\ 있는\ 시간}{1주간의\ 평균수업시간} \times 100\%$$

$$= \frac{20시간}{40시간} \times 100\% = 50\%$$

(2) 순수율

$$= \frac{당해\ 교실로\ 사용된\ 시간}{교실이\ 사용된\ 시간} \times 100\%$$

$$= \frac{15시간}{20시간} \times 100\% = 75\%$$

2. 미술관 전시실의 순회형식 중 연속순로 형식에 관한 설명으로 옳은 것은?

① 각 실을 필요시에는 자유로이 독립적으로 폐쇄할 수 있다.
② 평면적인 형식으로 2, 3개 층의 입체적인 방법은 불가능하다.
③ 많은 실을 순서별로 통하여야 하는 불편이 있으나 공간절약의 이점이 있다.
④ 중심부에 하나의 큰 홀을 두고 그 주위에 각 전시실을 배치하여 자유로이 출입하는 형식이다.

해설 연속순로 형식
(1) 전시실을 연속적으로 연결

(2) 1실을 폐쇄하는 경우 이후 동선이 막힐 수 있다.
(3) 복도나 홀이 없으므로 공간절약의 이점이 있다.

참고 전시실의 순회형식

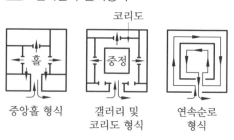

중앙홀 형식   갤러리 및 코리도 형식   연속순로 형식

3. 르네상스 교회 건축양식의 일반적 특징으로 옳은 것은?

① 타원형 등 곡선평면을 사용하여 동적이고 극적인 공간연출을 하였다.
② 수평을 강조하며 정사각형, 원 등을 사용하여 유심적 공간구성을 하였다.
③ 직사각형의 평면 구성으로 볼트구조의 지붕을 구성하며 종탑을 설치하였다.
④ 로마네스크 건축의 반원아치를 발전시킨 첨두형 아치를 주로 사용하였다.

해설 르네상스 교회 건축양식
(1) 기독교 건축을 탈피하여 로마 건축(아치·오더 등)을 계승하였다.
(2) 고딕 교회 건축의 수직보다 수평을 강조하였다.
(3) 정사각형, 원 등을 사용하여 유심적 공간구성을 하였다.

4. 서양 건축양식의 역사적인 순서가 옳게 배열된 것은?

① 로마 → 로마네스크 → 고딕 → 르네상스

→ 바로크

② 로마 → 고딕 → 로마네스크 → 르네상스 → 바로크

③ 로마 → 로마네스크 → 고딕 → 바로크 → 르네상스

④ 로마 → 고딕 → 로마네스크 → 바로크 → 르네상스

해설 서양 건축양식의 순서 : 그리스 → 로마 → 초기 기독교 → 비잔틴 → 이슬람 → 로마네스크 → 고딕 → 르네상스 → 바로크 → 로코코

5. 다음 중 우리나라 전통 한식 주택에서 문꼴부분(개구부)의 면적이 큰 이유로 가장 적합한 것은?

① 겨울의 방한을 위해서

② 하절기 고온다습을 견디기 위해서

③ 출입하는 데 편리하게 하기 위해서

④ 상부의 하중을 효과적으로 지지하기 위해서

해설 전통 한식 주택에서 북방에서는 겨울의 방한을 고려하여 문꼴의 면적을 작게 하고 남방에서는 하절기의 고온다습을 피하기 위해 문꼴의 면적을 크게 한다.

6. 도서관의 출납시스템 중 자유개가식에 관한 설명으로 옳은 것은?

① 도서의 유지 관리가 용이하다.

② 책의 내용 파악 및 선택이 자유롭다.

③ 대출절차가 복잡하고 관원의 작업량이 많다.

④ 열람자는 직접 서가에 면하여 책의 표지 정도는 볼 수 있으나 내용은 볼 수 없다.

해설 자유개가식은 열람자가 서고의 서가에 가서 책을 자유롭게 선택하여 열람할 수 있는 방식이다.

7. 쇼핑센터의 특징적인 요소인 페데스트리언 지대(pedestrian area)에 관한 설명으로 옳지 않은 것은?

① 고객에게 변화감과 다채로움, 자극과 흥미를 제공한다.

② 바닥면의 고저차를 많이 두어 지루함을 주지 않도록 한다.

③ 바닥면에 사용하는 재료는 주위 상황과 조화시켜 계획한다.

④ 사람들의 유동적 동선이 방해되지 않는 범위에서 나무나 관엽식물을 둔다.

해설 페데스트리언 지대(pedestrian area)
(1) 몰(휴게공간, 보행동선), 코트, 연못, 조경으로 구성
(2) 구매의욕을 증진시키고, 휴식공간을 마련한다.
(3) 바닥면의 고저차는 두지 않도록 한다.

8. 오피스 랜드스케이프(office landscape)에 관한 설명으로 옳지 않은 것은?

① 외부조경면적이 확대된다.

② 작업의 패쇄성이 저하된다.

③ 사무능률의 향상을 도모한다.

④ 공간의 효율적 이용이 가능하다.

해설 오피스 랜드스케이프
(1) 모든 실을 의사전달, 작업흐름을 고려하여 배치하는 방식이다.
(2) 사무공간에서 작업의 효율을 증가시키기 위해 배치하는 방식이므로 외부조경면적과는 관계없다.

9. 페리의 근린주구이론의 내용으로 옳지 않은 것은?

① 주민에게 적절한 서비스를 제공하는 1~2개소 이상의 상점가를 주요도로의 결절점에 배치하여야 한다.

② 내부 가로망은 단지 내의 교통량을 원

활히 처리하고 통과교통에 사용되지 않도록 계획되어야 한다.
③ 근린주구의 단위는 통과교통이 내부를 관통하지 않고 용이하게 우회할 수 있는 충분한 넓이의 간선도로에 의해 구획되어야 한다.
④ 근린주구는 하나의 중학교가 필요하게 되는 인구에 대응하는 규모를 가져야 하고, 그 물리적 크기는 인구밀도에 의해 결정되어야 한다.

해설 페리의 근린주구의 6원칙 중 근린주구는 초등학교 운영에 필요한 인구 규모로 한다.

10. 다음 설명에 알맞은 백화점 진열장 배치 방법은?

> • main 통로를 직각 배치하며, sub 통로를 45° 정도 경사지게 배치하는 유형이다.
> • 많은 고객이 매장 공간의 코너까지 접근하기 용이하지만, 이형의 진열장이 많이 필요하다.

① 직각배치　　② 방사배치
③ 사행배치　　④ 자유유선배치

해설 사행배치
(1) 주통로를 직각 배치하고, 부통로를 주통로에 45° 경사지게 배치하는 방법
(2) 수직 동선 접근이 쉽고, 매장 공간의 코너까지 가기 쉽다.
(3) 이형의 진열장이 많이 필요하다.

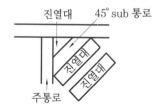

11. 공장건축의 레이아웃(lay out)에 관한 설명으로 옳지 않은 것은?

① 제품 중심의 레이아웃은 대량생산에 유리하며 생산성이 높다.
② 레이아웃이란 공장건축의 평면요소 간의 위치 관계를 결정하는 것을 말한다.
③ 고정식 레이아웃은 조선소와 같이 제품이 크고 수량이 적은 경우에 행해진다.
④ 중화학공업, 시멘트공업 등 장치공업 등은 시설의 융통성이 크기 때문에 신설 시 장래성에 대한 고려가 필요 없다.

해설 제품생산을 위해 거대장치를 설치하는 장치공업(중화학공업, 시멘트공업 등)은 고정식 레이아웃 방식으로 장래성을 고려해야 한다.

12. 메조넷형 아파트에 관한 설명으로 옳지 않은 것은?

① 다양한 평면 구성이 가능하다.
② 소규모 주택에서는 비경제적이다.
③ 통로면적이 감소되며 유효면적이 증대된다.
④ 복도와 엘리베이터홀은 각 층마다 계획된다.

해설 메조넷형(복층형)
(1) 하나의 주거단위가 2~3개 층에 걸쳐 구성된 형식
(2) 복도와 엘리베이터홀은 2개 층(듀플렉스) 또는 3개 층(트리플렉스)마다 계획된다.

13. 다음 중 사무소 건축의 기둥간격 결정 요소와 가장 거리가 먼 것은?

① 책상배치의 단위
② 주차배치의 단위
③ 엘리베이터의 설치 대수
④ 채광상 층높이에 의한 깊이

해설 사무소 건축의 기둥간격 결정 요소
(1) 건축물의 구조 재료 및 공법
(2) 주차배치의 단위
(3) 책상배치의 단위

(4) 채광상 층높이에 의한 깊이

14. 장애인·노인·임산부 등의 편의증진 보장에 관한 법령에 따른 편의시설 중 매개시설에 속하지 않는 것은?

① 주출입구 접근로
② 유도 및 안내설비
③ 장애인전용 주차구역
④ 주출입구 높이차이 제거

해설 장애인·노인·임산부 등의 편의시설
(1) 매개시설 : 대지의 입구로부터 건축물의 주출입구까지 이르는 경로에 설치된 편의시설
• 주출입구 접근로
• 장애인 전용 주차구역
• 주출입구 높이차이 제거
(2) 안내시설 : 시각 및 청각장애인이 시설을 이용하기에 편리하도록 설치된 편의시설
• 점자블록
• 유도 및 안내설비
• 경보 및 피난설비

15. 그리스 건축의 오더 중 도릭 오더의 구성에 속하지 않는 것은?

① 벌류트(volute)
② 프리즈(frieze)
③ 아바쿠스(abacus)
④ 에키누스(echinus)

해설 (1) 그리스 건축의 3오더 : 이오닉 오더, 도릭 오더, 코린트 오더
(2) 도릭 오더의 구성 : 프리즈, 아바쿠스, 에키누스, 엔타시스
※ 벌류트는 이오닉 오더의 회오리 모양 장식이다.

16. 극장건축의 음향계획에 관한 설명으로 옳지 않은 것은?

① 음향계획에 있어서 발코니의 계획은 될 수 있는 한 피하는 것이 좋다.
② 음의 반복 반사 현상을 피하기 위해 가급적 원형에 가까운 평면형으로 계획한다.
③ 무대에 가까운 벽은 반사체로 하고 멀어짐에 따라서 흡음재의 벽을 배치하는 것이 원칙이다.
④ 오디토리움 양쪽의 벽은 무대의 음을 반사에 의해 객석 뒷부분까지 이르도록 보강해 주는 역할을 한다.

해설 극장건축의 음향계획
① 발코니 계획은 배제하는 것이 좋다.
② 극장의 평면은 잔향이 생기는 원형·타원형은 피하고 부채꼴 형태가 바람직하다.
③ 무대에 가까운 벽은 반사체로 하고 멀어짐에 따라서 흡음재의 벽을 배치한다.
④ 오디토리움(객석)의 양쪽 벽은 반사체를 설치하여 음이 뒷부분까지 이르도록 한다.

17. 고층밀집형 병원에 관한 설명으로 옳지 않은 것은?

① 병동에서 조망을 확보할 수 있다.
② 대지를 효과적으로 이용할 수 있다.
③ 각종 방재대책에 대한 비용이 높다.
④ 병원의 확장 등 성장 변화에 대한 대응이 용이하다.

해설 고층밀집형(집중형)은 대지면적이 작은 도심지에서 저층부에 외래부·부속진료부, 고층에 병동부를 배치하는 방식으로 병원의 확장 등 성장 변화에 대한 대응이 용이하지 않다.

18. 아파트의 평면형식에 관한 설명으로 옳지 않은 것은?

① 홀형은 통행부 면적이 작아서 건물의 이용도가 높다.

② 중복도형은 대지 이용률이 높으나, 프라이버시가 좋지 않다.

③ 집중형은 채광·통풍 조건이 좋아 기계적 환경조절이 필요하지 않다.

④ 홀형은 계단실 또는 엘리베이터 홀로부터 직접 주거 단위로 들어가는 형식이다.

(해설) 집중형 아파트는 채광·통풍 조건이 좋지 않아 기계적 환경조절이 필요하다.

19. 극장건축에서 무대의 제일 뒤에 설치되는 무대 배경용의 벽을 의미하는 것은?

① 사이클로라마

② 플라이 로프트

③ 플라이 갤러리

④ 그리드 아이언

(해설) 극장건축 무대

① 사이클로라마 : 무대의 제일 뒤에 설치되는 무대 배경용 벽

② 플라이 로프트 : 그리드 아이언 위의 상부 공간

③ 플라이 갤러리 : 그리드 아이언 주위 벽에 설치한 좁은 통로

④ 그리드 아이언 : 조명·연기자·배경·음향 등을 매달기 위해 설치하는 격자형 천장틀

20. 다음 중 주심포식 건물이 아닌 것은?

① 강릉 객사문

② 서울 남대문

③ 수덕사 대웅전

④ 무위사 극락전

(해설) (1) 공포 : 전통 목조 건축에서 처마 끝 하중을 받치기 위해 기둥 또는 도리에서 빗방향으로 받쳐 대는 부재

(2) 공포의 종류

• 주심포식 : 기둥에 설치한 공포
  ㉔ 봉정사 극락전, 강릉 객사문, 수덕사 대웅전, 무위사 극락전, 부석사 무량수전

• 다포식 : 기둥뿐만 아니라 기둥 사이 도리에도 설치한 공포
  ㉔ 경복궁 근정전, 동대문, 남대문, 전등사 대웅전

• 익공식 : 주심포식 공포를 새 모양으로 만들어 댄 것

제2과목　　건축시공

21. 철근콘크리트공사 시 벽체 거푸집 또는 보 거푸집에서 거푸집판을 일정한 간격으로 유지시켜 주는 동시에 콘크리트의 측압을 최종적으로 지지하는 역할을 하는 부재는?

① 인서트

② 컬럼밴드

③ 폼타이

④ 턴버클

(해설) (1) 폼타이 : 기둥이나 벽체 거푸집과 같이 마주보는 거푸집에서 거푸집 널을 일정한 간격으로 유지시켜 주는 동시에 콘크리트 측압을 최종적으로 지지하는 역할을 하는 인장부재로 매립형과 관통형으로 구분한다.

(2) 컬럼밴드 : 기둥 거푸집에 콘크리트를 타설 시 거푸집이 벌어지는 것을 방지하기 위해 설치하는 철물

(3) 턴버클 : 인장력을 받는 가새에 설치하는 철물, 인장가새 긴결재

(4) 인서트 : 콘크리트에 달대와 같은 설치물을 고정하기 위하여 매입하는 철물

22. 실의 크기 조절이 필요한 경우 칸막이 기능을 하기 위해 만든 병풍 모양의 문은?

① 여닫이문

② 자재문

③ 미서기문

④ 홀딩 도어

(해설) (1) 홀딩 도어(접문) : 실의 크기 조절이 필요한 경우 칸막이 기능을 하기 위해 만든 병풍 모양의 문

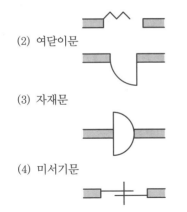

(2) 여닫이문

(3) 자재문

(4) 미서기문

23. 고강도 콘크리트에 관한 내용으로 옳지 않은 것은?

① 설계기준압축강도는 보통 또는 중량골재 콘크리트에서 40 MPa 이상인 것으로 한다.

② 고성능 감수제의 단위수량은 소요 강도 및 작업에 적합한 워커빌리티를 얻도록 시험에 의해서 결정하여야 한다.

③ 단위수량은 소요의 워커빌리티를 얻을 수 있는 범위 내에서 가능한 한 작게 하여야 한다.

④ 기상의 변화나 동결융해 발생 여부에 관계없이 공기연행제를 사용하는 것을 원칙으로 한다.

해설 고강도 콘크리트

(1) 고강도 콘크리트의 설계기준압축강도는 보통 또는 중량골재 콘크리트에서 40 MPa 이상, 경량골재 콘크리트에서 27 MPa 이상으로 한다.

(2) 기상의 변화가 심하거나 동결융해에 대한 대책이 필요한 경우를 제외하고는 공기연행제를 사용하지 않는 것을 원칙으로 한다.

24. 프리스트레스트 콘크리트에 관한 설명으로 옳은 것은?

① 진공매트 또는 진공펌프 등을 이용하여 콘크리트로부터 수화에 필요한 수분과 공기를 제거한 것이다.

② 고정시설을 갖춘 공장에서 부재를 철재거푸집에 의하여 제작한 기성제품 콘크리트(PC)이다.

③ 포스트텐션 공법은 미리 강선을 압축하여 콘크리트에 인장력으로 작용시키는 방법이다.

④ 장스팬 구조물에 적용할 수 있으며, 단위부재를 작게 할 수 있어 자중이 경감되는 특징이 있다.

해설 프리스트레스트 콘크리트는 미리 응력을 집어넣은 콘크리트이므로 장스팬 구조물에 적용할 수 있으며, 부재를 작게 할 수 있다.

참고 (1) 프리캐스트 콘크리트(precast concrete) : 응력과 관계없이 공장에서 만드는 부재

(2) 프리스트레스트 콘크리트(prestressed concrete) : 미리 응력을 집어넣어 만든 콘크리트

• 프리텐션(pre tension) 공법 : 강현재를 긴장하여 콘크리트를 타설·경화한 다음 긴장을 풀어주어 완성하는 공법

• 포스트텐션(post tension) 공법 : 시스관을 설치하여 콘크리트를 타설·경화한 다음 관 내에 강현재를 삽입·긴장하여 고정하고 그라우팅하여 완성하는 공법

25. 포틀랜드시멘트 화학성분 중 1일 이내 수화를 지배하며 응결이 가장 빠른 것은?

① 알루민산 3석회

② 알루민산철 4석회

③ 규산 3석회

④ 규산 2석회

해설 시멘트의 주요 화합물

(1) 알루민산 3석회($3CaO \cdot Al_2O_3$: C_3A) : 수화열 발생이 크고 수화속도가 빠르다(1일 이내에 조기강도 발현).

(2) 규산 2석회($2CaO \cdot SiO_2$) : 콘크리트의 28일 이후 장기강도에 관여하는 화합물

26. 미장 공사에서 균열을 방지하기 위하여 고려해야 할 사항 중 옳지 않은 것은?

① 바름면은 바람 또는 직사광선 등에 의한 급속한 건조를 피한다.

② 2회의 바름 두께는 가급적 얇게 한다.

③ 쇠 흙손질을 충분히 한다.

④ 모르타르 바름의 정벌바름은 초벌바름보다 부배합으로 한다.

해설 미장 공사에서 모르타르 바름 중 부착력 확보를 위해 초벌·재벌은 부배합 시공하고 정벌은 균열 방지를 위해 빈배합 시공한다.

27. 석고 플라스터에 관한 설명으로 옳지 않은 것은?

① 석고 플라스터는 경화지연제를 넣어서 경화시간을 너무 빠르지 않게 한다.

② 경화·건조 시 치수 안정성과 내화성이 뛰어나다.

③ 석고 플라스터는 공기 중의 탄산가스를 흡수하여 표면부터 서서히 경화한다.

④ 시공 중에는 될 수 있는 한 통풍을 피하고 경화 후에는 적당한 통풍을 시켜야 한다.

해설 석고 플라스터는 물에 의해 경화되는 수경성 재료이다.

참고 미장 재료

(1) 수경성 : 물에 의해서 경화

　例 시멘트 모르타르, 석고 플라스터, 경석고 플라스터

(2) 기경성 : 대기 중의 탄산가스에 의해서 경화

　例 진흙, 회반죽, 돌로마이트 플라스터

28. 서로 다른 종류의 금속재가 접촉하는 경우 부식이 일어나는 경우가 있는데 부식성이 큰 금속 순으로 옳게 나열된 것은?

① 알루미늄>철>주석>구리

② 주석>철>알루미늄>구리

③ 철>주석>구리>알루미늄

④ 구리>철>알루미늄>주석

해설 금속의 이온화경향 순서 : K > Ca > Na > Mg > Al > Zn > Fe > Ni > Sn > Pb > H > Cu > Hg > Pt > Au

※ 금속의 이온화경향이 클수록 부식성이 크므로 알루미늄(Al) > 철(Fe) > 주석(Sn) > 구리(Cu)이다.

29. 건축공사에서 활용되는 견적방법 중 가장 상세한 공사비의 산출이 가능한 견적방법은?

① 개산견적　　　② 명세견적

③ 입찰견적　　　④ 실행견적

해설 (1) 명세견적(detailed estimate) : 정밀한 적산을 하며 공사비를 산출한 것으로서 정밀견적이라고도 한다.

(2) 개산견적(approximate estimate) : 실적통계 등을 참고로 하여 개략적으로 공사비를 산출하는 방식

30. 주문받은 건설업자가 대상계획의 기업, 금융, 토지조달, 설계, 시공 기타 모든 요소를 포괄하여 발주하는 도급계약 방식은?

① 실비청산보수가산도급

② 정액도급

③ 공동도급

④ 턴키도급

해설 ① 실비청산보수가산도급 : 발주자가 실비(실제비용 : 재료비·노무비 등)를 청산하고 시공자에게 보수만을 지불하는 방식

② 정액도급 : 전체 공사 금액을 정하여 계약하는 방식

③ 공동도급(joint venture contract) : 수 개의 회사가 모여 한 회사의 입장에서 계약하는 방식

정답 **26.** ④　**27.** ③　**28.** ①　**29.** ②　**30.** ④

④ 턴키도급(turn key contract) : 주문받은 건설업자가 대상계획의 기업, 금융, 토지 조달, 설계, 시공 기타 모든 요소를 포괄하여 발주하는 도급계약 방식

31. 다음 그림과 같은 건물에서 G₁과 같은 보가 8개 있다고 할 때 보의 총 콘크리트량을 구하면? (단, 보의 단면상 슬래브와 겹치는 부분은 제외하며, 철근량은 고려하지 않는다.)

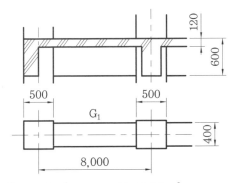

① 11.52 m³ ② 12.23 m³
③ 13.44 m³ ④ 15.36 m³

해설 G₁의 총 콘크리트량
= {너비 × (춤 − 바닥판의 두께)
× 기둥 사이 보의 안목거리} × 8
= {0.4 × (0.6 − 0.12) × (8 − 0.5)} × 8
= 11.52 m³

32. 벽돌에 생기는 백화를 방지하기 위한 방법으로 옳지 않은 것은?

① 10 % 이하의 흡수율을 가진 양질의 벽돌을 사용한다.
② 벽돌면 상부에 빗물막이를 설치한다.
③ 파라핀 도료를 발라 염류가 나오는 것을 방지한다.
④ 줄눈 모르타르에 석회를 넣어 바른다.

해설 줄눈 모르타르에 물이 침투되는 것을 방지하기 위해 방수제를 혼입한다.

참고 백화 현상
(1) 정의 : 벽돌 벽면에 빗물이 스며들어 벽돌의 성분, 모르타르의 알칼리 성분과 반응하여 흰 가루가 돋는 현상
(2) 방지 대책
 ㉮ 양질의 벽돌이나 모르타르를 사용한다.
 ㉯ 빗물이 스며드는 것을 방지한다(차양·루버 설치).
 ㉰ 줄눈 모르타르에 방수제를 혼입한다.
 ㉱ 벽면에 파라핀 도료를 바른다.

33. 지명 경쟁 입찰을 택하는 이유 중 가장 중요한 것은?

① 공사비의 절감
② 양질의 시공 결과 기대
③ 준공기일의 단축
④ 공사 감리의 편리

해설 지명 경쟁 입찰은 적격자 3인~7인의 시공업자를 선정하여 입찰하는 방식으로 부적격자를 사전에 배제하여 양질의 시공 결과를 기대할 수 있다.

34. TQC를 위한 7가지 도구 중 다음 설명에 해당하는 것은?

모집단에 대한 품질특성을 알기 위하여 모집단의 분포상태, 분포의 중심위치, 분포의 산포 등을 쉽게 파악할 수 있도록 막대그래프 형식으로 작성한 도수분포도를 말한다.

① 히스토그램
② 특성요인도
③ 파레토도
④ 체크시트

해설 TQC(전사적 품질 관리)의 7가지 도구
(1) 파레토도 : 불량, 결점, 고장 등의 발생 건수를 항목별로 나누어 크기 순서대로 나열해 놓은 것

(2) 특성요인도 : 결과에 원인이 어떻게 관계하고 있는가를 한눈에 알아보기 위하여 작성하는 것

(3) 히스토그램 : 계량치의 분포가 어떠한 분포를 하는지 알아보기 위해 작성하는 것 (막대그래프 형식)
- 가로축 : 각 계급의 양 끝값
- 세로축 : 도수

(4) 산포도(산점도) : 서로 대응하는 두 개의 데이터를 점으로 나타내어 두 변수 간의 상관관계를 나타내는 도구

(5) 체크시트 : 계수치가 어떤 분류의 항목에 어디에 집중되어 있는가를 나타내는 도구

(6) 층별 : 집단을 구성하고 있는 여러 데이터를 몇 개의 부분 집단으로 나눈 것

(7) 관리도 : 작업의 상태가 설정된 기준 내에 들어가는지 판정, 즉 데이터의 편차에서 관리상황과 문제점을 발견해 내기 위한 도구

35. 목공사에 사용되는 철물에 관한 설명으로 옳지 않은 것은?

① 감잡이쇠는 큰 보에 걸쳐 작은 보를 받게 하고, 안장쇠는 평보를 대공에 달아매는 경우 또는 평보와 ㅅ자보의 밑에 쓰인다.

② 못의 길이는 박아대는 재두께의 2.5배 이상이며, 마구리 등에 박는 것은 3.0배 이상으로 한다.

③ 볼트 구멍은 볼트지름보다 3 mm 이상 커서는 안 된다.

④ 듀벨은 볼트와 같이 사용하여 듀벨에는 전단력, 볼트에는 인장력을 분담시킨다.

해설 (1) 감잡이쇠
- 평보+왕대공, 토대+기둥의 연결재
- ㄷ형 띠쇠

(2) 안장쇠 : 큰 보에 작은 보를 연결할 때 사용하는 철물

36. 건축공사 스프레이 도장방법에 관한 설명으로 옳지 않은 것은?

① 도장거리는 스프레이 도장면에서 300 mm를 표준으로 한다.

② 매 회의 에어스프레이는 붓도장과 동등한 정도의 두께로 하고, 2회분의 도막 두께를 한 번에 도장하지 않는다.

③ 각 회의 스프레이 방향은 전회의 방향에 평행으로 진행한다.

④ 스프레이할 때는 항상 평행이동하면서 운행의 한 줄마다 스프레이 너비의 1/3 정도를 겹쳐 뿜는다.

해설 각 회의 스프레이 방향은 전회의 방향에 직각으로 진행한다.

37. 강제 배수 공법의 대표적인 공법으로 인접 건축물과 토류판 사이에 케이싱 파이프를 삽입하여 지하수를 펌프 배수하는 공법은 어느 것인가?

① 집수정 공법
② 웰 포인트 공법
③ 리버스 서큘레이션 공법
④ 전기 삼투 공법

해설 웰 포인트 공법 : 인접 건축물과 토류판(가로널말뚝) 사이에 케이싱 파이프를 설치하여 모인 지하수를 강제 배수하는 공법

참고 강제 배수 공법의 종류

(1) 집수정 공법 : 터파기 구석부에 물을 고이게 하여 양수 펌프로 배수하는 공법

(2) 깊은 우물 공법 : 터파기 내에 깊이 7 m 정도의 우물을 파고 수중 펌프로 배수하는 공법

(3) 웰 포인트 공법 : 출수가 많은 터파기에서 지중에 설치한 집수관과 가로관을 웰 포인트 펌프에 연결하여 배수하는 공법

(4) 리버스 서큘레이션 공법 : 굴착 구멍 내 지하수위보다 2 m 이상 높게 하여 트레미 공법에 의해서 콘크리트를 타설하는 공법

(5) 전기 삼투(침투) 공법 : 흙 속의 물이 전기의 (+)극에서 (−)극으로 흐르는 성질을 이용하여 흙 속에 전극을 설치, 물을 모이게 하여 배수하는 공법

38. 커튼월(curtain wall)에 관한 설명으로 옳지 않은 것은?

① 주로 내력벽에 사용된다.
② 공장생산이 가능하다.
③ 고층건물에 많이 사용된다.
④ 용접이나 볼트조임으로 구조물에 고정시킨다.

해설 커튼월(curtain wall)은 외부 벽과 창을 마감하는 비내력벽으로 이용된다.

39. 건설현장에서 근무하는 공사감리자의 업무에 해당되지 않는 것은?

① 공사시공자가 사용하는 건축자재가 관계법령에 의한 기준에 적합한 건축자재인지 여부의 확인
② 상세시공도면의 작성
③ 공사현장에서의 안전관리지도
④ 품질시험의 실시여부 및 시험성과의 검토·확인

해설 공사감리자는 설계도서 이행 여부를 확인하는 자이며, 상세시공도면의 작성은 시공자 또는 설계자의 업무에 해당한다.

40. 기계가 위치한 곳보다 높은 곳의 굴착에 가장 적당한 건설기계는?

① dragline
② back hoe
③ power shovel
④ scraper

해설 ① 드래그라인(dragline) : 지반면보다 낮고 깊은 곳의 터파기, 모래·자갈 채집

② 백호(back hoe) : 지반면보다 낮은 곳의 흙파기
③ 파워셔블(power shovel) : 지반면보다 높은 곳의 흙파기
④ 스크레이퍼(scraper) : 토사 굴착 후 장거리 운반

제3과목 건축구조

41. 그림과 같은 복근보에서 전단보강철근이 부담하는 전단력 V_s를 구하면? (단, $f_{ck} = 24$ MPa, $f_y = 400$ MPa, $f_{yt} = 300$ MPa, $A_v = 71$ mm^2)

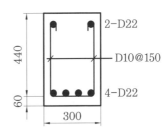

① 약 110 kN
② 약 115 kN
③ 약 120 kN
④ 약 125 kN

해설 전단보강철근이 부담하는 전단력

$$V_s = \frac{A_v \cdot f_{yt} \cdot d}{S}$$

여기서, A_v : 전단보강철근의 총단면적
  f_{yt} : 전단보강철근의 설계기준항복강도
  d : 보의 유효깊이
  S : 전단보강철근의 간격

$$\therefore V_s = \frac{71\,\mathrm{mm}^2 \times 2 \times 300\,\mathrm{N/mm}^2 \times 440\,\mathrm{mm}}{150\,\mathrm{mm}}$$
$$= 124,960\mathrm{N} = 125\,\mathrm{kN}$$

42. 그림과 같은 3회전단 구조물의 반력은?

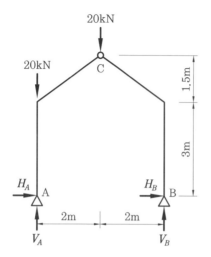

① $H_A = 4.44\,\text{kN}$, $V_A = 30\,\text{kN}$
   $H_B = -4.44\,\text{kN}$, $V_B = 10\,\text{kN}$

② $H_A = 0$, $V_A = 30\,\text{kN}$
   $H_B = 0$, $V_B = 10\,\text{kN}$

③ $H_A = -4.44\,\text{kN}$, $V_A = -30\,\text{kN}$
   $H_B = 4.44\,\text{kN}$, $V_B = 10\,\text{kN}$

④ $H_A = 4.44\,\text{kN}$, $V_A = 50\,\text{kN}$
   $H_B = -4.44\,\text{kN}$, $V_B = -10\,\text{kN}$

해설 $\sum M_A = 0$에서

$20\,\text{kN} \times 2\,\text{m} - V_B \times 4\,\text{m} = 0$

$\therefore\ V_B = \dfrac{20\,\text{kN} \times 2\,\text{m}}{4\,\text{m}} = 10\,\text{kN}(\uparrow)$

$\sum V = 0$에서

$V_A - 20\,\text{kN} - 20\,\text{kN} + V_B = 0$

$V_A - 40\,\text{kN} + 10\,\text{kN} = 0$

$\therefore\ V_A = 30\,\text{kN}$

$\sum M_C = 0$에서

$-H_B \times 4.5\,\text{m} - V_B \times 2\,\text{m} = 0$

$\therefore\ H_B = \dfrac{-10\,\text{kN} \times 2\,\text{m}}{4.5\,\text{m}} = -4.44\,\text{kN}(\leftarrow)$

$\sum H = 0$에서

$H_A + H_B = 0$

$\therefore\ H_A = 4.44\,\text{kN}(\rightarrow)$

43. 1방향 철근콘크리트 슬래브에 배치하는 수축·온도철근에 관한 기준으로 옳지 않은 것은?

① 수축·온도철근으로 배치되는 이형철근 및 용접철망의 철근비는 어떤 경우에도 0.0014 이상이어야 한다.

② 수축·온도철근으로 배치되는 설계기준항복강도가 400 MPa을 초과하는 이형철근 또는 용접철망을 사용한 슬래브의 철근비는 $0.0020 \times \dfrac{400}{f_y}$ 로 산정한다.

③ 수축·온도철근의 간격은 슬래브 두께의 6배 이하, 또한 600 mm 이하로 하여야 한다.

④ 수축·온도철근은 설계기준항복강도 f_y 를 발휘할 수 있도록 정착되어야 한다.

해설 수축·온도철근의 간격은 슬래브 두께의 5배 이하, 또한 450 mm 이하로 하여야 한다.

참고 슬래브(slab)의 구분

(1) 1방향 슬래브 : $\lambda = \dfrac{L_y}{L_x} > 2$

단변(L_x) 방향으로 주철근을 배근하고, 장변(L_y) 방향으로 수축·온도철근을 배근한다.

(2) 2방향 슬래브 : $\lambda = \dfrac{L_y}{L_x} \leq 2$

단변(L_x), 장변(L_y) 방향으로 주철근을 배근한다.

44. 프리스트레스하지 않는 부재의 현장치기 콘크리트 중 흙에 접하여 콘크리트를 친 후 영구히 흙에 묻혀 있는 콘크리트의 최소 피복두께 기준으로 옳은 것은?

① 100 mm   ② 75 mm

③ 50 mm   ④ 40 mm

해설 프리스트레스하지 않는 부재의 현장치기콘크리트의 최소 피복두께

(1) 수중에서 치는 콘크리트 : 100 mm
(2) 흙에 접하여 콘크리트를 친 후 영구히 흙에 묻혀 있는 콘크리트 : 75 mm
(3) 흙에 접하거나 옥외의 공기에 직접 노출되는 콘크리트
　㉮ D19 이상의 철근 : 50 mm
　㉯ D16 이하의 철근, 지름 16 mm 이하의 철선 : 40 mm
(4) 옥외의 공기나 흙에 직접 접하지 않는 콘크리트
　㉮ 슬래브, 벽체, 장선
　　• D35 초과하는 철근 : 40 mm
　　• D35 이하인 철근 : 20 mm
　㉯ 보, 기둥 : 40 mm
　㉰ 셀, 절판부재 : 20 mm

45. 다음 중 철골구조 주각부의 구성요소가 아닌 것은?

① 커버 플레이트
② 앵커 볼트
③ 리브 플레이트
④ 베이스 플레이트

해설 커버 플레이트는 판보에서 휨에 저항하는 철판이다.

참고 (1) 철골구조 주각부의 구성요소
　• 베이스 플레이트
　• 윙 플레이트
　• 클립 앵글
　• 사이드 앵글
　• 리브 플레이트
　• 앵커 볼트
(2) 판보(plate girder)
　• 휨에 저항 : 플랜지 플레이트, 커버 플레이트(4장 이하)
　• 전단력에 저항 : 웨브 플레이트
　• 웨브의 좌굴 방지 : 스티프너

46. 다음과 같은 사다리꼴 단면의 도심 y_0 값은 어느 것인가?

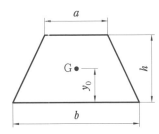

① $\dfrac{h(2a+b)}{3(a+b)}$　　② $\dfrac{h(a+b)}{3(2a+b)}$

③ $\dfrac{3h(2a+b)}{(a+b)}$　　④ $\dfrac{h(a+2b)}{3(a+b)}$

해설 사다리꼴 단면의 도심

(1) $y_2 = \dfrac{h(a+2b)}{3(a+b)}$

(2) $y_1 = \dfrac{h(2a+b)}{3(a+b)}$

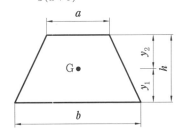

47. 과도한 처짐에 의해 손상되기 쉬운 비구조 요소를 지지 또는 부착하지 않은 바닥구조의 활하중 L에 의한 순간처짐의 한계는?

① $\dfrac{l}{180}$　　② $\dfrac{l}{240}$

③ $\dfrac{l}{360}$　　④ $\dfrac{l}{480}$

해설 활하중 L에 의한 순간처짐의 한계
(1) 과도한 처짐에 의해 손상되기 쉬운 비구조 요소를 지지 또는 부착하지 않은 평지붕구조 : $\dfrac{l}{180}$
(2) 과도한 처짐에 의해 손상되기 쉬운 비구조 요소를 지지 또는 부착하지 않은 바닥구조 : $\dfrac{l}{360}$

48. 다음 그림과 같은 인장재의 순단면적을 구하면? (단, F10T-M20볼트 사용(표준구멍), 판의 두께는 6 mm임)

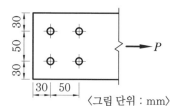

〈그림 단위 : mm〉

① 296 mm² ② 396 mm²
③ 426 mm² ④ 536 mm²

해설 (1) 고력 볼트에 의한 구멍의 최대 크기

고력 볼트	구멍의 최대 크기
$d \leq 22\,\text{mm}$	$d+2\,[\text{mm}]$
$d > 22\,\text{mm}$	$d+3\,[\text{mm}]$

(2) 정렬배치 순단면적

$A_n = A_g - ndt$
$\quad = 110 \times 6 - 2 \times 22 \times 6 = 396\,\text{mm}^2$

참고 (1) 고력 볼트
 • F : friction(마찰접합)
 • 10T : 인장강도 1,000 N/mm²
(2) 인장재의 순단면적

 • 엇모배치 $A_n = A_g - ndt + \sum \dfrac{s^2}{4g} t$

 • 정렬배치 $A_n = A_g - ndt$
 여기서, A_g : 총단면적
 $\qquad\quad n$: 파단선상의 구멍 개수
 $\qquad\quad d$: 구멍의 직경
 $\qquad\quad t$: 철판의 두께
 $\qquad\quad s$: 구멍의 응력방향 중심 간격
 $\qquad\quad g$: 게이지선상의 중심 간격

49. 지진에 대응하는 기술 중 하나인 제진(製震)에 관한 설명으로 옳지 않은 것은?
① 기존 건물의 구조형식에 좌우되지 않는다.
② 지반종류에 의한 제약을 받지 않는다.
③ 소형 건물에 일반적으로 많이 적용된다.

④ 댐퍼 등을 사용하여 흔들림을 효과적으로 제어한다.

해설 제진 : 댐퍼, 제진추, 가새 등을 활용하여 건물에 전달되는 지진력을 감소시키는 기술로 대규모 건물에 적용된다.

50. 그림의 용접기호와 관련된 내용으로 옳은 것은?

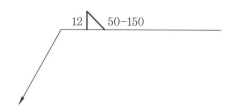

① 양면용접에 용접길이 50 mm
② 용접간격 100 mm
③ 용접치수 12 mm
④ 맞댐(개선) 용접

해설 (1) 모살용접

지시반대쪽	지시쪽	양면

(2) 용접치수(모살 사이즈) : 12 mm
(3) 용접길이 : 50 mm
(4) 용접간격 : 150 mm

51. 그림과 같은 양단 고정보에서 B단의 휨모멘트 값은?

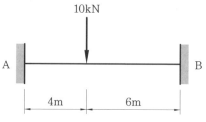

① 2.4 kN · m ② 9.6 kN · m
③ 14.4 kN · m ④ 24.8 kN · m

해설 $M_A = -\dfrac{Pab^2}{L^2}$

$M_B = -\dfrac{Pa^2b}{L^2} = -\dfrac{10 \times 4^2 \times 6}{10^2} = -9.6\,\text{kN}$

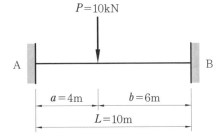

52. 연약한 지반에 대한 대책 중 하부구조의 조치사항으로 옳지 않은 것은?

① 동일 건물의 기초에 이질 지정을 둔다.
② 경질지반에 기초판을 지지한다.
③ 지하실을 설치한다.
④ 경질지반이 깊을 때는 마찰말뚝을 사용한다.

해설 연약 지반인 경우 동일 건축물의 기초에 이질 지정을 두면 부동침하가 발생한다.

53. 콘크리트구조의 내구성설계기준에 따른 보수·보강 설계에 관한 설명으로 옳지 않은 것은?

① 손상된 콘크리트 구조물에서 안전성, 사용성, 내구성, 미관 등의 기능을 회복시키기 위한 보수는 타당한 보수설계에 근거하여야 한다.
② 보수·보강 설계를 할 때는 구조체를 조사하여 손상 원인, 손상 정도, 저항내력 정도를 파악한다.
③ 책임구조기술자는 보수·보강 공사에서 품질을 확보하기 위하여 공정별로 품질관리검사를 시행하여야 한다.
④ 보강설계를 할 때에는 사용성과 내구

성 등의 성능은 고려하지 않고, 보강 후의 구조내력 증가만을 반영한다.

해설 보강설계를 할 때에는 보강 후의 구조내력 증가 외에 사용성과 내구성 등의 성능 향상을 고려하여야 한다.

54. 양단 힌지인 길이 6 m의 H−300×300 ×10×15의 기둥이 부재 중앙에서 약축 방향으로 가새를 통해 지지되어 있을 때 설계용 세장비는? (단, $r_x = 131$ mm, $r_y = 75.1$ mm 이다.)

① 39.9 ② 45.8
③ 58.2 ④ 66.3

해설 (1) 양단 힌지일 때 유효좌굴길이
$L_k = 1.0 \times L = 6\,\text{m}$

(2) 설계용 세장비 : 다음 중 큰 값

• $\lambda_x = \dfrac{KL}{r_x} = \dfrac{1.0 \times 6{,}000}{131} = 45.8$

• $\lambda_y = \dfrac{K\dfrac{L}{2}}{r_y} = \dfrac{1.0 \times 3{,}000}{75.1} = 39.9$

∴ $\lambda = 45.8$

55. 그림과 같은 직사각형 단면을 가지는 보에 최대 휨모멘트 $M = 20$ kN·m가 작용할 때 최대 휨응력은?

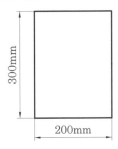

① 3.33 MPa ② 4.44 MPa
③ 5.56 MPa ④ 6.67 MPa

해설 (1) 단면계수 $Z = \dfrac{bh^2}{6}$

(2) 최대 휨응력 $\sigma = \dfrac{M}{Z} = \dfrac{6M}{bh^2}$

$$= \dfrac{6 \times 20 \times 10^6 \,\text{N} \cdot \text{mm}}{200\,\text{mm} \times (300\,\text{mm})^2}$$

$$= 6.67\,\text{N/mm}^2(\text{MPa})$$

56. 그림과 같은 내민보에 집중하중이 작용할 때 A점의 처짐각 θ_A를 구하면?

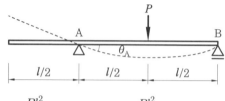

① $\dfrac{Pl^2}{4EI}$ ② $\dfrac{Pl^2}{16EI}$

③ $\dfrac{Pl^2}{128EI}$ ④ $\dfrac{Pl^2}{256EI}$

해설 내민보에 하중이 없으므로 AB 구간의 처짐각은 단순보로 풀이한다.

$$\theta_A = \dfrac{Pl^2}{16EI}$$

57. 강도설계법에서 단근직사각형 보의 c(압축연단에서 중립축까지 거리)값으로 옳은 것은? (단, $f_{ck} = 24\,\text{MPa}$, $f_y = 400\,\text{MPa}$, $b = 300\,\text{mm}$, $A_s = 1{,}161\,\text{mm}^2$, 포물선 – 직선 형상의 응력 – 변형률 관계 이용)

① $92.65\,\text{mm}$ ② $94.85\,\text{mm}$

③ $96.65\,\text{mm}$ ④ $98.85\,\text{mm}$

해설 (1) 포물선-직선 형상의 응력-변형률 관계
$f_{ck} \leq 40\,\text{MPa}$일 때
$\varepsilon_{cu} = 0.0033$, $\alpha = 0.8$

(2) 중립축거리(c)

$$= \dfrac{A_s f_y}{\alpha \, 0.85 f_{ck} b} = \dfrac{1{,}161 \times 400}{0.8 \times 0.85 \times 24 \times 300}$$

$$= 94.85\,\text{mm}$$

여기서, A_s : 인장철근의 단면적
f_y : 철근의 항복강도

f_{ck} : 콘크리트의 설계기준강도
b : 보의 너비

58. 고장력 볼트 접합에 관한 설명으로 옳지 않은 것은?

① 유효단면적당 응력이 크며, 피로강도가 작다.
② 강한 조임력으로 너트의 풀림이 생기지 않는다.
③ 응력방향이 바뀌더라도 혼란이 일어나지 않는다.
④ 접합방식에는 마찰접합, 지압접합, 인장접합이 있다.

해설 고장력 볼트 접합
(1) 고장력 볼트는 일반 볼트에 비하여 높은 인장강도로 만든 볼트로 토크렌치나 임팩트렌치로 강하게 조인다.
(2) 일반 볼트 접합에 비하여 유효단면적당 응력이 작으며, 피로강도가 크다.

59. 그림과 같은 라멘에 있어서 A점의 모멘트는 얼마인가? (단, k는 강비이다.)

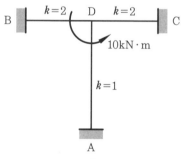

① $1\,\text{kN} \cdot \text{m}$ ② $2\,\text{kN} \cdot \text{m}$

③ $3\,\text{kN} \cdot \text{m}$ ④ $4\,\text{kN} \cdot \text{m}$

해설 (1) DA 부재의 분배율

$$f_{DA} = \dfrac{k_{DA}(\text{DA 부재의 강비})}{\sum k(\text{강비의 총합})}$$

$$= \dfrac{1}{1+2+2} = \dfrac{1}{5}$$

(2) DA 부재의 분배 모멘트

$$M_{DA} = 10\,\text{kN} \cdot \text{m} \times \frac{1}{5} = 2\,\text{kN} \cdot \text{m}$$

(3) A점의 도달 모멘트

$$M_{AD} = 2\,\text{kN} \cdot \text{m} \times \frac{1}{2} = 1\,\text{kN} \cdot \text{m}$$

60. 그림과 같은 구조물의 부정정 차수는?

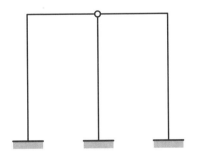

① 1차 부정정   ② 2차 부정정
③ 3차 부정정   ④ 4차 부정정

해설 구조물의 차수

$m = n + s + r - 2k$
$\quad = 9 + 5 + 2 - 2 \times 6 = 4$

여기서, n : 반력수, s : 부재수
$\qquad\quad r$: 강절점수, k : 절점수

∴ 4차 부정정

제4과목 **건축설비**

61. 배수트랩의 봉수가 파손되는 것을 방지하기 위한 방법으로 옳지 않은 것은?

① 자기사이펀 작용에 의한 봉수 파괴를 방지하기 위하여 S트랩을 설치한다.

② 유도사이펀 작용에 의한 봉수 파괴를 방지하기 위하여 도피통기관을 설치한다.

③ 증발현상에 의한 봉수 파괴를 방지하

기 위하여 트랩 봉수 보급수 장치를 설치한다.

④ 역압에 의한 분출작용을 방지하기 위하여 배수 수직관의 하단부에 통기관을 설치한다.

해설 자기사이펀 작용은 주로 S트랩에서 만수 시 배수관 내로 흡입 배출되는 현상이다. 자기사이펀 작용에 의한 봉수 파괴를 방지하기 위해서는 통기관을 설치해야 한다.

62. 다음의 간선 배전방식 중 분전반에서 사고가 발생했을 때 그 파급 범위가 가장 좁은 것은?

① 평행식   ② 방사선식
③ 나뭇가지식   ④ 나뭇가지 평행식

해설 (1) 간선 : 건물 내의 배전반에서 분전함까지 연결된 주된 선

(2) 평행식(개별식) : 배전반에서 각각의 분전함까지 직접 연결된 선이므로 다른 분전반 사고에 의한 파급 효과가 작다.

63. 한 시간당 급탕량이 5 m³일 때 급탕부하는 얼마인가? (단, 물의 비열은 4.2 kJ/kg·K, 급탕온도는 70℃, 급수온도는 10℃이다.)

① 35 kW   ② 126 kW
③ 350 kW   ④ 1,260 kW

해설 급탕부하(kW)

$=$급탕량(kg/s)×물의 비열(4.2 kJ/kg·K)
$\quad\times$온도 차이(K)

$$= \frac{5 \times 1,000\,\text{kg}}{3600\,\text{s}} \times 4.2\,\text{kJ/kg} \cdot \text{K}$$
$$\quad\times (70 - 10)\text{K}$$
$$= 350\,\text{kW}$$

64. 자연환기에 관한 설명으로 옳은 것은?

① 풍력환기에 의한 환기량은 풍속에 반비례한다.

② 풍력환기에 의한 환기량은 유량계수에 비례한다.

③ 중력환기에 의한 환기량은 공기의 입구와 출구가 되는 두 개구부의 수직거리에 반비례한다.

④ 중력환기에서 실내온도가 외기온도보다 높을 경우 공기는 건물 상부의 개구부에서 실내로 들어와서 하부의 개구부로 나간다.

해설 자연환기

(1) 풍력환기 : 바람을 이용한 환기
  ※ 풍력환기에 의한 환기량은 풍속과 유량계수에 비례한다.

(2) 중력환기 : 실내외의 온도차를 이용한 환기
  ㉮ 중력환기에 의한 환기량은 공기의 입구와 출구가 되는 두 개구부의 수직거리에 비례한다.
  ㉯ 중력환기에서 실내온도가 외기온도보다 높을 경우 공기는 개구부의 하부로 들어와서 더워진 공기는 상부로 올라가 상부의 개구부로 나간다.

65. 공기조화방식 중 2중덕트방식에 관한 설명으로 옳지 않은 것은?

① 전공기 방식에 속한다.

② 덕트가 2개의 계통이므로 설비비가 많이 든다.

③ 부하특성이 다른 다수의 실이나 존에도 적용할 수 있다.

④ 냉풍과 온풍을 혼합하는 혼합상자가 필요 없으므로 소음과 진동도 적다.

해설 2중덕트방식은 냉풍과 온풍을 혼합하는 혼합상자가 필요하므로 소음과 진동이 크다.

참고 2중덕트방식은 1대의 공조기로 냉풍·온풍을 만들어 2개의 덕트로 보낸 후 취출구에 있는 혼합상자에서 혼합하여 온도를 조절하는 방식으로 전공기 방식이다.

66. 전기샤프트(ES)의 계획 시 고려사항으로 옳지 않은 것은?

① 각 층마다 같은 위치에 설치한다.

② 기기의 배치와 유지보수에 충분한 공간으로 하고, 건축적인 마감을 실시한다.

③ 점검구는 유지보수 시 기기의 반출입이 가능하도록 하여야 하며, 점검구 문의 폭은 최소 300 mm 이상으로 한다.

④ 공급대상 범위의 배선거리, 전압강하 등을 고려하여 가능한 한 공급 대상설비 시설 위치의 중심부에 위치하도록 한다.

해설 전기샤프트(electric shaft)의 점검구는 유지보수 시 기기의 반입 및 반출이 가능하도록 하여야 하며, 점검구 문의 폭은 900 mm 이상으로 한다.

67. 엘리베이터의 조작 방식 중 무운전원 방식으로 다음과 같은 특징을 갖는 것은?

> 승객 스스로 운전하는 전자동 엘리베이터로, 승강장으로부터의 호출 신호로 기동, 정지를 이루는 조작 방식이며, 누른 순서에 상관없이 각 호출에 응하여 자동적으로 정지한다.

① 단식자동 방식

② 카 스위치 방식

③ 승합전자동 방식

④ 시그널 컨트롤 방식

해설 승합전자동 방식

(1) 운전원 없이 승객 스스로 운전하는 방식이다.

(2) 목적층 및 승강장 호출 신호로 자동시동 및 정지한다.

(3) 호출 순서에 관계없이 각 호출에 응하여 자동으로 정지한다.

68. 다음 중 증기난방에 관한 설명으로 옳지 않은 것은?

• 2022년도 시행문제 **415**

① 온수난방에 비해 예열시간이 짧다.

② 온수난방에 비해 한랭지에서 동결의 우려가 작다.

③ 운전 시 증기해머로 인한 소음을 일으키기 쉽다.

④ 온수난방에 비해 부하변동에 따른 실내방열량의 제어가 용이하다.

해설 증기난방은 온수난방에 비해 부하변동에 따른 실내방열량의 제어가 쉽지 않다.

69. 발전기에 적용되는 법칙으로 유도기전력의 방향을 알기 위하여 사용되는 법칙은?

① 옴의 법칙

② 키르히호프의 법칙

③ 플레밍의 왼손의 법칙

④ 플레밍의 오른손의 법칙

해설 플레밍의 오른손의 법칙 : 자기장 속에서 도체(구리 막대)를 움직일 때 도체에 발생되는 기전력의 방향을 알 수 있는 법칙으로 발전기에 적용된다.

참고 유도기전력 : 자기장의 변화에 의해 코일에 전류가 흐를 때 전류를 생성하는 힘

70. 습공기를 가열했을 때 상태값이 변화하지 않는 것은?

① 엔탈피　　② 습구온도

③ 절대습도　　④ 상대습도

해설 습공기를 가열하여 온도가 상승해도 절대습도는 변하지 않는다.

참고 습공기 선도

(1) 엔탈피 : 어떤 물질이 가지고 있는 에너지량(kJ/kg)

(2) 습구온도 : 일반온도계의 구근을 젖은 헝겊으로 감싸고 측정한 온도

(3) 절대습도 : 단위체적 $1\,m^3$ 안에 들어 있는 수증기의 질량(g)

(4) 상대습도 : 포화수증기량에 대한 현재 수

증기량의 비를 백분율(%)로 나타낸 것

71. 다음 중 변전실 면적에 영향을 주는 요소와 가장 거리가 먼 것은?

① 발전기실의 면적

② 변전설비 변압방식

③ 수전전압 및 수전방식

④ 설치 기기와 큐비클의 종류

해설 변전실 면적에 영향을 주는 요소

(1) 수전전압 및 수전방식

(2) 변전설비 변압방식, 변압기 용량, 수량 및 형식

(3) 설치 기기와 큐비클의 종류 및 시방

(4) 기기의 배치방법 및 유지보수 필요면적

(5) 건축물의 구조적 여건

※ 변전실 면적 산정 시 비상시 전기를 생성하는 발전기실 면적은 고려하지 않는다. 발전기실 면적은 시설물의 총전기수요량에 따라 결정된다.

참고 (1) 변전실 : 고압을 수전하여 필요한 전압으로 변하게 하여 보내는 실(변압기, 차단기, 배전반, 보안기로 구성)

(2) 발전기는 건축물의 정전 시에 사용하는 것으로 부하의 중심을 고려하여 전기실 가까이에 둔다.

72. 배수관의 관경과 구배에 관한 설명으로 옳지 않은 것은?

① 배관구배를 완만하게 하면 세정력이 저하된다.

② 배수관경을 크게 하면 할수록 배수능력은 향상된다.

③ 배관구배를 너무 급하게 하면 흐름이 빨라 고형물이 남는다.

④ 배관구배를 너무 급하게 하면 관로의 수류에 의한 파손 우려가 높아진다.

해설 배수관경을 필요 이상으로 크게 하면 배수능력이 나빠진다.

정답 69. ④　70. ③　71. ①　72. ②

73. 실내 음환경의 잔향시간에 관한 설명으로 옳은 것은?

① 실의 흡음력이 높을수록 잔향시간은 길어진다.

② 잔향시간을 길게 하기 위해서는 실내 공간의 용적을 작게 하여야 한다.

③ 잔향시간은 음향청취를 목적으로 하는 공간이 음성전달을 목적으로 하는 공간보다 짧아야 한다.

④ 잔향시간은 실내가 확장음장이라고 가정하여 구해진 개념으로 원리적으로는 음원이나 수음점의 위치에 상관없이 일정하다.

해설 ① 실의 흡음력이 높을수록 잔향시간은 짧아진다.

② 실내공간의 용적을 크게 하면 잔향시간이 길어진다.

③ 잔향시간은 음향청취 공간이 음성전달 공간보다 길어야 한다.

④ 잔향시간은 확장음장(음에너지가 균등한 실의 공간)의 경우 음원(음의 시작점)이나 수음점(음의 차단지점)의 위치에 상관없이 일정하다.

참고 잔향시간 : 밀폐된 공간에서 실내음의 에너지가 처음의 $\dfrac{1}{1,000,000}$ 로 감쇠하는 데 걸리는 시간

74. 냉방부하 계산 결과 현열부하가 620 W, 잠열부하가 155 W일 경우, 현열비는?

① 0.2 ② 0.25

③ 0.4 ④ 0.8

해설
$$현열비 = \frac{현열의 \ 변화량}{전열량(엔탈피) \ 변화량}$$
$$= \frac{현열부하}{현열부하 + 잠열부하}$$
$$= \frac{620 \ W}{620 \ W + 155 \ W} = 0.8$$

75. 열관류율 $K = 2.5 \ W/m^2 \cdot K$인 벽체의 양쪽 공기온도가 각각 20℃와 0℃일 때, 이 벽체 1 m²당 이동열량은?

① 25 W ② 50 W

③ 100 W ④ 200 W

해설 벽체 1 m²당 이동열량

= 열관류율(W/m² · K) × 벽면적(m²)
  × 온도차(℃)

= 2.5 W/m² · K × 1 m² × 20℃

= 50 W

76. 다음의 냉동기 중 기계적 에너지가 아닌 열에너지에 의해 냉동효과를 얻는 것은?

① 원심식 냉동기

② 흡수식 냉동기

③ 스크루식 냉동기

④ 왕복동식 냉동기

해설 냉동기의 구분

(1) 압축식 냉동기
 • 순서 : 압축기 → 응축기 → 팽창밸브 → 증발기
 • 냉동효과 : 기계적 에너지
 • 종류 : 왕복식, 원심식(터보식), 회전식

(2) 흡수식 냉동기
 • 순서 : 증발기 → 흡수기 → 재생기 → 응축기
 • 냉동효과 : 열에너지

77. 어느 점광원과 1 m 떨어진 곳의 직각면 조도가 800 lx일 때, 이 광원과 4 m 떨어진 곳의 직각면 조도는?

① 50 lx ② 100 lx

③ 150 lx ④ 200 lx

해설 조도 : 단위면적(m²)당 빛의 밝기

$$조도(E) = \frac{광속(lm)}{면적(m^2)}$$

※ 조도는 광원과 피조면 사이의 거리의 제곱에 반비례한다.

$$1 : 800 = \frac{1}{4^2} : x$$

$$\therefore x = \frac{800}{4^2} = 50\,\mathrm{lx}$$

78. 압력에 따른 도시가스의 분류에서 고압의 기준으로 옳은 것은? (단, 게이지압력 기준)

① 0.1 MPa 이상　② 1 MPa 이상

③ 10 MPa 이상　④ 100 MPa 이상

해설 압력에 따른 도시가스의 분류(게이지압력 기준)

(1) 고압 : 1 MPa(N/mm^2) 이상

(2) 중압 : 0.1~1 MPa

(3) 저압 : 0.1 MPa 미만

79. 스프링클러설비를 설치하여야 하는 특정소방 대상물의 최대 방수구역에 설치된 개방형 스프링클러헤드의 개수가 30개일 경우, 스프링클러설비의 수원의 저수량은 최소 얼마 이상으로 하여야 하는가?

① 16 m^3　　　② 32 m^3

③ 48 m^3　　　④ 56 m^3

해설 개방형 스프링클러헤드를 사용하는 스프링클러설비의 수원은 최대 방수구역에 설치된 스프링클러헤드의 개수가 30개 이하일 경우에는 설치 헤드수에 1.6 m^3를 곱한 양 이상으로 한다.

$$\therefore 30 \times 1.6\,m^3 = 48\,m^3$$

80. 다음과 가장 관계가 깊은 것은?

> 에너지 보존의 법칙을 유체의 흐름에 적용한 것으로서 유체가 갖고 있는 운동에너지, 중력에 의한 위치에너지 및 압력에너지의 총합은 흐름내 어디서나 일정하다.

① 뉴턴의 점성법칙

② 베르누이의 정리

③ 보일 – 샤를의 법칙

④ 오일러의 상태방정식

해설 (1) 에너지 보존의 법칙 : 에너지가 다른 에너지로 전환될 때 전후의 에너지의 총합은 항상 일정하게 보존된다.

(2) 베르누이의 정리

㉮ 유체의 위치에너지, 운동에너지 및 압력에너지의 총합은 항상 일정하다.

㉯ 에너지 보존의 법칙을 유체의 흐름에 적용한 것이다.

제5과목　　**건축법규**

81. 높이가 31 m를 넘는 각 층의 바닥면적 중 최대 바닥면적이 4,500 m^2인 건축물에 원칙적으로 설치하여야 하는 비상용 승강기의 최소 대수는?

① 1대　　　② 2대

③ 3대　　　④ 5대

해설 비상용 승강기의 설치대수

(1) 높이 31 m를 넘는 각 층의 바닥면적 중 최대 바닥면적이 1,500 m^2 이하인 건축물 : 1대 이상

(2) 높이 31 m를 넘는 각 층의 바닥면적 중 최대 바닥면적이 1,500 m^2를 넘는 건축물 : 1대에 1,500 m^2를 넘는 3,000 m^2 이내마다 1대씩 더한 대수 이상

∴ 비상용 승강기의 최소 대수

$$= \frac{A - 1,500\,m^2}{3,000\,m^2} + 1$$

$$= \frac{4,500 - 1,500}{3,000} + 1 = 2\text{대}$$

여기서, A : 높이 31 m를 넘는 각 층의 바닥면적 중 최대 바닥면적

82. 건축물의 바닥면적 산정 기준에 대한 설명으로 옳지 않은 것은?

① 공동주택으로서 지상층에 설치한 어린이놀이터의 면적은 바닥면적에 산입하지 않는다.

② 필로티는 그 부분이 공중의 통행이나 차량의 통행 또는 주차에 전용되는 경우에는 바닥면적에 산입하지 아니한다.

③ 벽·기둥의 구획이 없는 건축물은 그 지붕 끝부분으로부터 수평거리 1.5 m를 후퇴한 선으로 둘러싸인 수평투영면적을 바닥면적으로 한다.

④ 단열재를 구조체의 외기측에 설치하는 단열공법으로 건축된 건축물의 경우에는 단열재가 설치된 외벽 중 내측 내력벽의 중심선을 기준으로 산정한 면적을 바닥면적으로 한다.

해설 벽·기둥의 구획이 없는 건축물은 그 지붕 끝부분으로부터 수평거리 1 m를 후퇴한 선으로 둘러싸인 수평투영면적으로 한다.

83. 건축물과 해당 건축물의 용도의 연결이 옳지 않은 것은?

① 주유소 : 자동차 관련시설

② 야외음악당 : 관광 휴게시설

③ 치과의원 : 제1종 근린생활시설

④ 일반음식점 : 제2종 근린생활시설

해설 (1) 주유소 : 위험물 저장 및 처리 시설
(2) 자동차 관련 시설 : 주차장, 세차장, 폐차장, 검사장, 매매장, 정비공장, 운전학원, 정비학원 등

84. 다음 중 기반시설부담구역에서 기반시설 설치비용의 부과대상인 건축행위의 기준으로 옳은 것은?

① 100제곱미터(기존 건축물의 연면적 포함)를 초과하는 건축물의 신축·증축

② 100제곱미터(기존 건축물의 연면적 제외)를 초과하는 건축물의 신축·증축

③ 200제곱미터(기존 건축물의 연면적 포함)를 초과하는 건축물의 신축·증축

④ 200제곱미터(기존 건축물의 연면적 제외)를 초과하는 건축물의 신축·증축

해설 기반시설부담구역에서 기반시설설치비용의 부과대상인 건축행위는 $200 \, m^2$(기존 건축물의 연면적을 포함한다)를 초과하는 건축물의 신축·증축 행위로 한다.

참고 기반시설 : 도시 주민 생활이나 도시 기능 유지에 필요한 시설로 도로, 공원, 학교, 시장, 하수도 등이 있다.

85. 지하층에 설치하는 비상탈출구의 유효너비 및 유효높이 기준으로 옳은 것은? (단, 주택이 아닌 경우)

① 유효너비 0.5 m 이상, 유효높이 1.0 m 이상

② 유효너비 0.5 m 이상, 유효높이 1.5 m 이상

③ 유효너비 0.75 m 이상, 유효높이 1.0 m 이상

④ 유효너비 0.75 m 이상, 유효높이 1.5 m 이상

해설 지하층의 비상탈출구
(1) 비상탈출구의 유효너비는 0.75 m 이상으로 하고, 유효높이는 1.5 m 이상으로 할 것
(2) 비상탈출구의 문은 피난방향으로 열리도록 하고, 실내에서 항상 열 수 있는 구조로 하여야 하며, 내부 및 외부에는 비상탈출구의 표시를 할 것
(3) 비상탈출구는 출입구로부터 3 m 이상 떨어진 곳에 설치할 것

86. 도시·군계획 수립 대상지역의 일부에 대하여 토지 이용을 합리화하고 그 기능을 증진시키며 미관을 개선하고 양호한 환경을 확보하며, 그 지역을 체계적·계획적으로 관리하기 위하여 수립하는 도시·군관리계획은?

① 지구단위계획
② 도시·군성장계획
③ 광역도시계획
④ 개발밀도관리계획

해설 지구단위계획 : 도시·군계획 수립 대상지역의 일부에 대하여 토지 이용을 합리화하고 그 기능을 증진시키며 미관을 개선하고 양호한 환경을 확보하며, 그 지역을 체계적·계획적으로 관리하기 위하여 수립하는 도시·군관리계획

참고 (1) 도시·군계획 : 특별시·광역시·특별자치시·특별자치도·시 또는 군의 관할 구역에 대하여 수립하는 공간구조와 발전방향에 대한 계획으로서 도시·군기본계획과 도시·군관리계획으로 구분한다.
(2) 도시·군관리계획 : 특별시·광역시·특별자치시·특별자치도·시 또는 군의 개발·정비 및 보전을 위하여 수립하는 토지 이용, 교통, 환경, 경관, 안전, 산업, 정보통신, 보건, 복지, 안보, 문화 등에 관한 다음 각 목의 계획을 말한다.
㉮ 용도지역·용도지구의 지정 또는 변경에 관한 계획
㉯ 개발제한구역, 도시자연공원구역, 시가화조정구역, 수산자원보호구역의 지정 또는 변경에 관한 계획
㉰ 기반시설의 설치·정비 또는 개량에 관한 계획
㉱ 도시개발사업이나 정비사업에 관한 계획
㉲ 지구단위계획구역의 지정 또는 변경에 관한 계획과 지구단위계획
㉳ 입지규제최소구역의 지정 또는 변경에 관한 계획과 입지규제최소구역계획

87. 주차전용건축물의 주차면적비율과 관련한 아래 내용에서, (   )에 들어갈 수 없는 것은?

> 주차전용건축물이란 건축물의 연면적 중 주차장으로 사용되는 부분의 비율이 95퍼센트 이상인 것을 말한다. 다만, 주차장 외의 용도로 사용되는 부분이 「건축법 시행령」 별표 1에 따른 (   )인 경우에는 주차장으로 사용되는 부분의 비율이 70퍼센트 이상인 것을 말한다.

① 종교시설
② 운동시설
③ 업무시설
④ 숙박시설

해설 주차전용건축물
(1) 건축물의 연면적 중 주차장으로 사용되는 부분의 비율이 95 % 이상인 건축물
(2) 주차장 외의 용도로 사용되는 부분이 건축법 시행령 별표 1에 따른 단독주택, 공동주택, 제1종 근린생활시설, 제2종 근린생활시설, 문화 및 집회시설, 종교시설, 판매시설, 운수시설, 운동시설, 업무시설, 창고시설 또는 자동차 관련 시설인 경우에는 주차장으로 사용되는 부분의 비율이 70 % 이상인 건축물

88. 다음 중 대지에 조경 등의 조치를 아니할 수 있는 대상 건축물에 속하지 않는 것은?

① 축사
② 녹지지역에 건축하는 건축물
③ 연면적의 합계가 1,000 m²인 공장
④ 면적이 5,000 m²인 대지에 건축하는 공장

해설 대지의 조경
(1) 면적이 200 m² 이상인 대지에 건축을 하는 건축주는 용도지역 및 건축물의 규모에 따라 해당 지방자치단체의 조례로 정하는 기준에 따라 대지에 조경이나 그 밖에 필요한 조치를 하여야 한다.

(2) 조경 등의 조치를 아니할 수 있는 대상 건축물
　㉮ 녹지지역에 건축하는 건축물
　㉯ 자연환경보전지역·농림지역 또는 관리지역(지구단위계획구역으로 지정된 지역은 제외)의 건축물
　㉰ 면적 5,000 m² 미만인 대지에 건축하는 공장
　㉱ 연면적의 합계가 1,500 m² 미만인 공장
　㉲ 축사

89. 다음 중 막다른 도로의 길이가 30 m인 경우, 이 도로가 건축법상 도로이기 위한 최소 너비는?

① 2 m　② 3 m　③ 4 m　④ 6 m

해설 막다른 도로 길이에 대한 도로 폭

막다른 도로의 길이	최소 너비
10m 미만	2m
10m 이상 35m 미만	3m
35m 이상	6 m(도시지역이 아닌 읍·면지역은 4 m)

90. 건축물과 분리하여 공작물을 축조할 때 특별자치시장·특별자치도지사 또는 시장·군수·구청장에게 신고를 해야 하는 대상 공작물 기준이 옳지 않은 것은?

① 높이 2 m를 넘는 옹벽
② 높이 2 m를 넘는 굴뚝
③ 높이 6 m를 넘는 골프연습장 등의 운동시설을 위한 철탑
④ 높이 8 m를 넘는 고가수조

해설 건축물과 분리하여 공작물을 축조할 때 특별자치시장·특별자치도지사 또는 시장·군수·구청장에게 신고를 해야 하는 공작물은 다음과 같다.
(1) 높이 6 m를 넘는 굴뚝

(2) 높이 4 m를 넘는 장식탑, 기념탑, 첨탑, 광고탑, 광고판
(3) 높이 8 m를 넘는 고가수조
(4) 높이 2 m를 넘는 옹벽 또는 담장
(5) 높이 6미터를 넘는 골프연습장 등의 운동시설을 위한 철탑, 주거지역·상업지역에 설치하는 통신용 철탑
(6) 바닥면적 30 m²를 넘는 지하대피호

91. 지역의 환경을 쾌적하게 조성하기 위하여 대통령령으로 정하는 용도와 규모의 건축물에 대해 일반이 사용할 수 있도록 대통령령으로 정하는 기준에 따라 공개공지 등을 설치하여야 하는 대상 지역에 속하지 않는 것은? (단, 특별자치시장·특별자치도지사 또는 시장·군수·구청장이 따로 지정·공고하는 지역의 경우는 고려하지 않는다.)

① 준공업지역　② 준주거지역
③ 일반주거지역　④ 전용주거지역

해설 공개공지 등을 설치하여야 하는 대상 지역
(1) 일반주거지역, 준주거지역
(2) 상업지역
(3) 준공업지역
(4) 특별자치시장·특별자치도지사 또는 시장·군수·구청장이 도시화의 가능성이 크거나 노후 산업단지의 정비가 필요하다고 인정하여 지정·공고하는 지역

92. 신축공동주택 등의 기계환기설비의 설치 기준이 옳지 않은 것은?

① 세대의 환기량 조절을 위하여 환기설비의 정격풍량을 3단계 또는 그 이상으로 조절할 수 있는 체계를 갖추어야 한다.
② 적정 단계의 필요 환기량은 신축공동주택 등의 세대를 시간당 0.3회로 환기할 수 있는 풍량을 확보하여야 한다.
③ 기계환기설비에서 발생하는 소음의 측

정은 한국산업규격(KS B 6361)에 따르는 것을 원칙으로 한다.
④ 기계환기설비는 주방 가스대 위의 공기배출장치, 화장실의 공기배출 송풍기 등 급속 환기설비와 함께 설치할 수 있다.

해설 적정 단계의 필요 환기량은 신축공동주택 등의 세대를 시간당 0.5회로 환기할 수 있는 풍량을 확보해야 한다.

93. 특별피난계단의 구조에 관한 기준 내용으로 옳지 않은 것은?
① 계단실에는 예비전원에 의한 조명설비를 할 것
② 계단은 내화구조로 하되, 피난층 또는 지상까지 직접 연결되도록 할 것
③ 출입구의 유효너비는 0.9 m 이상으로 하고 피난의 방향으로 열 수 있을 것
④ 계단실의 노대 또는 부속실에 접하는 창문은 그 면적을 각각 3 m² 이하로 할 것

해설 계단실의 노대 또는 부속실에 접하는 창문 등(출입구 제외)은 망이 들어 있는 유리의 붙박이창으로서 그 면적을 각각 1 m² 이하로 할 것

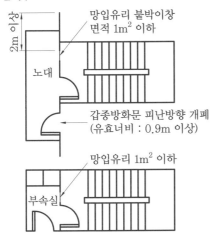

94. 건축물의 거실(피난층의 거실 제외)에 국토교통부령으로 정하는 기준에 따라 배연설비를 설치하여야 하는 대상 건축물 용도에 속하지 않는 것은? (단, 6층 이상인 건축물의 경우)
① 종교시설
② 판매시설
③ 방송통신시설 중 방송국
④ 교육연구시설 중 연구소

해설 건축물의 거실에 배연설비를 설치해야 하는 대상 건축물 용도(단, 6층 이상인 건축물의 경우)
(1) 제2종 근린생활시설 중 공연장, 종교집회장, 인터넷컴퓨터게임시설제공업소 및 다중생활시설
(2) 문화 및 집회시설
(3) 종교시설
(4) 판매시설
(5) 운수시설
(6) 의료시설(요양병원 및 정신병원 제외)
(7) 교육연구시설 중 연구소
(8) 노유자시설 중 아동 관련 시설, 노인복지시설(노인요양시설 제외)
(9) 수련시설 중 유스호스텔
(10) 운동시설
(11) 업무시설
(12) 숙박시설
(13) 위락시설
(14) 관광휴게시설
(15) 장례시설

95. 건축물의 주요구조부를 내화구조로 하여야 하는 대상 건축물에 속하지 않는 것은?
① 공장의 용도로 쓰는 건축물로서 그 용도로 쓰는 바닥면적의 합계가 500 m²인 건축물
② 판매시설의 용도로 쓰는 건축물로서 그 용도로 쓰는 바닥면적의 합계가 500 m²인 건축물

③ 창고시설의 용도로 쓰는 건축물로서 그 용도로 쓰는 바닥면적의 합계가 500 ㎡인 건축물

④ 문화 및 집회시설 중 전시장의 용도로 쓰는 건축물로서 그 용도로 쓰는 바닥면적의 합계가 500 ㎡인 건축물

해설 건축물의 주요구조부를 내화구조로 하여야 하는 대상 건축물

(1) 공장의 용도로 쓰는 건축물로서 그 용도로 쓰는 바닥면적의 합계가 2,000 ㎡ 이상인 건축물

(2) 문화 및 집회시설 중 전시장 또는 동·식물원, 판매시설, 운수시설, 교육연구시설에 설치하는 체육관·강당, 수련시설, 운동시설 중 체육관·운동장, 위락시설(주점영업의 용도로 쓰는 것은 제외), 창고시설, 위험물저장 및 처리시설, 자동차 관련 시설, 방송통신시설 중 방송국·전신전화국·촬영소, 묘지 관련 시설 중 화장시설·동물화장시설 또는 관광휴게시설의 용도로 쓰는 건축물로서 그 용도로 쓰는 바닥면적의 합계가 500 ㎡ 이상인 건축물

96. 국토의 계획 및 이용에 관한 법령상 용도지구에 속하지 않는 것은?

① 경관지구 ② 미관지구
③ 방재지구 ④ 취락지구

해설 용도지구의 지정

(1) 경관지구 : 경관의 보전·관리 및 형성을 위하여 필요한 지구

(2) 고도지구 : 쾌적한 환경 조성 및 토지의 효율적 이용을 위하여 건축물 높이의 최고 한도를 규제할 필요가 있는 지구

(3) 방화지구 : 화재의 위험을 예방하기 위하여 필요한 지구

(4) 방재지구 : 풍수해, 산사태, 지반의 붕괴, 그 밖의 재해를 예방하기 위하여 필요한 지구

(5) 보호지구 : 문화재, 중요 시설물(항만, 공

항 등 대통령령으로 정하는 시설물을 말한다) 및 문화적·생태적으로 보존가치가 큰 지역의 보호와 보존을 위하여 필요한 지구

(6) 취락지구 : 녹지지역·관리지역·농림지역·자연환경보전지역·개발제한구역 또는 도시자연공원구역의 취락을 정비하기 위한 지구

(7) 개발진흥지구 : 주거기능·상업기능·공업기능·유통물류기능·관광기능·휴양기능 등을 집중적으로 개발·정비할 필요가 있는 지구

(8) 특정용도제한지구 : 주거 및 교육 환경 보호나 청소년 보호 등의 목적으로 오염물질 배출시설, 청소년 유해시설 등 특정시설의 입지를 제한할 필요가 있는 지구

(9) 복합용도지구 : 지역의 토지이용 상황, 개발 수요 및 주변 여건 등을 고려하여 효율적이고 복합적인 토지이용을 도모하기 위하여 특정시설의 입지를 완화할 필요가 있는 지구

※ 종전의 미관지구는 2018년에 경관지구로 통합되었다.

97. 다음 중 제2종 일반주거지역 안에서 건축할 수 없는 건축물은? (단, 도시·군계획 조례가 정하는 바에 따라 건축할 수 있는 경우는 고려하지 않는다.)

① 종교시설
② 운수시설
③ 노유자시설
④ 제1종 근린생활시설

해설 제2종 일반주거지역 안에서 건축할 수 있는 건축물

(1) 단독주택
(2) 공동주택
(3) 제1종 근린생활시설
(4) 종교시설
(5) 교육연구시설 중 유치원·초등학교·중학교 및 고등학교
(6) 노유자시설

98. 부설주차장 설치대상 시설물이 문화 및 집회시설(관람장 제외)인 경우, 부설주차장 설치기준으로 옳은 것은? (단, 지방자치단체의 조례로 따로 정하는 사항은 고려하지 않는다.)

① 시설면적 50 m^2당 1대
② 시설면적 100 m^2당 1대
③ 시설면적 150 m^2당 1대
④ 시설면적 200 m^2당 1대

해설 부설주차장의 설치대상 시설물 종류 및 설치기준
(1) 위락시설 : 시설면적 100 m^2당 1대
(2) 문화 및 집회시설(관람장 제외), 종교시설, 판매시설, 운수시설, 의료시설(정신병원·요양병원 및 격리병원 제외), 운동시설(골프장·골프연습장 및 옥외수영장은 제외), 업무시설(외국공관 및 오피스텔은 제외), 방송통신시설 중 방송국, 장례식장 : 시설면적 150 m^2당 1대
(3) 제1종 근린생활시설, 제2종 근린생활시설, 숙박시설 : 시설면적 200 m^2당 1대

99. 국토교통부령으로 정하는 기준에 따라 채광 및 환기를 위한 창문 등이나 설비를 설치하여야 하는 대상에 속하지 않는 것은?

① 의료시설의 병실
② 숙박시설의 객실
③ 업무시설 중 사무소의 사무실
④ 교육연구시설 중 학교의 교실

해설 채광 및 환기를 위한 창문 등이나 설비를 설치하여야 하는 대상
(1) 단독주택 및 공동주택의 거실
(2) 교육연구시설 중 학교의 교실
(3) 의료시설의 병실
(4) 숙박시설의 객실

참고 채광 및 환기를 위한 창문 등 설치기준
(1) 채광을 위하여 거실에 설치하는 창문 등의 면적은 그 거실의 바닥면적의 $\frac{1}{10}$ 이상이어야 한다. (단, 기준 조도 이상의 조명장치를 설치하는 경우 제외)
(2) 환기를 위하여 거실에 설치하는 창문 등의 면적은 그 거실의 바닥면적의 $\frac{1}{20}$ 이상이어야 한다. (단, 기계환기장치 및 중앙관리방식의 공기조화설비를 설치하는 경우 제외)

100. 건축법령상 용어의 정의가 옳지 않은 것은?

① 초고층 건축물이란 층수가 50층 이상이거나 높이가 200미터 이상인 건축물을 말한다.
② 증축이란 기존 건축물이 있는 대지에서 건축물의 건축면적, 연면적, 층수 또는 높이를 늘리는 것을 말한다.
③ 개축이란 건축물이 천재지변이나 그 밖의 재해로 멸실된 경우 그 대지에 종전과 같은 규모의 범위에서 다시 축조하는 것을 말한다.
④ 부속건축물이란 같은 대지에서 주된 건축물과 분리된 부속용도의 건축물로서 주된 건축물을 이용 또는 관리하는 데에 필요한 건축물을 말한다.

해설 (1) 재축 : 건축물이 천재지변이나 그 밖의 재해로 멸실된 경우 그 대지에 종전과 같은 규모의 범위에서 다시 축조하는 것
(2) 개축 : 기존 건축물의 전부 또는 일부(내력벽·기둥·보·지붕틀 중 셋 이상이 포함되는 경우)를 해체하고 그 대지에 종전과 같은 규모의 범위에서 건축물을 다시 축조하는 것

건축기사 필기
문제해설

PART
3

CBT 실전문제

제**1**회 CBT 실전문제

제1과목　건축계획

1. 쇼핑센터의 몰(mall)의 계획에 관한 설명으로 옳지 않은 것은?

① 전문점들과 중심상점의 주출입구는 몰에 면하도록 한다.

② 몰에는 자연광을 끌어들여 외부 공간과 같은 성격을 갖게 하는 것이 좋다.

③ 다층으로 계획할 경우, 시야의 개방감을 적극적으로 고려하는 것이 좋다.

④ 중심상점들 사이의 몰의 길이는 150 m를 초과하지 않아야 하며, 길이 40~50 m마다 변화를 주는 것이 바람직하다.

> **해설** (1) 쇼핑 몰(mall) : 주 보행로와 코트(휴식공간)가 있는 상점가
> (2) 몰(보행로)의 계획 : 몰의 폭은 6~12 m 정도, 몰의 길이는 240 m 이내이고 길이 20~30 m마다 변화를 주는 것이 바람직하다.

2. 다음의 한국 근대건축 중 르네상스 양식을 취하고 있는 것은?

① 명동성당　　　② 한국은행

③ 덕수궁 정관헌　④ 서울 성공회성당

> **해설** ① 명동성당 : 고딕 양식
> ② 한국은행 본관 : 르네상스 양식
> ③ 덕수궁 정관헌 : 로마네스크 양식
> ④ 서울 성공회성당 : 로마네스크 양식

3. 백화점 매장에 에스컬레이터를 설치할 경우, 설치 위치로 가장 알맞은 곳은?

① 매장의 한쪽 측면

② 매장의 가장 깊은 곳

③ 백화점의 계단실 근처

④ 백화점의 주출입구와 엘리베이터 존의 중간

> **해설** 에스컬레이터는 백화점에서 가장 적합한 수송기로서 주출입구와 엘리베이터 중간에 위치하는 것이 가장 좋다.

4. 미술관의 전시 기법 중 전시 평면이 동일한 공간으로 연속되어 배치되는 전시 기법으로 동일 종류의 전시물을 반복 전시할 경우에 유리한 방식은?

① 디오라마 전시　② 파노라마 전시

③ 하모니카 전시　④ 아일랜드 전시

> **해설** 특수전시기법
> ① 디오라마 전시 : 전시물을 각종 장치(조명장치·스피커·프로젝터)로 부각시켜 현장감을 가장 실감나게 표현하는 방법
> ② 파노라마 전시 : 연속적인 주제를 선(線)적으로 관계성 깊게 표현하기 위하여 전경(全景)으로 펼치도록 연출하는 것으로 맥락이 중요시될 때 사용되는 전시 기법
> ④ 아일랜드 전시 : 사방에서 감상해야 할 필요가 있는 조각물이나 모형을 전시하기 위해 벽면에서 띄어 놓아 전시하는 기법

5. 미술관 전시공간의 순회형식 중 갤러리 및 코리도 형식에 관한 설명으로 옳은 것은?

① 복도의 일부를 전시장으로 사용할 수 있다.

② 전시실 중 하나의 실을 폐쇄하면 동선이 단절된다는 단점이 있다.

③ 중앙에 커다란 홀을 계획하고 그 홀에 접하여 전시실을 배치한 형식이다.

④ 이 형식을 채용한 대표적인 건축물로는 뉴욕 근대미술관과 프랭크 로이드 라이트의 구겐하임 미술관이 있다.

해설 갤러리(전시장) 및 코리도(복도) 형식은 복도의 한쪽에 연속된 전시실을 배치한 형식으로 복도의 일부를 전시장으로 사용할 수 있다.

6. 다음은 주택의 기준척도에 관한 설명이다. ( ) 안에 알맞은 것은?

> 거실 및 침실의 평면 각 변의 길이는 ( )를 단위로 한 것을 기준척도로 할 것

① 5 cm
② 10 cm
③ 15 cm
④ 30 cm

해설 주택의 기준척도 : 거실 및 침실의 평면 각 변의 길이는 5 cm를 단위로 한 것을 기준 척도로 할 것

7. 건축물의 에너지 절약을 위한 계획 내용으로 옳지 않은 것은?

① 공동주택은 인동간격을 넓게 하여 저층부의 일사 수열량을 증대시킨다.

② 건축물의 체적에 대한 외피면적의 비 또는 연면적에 대한 외피면적의 비는 가능한 크게 한다.

③ 건축물은 대지의 향, 일조 및 주풍향 등을 고려하여 배치하며, 남향 또는 남동향 배치를 한다.

④ 거실의 층고 및 반자높이는 실의 용도와 기능에 지장을 주지 않는 범위 내에서 가능한 낮게 한다.

해설 건축물의 체적에 대한 외피면적의 비 또는 연면적에 대한 외피면적의 비는 가능한 작게 한다.(외부환경에 적게 노출되어 에너지 절약을 할 수 있다.)

8. 종합병원의 외래진료부를 클로즈드 시스템(closed system)으로 계획할 경우 고려할 사항으로 가장 부적절한 것은?

① 1층에 두는 것이 좋다.

② 부속 진료시설을 인접하게 한다.

③ 약국, 회계 등은 정면 출입구 근처에 설치한다.

④ 외과 계통은 소진료실을 다수 설치하도록 한다.

해설 (1) 종합병원의 외래진료부 : 외부인과 병동부 환자가 진단 및 치료를 하는 장소
(2) 외과 계통은 진료를 쉽게 할 수 있도록 1실을 크게 하고, 내과 계통은 진료가 다양하므로 소진료실을 다수 설치한다.

9. 학교 건축계획에서 그림과 같은 평면 유형을 갖는 학교 운영 방식은?

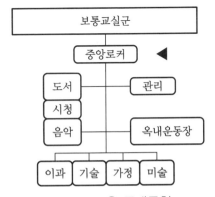

① 달톤형
② 플래툰형
③ 교과교실형
④ 종합교실형

해설 보통교실군(일반교실)과 이과·기술·가정·미술·음악교실(특별교실)로 구분되어 있으므로 플래툰형이다.

참고 학교 운영 방식

(1) 종합교실형(U형) : 모든 교과 수업이 하나의 교실에서 이루어진다(초등학교 저학년).

(2) 교과교실형(특별교실형 : V형) : 모든 교실이 특정한 교과를 위해 이용된다.

(3) 일반교실과 특별교실형(U+V형) : 한 학급당 일반교실이 하나씩 계획되고, 특별 교과에 맞추어 특별교실을 둔다.

(4) 일반교실과 특별교실형(U+V형)과 교과교실형(V형)의 중간 형태(E형) : 일반교실의 학급수가 다 채워지지 않는다.

(5) 플래툰형(P형) : 각 학급을 2분단으로 구분하여 한 분단은 보통교실, 다른 한 분단은 특별교실을 사용한다.

(6) 달톤형(D형) : 학년과 학급을 없애고 각자의 능력에 따라 교과를 선택하는 방식이다.

10. 건축계획단계에서의 조사방법에 관한 설명으로 옳지 않은 것은?

① 설문조사를 통하여 생활과 공간 간의 대응관계를 규명하는 것은 생활행동행위의 관찰에 해당된다.

② 이용 상황이 명확하게 기록되어 있는 시설의 자료 등을 활용하는 것은 기존 자료를 통한 조사에 해당된다.

③ 건물의 이용자를 대상으로 설문을 작성하여 조사하는 방식은 생활과 공간의 대응관계 분석에 유효하다.

④ 주거단지에서 어린이들의 행동특성을 조사하기 위해서는 생활행동행위관찰 방식이 일반적으로 적절하다.

해설 (1) 설문조사방식 : 건물 이용자를 대상으로 설문을 작성하여 생활과 공간 간의 대응관계를 규명하는 방식

(2) 생활행동행위관찰방식 : 어린이들의 행동 특성이나 건물 이용자의 생활을 관찰하여 생활과 공간 간의 대응 관계를 규명하는 방식

11. 사무소 건축의 코어 유형에 관한 설명으로 옳지 않은 것은?

① 편심코어형은 기준층 바닥면적이 작은 경우에 적합하다.

② 독립코어형은 코어를 업무공간에서 별도로 분리시킨 형식이다.

③ 중심코어형은 코어가 중앙에 위치한 유형으로 유효율이 높은 계획이 가능하다.

④ 양단코어형은 수직동선이 양 측면에 위치한 관계로 피난에 불리하다는 단점이 있다.

해설 양단코어형은 수직동선이 양 측면에 위치한 관계로 피난에 유리한 장점이 있다.

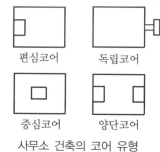

편심코어   독립코어

중심코어   양단코어

사무소 건축의 코어 유형

12. 공동주택의 단면 형식에 관한 설명으로 옳지 않은 것은?

① 트리플렉스형은 듀플렉스형보다 공용 면적이 크게 된다.

② 메조넷형에서 통로가 없는 층은 채광 및 통풍 확보가 양호하다.

③ 플랫형은 평면 구성의 제약이 적으며, 소규모의 평면계획도 가능하다.

④ 스킵 플로어형은 동일한 주거동에서 각

기 다른 모양의 세대 배치가 가능하다.

해설 공동주택의 단면 형식의 분류
(1) 플랫형(단층형) : 주거단위가 동일한 층에만 구성되는 형식으로 평면 구성의 제약이 적다.
(2) 메조넷형(복층형)
   • 통로가 없는 층은 채광·통풍·프라이버시 확보가 가능하다.
   • 트리플렉스형(3개층 복층형)은 듀플렉스형(2개층 복층형)보다 공용면적이 작게 된다.
(3) 스킵 플로어형
   • 경사지를 이용하여 주거단위 일부를 층을 지게 계획
   • 각기 다른 모양의 세대 배치 가능

13. 다음 중 사무소 건축에서 기준층 평면형태의 결정 요소와 가장 거리가 먼 것은?

① 동선상의 거리
② 구조상 스팬의 한도
③ 사무실 내의 책상 배치 방법
④ 덕트, 배선, 배관 등 설비시스템상의 한계

해설 사무실 내의 책상 배치 방법은 기둥간격 결정 요소이다.

참고 (1) 사무소 건축에서 기준층 평면형태의 결정 요소
   • 구조상 스팬(span)의 한도
   • 동선상의 거리
   • 덕트, 배선, 배관 등 설비시스템상의 한계
   • 방화구획상 면적
   • 대피상 최대 피난거리
   • 자연광에 의한 조명한계
(2) 사무소 건축의 기둥간격 결정요소
   • 구조 재료 및 공법
   • 책상 배치 단위
   • 주차 배치 단위
   • 채광상 층높이에 의한 안깊이

14. 극장건축의 음향계획에 관한 설명으로 옳지 않은 것은?

① 음향계획에 있어서 발코니의 계획은 될 수 있는 한 피하는 것이 좋다.
② 음의 반복 반사 현상을 피하기 위해 가급적 원형에 가까운 평면형으로 계획한다.
③ 무대에 가까운 벽은 반사체로 하고 멀어짐에 따라서 흡음재의 벽을 배치하는 것이 원칙이다.
④ 오디토리움 양쪽의 벽은 무대의 음을 반사에 의해 객석 뒷부분까지 이르도록 보강해 주는 역할을 한다.

해설 극장건축의 음향계획
① 발코니 계획은 배제하는 것이 좋다.
② 극장의 평면은 잔향이 생기는 원형·타원형은 피하고 부채꼴 형태가 바람직하다.
③ 무대에 가까운 벽은 반사체로 하고 멀어짐에 따라서 흡음재의 벽을 배치한다.
④ 오디토리움(객석)의 양쪽 벽은 반사체를 설치하여 음이 뒷부분까지 이르도록 한다.

15. 다음은 극장의 가시거리에 관한 설명이다. ( ) 안에 알맞은 것은?

연극 등을 감상하는 경우 연기자의 표정을 읽을 수 있는 가시한계는 (ⓐ)m 정도이다. 그러나 실제적으로 극장에서는 잘 보여야 되는 동시에 많은 관객을 수용해야 하므로 (ⓑ)m까지를 1차 허용한도로 한다.

① ⓐ 15, ⓑ 22
② ⓐ 20, ⓑ 35
③ ⓐ 22, ⓑ 35
④ ⓐ 22, ⓑ 38

해설 극장의 가시거리
(1) 연기자의 표정을 읽을 수 있는 가시한계 :

15 m

(2) 1차 허용한도 : 22 m(잘 보여야 되는 동시에 많은 관객을 수용)

16. 은행 건축계획에 관한 설명으로 옳지 않은 것은?

① 은행원과 고객의 출입구는 별도로 설치하는 것이 좋다.

② 영업실의 면적은 은행원 1인당 1.2 m²를 기준으로 한다.

③ 대규모의 은행일 경우 고객의 출입구는 되도록 1개소로 하는 것이 좋다.

④ 주출입구에 이중문을 설치할 경우, 바깥문은 바깥여닫이 또는 자재문으로 할 수 있다.

해설 은행의 영업실의 면적은 은행원 1인당 4~6 m² 정도를 기준으로 한다.

17. 주택법상 주택단지의 복리시설에 속하지 않는 것은?

① 경로당   ② 관리사무소
③ 어린이놀이터   ④ 주민운동시설

해설 (1) 복리시설 : 어린이놀이터, 근린생활시설, 유치원, 주민운동시설 및 경로당
(2) 부대시설 : 진입도로, 주차장, 관리사무소, 담장 및 주택단지 안의 도로, 조경시설 등

18. POE(post-occupancy evaluation)의 의미로 가장 알맞은 것은?

① 건축물 사용자를 찾는 것이다.

② 건축물을 사용해 본 후에 평가하는 것이다.

③ 건축물의 사용을 염두에 두고 계획하는 것이다.

④ 건축물 모형을 만들어 설계의 적정성

을 평가하는 것이다.

해설 POE : 건축물(공동주택 등)을 사용해 본 후 사용자들의 반응을 통해 문제점을 평가하여 다음 사업에 반영하는 체계

19. 공장 건축계획에 관한 설명으로 옳지 않은 것은?

① 기능식 레이아웃은 소종 다량생산이나 표준화가 쉬운 경우에 주로 적용된다.

② 공장의 지붕형식 중 톱날지붕은 균일한 조도를 얻을 수 있다는 장점이 있다.

③ 평면계획 시 관리 부분과 생산공정 부분을 구분하고 동선이 혼란되지 않게 한다.

④ 공장 건축의 형식에서 집중식(block type)은 건축비가 저렴하고, 공간효율도 좋다.

해설 기능식 레이아웃은 유사한 기계설비를 집합시켜 다종(여러 종류)의 소량생산이나 표준화 또는 예측생산이 어려운 경우에 적용하는 방식이다.

20. 다음 중 건축가와 작품의 연결이 옳지 않은 것은?

① 르 꼬르뷔지에(Le Corbusier)-롱샹 교회

② 월터 그로피우스(Walter Gropius)-아테네 미국대사관

③ 프랭크 로이드 라이트(Frank Lloyd Wright)-구겐하임 미술관

④ 미스 반 데르 로에(Mies Van der Rohe)-MIT 공대 기숙사

해설 (1) 미스 반 데르 로에 - 마천루(철과 유리의 고층건물) 계획안
(2) MIT(메사추세스 공대) 기숙사 - 스티븐 홀

정답 16. ②   17. ②   18. ②   19. ①   20. ④

제2과목 건축시공

21. 철근콘크리트 PC 기둥을 8 ton 트럭으로 운반하고자 한다. 차량 1대에 최대로 적재 가능한 PC 기둥의 수는? (단, PC 기둥의 단면 크기는 30 cm×60 cm, 길이는 3 m이다.)

① 1개   ② 2개
③ 4개   ④ 6개

해설 (1) 철근콘크리트 단위용적중량 : $2.4\,\text{t/m}^3$
    (2) 철근콘크리트 PC 기둥 1개의 중량
      $= 0.3\,\text{m} \times 0.6\,\text{m} \times 3\,\text{m} \times 2.4\,\text{t/m}^3$
      $= 1.296\,\text{t}$
    (3) PC 기둥의 개수 $= \dfrac{8\,\text{t}}{1.296\,\text{t}} = 6.17$
      ∴ 6개

22. 고력볼트 접합에 관한 설명으로 옳지 않은 것은?

① 현대건축물의 고층화, 대형화 추세에 따라 소음이 심한 리벳은 현재 거의 사용하지 않고 볼트접합과 용접접합이 대부분을 차지하고 있다.
② 토크시어형 고력볼트는 조여서 소정의 축력이 얻어지면 자동적으로 핀테일이 파단되는 구조로 되어 있다.
③ 고력볼트의 조임기구는 토크렌치와 임펙트렌치 등이 있다.
④ 고력볼트의 접합형태는 모두 마찰접합이며, 마찰접합은 하중이나 응력을 볼트가 직접 부담하는 형식이다.

해설 (1) 고력볼트의 접합에는 전단접합, 지압접합, 인장접합, 마찰접합 등의 여러 형태가 있다.
    (2) 마찰접합은 접합되는 철판의 마찰력에 의해 응력을 전달하는 접합되는 접합이다.

23. 다음 중 벽체 구조에 관한 설명으로 옳지 않은 것은?

① 목조 벽체를 수평력에 견디게 하고 안정한 구조로 하기 위해 귀잡이를 설치한다.
② 벽돌구조에서 각 층의 대린벽으로 구획된 각벽에 있어서 개구부의 폭의 합계는 그 벽의 길이의 2분의 1 이하로 하여야 한다.
③ 목조 벽체에서 샛기둥은 본기둥 사이에 벽체를 이루는 것으로서 가새의 옆휨을 막는 데 유효하다.
④ 너비 180 cm가 넘는 문꼴의 상부에는 철근콘크리트 인방보를 설치하고, 벽돌 벽면에서 내미는 창 또는 툇마루 등은 철골 또는 철근콘크리트로 보강한다.

해설 목조 벽체에서 수평력에 저항하기 위해서는 가새를 설치해야 한다.

24. 다음 중 합성수지에 관한 설명으로 옳지 않은 것은?

① 에폭시 수지는 접착제, 프린트 배선판 등에 사용된다.
② 염화비닐수지는 내후성이 있고, 수도관 등에 사용된다.
③ 아크릴 수지는 내약품성이 있고, 조명기구커버 등에 사용된다.
④ 페놀수지는 알칼리에 매우 강하고, 천장 채광판 등에 주로 사용된다.

해설 페놀수지
    (1) 페놀과 포름알데히드류의 축합반응에 의해서 생기는 열경화성 수지이다.
    (2) 페놀류는 석탄산이 주가 되므로 석탄산수지라고도 한다.
    (3) 전기절연재, 접착재, 주전자의 손잡이, 냄비의 손잡이 등에 사용된다.
    (4) 내열성·내산성·내수성·내용제성이 좋다.

(5) 산에는 강하고 알칼리에는 약하다.

※ 천장 채광판으로는 FRP 또는 메타크릴 등이 사용된다.

25. 타격에 의한 말뚝박기공법을 대체하는 저소음, 저진동의 말뚝공법에 해당되지 않는 것은?

① 압입 공법

② 사수(water jetting) 공법

③ 프리보링 공법

④ 바이브로 콤포저 공법

해설 바이브로 콤퍼저 공법은 모래를 물로 다짐하고 강관에 진동을 가하여 모래 말뚝을 구성하는 공법이다.

26. 스프레이 도장방법에 관한 설명으로 옳지 않은 것은?

① 도장거리는 스프레이 도장면에서 150 mm를 표준으로 하고 압력에 따라 가감한다.

② 스프레이할 때에는 매끈한 평면을 얻을 수 있도록 하고, 항상 평행이동하면서 운행의 한 줄마다 스프레이 너비의 1/3 정도를 겹쳐 뿜는다.

③ 각 회의 스프레이 방향은 전회의 방향에 직각으로 한다.

④ 에어레스 스프레이 도장은 1회 도장에 두꺼운 도막을 얻을 수 있고 짧은 시간에 넓은 면적을 도장할 수 있다.

해설 스프레이(spray : 뿜칠) 도장 시 도장면과 스프레이건(뿜칠총)의 도장거리는 300 mm를 표준으로 한다.

27. 콘크리트용 골재의 품질에 관한 설명으로 옳지 않은 것은?

① 골재는 청정, 견경하고 유해량의 먼지, 유기불순물이 포함되지 않아야 한다.

② 골재의 입형은 콘크리트의 유동성을 갖도록 한다.

③ 골재는 예각으로 된 것을 사용하도록 한다.

④ 골재의 강도는 콘크리트 내 경화한 시멘트 페이스트의 강도보다 커야 한다.

해설 콘크리트용 골재는 골재 사이의 공극을 작고 시공연도를 좋게 하기 위해 둥글거나 입방체인 것이 좋다. 예각으로 날카로운 것은 사용하지 않도록 한다.

28. 타일의 흡수율 크기의 대소관계로 옳은 것은?

① 석기질>도기질>자기질

② 도기질>석기질>자기질

③ 자기질>석기질>도기질

④ 석기질>자기질>도기질

해설 (1) 흡수율의 순서

←점토 성분이 많음   석재 성분이 많음→
도기>석기>자기

(2) 도기 : 주로 벽, 자기 : 바닥

29. 공사계약제도 중 공사관리방식(CM)의 단계별 업무 내용 중 비용의 분석 및 VE 기법의 도입 시 가장 효과적인 단계는?

① pre-design 단계

② design 단계

③ pre-construction 단계

④ construction 단계

해설 설계단계(design phase)에서는 원가를 절감하여 예산을 결정해야 하므로 비용 분석 및 VE 기법(가치공학) 도입을 해서 설계 완성을 해야 한다.

30. 창면적이 클 때에는 스틸바(steel bar)만으로는 부족하고, 또한 여닫을 때의 진동으로 유리가 파손될 우려가 있으므로 이것을 보강하고 외관을 꾸미기 위하여 강판을 중공형으로 접어 가로 또는 세로로 대는 것을 무엇이라 하는가?

① mullion   ② ventilator
③ gallery   ④ pivot

해설 멀리온(mullion) 구조
(1) 창면적이 클 때 사용한다.
(2) 강판을 중공형으로 접어 가로 또는 세로로 대어 설치한다.
(3) 창문을 여닫을 때 진동에 의한 파손을 막을 수 있다.

31. 기술제안입찰제도의 특징에 관한 설명으로 옳지 않은 것은?

① 공사비 절감 방안의 제안은 불가하다.
② 기술제안서 작성에 추가비용이 발생된다.
③ 제안된 기술의 지적재산권 인정이 미흡하다.
④ 원안 설계에 대한 공법, 품질 확보 등이 핵심 제안요소이다.

해설 기술제안입찰제도 : 입찰자가 발주기관이 교부한 설계서 등을 검토한 후 공사비 절감, 공기 단축, 공사 관리 등을 제안하여 입찰하는 방식

32. 신축할 건축물의 높이의 기준이 되는 주요 가설물로 이동의 위험이 없는 인근 건물의 벽 또는 담장에 설치하는 것은?

① 줄띄우기   ② 벤치마크
③ 규준틀   ④ 수평보기

해설 기준점(벤치 마크 : bench mark)
(1) 건축물의 높이의 기준이 되는 주요 가설물

(2) 이동할 염려가 없는 인근 건물의 벽 또는 담장 등에 설치

33. 네트워크 공정표에서 작업의 상호관계만을 도시하기 위하여 사용하는 화살선을 무엇이라 하는가?

① event
② dummy
③ activity
④ critical path

해설 네트워크 공정표

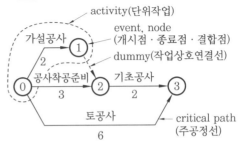

34. 목공사에 사용되는 철물에 관한 설명으로 옳지 않은 것은?

① 감잡이쇠는 큰 보에 걸쳐 작은 보를 받게 하고, 안장쇠는 평보를 대공에 달아매는 경우 또는 평보와 ㅅ자보의 밑에 쓰인다.
② 못의 길이는 박아대는 재두께의 2.5배 이상이며, 마구리 등에 박는 것은 3.0배 이상으로 한다.
③ 볼트 구멍은 볼트지름보다 3 mm 이상 커서는 안 된다.
④ 듀벨은 볼트와 같이 사용하여 듀벨에는 전단력, 볼트에는 인장력을 분담시킨다.

해설 (1) 감잡이쇠
• 평보+왕대공, 토대+기둥의 연결재
• ㄷ형 띠쇠

정답 **30.** ①   **31.** ①   **32.** ②   **33.** ②   **34.** ①

(2) 안장쇠 : 큰 보에 작은 보를 연결할 때 사용하는 철물

35. 보통 포틀랜드시멘트 경화체의 성질에 관한 설명으로 옳지 않은 것은?
① 응결과 경화는 수화반응에 의해 진행된다.
② 경화체의 모세관수가 소실되면 모세관 장력이 작용하여 건조수축을 일으킨다.
③ 모세관 공극은 물시멘트비가 커지면 감소한다.
④ 모세관 공극에 있는 수분은 동결하면 팽창되고 이에 의해 내부압이 발생하여 경화체의 파괴를 초래한다.

해설 (1) 모세관 공극(capillary cavity) : 블리딩 현상에 의해 떠오르는 물이 증발되고 경화된 공극
(2) 모세관 공극은 물시멘트비(w/c)가 커지면 물이 많아지므로 증가한다.

36. 콘크리트 블록벽체 2 m²를 쌓는 데 소요되는 콘크리트 블록 장수로 옳은 것은? (단, 블록은 기본형이며, 할증은 고려하지 않음)
① 26장　② 30장
③ 34장　④ 38장

해설 (1) 블록 크기별 소요량

구분	깊이	높이	두께	벽면적 1 m² 소요량
기본형 블록	390	190	210 190 150 100	13매
장려형 블록	290	190	190 150 100	17매

37. 얇은 강판에 동일한 간격으로 펀칭하고 잡아늘려 그물처럼 만든 것으로 천장, 벽, 처마둘레 등의 미장바탕에 사용하는 재료로 옳은 것은?
① 와이어라스(wire lath)
② 메탈라스(metal lath)
③ 와이어메시(wire mesh)
④ 펀칭메탈(punching metal)

해설 (1) 미장바름 바탕에 사용하는 철망
㉮ 와이어라스(wire lath) : 철선을 꼬아 만든 것으로 벽바름 바탕에 주로 사용
㉯ 메탈라스(metal lath) : 얇은 철판에 동일한 간격으로 펀칭을 하고 잡아 당겨늘려 그물처럼 만든 것으로 주로 천장 등의 미장 바름 바탕에 사용
㉰ 리브라스(rib lath) : 철망을 리브 형태로 한 것으로 양면 미장 모로타르 바름에 사용
(2) 와이어메시(wire mesh) : 철선을 직각으로 용접한 철망으로서 무근콘크리트 보강용 등으로 사용된다.
(3) 펀칭메탈(punching metal) : 얇은 철판을 각종 모양으로 도려낸 것으로 환기공, 라디에이터 커버 등에 이용된다.

38. 돌로마이트 플라스터 바름에 관한 설명으로 옳지 않은 것은?
① 실내온도가 5℃ 이하일 때는 공사를 중단하거나 난방하여 5℃ 이상으로 유지한다.
② 정벌바름용 반죽은 물과 혼합한 후 4시간 정도 지난 다음 사용하는 것이 바람직하다.

③ 초벌바름에 균열이 없을 때에는 고름질한 후 7일 이상 두어 고름질면의 건조를 기다린 후 균열이 발생하지 아니함을 확인한 다음 재벌바름을 실시한다.

④ 재벌바름이 지나치게 건조한 때는 적당히 물을 뿌리고 정벌바름한다.

> **해설** 돌로마이트 플라스터
>
> (1) 돌로마이트 석회+시멘트+모래+여물에 물반죽하여 사용하고, 정벌바름에서는 시멘트와 모래는 사용하지 않는다.
>
> (2) 기경성이며, 점성은 좋으나 균열 발생이 크다.
>
> (3) 통풍이 적은 지하실은 적당하지 않다.
>
> (4) 정벌바름용 반죽은 물과 혼합한 후 12시간 정도 지난 다음 사용한다.

39. 조적식 구조의 기초에 관한 설명으로 옳지 않은 것은?

① 내력벽의 기초는 연속기초로 한다.

② 기초판은 철근콘크리트 구조로 할 수 있다.

③ 기초판은 무근콘크리트 구조로 할 수 있다.

④ 기초벽의 두께는 최하층의 벽체 두께와 같게 하되, 250 mm 이하로 하여야 한다.

> **해설** 조적식 구조의 기초벽의 두께는 최하층 벽두께 이상으로 하되 250 mm 이상으로 해야 한다.

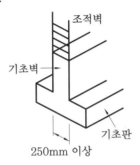

40. 다음과 같은 원인으로 인하여 발생하는 용접결함의 종류는?

> 원인 : 도료, 녹, 밀 스케일, 모재의 수분

① 피트
② 언더컷
③ 오버랩
④ 엔드탭

> **해설** (1) 밀 스케일(mill scale : 흑피) : 산화물의 피막
>
> (2) 피트(pit)
>
> ㉮ 피트 : 용접결함 중 용접 표면에 생기는 흠집
>
> ㉯ 발생원인 : 모재에 탄소, 망간 등의 합금원소가 많을 때, 습기가 많거나 기름, 녹, 페인트가 묻을 때

제3과목 **건축구조**

41. 그림과 같은 단면을 가진 압축재에서 유효좌굴길이 $KL = 250$ mm일 때 Euler의 좌굴하중 값은 얼마인가? (단, $E = 210,000$ MPa이다.)

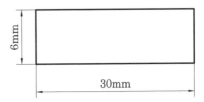

① 17.9 kN
② 43.0 kN
③ 52.9 kN
④ 64.7 kN

> **해설** 오일러(Euler)의 좌굴하중 $P_{cr} = \dfrac{\pi^2 EI}{(KL)^2}$
>
> 여기서, K : 유효좌굴계수
>
> E : 탄성계수
>
> I : 단면 2차 모멘트(약축)
>
> L : 부재의 길이

$$P_{cr} = \cfrac{\pi^2 \times 210{,}000\,\text{N/mm}^2 \times \cfrac{30\,\text{mm} \times (6\,\text{mm})^3}{12}}{(250\,\text{mm})^2}$$
$$= 17{,}907.41\,\text{N} = 17.907\,\text{kN}$$

유효좌굴계수(K)

양단고정	일단고정 타단힌지	양단힌지	일단고정 타단자유
$K=0.5$	$K=0.7$	$K=1.0$	$K=2.0$

42. 다음 부정정 구조물에서 B점의 반력을 구하면?

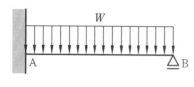

① $\dfrac{1}{8}wL$ ② $\dfrac{3}{8}wL$

③ $\dfrac{5}{8}wL$ ④ $\dfrac{7}{8}wL$

해설 변형일치법

B점은 하중에 의해서 변형되지 않았으므로
$\delta_1 + \delta_2 = 0$

$$\frac{wL^4}{8EI} - \frac{R_B L^3}{3EI} = 0$$

$$\therefore R_B = \frac{3wL}{8}$$

43. 다음 중 강구조에 관한 설명으로 옳지 않은 것은?
① 장스팬의 구조물이나 고층 구조물에 적합하다.
② 재료가 불에 타지 않기 때문에 내화성

이 크다.
③ 강재는 다른 구조 재료에 비하여 균질도가 높다.
④ 단면에 비하여 부재길이가 비교적 길고 두께가 얇아 좌굴하기 쉽다.

해설 강구조는 불에 타지 않으나 고열에 견디지 못하므로 비내화적이다.

44. 부하면적 36 m²인 콘크리트 기둥의 영향면적에 따른 활하중저감계수(C)로 옳은 것은? (단, $C = 0.3 + \dfrac{4.2}{\sqrt{A}}$, A는 영향면적)
① 0.25 ② 0.45
③ 0.65 ④ 1

해설 (1) 지붕활하중을 제외한 등분포활하중은 부재의 영향면적이 36 m² 이상인 경우 활하중저감계수 C를 곱하여 저감할 수 있다.

$$C = 0.3 + \frac{4.2}{\sqrt{A}}$$

(2) 영향면적은 기둥 및 기초에서는 부하면적의 4배, 보 또는 벽체에서는 부하면적의 2배, 슬래브에서는 부하면적을 적용한다.

$$\therefore C = 0.3 + \frac{4.2}{\sqrt{A}}$$
$$= 0.3 + \frac{4.2}{\sqrt{36 \times 4}} = 0.65$$

45. 철근콘크리트 단근보에서 균형철근비를 계산한 결과 $\rho_b = 0.039$이었다. 최대 철근비는? (단, $E = 200{,}000$ MPa, $f_y = 400$ MPa, $f_{ck} = 24$ MPa)
① 0.01863 ② 0.02256
③ 0.02607 ④ 0.02831

해설 휨부재의 최대 철근비(ρ_{max})는 순인장변형률(ε_t)이 최소허용변형률 $[0.004,\ 2.0\varepsilon_y]_{max}$ 이상이 되도록 해야 한다.

$$\rho_{\max} = \left(\frac{\varepsilon_{cu} + \varepsilon_y}{\varepsilon_{cu} + \varepsilon_{t\min}} \right) \rho_b$$
$$= \left(\frac{0.0033 + 0.002}{0.0033 + 0.004} \right) \times 0.039$$
$$= 0.726 \times 0.039 = 0.02831$$

46. 철골트러스의 특성에 관한 설명으로 옳지 않은 것은?

① 직선 부재들이 삼각형의 형태로 구성되어 안정적인 거동을 한다.

② 트러스의 개방된 웨브공간으로 전기배선이나 덕트 등과 같은 설비배관의 통과가 가능하다.

③ 부정정차수가 낮은 트러스의 경우에는 일부 부재나 접합부의 파괴가 트러스의 붕괴를 야기할 수 있다.

④ 직선 부재로만 구성되기 때문에 비정형 건축물의 구조체에는 적용되지 않는다.

해설 철골트러스는 비정형 건축물의 구조체에도 적용 가능하다.

47. 스터럽으로 보강된 휨부재의 최외단 인장철근의 순인장변형률 ε_t가 0.004일 경우 강도감소계수 ϕ로 옳은 것은? (단, $f_y =$ 400MPa)

① 0.65　　　　② 0.717

③ 0.783　　　　④ 0.817

해설 휨부재로서 나선철근이 아닌 경우 최외단 인장철근의 순인장변형률(ε_t)은 다음과 같다.

$\varepsilon_y = 0.002 < \varepsilon_t < 0.005$ 이고

SD400($f_y = 400$MPa) 이하일 때

강도감소계수 ϕ

$$= 0.65 + (\varepsilon_t - 0.002) \times \frac{0.2}{0.03}$$

$$\therefore \phi = 0.65 + (\varepsilon_t - 0.002) \times \frac{0.2}{0.03}$$

$$= 0.65 + (0.004 - 0.002) \times \frac{0.2}{0.03}$$
$$= 0.783$$

48. 다음 중 지진에 의하여 발생되는 현상이 아닌 것은?

① 동상현상　　　② 해일

③ 지반의 액상화　④ 단층의 이동

해설 (1) 동상현상 : 0℃ 이하의 날씨에 흙 속의 간극수가 얼어 지표면으로 융기하는 현상(지진에 의해 발생하는 것이 아니고 대기의 기온이 내려가는 경우 발생한다.)

(2) 해일 : 해저의 지각변동 등으로 바닷물이 육지로 넘쳐 들어오는 현상

(3) 지반의 액상화 : 사질 지반 하부에 지하수가 있는 경우 지진에 의해서 지하수가 지표면으로 분출하여 사질 지반이 액상화되는 현상

(4) 단층의 이동 : 암층이나 암괴가 지진에 의해 어떤 면을 따라 움직여서 불연속성이 되는 현상

49. 다음 중 온통기초에 관한 설명으로 옳지 않은 것은?

① 연약지반에 주로 사용된다.

② 독립기초에 비하여 구조해석 및 설계가 매우 단순하다.

③ 부동침하에 대하여 유리하다.

④ 지하수가 높은 지반에서도 유효한 기초방식이다.

해설 온통기초는 건축물의 하부 전체를 기초판으로 설계하는 방식으로 독립기초에 비하여 구조해석 및 설계가 매우 복잡하다.

50. 강도설계법에서 철근콘크리트 부재 중 콘크리트의 공칭전단강도(V_c)가 40 kN, 전

단철근에 의한 공칭전단강도(V_s)가 20 kN 일 때, 이 부재의 설계전단강도(ϕV_n)는? (단, 강도감소계수는 0.75 적용)

① 60 kN   ② 48 kN

③ 52 kN   ④ 45 kN

해설 (1) $V_u \leq \phi V_n = \phi(V_c + V_s)$

여기서, V_u : 소요강도(계수강도)

ϕ : 강도감소계수

V_n : 공칭강도

V_c : 콘크리트의 공칭전단강도

V_s : 전단철근의 공칭전단강도

(2) 설계전단강도(ϕV_n)

$= \phi(V_c + V_s) = 0.75 \times (40 + 20)$

$= 45 \, \text{kN}$

51. 인장이형철근 및 압축이형철근의 정착길이(l_d)에 관한 기준으로 옳지 않은 것은? (단, KDS 기준)

① 계산에 의하여 산정한 인장이형철근의 정착길이는 항상 200 mm 이상이어야 한다.

② 계산에 의하여 산정한 압축이형철근의 정착길이는 항상 200 mm 이상이어야 한다.

③ 인장 또는 압축을 받는 하나의 다발철근 내에 있는 개개 철근의 정착길이 l_d 는 다발철근이 아닌 경우의 각 철근의 정착길이보다 3개의 철근으로 구성된 다발철근에 대해서는 20 %를 증가시켜야 한다.

④ 단부에 표준갈고리가 있는 인장이형철근의 정착길이는 항상 $8d_b$ 이상, 또한 150 mm 이상이어야 한다.

해설 인장이형철근

(1) 정착길이(l_d)

= 기본정착길이(l_{db}) × 보정계수 ≥ 300 mm

→ 인장이형철근의 정착길이는 항상 300 mm 이상이어야 한다.

(2) 기본정착길이(l_{db}) = $\dfrac{0.6 d_b f_y}{\lambda \sqrt{f_{ck}}}$

여기서, d_b : 철근의 공칭지름

f_y : 철근의 항복강도

λ : 경량콘크리트계수

f_{ck} : 콘크리트의 설계기준강도

52. 보의 유효깊이 $d = 550$ mm, 보의 폭 $b_w = 30$ mm인 보에서 스터럽이 부담할 전단력 $V_s = 200$ kN일 경우, 적용 가능한 수직 스터럽의 간격으로 옳은 것은? (단, $A_v = 142$ mm², $f_{yt} = 400$ MPa, $f_{ck} = 24$ MPa)

① 150 mm   ② 180 mm

③ 200 mm   ④ 250 mm

해설 수직 스터럽(stirrup) 철근의 간격(S)

$= \dfrac{A_v f_{yt} d}{V_s} = \dfrac{142 \, \text{mm}^2 \times 400 \, \text{MPa} \times 550 \, \text{mm}}{200 \times 10^3 \, \text{N}}$

$= 156.2 \, \text{mm}$

여기서, V_s : 전단철근이 부담하는 전단강도

A_v : 거리 S 사이의 전단철근의 단면적

f_{yt} : 전단철근의 설계기준항복강도

d : 보의 유효깊이

53. 그림과 같은 내민보에 집중하중이 작용할 때 A점의 처짐각 θ_A를 구하면?

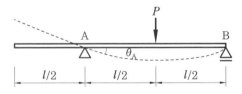

① $\dfrac{Pl^2}{4EI}$ 　② $\dfrac{Pl^2}{16EI}$

③ $\dfrac{Pl^2}{128EI}$ 　④ $\dfrac{Pl^2}{256EI}$

해설 내민보에 하중이 없으므로 AB 구간의 처짐각은 단순보로 풀이한다.

$$\theta_A = \frac{Pl^2}{16EI}$$

54. 그림과 같은 기둥단면이 300 mm×300 mm인 사각형 단주에서 기둥에 발생하는 최대 압축응력은? (단, 부재의 재질은 균등한 것으로 본다.)

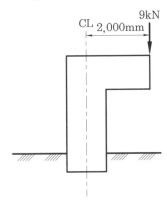

① −2.0 MPa 　② −2.6 MPa

③ −3.1 MPa 　④ −4.1 MPa

해설 기둥의 응력 $\sigma = -\dfrac{N}{A} \pm \dfrac{M}{Z}$

최대 응력 $\sigma_{\max} = -\dfrac{N}{A} - \dfrac{M}{Z}$

$$= -\frac{9,000}{300 \times 300} - \frac{9,000 \times 2,000}{\dfrac{300 \times 300^2}{6}}$$

$$= -4.1\,\text{N/mm}^2(\text{MPa})$$

55. 그림과 같은 부정정 라멘의 B.M.D에서 P값을 구하면?

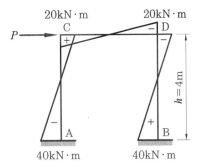

① 20 kN 　② 30 kN

③ 50 kN 　④ 60 kN

해설 층방정식 힘의 평형조건식에서

$$Ph + M_{CA} + M_{AC} + M_{DB} + M_{BD} = 0$$

$$P = \frac{M_{CA} + M_{AC} + M_{DB} + M_{BD}}{h}$$

$$= \frac{20\,\text{kN·m} + 40\,\text{kN·m} + 20\,\text{kN·m} + 40\,\text{kN·m}}{4\,\text{m}}$$

$$= 30\,\text{kN}$$

56. 철골보의 처짐을 적게 하는 방법으로 가장 적절한 것은?

① 보의 길이를 길게 한다.

② 웨브의 단면적을 작게 한다.

③ 상부 플랜지의 두께를 줄인다.

④ 단면 2차 모멘트 값을 크게 한다.

해설 단순보의 중앙지점에 집중하중이 작용하는 경우 하중, 길이를 작게 하거나 탄성계수, 단면 2차 모멘트를 크게 할수록 처짐을 적게 할 수 있다.

57. 과도한 처짐에 의해 손상되기 쉬운 비구조 요소를 지지 또는 부착하지 않은 바닥구조의 활하중 L에 의한 순간처짐의 한계는?

① $\dfrac{l}{180}$ 　② $\dfrac{l}{240}$

③ $\dfrac{l}{360}$ 　④ $\dfrac{l}{480}$

정답 54. ④　55. ②　56. ④　57. ③

해설 활하중 L에 의한 순간처짐의 한계

(1) 과도한 처짐에 의해 손상되기 쉬운 비구조 요소를 지지 또는 부착하지 않은 평지붕구조 : $\dfrac{l}{180}$

(2) 과도한 처짐에 의해 손상되기 쉬운 비구조 요소를 지지 또는 부착하지 않은 바닥구조 : $\dfrac{l}{360}$

---

58. 다음 그림과 같은 중공형 단면에 대한 단면 2차 반경 r_x는?

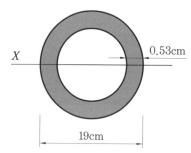

① 3.21 cm
② 4.62 cm
③ 6.53 cm
④ 7.34 cm

해설 (1) 중공형 단면의 단면적

$$\frac{\pi D^2}{4} - \frac{\pi d^2}{4} = \frac{\pi \times 19^2}{4} - \frac{\pi \times 17.94^2}{4}$$
$$= 30.75 \, \text{cm}^2$$

(2) 중공형 단면의 단면 2차 모멘트(I_x)

$$I_x = I_{x1} - I_{x2}$$
$$= \frac{\pi D^4}{64} - \frac{\pi d^4}{64} = \frac{\pi \times 19^4}{64} - \frac{\pi \times 17.94^4}{64}$$
$$= 1{,}312.48 \, \text{cm}^4$$

(3) 중공형 단면의 단면 2차 회전반경

$$i_x = \sqrt{\frac{I_x}{A}} = \sqrt{\frac{1{,}312.48}{30.75}} = 6.53 \, \text{cm}$$

---

59. 철근콘크리트 T형보의 유효폭 산정식에 관련된 사항과 거리가 먼 것은?

① 보의 폭
② 슬래브 중심간 거리
③ 슬래브의 두께
④ 보의 춤

해설 T형보의 유효폭 b_e(다음 중 작은 값)

(1) $16t + b$ (t : 슬래브 두께, b : 보의 너비)
(2) 양측 슬래브 중심간 거리
(3) 보의 경간의 $\dfrac{1}{4}$

---

60. 다음 그림과 같은 라멘의 부정정 차수는?

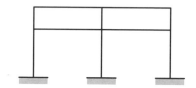

① 6차 부정정
② 8차 부정정
③ 10차 부정정
④ 12차 부정정

해설 $m = n + s + r - 2k$
$$= 9 + 10 + 11 - 2 \times 9 = 12$$
여기서, n : 반력수
s : 부재수
r : 강철점수
k : 절점수
∴ 12차 부정정 구조물

제4과목 **건축설비**

61. 다음의 어떤 수조면의 일사량을 나타낸 값 중 그 값이 가장 큰 것은?

① 전천일사량
② 확산일사량
③ 천공일사량
④ 반사일사량

해설 (1) 직달일사 : 대기를 통과하여 직접 지표에 도달하는 태양의 복사열
(2) 확산일사 : 수평면이 태양과의 입체 각도

이외로부터 받는 일사, 대기 중의 산란, 지형·지물의 반사에 의한 일사
(3) 전천일사 : 수평면에 입사하는 직달일사와 확산일사를 합친 것으로 수조면의 일사량을 나타낸 값 중 가장 크다.

62. 다음 중 사이펀식 트랩에 속하지 않는 것은 어느 것인가?

① P트랩   ② S트랩
③ U트랩   ④ 드럼트랩

해설 (1) 사이펀(syphon) : 액체를 높은 곳에서 흡입한 후 낮은 곳으로 흐르게 하는 곡관
(2) 드럼트랩은 드럼 모양의 주방용 싱크대에 사용하는 비사이펀식 트랩이다.

63. 다음의 간선 배전방식 중 분전반에서 사고가 발생했을 때 그 파급 범위가 가장 좁은 것은?

① 평행식
② 방사선식
③ 나뭇가지식
④ 나뭇가지 평행식

해설 (1) 간선의 배전방식
㉮ 나뭇가지방식(수지상식) : 배전반에서 하나의 간선으로 여러 분전반을 연결
㉯ 개별방식(평행식) : 배전반에서 각 분전반에 간선으로 배선
㉰ 병용식(나뭇가지방식, 개별방식 병용) : 배전반에서 각 부하에 배선하는 방식

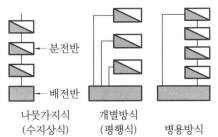

나뭇가지식   개별방식   병용방식
(수지상식)   (평행식)

(2) 개별배전방식 이외의 방식은 분전반 위에 다른 분전반이 연결되어 있으므로 분전반에서 사고가 나면 다른 분전반에 파급된다.

64. 수도직결방식의 급수방식에서 수도 본관으로부터 8 m 높이에 위치한 기구의 소요 압이 70 kPa이고 배관의 마찰손실이 20 kPa인 경우, 이 기구에 급수하기 위해 필요한 수도 본관의 최소 압력은?

① 약 90 kPa
② 약 98 kPa
③ 약 170 kPa
④ 약 210 kPa

해설 수도직결방식에서 수도 본관의 최소 압력
$$P \geq P_1 + P_2 + 10h$$
여기서, P_1 : 기구별 소요압력(kPa)
P_2 : 마찰손실수두(kPa)
h : 수도 본관에서 급수기구까지의 높이(m)
수두 10 m ≒ 1 kg/cm² = 100 kPa(kN/m²)
수두 1 m = 10 kPa
∴ $P = P_1 + P_2 + 10h$
$= 70 + 20 + 10 \times 8 = 170 \, kPa$

65. 다음 중 급탕설비에 관한 설명으로 옳지 않은 것은?

① 냉수, 온수를 혼합 사용해도 압력차에 의한 온도변화가 없도록 한다.
② 배관은 적정한 압력손실 상태에서 피크 시를 충족시킬 수 있어야 한다.
③ 도피관에는 압력을 도피시킬 수 있도록 밸브를 설치하고 배수는 직접배수로 한다.
④ 밀폐형 급탕시스템에는 온도 상승에 의한 압력을 도피시킬 수 있는 팽창탱크 등의 장치를 설치한다.

해설 급탕설비에서 도피관(팽창관)은 온수의 체적 팽창을 높은 곳의 팽창탱크로 유도하는 관(안전장치)으로서 도피관에는 밸브를 설치하지 않는다.

66. 조명설비에서 눈부심에 관한 설명으로 옳지 않은 것은?

① 광원의 크기가 클수록 눈부심이 강하다.
② 광원의 휘도가 작을수록 눈부심이 강하다.
③ 광원이 시선에 가까울수록 눈부심이 강하다.
④ 배경이 어둡고 눈이 암순응될수록 눈부심이 강하다.

해설 (1) 휘도(눈부심 정도) : 빛이 반사되는 면의 밝기
(2) 휘도가 클수록 눈부심이 강하다.

67. 흡음 및 차음에 관한 설명으로 옳지 않은 것은?

① 벽의 차음 성능은 투과손실이 클수록 높다.
② 차음 성능이 높은 재료는 흡음 성능도 높다.
③ 벽의 차음 성능은 사용재료의 면밀도에 크게 영향을 받는다.
④ 벽의 차음 성능은 동일 재료에서도 두께와 시공법에 따라 다르다.

해설 (1) 음향투과손실은 투과율의 역수이다.
(2) 벽의 차음 성능은 투과손실이 클수록 높다.
(3) 차음 성능이 좋은 재료는 흡음 성능이 낮다.
(4) 면밀도
  ㉮ 평판상 단위면적당 질량
  ㉯ 면밀도가 크면 투과손실이 커지므로 차음 성능이 증가한다.

68. 다음 중 통기방식에 관한 설명으로 옳지 않은 것은?

① 신정통기방식에서는 통기수직관을 설치하지 않는다.
② 루프통기방식은 각 기구의 트랩마다 통기관을 설치하고 각각을 통기수평지관에 연결하는 방식이다.
③ 신정통기방식은 배수수직관의 상부를 연장하여 신정통기관으로 사용하는 방식으로, 대기 중에 개구한다.
④ 각개통기방식은 트랩마다 통기되기 때문에 가장 안정도가 높은 방식으로, 자기사이펀작용의 방지에도 효과가 있다.

해설 (1) 통기관 : 배수관 등에 설치하여 대기에 개방하게 되어 배수의 흐름을 원활하게 함
(2) 트랩마다 통기관을 수직으로 설치하고, 각각을 통기수평지관에 연결하는 방식은 각개통기방식이다.
(3) 각개통기방식은 가장 안정도가 높은 방식으로 자기사이펀작용의 방지 효과도 있다.
(4) 자기사이펀작용 : S트랩 이외의 수직 배수관에 만수가 되는 경우 S트랩의 봉수가 파괴되는 현상

69. 다음 중 방송공동수신설비의 구성기기에 속하지 않는 것은?

① 혼합기
② 모시계
③ 컨버터
④ 증폭기

해설 (1) 방송공동수신설비 : 공동주택(아파트·연립주택)에서 텔레비전 방송·위성방송·라디오방송·종합유선방송을 공동으로 수신할 수 있도록 하는 설비
(2) 구성기기 : 안테나·혼합기(mixer)·컨버터·증폭기·전송선

정답 66. ② 67. ② 68. ② 69. ②

70. 다음과 같은 조건에서 2,000명을 수용하는 극장의 실온을 20℃로 유지하기 위한 필요 환기량은?

- 외기온도 : 10℃
- 1인당 발열량(현열) : 60 W
- 공기의 정압비열 : 1.01 kJ/kg·K
- 공기의 밀도 : 1.2 kg/m³
- 전등 및 기타 부하는 무시한다.

① 11,110 m³/h ② 21,222 m³/h
③ 30,444 m³/h ④ 35,644 m³/h

해설 (1) 발열량(현열부하)

$1W = 1 J/s = 3.6 kJ/h$

2,000명 발열량 $= 2,000 \times 60 \times 3.6 kJ/h$
$= 432,000 kJ/h$

(2) 필요 환기량(m³/h)

$$= \frac{\text{현열부하}}{\text{밀도} \times \text{비열} \times \text{온도차}}$$

$$= \frac{432,000 kJ/h}{1.2 kg/m^3 \times 1.01 kJ/kg \cdot K \times 10℃}$$

$$= 35,644 m^3/h$$

71. 다음 중 조명률에 영향을 끼치는 요소와 가장 거리가 먼 것은?

① 광원의 높이
② 마감재의 반사율
③ 조명기구의 배광방식
④ 글레어(glare)의 크기

해설 (1) 조명률 : 조명기구에서 나오는 광속 중 대상면에 비치는 비율
(2) 조명률에 영향을 미치는 요인
  ㉮ 광원의 높이
  ㉯ 마감재의 반사율
  ㉰ 조명기구의 배광방식
(3) 글레어(glare) : 조명도가 고르지 못해 대상을 잘 볼 수 없거나 잠시 보지 못하게 되는 현상

72. 공조방식 중 팬코일 유닛방식에 관한 설명으로 옳지 않은 것은?

① 유닛의 개별제어가 용이하다.
② 수배관이 없어 누수의 우려가 없다.
③ 덕트 샤프트나 스페이스가 필요 없다.
④ 덕트방식에 비해 유닛의 위치변경이 용이하다.

해설 팬코일 유닛방식 : 각 실에 팬코일을 설치하고 기계실 또는 보일러실에서 배관을 통하여 팬코일에 냉온수를 보내는 방식
(1) 팬코일을 각 실에 배치할 수 있어 개별제어가 쉽다.
(2) 수배관을 설치해야 하므로 배관의 이음부에 의해서 누수가 생길 수 있다.
(3) 덕트 샤프트나 스페이스가 필요 없다.
(4) 팬코일 유닛을 내부에 배관되어 있는 위치에 배치할 수 있으므로 팬코일 유닛의 위치변경이 쉽다.

73. 길이 20 m, 지름 400 mm의 덕트에 평균속도 12 m/s로 공기가 흐를 때 발생하는 마찰저항은? (단, 덕트의 마찰저항계수는 0.02, 공기의 밀도는 1.2 kg/m³이다.)

① 7.3 Pa ② 8.6 Pa
③ 73.2 Pa ④ 86.4 Pa

해설 직관 덕트의 마찰저항

$$\Delta p = f \cdot \frac{L}{d} \cdot \frac{V^2}{2} \cdot \rho [Pa]$$

여기서, f : 마찰계수
  L : 덕트의 길이(m)
  d : 덕트의 지름(m)
  V : 공기의 평균속도(m/s)
  ρ : 공기의 밀도(kg/m³)

$$\therefore \Delta p = 0.02 \times \frac{20 m}{0.4 m}$$

$$\times \frac{(12 m/s)^2}{2} \times 1.2 kg/m^3$$

$$= 86.4 Pa$$

74. 다음의 냉동기 중 기계적 에너지가 아닌 열에너지에 의해 냉동효과를 얻는 것은?

① 원심식 냉동기

② 흡수식 냉동기

③ 스크루식 냉동기

④ 왕복동식 냉동기

해설 냉동기의 구분

(1) 압축식 냉동기

• 순서 : 압축기 → 응축기 → 팽창밸브 → 증발기

• 냉동효과 : 기계적 에너지

• 종류 : 왕복식, 원심식(터보식), 회전식

(2) 흡수식 냉동기

• 순서 : 증발기 → 흡수기 → 재생기 → 응축기

• 냉동효과 : 열에너지

75. 전기설비의 전압구분에서 저압 기준으로 옳은 것은?

① 교류 300 V 이하, 직류 600 V 이하

② 교류 600 V 이하, 직류 600 V 이하

③ 교류 1,000 V 이하, 직류 1,500 V 이하

④ 교류 750 V 이하, 직류 750 V 이하

해설

구분	교류(AC)	직류(DC)
저압	1,000 V 이하	1,500 V 이하
고압	1,000 V 초과 7,000 V 이하	1,500 V 초과 7,000 V 이하
특고압	7,000 V 초과	7,000 V 초과

76. 압축식 냉동기의 주요 구성요소가 아닌 것은?

① 재생기

② 압축기

③ 증발기

④ 응축기

해설 (1) 압축식 냉동기의 압축사이클 : 압축기 → 응축기 → 팽창밸브 → 증발기

㉮ 압축기 : 냉매(프레온 가스, 암모니아

가스)를 고온·고압으로 압축

㉯ 응축기 : 압축된 냉매를 공기나 물을 접촉시켜 응축 및 액화시키고, 응축열은 냉각탑 또는 실외기를 통해 방출

(2) 흡수식 냉동기의 구성요소 : 증발기, 흡수기, 재생기, 응축기

77. 어떤 사무실의 취득 현열량이 15,000 W일 때 실내온도를 26℃로 유지하기 위하여 16℃의 외기를 도입할 경우, 실내에 공급하는 송풍량은 얼마로 해야 하는가? (단, 공기의 정압비열은 1.01 kJ/kg·K, 밀도는 1.2 kg/m³이다.)

① 2,455 m³/h

② 4,455 m³/h

③ 6,455 m³/h

④ 8,455 m³/h

해설 (1) $1W = 1J/s = 3,600J/h = 3.6kJ/h$

(2) 현열부하(g)[kJ/h]

$g = Q \cdot \rho \cdot C_p \cdot \Delta t$

여기서, Q : 환기량(송풍량)

ρ : 밀도

C_p : 정압비열

Δt : 온도차

송풍량 $= \dfrac{g}{\rho \cdot C_p \cdot \Delta t}$

$= \dfrac{1,500 \times 3.6 kJ/h}{1.01 kJ/kg \cdot K \times 1.2 kg/m^3 \times (26-16)℃}$

$= 4,455.45 m^3/h$

78. 다음 중 고속 덕트에 관한 설명으로 옳지 않은 것은?

① 원형 덕트의 사용이 불가능하다.

② 동일한 풍량을 송풍할 경우 저속 덕트에 비해 송풍기 동력이 많이 든다.

③ 공장이나 창고 등과 같이 소음이 별로 문제가 되지 않는 곳에 사용된다.

④ 동일한 풍량을 송풍할 경우 저속 덕트에 비해 덕트의 단면 치수가 작아도 된다.

해설 고속 덕트는 덕트 내 풍속이 15 m/s 이상 인 덕트로서 공기의 마찰 저항을 줄이기 위하여 원형 덕트를 사용한다.

79. 크로스 커넥션(cross connection)에 관한 설명으로 맞는 것은?

① 관로 내의 유체의 유동이 급격히 변화하여 압력변화를 일으키는 것

② 상수의 급수·급탕계통과 그 외의 계통 배관이 장치를 통하여 직접 접속되는 것

③ 겨울철 난방을 하고 있는 실내에서 창을 타고 차가운 공기가 하부로 내려오는 현상

④ 급탕·반탕관의 순환거리를 각 계통에 있어서 거의 같게 하여 전 계통의 탕의 순환을 촉진하는 방식

해설 크로스 커넥션(cross connection) : 고가수조의 상수(수돗물)에 정수, 단수나 고장시를 고려하여 배관을 연결하는 것

80. 건축물의 에너지절약설계기준에 따라 건축물의 단열을 위한 권장사항으로 옳지 않은 것은?

① 외벽 부위는 내단열로 시공한다.

② 열손실이 많은 북측 거실의 창 및 문의 면적은 최소화한다.

③ 외피의 모서리 부분은 열교가 발생하지 않도록 단열재를 연속적으로 설치한다.

④ 발코니 확장을 하는 공동주택에는 단열성이 우수한 로이(Low-E) 복층창이나 삼중창 이상의 단열 성능을 갖는 창을 설치한다.

해설 (1) 열교(thermal bridge) : 단열 성능이 떨어지는 경우 열기가 빠르게 빠져나가는 현상

(2) 외벽 부위는 에너지 절약, 열교 현상과 내부 표면 결로 방지를 위해 외단열 시공이 바람직하다.

제5과목 **건축관계법규**

81. 자연녹지지역으로서 노외주차장을 설치할 수 있는 지역에 속하지 않는 것은?

① 토지의 형질변경 없이 주차장의 설치가 가능한 지역

② 주차장 설치를 목적으로 토지의 형질변경 허가를 받은 지역

③ 택지개발사업 등의 단지조성사업 등에 따라 주차수요가 많은 지역

④ 하천구역 및 공유수면으로서 주차장이 설치되어도 해당 하천 및 공유수면의 관리에 지장을 주지 아니하는 지역

해설 자연녹지지역으로서 노외주차장을 설치할 수 있는 지역

(1) 하천구역 및 공유수면으로서 주차장이 설치되어도 해당 하천 및 공유수면의 관리에 지장을 주지 아니하는 지역

(2) 토지의 형질변경 없이 주차장 설치가 가능한 지역

(3) 주차장 설치를 목적으로 토지의 형질변경 허가를 받은 지역

(4) 특별시장·광역시장, 시장·군수 또는 구청장이 특히 주차장의 설치가 필요하다고 인정하는 지역

82. 시설물의 부지 인근에 부설주차장을 설치하는 경우, 해당 부지의 경계선으로부터 부설주차장의 경계선까지의 거리 기준으로

옳은 것은?

① 직선거리 300 m 이내

② 도보거리 800 m 이내

③ 직선거리 500 m 이내

④ 도보거리 1,000 m 이내

해설 시설물의 부지 인근에 부설주차장을 설치하는 경우, 해당 부지의 경계선으로부터 부설주차장의 경계선까지의 직선거리 300 m 이내 또는 도보거리 600 m 이내이어야 한다.

83. 건축물을 신축하는 경우 옥상에 조경을 150 m² 시공했다. 이 경우 대지의 조경면적은 최소 얼마 이상으로 하여야 하는가? (단, 대지면적은 1,500 m²이고, 조경설치기준은 대지면적의 10 %이다.)

① 25 m²   ② 50 m²

③ 75 m²   ④ 100 m²

해설 (1) 옥상조경면적의 2/3를 대지 내의 조경면적으로 산정하고 전체조경면적의 50/100 이내로 한다.

(2) 대지의 조경면적 계산

㉮ 대지 안의 조경면적

: $1,500\,\text{m}^2 \times 0.1 = 150\,\text{m}^2$

㉯ 옥상조경면적 : $150\,\text{m}^2 \times \dfrac{2}{3} = 100\,\text{m}^2$

㉰ 옥상조경면적의 최댓값 : 대지 안의 조경면적 $150\,\text{m}^2 \times 50\% = 75\,\text{m}^2$

㉱ 대지 내의 조경면적(옥상조경면적 제외)

: $150\,\text{m}^2 - 75\,\text{m}^2 = 75\,\text{m}^2$

84. 다음 중 건축물의 대지에 공개공지 또는 공개공간을 확보하여야 하는 대상 건축물에 속하는 것은? (단, 일반주거지역의 경우)

① 업무시설로서 해당 용도로 쓰는 바닥면적의 합계가 3,000 m²인 건축물

② 숙박시설로서 해당 용도로 쓰는 바닥면적의 합계가 4,000 m²인 건축물

③ 종교시설로서 해당 용도로 쓰는 바닥면적의 합계가 5,000 m²인 건축물

④ 문화 및 집회시설로서 해당 용도로 쓰는 바닥면적의 합계가 4,000 m²인 건축물

해설 공개공지 또는 공개공간 확보

(1) 대상지역 : 일반주거지역·준주거지역·상업지역·준공업지역

(2) 대상건축물 : 바닥면적 5,000 m² 이상인 문화 및 집회시설·종교시설·판매시설·운수시설·업무시설·숙박시설

85. 다음 중 평행주차형식으로 일반형인 경우 주차장의 주차단위 구획의 크기 기준으로 옳은 것은?

① 너비 1.7 m 이상, 길이 5.0 m 이상

② 너비 1.7 m 이상, 길이 6.0 m 이상

③ 너비 2.0 m 이상, 길이 5.0 m 이상

④ 너비 2.0 m 이상, 길이 6.0 m 이상

해설 주차장의 주차구획(평행주차형식)

구분	너비	길이
경형	1.7 m 이상	4.5 m 이상
일반형	2.0 m 이상	6.0 m 이상
보도와 차도의 구분이 없는 주거지역의 도로	2.0 m 이상	5.0 m 이상
이륜자동차 전용	1.0 m 이상	2.3 m 이상

86. 부설주차장의 설치대상 시설물이 업무시설인 경우 설치기준으로 옳은 것은? (단, 외국공관 및 오피스텔은 제외)

① 시설면적 100 m²당 1대

② 시설면적 150 m²당 1대

③ 시설면적 200 m²당 1대

④ 시설면적 350 m²당 1대

해설 업무시설의 부설주차장의 설치대수는 시설면적 150 m²당 1대이다.

87. 건축물의 바깥쪽에 설치하는 피난계단의 구조에서 피난층으로 통하는 직통계단의 최소 유효너비 기준이 옳은 것은?

① 0.7 m 이상

② 0.8 m 이상

③ 0.9 m 이상

④ 1.0 m 이상

해설 건축물의 바깥쪽에 설치하는 피난계단의 구조에서 피난층으로 통하는 직통계단의 최소 유효너비는 0.9 m 이상으로 할 것

88. 다음은 건축법령상 지하층의 정의 내용이다. ( ) 안에 알맞은 것은?

> "지하층"이란 건축물의 바닥이 지표면 아래에 있는 층으로서 바닥에서 지표면까지 평균 높이가 해당 층 높이의 ( ) 이상인 것을 말한다.

① 2분의 1

② 3분의 1

③ 3분의 2

④ 4분의 3

해설 건축물의 지하층 : $h \geqq \dfrac{H}{2}$

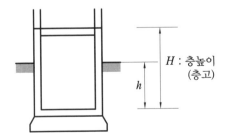

89. 거실의 채광 및 환기에 관한 규정으로 옳은 것은?

① 교육연구시설 중 학교의 교실에는 채광 및 환기를 위한 창문 등이나 설비를 설치하여야 한다.

② 채광을 위하여 거실에 설치하는 창문 등의 면적은 그 거실의 바닥면적의 20분의 1 이상이어야 한다.

③ 환기를 위하여 거실에 설치하는 창문 등의 면적은 그 거실의 바닥면적의 10분의 1 이상이어야 한다.

④ 채광 및 환기를 위한 창문 등의 면적에 관한 규정을 적용함에 있어서 수시로 개방할 수 있는 미닫이로 구획된 2개의 거실은 이를 2개의 거실로 본다.

해설 ① 단독주택 및 공동주택의 거실, 교육연구시설 중 학교의 교실, 의료시설의 병실 및 숙박시설의 객실에는 채광 및 환기를 위한 창문 등이나 설비를 설치해야 한다.

② 채광을 위하여 거실에 설치하는 창문 등의 면적은 그 거실의 바닥면적의 10분의 1 이상이어야 한다.

③ 환기를 위하여 거실에 설치하는 창문 등의 면적은 그 거실의 바닥면적의 20분의 1 이상이어야 한다.

④ 채광 및 환기를 위한 창문 등의 면적에 관한 규정을 적용함에 있어서 수시로 개방할 수 있는 미닫이로 구획된 2개의 거실은 이를 1개의 거실로 본다.

90. 건축물의 관람실 또는 집회실로부터 바깥쪽으로의 출구로 쓰이는 문을 안여닫이로 해서는 안 되는 건축물은?

① 위락시설

② 수련시설

③ 문화 및 집회시설 중 전시장

④ 문화 및 집회시설 중 동·식물원

해설　건축물의 관람실 또는 집회실로부터 바깥쪽으로의 출구로 쓰이는 문을 안여닫이로 해서는 안 되는 건축물은 다음과 같다.
(1) 제2종 근린생활시설 중 바닥면적의 합계가 300 m² 이상인 공연장·종교집회장
(2) 전시장 및 동·식물원을 제외한 문화 및 집회시설
(3) 종교시설·위락시설·장례시설

91. 건축물의 거실에 국토교통부령으로 정하는 기준에 따라 배연설비를 하여야 하는 대상 건축물에 속하지 않는 것은? (단, 피난층의 거실은 제외하며, 6층 이상인 건축물의 경우)

① 종교시설　　　② 판매시설
③ 위락시설　　　④ 방송통신시설

해설　배연설비
(1) 정의 : 유독가스를 배출하는 시설
(2) 설치 대상 건축물 : 6층 이상인 건축물로서 종교시설, 판매시설, 위락시설, 문화 및 집회시설, 운수시설, 교육연구 시설 중 연구소, 운동시설, 업무시설, 숙박시설 등

92. 피난용승강기의 설치에 관한 기준 내용으로 옳지 않은 것은?

① 예비전원으로 작동하는 조명설비를 설치할 것
② 승강장의 바닥면적은 승강기 1대당 5 m² 이상으로 할 것
③ 각 층으로부터 피난층까지 이르는 승강로를 단일구조로 연결하여 설치할 것
④ 승강장의 출입구 부근의 잘 보이는 곳에 해당 승강기가 피난용승강기임을 알리는 표지를 설치할 것

해설　승강장의 바닥면적은 승강기 1대당 6 m² 이상으로 할 것

93. 특별시장·광역시장·특별자치시장·특별자치도지사·시장 또는 군수가 관할 구역의 도시·군기본계획에 대하여 타당성을 전반적으로 재검토하여 정비하여야 하는 기간의 기준은?

① 5년　　　　　② 10년
③ 15년　　　　④ 20년

해설　특별시장·광역시장·특별자치시장·특별자치도지사·시장 또는 군수는 5년마다 관할 구역의 도시·군기본계획에 대하여 타당성을 전반적으로 재검토하여 정비하여야 한다.

참고　도시·군기본계획 : 특별시·광역시·특별자치시·특별자치도·시 또는 군의 관할 구역에 대하여 기본적인 공간구조와 장기발전방향을 제시하는 종합계획

94. 국토의 계획 및 이용에 관한 법령상 용도지구에 속하지 않는 것은?

① 경관지구　　　② 미관지구
③ 방재지구　　　④ 취락지구

해설　용도지구의 지정
(1) 경관지구 : 경관의 보전·관리 및 형성을 위하여 필요한 지구
(2) 고도지구 : 쾌적한 환경 조성 및 토지의 효율적 이용을 위하여 건축물 높이의 최고한도를 규제할 필요가 있는 지구
(3) 방화지구 : 화재의 위험을 예방하기 위하여 필요한 지구
(4) 방재지구 : 풍수해, 산사태, 지반의 붕괴, 그 밖의 재해를 예방하기 위하여 필요한 지구
(5) 보호지구 : 문화재, 중요 시설물(항만, 공항 등 대통령령으로 정하는 시설물을 말한다) 및 문화적·생태적으로 보존가치가 큰 지역의 보호와 보존을 위하여 필요한 지구
(6) 취락지구 : 녹지지역·관리지역·농림지역·자연환경보전지역·개발제한구역 또는 도시자연공원구역의 취락을 정비하기 위한

지구

(7) 개발진흥지구 : 주거기능·상업기능·공업기능·유통물류기능·관광기능·휴양기능 등을 집중적으로 개발·정비할 필요가 있는 지구

(8) 특정용도제한지구 : 주거 및 교육 환경 보호나 청소년 보호 등의 목적으로 오염물질 배출시설, 청소년 유해시설 등 특정시설의 입지를 제한할 필요가 있는 지구

(9) 복합용도지구 : 지역의 토지이용 상황, 개발 수요 및 주변 여건 등을 고려하여 효율적이고 복합적인 토지이용을 도모하기 위하여 특정시설의 입지를 완화할 필요가 있는 지구

※ 종전의 미관지구는 2018년에 경관지구로 통합되었다.

95. 피난안전구역(건축물의 피난·안전을 위하여 건축물 중간층에 설치하는 대피공간)의 구조 및 설비에 관한 기준 내용으로 옳지 않은 것은?

① 피난안전구역의 높이는 2.1 m 이상일 것
② 비상용 승강기는 피난안전구역에서 승하차할 수 있는 구조로 설치할 것
③ 건축물의 내부에서 피난안전구역으로 통하는 계단은 피난계단의 구조로 설치할 것
④ 피난안전구역에는 식수공급을 위한 급수전을 1개소 이상 설치하고 예비전원에 의한 조명설비를 설치할 것

해설 피난안전구역으로 통하는 계단은 특별피난계단의 구조로 설치해야 하며, 특별피난계단은 피난안전구역을 거쳐 상·하층으로 갈 수 있는 구조로 설치해야 한다.

96. 다음은 건축법령상 리모델링에 대비한 특혜 등에 관한 기준 내용이다. (   ) 안에

알맞은 것은?

> 리모델링이 쉬운 구조의 공동주택의 건축을 촉진하기 위하여 공동주택을 대통령령으로 정하는 구조로 하여 건축허가를 신청하면 제56조(건축물의 용적률), 제60조(건축물의 높이 제한) 및 제61조(일조 등의 확보를 위한 건축물의 높이 제한)에 따른 기준을 (   )의 범위에서 대통령령으로 정하는 비율로 완화하여 적용할 수 있다.

① 100분의 110
② 100분의 120
③ 100분의 130
④ 100분의 140

해설 리모델링이 쉬운 구조의 공동주택의 건축을 촉진하기 위하여 공동주택을 대통령령으로 정하는 구조로 하여 건축허가를 신청하면 제56조, 제60조 및 제61조에 따른 기준을 100분의 120의 범위에서 대통령령으로 정하는 비율로 완화하여 적용할 수 있다.

97. 국토의 계획 및 이용에 관한 법률상 다음과 같이 정의되는 것은?

> 도시·군계획 수립 대상지역의 일부에 대하여 토지 이용을 합리화하고 그 기능을 증진시키며 미관을 개선하고 양호한 환경을 확보하며, 그 지역을 체계적·계획적으로 관리하기 위하여 수립하는 도시·군관리계획

① 광역도시계획
② 지구단위계획
③ 도시·군기본계획
④ 입지규제최소구역계획

해설 지구단위계획이란 도시·군계획 수립 대상지역의 일부에 대하여 토지 이용을 합리화하고 그 기능을 증진시키며 미관을 개선하고 양호한 환경을 확보하며, 그 지역을 체계적·계획적으로 관리하기 위하여 수립하는 도시·군관리계획을 말한다.

98. 주차장 수급 실태 조사의 조사구역 설정에 관한 기준내용으로 옳지 않은 것은?

① 실태조사의 주기는 3년으로 한다.
② 사각형 또는 삼각형 형태로 조사구역을 설정한다.
③ 각 조사구역은 건축법에 따른 도로를 경계로 구분한다.
④ 조사구역 바깥 경계선의 최대거리가 500 m를 넘지 않도록 한다.

> **해설** 조사구역 바깥 경계선의 최대거리가 300 m를 넘지 않도록 한다.

99. 다음 중 특별건축구역으로 지정할 수 없는 구역은?

① 「도로법」에 따른 접도구역
② 「택지개발촉진법」에 따른 택지개발사업구역
③ 국가가 국제행사 등을 개최하는 도시 또는 지역의 사업구역
④ 지방자치단체가 국제행사 등을 개최하는 도시 또는 지역의 사업구역

> **해설** 특별건축구역으로 지정할 수 없는 구역
> (1) 「개발제한구역의 지정 및 관리에 관한 특별조치법」에 따른 개발제한구역
> (2) 「자연공원법」에 따른 자연공원
> (3) 「도로법」에 따른 접도구역
> (4) 「산지관리법」에 따른 보전산지

100. 건축법령상 건축허가신청에 필요한 설계도서에 속하지 않는 것은?

① 조감도　　　② 배치도
③ 건축계획서　④ 구조도

> **해설** 건축허가신청에 필요한 설계도서 : 건축계획서·배치도·평면도·입면도·단면도·구조도·구조계산서·소방설비도

Engineer Architecture

제**2**회 CBT 실전문제

제1과목 건축계획

1. 다음과 같은 특징을 갖는 부엌의 평면형은 어느 것인가?

> • 작업 시 몸을 앞뒤로 바꾸어야 하는 불편이 있다.
> • 식당과 부엌이 개방되지 않고 외부로 통하는 출입구가 필요한 경우에 많이 쓰인다.

① 일렬형 ② ㄱ자형
③ 병렬형 ④ ㄷ자형

해설 (1) 주거공간의 부엌의 평면 형태
㉮ 一자형(직선형, 일렬형) : 소규모
㉯ 병렬형(二자형) : 중규모
㉰ ㄱ자형 : 중규모
㉱ ㄷ자형 : 대규모
(2) 병렬형
㉮ 부엌의 기구(준비대·냉장고·개수대·조리대·가열대·배선대 등)를 주부의 앞뒤로 배치하는 방식
㉯ 한쪽은 식당으로 향하고 다른 한쪽은 외부로 향할 수 있다.

2. 사무소 건축의 실단위 계획에 있어서 개방식 배치(open plan)에 관한 설명으로 옳지 않은 것은?

① 독립성과 쾌적감 확보에 유리하다.
② 공사비가 개실시스템보다 저렴하다.
③ 방의 길이나 깊이에 변화를 줄 수 있다.

④ 전면적을 유효하게 이용할 수 있어 공간 절약상 유리하다.

해설 개방식 배치는 독립성이 결핍되고 쾌적감 확보에 불리하다.

3. 극장건축에서 그린룸(green room)의 역할로 가장 알맞은 것은?

① 의상실 ② 배경제작실
③ 관리관계실 ④ 출연대기실

해설 그린룸(green room)은 무대 가까이에 있는 출연자 대기실이다.

4. 극장의 평면 형식 중 관객이 연기자를 사면에서 둘러싸고 관람하는 형식으로 가장 많은 관객을 수용할 수 있는 형식은?

① 애리나(arena)형
② 가변형(adaptable stage)
③ 프로시니엄(proscenium)형
④ 오픈 스테이지(open stage)형

해설 ① 애리나(arena)형 : 관객이 원형 무대 주위를 360° 둘러싸 관람할 수 있는 형식으로 가장 많은 관객을 수용할 수 있다.
② 가변형(adaptable stage) : 무대와 객석의 크기, 형태, 배치 등이 필요에 따라 변화될 수 있는 구조이다.
③ 프로시니엄(proscenium)형 : 무대의 한 방향으로만 관객이 관람할 수 있다.
④ 오픈 스테이지(open stage)형 : 관객이 연기자를 부분적으로 둘러싸는 형식

정답 **1.** ③ **2.** ① **3.** ④ **4.** ①

5. 종합병원계획에 관한 설명으로 옳지 않은 것은?

① 수술부는 타 부분의 통과교통이 없는 장소에 배치한다.

② 수술실의 바닥은 전기도체성 마감을 사용하는 것이 좋다.

③ 간호사 대기실은 각 간호단위 또는 층별, 동별로 설치한다.

④ 평면계획 시 모듈을 적용하여 각 병실을 모두 동일한 크기로 하는 것이 좋다.

> **해설**　병실의 크기는 환자들의 요구사항에 맞추어 1인실, 2인실, 4인실, 6인실, 8인실 등으로 다양하게 계획하는 것이 바람직하다.

6. 학교 건축에서 단층 교사에 관한 설명으로 옳지 않은 것은?

① 내진·내풍구조가 용이하다.

② 학습 활동을 실외로 연장할 수 있다.

③ 계단이 필요 없으므로 재해 시 피난이 용이하다.

④ 설비 등을 집약할 수 있어서 치밀한 평면계획이 용이하다.

> **해설**　단층 교사는 여러 동을 분리 설치해야 하므로 설비를 집약해서 설계할 수 없다.

7. 다음 중 상점계획에서 파사드 구성에 요구되는 소비자 구매심리 5단계(AIDMA 법칙)에 속하지 않는 것은?

① 흥미(interest)　② 욕망(desire)

③ 기억(memory)　④ 유인(attraction)

> **해설**　(1) 파사드(facade) : 건축물의 주된 출입구가 있는 정면부
> (2) 소비자 구매심리 5단계 : Attention(주의), Interest(흥미), Desire(욕망), Memory(기억), Action(행동)

8. 공포형식 중 다포형식에 관한 설명으로 옳지 않은 것은?

① 출목은 2출목 이상으로 전개된다.

② 수덕사 대웅전이 대표적인 건물이다.

③ 내부 천장 구조는 대부분 우물천장이다.

④ 기둥 상부 이외에 기둥 사이에도 공포를 배열한 형식이다.

> **해설**　(1) 공포 : 전통 목조 건축에서 처마 끝의 하중을 받치기 위해 기둥머리 중심이나 기둥 사이에서 처마 끝에 대준 부재로서 장식을 겸하는 부재
> (2) 공포의 종류
> 　㉮ 주심포 : 기둥머리 중심에 댄 공포
> 　㉯ 다포식 : 기둥머리 중심뿐만 아니라 기둥 사이에서도 댄 공포
> 　㉰ 익공 : 기둥머리 중심에 댄 공포를 새 날개 모양으로 한 것
> (3) 출목 : 건물이 큰 경우 기둥 중심열 안팎으로 설치한 도리
> (4) 수덕사 대웅전은 주심포식이다.

9. 단독주택에서 다음과 같은 실들을 각각 직상층 및 직하층에 배치할 경우 가장 바람직하지 않은 것은?

① 상층 : 침실, 하층 : 침실

② 상층 : 부엌, 하층 : 욕실

③ 상층 : 욕실, 하층 : 침실

④ 상층 : 욕실, 하층 : 부엌

> **해설**　침실과 욕실은 같은 층에 있는 것이 바람직하다.

10. 다음과 같은 특징을 갖는 에스컬레이터 배치 유형은?

- 점유면적이 다른 유형에 비해 작다.
- 연속적으로 승강이 가능하다.
- 승객의 시야가 좋지 않다.

정답　**5.** ③　**6.** ④　**7.** ④　**8.** ②　**9.** ③　**10.** ①

① 교차식 배치
② 직렬식 배치
③ 병렬 단속식 배치
④ 병렬 연속식 배치

해설 교차식 배치는 점유면적이 가장 작고 연속 승강이 가능하나 승객의 시야는 나쁘다.

직렬배치 　　단열중복형 · 병렬단속형

복열병렬형 　 교차형 　 복열형 · 병렬연속형

11. 다음 중 고딕 양식의 건축물에 속하지 않는 것은?

① 아미앵 성당 　　② 노트르담 성당
③ 샤르트르 성당 　④ 성 베드로 성당

해설 (1) 고딕 양식의 성당 : 아미앵 성당, 샤르트르 성당, 노트르담 성당, 밀라노 성당
(2) 르네상스 양식의 성당 : 성 베드로 성당

12. 도서관에 있어 모듈 계획(module plan)을 고려한 서고 계획 시 결정 및 선행되어야 할 요소와 가장 거리가 먼 것은?

① 엘리베이터의 위치
② 서가 선반의 배열 깊이
③ 서고 내의 주요 통로 및 교차 통로의 폭
④ 기둥의 크기와 방향에 따른 서가의 규모 및 배열의 길이

해설 (1) 모듈(module) : 건축물의 기본이 되는 단위
(2) 엘리베이터의 위치는 도서관의 모듈 계획과 거리가 멀다.

13. 특수전시기법에 관한 설명으로 옳지 않은 것은?

① 하모니카 전시는 동일 종류의 전시물을 반복 전시하는 경우에 사용된다.
② 파노라마 전시는 연속적인 주제를 연관성 있게 표현하기 위해 선형의 파노라마로 연출하는 기법이다.
③ 디오라마 전시는 하나의 사실 또는 주제의 시간 상황을 고정시켜 연출하는 것으로 현장에 임한 느낌을 준다.
④ 아일랜드 전시는 실물을 직접 전시할 수 없거나 오브제 전시만의 한계를 극복하기 위해 영상매체를 사용하여 전시하는 기법이다.

해설 (1) 아일랜드 전시 : 전시물을 벽면에서 띄워서 평면을 활용하여 전시공간을 설치하는 방식으로 전시물을 주변에서 둘러볼 수 있다.
(2) 파노라마 전시 : 실물을 직접 전시할 수 없는 경우 오브제(전시 물체) 한계를 극복하기 위해 영상매체를 사용하여 전시하며 연속적인 주제를 연관성 있게 표현한다.

14. 아파트의 평면형식에 관한 설명으로 옳지 않은 것은?

① 홀형은 통행부 면적이 작아서 건물의 이용도가 높다.
② 중복도형은 대지 이용률이 높으나, 프라이버시가 좋지 않다.
③ 집중형은 채광·통풍 조건이 좋아 기계적 환경조절이 필요하지 않다.
④ 홀형은 계단실 또는 엘리베이터 홀로부터 직접 주거 단위로 들어가는 형식이다.

해설 집중형 아파트는 채광·통풍 조건이 좋지 않아 기계적 환경조절이 필요하다.

정답 　11. ④ 　 12. ① 　 13. ④ 　 14. ③

15. 공장건축의 레이아웃(lay out)에 관한 설명으로 옳지 않은 것은?

① 제품 중심의 레이아웃은 대량생산에 유리하며 생산성이 높다.

② 레이아웃이란 공장건축의 평면요소 간의 위치 관계를 결정하는 것을 말한다.

③ 고정식 레이아웃은 조선소와 같이 제품이 크고 수량이 적은 경우에 행해진다.

④ 중화학공업, 시멘트공업 등 장치공업 등은 시설의 융통성이 크기 때문에 신설 시 장래성에 대한 고려가 필요 없다.

해설 제품생산을 위해 거대장치를 설치하는 장치공업(중화학공업, 시멘트공업 등)은 고정식 레이아웃 방식으로 장래성을 고려해야 한다.

16. 다음 중 백화점의 기둥간격 결정 요소와 가장 거리가 먼 것은?

① 화장실의 크기

② 에스컬레이터의 배치방법

③ 매장 진열장의 치수와 배치방법

④ 지하주차장의 주차방식과 주차폭

해설 백화점의 기둥간격 결정 요소
(1) 매장 진열장의 치수와 배치방법
(2) 지하주차장의 주차방식과 주차폭
(3) 에스컬레이터·엘리베이터 배치방법

17. 사무소 건물의 엘리베이터 배치 시 고려사항으로 옳지 않은 것은?

① 교통동선의 중심에 설치하여 보행거리가 짧도록 배치한다.

② 대면배치의 경우, 대면거리는 동일 군관리의 경우 3.5~4.5 m로 한다.

③ 여러 대의 엘리베이터를 설치하는 경우, 그룹별 배치와 군관리 운전방식으로 한다.

④ 일렬배치는 6대를 한도로 하고, 엘리베이터 중심간 거리는 10 m 이하가 되도록 한다.

해설 일렬배치(직선형)는 엘리베이터를 일렬로 배치하며, 4대를 한도로 하고 엘리베이터 중심간 거리는 8 m 이하가 적당하다.

18. 테라스 하우스에 관한 설명으로 옳지 않은 것은?

① 경사가 심할수록 밀도가 높아진다.

② 각 세대의 깊이는 7.5 m 이상으로 하여야 한다.

③ 평지보다 더 많은 인구를 수용할 수 있어 경제적이다.

④ 시각적인 인공 테라스형은 위층으로 갈수록 건물의 내부면적이 작아지는 형태이다.

해설 테라스 하우스는 경사지 지형에 따라 각 세대를 건축하는 방식으로서 각 세대의 후면에 창 설치의 문제가 생기므로 각 세대의 깊이는 7.5 m 이하로 한다.

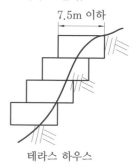

테라스 하우스

19. 도서관의 출납시스템 중 열람자는 직접 서가에 면하여 책의 체제나 표지 정도는 볼 수 있으나 내용을 보려면 관원에게 요구하여 대출 기록을 남긴 후 열람하는 형식은?

① 폐가식　　　　② 반개가식
③ 안전개가식　　④ 자유개가식

해설 개가식은 서가에서 자유롭게 책을 선택하

여 열람실에서 책을 열람하는 방식이나 반개
가식은 서고를 유리 등으로 막아 책의 제목,
표지 등을 보고 선택하여 관원에게 대출 수속
을 받아 열람하는 방식이다.

20. 주당 평균 40시간을 수업하는 어느 학교
에서 음악실에서의 수업이 총 20시간이며
이 중 15시간은 음악시간으로 나머지 5시
간은 학급 토론시간으로 사용되었다면, 이
음악실의 이용률과 순수율은?

① 이용률 37.5 %, 순수율 75 %
② 이용률 50 %, 순수율 75 %
③ 이용률 75 %, 순수율 37.5 %
④ 이용률 75 %, 순수율 50 %

해설 (1) 이용률

$$= \frac{해당\ 교실이\ 이용되는\ 시간}{주당\ 평균수업시간} \times 100$$

$$= \frac{20시간}{40시간} \times 100 = 50\,\%$$

(2) 순수율

$$= \frac{교실이\ 해당\ 용도로\ 이용되는\ 시간}{해당\ 교실이\ 이용되는\ 시간} \times 100$$

$$= \frac{15시간}{20시간} \times 100 = 75\,\%$$

제2과목 **건축시공**

21. 건축마감공사로서 단열공사에 관한 설명
으로 옳지 않은 것은?

① 단열시공바탕은 단열재 또는 방습재
설치에 못, 철선, 모르타르 등의 돌출물
이 도움이 되므로 제거하지 않아도 된다.
② 설치위치에 따른 단열공법 중 내단열
공법은 단열성능이 적고 내부 결로가

발생할 우려가 있다.
③ 단열재를 접착제로 바탕에 붙이고자
할 때에는 바탕면을 평탄하게 한 후 밀
착하여 시공하되 초기박리를 방지하기
위해 압착상태를 유지시킨다.
④ 단열재료에 따른 공법은 성형판단열재
공법, 현장발포재 공법, 뿜칠단열재 공
법 등으로 분류할 수 있다.

해설 단열시공바탕은 단열재 또는 방습재 설치
에 못, 철선, 모르타르 등의 돌출물이 도움이
되지 않으므로 제거해야 한다.

22. 콘크리트 공사 중 적산온도와 가장 관계
깊은 것은?

① 매스(mass) 콘크리트 공사
② 수밀(水密) 콘크리트 공사
③ 한중(寒中) 콘크리트 공사
④ AE 콘크리트 공사

해설 (1) 적산온도 : 콘크리트의 양생기간 중
재령일과 양생온도를 곱하여 적산함수로
표현한 것
적산온도 $M = \sum (\theta + A)\Delta t$
여기서, Δt : 기간
A : 정수(10)
θ : 기간 중 평균기온
(2) 콘크리트의 적산온도를 알면 재령 시 압
축강도, 물-결합재비, 거푸집 및 동바리
제거 시기 등을 추정할 수 있으며, 한중 콘
크리트 공사와 가장 관계 깊다.

23. 콘크리트 펌프 사용에 관한 설명으로 옳
지 않은 것은?

① 콘크리트 펌프를 사용하여 시공하는
콘크리트는 소요의 워커빌리티를 가지
며, 시공 시 및 경화 후에 소정의 품질
을 갖는 것이어야 한다.

정답 **20.** ② **21.** ① **22.** ③ **23.** ③

② 압송관의 지름 및 배관의 경로는 콘크리트의 종류 및 품질, 굵은 골재의 최대치수, 콘크리트 펌프의 기종, 압송조건, 압송작업의 용이성, 안전성 등을 고려하여 정하여야 한다.

③ 콘크리트 펌프의 형식은 피스톤식이 적당하고 스퀴즈식은 적용이 불가하다.

④ 압송은 계획에 따라 연속적으로 실시하며, 되도록 중단되지 않도록 하여야 한다.

> **해설** (1) 콘크리트 펌프카(pump car)
> ㉮ 피스톤식 : 피스톤의 압력에 의해 콘크리트를 보내는 방식
> ㉯ 스퀴즈식 : 튜브 속 콘크리트를 짜내는 방식
> (2) 콘크리트 펌프 형식은 피스톤식, 스퀴즈식 둘다 사용 가능하다.

24. 다음 중 건설공사의 일반적인 특징으로 옳은 것은?

① 공사비, 공사기일 등의 제약을 받지 않는다.

② 주로 도급식 또는 직영식으로 이루어진다.

③ 육체노동이 주가 되므로 대량생산이 가능하다.

④ 건설 생산물의 품질이 일정하다.

> **해설** 건설공사의 일반적인 특징
> (1) 공사비, 공사기일의 제약을 받는다.
> (2) 도급방식(계약방식) 또는 직영공사로 이루어진다.
> (3) 대량생산이 곤란하다.
> (4) 건설 생산물은 습식 공법 또는 조립식 공법이므로 품질이 일정하지 않다.

25. 콘크리트 균열의 발생 시기에 따라 구분할 때 콘크리트의 경화 전 균열의 원인이

아닌 것은?

① 크리프 수축
② 거푸집의 변형
③ 침하
④ 소성수축

> **해설** (1) 크리프(creep) 수축은 하중의 증가 없이 수축이 진행되는 현상으로 콘크리트의 경화 후 균열 현상이다.
> (2) 소성수축은 굳지 않는 콘크리트에서 수분의 손실에 의해 발생되는 수축이다.

26. 경량기포 콘크리트(ALC)에 관한 설명으로 옳지 않은 것은?

① 기건 비중은 보통콘크리트의 약 1/4 정도로 경량이다.

② 열전도율은 보통콘크리트의 약 1/10 정도로서 단열성이 우수하다.

③ 유기질 소재를 주원료로 사용하여 내화성능이 매우 낮다.

④ 흡음성과 차음성이 우수하다.

> **해설** 경량기포 콘크리트(ALC) : 석회질·규산질에 혼화제를 혼입하여 오토클레이브에서 고온·고압으로 양생한 콘크리트로 무기질 소재이며 내화성능이 좋다.
> ※ 유기질 소재 : 코르크·면(솜) 등

27. 건설공사현장에서 보통 콘크리트를 KS 규격품인 레미콘으로 주문할 때의 요구항목이 아닌 것은?

① 잔골재의 조립률
② 굵은 골재의 최대치수
③ 호칭강도
④ 슬럼프

> **해설** 레미콘의 주문규격
> (1) 굵은 골재의 최대치수(mm)
> (2) 호칭강도(MPa)
> (3) 슬럼프(mm)

28. 다음 중 아래 그림의 형태를 가진 흙막이의 명칭은?

① H-말뚝 토류판
② 슬러리월
③ 소일콘크리트 말뚝
④ 시트파일

해설 출수가 많은 흙파기 공사에서 토사의 붕괴를 막기 위해 사용하는 철재 널말뚝(시트파일) 중 랜섬(ransom) 방식이다.

29. 기성말뚝 세우기 공사 시 말뚝의 연직도나 경사도는 얼마 이내로 하여야 하는가?

① 1/50   ② 1/75
③ 1/80   ④ 1/100

해설 기성말뚝 세우기 공사 시 말뚝의 연직도나 경사도는 1/50 이내로 한다.

30. PMIS(프로젝트 관리 정보 시스템)의 특징에 관한 설명으로 옳지 않은 것은?

① 합리적인 의사결정을 위한 프로젝트용 정보 관리 시스템이다.
② 협업관리체계를 지원하며 정보의 공유와 축적을 지원한다.
③ 공정 진척도는 구체적으로 측정할 수 없으므로 별도 관리한다.
④ 조직 및 월간업무 현황 등을 등록하고 관리한다.

해설 프로젝트 관리 정보 시스템(project management information system)
(1) 프로젝트의 발주·설계·시공·감리·시공 유지 관리 등 공사의 전반에 걸쳐 관련된 정보를 축적하고 공유하는 합리적인 의사결정을 위한 정보 관리 시스템이다.

(2) 공정 진척도는 구체적으로 측정할 수 있으므로 함께 관리한다.

31. 다음 중 멤브레인 방수에 속하지 않는 방수공법은?

① 시멘트 액체방수
② 합성고분자 시트방수
③ 도막방수
④ 아스팔트 방수

해설 멤브레인(membrane) 방수는 불투수성 얇은 피막의 방수층을 구성하는 공법으로 도막방수, 아스팔트 방수, 개량 아스팔트 시트방수, 합성고분자 시트방수가 있다.

32. 표준시방서에 따른 시스템비계에 관한 기준으로 옳지 않은 것은?

① 수직재와 수직재의 연결은 전용의 연결조인트를 사용하여 견고하게 연결하고, 연결 부위가 탈락 또는 꺾어지지 않도록 하여야 한다.
② 수평재는 수직재에 연결핀 등의 결합방법에 의해 견고하게 결합되어 흔들리거나 이탈되지 않도록 하여야 한다.
③ 대각으로 설치하는 가새는 비계의 외면으로 수평면에 대해 40~60° 방향으로 설치하며 수평재 및 수직재에 결속한다.
④ 시스템 비계 최하부에 설치하는 수직재는 받침 철물의 조절너트와 밀착되도록 설치하여야 하며, 수직과 수평을 유지하여야 한다. 이때, 수직재와 받침 철물의 겹침길이는 받침 철물 전체길이의 5분의 1 이상이 되도록 하여야 한다.

해설 시스템 비계의 수직재의 하부는 받침철물의 조절너트로 밀착시키고, 수직과 수평을 유지시키며 수직재는 받침철물 높이의 $\frac{1}{3}$ 이상 겹치도록 해야 한다.

시스템 비계 기둥 / 받침철물의 조절너트 / 받침철물의 높이 / 받침철물(잭베이스)

33. 석재 설치 공법 중 오픈조인트 공법의 특징으로 옳지 않은 것은?

① 등압이론 방식을 적용한 수밀방식이다.
② 압력차에 의해서 빗물을 차단할 수 있다.
③ 실링재가 많이 소요된다.
④ 층간변위에도 유동적으로 변위를 흡수할 수 있으므로 파손 확률이 작아진다.

해설 오픈조인트(open joint) 공법 : 건축물의 외벽과 석재의 사이에 공기층(등압공간)을 두고 석재를 외벽에 붙여대어 누수를 방지하는 공법으로 석재와 석재 사이를 실리콘으로 접착하지 않는다.

34. 건설현장에서 근무하는 공사감리자의 업무에 해당되지 않는 것은?

① 공사시공자가 사용하는 건축자재가 관계법령에 의한 기준에 적합한 건축자재인지 여부의 확인
② 상세시공도면의 작성
③ 공사현장에서의 안전관리지도
④ 품질시험의 실시여부 및 시험성과의 검토·확인

해설 공사감리자는 설계도서 이행 여부를 확인하는 자이며, 상세시공도면의 작성은 시공자 또는 설계자의 업무에 해당한다.

35. 아스팔트 방수층, 개량 아스팔트 시트 방수층, 합성고분자계 시트 방수층 및 도막 방수층 등 불투수성 피막을 형성하여 방수하는 공사를 총칭하는 용어로 옳은 것은?

① 실링방수
② 멤브레인방수
③ 구체침투방수
④ 벤토나이트방수

해설 (1) 멤브레인(membrane) 방수 : 불투수성 피막의 방수층을 구성하는 공법
(2) 종류 : 아스팔트 방수층·개량 아스팔트 시트 방수층·도막 방수층·합성고분자 시트 방수층

36. 다음 중 도장공사를 위한 목부 바탕 만들기 공정으로 옳지 않은 것은?

① 오염, 부착물의 제거
② 송진의 처리
③ 옹이땜
④ 바니시칠

해설 (1) 목부 도장 바탕 만들기 : 오염, 부착물의 제거 → 송진 처리 → 연마(사포) → 옹이 또는 구멍 메움
(2) 바니시칠은 목부 칠로서 바탕 만들기 다음 칠 공정이다.

37. 달성가치(earned value)를 기준으로 원가관리를 시행할 때, 실제투입원가와 계획된 일정에 근거한 진행성과 차이를 의미하는 용어는?

① CV(cost variance)
② SV(schedule variance)
③ CPI(cost performance Index)
④ SPI(schedule performance Index)

해설 EVMS(eanred value management system) : 성과관리체계
(1) ACWP(actual cost of work performed) : 성과 측정 시점까지 실제로 투입된 금액

(2) BCWP(budget cost of work performed) : 성과 측정 시점까지 완료된 성과에 배분된 예산

(3) BCWS(budget cost of work schedule) : 성과 측정 시점까지 배분된 예산

(4) CV(cost variance) : 성과 측정 시점에서 달성 공사비에서 실제 투입 공사비를 제외한 비용(BCWP−ACWP)

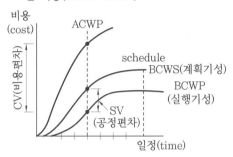

38. 무지보공 거푸집에 관한 설명으로 옳지 않은 것은?

① 하부 공간을 넓게 하여 작업 공간으로 활용할 수 있다.

② 슬래브(slab) 동바리의 감소 또는 생략이 가능하다.

③ 트러스 형태의 빔(beam)을 보 거푸집 또는 벽체 거푸집에 걸쳐 놓고 바닥판 거푸집을 시공한다.

④ 층고가 높을 경우 적용이 불리하다.

해설 무지보공 거푸집은 주로 층고가 높은 경우 벽 거푸집에 트러스 빔을 설치하여 바닥 거푸집을 시공한다.

39. 고강도 콘크리트의 배합에 대한 기준으로 옳지 않은 것은?

① 단위수량은 소요의 워커빌리티를 얻을 수 있는 범위 내에서 가능한 작게 하여야 한다.

② 잔골재율은 소요의 워커빌리티를 얻도

록 시험에 의하여 결정하여야 하며, 가능한 작게 하도록 한다.

③ 고성능 감수제의 단위량은 소요 강도 및 작업에 적합한 워커빌리티를 얻도록 시험에 의해서 결정하여야 한다.

④ 기상의 변화 등에 관계없이 공기연행제를 사용하는 것을 원칙으로 한다.

해설 고강도 콘크리트에서 공기연행제(AE제)는 사용하지 않는 것을 원칙으로 하며, 기상 변화가 심한 경우에만 사용한다.

40. 터파기 공사 시 지하수위가 높으면 지하수에 의한 피해가 우려되므로 차수공사를 실시하며, 이 방법만으로 부족할 때에는 강제배수를 실시하게 되는데 이때 나타나는 현상으로 옳지 않은 것은?

① 점성토의 압밀

② 주변 침하

③ 흙막이벽의 토압 감소

④ 주변 우물의 고갈

해설 터파기 공사 시 지하수에 의한 피해를 막기 위해 강제배수를 실시할 때 나타나는 현상은 다음과 같다.

(1) 주변 우물의 고갈

(2) 주변 지반 침하

(3) 점성토의 압밀

(4) 흙막이 배면의 토압 증가

제3과목	건축구조

41. 강도설계법에서 처짐을 계산하지 않는 경우 철근콘크리트 보의 최소 두께 규정으로 옳지 않은 것은? (단, 보통콘크리트와 설계기준항복강도 400 MPa 철근을 사용한

부재임)

① 단순지지 : $\dfrac{l}{16}$

② 1단 연속 : $\dfrac{l}{18.5}$

③ 양단 연속 : $\dfrac{l}{12}$

④ 캔틸레버 : $\dfrac{l}{8}$

해설 처짐을 계산하지 않는 경우 철근콘크리트 보의 최소 두께(콘크리트는 보통중량콘크리트이고, 철근의 설계기준항복강도 $f_y = 400$ MPa임)

구분	단순지지	1단 연속	양단 연속	캔틸레버
최소 두께 (h)	$\dfrac{l}{16}$	$\dfrac{l}{18.5}$	$\dfrac{l}{21}$	$\dfrac{l}{8}$

42. 등가정적해석법에 따른 지진응답계수의 산정식과 가장 거리가 먼 것은?

① 가스트 영향계수
② 반응수정계수
③ 주기 1초에서의 설계스펙트럼 가속도
④ 건축물의 고유주기

해설 지진응답계수$(C_s) = \dfrac{S_{D1}}{\left[\dfrac{R}{I_E}\right] T}$

여기서, I_E : 건축물의 중요도계수
R : 반응수정계수
S_{D1} : 주기 1초에서의 설계스펙트럼 가속도
T : 건축물의 고유주기

참고 가스트 영향계수 : 바람의 난류로 인해 발생되는 구조물의 동적 거동 성분을 나타내는 것으로 $\dfrac{최대변위}{평균변위}$를 통계적인 값으로 나타낸 계수

43. 다음 그림과 같은 두 개의 단순보에 크기가 같은($P = wL$) 하중이 작용할 때, A점에서 발생하는 처짐각의 비율(가 : 나)은? (단, 부재의 EI는 일정하다.)

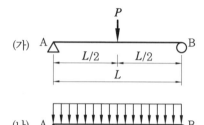

① 1 : 1.5
② 1.5 : 1
③ 1 : 0.67
④ 0.67 : 1

해설 (1) 탄성하중
$$R_A' = \dfrac{PL}{4EI} \times L \times \dfrac{1}{2} \times \dfrac{1}{2} = \dfrac{PL^2}{16EI}$$
$$\therefore S_A' = Q_A = \dfrac{PL^2}{16EI}$$

(2) A점의 처짐각 비율
(가) : (나)
$$= \dfrac{PL^2}{16EI} : \dfrac{wL^3}{24EI} = \dfrac{wL^3}{16EI} : \dfrac{wL^3}{24EI}$$
$$= \dfrac{1 \times 24}{16} : \dfrac{1 \times 24}{24} = 1.5 : 1$$

44. 다음 중 철골구조에 관한 설명으로 옳지 않은 것은?

① 수평하중에 의한 접합부의 연성능력이 낮다.
② 철근콘크리트조에 비하여 넓은 전용면적을 얻을 수 있다.
③ 정밀한 시공을 요한다.
④ 장스팬 구조물에 적합하다.

해설 (1) 연성(ductility) : 탄성한계 이상에서 부러지지 않고 길게 늘어나는 성질
(2) 철골구조는 수평하중에 의한 접합부의 연성능력이 크다.

(3) 철골구조는 철근콘크리트 구조에 비하여 기둥, 보·벽의 단면을 작게 할 수 있으므로 전용바닥면적을 넓게 사용할 수 있다.

45. 그림과 같은 ㄷ형강(channel)에서 전단중심(剪斷中心)의 대략적인 위치는?

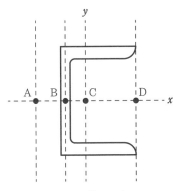

① A점   ② B점
③ C점   ④ D점

해설 전단중심(shear center)은 비틀림이 발생하지 않는 지점이다.

46. 다음 그림과 같은 부정정보에서 고정단 모멘트 $M_{AB}(C_{AB})$의 절댓값은?

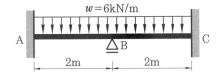

① 2 kN·m   ② 3 kN·m
③ 4 kN·m   ④ 5 kN·m

해설 $-C_{AB} = \dfrac{wl^2}{12} = \dfrac{6\,\text{kN/m} \times (2\,\text{m})^2}{12}$

$= 2\,\text{kN}\cdot\text{m}$

47. 그림과 같은 정정구조의 CD부재에서 C, D점의 휨모멘트 값 중 옳은 것은?

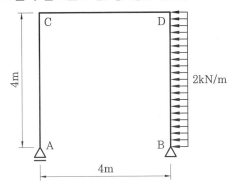

① C점 : 0, D점 : 16 kN·m
② C점 : 16 kN·m, D점 : 16 kN·m
③ C점 : 0, D점 : 32 kN·m
④ C점 : 32 kN·m, D점 : 32 kN·m

해설 (1) 반력
  ㉮ 수평반력
    $\sum H = 0$에서 $H_B - 2 \times 4 = 0$
    ∴ $H_B = 8\,\text{kN}$
  ㉯ 수직반력
    $\sum M_B = 0$에서 $R_A \times 4 - 8 \times 2 = 0$
    ∴ $R_A = 4\,\text{kN}$
(2) 휨모멘트
  $M_C = 0$
  $M_D = R_A \times 4 = 4 \times 4 = 16\,\text{kN}\cdot\text{m}$

48. 다음 그림과 같은 구조물의 부정정 차수로 옳은 것은?

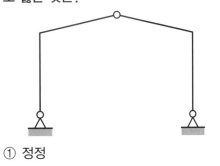

① 정정

② 1차 부정정

③ 2차 부정정

④ 3차 부정정

해설 (1) 구조물의 판별

⑦ $m > 0$: 부정정

④ $m = 0$: 정정

⑤ $m < 0$: 불안정

(2) 판별식

$m = n + s + r - 2k$

$\quad = 4 + 4 + 2 - 2 \times 5 = 0$

∴ 정정

---

49. 다음 그림과 같은 내민보에서 휨모멘트가 0이 되는 두 개의 반곡점 위치를 구하면? (단, 반곡점 위치는 A점으로부터의 거리임)

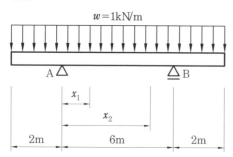

① $x_1 = 0.765\,\text{m},\ x_2 = 5.235\,\text{m}$

② $x_1 = 0.765\,\text{m},\ x_2 = 5.215\,\text{m}$

③ $x_1 = 0.805\,\text{m},\ x_2 = 5.195\,\text{m}$

④ $x_1 = 0.805\,\text{m},\ x_2 = 5.175\,\text{m}$

해설 (1) 반곡점 : 휨모멘트가 0인 점

(2) 지점의 반력

$\sum V = 0$에서

$R_A + R_B - 1 \times 10 = 0$

∴ $R_A = R_B = \dfrac{10}{2} = 5\,\text{kN}$

(3) A로부터 x_1거리의 지점 휨모멘트

$M_{x_1} = R_A \times x_1 - 1 \times (2 + x_1) \times \dfrac{(2 + x_1)}{2} = 0$

$5 \times x_1 - (4 + 4x_1 + x_1^2) \times \dfrac{1}{2} = 0$

$5x_1 - 2 - 2x_1 - \dfrac{x_1^2}{2} = 0$

근의 공식에서

$x_1 = \dfrac{-b \pm \sqrt{b^2 - 4ac}}{2a}$

$\quad = \dfrac{-3 \pm \sqrt{3^2 - 4 \times \left(\dfrac{-1}{2}\right) \times (-2)}}{2 \times \left(-\dfrac{1}{2}\right)}$

$\quad = 0.764\,\text{m}$

$x_2 = 6 - 0.764 = 5.236\,\text{m}$

---

50. 그림과 같은 단면에 전단력 40kN이 작용할 때 A점에서 전단응력은?

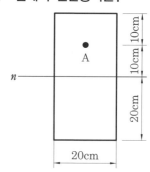

① 0.28 MPa　　② 0.56 MPa

③ 0.84 MPa　　④ 1.12 MPa

해설 보의 전단응력 $\tau = \dfrac{GS}{Ib}$

여기서, I : 단면 2차 모멘트

b : 보의 너비

G : 도심축으로부터 구하고자 하는 지점 외측단의 단면 1차 모멘트

S : 전단력

∴ $\tau = \dfrac{200 \times 100 \times 150 \times 40{,}000}{\dfrac{200 \times 400^3}{12} \times 200}$

$\quad = 0.5625\,\text{N/mm}^2(\text{MPa})$

정답 **49.** ① **50.** ②

51. 등분포하중을 받는 4변 고정 2방향 슬래브에서 모멘트양이 일반적으로 가장 크게 나타나는 곳은?

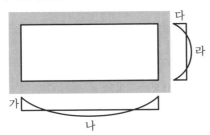

① 가   ② 나
③ 다   ④ 라

[해설] (1) 4변 고정 바닥판

- 1방향 슬래브 : $\lambda = \dfrac{L_y}{L_x} > 2$

- 2방향 슬래브 : $\lambda = \dfrac{L_y}{L_x} \leq 2$

(2) 2방향 슬래브 휨모멘트 크기 순서
1. 단변 방향 단부 ㉕
2. 단변 방향 중앙부 ㉛
3. 장변 방향 단부 ㉔
4. 장변 방향 중앙부 ㉖

52. 고력볼트 F10T-M24의 현장시공을 위한 본조임의 조임력(T)은 얼마인가? (단, 토크계수는 0.13, F10T-M24볼트의 설계볼트장력은 200 kN이며 표준볼트장력은 설계볼트장력에 10 %를 할증한다.)

① 568,573 N·mm   ② 686,400 N·mm
③ 799,656 N·mm   ④ 892,638 N·mm

[해설] (1) 고력볼트 F10T-M24
- F(friction) : 마찰접합
- 10T(tensile strength) : 최소인장강도
  $10 \text{ tf/cm}^2 = 1,000 \text{ N/mm}^2(\text{MPa})$
- M24 : 공칭지름 24 mm
(2) 표준볼트장력(축력)
  = 설계볼트장력(축력)×1.1
(3) 조임력(T)

= 토크계수(k)×공칭지름(d_1)×축력(N)
= $0.13 \times 24 \text{ mm} \times (200 \times 10^3 \text{N} \times 1.1)$
= $686,400 \text{ N·mm}$

53. 다음 중 부동침하의 원인과 가장 거리가 먼 것은?

① 건물이 경사지반에 근접되어 있을 경우
② 건물이 이질지반에 걸쳐 있을 경우
③ 이질의 기초구조를 적용했을 경우
④ 건물의 강도가 불균등할 경우

[해설] 부동(불균등)침하의 원인
(1) 연약 지반인 경우
(2) 연약층의 두께가 서로 다른 경우
(3) 건물이 이질지층에 접한 경우
(4) 건물이 낭떠러지에 접한 경우
(5) 일부 증축하는 경우
(6) 지하수위가 변경되는 경우
(7) 건축물의 지하에 매설물 또는 구멍이 있는 경우
(8) 지반에 메운 땅이 있는 경우

54. 그림과 같은 라멘에 있어서 A점의 모멘트는 얼마인가? (단, k는 강비이다.)

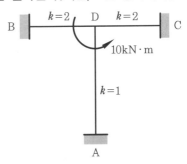

① 1 kN·m   ② 2 kN·m
③ 3 kN·m   ④ 4 kN·m

[해설] (1) DA 부재의 분배율
$$f_{DA} = \frac{k_{DA}(DA \text{ 부재의 강비})}{\sum k(\text{강비의 총합})}$$
$$= \frac{1}{1+2+2} = \frac{1}{5}$$

(2) DA 부재의 분배 모멘트

$$M_{DA} = 10\,\text{kN} \cdot \text{m} \times \frac{1}{5} = 2\,\text{kN} \cdot \text{m}$$

(3) A점의 도달 모멘트

$$M_{AD} = 2\,\text{kN} \cdot \text{m} \times \frac{1}{2} = 1\,\text{kN} \cdot \text{m}$$

55. 주철근으로 사용된 D22 철근 180° 표준 갈고리의 구부림 최소 내면 반지름(r)으로 옳은 것은?

① $r = 1d_b$ ② $r = 2d_b$

③ $r = 2.5d_b$ ④ $r = 3d_b$

해설 주철근의 180° 표준갈고리의 구부림의 최소 내면 반지름(d_b : 철근의 직경)

철근 크기	최소 내면 반지름
D10 ~ D25	$3d_b$
D29 ~ D35	$4d_b$
D38 이상	$5d_b$

60mm 이상

56. 그림과 같은 단순보의 일부 구간으로부터 떼어낸 자유물체도에서 각 좌우측면(가, 나면)에 작용하는 전단력의 방향과 그 값으로 옳은 것은?

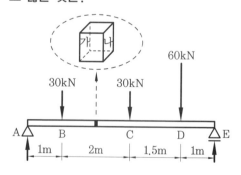

① 가 : 19.1 kN(↑) 나 : 19.1 kN(↓)

② 가 : 19.1 kN(↓) 나 : 19.1 kN(↑)

③ 가 : 16.1 kN(↑) 나 : 16.1 kN(↓)

④ 가 : 16.1 kN(↓) 나 : 16.1 kN(↑)

해설 (1) A점의 반력

$\sum M_E = 0$에서

$R_A \times 5.5\,\text{m} - 30\,\text{kN} \times 4.5\,\text{m}$

$- 30\,\text{kN} \times 2.5\,\text{m} - 60\,\text{kN} \times 1\,\text{m} = 0$

$\therefore R_A = 49.09\,\text{kN}$

(2) BC 구간의 전단력

$\sum V = 0$에서

$49.09\,\text{kN} - 30\,\text{kN} = 19.09\,\text{kN}(\uparrow)$

임의의 점에서는 평형을 유지해야 하므로 (나)는 ↓

57. 다음 그림과 같이 단면의 크기가 500 mm×500 mm인 띠철근 기둥이 저항할 수 있는 최대 설계축하중 ϕP_n은? (단, $f_y = 400\,\text{MPa}$, $f_{ck} = 27\,\text{MPa}$)

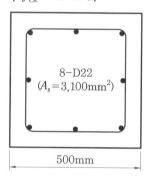

8-D22
($A_s = 3{,}100\,\text{mm}^2$)

500mm

① 3,591 kN   ② 3,972 kN

③ 4,170 kN   ④ 4,275 kN

해설 띠철근 기둥의 최대 설계축하중

$\phi P_{n(\max)} = 0.8\phi\{0.85 f_{ck}(A_g - A_{st}) + f_y A_{st}\}$

$= 0.8 \times 0.65 \times \{0.85 \times 27 \times (500 \times 500 - 3{,}100)$

$\quad + 400 \times 3{,}100\}$

$= 3{,}591{,}304.6\,\text{N} = 3{,}591.3\,\text{kN}$

여기서, A_g : 기둥의 단면적

A_{st} : 주철근의 단면적

ϕ : 강도감소계수(띠철근 : 0.65)

정답   **55.** ④   **56.** ①   **57.** ①

f_y : 철근의 항복강도

f_{ck} : 콘크리트의 설계기준강도

58. 다음 중 말뚝기초에 관한 설명으로 옳지 않은 것은?

① 사질토(砂質土)에는 마찰말뚝의 적용이 불가하다.
② 말뚝내력(耐力)의 결정방법은 재하시험이 정확하다.
③ 철근콘크리트 말뚝은 현장에서 제작 양생하여 시공할 수도 있다.
④ 마찰말뚝은 한 곳에 집중하여 시공하지 않는 것이 좋다.

해설 사질토에서도 마찰말뚝의 적용이 가능하다.

59. 다음 강종 표시기호에 관한 설명으로 옳지 않은 것은? (단, KS 강종기호 개정사항 반영)

SMA	355	B	W
(가)	(나)	(다)	(라)

① (가) : 용도에 따른 강재의 명칭 구분
② (나) : 강재의 인장강도 구분
③ (다) : 충격흡수에너지 등급 구분
④ (라) : 내후성 등급 구분

해설 KS D 3529
(1) SMA : 용접 구조용 내후성 열간 압연 강재(용도에 따른 강재의 명칭 구분)
(2) 355 : 강종의 항복강도(N/mm^2, MPa)
(3) B : 충격흡수에너지에 의한 강재의 품질 중 B등급
(4) W : 내후성 등급 구분

60. 내진설계에 있어서 밑면 전단력 산정인자가 아닌 것은?

① 건물의 중요도계수
② 반응수정계수
③ 진도계수
④ 유효건물중량

해설 (1) 밑면 전단력
㉮ 지진력에 의한 1층의 층전단력을 지상 부분의 전체 중량으로 나눈 값
㉯ 산정인자 : 건물의 중요도계수, 반응수정계수, 유효건물중량
(2) 진도계수 : 내진 설계에 필요한 지진 시의 수평 하중을 구하기 위해 지진의 최대 가속도를 중력 가속도로 나눈 값

$$진도계수 = \frac{지진의\ 최대\ 가속도}{중력\ 가속도}$$

제4과목 건축설비

61. 광원의 연색성에 관한 설명으로 옳지 않은 것은?

① 고압수은램프의 평균 연색평가수(Ra)는 100이다.
② 연색성을 수치로 나타낸 것을 연색평가수라고 한다.
③ 평균 연색평가수(Ra)가 100에 가까울수록 연색성이 좋다.
④ 물체가 광원에 의하여 조명될 때, 그 물체의 색의 보임을 정하는 광원의 성질을 말한다.

해설 (1) 연색성 : 조명이 물체의 색감에 영향을 주는 요인
(2) 고압수은램프
㉮ 수은 증기 방전에 의한 발광
㉯ 가로등 조명, 공장 조명, 스포츠 조명 등에 사용
㉰ 평균 연색평가수(Ra) : 투명형 25, 형광형 45

62. 다음 중 증기난방에 관한 설명으로 옳지 않은 것은?

① 온수난방에 비해 예열시간이 짧다.

② 운전 중 증기해머로 인한 소음 발생의 우려가 있다.

③ 온수난방에 비해 한랭지에서 동결의 우려가 있다.

④ 온수난방에 비해 부하변동에 따른 실내방열량 제어가 용이하다.

해설 (1) 증기난방의 예열시간 : 물을 가열하여 증기로 변할 때까지의 시간
(2) 증기난방은 온수난방에 비해 부하변동(실내온도 변화)에 따른 실내방열량 제어가 곤란하다.

63. 다음 중 최근 저압선로의 배선보호용 차단기로 가장 많이 사용되는 것은?

① ACB

② GCB

③ MCCB

④ ABCB

해설 MCCB(molded case circuit breaker) : 과전류 흐름시 전선을 보호하기 위해 사용하는 배선보호용 차단기

64. 간접가열식 급탕설비에 관한 설명으로 옳지 않은 것은?

① 대규모 급탕설비에 적당하다.

② 비교적 안정된 급탕을 할 수 있다.

③ 보일러 내면에 스케일이 많이 생긴다.

④ 가열 보일러는 난방용 보일러와 겸용할 수 있다.

해설 간접가열식은 저탕조에 가열 코일을 설치하여 저탕조의 물을 간접적으로 가열하여 급탕하는 방식으로 보일러 내면에 스케일이 생길 염려가 없다.

65. 전력부하 산정에서 수용률 산정 방법으로 옳은 것은?

① (부등률/설비용량)×100 %

② (최대수용전력/부등률)×100 %

③ (최대수용전력/설비용량)×100 %

④ (부하각개의 최대수용전력 합계/각 부하를 합한 최대수용전력)×100 %

해설 $수용률 = \dfrac{최대 수용 전력(\text{kW})}{설비용량(\text{kW})} \times 100(\%)$

※ 변압기에서 적정 공급 설비 용량을 파악하기 위해 사용한다.

66. 전기 샤프트(ES)에 관한 설명으로 옳지 않은 것은?

① 전기 샤프트(ES)는 각 층마다 같은 위치에 설치한다.

② 전기 샤프트(ES)의 면적은 보, 기둥부분을 제외하고 산정한다.

③ 전기 샤프트(ES)는 전력용(EPS)과 정보통신용(TPS)을 공용으로 설치하는 것이 원칙이다.

④ 전기 샤프트(ES)의 점검구는 유지보수 시 기기의 반입 및 반출이 가능하도록 하여야 한다.

해설 전기 샤프트(electrical shaft)는 전력용(EPS)과 정보통신용(TPS)을 구분하여 설치하는 것을 원칙으로 하고, 장비나 배선이 작은 경우는 공용으로 사용한다.

67. 다음 중 변전실 면적 결정 시 영향을 주는 요소와 가장 거리가 먼 것은?

① 수전전압　　② 수전방식

③ 발전기 용량　④ 큐비클의 종류

해설 변전실 면적에 영향을 주는 요소
(1) 수전전압 및 수전방식
(2) 변전설비 변압방식, 변압기 용량, 수량 및

형식

(3) 설치 기기와 큐비클의 종류 및 시방

(4) 기기의 배치방법 및 유지보수 필요 면적

(5) 건축물의 구조적 여건

참고 (1) 수변전실 : 큰 건물이나 공장같은 소비전력이 큰 곳에 보내온 높은 전압의 전기를 변전소에서 전압을 낮추어 필요한 각 실로 보내는 실

(2) 수변전실 구성 : 수전반 → 변전반(변압기) → 배전반

(3) 큐비클(cubicle) : 강철로 제작한 배전반

68. 공기조화방식 중 전수 방식에 관한 설명으로 옳지 않은 것은?

① 각 실의 제어가 용이하다.

② 실내 배관에 의한 누수의 우려가 있다.

③ 극장의 관객석과 같이 많은 풍량을 필요로 하는 곳에 주로 사용된다.

④ 열매체가 증기 또는 냉·온수이므로 열의 운송동력이 공기에 비해 적게 소요된다.

해설 (1) 공기조화방식

㉮ 전공기 방식 : 냉풍·온풍을 덕트를 통해 실내로 송풍

㉯ 전수 방식 : 물을 열매로 해서 실내유닛으로 공급하는 팬코일 유닛 방식(FCU)

(2) 극장의 관객석과 같이 많은 풍량을 필요로 하는 곳에는 전공기 방식을 이용한다.

69. 면적이 100 m²인 어느 강당의 야간 소요 평균조도가 300 lx이다. 1개당 광속이 2,000 lm인 형광등을 사용할 경우 소요 형광등 수는? (단, 조명률은 60 %이고 감광보상률은 1.50이다.)

① 25개   ② 29개

③ 34개   ④ 38개

해설 소요 램프(형광등) 수(N)

$$= \frac{A \cdot E}{F \cdot U \cdot M}$$

$$= \frac{100\,\text{m}^2 \times 300\,\text{lx}}{2,000\,\text{lm} \times 0.6 \times \dfrac{1}{1.5}} = 37.5\text{개}$$

$\therefore$ 38개

여기서, A : 실내면적(m²)

E : 소요 평균조도(lx)

U : 조명률

M : 보수율(감광보상률의 역수)

F : 사용 램프 전체 광속(lm)

70. 다음 중 지역난방에 적용하기에 가장 적합한 보일러는?

① 수관보일러   ② 관류보일러

③ 입형보일러   ④ 주철제보일러

해설 (1) 지역난방 : 대단지 아파트나 대형 빌딩의 난방을 위해 중앙의 열 발전소에서 관을 통하여 증기나 중온수를 보내는 방식

(2) 수관보일러 : 관(pipe)에 물을 채우고 관을 가열하여 증기·고온수를 만들어 보내는 방식

71. 다음 설명에 알맞은 접지의 종류는?

기능상 목적이 서로 다르거나 동일한 목적의 개별접지들을 전기적으로 서로 연결하여 구현한 접지

① 단독접지   ② 공통접지

③ 통합접지   ④ 종별접지

해설 접지의 종류

(1) 단독접지 : 접지를 필요로 하는 개개의 설비에 대해서 각각 독립적으로 하는 접지

(2) 공통접지 : 기능상 목적이 같은 접지들을 전기적으로 연결한 접지

(3) 통합접지 : 기능상 목적이 서로 다르거나 동일한 목적의 개별접지들을 전기적으로 서로 연결하여 구현한 접지

정답 **68.** ③   **69.** ④   **70.** ①   **71.** ③

(4) 글로벌(전체적) 접지 : 여러 개의 공통접
지나 통합접지를 연결한 접지

※ 종별접지 : 제1종, 제2종, 제3종, 특별 제3
종 접지(2021년 시행 폐지)

72. 양수 펌프의 회전수를 원래보다 20 % 증
가시켰을 경우 양수량의 변화로 옳은 것은?

① 20 % 증가　　② 44 % 증가

③ 73 % 증가　　④ 100 % 증가

해설　펌프의 상사 법칙

(1) 유량 : $\dfrac{Q_2}{Q_1} = \dfrac{N_2}{N_1}\left(\dfrac{D_2}{D_1}\right)^3$

(2) 양정 : $\dfrac{H_2}{H_1} = \left(\dfrac{N_2}{N_1}\right)^2\left(\dfrac{D_2}{D_1}\right)^2$

(3) 축동력 : $\dfrac{L_2}{L_1} = \left(\dfrac{N_2}{N_1}\right)^3\left(\dfrac{D_2}{D_1}\right)^5$

여기서, N : 회전수, D : 임펠러의 직경
펌프의 상사 법칙에서 양수량(유량)은 회전수
변화에 비례하므로 회전수가 20 % 증가하면
양수량은 20 % 증가한다.

73. 다음 중 급수배관계통에서 공기빼기밸브
를 설치하는 가장 주된 이유는?

① 수격작용을 방지하기 위하여

② 배관 내면의 부식을 방지하기 위하여

③ 배관 내 유체의 흐름을 원활하게 하기
위하여

④ 배관 표면에 생기는 결로를 방지하기
위하여

해설　급수배관 내에 공기가 발생하면 굴곡부나
구석 부분 등에 공기가 뭉쳐 배관 내 유체의
흐름을 방해하므로 공기빼기밸브를 설치하여
공기를 빼주어 유체의 흐름을 원활하게 한다.

74. 스프링클러설비를 설치하여야 하는 특정
소방 대상물의 최대 방수구역에 설치된 개

방형 스프링클러헤드의 개수가 30개일 경
우, 스프링클러설비의 수원의 저수량은 최
소 얼마 이상으로 하여야 하는가?

① 16 m³　　② 32 m³

③ 48 m³　　④ 56 m³

해설　개방형 스프링클러헤드를 사용하는 스프
링클러설비의 수원은 최대 방수구역에 설치
된 스프링클러헤드의 개수가 30개 이하일 경
우에는 설치 헤드수에 1.6 m³를 곱한 양 이상
으로 한다.

∴ $30 \times 1.6 \text{ m}^3 = 48 \text{ m}^3$

75. 직류 엘리베이터에 관한 설명으로 옳지
않은 것은?

① 임의의 기동 토크를 얻을 수 있다.

② 고속 엘리베이터용으로 사용이 가능
하다.

③ 원활한 가감속이 가능하여 승차감이
좋다.

④ 교류 엘리베이터에 비하여 가격이 저
렴하다.

해설　직류 엘리베이터는 교류 엘리베이터에 비
하여 고가이다.

76. 피뢰시스템에 관한 설명으로 옳지 않은
것은?

① 피뢰시스템은 보호성능 정도에 따라
등급을 구분한다.

② 피뢰시스템의 등급은 Ⅰ, Ⅱ, Ⅲ의 3등
급으로 구분된다.

③ 수뢰부시스템은 보호범위 산정방식(보
호각, 회전구체법, 메시법)에 따라 설치
한다.

④ 피보호건축물에 적용하는 피뢰시스템
의 등급 및 보호에 관한 사항은 한국산
업표준의 낙뢰 리스크평가에 의한다.

해설 (1) 피뢰시스템의 등급은 Ⅰ, Ⅱ, Ⅲ, Ⅳ의 4개 등급으로 구분된다.

(2) 낙뢰보호방법(보호범위 산정방식) : 보호 각법, 회전구체법, 메시법

77. 환기에 관한 설명으로 옳지 않은 것은?

① 화장실은 송풍기(급기팬)와 배풍기(배 기팬)를 설치하는 것이 일반적이다.

② 기밀성이 높은 주택의 경우 잦은 기계 환기를 통해 실내공기의 오염을 낮추는 것이 바람직하다.

③ 병원의 수술실은 오염공기가 실내로 들어오는 것을 방지하기 위해 실내압력 을 주변공간보다 높게 설정한다.

④ 공기의 오염농도가 높은 도로에 면해 있는 건물의 경우, 공기조화설비 계통 의 외기도입구를 가급적 높은 위치에 설치한다.

해설 환기방식

(1) 제1종 환기 : 강제흡기+강제배기
  ㉑ 보일러실·기계실 등

(2) 제2종 환기 : 강제흡기+자연배기
  ㉑ 변전실·창고 등

(3) 제3종 환기 : 자연흡기+강제배기
  ㉑ 주방·화장실·욕실 등

(4) 제4종 환기 : 자연흡기+자연배기
  ㉑ 일반실 등

78. 가로, 세로, 높이가 각각 4.5×4.5×3 m 인 실의 각 벽면 표면온도가 18℃, 천장면 20℃, 바닥면 30℃일 때 평균복사온도 (MRT)는?

① 15.2℃   ② 18.0℃
③ 21.0℃   ④ 27.2℃

해설 평균복사온도(MRT)

$$= \frac{(표면적 \times 표면온도)의\ 총합}{표면적의\ 총합}$$

$$= \frac{4.5 \times 4.5 \times 30 + 4.5 \times 4.5 \times 20 + 4.5 \times 3 \times 4 \times 18}{4.5 \times 4.5 + 4.5 \times 4.5 + 4.5 \times 3 \times 4}$$

$$= 21℃$$

79. 건구온도 26℃인 실내공기 8,000 m³/h 와 건구온도 32℃인 외부공기 2,000 m³/h 를 단열 혼합하였을 때 혼합공기의 건구온 도는?

① 27.2℃   ② 27.6℃
③ 28.0℃   ④ 29.0℃

해설 (1) 건구온도 : 건구온도계로 측정한 온도 로서 현재의 기온이다.

(2) 혼합공기의 건구온도(℃)

$$= \frac{실내공기체적 \times 건구온도 + 외부공기체적 \times 건구온도}{혼합공기의\ 체적}$$

$$= \frac{8,000 \times 26 + 2,000 \times 32}{8,000 + 2,000}$$

$$= \frac{272,000\,\mathrm{m^3 \cdot ℃/h}}{10,000\,\mathrm{m^3/h}} = 27.2℃$$

80. 다음 중 기온, 습도, 기류의 3요소의 조 합에 의한 실내 온열감각을 기온의 척도로 나타낸 것은?

① 작용온도   ② 등가온도
③ 유효온도   ④ 등온지수

해설 유효온도(effective temperature) : 사람 이 느끼는 감각을 기온·습도·풍속(기류)의 3 요소의 조합으로 나타낸 온도

제5과목 **건축관계법규**

81. 다음의 각종 용도지역의 세분에 관한 설 명 중 옳지 않은 것은?

정답 **77.** ① **78.** ③ **79.** ① **80.** ③ **81.** ③

① 근린상업지역 : 근린지역에서의 일용
품 및 서비스의 공급을 위하여 필요한
지역
② 중심상업지역 : 도심·부도심의 상업기
능 및 업무기능의 확충을 위하여 필요
한 지역
③ 제1종 일반주거지역 : 단독주택을 중심
으로 양호한 주거환경을 조성하기 위하
여 필요한 지역
④ 준주거지역 : 주거기능을 위주로 이를
지원하는 일부 상업기능 및 업무기능을
보완하기 위하여 필요한 지역

해설 제1종 일반주거지역 : 저층주택을 중심으
로 편리한 주거환경을 조성하기 위하여 필요
한 지역

82. 건축물의 면적, 높이 및 층수 산정의 기
본 원칙으로 옳지 않은 것은?
① 대지면적은 대지의 수평투영면적으로
한다.
② 연면적은 하나의 건축물 각 층의 거실
면적의 합계로 한다.
③ 건축면적은 건축물의 외벽(외벽이 없
는 경우에는 외곽부분의 기둥)의 중심
선으로 둘러싸인 부분의 수평투영면적
으로 한다.
④ 바닥면적은 건축물의 각 층 또는 그 일
부로서 벽, 기둥, 그 밖에 이와 비슷한
구획의 중심선으로 둘러싸인 부분의 수
평투영면적으로 한다.

해설 연면적은 하나의 건축물 각 층의 바닥면
적의 합계로 한다.

83. 다음 중 막다른 도로의 길이가 30 m인
경우, 이 도로가 건축법상 도로이기 위한
최소 너비는?

① 2 m ② 3 m ③ 4 m ④ 6 m

해설 막다른 도로 길이에 대한 도로 폭

막다른 도로의 길이	최소 너비
10m 미만	2m
10m 이상 35m 미만	3m
35m 이상	6 m(도시지역이 아닌 읍·면지역은 4 m)

84. 다음 중 건축법이 적용되는 건축물은?
① 역사(驛舍)
② 고속도로 통행료 징수시설
③ 철도의 선로 부지에 있는 플랫폼
④ 「문화재보호법」에 따른 가지정(假指定)
문화재

해설 건축법이 적용되지 않는 건축물
(1) 「문화재보호법」에 따른 지정문화재나 임
시지정문화재
(2) 철도나 궤도의 선로 부지에 있는 다음 각
목의 시설
㉮ 운전보안시설
㉯ 철도 선로의 위나 아래를 가로지르는 보
행시설
㉰ 플랫폼
㉱ 해당 철도 또는 궤도사업용 급수·급탄
및 급유 시설
(3) 고속도로 통행료 징수시설
(4) 컨테이너를 이용한 간이창고
(5) 「하천법」에 따른 하천구역 내의 수문조
작실

85. 같은 건축물 안에 공동주택과 위락시설
을 함께 설치하고자 하는 경우에 관한 기준
내용으로 옳지 않은 것은?
① 건축물의 주요구조부를 내화구조로
할 것

② 공동주택과 위락시설은 서로 이웃하도록 배치할 것

③ 공동주택과 위락시설은 내화구조로 된 바닥 및 벽으로 구획하여 서로 차단할 것

④ 공동주택의 출입구와 위락시설의 출입구는 서로 그 보행거리가 30 m 이상이 되도록 설치할 것

해설 (1) 공동주택 : 아파트·연립주택·다세대주택·기숙사

(2) 위락시설 : 유흥주점·무도장·무도학원·카지노

(3) 공동주택과 위락시설은 서로 이웃하지 아니하도록 배치해야 한다.

86. 층수가 15층이며, 6층 이상의 거실면적의 합계가 15,000 m²인 종합병원에 설치하여야 하는 승용승강기의 최소 대수는? (단, 8인승 승용승강기의 경우)

① 6대 ② 7대
③ 8대 ④ 9대

해설 (1) 승용승강기의 설치대수 산정식(공연장·집회장·관람장·판매시설·의료시설인 경우)

$$\frac{A - 3,000\,\text{m}^2}{2,000\,\text{m}^2} + 2\text{대}$$

A : 6층 이상의 거실바닥면적(m²)

※ 8인승 이상 15인승 이하 1대, 16인승 이상은 2대로 본다.

(2) 대수 산정

$$\frac{15,000\,\text{m}^2 - 3,000\,\text{m}^2}{2,000\,\text{m}^2} + 2\text{대} = 8\text{대}$$

87. 국토의 계획 및 이용에 관한 법령상 일반상업지역 안에서 건축할 수 있는 건축물은?

① 묘지 관련 시설
② 자원순환 관련 시설

③ 의료시설 중 요양병원

④ 자동차 관련 시설 중 폐차장

해설 일반상업지역 안에서 건축할 수 없는 건축물

(1) 묘지 관련 시설

(2) 자원순환 관련 시설

(3) 자동차 관련 시설 중 폐차장

(4) 액화석유가스 충전소 및 고압가스 충전소·저장소

88. 다음 중 방화구조의 기준으로 틀린 것은 어느 것인가?

① 시멘트모르타르 위에 타일을 붙인 것으로서 그 두께의 합계가 2.5 cm 이상인 것

② 석고판 위에 회반죽을 바른 것으로서 그 두께의 합계가 2.5 cm 이상인 것

③ 철망모르타르로서 그 바름두께가 1.5 cm 이상인 것

④ 심벽에 흙으로 맞벽치기한 것

해설 철망모르타르로서 그 바름두께가 2 cm 이상인 경우 방화구조이다.

89. 직통계단의 설치에 관한 기준 내용 중 밑줄 친 "다음 각 호의 어느 하나에 해당하는 용도 및 규모의 건축물"의 기준 내용으로 틀린 것은?

> 법 제49조 제1항에 따라 피난층 외의 층이 다음 각 호의 어느 하나에 해당하는 용도 및 규모의 건축물에는 국토교통부령으로 정하는 기준에 따라 피난층 또는 지상으로 통하는 직통계단을 2개소 이상 설치하여야 한다.

① 지하층으로서 그 층 거실의 바닥면적의 합계가 200 m² 이상인 것

② 종교시설의 용도로 쓰는 층으로서 그 층에서 해당 용도로 쓰는 바닥면적의 합계가 200 m² 이상인 것

③ 숙박시설의 용도로 쓰는 3층 이상의 층으로서 그 층의 해당 용도로 쓰는 거실의 바닥면적의 합계가 200 m² 이상인 것

④ 업무시설 중 오피스텔의 용도로 쓰는 층으로서 그 층의 해당 용도로 쓰는 거실의 바닥면적의 합계가 200 m² 이상인 것

해설 업무시설 중 오피스텔의 용도로 쓰는 층으로서 그 층의 해당 용도로 쓰는 거실의 바닥면적의 합계가 300m² 이상인 경우 직통계단을 2개소 이상 설치해야 한다.

90. 광역도시계획의 수립권자 기준에 대한 내용으로 틀린 것은?

① 광역계획권이 같은 도의 관할 구역에 속하여 있는 경우, 관할 시장 또는 군수가 공동으로 수립한다.

② 국가계획과 관련된 광역도시계획의 수립이 필요한 경우 국토교통부장관이 수립한다.

③ 광역계획권을 지정한 날부터 2년이 지날 때까지 관할 시장 또는 군수로부터 광역도시계획의 승인 신청이 없는 경우 국토교통부장관이 수립한다.

④ 광역계획권이 둘 이상의 시·도의 관할 구역에 걸쳐 있는 경우, 관할 시·도지사가 공동으로 수립한다.

해설 (1) 광역도시계획 : 서로 접한 도시를 묶어 토지이용 및 도시기능을 통합관리하는 제도
(2) 광역계획권을 지정한 날부터 3년이 지날 때까지 관할 시장 또는 군수로부터 광역도시계획의 승인 신청이 없는 경우 관할 도지사가 수립한다. 시·도지사로부터 광역도시계획의 승인 신청이 없는 경우 국토교통부장관이 수립한다.

91. 주차장법령의 기계식주차장치의 안전기준과 관련하여, 중형 기계식주차장의 주차장치 출입구 크기기준으로 옳은 것은 어느 것인가? (단, 사람이 통행하지 않는 기계식주차장치인 경우)

① 너비 2.3 m 이상, 높이 1.6 m 이상

② 너비 2.3 m 이상, 높이 1.8 m 이상

③ 너비 2.4 m 이상, 높이 1.6 m 이상

④ 너비 2.4 m 이상, 높이 1.9 m 이상

해설 기계식주차장치 출입구의 크기는 중형 기계식주차장의 경우에는 너비 2.3 m 이상, 높이 1.6 m 이상으로 하여야 하고, 대형 기계식주차장의 경우에는 너비 2.4 m 이상, 높이 1.9 m 이상으로 하여야 한다. 다만, 사람이 통행하는 기계식주차장치 출입구의 높이는 1.8 m 이상으로 한다.

92. 건축물이 있는 대지의 분할 제한 최소 기준이 옳은 것은? (단, 상업지역의 경우)

① 100제곱미터

② 150제곱미터

③ 200제곱미터

④ 250제곱미터

해설 건축물이 있는 대지의 최소 분할면적
(1) 상업지역·공업지역 : 150 m²
(2) 녹지지역 : 200 m²
(3) 주거지역 및 기타지역 : 60 m²

93. 공동주택과 오피스텔의 난방설비를 개별난방방식으로 하는 경우의 기준으로 틀린 것은?

① 보일러실의 윗부분에는 그 면적이 0.5 m² 이상인 환기창을 설치할 것

② 보일러는 거실 외의 곳에 설치하되, 보일러를 설치하는 곳과 거실 사이의 경계벽은 출입구를 제외하고는 내화구조의 벽으로 구획할 것

③ 보일러의 연도는 방화구조로서 개별연도로 설치할 것

④ 기름보일러를 설치하는 경우 기름 저장소를 보일러실 외의 다른 곳에 설치할 것

[해설] 보일러의 연도는 내화구조로서 공동연도로 설치할 것

94. 국토교통부령으로 정하는 기준에 따라 채광 및 환기를 위한 창문 등이나 설비를 설치하여야 하는 대상에 속하지 않는 것은?

① 의료시설의 병실

② 숙박시설의 객실

③ 업무시설 중 사무소의 사무실

④ 교육연구시설 중 학교의 교실

[해설] 채광 및 환기를 위한 창문 등이나 설비를 설치하여야 하는 대상

(1) 단독주택 및 공동주택의 거실

(2) 교육연구시설 중 학교의 교실

(3) 의료시설의 병실

(4) 숙박시설의 객실

[참고] 채광 및 환기를 위한 창문 등 설치기준

(1) 채광을 위하여 거실에 설치하는 창문 등의 면적은 그 거실의 바닥면적의 $\frac{1}{10}$ 이상이어야 한다. (단, 기준 조도 이상의 조명장치를 설치하는 경우 제외)

(2) 환기를 위하여 거실에 설치하는 창문 등의 면적은 그 거실의 바닥면적의 $\frac{1}{20}$ 이상이어야 한다. (단, 기계환기장치 및 중앙관리방식의 공기조화설비를 설치하는 경우 제외)

95. 다음 중 건축물의 용도분류상 문화 및 집회시설에 속하는 것은?

① 야외극장

② 산업전시장

③ 어린이회관

④ 청소년 수련원

[해설] ① 야외극장 : 관광휴게시설

② 산업전시장 : 문화·집회시설

③ 어린이회관 : 관광휴게시설

④ 청소년수련원 : 자연권수련시설

96. 바닥으로부터 높이 1 m까지의 안벽의 마감을 내수재료로 하지 않아도 되는 것은?

① 아파트의 욕실

② 숙박시설의 욕실

③ 제1종근린생활시설 중 휴게음식점의 조리장

④ 제2종근린생활시설 중 일반음식점의 조리장

[해설] 바닥으로부터 높이 1 m까지의 안벽 마감을 내수재료로 해야 하는 것

(1) 제1종 근린생활시설 중 일반목욕장의 욕실과 휴게음식점의 조리장

(2) 제2종 근린생활시설 중 일반음식점 및 휴게음식점의 조리장과 숙박시설의 욕실

97. 다음은 건축법령상 다세대주택의 정의이다. ( ) 안에 알맞은 것은?

> 주택으로 쓰는 1개 동의 바닥면적 합계가 (ⓐ) 이하이고, (ⓑ) 이하인 주택(2개 이상의 동을 지하주차장으로 연결하는 경우에는 각각의 동으로 본다.)

① ⓐ 330 m², ⓑ 3개 층

② ⓐ 330 m², ⓑ 4개 층

③ ⓐ 660 m², ⓑ 3개 층

④ ⓐ 660 m², ⓑ 4개 층

해설 다세대주택 : 주택으로 쓰는 1개 동의 바닥면적 합계가 660 m² 이하이고, 층수가 4개 층 이하인 주택(2개 이상의 동을 지하주차장으로 연결하는 경우에는 각각의 동으로 본다.)

98. 다음과 같은 경우 연면적 1,000 m²인 건축물의 대지에 확보하여야 하는 전기설비 설치공간의 면적기준은?

> ⓐ 수전전압 : 저압
> ⓑ 전력수전 용량 : 200 kW

① 가로 2.5 m, 세로 2.8 m
② 가로 2.5 m, 세로 4.6 m
③ 가로 2.8 m, 세로 2.8 m
④ 가로 2.8 m, 세로 4.6 m

해설 (1) 수전전압 : 전력회사가 전력공급에 사용하는 전압(시설물 측에서 보는 관점)으로 특고압, 고압, 저압의 3종류가 있다.
(2) 전기설비 설치공간(배전용)
⑦ 연면적 500 m² 이상인 건축물의 대지
⑷ 대지확보면적 : 수전전압이 저압이고, 전력수전 용량이 200 kW 이상 300 kW 미만인 경우 가로 2.8 m, 세로 4.6 m의 대지 공간이 필요함

99. 다음은 대피공간의 설치에 관한 기준 내용이다. 밑줄 친 요건 내용으로 옳지 않은 것은?

> 공동주택 중 아파트로서 4층 이상인 층의 각 세대가 2개 이상의 직통계단을 사용할 수 없는 경우에는 발코니에 인접 세대와 공동으로 또는 각 세대별로 다음 각 호의 요건을 모두 갖춘 대피공간을 하나 이상 설치하여야 한다.

① 대피공간은 바깥의 공기와 접하지 않을 것
② 대피공간은 실내의 다른 부분과 방화구획으로 구획될 것
③ 대피공간의 바닥면적은 각 세대별로 설치하는 경우에는 2 m² 이상일 것
④ 대피공간의 바닥면적은 인접 세대와 공동으로 설치하는 경우에는 3 m² 이상일 것

해설 (1) 대피공간의 설치 : 아파트로서 4층 이상인 층의 각 세대가 2개 이상의 직통계단을 사용할 수 없는 경우에는 발코니에 인접 세대와 공동으로 또는 각 세대별로 대피공간을 하나 이상 설치해야 한다.
(2) 대피공간 설치 기준
⑦ 대피공간은 바깥의 공기와 접해야 한다.
⑷ 대피공간은 실내의 다른 부분과 방화구획으로 구획되어야 한다.
⑤ 대피공간의 바닥면적
• 인접 세대와 공동으로 설치하는 경우 : 3 m² 이상
• 각 세대별로 설치하는 경우 : 2 m² 이상

100. 다음 중 제1종 전용주거지역 안에서 건축할 수 있는 건축물에 속하지 않는 것은? (단, 도시·군계획조례가 정하는 바에 의하여 건축할 수 있는 건축물 포함)

① 노유자시설
② 공동주택 중 아파트
③ 교육연구시설 중 고등학교
④ 제2종 근린생활시설 중 종교집회장

해설 공동주택 중 아파트·기숙사는 제1종 전용주거지역 안에서 건축할 수 없다.

Engineer Architecture

제**3**회 CBT 실전문제

제1과목 건축계획

1. 다음 중 사무소 건축에서 기둥간격(span)의 결정 요소와 가장 관계가 먼 것은?

① 건물의 외관
② 주차배치의 단위
③ 책상배치의 단위
④ 채광상 층고에 의한 안깊이

해설 사무소 건축에서 기둥간격(span)의 결정 요소
(1) 주차배치의 단위
(2) 책상배치의 단위
(3) 채광상 층고에 의한 안깊이 및 폭
(4) 구조 및 공법에 의한 스팬(span)의 한도

2. 사방에서 감상해야 할 필요가 있는 조각물이나 모형을 전시하기 위해 벽면에서 띄어 놓아 전시하는 특수전시기법은?

① 아일랜드 전시 ② 디오라마 전시
③ 파노라마 전시 ④ 하모니카 전시

해설 특수전시기법
① 아일랜드 전시 : 전시장 중앙에 전시케이스를 활용하여 사방에서 감상할 수 있도록 배치한 기법
② 디오라마 전시 : 현장감을 가장 실감나게 표현하는 방법으로 하나의 사실 또는 주제의 시간상황을 고정시켜 연출하는 것으로 현장에 임한 느낌을 주는 전시 기법
③ 파노라마 전시 : 연속적인 주제를 선(線)적으로 관계성 깊게 표현하기 위하여 전경(全景)으로 펼치도록 연출하는 것으로 맥락이 중요시될 때 사용되는 전시 기법
④ 하모니카 전시 : 전시 평면이 동일한 공간으로 연속되어 배치되는 전시 기법으로 동일 종류의 전시물을 반복 전시할 경우에 유리한 방식

3. 한국건축의 가구법과 관련하여 칠량가에 속하지 않는 것은?

① 무위사 극락전
② 수덕사 대웅전
③ 금산사 대적광전
④ 지림사 대적광전

해설 가구법 : 지붕을 형성하는 도리(보)의 개수에 따라 건축물의 구조를 구분하며, 오량가, 칠량가, 구량가, 십일량가 등이 있다.
(1) 오량가 : 봉정사 대웅전, 칠장사 대웅전
(2) 칠량가 : 무위사 극락전, 봉전사 극락전, 지림사 대적광전, 금산사 대적광전
(3) 구량가 : 부석사 무량수전, 수덕사 대웅전
(4) 십일량가 : 경복궁 경회루

4. 다음 설명에 알맞은 백화점 진열장 배치방법은?

> • main 통로를 직각배치하며, sub 통로를 45° 정도 경사지게 배치하는 유형이다.
> • 많은 고객이 매장 공간의 코너까지 접근하기 용이하지만, 이형의 진열장이 많이 필요하다.

① 직각배치   ② 방사배치

③ 사행배치   ④ 자유유선배치

[해설] 사행배치
(1) 주통로를 직각배치하고, 부통로를 주통로에 45° 경사지게 배치하는 방법
(2) 수직 동선 접근이 쉽고, 매장 공간의 코너까지 가기 쉽다.
(3) 이형의 진열장이 많이 필요하다.

5. 다음 중 르 꼬르뷔제가 제시한 근대건축의 5원칙에 속하는 것은?

① 옥상정원
② 유기적 건축
③ 노출 콘크리트
④ 유니버설 스페이스

[해설] 르 꼬르뷔제의 근대건축의 5원칙
(1) 옥상정원(옥상 테라스)
(2) 피로티
(3) 자유로운 열린 평면
(4) 가로로 긴 창(띠로 된 긴창)
(5) 자유로운 파사드(출구가 있는 정면)

6. 공동주택의 단지계획에서 보차분리를 위한 방식 중 평면분리에 해당하는 방식은?

① 시간제 차량통행
② 쿨데삭(cul-de-sac)
③ 오버브리지(overbridge)
④ 보행자 안전참(pedestrian safecross)

[해설] 보차분리의 형태
(1) 평면분리 : 쿨데삭, 루프(loop), T자형, 격자형
(2) 입체분리 : 오버브리지(overbridge, 육교), 언더패스(under path, 지하도)

7. 교학건축인 성균관의 구성에 속하지 않는 것은?

① 동재   ② 존경각

③ 천추전   ④ 명륜당

[해설] (1) 천추전 : 조선시대 왕의 편전으로서 왕과 신하가 학문을 토론하던 장소
(2) 성균관 : 조선시대 인재 양성을 위한 국립 대학격의 유학교육기관
㉮ 교학건축 : 교육과 학문
㉱ 명륜당·존경각·동재·서재
㉯ 문표건축 : 공자와 성현을 받드는 사당
㉱ 대성전·동무·서무

8. 엘리베이터의 설계 시 고려사항으로 옳지 않은 것은?

① 군관리운전의 경우 동일 군내의 서비스 층은 같게 한다.
② 승객의 층별 대기시간은 평균운전간격 이하가 되게 한다.
③ 건축물의 출입층이 2개 층이 되는 경우는 각각의 교통수요량 이상이 되도록 한다.
④ 백화점과 같은 대규모 매장에는 일반적으로 승객 수송의 70~80 %를 분담하도록 계획한다.

[해설] 대규모 매장의 백화점에서 승객 수송은 에스컬레이터가 70~80 %, 엘리베이터가 10 %, 계단이 10 % 부담하는 것으로 계획한다.

9. 기업체가 자사제품의 홍보, 판매 촉진 등을 위해 제품 및 기업에 관한 자료를 소비자들에게 직접 호소하여 제품의 우위성을 인식시키는 전시공간은?

① 쇼룸   ② 런드리
③ 프로시니엄   ④ 인포메이션

[해설] 쇼룸(showroom) : 기업체가 자사제품의 홍보 및 판매 촉진을 위해 소비자에게 직접 호소하여 제품의 우위성을 인식시키는 전시공간

정답   5. ①   6. ②   7. ③   8. ④   9. ①

10. 미술관 전시실의 순회 형식 중 연속순회 형식에 관한 설명으로 옳은 것은?

① 각 전시실에 바로 들어갈 수 있다는 장점이 있다.

② 연속된 전시실의 한쪽 복도에 의해서 각 실을 배치한 형식이다.

③ 중심부에 하나의 큰 홀을 두고 그 주위에 각 전시실을 배치한 형식이다.

④ 전시실을 순서별로 통해야 하고, 한 실을 폐쇄하면 전체 동선이 막히게 된다.

해설 (1) 연속순회(순로) 형식은 전시실을 따라 순서별로 전시하는 방식으로 한 실을 폐쇄하면 나머지 전체 동선은 막히게 된다.

(2) 전시실의 순회 형식

㉮ 중앙홀 형식 : 중앙홀에서 전시실 진입

㉯ 갤러리 및 코리도 형식 : 복도에서 전시실 진입)

㉰ 연속순로 형식 : 전시실을 순서대로 설치

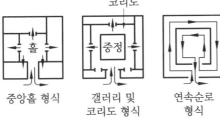

중앙홀 형식　　갤러리 및　　연속순로
　　　　　　　코리도 형식　　형식

11. 극장건축에서 무대의 제일 뒤에 설치되는 무대 배경용의 벽을 나타내는 용어는 어느 것인가?

① 프로시니엄　　② 사이클로라마
③ 플라이 로프트　　④ 그리드 아이언

해설 프로시니엄(proscenium) 무대

(1) 프로시니엄 아치

㉮ 관객석과 무대를 구분

㉯ 액자 형태의 경계벽

(2) 그리드 아이언

㉮ 무대 천장에 설치하는 철재틀

㉯ 조명기구·배경·음향·연기자를 매달 수

있는 구조

(3) 플라이 로프트

㉮ 무대의 지붕과 그리드 아이언 사이의 공간

㉯ 무대장치 중 필요 없는 장치를 끌어올려 보관하는 장치

(4) 사이클로라마 : 무대의 후면에 설치하는 무대의 배경벽

(5) 플라이 갤러리 : 무대 주위벽 7 m 정도 높이에 설치하는 좁은 통로

12. 아파트에서 친교 공간 형성을 위한 계획 방법으로 옳지 않은 것은?

① 아파트에서의 통행을 공동 출입구로 집중시킨다.

② 별도의 계단실과 입구 주위에 집합단위를 만든다.

③ 큰 건물로 설계하고, 작은 단지는 통합하여 큰 단지로 만든다.

④ 공동으로 이용되는 서비스 시설을 현관에서 인접하여 통행의 주된 흐름에 약간 벗어난 곳에 위치시킨다.

해설 아파트의 친교 공간

(1) 종류 : 노인정·도서관·피트니스 공간·문화 공간 등

(2) 작은 건물로 설계하고, 큰 단지는 작은 단지로 구분하여 나눈다.

13. 기계공장에서 지붕의 형식을 톱날지붕으로 하는 가장 주된 이유는?

① 소음을 작게 하기 위하여

② 빗물의 배수를 충분히 하기 위하여

③ 실내 온도를 일정하게 유지하기 위하여

④ 실내의 주광조도를 일정하게 하기 위하여

해설 기계공장에서 균일한 조도를 위해 지붕의 형식을 톱날지붕으로 한다.

 정답 **10.** ④　**11.** ②　**12.** ③　**13.** ④

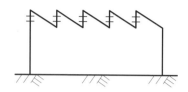

14. 페리의 근린주구이론의 내용으로 옳지 않은 것은?

① 주민에게 적절한 서비스를 제공하는 1~2개소 이상의 상점가를 주요도로의 결절점에 배치하여야 한다.

② 내부 가로망은 단지 내의 교통량을 원활히 처리하고 통과교통에 사용되지 않도록 계획되어야 한다.

③ 근린주구의 단위는 통과교통이 내부를 관통하지 않고 용이하게 우회할 수 있는 충분한 넓이의 간선도로에 의해 구획되어야 한다.

④ 근린주구는 하나의 중학교가 필요하게 되는 인구에 대응하는 규모를 가져야 하고, 그 물리적 크기는 인구밀도에 의해 결정되어야 한다.

해설 페리의 근린주구의 6원칙 중 근린주구는 초등학교 운영에 필요한 인구 규모로 한다.

15. 이슬람(사라센) 건축 양식에서 미나렛(minaret)이 의미하는 것은?

① 이슬람교의 신학원 시설

② 모스크의 상징인 높은 탑

③ 메카 방향으로 설치된 실내 제단

④ 열주나 아케이드로 둘러싸인 중정

해설 이슬람(사라센) 건축 양식

(1) 7세기 아랍에서 발생한 종교 건축

(2) 모스크 : 이슬람교의 예배당

(3) 미나렛 : 모스크의 상징인 높은 탑

16. 장애인·노인·임산부 등의 편의증진 보장에 관한 법령에 따른 편의시설 중 매개시설에 속하지 않는 것은?

① 주출입구 접근로

② 유도 및 안내설비

③ 장애인전용 주차구역

④ 주출입구 높이차이 제거

해설 장애인·노인·임산부 등의 편의시설

(1) 매개시설 : 대지의 입구로부터 건축물의 주출입구까지 이르는 경로에 설치된 편의시설
  • 주출입구 접근로
  • 장애인 전용 주차구역
  • 주출입구 높이차이 제거

(2) 안내시설 : 시각 및 청각장애인이 시설을 이용하기에 편리하도록 설치된 편의시설
  • 점자블록
  • 유도 및 안내설비
  • 경보 및 피난설비

17. 탑상형 공동주택에 관한 설명으로 옳지 않은 것은?

① 건축물의 외면의 입면성을 강조한 유형이다.

② 각 세대에 시각적인 개방감을 줄 수 있다.

③ 각 세대의 채광, 통풍 등 자연조건이 동일하다.

④ 도시의 랜드마크(landmark)적인 역할이 가능하다.

해설 아파트의 종류

(1) 판산형 : 한 동의 아파트가 일렬로 배치되어 있는 아파트로 각 세대의 채광, 통풍 등 자연조건이 동일하다.

(2) 탑상형 : 타워 형식으로 도시의 랜드마크적 역할이 가능하며, 각 세대의 채광, 통풍 등 자연조건이 동일하지 않다.

정답 **14.** ④ **15.** ② **16.** ② **17.** ③

18. 공동주택을 건설하는 주택단지는 기간도로와 접하거나 기간도로로부터 당해 단지에 이르는 진입도로가 있어야 한다. 주택단지의 총세대수가 400세대인 경우 기간도로와 접하는 폭 또는 진입도로의 폭은 최소 얼마 이상이어야 하는가? (단, 진입도로가 1개이며, 원룸형 주택이 아닌 경우)

① 4 m ② 6 m
③ 8 m ④ 12 m

해설 주택단지의 총세대수에 따른 기간도로와 접하는 폭 또는 진입 도로의 폭

주택단지의 총세대수	기간도로와 접하는 폭 또는 진입 도로의 폭
300세대 미만	6 m 이상
300세대 이상 500세대 미만	8 m 이상
500세대 이상 1,000세대 미만	12 m 이상
1,000세대 이상 2,000세대 미만	15 m 이상
2,000세대 이상	20 m 이상

19. 상점의 판매방식에 관한 설명으로 옳지 않은 것은?

① 측면판매방식은 직원 동선의 이동성이 많다.
② 대면판매방식은 측면판매방식에 비해 상품 진열면적이 넓어진다.
③ 측면판매방식은 고객이 직접 진열된 상품을 접촉할 수 있는 관계로 선택이 용이하다.
④ 대면판매방식은 쇼케이스를 중심으로 판매원이 고정된 자리나 위치를 확보하는 것이 용이하다.

해설 (1) 대면판매방식 : 카운터(쇼케이스)를 사이에 두고, 통로측에는 고객이 내측에는 판매원이 서서 고객을 1 : 1로 대응하는 방식
(2) 측면판매방식 : 매장을 고객을 위한 영역으로 꾸미고 요소요소에 판매원을 배치하여 제품 설명 때마다 상담해 주는 방식
(3) 대면판매방식은 고객의 동선이 고정되어 있어 상품 진열면적은 측면판매방식보다 작아진다.

20. 메조넷형 아파트에 관한 설명으로 옳지 않은 것은?

① 다양한 평면 구성이 가능하다.
② 소규모 주택에서는 비경제적이다.
③ 편복도형일 경우 프라이버시가 양호하다.
④ 복도와 엘리베이터 홀은 각 층마다 계획된다.

해설 메조넷형은 복층형이므로 복도와 엘리베이터 홀이 없는 층이 있다.

제2과목 **건축시공**

21. 와이어로프로 매단 비계 권상기에 의해 상하로 이동시킬 수 있는 공사용 비계의 명칭은?

① 시스템비계
② 틀비계
③ 달비계
④ 쌍줄비계

해설 달비계
(1) 건축물의 옥상에 권상기(윈치)나 곤도라를 설치하여 와이어로프에 작업대(달비계)를 매달은 비계
(2) 건축물의 외부 마감이나 외부 보수를 위해 설치하는 곤도라에 매달은 비계

22. 다음 중 무기질 단열재료가 아닌 것은?

① 셀룰로오스 섬유판
② 세라믹 섬유
③ 펄라이트 판
④ ALC 패널

> **해설** 셀룰로오스 섬유판은 셀룰로오스(섬유소)의 재료를 분쇄한 다음 접착제를 혼합하여 성형시킨 후 열압 가열하여 만든 판으로 유기질 단열재료에 포함된다.

23. 압연강재가 냉각될 때 표면에 생기는 산화철 표피를 무엇이라 하는가?

① 스패터
② 밀 스케일
③ 슬래그
④ 비드

> **해설** ① 스패터(spatter) : 용접 시 튀어나온 슬래그 또는 금속입자가 경화된 것
> ② 밀 스케일(mill scale) : 압연강재가 냉각될 때 표면에 생기는 산화철의 표피
> ③ 슬래그(slag)
> • 철광석에서 철을 빼고 남는 찌꺼기
> • 용접부 표면에서 발생하는 재
> ④ 비드 : 용접 시 용접방향으로 용착금속이 연속해서 만드는 파형의 층

24. 지반 조사 시 실시하는 평판 재하 시험에 관한 설명으로 옳지 않은 것은?

① 시험은 예정 기초면보다 높은 위치에서 실시해야 하기 때문에 일부 성토작업이 필요하다.
② 시험재하판은 실제 구조물의 기초면적에 비해 매우 작으므로 재하판 크기의 영향, 즉 스케일 이펙트(scale effect)를 고려한다.
③ 하중시험용 재하판은 정방형 또는 원형의 판을 사용한다.
④ 침하량을 측정하기 위해 다이얼게이지

지지대를 고정하고 좌우측에 2개의 다이얼게이지를 설치한다.

> **해설** 평판 재하 시험은 기초 저면의 지내력을 측정하는 시험으로 예정 기초 저면에서 실시한다.

25. 보통 콘크리트용 부순 골재의 원석으로서 가장 적합하지 않은 것은?

① 현무암
② 응회암
③ 안산암
④ 화강암

> **해설** (1) 보통 콘크리트용 부순 골재(쇄석)의 원석으로 일반적으로 강도가 큰 안산암·현무암·화강암을 사용한다.
> (2) 응회암은 장식재로 주로 쓰인다.

26. 창호철물 중 여닫이문에 사용하지 않는 것은?

① 도어행어(door hanger)
② 도어체크(door check)
③ 실린더록(cylinder lock)
④ 플로어 힌지(floor hinge)

> **해설** 여닫이문 사용 철물
> (1) 도어체크(도어클로저)
> (2) 실린더록
> (3) 플로어 힌지
> ※ 도어행어 : 접이문에 사용

27. 웰포인트 공법에 관한 설명으로 옳지 않은 것은?

① 흙파기 밑면의 토질 약화를 예방한다.
② 진공펌프를 사용하여 토중의 지하수를 강제적으로 집수한다.
③ 지하수 저하에 따른 인접지반과 공동 매설물 침하에 주의가 필요하다.
④ 사질 지반보다 점토층 지반에서 효과

적이다.

> **해설** (1) 웰포인트(well point) 공법은 사질 지반에서 지하수를 배수하여 지하수위를 낮추는 공법이다.
> (2) 웰포인트 공법은 사질 지반에서 효과적이며 점토질 지반에서는 투수성이 나쁘므로 배수가 곤란하다.

28. 일반 콘크리트의 내구성에 관한 설명으로 옳지 않은 것은?

① 콘크리트에 사용하는 재료는 콘크리트의 소요 내구성을 손상시키지 않는 것이어야 한다.

② 굳지 않은 콘크리트 중의 전 염소이온량은 원칙적으로 $0.3\,kg/m^3$ 이하로 하여야 한다.

③ 콘크리트는 원칙적으로 공기연행콘크리트로 하여야 한다.

④ 콘크리트의 물-결합재비는 원칙적으로 $50\,\%$ 이하이어야 한다.

> **해설** 콘크리트의 내구성을 위해서 물-결합재(시멘트+혼합재)비는 $60\,\%$ 이하로 해야 한다.

29. 석재의 일반적 성질에 관한 설명으로 옳지 않은 것은?

① 석재의 비중은 조암광물의 성질·비율·공극의 정도 등에 따라 달라진다.

② 석재의 강도에서 인장강도는 압축강도에 비해 매우 작다.

③ 석재의 공극률이 클수록 흡수율이 크고 동결융해저항성은 떨어진다.

④ 석재의 강도는 조성결정형이 클수록 크다.

> **해설** 석재의 강도는 조성결정형(광물의 겉모양의 형태)이 클수록 작다.

30. 방부력이 약하고 도포용으로만 쓰이며, 상온에서 침투가 잘 되지 않고 흑색이므로 사용 장소가 제한되는 유성 방부제는?

① 캐로신

② PCP

③ 염화아연 $4\,\%$ 용액

④ 콜타르

> **해설** 콜타르
> (1) 석탄에서 얻어진 유성 방부제
> (2) 방부력이 약하고 도포용으로만 쓰인다.

31. 다음 중 칠공사에 관한 설명으로 옳지 않은 것은?

① 한랭 시나 습기를 가진 면은 작업을 하지 않는다.

② 초벌부터 정벌까지 같은 색으로 도장해야 한다.

③ 강한 바람이 불 때는 먼지가 묻게 되므로 외부 공사를 하지 않는다.

④ 야간은 색을 잘못 칠할 염려가 있으므로 작업을 하지 않는 것이 좋다.

> **해설** 칠공사에서 칠의 구분을 위해 초벌은 연한 색, 정벌은 정색으로 칠한다.

32. 개념설계에서 유지관리 단계에까지 건물의 전 수명주기 동안 다양한 분야에서 적용되는 모든 정보를 생산하고 관리하는 기술을 의미하는 용어는?

① ERP(enterprise resource planning)

② SOA(service oriented architecture)

③ BIM(building information modeling)

④ CIC(computer integrated construction)

> **해설** (1) BIM(building information modeling) : 개념설계에서 유지관리 단계에까지 건물의 전 수명주기 동안 다양한 분야에서 적용되는 모든 정보를 생산하고 관리하는 기술

(2) CIC(computer integrated construction)
- 건설 통합 정보 시스템
- 설계와 시공 분야를 통합하여 관리하는 시스템
- EC화를 실현하기 위한 기술·경영 위주의 전산 도구

(3) ERP(enterprise resource planning)
- 전사적 자원 관리 시스템
- 기업 내 구매 조달과 재무 회계 위주의 관리형 시스템

33. 금속 커튼월의 성능시험 관련 항목과 가장 거리가 먼 것은?

① 내동해성 시험　② 구조시험
③ 기밀시험　　　④ 정압수밀시험

해설 금속 커튼월의 성능시험(모크업 테스트 : mock up test)
(1) 건축물에 설치하는 커튼월·창호 등을 실제 크기로 만들어 놓고 실제와 같은 조건으로 실험하는 방식
(2) 종류 : 수밀시험, 기밀시험, 내풍압성시험, 층간변위 추종성 시험, 구조시험 등

34. 철근콘크리트공사 시 벽체 거푸집 또는 보 거푸집에서 거푸집판을 일정한 간격으로 유지시켜 주는 동시에 콘크리트의 측압을 최종적으로 지지하는 역할을 하는 부재는?

① 인서트　　　② 컬럼밴드
③ 폼타이　　　④ 턴버클

해설 (1) 폼타이 : 기둥이나 벽체 거푸집과 같이 마주보는 거푸집에서 거푸집 널을 일정한 간격으로 유지시켜 주는 동시에 콘크리트 측압을 최종적으로 지지하는 역할을 하는 인장부재로 매립형과 관통형으로 구분한다.
(2) 컬럼밴드 : 기둥 거푸집에 콘크리트를 타설 시 거푸집이 벌어지는 것을 방지하기 위해 설치하는 철물

(3) 턴버클 : 인장력을 받는 가새에 설치하는 철물, 인장가새 긴결재
(4) 인서트 : 콘크리트에 달대와 같은 설치물을 고정하기 위하여 매입하는 철물

35. 목재를 천연건조시킬 때의 장점에 해당되지 않는 것은?

① 비교적 균일한 건조가 가능하다.
② 시설투자 비용 및 작업 비용이 적다.
③ 건조 소요시간이 짧은 편이다.
④ 타 건조방식에 비해 건조에 의한 결함이 비교적 적은 편이다.

해설 목재의 천연건조법은 경비가 적게 드나 건조 소요시간이 길다.

36. 콘크리트 중 공기량의 변화에 관한 설명으로 옳은 것은?

① AE제의 혼입량이 증가하면 연행공기량도 증가한다.
② 시멘트 분말도 및 단위시멘트량이 증가하면 공기량은 증가한다.
③ 잔골재 중의 0.15~0.3 mm의 골재가 많으면 공기량은 감소한다.
④ 슬럼프가 커지면 공기량은 감소한다.

해설 ① AE제 혼입량이 증가하면 연행공기량도 증가한다.
② 시멘트 분말도 및 단위시멘트량이 증가하면 공기량은 감소한다.
③ 잔골재가 많으면 공기량은 증가한다.
④ 공기량이 증가하면 슬럼프가 커진다.

참고 연행공기(entrained air) : AE제 첨가 시 발생하는 미세한 기포로서 볼베어링 역할을 한다.

37. 다음 중 건설사업관리(CM)의 주요 업무로 옳지 않은 것은?

① 입찰 및 계약 관리 업무
② 건축물의 조사 또는 감정 업무
③ 제네콘(Genecon) 관리 업무
④ 현장조직 관리 업무

해설 (1) CM(공사관리 계약 방식) : 발주자를 대리인으로 하여 설계자와 시공자를 조정하고, 기획·설계·시공·유지관리 등의 업무의 전부 또는 일부를 관리하는 방식
(2) CM의 중요 업무
㉮ 설계에서 시공 관리까지 전반적인 지도·조언 관리 업무
㉯ 부동산 관리 업무
㉰ 입찰 및 계약 관리 업무
㉱ 제네콘 관리 업무
㉲ 현장조직 관리 업무
※ Genecon : EC화를 구체화하기 위한 건설업면허제도

38. 건설현장에서 굳지 않은 콘크리트에 대해 실시하는 시험으로 옳지 않은 것은?
① 슬럼프(slump) 시험
② 코어(core) 시험
③ 염화물 시험
④ 공기량 시험

해설 굳지 않은 콘크리트의 시험의 종류
(1) 슬럼프 시험
(2) 압축강도 시험
(3) 염화물 시험
(4) 공기량 시험
※ 코어 시험 : 경화된 콘크리트를 코어 드릴로 절취하여 압축강도를 측정하는 시험

39. 다음 중 열가소성수지에 해당하는 것은?
① 페놀수지 　② 염화비닐수지
③ 요소수지 　④ 멜라민수지

해설 합성수지의 구분
(1) 열가소성 수지

㉮ 열을 가하여 성형한 뒤 다시 열을 가하여 형태를 만들 수 있는 수지
㉯ 종류 : 염화비닐수지·아크릴수지·초산비닐수지·폴리스티렌수지·폴리프로필렌수지·폴리에틸렌수지
(2) 열경화성수지
㉮ 열을 가하여 성형하면 다시 열을 가해도 더 이상 연화되지 않는 합성수지
㉯ 종류 : 페놀수지·에폭시수지·멜라민수지·폴리에스테르수지·요소수지·실리콘수지·폴리우레탄수지

40. 다음 중 도막방수에 관한 설명으로 옳지 않은 것은?
① 복잡한 형상에 대한 시공성이 우수하다.
② 용제형 도막방수는 시공이 어려우나 충격에 매우 강하다.
③ 에폭시계 도막방수는 접착성, 내열성, 내마모성, 내약품성이 우수하다.
④ 셀프레벨링 공법은 바닥에서 도료 상태의 도막재를 바닥에 부어 도포한다.

해설 용제형 도막방수 : 합성수지 재료를 용제(solvent) 등으로 녹여 페인트처럼 바닥을 칠하여 방수막을 구성하는 공법으로 시공이 쉬우나 충격에 매우 약하다.

제3과목	건축구조

41. 지진력 저항 시스템의 분류 중 이중골조 시스템에 관한 설명으로 옳지 않은 것은?
① 모멘트골조가 최소한 설계지진력의 75%를 부담한다.
② 모멘트골조와 전단벽 또는 가새골조로 이루어져 있다.
③ 전체 지진력은 각 골조의 횡강성비에

비례하여 분배한다.

④ 일정 이상의 변형능력을 갖도록 연성 상세설계가 되어야 한다.

> 해설 (1) 모멘트골조방식 : 수직하중과 횡력을 보와 기둥으로 구성된 라멘골조가 저항하는 구조방식
>
> (2) 연성모멘트골조방식 : 횡력에 대한 저항능력을 증가시키기 위하여 부재와 접합부의 연성을 증가시킨 모멘트골조방식
>
> (3) 이중골조방식 : 지진력의 25 % 이상을 부담하는 연성모멘트골조가 전단벽이나 가새골조와 조합되어 있는 구조방식

42. 그림과 같은 독립기초에 $N = 480$ kN, $M = 96$ kN·m가 작용할 때 기초저면에 발생하는 최대 지반반력은?

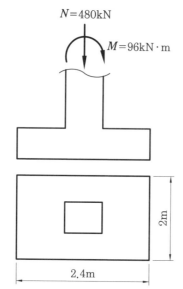

$N = 480$kN

$M = 96$kN·m

2m

2.4m

① 15 kN/m^2 ② 150 kN/m^2
③ 20 kN/m^2 ④ 200 kN/m^2

> 해설 독립기초의 최대 지반반력
>
> $$\sigma_{max} = \frac{N}{A} + \frac{M}{Z}$$
>
> $$= \frac{480\,kN}{2\,m \times 2.4\,m} + \frac{96\,kN \cdot m}{\dfrac{2\,m \times (2.4\,m)^2}{6}}$$

$$= 150\,kN/m^2$$

여기서, A : 면적

N : 축하중

Z : 단면계수$\left(= \dfrac{bh^2}{6} \right)$

M : 휨모멘트

43. 고력볼트 1개의 인장파단 한계상태에 대한 설계인장강도는? (단, 볼트의 등급 및 호칭은 F10T, M24, $\phi = 0.75$)

① 254 kN   ② 284 kN
③ 304 kN   ④ 324 kN

> 해설 (1) F10T : 고력볼트 마찰접합 인장강도 하한값 10 tonf/cm^2
>
> (2) F10T의 공칭인장강도(F_{nt}) : 750 MPa
>
> (3) 고력볼트 1개의 인장파단 한계상태에 대한 설계인장강도
>
> $$\phi R_n = \phi F_{nt} A_b$$
>
> $$= 0.75 \times 750\,N/mm^2 \times \frac{\pi \times 24^2}{4}\,mm^2$$
>
> $$= 254,469\,N = 254\,kN$$
>
> 여기서, A_b : 볼트의 공칭단면적(mm^2)

44. 각 지반의 허용지내력의 크기가 큰 것부터 순서대로 올바르게 나열된 것은?

A. 자갈	B. 모래
C. 연암반	D. 경암반

① B>A>C>D   ② A>B>C>D
③ D>C>A>B   ④ D>C>B>A

> 해설 지반의 허용지내력
>
> | 지반의 종류 | 장기허용 지내력 | 단기허용 지내력 |
> |---|---|---|
> | 경암반 | 4,000 | |
> | 연암반 | 1,000~2,000 | 장기허용 지내력의 1.5배 |
> | 자갈 | 300 | |
> | 모래 | 100 | |

45. 폭 $b = 250$ mm, 높이 $h = 500$ mm인 직사각형 콘크리트보 부재의 균열모멘트 M_{cr} 은? (단, 경량콘크리트계수 $\lambda = 1$, $f_{ck} = 24$ MPa)

① 8.3 kN·m   ② 16.4 kN·m
③ 24.5 kN·m   ④ 32.2 kN·m

해설 (1) 휨파괴계수

$$f_r = 0.63\lambda\sqrt{f_{ck}}$$

단, λ : 경량콘크리트계수(보통중량콘크리트인 경우 $\lambda = 1.0$)

f_{ck} : 설계기준압축강도

(2) 단면계수

$$z = \frac{bh^2}{6}$$

(3) 균열모멘트

$$M_{cr} = f_r \times z$$

$$= 0.63 \times 1.0 \times \sqrt{24} \times \frac{250 \times 500^2}{6}$$

$$= 32{,}149{,}552\text{N}\cdot\text{mm} \fallingdotseq 32.2\text{kN}\cdot\text{m}$$

46. 3회전단 포물선 아치에 그림과 같이 등분포하중이 가해졌을 경우 단면상에 나타나는 부재력의 종류는?

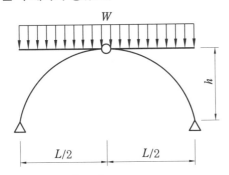

① 전단력, 휨모멘트
② 축방향력, 전단력, 휨모멘트
③ 축방향력, 전단력
④ 축방향력

해설 3회전단 포물선 아치에 등분포하중이 수

직으로 작용하는 경우 축방향력의 부재력만 작용한다.

47. 다음 중 철골구조 주각부의 구성요소가 아닌 것은?

① 커버 플레이트
② 앵커 볼트
③ 베이스 모르타르
④ 베이스 플레이트

해설 커버 플레이트(cover plate)는 판보의 휨력 보강재이다.

48. 절점 B에 외력 $M = 200$kN·m가 작용하고 각 부재의 강비가 그림과 같은 경우 M_{AB}는?

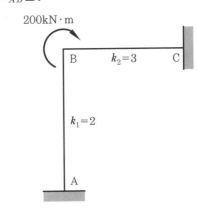

① 20 kN·m   ② 40 kN·m
③ 60 kN·m   ④ 80 kN·m

해설 (1) 분배율

$$f_{BA} = \frac{K_{BA}}{\sum K} = \frac{\text{BA 부재의 강비}}{\text{강비의 총합}}$$

$$= \frac{2}{2+3} = \frac{2}{5}$$

$$f_{BC} = \frac{3}{2+3} = \frac{3}{5}$$

(2) 고정단 모멘트

$$M_{AB} = 200 \times \frac{1}{2} \times \frac{2}{5} = 40\text{kN}\cdot\text{m}$$

정답   **45.** ④   **46.** ④   **47.** ①   **48.** ②

49. 강구조의 소성설계와 관계없는 항목은?

① 소성힌지　　　② 안전율

③ 붕괴기구　　　④ 하중계수

> **해설** (1) 허용응력설계법은 탄성한계, 소성설계법은 소성한계를 고려한 설계법이다.
>
> (2) 소성설계 : 소성힌지, 붕괴기구, 하중계수 등

50. 다음 그림과 같은 캔틸레버보에서 B점의 처짐각(θ_B)은? (단 EI는 일정함)

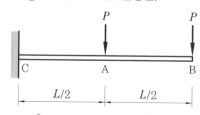

① $-\dfrac{PL^2}{2EI}$　　　② $-\dfrac{PL^2}{8EI}$

③ $-\dfrac{5PL^2}{8EI}$　　　④ $-\dfrac{2PL^2}{3EI}$

> **해설** (1) 휨모멘트
>
>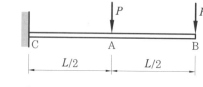
>
> $$M_C = P \times \frac{L}{2} + P \times L = -\frac{3PL}{2}$$
>
> $$M_A = \frac{PL}{2} = -\frac{PL}{2}$$
>
> $$M_B = 0$$
>
> (2) 공액보
>
>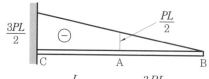

※ 공액보법 순서

㉮ 휨모멘트를 역하중으로 하고 자유단과 고정단을 서로 교체(고정단→자유단, 자유단→고정단)

㉯ $\dfrac{M}{EI}$

㉰ 전단력＝처짐각

$$\theta_B = \left(-\frac{3PL}{2EI} - \frac{PL}{2EI} \right) \times \frac{1}{2} \times \frac{L}{2}$$
$$+ \left(-\frac{PL}{2EI} \right) \times \frac{L}{2} \times \frac{1}{2}$$
$$= -\frac{5PL^2}{8EI}$$

51. 합성보에서 강재보와 철근콘크리트 또는 합성슬래브 사이의 미끄러짐을 방지하기 위하여 설치하는 것은?

① 스터드 볼트　　　② 퍼린

③ 윈드칼럼　　　④ 턴버클

> **해설** ① 스터드 볼트(stud bolt) : 형강보에 있는 슬래브의 전단에 의한 미끄러짐을 방지하기 위해 설치하는 철물
>
> ② 퍼린(pulin) : 중도리
>
> ③ 윈드칼럼(wind column) : 고층건물의 기둥 사이에 패널을 설치하기 위해 2 m 정도 간격으로 배치한 샛기둥
>
> ④ 턴버클(turn buckle) : 인장 가새 긴결재

52. 전단과 휨만을 받는 철근콘크리트 보에서 콘크리트만으로 지지할 수 있는 전단강도 V_c는? (단, 보통중량콘크리트 사용, $f_{ck} = 28\,\text{MPa}$, $b_w = 100\,\text{mm}$, $d = 300\,\text{mm}$)

① 26.5 kN　　　② 530 kN

③ 79.3 kN　　　④ 158.7 kN

> **해설** 콘크리트가 부담하는 전단강도
>
> $$V_c = \frac{1}{6} \lambda \sqrt{f_{ck}}\, b_w d$$

$$= \frac{1}{6} \times 1.0 \times \sqrt{28} \, \text{N/mm}^2 \times 100 \, \text{mm}$$
$$\times 300 \, \text{mm}$$
$$= 26{,}457 \, \text{N} \fallingdotseq 26.5 \, \text{kN}$$

53. 그림과 같은 3회전단 구조물의 반력은?

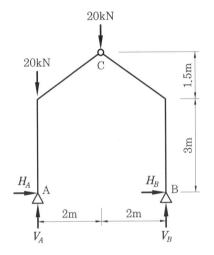

① $H_A = 4.44 \, \text{kN}, \ V_A = 30 \, \text{kN}$
   $H_B = -4.44 \, \text{kN}, \ V_B = 10 \, \text{kN}$
② $H_A = 0, \ V_A = 30 \, \text{kN}$
   $H_B = 0, \ V_B = 10 \, \text{kN}$
③ $H_A = -4.44 \, \text{kN}, \ V_A = -30 \, \text{kN}$
   $H_B = 4.44 \, \text{kN}, \ V_B = 10 \, \text{kN}$
④ $H_A = 4.44 \, \text{kN}, \ V_A = 50 \, \text{kN}$
   $H_B = -4.44 \, \text{kN}, \ V_B = -10 \, \text{kN}$

해설 $\sum M_A = 0$에서
$$20 \, \text{kN} \times 2 \, \text{m} - V_B \times 4 \, \text{m} = 0$$
$$\therefore \ V_B = \frac{20 \, \text{kN} \times 2 \, \text{m}}{4 \, \text{m}} = 10 \, \text{kN}(\uparrow)$$
$\sum V = 0$에서
$$V_A - 20 \, \text{kN} - 20 \, \text{kN} + V_B = 0$$
$$V_A - 40 \, \text{kN} + 10 \, \text{kN} = 0$$
$$\therefore \ V_A = 30 \, \text{kN}$$
$\sum M_C = 0$에서

$$-H_B \times 4.5 \, \text{m} - V_B \times 2 \, \text{m} = 0$$
$$\therefore \ H_B = \frac{-10 \, \text{kN} \times 2 \, \text{m}}{4.5 \, \text{m}} = -4.44 \, \text{kN}(\leftarrow)$$
$\sum H = 0$에서
$$H_A + H_B = 0$$
$$\therefore \ H_A = 4.44 \, \text{kN}(\rightarrow)$$

54. H형강이 사용된 압축재의 양단이 핀으로 지지되고 부재 중간에서 x축 방향으로만 이동할 수 없도록 지지되어 있다. 부재의 전 길이가 4 m일 때 세장비는? (단, $r_x = 8.62 \, \text{cm}$, $r_y = 5.02 \, \text{cm}$임)

① 26.4   ② 36.4
③ 46.4   ④ 56.4

해설 (1) 단면 2차 회전반경
강축 $r_x = 8.62 \, \text{cm}$, 약축 $r_y = 5.02 \, \text{cm}$
(2) 유효좌굴길이계수
양단 힌지이므로 $K = 1.0$
(3) 유효좌굴길이 : KL
(4) 세장비 $\lambda = \dfrac{\text{유효좌굴길이}}{\text{단면 2차 회전반경}}$
다음 중 큰 값
• $\lambda_x = \dfrac{KL}{r_x} = \dfrac{1 \times 400}{8.62} = 46.4$
• $\lambda_y = \dfrac{K\dfrac{L}{2}}{r_y} = \dfrac{1 \times 200}{5.02} = 39.8$
$\therefore \ \lambda = 46.4$

55. 다음 그림과 같은 옹벽에 토압 10 kN이 가해지는 경우 이 옹벽이 전도되지 않기 위해서는 어느 정도의 자중(自重)을 필요로

하는가?

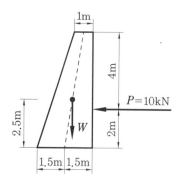

① 12.71 kN   ② 11.71 kN
③ 10.44 kN   ④ 9.71 kN

해설 (1) 도심 $x_0 = \dfrac{A_1 \times x_1 + A_2 \times x_2}{A_1 + A_2}$

$$= \dfrac{6 \times 1 \times 1 \times \frac{1}{2} + 6 \times 2 \times \frac{1}{2} \times \left(1 + 2 \times \frac{1}{3}\right)}{6 \times 1 + 6 \times 2 \times \frac{1}{2}}$$

$= 1.0833 \,\text{m}$

$x_P = 3 - 1.0833 = 1.9167 \,\text{m}$

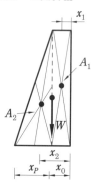

(2) 저항모멘트 $M_R = W \times x_P$

(3) 자중 W의 계산
    정도모멘트와 저항모멘트가 같아야 하므로
    $W x_P = P \times 2$

$\therefore W = \dfrac{10\,\text{kN} \times 2\,\text{m}}{1.9167\,\text{m}} = 10.435 \,\text{kN}$

56. 연약지반에 기초구조를 적용할 때 부동 침하를 감소시키기 위한 상부구조의 대책으

로 옳지 않은 것은?

① 폭이 일정할 경우 건물의 길이를 길게 할 것
② 건물을 경량화할 것
③ 강성을 크게 할 것
④ 부분 증축을 가급적 피할 것

해설 부동침하 방지를 위해서는 건물의 길이를 짧게 한다.

57. 그림과 같은 캔틸레버보 자유단(B점)에 서의 처짐각은?

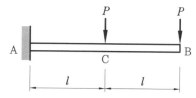

① $\dfrac{Pl^2}{2EI}$ ② Pl^2

③ $2Pl^2$ ④ $\dfrac{5Pl^2}{2EI}$

해설 (1) 휨모멘트
$M_B = 0$
$M_C = -Pl$
$M_A = Pl + P \times 2l = -3Pl$

(2) B점의 처짐각(B점의 전단력)
$$\theta_B = \left(\dfrac{3Pl}{EI} + \dfrac{Pl}{EI}\right) \times \dfrac{1}{2} \times l$$
$$+ \dfrac{Pl}{EI} \times l \times \dfrac{1}{2} = \dfrac{5Pl^2}{2EI}$$

58. 아래 그림과 같은 단순보의 중앙점에서 보의 최대 처짐은? (단, 부재의 EI는 일정 하다.)

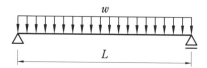

① $\dfrac{wL^3}{24EI}$ ② $\dfrac{wL^3}{48EI}$

③ $\dfrac{wL^4}{384EI}$ ④ $\dfrac{5wL^4}{384EI}$

해설 단순보에 등분포하중이 작용하는 경우

중앙부의 최대 처짐 $y_{\max} = \dfrac{5wL^4}{384EI}$

59. 인장 이형철근의 정착길이를 산정할 때 적용되는 보정계수에 해당되지 않는 것은?

① 철근배근위치계수
② 철근도막계수
③ 크리프계수
④ 경량콘크리트계수

해설 인장 이형철근의 정착길이 산정 시 적용되는 보정계수
(1) α : 철근배치위치계수
(2) β : 철근도막계수
(3) λ : 경량콘크리트계수
(4) γ : 철근 또는 철선의 크기계수

60. 아래 단면을 가진 철근콘크리트 기둥의 최대 설계축하중(ϕP_n)은? (단, $f_{ck} = 30$ MPa, $f_y = 400$ MPa)

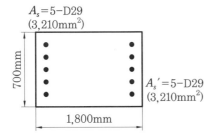

$A_s = 5\text{-}D29$
$(3{,}210\text{mm}^2)$

700mm

$A_s' = 5\text{-}D29$
$(3{,}210\text{mm}^2)$

1,800mm

① 12,958 kN ② 15,425 kN
③ 17,958 kN ④ 21,425 kN

해설 띠철근기둥의 최대 설계축하중
$$\phi P_n = 0.80\phi[0.85f_{ck}(A_g - A_{st}) + f_y A_{st}]$$
여기서, ϕ : 강도감소계수

A_{st} : 기둥 주철근의 단면적
f_y : 철근의 항복강도
f_{ck} : 콘크리트의 설계기준강도
A_g : 기둥의 단면적

$\phi P_n = 0.80 \times 0.65 \times [0.85 \times 30\,\text{N/mm}^2 \times$
$(1{,}800\,\text{mm} \times 700\,\text{mm} - 3{,}210\,\text{mm}^2 \times 2)$
$+ 400\,\text{N/mm}^2 \times 3{,}210\,\text{mm}^2 \times 2]$
$= 17{,}957{,}830.8\,\text{N} = 17{,}958\,\text{kN}$

제4과목 **건축설비**

61. 간접가열식 급탕법에 관한 설명으로 옳지 않은 것은?

① 대규모 급탕설비에 적합하다.
② 보일러 내부에 스케일의 발생 가능성이 높다.
③ 가열코일에 순환하는 증기는 저압으로도 된다.
④ 난방용 증기를 사용하면 별도의 보일러가 필요 없다.

해설 간접가열식 급탕방식
(1) 보일러에서 만들어진 증기나 온수를 저탕조에 설치한 가열코일에 유도하여 급탕물로 배급하는 방식으로 대규모 건물에 이용된다.
(2) 직접가열식에 비하여 보일러 내부에 스케일 발생 가능성이 작다.

62. 일사에 관한 설명으로 옳지 않은 것은?

① 일사에 의한 건물의 수열은 방위에 따라 차이가 있다.
② 추녀와 차양은 창면에서의 일사조절 방법으로 사용된다.
③ 블라인드, 루버, 롤스크린은 계절이나

시간, 실내의 사용 상황에 따라 일사를 조절할 수 있다.

④ 일사 조절의 목적은 일사에 의한 건물의 수열이나 흡열을 작게 하여 동계의 실내 기후의 악화를 방지하는 데 있다.

해설 일사 조절의 목적은 일사에 의한 건물의 수열이나 흡열을 작게 하여 여름철(하계)의 실내 기후의 악화를 방지하는 데 있다.

63. 개방형헤드를 사용하는 연결살수설비에 있어서 하나의 송수구역에 설치하는 살수헤드의 수는 최대 얼마 이하가 되도록 하여야 하는가?

① 10개　　　　② 20개
③ 30개　　　　④ 40개

해설 개방형헤드를 사용하는 연결살수설비에 있어서 하나의 송수구역에 설치하는 살수헤드의 수는 10개 이하가 되도록 해야 한다.

64. 도시가스에서 중압의 가스압력은? (단, 액화가스가 기화되고 다른 물질과 혼합되지 아니한 경우 제외)

① 0.05 MPa 이상, 0.1 MPa 미만
② 0.01 MPa 이상, 0.1 MPa 미만
③ 0.1 MPa 이상, 1 MPa 미만
④ 1 MPa 이상, 10 MPa 미만

해설 도시가스사업법에 규정한 압력의 기준
(1) 고압 : 1 MPa 이상의 압력(게이지 압력)
(2) 중압 : 0.1 MPa이상 1 MPa 미만의 압력
(3) 저압 : 0.1 MPa 미만의 압력

65. 작업구역에는 전용의 국부조명 방식으로 조명하고, 기타 주변 환경에 대하여는 간접조명과 같은 낮은 조도레벨로 조명하는 방식은?

① TAL 조명방식
② 반직접 조명방식
③ 반간접 조명방식
④ 전반확산 조명방식

해설 TAL(task & ambient lighting) 조명방식은 작업구역(task)에는 전용의 국부조명방식으로 조명하고, 기타 주변(ambient) 환경에 대하여는 간접조명과 같은 낮은 조도레벨로 조명하는 방식을 말한다.

66. 다음 중 배관재료에 관한 설명으로 옳지 않은 것은?

① 주철관은 오배수관이나 지중 매설 배관에 사용된다.
② 경질염화비닐관은 내식성은 우수하나 충격에 약하다.
③ 연관은 내식성이 작아 배수용보다는 난방배관에 주로 사용된다.
④ 동관은 전기 및 열전도율이 좋고 전성·연성이 풍부하며 가공도 용이하다.

해설 (1) 연관(납관) : 내식성이 커 수도관, 가스관, 배수관에 사용된다.
(2) 난방배관에는 주로 동관 등이 사용된다.

67. 전기설비에서 다음과 같이 정의되는 것은 어느 것인가?

> 전면이나 후면 또는 양면에 개폐기, 과전류 차단장치 및 기타 보호장치, 모선 및 계측기 등이 부착되어 있는 하나의 대형 패널 또는 여러 개의 패널, 프레임 또는 패널 조립품으로서, 전면과 후면에서 접근할 수 있는 것

① 캐비닛　　　　② 차단기
③ 배전반　　　　④ 분전반

해설 ① 캐비닛 : 틀이나 받침대를 구비한 분전

반 등을 넣는 문이 달린 금속제 또는 합성 수지제의 함
② 차단기 : 수동으로 회로를 개폐하고, 미리 설정된 전류의 과부하에서 자동적으로 회로를 개방하는 장치로 정격의 범위 내에서 적절히 사용하는 경우 자체에 어떠한 손상을 일으키지 않도록 설계된 장치
③ 배전반 : 변압기에 직접 연결되어 각 실의 분전반으로 전기를 보내는 역할을 하며 전후면 또는 양면에 계폐기, 과전류 차단장치, 계측기 등이 부착되어 있는 대형 패널로서 전면, 후면에서 접근할 수 있다.
④ 분전반 : 하나의 패널로 조립하도록 설계된 단위패널의 집합체로 모선이나 자동 과전류 차단장치, 조명, 온도, 전력회로의 제어용 개폐기가 설치되어 있으며, 벽이나 칸막이판에 접하여 배치한 캐비닛이나 차단기를 설치할 수 있도록 설계되어 있고 전면에서만 접근할 수 있는 것

68. 다음 중 건물 실내에 표면결로 현상이 발생하는 원인과 가장 거리가 먼 것은?
① 실내외 온도차
② 구조재의 열적 특성
③ 실내 수증기 발생량 억제
④ 생활 습관에 의한 환기 부족

해설 표면결로 현상은 표면의 온도가 이슬점 온도보다 낮은 경우 표면에 물방울이 맺히는 현상으로 실내외 온도차가 큰 경우, 실내 수증기 발생량이 많은 경우, 환기가 부족한 경우, 구조재의 열적 특성이 나쁜 경우에 발생한다. 수증기 발생량이 적은 경우 결로현상을 억제할 수 있다.

69. 다음의 공기조화방식 중 전수방식에 속하는 것은?
① 단일덕트방식
② 2중덕트방식
③ 멀티존유닛방식
④ 팬코일유닛방식

해설 공기조화방식의 구분
(1) 전공기 방식(덕트 필요)
㉮ 단일덕트방식
㉯ 2중덕트방식
㉰ 멀티존유닛방식
(2) 전수방식(배관 필요) : 팬코일유닛(FCU)방식

70. 전기설비에서 경질 비닐관 공사에 관한 설명으로 옳은 것은?
① 절연성과 내식성이 강하다.
② 자성체이며 금속관보다 시공이 어렵다.
③ 온도 변화에 따라 기계적 강도가 변하지 않는다.
④ 부식성 가스가 발생하는 곳에는 사용할 수 없다.

해설 경질 비닐관 공사 : 경질 비닐관 안에 전선을 매입하는 공사
(1) 절연성과 내식성이 강하다.
(2) 비자성체이며 금속관보다 시공이 쉽다.
(3) 온도 변화에 따라 기계적 강도의 변화가 크다.
(4) 부식성 가스가 발생하는 곳에 사용할 수 있다.
※ 부식성 가스 : 물질을 부식시키는 특성을 가진 가스로 염소, 암모니아, 아황산가스, 황화수소 등이 있다.

71. 다음 설명에 알맞은 급수 방식은?

- 위생성 측면에서 가장 바람직한 방식이다.
- 정전으로 인한 단수의 염려가 없다.

① 수도직결방식　② 고가수조방식
③ 압력수조방식　④ 펌프직송방식

해설 수도직결방식

(1) 수도본관에서 수전까지 직접 연결한 방식
(2) 정전 시 급수할 수 있다.
(3) 단수 시 급수가 불가하다.
(4) 저장 후 사용하는 방식이 아니므로 위생상 가장 바람직하다.(수질오염 가능성이 가장 적다.)

72. 220 V, 200 W 전열기를 110 V에서 사용하였을 경우 소비전력은?

① 50 W
② 100 W
③ 200 W
④ 400 W

해설 전력 $P=\dfrac{V^2}{R}$ 에서 저항(R)이 일정하면 전력은 전압(V)의 제곱에 비례한다. 전압이 220V 에서 110V 로 $\dfrac{1}{2}$ 로 줄어들면 전력 200 W는 $\left(\dfrac{1}{2}\right)^2$ 으로 줄어든다.

$$\therefore \ 200\,\text{W} \times \left(\dfrac{1}{2}\right)^2 = 50\text{W}$$

73. 가스설비에서 LPG에 관한 설명으로 옳지 않은 것은?

① 공기보다 무겁다.
② LNG에 비해 발열량이 작다.
③ 순수한 LPG는 무색, 무취이다.
④ 액화하면 체적이 1/250 정도가 된다.

해설 (1) LPG(액화석유가스)
   ㉮ 보통 가스통에 담아 사용한다.
   ㉯ 석유 성분 중 프로판과 부탄이 주성분이다.
   ㉰ 공기보다 무겁고 무색, 무취이다.
   ㉱ LNG에 비해 발열량이 크다.
   ㉲ 액화하면 체적이 1/250 정도가 된다.
(2) LNG(액화천연가스)
   ㉮ 가스 배관을 통해 가정용으로 사용된다.
   ㉯ 메탄을 주원료로 사용한다.

74. 발전기에 적용되는 법칙으로 유도기전력의 방향을 알기 위하여 사용되는 법칙은?

① 옴의 법칙
② 키르히호프의 법칙
③ 플레밍의 왼손의 법칙
④ 플레밍의 오른손의 법칙

해설 플레밍의 오른손의 법칙 : 자기장 속에서 도체(구리 막대)를 움직일 때 도체에 발생되는 기전력의 방향을 알 수 있는 법칙으로 발전기에 적용된다.

참고 유도기전력 : 자기장의 변화에 의해 코일에 전류가 흐를 때 전류를 생성하는 힘

75. 900명을 수용하고 있는 극장에서 실내 CO_2 농도를 0.1 %로 유지하기 위해 필요한 환기량은? (단, 외기 CO_2는 0.04 %, 1인당 CO_2 배출량은 18 L/h이다.)

① 27,000 m³/h
② 30,000 m³/h
③ 60,000 m³/h
④ 66,000 m³/h

해설 (1) $1\text{m}^3 = 1,000\text{L} \rightarrow 1\text{L} = 0.001\text{m}^3$
(2) CO_2 발생량
   = 실내수용인원 × 1인당 CO_2 배출량
(3) CO_2 농도에 의한 필요 환기량(Q)
$$= \frac{\text{실내 } CO_2 \text{ 발생량}}{\text{실내 } CO_2 \text{ 허용농도} - \text{외기 } CO_2 \text{ 농도}}$$
$$= \frac{900 \times 0.018\text{m}^3/\text{h}}{0.001 - 0.0004} = 27,000\text{m}^3/\text{h}$$

76. 습공기를 가열했을 경우 상태량이 변하지 않는 것은?

① 절대습도
② 상대습도
③ 건구온도
④ 습구온도

해설 습공기를 가열하면 건구온도, 습구온도는 상승하고 상대습도는 저하되며 절대습도는 일정하다.

77. 다음과 같은 조건에서 바닥면적 300 m², 천장고 2.7 m인 실의 난방부하 산정 시 틈새바람에 의한 외기부하는?

- 실내 건구온도 : 20℃
- 외기온도 : −10℃
- 환기횟수 : 0.5회/h
- 공기의 비열 : 1.0 kJ/kg·K
- 공기의 밀도 : 1.2 kg/m³
---

① 3.4 kW   ② 4.1 kW
③ 4.7 kW   ④ 5.2 kW

해설 (1) 일률 : 1초 동안에 한 일의 양
$$1W = 1J/s$$
$$= \frac{1J}{\frac{1}{3600}h} = 3600 J/h = 3.6 kJ/h$$

(2) 환기량 = 실의 체적 × 환기횟수

(3) 난방부하 산정 시 틈새바람에 의한 외기부하(현열부하) = 환기량(m³/h) × 비열(kJ/kg·K) × 밀도(kg/m³) × (실내온도−외기온도)℃
$$= (300m^2 \times 2.7m \times 0.5회/h)$$
$$\times 1.01kJ/kg \cdot K \times 1.2kg/m^3$$
$$\times (20-(-10))℃$$
$$= 14,725.8 kJ/h \times \frac{1W}{3.6kJ/h}$$
$$= 4,090.5W = 4.1kW$$

78. 다음 중 수격작용의 발생 원인과 가장 거리가 먼 것은?

① 밸브의 급폐쇄
② 감압밸브의 설치
③ 배관방법의 불량
④ 수도본관의 고수압

해설 수격작용(water hammer)
(1) 정의 : 급수배관 내에 유속의 급변으로 인한 충격으로 진동과 소음이 발생하는 현상
(2) 발생 원인

⑦ 밸브의 급폐쇄
⑭ 배관방법의 불량(굴곡부)
⑮ 수도본관의 고수압
⑯ 급수관 내의 빠른 유속
⑰ 관의 지름이 작은 경우
(3) 방지 대책
⑦ 기구류 가까이에 공기실(air chamber)를 둔다.
⑭ 배관의 지름을 크게 한다.
⑮ 기체나 액체의 압력을 낮추는 감압밸브를 사용한다.

79. 트랩의 구비 조건으로 옳지 않은 것은?

① 봉수깊이는 50 mm 이상 100 mm 이하일 것
② 오수에 포함된 오물 등이 부착 또는 침전하기 어려운 구조일 것
③ 봉수부에 이음을 사용하는 경우에는 금속제 이음을 사용하지 않을 것
④ 봉수부의 소제구는 나사식 플러그 및 적절한 개스킷을 이용한 구조일 것

해설 트랩의 봉수는 배수관의 악취를 막기 위한 장치로서 봉수부에 이음을 사용하는 경우에는 금속제로 이음해야 한다.

80. 펌프의 양수량이 10 m³/min, 전양정이 10 m, 효율이 80 %일 때, 이 펌프의 축동력은 얼마인가?

① 20.4 kW   ② 22.5 kW
③ 26.5 kW   ④ 30.6 kW

해설 펌프의 축동력(kW)
$$= \frac{\gamma QH}{102E}$$
$$= \frac{1,000 kgf/m^3 \times 10 m^3/min \times 10 m}{102 \times 60 \times 0.8}$$
$$= 20.42 kW$$

 정답 **77.** ②   **78.** ②   **79.** ③   **80.** ①

제5과목 **건축관계법규**

81. 건축법령상 연립주택의 정의로 알맞은 것은?

① 주택으로 쓰는 층수가 5개 층 이상인 주택

② 주택으로 쓰는 1개 동의 바닥면적 합계가 660 m² 이하이고, 층수가 4개 층 이하인 주택

③ 주택으로 쓰는 1개 동의 바닥면적 합계가 660 m²를 초과하고, 층수가 4개 층 이하인 주택

④ 1개 동의 주택으로 쓰이는 바닥면적의 합계가 330 m² 이하이고, 주택으로 쓰는 층수가 3개 층 이하인 주택

해설 (1) 단독주택

㉮ 단독주택

㉯ 다중주택

• 학생 또는 직장인 등 여러 사람이 장기간 거주할 수 있는 구조로 되어 있는 것

• 독립된 주거의 형태를 갖추지 않은 것

• 1개 동의 주택으로 쓰이는 바닥면적의 합계가 660 m² 이하이고 주택으로 쓰는 층수가 3개 층 이하일 것

• 적정한 주거환경을 조성하기 위하여 건축조례로 정하는 실별 최소 면적, 창문의 설치 및 크기 등의 기준에 적합할 것

㉰ 다가구주택

• 주택으로 쓰는 층수가 3개 층 이하일 것

• 1개 동의 주택으로 쓰이는 바닥면적의 합계가 660 m² 이하일 것

• 19세대 이하가 거주할 수 있을 것

㉱ 공관

(2) 공동주택

㉮ 아파트 : 주택으로 쓰는 층수가 5개 층 이상인 주택

㉯ 연립주택 : 주택으로 쓰는 1개 동의 바닥면적 합계가 660 m²를 초과하고, 층수가 4개 층 이하인 주택

㉰ 다세대주택 : 주택으로 쓰는 1개 동의 바닥면적 합계가 660 m² 이하이고, 층수가 4개 층 이하인 주택

㉱ 기숙사 : 학교 또는 공장 등의 학생 또는 종업원 등을 위하여 쓰는 것으로서 1개 동의 공동취사시설 이용 세대 수가 전체의 50 % 이상인 것

82. 용도지역의 세분에 있어 주거기능을 위주로 이를 지원하는 일부 상업기능 및 업무기능을 보완하기 위하여 필요한 지역은 어느 것인가?

① 준주거지역

② 전용주거지역

③ 일반주거지역

④ 유통상업지역

해설 ① 준주거지역 : 주거기능을 위주로 이를 지원하는 일부 상업기능 및 업무기능을 보완하기 위하여 필요한 지역

② 전용주거지역 : 양호한 주거환경을 보호하기 위하여 필요한 지역

③ 일반주거지역 : 편리한 주거환경을 조성하기 위하여 필요한 지역

④ 유통상업지역 : 도시내 및 지역간 유통기능의 증진을 위하여 필요한 지역

83. 다음 중 허가 대상에 속하는 용도변경은 어느 것인가?

① 영업시설군에서 근린생활시설군으로의 용도변경

② 교육 및 복지시설군에서 영업시설군으로의 용도변경

③ 근린생활시설군에서 주거업무시설군으로의 용도변경

④ 산업 등의 시설군에서 전기통신시설군으로의 용도변경

해설 건축물의 용도변경

(1) 허가 대상 : 상위군에 해당하는 용도로 변경하는 경우
(2) 신고 대상 : 하위군에 해당하는 용도로 변경하는 경우

시설군	세부 용도
1. 자동차 관련 시설군	자동차 관련 시설
2. 산업 등의 시설군	운수시설, 창고시설, 위험물저장 및 처리 시설, 자원순환 관련 시설, 묘지 관련 시설, 장례시설
3. 전기통신시설군	방송통신시설, 발전시설
4. 문화 및 집회시설군	문화 및 집회시설, 종교시설, 위락시설, 관광휴게시설
5. 영업시설군	판매시설, 운동시설, 숙박시설
6. 교육 및 복지시설군	의료시설, 교육연구시설, 노유자시설, 수련시설
7. 근린생활시설군	제1, 2종 근린생활시설
8. 주거업무시설군	단독주택, 공동주택, 업무시설, 교정 및 군사시설
9. 그 밖의 시설군	동물 및 식물 관련 시설

※ ①, ③, ④는 하위군에 해당하는 용도로 변경하는 경우이므로 신고 대상이다.

84. 한 방에서 층의 높이가 다른 부분이 있는 경우 층고 산정 방법으로 옳은 것은?
① 가장 낮은 높이로 한다.
② 가장 높은 높이로 한다.
③ 각 부분 높이에 따른 면적에 따라 가중평균한 높이로 한다.
④ 가장 낮은 높이와 가장 높은 높이의 산술평균한 높이로 한다.

해설 층고는 방의 바닥구조체 윗면으로부터 위층 바닥구조체의 윗면까지의 높이로 한다. 다만, 한 방에서 층의 높이가 다른 부분이 있는 경우에는 그 각 부분의 높이에 따른 면적에 따라 가중평균한 높이로 한다.

85. 노외주차장의 구조·설비에 관한 기준 내용으로 옳지 않은 것은?
① 출입구의 너비는 3.0 m 이상으로 하여야 한다.
② 주차구획선의 긴 변과 짧은 변 중 하나 이상이 차로에 접하여야 한다.
③ 지하식인 경우 차로의 높이는 주차바닥면으로부터 2.3 m 이상으로 하여야 한다.
④ 주차에 사용되는 부분의 높이는 주차바닥면으로부터 2.1 m 이상으로 하여야 한다.

해설 노외주차장의 출입구 너비는 3.5 m 이상으로 해야 한다.

86. 특별피난계단의 구조에 관한 기준 내용으로 옳지 않은 것은?
① 계단실에는 예비전원에 의한 조명설비를 할 것
② 계단은 내화구조로 하되, 피난층 또는 지상까지 직접 연결되도록 할 것
③ 출입구의 유효너비는 0.9 m 이상으로 하고 피난의 방향으로 열 수 있을 것
④ 계단실의 노대 또는 부속실에 접하는 창문은 그 면적을 각각 3 m² 이하로 할 것

해설 계단실의 노대 또는 부속실에 접하는 창문은 망이 들어 있는 유리의 붙박이창으로서 그 면적을 각각 1 m² 이하로 한다.

87. 특별건축구역의 지정과 관련한 아래의

내용에서 밑줄 친 부분에 해당하지 않는 것은 어느 것인가?

> 국토교통부장관 또는 시·도지사는 다음 각 호의 구분에 따라 도시나 지역의 일부가 특별건축구역으로 특례 적용이 필요하다고 인정하는 경우에는 특별건축구역을 지정할 수 있다.
> 1. 국토교통부장관이 지정하는 경우
> 　가. 국가가 국제행사 등을 개최하는 도시 또는 지역의 사업구역
> 　나. <u>관계법령에 따른 국가정책사업으로서 대통령령으로 정하는 사업구역</u>

① 「도로법」에 따른 접도구역
② 「도시개발법」에 따른 도시개발구역
③ 「택지개발촉진법」에 따른 택지개발사업구역
④ 「혁신도시 조성 및 발전에 관한 특별법」에 따른 혁신도시의 사업구역

해설 관계법령에 따른 국가정책사업으로서 대통령령으로 정하는 사업구역
(1) 「신행정수도 후속대책을 위한 연기·공주지역 행정중심복합도시 건설을 위한 특별법」에 따른 행정중심복합도시의 사업구역
(2) 「혁신도시 조성 및 발전에 관한 특별법」에 따른 혁신도시의 사업구역
(3) 「경제자유구역의 지정 및 운영에 관한 특별법」 제4조에 따라 지정된 경제자유구역
(4) 「택지개발촉진법」에 따른 택지개발사업구역
(5) 「공공주택 특별법」 제2조 제2호에 따른 공공주택지구
(6) 「도시개발법」에 따른 도시개발구역
(7) 「아시아문화중심도시 조성에 관한 특별법」에 따른 국립아시아문화전당 건설사업구역
(8) 「국토의 계획 및 이용에 관한 법률」 제51조에 따른 지구단위계획구역 중 현상설계 등에 따른 창의적 개발을 위한 특별계획구역

참고 특별건축구역으로 지정할 수 없는 지역·구역

(1) 「개발제한구역의 지정 및 관리에 관한 특별조치법」에 따른 개발제한구역
(2) 「자연공원법」에 따른 자연공원
(3) 「도로법」에 따른 접도구역
(4) 「산지관리법」에 따른 보전산지

88. 건축물을 건축하는 경우 해당 건축물의 설계자가 국토교통부령으로 정하는 구조기준 등에 따라 그 구조의 안전을 확인할 때, 건축구조기술사의 협력을 받아야 하는 대상 건축물 기준으로 틀린 것은?
① 다중이용건축물
② 5층 이상인 건축물
③ 3층 이상의 필로티형식 건축물
④ 기둥과 기둥 사이의 거리가 20 m 이상인 건축물

해설 6층 이상인 건축물의 경우 설계자가 구조 안전을 확인할 때 건축구조기술사의 협력을 받아야 한다.

89. 주요구조부가 내화구조 또는 불연재료로 된 건축물로서 국토교통부령으로 정하는 기준에 따라 내화구조로 된 바닥·벽 및 갑종 방화문으로 구획하여야 하는 연면적 기준은 어느 것인가?
① 400 m^2 초과　　② 500 m^2 초과
③ 1,000 m^2 초과　④ 1,500 m^2 초과

해설 주요구조부가 내화구조 또는 불연재료로 된 건축물로서 연면적 1,000 m^{2}를 초과하는 경우 내화구조로 된 바닥·벽 및 갑종방화문으로 구획하여야 한다.

90. 국토의 계획 및 이용에 관한 법령상 건폐율의 최대 한도가 가장 높은 용도지역은?
① 준주거지역　　　② 생산관리지역

③ 중심상업지역　　④ 전용공업지역

해설 건폐율의 최대 한도

(1) 중심상업지역 : 90 % 이하

(2) 준주거지역 : 70 % 이하

(3) 전용공업지역 : 70 % 이하

(4) 생산관리지역 : 20 % 이하

91. 건축물의 피난층 외의 층에서 피난층 또는 지상으로 통하는 직통계단을 거실의 각 부분으로부터 계단에 이르는 보행거리가 최대 얼마 이내가 되도록 설치하여야 하는가? (단, 건축물의 주요구조부는 내화구조이고 층수는 15층으로 공동주택이 아닌 경우)

① 30 m　　　　② 40 m

③ 50 m　　　　④ 60 m

해설 건축물의 피난층 외의 층에서는 피난층 또는 지상으로 통하는 직통계단을 거실의 각 부분으로부터 계단에 이르는 보행거리가 30 m 이하가 되도록 설치해야 한다. 다만, 건축물의 주요구조부가 내화구조 또는 불연재료로 된 건축물은 그 보행거리가 50 m(층수가 16층 이상인 공동주택의 경우 16층 이상인 층에 대해서는 40 m) 이하가 되도록 설치할 수 있다.

92. 건축허가신청에 필요한 설계도서 중 건축계획서에 표시하여야 할 사항으로 옳지 않은 것은?

① 주차장규모

② 토지형질변경계획

③ 건축물의 용도별 면적

④ 지역·지구 및 도시계획사항

해설 건축계획서에 표시하여야 할 사항

(1) 개요(위치·대지면적 등)

(2) 지역·지구 및 도시계획사항

(3) 건축물의 규모(건축면적·연면적·높이·층수 등)

(4) 건축물의 용도별 면적

(5) 주차장규모

(6) 에너지절약계획서

(7) 노인 및 장애인 등을 위한 편의시설 설치계획서

93. 다음은 승용 승강기의 설치에 관한 기준 내용이다. 밑줄 친 "대통령령으로 정하는 건축물"에 대한 기준 내용으로 옳은 것은?

> 건축주는 6층 이상으로서 연면적이 2천 m² 이상인 건축물(대통령령으로 정하는 건축물은 제외한다)을 건축하려면 승강기를 설치하여야 한다.

① 층수가 6층인 건축물로서 각 층 거실의 바닥면적 300 m² 이내마다 1개소 이상의 직통계단을 설치한 건축물

② 층수가 6층인 건축물로서 각 층 거실의 바닥면적 500 m² 이내마다 1개소 이상의 직통계단을 설치한 건축물

③ 층수가 10층인 건축물로서 각 층 거실의 바닥면적 300 m² 이내마다 1개소 이상의 직통계단을 설치한 건축물

④ 층수가 10층인 건축물로서 각 층 거실의 바닥면적 500 m² 이내마다 1개소 이상의 직통계단을 설치한 건축물

해설 건축주는 6층 이상으로서 연면적이 2,000 m² 이상인 건축물(대통령령으로 정하는 건축물은 제외한다)을 건축하려면 승강기를 설치하여야 한다. "대통령령으로 정하는 건축물"이란 층수가 6층인 건축물로서 각 층 거실의 바닥면적 300 m² 이내마다 1개소 이상의 직통계단을 설치한 건축물을 말한다.

94. 건축물의 바닥면적 산정 기준에 대한 설명으로 옳지 않은 것은?

① 공동주택으로서 지상층에 설치한 어린

이놀이터의 면적은 바닥면적에 산입하지 않는다.

② 필로티는 그 부분이 공중의 통행이나 차량의 통행 또는 주차에 전용되는 경우에는 바닥면적에 산입하지 아니한다.

③ 벽·기둥의 구획이 없는 건축물은 그 지붕 끝부분으로부터 수평거리 1.5 m를 후퇴한 선으로 둘러싸인 수평투영면적을 바닥면적으로 한다.

④ 단열재를 구조체의 외기측에 설치하는 단열공법으로 건축된 건축물의 경우에는 단열재가 설치된 외벽 중 내측 내력벽의 중심선을 기준으로 산정한 면적을 바닥면적으로 한다.

해설 벽·기둥의 구획이 없는 건축물은 그 지붕 끝부분으로부터 수평거리 1 m를 후퇴한 선으로 둘러싸인 수평투영면적으로 한다.

95. 다음 중 건축물 관련 건축기준의 허용되는 오차 범위(%)가 가장 큰 것은?

① 평면길이　　② 출구너비
③ 반자높이　　④ 바닥판두께

해설 건축물 관련 건축기준의 허용오차 범위(%)
(1) 평면길이 : 2 % 이내
(2) 출구너비 : 2 % 이내
(3) 반자높이·건축물 높이 : 2 % 이내
(4) 바닥판두께·벽체두께 : 3 % 이내

96. 도시지역에 지정된 지구단위계획구역 내에서 건축물을 건축하려는 자가 그 대지의 일부를 공공시설 부지로 제공하는 경우 그 건축물에 대하여 완화하여 적용할 수 있는 항목이 아닌 것은?

① 건축선　　② 건폐율
③ 용적률　　④ 건축물의 높이

해설 지구단위계획구역 내에서 건축물을 건축하려는 자가 그 대지의 일부를 공공시설 부지로 제공하는 경우 건폐율·용적률·건축물의 높이 제한을 완화 적용 가능하나 건축선을 완화 적용할 수는 없다.

97. 시가화조정구역에서 시가화유보기간으로 정하는 기간 기준은?

① 1년 이상 5년 이내
② 3년 이상 10년 이내
③ 5년 이상 20년 이내
④ 10년 이상 30년 이내

해설 시·도지사는 직접 또는 관계 행정기관의 장의 요청을 받아 도시지역과 그 주변지역의 무질서한 시가화를 방지하고 계획적·단계적인 개발을 도모하기 위하여 5년 이상 20년 이내의 기간 동안 시가화를 유보할 필요가 있다고 인정되면 시가화조정구역의 지정 또는 변경을 도시·군관리계획으로 결정할 수 있다.

98. 건축법 제61조 제2항에 따른 높이를 산정할 때, 공동주택을 다른 용도와 복합하여 건축하는 경우 건축물의 높이 산정을 위한 지표면 기준은?

> 건축법 제61조(일조 등의 확보를 위한 건축물의 높이 제한)
> ② 다음 각 호의 어느 하나에 해당하는 공동주택(일반상업지역과 중심상업지역에 건축하는 것은 제외한다.)은 채광(採光) 등의 확보를 위하여 대통령령으로 정하는 높이 이하로 하여야 한다.
> 1. 인접 대지경계선 등의 방향으로 채광을 위한 창문 등을 두는 경우
> 2. 하나의 대지에 두 동(棟) 이상을 건축하는 경우

① 전면도로의 중심선

② 인접 대지의 지표면

③ 공동주택의 가장 낮은 부분

④ 다른 용도의 가장 낮은 부분

해설 제61조 제2항에 따른 높이를 산정할 때 해당 대지가 인접 대지의 높이보다 낮은 경우에는 해당 대지의 지표면을 지표면으로 보고, 공동주택을 다른 용도와 복합하여 건축하는 경우에는 공동주택의 가장 낮은 부분을 그 건축물의 지표면으로 본다.

99. 다음 중 건축면적에 산입하지 않는 대상 기준으로 틀린 것은?

① 지하주차장의 경사로

② 지표면으로부터 1.8 m 이하에 있는 부분

③ 건축물 지상층에 일반인이 통행할 수 있도록 설치한 보행통로

④ 건축물 지상층에 차량이 통행할 수 있도록 설치한 차량통로

해설 건축면적은 외벽의 중심선으로 둘러싸인 부분의 수평투영면적으로 하나 지표면으로부터 1 m 이하의 부분은 건축면적에서 제외한다.

100. 지하층에 설치하는 비상탈출구의 유효너비 및 유효높이 기준으로 옳은 것은? (단, 주택이 아닌 경우)

① 유효너비 0.5 m 이상, 유효높이 1.0 m 이상

② 유효너비 0.5 m 이상, 유효높이 1.5 m 이상

③ 유효너비 0.75 m 이상, 유효높이 1.0 m 이상

④ 유효너비 0.75 m 이상, 유효높이 1.5 m 이상

해설 지하층의 비상탈출구

(1) 비상탈출구의 유효너비는 0.75 m 이상으로 하고, 유효높이는 1.5 m 이상으로 할 것

(2) 비상탈출구의 문은 피난방향으로 열리도록 하고, 실내에서 항상 열 수 있는 구조로 하여야 하며, 내부 및 외부에는 비상탈출구의 표시를 할 것

(3) 비상탈출구는 출입구로부터 3 m 이상 떨어진 곳에 설치할 것

정답 99. ② 100. ④

신개념 강의노트

건축기사 필기 문제해설

2024년 1월 10일 인쇄
2024년 1월 15일 발행

저 자 : 원유필
펴낸이 : 이정일

펴낸곳 : 도서출판 일진사
www.iljinsa.com
(우) 04317 서울시 용산구 효창원로 64길 6
전 화 : 704-1616 / 팩스 : 715-3536
이메일 : webmaster@iljinsa.com
등 록 : 제1979-000009호 (1979.4.2)

값 30,000 원

ISBN : 978-89-429-1906-2